新 概 率 论

自然公理系统中的概率论

熊大国　著

科 学 出 版 社

北 京

内 容 简 介

本书是在自然公理系统中建立概率论的第一部著作. 本书前五章建立因果空间、随机试验、概率空间、条件概率捆和独立性的理论，重点介绍离散型、Kolmogorov 型、独立乘积型概率空间，形成概率论的基础理论.

第 6、8 章论证随机变量、随机向量和宽随机过程是科学实验中子随机局部的数学模型；应用概率论基础理论介绍因果结构图、各种条件分布函数和独立性，建立数学期望、方差和协方差等数字特征的知识，形成随机变量和随机向量的基本理论，以及随机过程的初步知识；最后两章介绍两类最重要的统计规律——大数定理和中心极限定理.

本书适用于科技工作者、高等学校教师、研究生和高年级本科生阅读.

图书在版编目(CIP)数据

新概率论：自然公理系统中的概率论/熊大国著. —北京：科学出版社，2016.10

　ISBN 978-7-03-050223-0

Ⅰ. ①新…　Ⅱ. ①熊…　Ⅲ. ① 概率论　Ⅳ. ①O211

中国版本图书馆 CIP 数据核字(2016) 第 250048 号

责任编辑：陈玉琢 / 责任校对：张凤琴
责任印制：徐晓晨 / 封面设计：陈　敬

科 学 出 版 社 出版
北京东黄城根北街 16 号
邮政编码：100717
http://www.sciencep.com

北京京华虎彩印刷有限公司 印刷
科学出版社发行　　各地新华书店经销
*
2016 年 10 月第 一 版　　开本：720 × 1000 1/16
2017 年 1 月第二次印刷　　印张：32 3/4
字数：648 000
定价：178.00 元
(如有印装质量问题，我社负责调换)

序

概率论是研究随机现象中因果关系和出现规律 (统计规律是一种量化的出现规律) 的一门数学分支. 概率论有自己独特的思维模式, 要求人们用新思想新方式去看待和思考世界.

现代概率论建立在 Kolmogorov 公理系统的基础上. 在概率论的学习中, 许多初学者感到学习被动, 思维不知如何展开, 概念难理解, 方法难掌握, 习题不会做, 甚至做完题后也不敢说做对了. 这类现象是如此普遍, 使得许多概率论学者认为只有先学习抽象的测度论才能掌握非常现实的概率论, 并感叹 "它的基础是一个迷人而又难以捉摸的问题" (H. Wang, *From Mathematics to Philosophy*, 转引自《数学与文化》, 北京大学出版社, 1990, 第 99 页).

造成这种局面的原因是什么? 答案可以从 Kolmogorov 的话中找到. 他说: "由于有了公理化的概率论, 就使得我们摆脱了试图寻找一种既具有自然科学的直观确凿性又便于建立形式严整的数学理论的方法来定义概率的诱惑. 这样的定义如我们在几何中把点这样来定义, 即把点作为一个实在物体经过四面八方无数次切削 (而且每次切削均使直径缩小 (例如) 一半) 最后所剩下的东西" (H.Kolmogorov, 概率论, 见《数学 —— 它的内容, 方法和意义 (第 2 卷)》, 科学出版社, 2001, 第 287 页 (数学名著译丛)).

作者建立的概率论自然公理系统实现了 Kolmogorov 想摆脱的诱惑. 自然公理系统把概率论建成 "既具有自然科学的直观确凿性又便于建立形式严整的数学理论", 从而揭示出概率论的 "迷人而又难以捉摸的" 基础. 美国《数学评论》评论为 "Xiong's approach is novel"; 德国《数学文摘》评论为 "The NAS is a certain extension of the KAS" (注: NAS 指自然公理系统; KAS 指 Kolmogorov 公理系统); 国内《外文数字图书馆》评论为 "本书 (指参考文献 [2]) 是中国学者熊大国对国际公认的 Kolmogorov 在 1933 年建立的公理系统的一个挑战".

本书是在自然公理系统基础上建立的概率论, 目标是把概率论的基础部分改造成像初等几何那样既直观形象, 理论又严谨的数学分支. 事实上, 这两门学科之间存在如下表所示的类比.

与欧氏空间和几何图形不同, 随机宇宙和随机局部的数学模型——**因果空间**、**随机试验**和**概率空间**没有直观的确凿的实体, 而是抽象的数学概念. 因此, 必须用概率论倡导的新思想新方式去认识、理解这些数学概念, 捕捉这些概念代表的 "实体". 我们期待, 随着概率论因果思维模式的普及, 这三个研究对象会像欧氏空间和几何图形 (三角形, 圆, 长方体等) 一样成为人们的常识.

学科	初等几何	概率论
现实世界中的研究对象	物体的形状	随机现象中的因果关系
理论研究的场所	三维欧氏空间	因果空间
理论研究的对象	图形	随机局部 (即事件 σ 域)
研究对象的数学模型	三角形, 圆, 长方体等 (图形的数学模型) 图形的度量	随机试验 (随机局部的因果模型) 概率空间 (随机试验上赋概的因果量化模型)
研究任务	初等几何是研究图形和对图形进行度量的一门学科. 它包括: 　　1) 单个图形或单个度量化后的图形的性质 　　2) 不同图形或不同度量化后的图形之间的关系	概率论是研究随机试验和对随机试验进行赋概的一门学科. 它包括: 　　1) 单个随机试验或单个概率空间的性质 　　2) 不同随机试验或不同概率空间之间的关系

　　清晰的直觉和逻辑推理是掌握概率论必须学会的两种能力. 为了提高直观能力, 本书用较多的篇幅 (包括绪论、每章的开篇语、标有直观背景或建模的小节等) 讨论现实中的随机现象, 从它们之间的联系中提取研究课题, 探讨解决方法, 获得基本概念和方法的雏形. 在接着的小节中, 我们以直观雏形为依托, 抽象出理论中的研究对象, 建立基本概念和计算方法, 自然地形成概率论的理论系统和建模方法. 其中涉及存在性的一些问题则交给实变函数论和测度论完成. 因此, 本书可以认为是一种 "测度论式的" 概率论, 它把 "先学抽象的测度论再学现实的概率论" 改变为 "先学现实的概率论再学抽象的测度论". 我们期望, 这种处理方法能够使本书成为初等概率论.

　　本书是新概率论的入门著作, 我们希望较全面地包含基础概率论的内容, 指明主要概念的来龙去脉, 力求做到定理的证明清楚, 例题的解答有理有据. 本书适用于自学, 适当取舍内容后可作为教材使用. 由于作者水平有限, 许多内容又是首次叙述, 书中定有许多不妥之处, 恳请读者批评指正. 我们希望本书能起抛砖引玉的作用, 促使出现更多介绍新概率论的著作和教材.

　　最后, 感谢北京理工大学和科学出版社对本书出版的支持.

作　者

2015 年 12 月 1 日

目　　录

绪论　随机宇宙初探

0.1　随 机 现 象

自然界和人类社会中不断地出现各种各样的现象. 正是这些现象不断地出现和消失, 人们才感觉到自己活着, 体验到时间和空间的存在, 发现自然界在变化, 人类社会在前进.

现象按 "出现" 的特性可以分为三类. 在一定的 (自然形成的或人们规定的) 条件下: ① 某现象一定出现; ② 某现象一定不出现; ③ 某现象可能出现也可能不出现. 前两类称为确定性现象, 第③类称为不确定性现象或随机现象. 例如:

1) 太阳从东方升起;

2) 两物体间存在吸引力 —— 牛顿万有引力定律;

3) 在标准气压下, 温度为 50 ℃的水会沸腾 (一定不出现的现象);

4) 向上抛一颗石子, 石子不落回地面 (一定不出现的现象);

5) 在恒力作用下的质点做等加速度运动 (牛顿第二定律);

等等, 被认为是确定性现象. 随机现象则按下述方式描述:

1) 向桌面扔一枚硬币, 现象 "正面" 可能出现, 也可能不出现; 现象 "反面" 可能出现, 也可能不出现.

2) 向桌面掷一颗骰子, 现象 "a 点"($a=1,2,3,4,5,6$) 可能出现, 也可能不出现; 现象 "偶数"(或 "奇数") 可能出现, 也可能不出现.

3) 向桌面掷一颗灌铅的骰子, 现象 "a 点"($a=1,2,3,4,5,6$) 可能出现, 也可能不出现.

4) 100 件产品中有 5 件次品, 任意地取出 3 件. "3 件皆是次品" 这一现象可能出现, 也可能不出现.

5) 在一次打靶射击中, 现象 "命中靶心" 可能出现, 也可能不出现; 现象 "脱靶" 可能出现, 也可能不出现.

6) 服务台 (售票窗口, 电话交换台, 机器维修站, 医疗诊所等) 为顾客服务, 顾客到达后排队等待. "顾客排队的长度超过 a 人 (或件)" 这一现象可能出现, 也可能不出现; "顾客等待时间超过 b 分钟" 这一现象可能出现, 也可能不出现.

7) "某夫妇的胎儿是女性" 这一现象可能出现, 也可能不出现.

8) "某生物 (人, 虎, 树等) 或某产品 (灯泡, 计算机, 栏河大坝等) 的寿命超过 a 年" 这一现象可能出现, 也可能不出现.

　　9) "明天的最高温度是 $\xi\,{}^\circ C$" 这一现象可能出现, 也可能不出现.

　　10) "明天晴" 可能出现, 也可能不出现.

等等. 诸如此类的随机现象到处存在, 不胜枚举.

　　其实, 确定性现象和随机现象之间没有绝对的分界线. 当 "一定的条件" 改变时它们可以相互转化. 例如, 当观察者是地球上的普通居民时, "太阳从东方升起" 是确定性现象. 但是, 当观察者能够到达其他星球或地球的南北极时, "太阳从东方升起" 成为随机性现象. 又如, 向上抛石子的力非常大, "石子不落回地面" 这一现象也可能发生, 也可能不发生, 于是它成为随机现象. 再如, 如果 100 件产品全是次品, 那么 "3 件皆是次品" 成为确定性现象. 至于牛顿的万有引力定律和第二定律, 我们也无法肯定在人类观察范围之外是否正确. 因此, 在广义下所有的现象都是随机现象, 绝对的确定性现象是不存在的.

　　在概率论中随机现象被称为随机事件, 简称为事件. 事件是概率论中唯一不能定义的基本概念, 它只能进行描述和说明. 概率论认为:

　　"一个事件被描述清楚, 或 '被定义' 的标志是: 人们能够判定该事件或者处于出现状态, 或者处于不出现状态, 并且二者必居其一."

0.2　概率论原理 I

　　大多数学科只研究某些特定的现象 (例如, 物理现象, 化学现象, 生物现象, 自然现象, 社会现象, 经济现象, 等等). 与它们不同, 概率论研究所有的现象, 但只关心现象一个方面的知识: 它能否出现? 出现的可能性有多大? 这个特点使得概率论成为应用最广泛的学科之一.

　　详细地说, 概率论和其他学科的区别有如下的四个方面:

　　1) 概率论只关心事件是否出现;

　　2) 如果事件能出现, 则询问 (或猜测) 它出现的可能性有多大;

　　3) 概率论不关心事件本身的其他内容;

　　4) 概率论通过事件之间的联系来认识事件.

　　例如, "明天晴" 是一个事件. 我们既可以通过 "烈日当空" "万里无云" 等事件出现来认识 "明天晴"; 又可以通过 "明天阴" "明天下雨" "明天下雪" 等事件不出现来认识 "明天晴". 我们把这种认识事件的方法总结为:

　　概率论原理 I　随机事件只有通过它与其他事件之间的联系才能被认识, 被理解.

　　事件之间存在什么样的联系? 怎样把联系抽象为数学运算? 这正是第 1 章应该完成的任务.

0.3　概率论原理 II

人类生存在充满随机事件的自然界和人类社会 (不妨简称为随机宇宙) 之中. 人们在认识随机宇宙时积累了大量的简单观察, 总结出随机事件出现的许多规律. 迈出实质性的一步是: **"用数值把事件出现可能性的大小进行量化"**①. 例如, 我们经常使用如下的判断:

1) 明天降雨的可能性是 80%.

2) 向桌面扔一枚硬币, 正面出现的可能性是 50%.

3) 向桌面扔两枚硬币, "两个正面" 出现的可能性是 25%; "一个正面和一个反面" 出现的可能性是 50%.

4) 向桌面掷一颗骰子, 6 点出现的可能性是 1/6.

5) 向桌面掷两颗骰子, 事件 "双 6" 出现的可能性是 1/36.

6) 某夫妇的胎儿为女性的可能性是 50%.

7) 100 件产品中有 5 件次品, 任意地取出 3 件, "3 件皆为次品" 的可能性很小 (你能说出有多小吗? 概率论能, 它约为 0.0062%. 参看例 3.3.1).

8) 某个灯泡的使用寿命超过 2000 小时的可能性是 80%.

9) 在标准气压下, 温度为 50 ℃的水会沸腾的可能性为 0.

10) 太阳从东方升起的可能性是 100%,

等等. **"用数值量化出现可能性大小"** 是人类在实践中获得的深刻知识. 我们把它总结为概率论原理 II.

概率论原理 II　在合理划定的 (或给定的) 条件下, 某随机事件出现的可能性大小能用 [0,1] 中唯一的实数 p 表达.

我们经常引用原理 II. 为了引用方便, 进行如下处理: 用 $\mathscr{C}$ 表示原理 II 中合理划定的条件; 用 A 表示条件 $\mathscr{C}$ 下可能出现的一个事件; 实数 p 改记为 $P(A|\mathscr{C})$, 称为在条件 $\mathscr{C}$ 下事件 A 的概率. 于是, 概率论有非常单纯的任务:

1) 把 $\mathscr{C}, A, P(A|\mathscr{C})$ 抽象成能进行数学演算的对象;

2) 找出人们关心的条件 $\mathscr{C}$ 和事件 A, 并计算 $P(A|\mathscr{C})$.

至于原理 II 中的 $P(A|\mathscr{C})$ 为什么存在? 为什么唯一? 这是理论无法回答, 只能用实践检验的问题. 幸运的是, 建立在原理 I 和原理 II 上的概率论不仅没有出现矛盾, 而且得出与现实非常吻合的结论, 并发现随机宇宙中蕴含的许多规律, 成为内容庞大、应用广泛的一门数学学科.

---

① 这一步是一个漫长的历史过程.

0.4 建立理论系统和数学模型

概率论是一门理论学科, 又属于应用数学的范畴. 这个特点使得本学科包含两类工作.

一类工作是建立概率论的理论系统: 构造有价值的研究对象 (如**因果空间, 随机试验, 概率空间, 随机变量, 随机向量, 随机过程, 随机场**等), 发现研究对象中的知识和规律, 以及对象之间的联系, 并把它们组织为系统的、严谨的、便于传授的知识体系.

另一类工作是建立应用问题的数学模型 (称为概率论建模, 简称为建模). 即是说, 把应用问题关心的随机现象抽象成理论中的研究对象 (如随机试验, 概率空间, 随机变量等), 并称这个对象为该问题的数学模型. 然后应用模型中的知识和规律来解释或发现这些随机现象中蕴含的因果知识和出现规律.

一方面, 数学模型存在于理论系统之中, 因此建立理论系统的工作应先于建模工作; 另一方面, 数学模型是连接理论和现实世界的桥梁, 人们不能脱离实际来凭空捏造出概率论的研究对象. 作为一本入门书, 可采用的方法只能是边建模边建立理论系统, 把两项工作交错地进行.

应该指出, 两类工作有完全不同的思维模式. 建立理论系统是演绎性的工作. 即是说, 从公理 (在本书中表现为用定义规定的几个基础概念①) 出发, 应用逻辑推理和数学演算得到各种各样的结论 —— 命题、定理和计算方法等, 形成严谨的知识体系. 在理论体系中所有的问题都是明确的, 答案是准确的和唯一的.

建模工作恰巧相反, 它属于归纳性的工作. 即是说, 建模工作中提出的问题多少有点含糊, 答案也不必唯一. 原因是数学模型和现实对象之间是一种反映和被反映的关系. 为了得到适用的数学模型, 人们必须强调现实对象的某些方面, 扬弃其他方面. 由于强调和扬弃的内容不同, 同样的现实对象可以产生出多种不同的数学模型. 至于哪一个模型更适用、更 "正确", 只能用实践来检验.

由于建立理论系统和建立数学模型有不同的工作方式, 两项工作的内容又是交错地进行研究和讨论, 因此区别正在学习的内容属于哪一类工作对初学者既必要又有益.

0.5 概率论用新思想新方式认识宇宙

0.5.1 随机宇宙 $\mathcal{U}$ 和它的数学模型 —— 因果空间 $(X, \mathcal{U})$

随机宇宙是浩瀚宇宙中古往今来的全体随机现象 ——"事件" 组成的集合. 用

---

① 重视定义是理解概率论的好方法.

$\mathcal{U}$ 表示这个集合, 即

$$\mathcal{U} = \{A | A \text{ 为事件}\} \tag{0.5.1}$$

概率论原理 I 指出, $\mathcal{U}$ 中事件不是孤立存在的, 它们之间有各种各样的联系, 故称 $\mathcal{U}$ 为事件空间 (见定义 1.2.1). 简言之, 随机宇宙是事件空间 $\mathcal{U}$. 也是集合 $\mathcal{U}$.

事件空间 $\mathcal{U}$ 中有一种联系, 称为包含关系. 它有如下定义.

定义 0.5.1 设事件 $U, V \in \mathcal{U}$. 如果事件 U 出现时 V 必出现, 则称 U 是 V 的子事件, 记为

$$V \supset U \tag{0.5.2}$$

读作 V 包含 U, 或 U 在 V 中. 特别, $V \neq U$ 时称为真包含关系.

哲学中充足理由律说: "任何现象若无出现的原因, 就不会发生." 真包含关系式 (0.5.2) 恰好表达出充足理由律: "由于原因事件 U 的出现导致事件 V 发生." 即是说, U 是事件 V 发生的原因之一, V 是事件 U 产生的后果之一.

现在, 我们反复地应用充足理由律, 得到一个真包含关系串

$$V \supset U_1 \supset U_2 \supset \cdots \supset U_\alpha \supset \cdots \tag{0.5.3}$$

其中所有的 V, U_α 皆是可以发生的随机事件, 所有的 $\supset$ 皆是真包含号. 显然, 串 (0.5.3) 没有尾元素. 事实上, 若 (0.5.3) 存在尾元素 U, 那么由充足理由律得出存在事件 U^* 使得 $U \supset U^*$, 与 U 是尾元素矛盾.

试问: 真包含关系串 (0.5.3) 的尽头是什么? 概率论抽象出: "尽头是一个原因点 u". 由于尽头过于抽象, 不妨认为一个原因点 u 就是一个真包含关系串 (0.5.3). 原因点具有如下性质:

i) 原因点 u 不是事件. 称原因点 u 出现, 如果 (0.5.3) 有一个尾巴出现.

ii) 原因点 u 出现将导致事件 A(存在某个 α 使得 $A \supset U_\alpha$) 出现. 因此称 u 是事件 A 的一个诱因点.

iii) 用 X 表示所有原因点组成的集合, 即

$$X = \{u | u \text{ 是一个原因点}\} \tag{0.5.4}$$

并且 X 中有且仅有一个原因点出现. 称 X 为原因空间.

iv) 对 $\mathcal{U}$ 中任意的事件 A, 引进

$$A = \{u | u \in X, u \text{ 是 } A \text{ 的一个诱因点}\} \tag{0.5.5}$$

于是事件 A 得到另一种表达形式: A 是 X 的子集 —— 一组原因点. 显然, 事件 A 出现当且仅当它的一个诱因点出现.

【建模】 称二元组 $(X, \mathcal{U})$ 为因果空间, 它是随机宇宙 $\mathcal{U}$ 的数学模型. 其中 X 是原因空间, $\mathcal{U}$ 是事件空间. 联系 X 和 $\mathcal{U}$ 的纽带是因果关系式 (0.5.5).

0.5.2 随机局部 $\mathcal{F}$ 和它的因果模型 —— 随机试验 $(\Omega, \mathcal{F})$

常识告诉我们, 人们无法研究因果空间 $(X, \mathcal{U})$ 中的全部事件, 只能研究事件空间 $\mathcal{U}$ 中的一部分事件. 用 $\mathcal{F}$ 表示被关心事件组成的集合, 即

$$\mathcal{F} = \{A | A \in \mathcal{U}, A \text{ 是被关心的事件}\} \tag{0.5.6}$$

今后, 称 $\mathcal{F}$ 为**随机局部**. 显然, $\mathcal{F}$ 中事件经过数学演算后产生的事件也是被关心的, 因而是 $\mathcal{F}$ 中元素. 于是, $\mathcal{F}$ 是从 $\mathcal{U}$ 中划出的一个 "相对封闭"(即满足定义 1.2.1 中条件) 的子集. 在集合论中称 $\mathcal{F}$ 为全集 X 中的 σ 域, 在概率论中称 $\mathcal{F}$ 为事件 σ 域, 简称为 σ 域.

随机局部 $\mathcal{F}$ 的相对封闭性保证 $\mathcal{F}$ 像一个 "小型的" 事件空间. 于是, 用 $\mathcal{F}$ 代替 $\mathcal{U}$, 逐句地重复 0.5.1 小节的讨论得出随机局部 $\mathcal{F}$ 的因果模型 —— 随机试验 $(\Omega, \mathcal{F})$. 这里

$$\Omega = \{\omega | \omega \text{ 是样本原因点}\} \tag{0.5.7}$$

$$\omega \text{ 是真包含关系串}(0.5.3) \text{(其中 } V, U_\alpha \in \mathcal{F}) \text{ 的尽头} \tag{0.5.8}$$

对任意的 $B \in \mathcal{F}$, 如果存在 α 使得 $B \supset U_\alpha$, 则称 ω 是 B 的一个样本诱因点. 令

$$B = \{\omega | \omega \in \Omega, \omega \text{ 是 } B \text{ 的样本诱因点}\} \tag{0.5.9}$$

于是, 事件 B 又得到新的表达式 —— Ω 的子集. 直观上, 事件 B 出现当且仅当它的某个样本诱因点出现.

【建模】 称二元组 $(\Omega, \mathcal{F})$ 为**随机试验**, 它是随机局部 $\mathcal{F}$ 的因果模型, 其中 Ω 是样本原因空间, $\mathcal{F}$ 是事件 σ 域. 联系 Ω 和 $\mathcal{F}$ 的纽带是因果关系式 (0.5.9).

现在发生重要的事情, 由于 (0.5.8) 限定 $V, U_\alpha \in \mathcal{F}$, 使得真包含关系串 (0.5.3) 往往存在尾元素 ω, 并且 ω 是事件 (故 ω 又称为基本事件). 于是, 随机试验把 (0.5.3) 的 "尽头" 具体化明确化. 事实上, 应用中随机试验 $(\Omega, \mathcal{F})$ 的样本空间 Ω 往往是能一一列举出元素的集合, 是人们熟悉的集合 (如有限集, 可列集, 实数集, 欧氏空间, 等等).

直观上, 因果空间是一个大容器, 它装载所有的随机试验, 是最大的随机试验; 随机试验则是一个 "小型的" 因果空间.

0.5.3 随机局部 $\mathcal{F}$ 的因果量化模型 —— 概率空间 $(\Omega, \mathcal{F}, P)$

如何得到随机局部 $\mathcal{F}$? 概率论原理 II 提供了方法: 用合理划定的 (或给定的) 条件 $\mathscr{C}$(见 0.3 节). 令

$$\mathcal{F} = \{A|A \text{ 是条件 } \mathscr{C} \text{ 下能出现的事件}\} \tag{0.5.10}$$

于是 $\mathcal{F}$ 是一个随机局部, 因而存在因果模型 —— 随机试验 $(\Omega, \mathcal{F})$. 不仅如此, 概率论原理 II 还保证, 对任意的 $A \in \mathcal{F}$, 在条件 $\mathscr{C}$ 下事件 A 出现的可能性大小是数值 $P(A|\mathscr{C})$. 故

$$P(A|\mathscr{C}), \quad A \in \mathcal{F}$$

是定义在 $\mathcal{F}$ 上的函数, 称为 $\mathcal{F}$ 上的概率测度, 简称为概率, 简记为 P.

【建模和赋概】 称三元组 $(\Omega, \mathcal{F}, P)$ 为概率空间, 它是随机局部 $\mathcal{F}$ 的因果量化模型.

直观上, Ω 是导致随机局部 $\mathcal{F}$ 中事件出现的全部样本原因点 (或基本事件); $\mathcal{F}$ 是 Ω 中样本原因点出现导致的全部后果; $P(A|\mathscr{C})$ 是在条件 $\mathscr{C}$ 下 $\mathcal{F}$ 中事件 A 出现的可能性大小.

0.5.4 实验 $\mathcal{E}$ 产生的随机局部

如何获得概率论原理 II 中合理划定的 (或给定的) 条件 $\mathscr{C}$? 现实世界中的科学实验是主要的工具.

实验是一种最常见的科学活动. 例如, 预报明天的天气, 检查产品的质量, 投掷一颗骰子, 扔一枚硬币, 等等. 在概率论中, 实验遵守的条件 $\mathscr{C}$ 不仅包含实验装置, 而且包括随机环境中的各种干扰和操作者. 经验表明, 实验 $\mathcal{E}$ 遵守的条件 $\mathscr{C}$ 是概率论原理 II 中合理划定的 (或给定的) 条件. 称 $\mathscr{C}$ 产生的因果量化模型 $(\Omega, \mathcal{F}, P)$ 为实验 $\mathcal{E}$ 的相应的数学模型——概率空间. 于是, 条件 $\mathscr{C}$ 成为理论联系实际的桥梁,

$$\text{实验 } \mathcal{E} \text{ (即随机局部 } \mathcal{F}) \Leftrightarrow \text{ 条件 } \mathscr{C} \Leftrightarrow \text{ 概率空间}(\Omega, \mathcal{F}, P) \tag{0.5.11}$$

由此总结出, 概率论研究实验 $\mathcal{E}$ 的工作包括三方面的内容:

i) 求出实验 $\mathcal{E}$ 的因果模型 $(\Omega, \mathcal{F})$ 和因果量化模型 $(\Omega, \mathcal{F}, P)$(建模和赋概部分);

ii) 已知随机试验 $(\Omega, \mathcal{F})$ 和概率空间 $(\Omega, \mathcal{F}, P)$, 寻找和建立其内的因果知识和出现规律 (理论研究部分);

iii) 应用数学模型 $(\Omega, \mathcal{F})$ 和 $(\Omega, \mathcal{F}, P)$, 发现或解释实验 $\mathcal{E}$ 中的因果知识和出现规律 (应用部分).

例 0.5.1 向桌面随意地投掷一颗质料均匀的骰子 (实验 $\mathcal{E}$), 试问将产生什么样的结果.

【确定性方式】　难以回答.

【概率论方式】　解答: 用 $\omega_i(i = 1, 2, \cdots, 6)$ 表示事件 "骰子出现 i 点". 显然, (0.5.8)(其中 V, U_α 是本例实验 $\mathcal{E}$ 产生的事件) 的 "尽头" 是且只能是这六个事件中的一个, 故 $\omega_i(i = 1, 2, \cdots, 6)$ 是基本事件 (即样本原因点). 令

$$\Omega = \{\omega_1, \omega_2, \cdots, \omega_6\}$$

$$\mathcal{F} = \Omega \text{ 的全体子集组成的集合}$$

于是, 实验 $\mathcal{E}$ 划定出随机局部 $\mathcal{F}$, 并且 $\mathcal{F}$ 的因果模型是 $(\Omega, \mathcal{F})$. 注意到骰子均匀和投掷随意, 于是对任意的 $A \in \mathcal{F}$, 赋予事件 A 的概率为 (应用等可能性原理, 见例 3.1.2)

$$P(A) = A \text{ 含基本事件个数}/6$$

即事件 A 出现的可能性大小为 $P(A) \times 100\%$.

最终, 概率论方式给出的答案是: "实验 $\mathcal{E}$ 产生的结果是概率空间 $(\Omega, \mathcal{F}, P)$". 答案的直观含义是, 实验 $\mathcal{E}$ 产生的全部结果组成事件 σ 域 $\mathcal{F}$; Ω 是导致 $\mathcal{F}$ 中事件出现的全部样本诱因点; $P(A)(A \in \mathcal{F})$ 是事件 A 出现的可能性大小. 此答案准确地表达出实验结果的全部内容.

0.5.5　实验 $\mathcal{E}$ 中数值指标产生的子随机局部

例 0.5.2　在天气预报 (实验 $\mathcal{E}$) 中, 试预报明天的最高温度?

【确定性方式】　解答: ①粗糙方式: 明天的最高气温是 a ℃; ②精确方式: 明天的最高气温是 a ℃, 误差为 δ ℃. 即是说, 明天的最高气温位于区间 $[a - \delta, a + \delta]$ 之中.

【概率论方式】　解答: ①粗糙方式不确定性的回答: 明天的最高气温是 ξ ℃, ξ 是随着明天出现不同气象条件取不同数值的变量. 简言之, ξ 是随机变量.

②严格方式 (用函数给出的不确定性回答): 认为实验 $\mathcal{E}$ 存在因果量化模型 $(\Omega, \mathcal{F}, P)$, 但无法表达出 $\Omega, \mathcal{F}, P$. 于是发出预报: "明天的最高气温是随机变量 ξ". 它是定义在 Ω 上的函数

$$\xi(\omega), \quad \omega \in \Omega$$

即是说, 最高气温 ξ 随不同气象条件 ω 的出现取不同的数值.

如何理解严格方式的答案? 第 6 章将论证, 概率空间 $(\Omega, \mathcal{F}, P)$ 上的这个数值指标 $\xi(\omega)$ 在随机局部 $\mathcal{F}$ 中划定出反映 "明天冷热情况" 的一个子随机局部 —— 事件 σ 域 $\sigma(\xi)$. 这个子局部 $\sigma(\xi)$ 产生出 "已知的" 因果量化模型 $(\Omega, \sigma(\xi), P)$. 这个 "已知" 的模型蕴含 $\xi(\omega)$ 的全部因果知识和出现规律. 这里, "已知" 的含义

是, 虽然 Ω 仍然未知, 但 $\sigma(\xi)$ 中的事件能一一列举, 用分布函数可以赋予概率测度 $P(A|\mathscr{C}), A \in \sigma(\xi)$. 因此, $\xi(\omega)$ 可以视为子随机局部 $\sigma(\xi)$ 的数学模型.

特别, 在子随机局部 $\sigma(\xi)$ 中事件 B "明天的最高气温位于区间 $[a - \delta, a + \delta]$ 之中" 有符号表达式

$$B = \{\omega \mid a - \delta \leqslant \xi(\omega) \leqslant a + \delta\} \stackrel{\text{def}}{=\!=\!=} \{a - \delta \leqslant \xi(\omega) \leqslant a + \delta\}$$

并且 $P(B|\mathscr{C}) \approx 1$, 即 B 是大概率事件. 换言之, 我们以大概率 $P(B|\mathscr{C}) \times 100\%$ 的把握断定事件 B 出现, 这个结论与【确定性方式】中②一致.

注: 同样的问题是, 在例 0.5.2 的天气预报 (实验 ε) 中试预报明天的最低气温? 类似的讨论得出, 答案是另一个随机变量 $\eta(\omega), \omega \in \Omega$. 显然, $\eta(\omega) \leqslant \xi(\omega)$; 用两个随机变量 $\xi(\omega)$ 和 $\eta(\omega)$ 能够更全面地反映出 "明天冷热情况" 这一随机局部.

从两个例题看出, 概率论回答问题的工具是概率空间和随机变量 (准确地说, 是随机变量产生的概率空间). 用这种方式给出的答案比确定性方式更符合实际情况 (见例 0.5.2); 而且可以回答确定性方式难以回答的问题 (见例 0.5.1).

《新概率论》把研究对象定位为现实世界中的随机局部和随机变量 (含随机变量族, 如随机向量, 随机过程, 随机场, 等等). 全书共十章, 分为三个板块.

第 1 个板块由前五章组成. 任务是首先建立随机宇宙的数学模型 —— 因果空间; 然后研究随机宇宙中一个又一个的随机局部, 建立它们的数学模型 —— 随机试验和概率空间; 最后探讨数学模型中的因果知识和出现规律, 形成概率论的基础理论.

第 2 个板块由第 6—8 章组成. 任务是应用概率空间这个基本工具研究现实世界中普遍存在的 "随不同机会取不同数值的" 变量 —— 随机变量 (含随机变量族), 建立随机变量和随机向量的基本理论; 并为无限随机变量族 (如随机过程, 随机场等) 的研究做准备工作.

第 3 个板块由第 9, 10 章组成. 第 9 章引进特征函数这一新研究工具. 第 10 章讨论独立随机变量和的极限性质, 得到大数定理和中心极限定理. 这两类极限定理发现, 在大量的随机现象中存在非常隐蔽、非常深刻的出现规律, 因此它们成为古典概率论中的最高成就.

第 1 章　因果空间 —— 随机宇宙中前因后果的数学模型

在绪论中我们引入随机事件的概念, 总结出概率论的两条基本原理如下.

概率论原理 I　随机事件只有通过它与其他事件之间的联系才能被认识, 被理解.

概率论原理 II　在合理划定的 (或给定的) 条件下, 某随机事件出现的可能性大小能用 $[0,1]$ 中唯一的实数 p 表达.

原理 I 指引我们建立随机宇宙的数学模型 —— 因果空间 (第 1 章), 以及随机局部的因果模型 —— 随机试验 (第 2 章). 原理 II 产生应用中的随机试验, 并在其上赋予概率测度, 得到随机局部的因果量化模型 —— 概率空间 (第 3, 4, 5 章). 第 1, 2 章是随机事件的定性研究, 因为这两章只关心事件出现或不出现性质中蕴含的知识和规律. 定性研究为今后的定量研究奠定牢固的基础.

1.1　随机事件和因果推理法

随机事件 (简称为事件) 是概率论中唯一的原始概念. 它是一个不能定义的, 作为研究起点的概念. 事件只能用列举或描述的方式给出, 如同 0.1 节中那样地列举或描述 (参看 0.1 节中的 1)—10)).

一个事件被描述清楚, 或被 "定义" 的标志是: 人们能够判定该事件或者处于出现状态, 或者处于不出现状态, 并且二者必居其一.

1.1.1　符号化研究方法

通常, 人们用 $A, B, C, \varnothing, X, \Omega, A_i, A_\alpha (i = 1, 2, \cdots; \alpha \in J, J$ 为指标集) 等字母表示事件. 字母 A 既代表某个事件, 又表示该事件处于出现状态.

由于概率论不涉及事件的具体内容, 所以孤立地谈论一个事件, 事件便成为无法理解的对象. 事件只有通过它与其他事件之间的联系才能被认识, 被理解 (概率论原理 I). 因此, 概率论要做的第一件事情是把所有的事件归并在一起. 用 $\mathcal{U}$ 表示所有事件组成的集合, 即

$$\mathcal{U} = \{A | A \text{ 为事件}\} \tag{1.1.1}$$

今后, 用英文大写草体字母 $\mathcal{A}, \mathcal{B}, \mathcal{C}, \mathcal{F}, \cdots$ 表示 $\mathcal{U}$ 的子集, 即一部分事件组成的集合.

概率论要做的第二件事情是找出事件之间最本质的、最基本的联系. 本节找到六种最基本的联系, 并用数学符号 "$=, \subset, -, \cup, \cap, \backslash$" 分别表示这六种联系.

于是, 用语言和文字叙述的概率论命题和内容可以用字母和数学符号组成的符号式表达 (例如, 式 (1.1.1)). 反之, 一些字母和数学符号组成的符号串可能无意义, 可能是符号式. 掌握概率论非常关键的一步是, 把语言表达的命题和内容转换 (即翻译) 为符号式; 反之, 用语言和文字陈述 (即翻译) 出符号式的现实内容.

符号化方法之所以必须, 理由有四:

1) 简单的符号式能够代表丰富的现实内容. 我们只要想想微积分学中的符号式 $y = f(x), \lim\limits_{x \to a} f(x), f'(x), \int_a^b f(x)\mathrm{d}x, F = m\ddot{x}(t), \cdots$, 就能接受这个结论.

2) 用概念和符号式进行思维是科学的基本方法. 事实上, 如果把概念和符号式的内容用语言叙述往往需要长篇大论, 费时费力, 使得思维停顿, 无法展开.

3) 符号式的演算既简单方便, 又能保证正确. 原因是, 由一些符号式推出一个新符号式时只需按几条简单的推理规则进行, 不必涉及符号式的现实内容. 如果把推理规则和符号式改为语言叙述, 往往过于复杂而出现混乱, 产生推理错误.

4) 符号化方法正在成为生活中的常识. 例如, 计算机的使用者必须把语言转换成符号式 —— 键盘上的一串符号; 计算机则把输入的符号式进行演绎、推理, 得到显示器上的文字或图形, 进行所谓的人机交流.

总之, 语言和符号式的翻译工作贯穿概率论学习和应用的全过程. 掌握得越熟练学习就越顺利.

1.1.2 事件的相等与包含

事件之间存在什么样的联系呢? 最基本的一种联系是: "事件 A 出现时事件 B 必出现; 反之, 事件 B 出现时事件 A 必出现". 从 "出现" 的角度看, 事件 A 和 B 并没有什么不同, 因此可以视为一个事件. 由此抽象出如下定义.

定义 1.1.1 设 A, B 是两个任意的事件. 如果 "A 出现时 B 必出现; 反之, B 出现时 A 必出现", 那么称事件 A 和 B 相等, 记为

$$A = B \tag{1.1.2}$$

读为 "A 等于 B", 并称 "$=$" 为等号.

为了更细致地刻画相等关系, 再引进一种关系.

定义 1.1.2 设 A, B 是两个任意的事件. 如果 "A 出现时 B 必出现", 则称 A 为 B 的子事件. 记为

$$A \subset B \quad \text{或} \quad B \supset A \tag{1.1.3}$$

分别读为 "A 包含在 B 内" 和 "B 包含 A", 并称 "$\subset$" 和 "$\supset$" 为包含号.

特别, 当 $A \subset B$ 且 $A \neq B$ 时称 A 是 B 的真子事件. 这时把 "$A \subset B$" 读为 "A 真包含在 B 内".[①]

命题 1.1.1　设 A, B 是事件, 那么 $A = B$ 当且仅当 $A \subset B$ 且 $B \subset A$.

证明　结论是定义 1.1.1 和定义 1.1.2 的直接推论. ■

命题 1.1.2　包含关系具有性质:

i) **自反性**　$A \subset A$;

ii) **传递性**　若 $A \subset B$ 且 $B \subset C$, 则 $A \subset C$(包含三段论).

证明　i) 由于 "A 出现时 A 必出现", 故 $A \subset A$ 成立.

ii) 因为 "A 出现时 B 必出现 (由 $A \subset B$ 得出), B 出现时 C 必出现 (由 $B \subset C$ 得出)", 所以 "A 出现时 C 必出现 (形式逻辑中的三段演论)". 得证 $A \subset C$. ■

命题 1.1.3　相等关系具有性质:

i) **自反性**　$A = A$;

ii) **对称性**　若 $A = B$, 则 $B = A$;

iii) **传递性**　若 $A = B$ 且 $B = C$, 则 $A = C$(等价三段论).

证明　i) 由于 "A 出现时 A 必出现, 反之也对" 成立, 翻译为符号式是 $A = A$.

ii) $A = B$ 表示 "A 出现时 B 必出现; 反之, B 出现时 A 必出现". 引号中文字叙述等价于 "B 出现时 A 必出现; 反之, A 出现时 B 必出现", 得证 $B = A$.

iii) 由于 "A 出现时 B 必出现 (由 $A = B$ 得出), B 出现时 C 必出现 (由 $B = C$ 得出)", 所以 "A 出现时 C 必出现", 得证 $A \subset C$. 另一方面, 由于 "C 出现时 B 必出现 (由 $C = B$ 得出), B 出现时 A 必出现 (由 $B = A$ 得出)", 故 "C 出现时 A 必出现", 得证 $C \subset A$. 联合所证的两个包含式即得 $A = C$(命题 1.1.1). ■

这是概率论最早遇到的三个命题, 我们给出了详细的证明. 证明的实质是, 用 "事件" 和 "出现" 进行逻辑推理. 我们把这个方法命名为因果推理法. 因果推理法是概率论独有的思维方式和证明方法. 在本节和下节中将用因果推理法证明许多的命题和三个运算规则. 由于这些命题和规则在今后的研究中高频率地、默默地 (即不指明哪个命题被使用) 被引用, 因此要求读者不仅会证明, 而且要牢记它们.

定义 1.1.1 和定义 1.1.2 虽然貌似平凡, 但它们的内涵十分丰富. 两个定义不仅产生出无数的含有等号或包含号的符号式, 而且蕴含概率论特有的证明方法 —— 因果推理法. 命题 1.1.2 和命题 1.1.3 的证明是因果推理法的一个展示.

例 1.1.1　向桌面掷一颗骰子的游戏中, $A_i, B_i, C_i(i = 1, 2)$ 表示下列 6 个事件:

A_1 : 出现 1 点;　　　A_2 : 出现 2 点;

---

① 有的书籍用 "$\subset$" 表示真包含号; 用 "$\subseteq$" 表示包含号.

B_1: 出现奇数点; $\qquad$ B_2: 出现 1 点, 3 点, 5 点中的一个;

C_1: 出现偶数点; $\qquad$ C_2: 出现 2 点, 4 点, 6 点中的一个.

于是, 由相等和包含关系的定义得出:

i) $B_1 = B_2$; $C_1 = C_2$.

ii) $A_1 \subset B_1$; $A_2 \subset C_1$.

iii) A_1 不包含 A_2, A_2 也不包含 A_1; A_1 不包含 B_1, 也不包含 C_1; 等等.

例 1.1.2 在猜测某只灯泡使用寿命的游戏中, 令 $\alpha \geqslant 0$, $\beta \geqslant 0$,

F_α 表示 "使用寿命超过 α 小时" 这一事件;

G_β 表示 "使用寿命不超过 β 小时" 这一事件;

$H_{\alpha\beta}$ 表示 "使用寿命超过 α 小时, 不超过 β 小时" 这一事件.

那么, 由包含关系的定义得出:

i) $H_{\alpha\beta} \subset F_\alpha$, $H_{\alpha\beta} \subset G_\beta$.

ii) 如果 $\alpha_1 > \alpha_2 > \cdots > \alpha_i > \cdots$ 且 $\alpha_i > 0 (i \geqslant 1)$, 则有

$$F_{\alpha_1} \subset F_{\alpha_2} \subset \cdots \subset F_{\alpha_i} \subset \cdots$$
$$G_{\alpha_1} \supset G_{\alpha_2} \supset \cdots \supset G_{\alpha_i} \supset \cdots$$

iii) F_α 不包含 G_β; G_β 也不包含 F_α; 等等.

例 1.1.3 试问: 例 1.1.1 中的事件是否为例 1.1.2 中的事件的子事件? 同样, 例 1.1.2 中事件是否为例 1.1.1 中事件的子事件?

解 不管例 1.1.1 中的事件是否出现, 例 1.1.2 中的事件照样可以出现或不出现. 因此, 例 1.1.1 中事件不是例 1.1.2 中事件的子事件. 同理, 例 1.1.2 中事件也不是例 1.1.1 中事件的子事件.

应当指出, 虽然例 1.1.1 中的事件和例 1.1.2 中的事件不存在包含关系, 更不存在相等关系, 但是它们之间仍然存在其他的关系. 例如, 它们之间可以进行下面引进的并、交、差运算.

1.1.3 补事件

事件之间除相等和包含关系外, 还存在什么样的联系呢? 在生活中人们经常说: "事件 A 出现" "事件 A 不出现" "事件 A 和 B 中至少有一个出现" "事件 A 和 B 都出现" "事件 A 出现, 但事件 B 不出现", 等等. 以上常识正是事件之间最基本、最本质的联系. 我们将把这些常识抽象成四种关系, 产生出事件的四种数学运算.

定义 1.1.3 设 A 是事件, 那么 "A 不出现" 也是一个事件. 称新事件为 A 的对立事件, 或补事件, 简称为补; 记为 $\overline{A}$ 或 A^c.

事件的基本属性是: 它或者处于出现状态, 或者处于不出现状态, 并且二者必居其一. 由此得出"补"是相互的: B 是 A 的补, 则 A 也是 B 的补. 我们把这个结论写成如下的命题.

命题 1.1.4　对任意的事件 A, 成立等式

$$\overline{\overline{A}} = A \tag{1.1.4}$$

证明　由定义 1.1.3 得出, 事件 $\overline{\overline{A}}$ 出现当且仅当事件 $\overline{A}$ 不出现; 事件 $\overline{A}$ 不出现当且仅当事件 A 出现. 由此得出, 事件 $\overline{\overline{A}}$ 出现当且仅当事件 A 出现, 式 (1.1.4) 得证. ■

命题 1.1.5　设 A, B 是事件, 那么

i) $A \subset B$ 当且仅当 $\overline{A} \supset \overline{B}$;

ii) $A = B$ 当且仅当 $\overline{A} = \overline{B}$.

证明　i) $A \subset B$ 表示"事件 A 出现时 B 必出现"这一结论. 此结论等价于"B 不出现时 A 必不出现". 应用补事件的概念, 后者可叙述为"$\overline{B}$ 出现时 $\overline{A}$ 必出现", 即 $\overline{B} \subset \overline{A}$. 结论 i) 得证.

ii) 结论由已证的 i) 和命题 1.1.1 直接推出. ■

正如"字母 A 代表事件, 并表示该事件处于出现状态"一样, 定义 1.1.3 说, "符号 $\overline{A}$ 代表事件, 并表示该事件 (指 $\overline{A}$) 处于出现状态, 即事件 A 处于不出现状态".

1.1.4　并事件和交事件

1. 两个事件的并和交

定义 1.1.4　设 A, B 是事件, 那么"A 和 B 至少有一个事件出现"也是一个事件. 称新事件为 A 与 B 的并事件, 简称为并, 记为 $A \cup B$.

定义 1.1.5　设 A, B 是事件, 那么"A 和 B 皆出现"也是一个事件. 称新事件为 A 与 B 的交事件, 简称为交, 记为 $A \cap B$, 简记为 AB.

在例 1.1.1—例 1.1.3 中我们有

1) $A_1 \cup A_2$ 表示事件"出现 1 点或 2 点"; $A_1 \cap A_2$ 表示事件"1 点和 2 点皆出现".

2) $A_1 \cup B_1$ 表示事件"1 点和奇数点中至少有一个出现". 显然, 这个并事件就是事件"奇数点出现."由此推出 $A_1 \cup B_1 = B_1$.

$A_1 \cap B_1$ 表示事件"1 点和奇数点皆出现". 显然, 这个交事件就是事件"1 点出现". 由此推出 $A_1 \cap B_1 = A_1$.

3) $F_\alpha \cup F_\beta$ 表示事件"使用寿命超过 α 小时和超过 β 小时中至少有一个事件出现". 显然, 这个并事件是"使用寿命超过 $\min(\alpha, \beta)$ 小时"这一事件. 由此推出 $F_\alpha \cup F_\beta = F_{\min(\alpha, \beta)}$.

$F_\alpha \cap F_\beta$ 表示事件 "使用寿命超过 α 小时和 β 小时同时出现". 显然, 这个交事件是 "使用寿命超过 $\max(\alpha, \beta)$ 小时" 这一事件. 由此推出 $F_\alpha \cap F_\beta = F_{\max(\alpha,\beta)}$.

4) $F_\alpha \cup G_\beta$ 表示事件 "使用寿命超过 α 小时和不超过 β 小时中至少有一个事件出现".

$F_\alpha \cap G_\beta$ 表示事件 "使用寿命超过 α 小时和不超过 β 小时同时出现". 显然, 当 $\alpha < \beta$ 时这个交事件是 $H_{\alpha\beta}$. 由此推出 $F_\alpha \cap G_\beta = H_{\alpha\beta}$.

5) $A_1 \cup F_\alpha$ 表示事件 "骰子掷出 1 点和灯泡的使用寿命超过 α 小时中至少有一个事件出现".

$A_1 \cap F_\alpha$ 表示事件 "骰子掷出 1 点和灯泡的使用寿命超过 α 小时同时出现".

2. n 个和可列个事件的并和交

用 I 代表指标集 $\{1, 2, \cdots, n\}$ 或 $\{1, 2, \cdots, n, \cdots\}$, 前者含 n 个元素, 后者含可列个元素.

定义 1.1.6 设 $A_i (i \in I)$ 是有限个或可列个事件, 那么 "诸 $A_i (i \in I)$ 中至少有一个事件出现" 也是一个事件. 称新事件为诸 $A_i (i \in I)$ 的并事件, 简称为并, 记为 $\bigcup\limits_{i \in I} A_i$.

特别, 当 $I = \{1, 2, \cdots, n\}$ 时称 $\bigcup\limits_{i \in I} A_i$ 为有限并, 也记为 $\bigcup\limits_{i=1}^{n} A_i$, 或 $A_1 \cup A_2 \cup \cdots \cup A_n$; 当 $I = \{1, 2, \cdots, n, \cdots\}$ 时称 $\bigcup\limits_{i \in I} A_i$ 为可列并, 或 σ 并, 也记为 $\bigcup\limits_{i=1}^{\infty} A_i$, 或 $A_1 \cup A_2 \cup A_3 \cup \cdots$.

定义 1.1.7 设 $A_i (i \in I)$ 是有限个或可列个事件, 那么 "诸 $A_i (i \in I)$ 皆出现" 也是一个事件. 称新事件为诸 $A_i (i \in I)$ 的交事件, 简称为交, 记为 $\bigcap\limits_{i \in I} A_i$.

特别, 当 $I = \{1, 2, \cdots, n\}$ 时称 $\bigcap\limits_{i \in I} A_i$ 为有限交, 也记为 $\bigcap\limits_{i=1}^{n} A_i$, 或 $A_1 \cap A_2 \cap \cdots \cap A_n$, 简记为 $A_1 A_2 \cdots A_n$. 当 $I = \{1, 2, \cdots, n, \cdots\}$ 时称 $\bigcap\limits_{i \in I} A_i$ 为可列交, 或 σ 交, 也记为 $\bigcap\limits_{i=1}^{\infty} A_i$, 或 $A_1 \cap A_2 \cap A_3 \cap \cdots$, 简记为 $A_1 A_2 A_3 \cdots$.

在例 1.1.2 中设 $r_1, r_2, \cdots, r_n, \cdots$ 是可列个非负实数. 我们有 (续):

6) $\bigcup\limits_{i=1}^{n} F_{r_i}$ 表示 "使用寿命超过 $r_i (i = 1, 2, \cdots, n)$ 小时中至少有一个出现" 这一事件. 显然, 新事件等于事件 "使用寿命超过 $\min\{r_1, r_2, \cdots, r_n\}$ 小时". 由此推出 $\bigcup\limits_{i=1}^{n} F_{r_i} = F_{\min\{r_1, r_2, \cdots, r_n\}}$.

$\bigcap\limits_{i=1}^{n} F_{r_i}$ 表示事件 "使用寿命超过 $r_i(i = 1, 2, \cdots, n)$ 小时皆出现". 显然, 新

事件等于 "使用寿命超过 $\max\{r_1, r_2, \cdots, r_n\}$ 小时" 这一事件. 由此推出 $\bigcap\limits_{i=1}^{n} F_{r_i} = F_{\max\{r_1, r_2, \cdots, r_n\}}$.

7) $\bigcup\limits_{i=1}^{\infty} F_{r_i}$ 表示 "使用寿命超过 $r_i(i \geqslant 1)$ 小时中至少有一个出现" 这一事件.

显然, 这个并等于事件 "使用寿命超过 $\inf\{r_i | i \geqslant 1\}$ 小时". 由此推出 $\bigcup\limits_{i=1}^{\infty} F_{r_i} = F_{\inf\{r_i | i \geqslant 1\}}$.

$\bigcap\limits_{i=1}^{\infty} F_{r_i}$ 表示 "使用寿命超过 r_i 小时皆出现" 这一事件. 显然, 这个交等于事件

"使用寿命超过 $\sup\{r_i | i \geqslant 1\}$ 小时". 由此推出 $\bigcap\limits_{i=1}^{\infty} F_{r_i} = F_{\sup\{r_i | i \geqslant 1\}}$.

命题 1.1.6　设 A, B 是事件, 那么下列四个结论等价:

i) $A \subset B$;　ii) $\overline{B} \subset \overline{A}$;　iii) $A \cup B = B$;　iv) $A \cap B = A$.

证明　命题 1.1.5 已证 i) 和 ii) 等价.

i)⇒iii)　由并的定义得出, $A \cup B$ 出现时 A 和 B 中至少有一个出现. 假设 i) 保证, A 出现时 B 一定出现. 由此推出, 在假设 i) 下 $A \cup B$ 出现时 B 一定出现, 得证 $A \cup B \subset B$.

现在, 由并的定义得出 $B \subset A \cup B$. 联合两个包含式得证 iii) 成立.

iii)⇒i)　显然 $A \subset A \cup B$. 因此, 若 iii) 成立, 则 i) 也成立.

于是证明了 i) 和 iii) 等价. 类似地可证 i) 和 iv) 等价.　■

1.1.5　差事件

定义 1.1.8　设 A, B 是事件, 那么 "A 出现但 B 不出现" 也是一个事件. 称新事件为 A 与 B 的差事件, 简称为差, 记为 $A \backslash B$.

在例 1.1.1—例 1.1.3 中有 (再续):

8) $B_1 \backslash A_1$ 表示 "出现奇数点但 1 点不出现" 这一事件.

$C_1 \backslash A_1$ 表示 "出现偶数点但 1 点不出现" 这一事件. 显然, 这个差事件等于事件 "出现偶数点", 即 $C_1 \backslash A_1 = C_1$.

9) 设 $\alpha < \beta$, 那么 $F_\alpha \backslash F_\beta$ 表示事件 "使用寿命超过 α 小时但不超过 β 小时". 显然 $F_\alpha \backslash F_\beta = H_{\alpha\beta}$.

设 $\alpha > \beta$, 那么 $G_\alpha \backslash G_\beta$ 表示事件 "使用寿命不超过 α 小时但超过 β 小时". 显然 $G_\alpha \backslash G_\beta = H_{\beta\alpha}$.

10) $A_1 \backslash F_\alpha$ 表示 "骰子出现 1 点, 且灯泡寿命超过 α 小时不出现" 这一事件.

命题 1.1.7　设 A, B 是任意的事件, 那么

$$A \backslash B = A\overline{B} \tag{1.1.5}$$

证明 应用补事件的定义得出, "A 出现但 B 不出现"等价于"A 出现且 $\overline{B}$ 出现". 式 (1.1.5) 正是这个等价关系的符号式, 结论得证. ∎

以上介绍了事件的两种关系和四种数学运算. 我们约定, 在一个符号式中四种运算的顺序为: 先进行补运算, 再进行交运算, 最后进行并或差运算.

1.1.6 例题

符号式和语言的翻译工作时时刻刻都要进行. 现在用几个例题练习这项工作, 并顺便介绍事件序列的上、下极限.

例 1.1.4 设 A, B, C 是事件, 试用符号式表达下列事件:

1) A, B, C 中至少有一个事件出现;

2) 事件 A 和 B 皆出现, 但 C 不出现;

3) 事件 A 出现, 但 B 和 C 皆不出现;

4) A, B, C 皆出现;

5) A, B, C 皆不出现;

6) A, B, C 中不多于 1 个出现;

7) A, B, C 中不多于两个出现;

8) A, B, C 中至少有两个出现;

9) A, B, C 中恰有两个出现.

解 这九个事件的符号式分别为: 1) $A \cup B \cup C$; 2) $AB\overline{C} = (AB)\backslash C$; 3) $A\overline{BC}$; 4) ABC; 5) $\overline{A}\,\overline{B}\,\overline{C}$; 6) $\overline{A}\,\overline{B}\,\overline{C} \cup A\overline{B}\,\overline{C} \cup \overline{A}B\overline{C} \cup \overline{A}\,\overline{B}C$; 7) $D \cup AB\overline{C} \cup A\overline{B}C \cup \overline{A}BC$, 其中 D 为 6) 中的事件; 8) $ABC \cup AB\overline{C} \cup A\overline{B}C \cup \overline{A}BC$; 9) $AB\overline{C} \cup A\overline{B}C \cup \overline{A}BC$.

例 1.1.5 设 A, B, C, D 是事件. 试用语言表达下列事件: 1) $A \cup \overline{B}$; 2) $\overline{A} \cap \overline{B}$; 3) $AB\backslash C$; 4) $\overline{A \cup B}\backslash C$; 5) $AB\backslash CD$.

解 1) $A \cup \overline{B}$ 表示"A 出现和 B 不出现中至少有一个事件出现"这一事件;

2) $\overline{A} \cap \overline{B}$ 表示"A 不出现和 B 不出现同时发生"这一事件;

3) $AB\backslash C$ 表示"A 与 B 皆出现, 但 C 不出现"这一事件;

4) $\overline{A \cup B}\backslash C$ 表示事件"'A 与 B 中至少有一个出现这一事件' 不出现, 并且事件 C 也不出现";

5) $AB\backslash CD$ 表示事件"A, B 皆出现, 但 'C, D 皆出现' 这一事件不发生".

例 1.1.6 向坐标直线随意地扔一个质点. 用 $[a, b]$ 表示事件"质点落在区间 $[a, b]$ 内", 设

$$A = [0, 1]; \quad B = \left[\frac{1}{4}, \frac{3}{4}\right]; \quad C = \left[0, \frac{1}{2}\right]$$

试用语言表达下列事件: 1) $\overline{A}$; 2) $B \cup C$; 3) $B \cap C$; 4) $B\backslash C$; 5) $A\backslash (BC)$.

解 1) $\overline{A}$ 表示事件"质点没有落在区间 $[0, 1]$ 内".

2) $B \cup C$ 表示事件"质点落在区间 $\left[\frac{1}{4}, \frac{3}{4}\right]$ 或 $\left[0, \frac{1}{2}\right]$ 内". 显然, $B \cup C$ 等于事件"质点落在区间 $\left[0, \frac{3}{4}\right]$ 内".

3) $B \cap C$ 表示事件"质点同时落在两个区间 $\left[\frac{1}{4}, \frac{3}{4}\right]$ 和 $\left[0, \frac{1}{2}\right]$ 内". 显然, $B \cap C$ 表示事件"质点落在区间 $\left[\frac{1}{4}, \frac{1}{2}\right]$ 内"

4) $B \backslash C$ 表示事件"质点落在区间 $\left[\frac{1}{4}, \frac{3}{4}\right]$ 内但不落在 $\left[0, \frac{1}{2}\right]$ 内". 显然 $B \backslash C$ 等于事件"质点落在区间 $\left(\frac{1}{2}, \frac{3}{4}\right]$ 内".

5) $A \backslash BC$ 表示"质点落在区间 $[0, 1]$ 内但不在区间 $\left[\frac{1}{4}, \frac{1}{2}\right]$ 内". 这里应用了 3) 的结论.

例 1.1.7　给定事件序列 $A_1, A_2, \cdots, A_n, \cdots$. 试用语言表达下列两个事件:
i) $\bigcup\limits_{n=1}^{m} \bigcap\limits_{i=n}^{\infty} A_i$;　ii) $\bigcup\limits_{n=1}^{\infty} \bigcap\limits_{i=n}^{\infty} A_i$.

解　i) 由并的定义得出, $\bigcup\limits_{n=1}^{m} \bigcap\limits_{i=n}^{\infty} A_i$ 表示事件"在 $1, 2, \cdots, m$ 中至少存在一个 j 使得事件 $\bigcap\limits_{i=j}^{\infty} A_i$ 出现". 再由交的定义得出, $\bigcup\limits_{n=1}^{m} \bigcap\limits_{i=n}^{\infty} A_i$ 表示事件"在 $1, 2, \cdots, m$ 中至少存在一个 j, 使得可列个事件 $A_j, A_{j+1}, \cdots$ 皆出现".

ii) 在 i) 中令 $m \to \infty$ 得出, $\bigcup\limits_{n=1}^{\infty} \bigcap\limits_{i=n}^{\infty} A_i$ 表示事件"存在正整数 j, 使得可列个事件 $A_j, A_{j+1}, \cdots$ 皆出现".

例 1.1.8　给定事件序列 $A_1, A_2, \cdots, A_n, \cdots$. 试用语言表达下列两个事件:
i) $\bigcap\limits_{n=1}^{m} \bigcup\limits_{i=n}^{\infty} A_i$;　ii) $\bigcap\limits_{n=1}^{\infty} \bigcup\limits_{i=n}^{\infty} A_i$.

解　i) 由交的定义得出, $\bigcap\limits_{n=1}^{m} \bigcup\limits_{i=n}^{\infty} A_i$ 表示事件"m 个事件 $\bigcup\limits_{i=1}^{\infty} A_i, \bigcup\limits_{i=2}^{\infty} A_i, \cdots, \bigcup\limits_{i=m}^{\infty} A_i$ 皆出现". 容易证明 (用因果推理法)

$$\bigcup\limits_{i=1}^{\infty} A_i \supset \bigcup\limits_{i=2}^{\infty} A_i \supset \cdots \supset \bigcup\limits_{i=m}^{\infty} A_i$$

应用命题 1.1.6 得出

$$\bigcap\limits_{n=1}^{m} \bigcup\limits_{i=n}^{\infty} A_i = \bigcup\limits_{i=m}^{\infty} A_i$$

于是, $\bigcap\limits_{n=1}^{m} \bigcup\limits_{i=n}^{\infty} A_i$ 表示事件"可列个事件 $A_m, A_{m+1}, \cdots$ 中至少有一个事件出现".

ii) $\bigcap\limits_{n=1}^{\infty} \bigcup\limits_{i=n}^{\infty} A_i$ 表示"可列个事件 $\bigcup\limits_{i=1}^{\infty} A_i, \bigcup\limits_{i=2}^{\infty} A_i, \cdots, \bigcup\limits_{i=m}^{\infty} A_i, \cdots$ 皆出现"这一事

件. 应用已证的 i) 得出, $\bigcap\limits_{n=1}^{\infty} \bigcup\limits_{i=n}^{\infty} A_i$ 表示事件 "对任意的正整数 m, 可列个事件 $A_m, A_{m+1}, \cdots$ 中至少有一个事件出现".

命题 1.1.8 给定事件序列 $A_1, A_2, \cdots, A_n, \cdots$. 定义下列两个事件:

$$\liminf_{n\to\infty} A_n = \text{"在事件序列 } A_n, n \geqslant 1 \text{ 中, 存在}$$

$$\text{正整数 } j, \text{使得可列个事件 } A_j, A_{j+1} \cdots \text{皆出现" 这一事件}$$

$$\limsup_{n\to\infty} A_n = \text{"在事件序列 } A_n, n \geqslant 1 \text{ 中, 存在子序列}$$

$$A_{k_1}, A_{k_2}, A_{k_3}, \cdots, \text{使得子序列中的事件皆出现" 这一事件}$$

那么成立

i) $\liminf\limits_{n\to\infty} A_n \subset \limsup\limits_{n\to\infty} A_n$;

ii) $\liminf\limits_{n\to\infty} A_n = \bigcup\limits_{n=1}^{\infty} \bigcap\limits_{i=n}^{\infty} A_i$;

iii) $\limsup\limits_{n\to\infty} A_n = \bigcap\limits_{n=1}^{\infty} \bigcup\limits_{i=1}^{\infty} A_i$.

证明 i) 由两个事件的定义直接推出; ii) 由例 1.1.7 推出; 下证 iii).

为叙述方便, 记 $B = \limsup\limits_{n\to\infty} A_n$. 由例 1.1.8 得出 $B \subset \bigcap\limits_{n=1}^{\infty} \bigcup\limits_{i=n}^{\infty} A_i$. 下证反包含式成立. 事实上, 如果事件 $\bigcap\limits_{n=1}^{\infty} \bigcup\limits_{i=n}^{\infty} A_i$ 出现, 则 $\bigcup\limits_{i=1}^{\infty} A_i$ 出现, 故可列个事件 $A_i, i \geqslant 1$ 中存在正整数 k_1 使得 A_{k_1} 出现. 现在, $\bigcap\limits_{n=1}^{\infty} \bigcup\limits_{i=n}^{\infty} A_i$ 出现也推出 $\bigcup\limits_{i=k_1+1}^{\infty} A_i$ 出现, 故可列个事件 $A_{k_1+1}, A_{k_1+2}, \cdots$ 中存在正整数 $k_2(> k_1)$ 使得 A_{k_2} 出现. 依次类推, 如果 $\bigcap\limits_{n=1}^{\infty} \bigcup\limits_{i=n}^{\infty} A_i$ 出现, 则存在子序列 $A_{k_1}, A_{k_2}, \cdots$ 使得所有的事件 $A_{k_i}(i \geqslant 1)$ 皆出现, 故事件 B 出现. 得证 $\bigcap\limits_{n=1}^{\infty} \bigcup\limits_{i=n}^{\infty} A_i \subset B$. ■

在概率论中称 $\liminf\limits_{n\to\infty} A_n$ 为事件序列 $A_n, n \geqslant 1$ 的下极限; 称 $\limsup\limits_{n\to\infty} A_n$ 为上极限. 如果 $\liminf\limits_{n\to\infty} A_n = \limsup\limits_{n\to\infty} A_n$, 则称它为事件序列 $A_n, n \geqslant 1$ 的极限, 记为 $\lim\limits_{n\to\infty} A_n$.

1.2 事件空间和符号演算法

定义 1.2.1 设 $\mathcal{U}$ 是所有事件组成的集合, 即

$$\mathcal{U} = \{A | A \text{ 为事件}\} \tag{1.2.1}$$

称 $\mathcal{U}$ 为事件空间, 如果在 $\mathcal{U}$ 中规定了 1.1 节引进的六种关系: 相等, 包含, 补, 并, 交, 差.

直观上, $\mathcal{U}$ 是宇宙中过去、现在、将来所有可能出现的事件组成的大集合, 这些事件通过六种关系联系在一起. 于是, 概率论认为随机宇宙就是事件空间 $\mathcal{U}$.

1.2.1　必然事件和不可能事件

0.1 节曾指出, 现实中的现象在广义上都是随机的, 绝对的确定性现象是不存在的. 这是否意味着 $\mathcal{U}$ 中不存在必然会出现的现象? 答案是否定的. 由于在 $\mathcal{U}$ 中引进了非常抽象的补事件, 导致 $\mathcal{U}$ 中产生出两个确定性现象.

引理 1.2.1　设 A 是 $\mathcal{U}$ 中任意的事件, 那么

i) $A \cup \overline{A}$ 是一个必然会出现的事件;

ii) $A \cap \overline{A}$ 是一个必然不出现的事件.

证明　事件的基本属性是: 它或者处于出现状态, 或者处于不出现状态, 并且二者必居其一. 由补的定义得知, A 和 $\overline{A}$ 中有且只有一个事件出现. 于是, 由并的定义推出, $A \cup \overline{A}$ 是一个必然会出现的事件; 由交的定义推出, $A \cap \overline{A}$ 是一个必然不出现的事件. ∎

定义 1.2.2　设 A 是任意的事件, 那么

i) 称 $A \cup \overline{A}$ 为必然事件, 记为 X;

ii) 称 $A \cap \overline{A}$ 为不可能事件, 记为 $\varnothing$.

引理 1.2.2　必然事件 X 和不可能事件 $\varnothing$ 是唯一的. 换言之, X 和 $\varnothing$ 不依赖于事件 A 的选取.

证明　设 X^* 是另一个必然事件, 那么, X 出现时 X^* 也出现, 故 $X \subset X^*$; 同样, X^* 出现时 X 也出现, 故 $X^* \subset X$. 联合两个包含式得出 $X^* = X$ (引理 1.1.1), 得证必然事件 X 是唯一的. 同理可证, 不可能事件 $\varnothing$ 也是唯一的. ∎

下面几个命题给出事件 X 和 $\varnothing$ 的一些基本性质.

命题 1.2.1　设 X_1 和 ϕ_1 是两个事件, 那么

i) $X_1 = X$ 的必要充分条件是, 对任意的事件 A 成立 $A \subset X_1$;

ii) $\phi_1 = \varnothing$ 的必要充分条件是, 对任意的事件 A 成立 $\phi_1 \subset A$.

证明　i) 设 $X_1 = X$ 成立. 由于事件 A 出现时 X 必然出现, 故 $A \subset X = X_1$, 得证必要性. 反之, 设对任意的 $A \in \mathcal{U}$ 成立 $A \subset X_1$. 取 $A = X$ 得出 $X \subset X_1$, 由此推出 $X = X_1$, 得证充分性.

ii) 的证明类似, 从略. ∎

以上的命题和两个引理证明了事件空间 $\mathcal{U}$ 的一个特别重要的性质: 从包含关系的角度看, $\mathcal{U}$ 中存在唯一的 "最大元素" X, 它包含所有的事件; 也存在唯一的 "最小元素" $\varnothing$, 它被包含在所有的事件之中. 简言之, $\mathcal{U}$ 中所有的事件都是必然事件 X 的子事件; 而不可能事件 $\varnothing$ 是任何事件的子事件.

命题 1.2.2　$\overline{X} = \varnothing; \overline{\varnothing} = X$.

证明　注意到 X 是必然会出现的事件; $\varnothing$ 是必定不出现的事件. 故 X 不出现当且仅当 $\varnothing$ 出现, 其符号式为 $\overline{X} = \varnothing$; 同样, $\varnothing$ 不出现当且仅当 X 出现, 其符号式

为 $\overline{\varnothing} = X$.

命题 1.2.3 设 $A \in \mathcal{U}$, 那么 $\overline{A} = X \backslash A$.

证明 用 $\Leftrightarrow$ 表示"当且仅当". 我们有: $\overline{A}$ 出现 $\Leftrightarrow A$ 不出现 $\Leftrightarrow X$ 出现但 A 不出现 $\Leftrightarrow X \backslash A$ 出现. 得证 $\overline{A} = X \backslash A$.

命题 1.2.4 对任意的 $A \in \mathcal{U}$, 成立

i) $A \cup X = X; A \cap X = A;$

ii) $A \cup \varnothing = A; A \cap \varnothing = \varnothing.$

结论显然, 证明由读者完成.

命题 1.2.5 在事件空间 $\mathcal{U}$ 中, 有限并、有限交分别是可列并和可列交的特例.

证明 设有限并是 $\bigcup\limits_{i=1}^{n} A_i$. 当 $i \geqslant n+1$ 时令 $A_i = \varnothing$. 应用命题 1.2.4 得出

$$\bigcup_{i=1}^{n} A_i = \bigcup_{i=1}^{\infty} A_i \tag{1.2.2}$$

同样, 设有限交是 $\bigcap\limits_{i=1}^{n} A_i$. 当 $i \geqslant n+1$ 时令 $A_i = X$. 应用命题 1.2.4 得出

$$\bigcap_{i=1}^{n} A_i = \bigcap_{i=1}^{\infty} A_i \tag{1.2.3}$$

命题得证.

1.2.2 并、交运算的 σ 交换–结合律

"并"和"交"不仅是用有限个, 也是用可列个事件产生新事件的运算. 因此, 运算遵守的法则应当反映出"可列无限多个"的特点.

由并和交的定义看出, 有限个或可列个事件 $A_i (i \in I)$ 可以按任意的顺序排列, 也可以先对一些事件进行并 (或交) 运算, 然后把得到的新事件和剩下的事件进行并 (或交) 运算. 下面的定律是这个结论的符号表达法.

定理 1.2.1(σ 交换–结合律) 设 I 是有限或可列指标集, 它有两个子集 I_1 和 I_2(允许 I_1 和 I_2 相交), 并且 $I = I_1 \cup I_2$[①]. 那么, 对任意的事件 $A_i (i \in I)$ 成立:

i) 并运算的 σ 交换–结合律

$$\bigcup_{i \in I} A_i = \left(\bigcup_{j \in I_1} A_j \right) \bigcup \left(\bigcup_{k \in I_2} A_k \right) \tag{1.2.4}$$

① 注意, 这是集合论中两个集合的并. 在概率论中事件的"相等、包含、补、并、交、差"与集合论中"相等、包含、补、并、交、差"有完全一样的称呼和数学符号. 这件事不是偶然的, 1.3 节中概率论第一基本定理将揭示这件事情的本质.

ii) 交运算的 σ 交换–结合律

$$\bigcap_{i\in I} A_i = \left(\bigcap_{j\in I_1} A_j\right)\bigcap\left(\bigcap_{k\in I_2} A_k\right) \tag{1.2.5}$$

证明　i) 假定事件 $\bigcup\limits_{i\in I} A_i$ 出现, 那么 I 中存在某 r 使得 A_r 出现. 由 $I = I_1\cup I_2$ 推出 r 至少属于 I_1 和 I_2 中的一个. 不妨设 $r\in I_1$, 于是事件 $\bigcup\limits_{j\in I_1} A_j$ 出现, 从而 $\left(\bigcup\limits_{j\in I_1} A_j\right)\cup\left(\bigcup\limits_{k\in I_2} A_k\right)$ 出现. 得证

$$\bigcup_{i\in I} A_i \subset \left(\bigcup_{j\in I_1} A_j\right)\cup\left(\bigcup_{k\in I_2} A_k\right)$$

反之, 假定事件 $\left(\bigcup\limits_{j\in I_1} A_j\right)\bigcup\left(\bigcup\limits_{k\in I_2} A_k\right)$ 出现. 这时两个事件 $\bigcup\limits_{j\in I_1} A_j$ 和 $\bigcup\limits_{k\in I_2} A_k$ 中至少有一个出现. 不妨设 $\bigcup\limits_{j\in I_1} A_j$ 出现, 那么 I_1 中存在元素 r 使得 A_r 出现. 注意到 $I = I_1\bigcup I_2$, 故 $r\in I$ 和事件 $\bigcup\limits_{i\in I} A_i$ 出现. 得证

$$\left(\bigcup_{j\in I_1} A_j\right)\bigcup\left(\bigcup_{k\in I_2} A_k\right) \subset \bigcup_{i\in I} A_i$$

联合两个所证的包含式即得 (1.2.4).

ii) 的证明类似, 留给读者完成. ■

推论　并、交运算具有性质:

i) **幂等律**　$A\cup A = A$; $A\cap A = A$.

ii) **交换律**　$A\cup B = B\cup A$; $A\cap B = B\cap A$.

iii) **结合律**　$(A\cup B)\cup C = A\cup(B\cup C)$; $(A\cap B)\cap C = A\cap(B\cap C)$.

1.2.3　并、交运算的 σ 分配律

定理 1.2.2 (σ 分配律)　设 I 是有限或可列指标集, B 和 $A_i(i\in I)$ 是任意的事件, 那么成立

i) 并的 σ 分配律

$$\left(\bigcap_{i\in I} A_i\right)\cup B = \bigcap_{i\in I}(A_i\bigcup B) \tag{1.2.6}$$

ii) 交的 σ 分配律

$$\left(\bigcup_{i\in I} A_i\right)\cap B = \bigcup_{i\in I}(A_i\bigcap B) \tag{1.2.7}$$

证明 先证 ii). 用 ⇔ 表示当且仅当, 我们有

$$\left(\bigcup_{i\in I} A_i\right)\bigcap B\text{出现} \Leftrightarrow \bigcup_{i\in I} A_i\text{出现且}B\text{出现}$$

$$\Leftrightarrow \text{存在}I\text{中元素}r,\text{使得}A_r\text{出现且}B\text{出现}$$

$$\Leftrightarrow \text{存在}I\text{中元素}r,\text{使得}A_r\bigcap B\text{出现}$$

$$\Leftrightarrow \bigcup_{i\in I}(A_i\bigcap B)\text{出现}$$

得证 (1.2.7) 成立.

再证 i). 假定 $\left(\bigcap_{i\in I} A_i\right)\bigcup B$ 出现, 那么两个事件 $\left(\bigcap_{i\in I} A_i\right)$ 和 B 中至少有一个出现. 情况 a): 如果 B 出现, 则事件 $A_i\bigcup B(i\in I)$ 出现, 于是, $\bigcap_{i\in I}(A_i\bigcup B)$ 出现; 情况 b): 如果 $\bigcap_{i\in I} A_i$ 出现, 则对所有的 $i\in I$, 诸事件 $A_i(i\in I)$ 皆出现. 由此推出诸事件 $A_i\bigcup B(i\in I)$ 皆出现, 故 $\bigcap_{i\in I}(A_i\bigcup B)$ 出现. 联合情况 a) 和 b), 得证

$$\left(\bigcap_{i\in I} A_i\right)\bigcup B\subset \bigcap_{i\in I}(A_i\bigcup B)$$

另一方面, 假定 $\bigcap_{i\in I}(A_i\bigcup B)$ 出现, 那么对所有的 $i\in I$, 诸事件 $A_i\cup B(i\in I)$ 皆出现. 情况 α): 事件 B 不出现. 这时对所有的 $i\in I$, 诸事件 $A_i(i\in I)$ 必须出现, 故事件 $\bigcap_{i\in I} A_i$ 出现. 由此推出 $\left(\bigcap_{i\in I} A_i\right)\bigcap B$ 出现; 情况 β): 事件 B 出现. 这时事件 $(\bigcap_{i\in I} A_i)\cup B$ 必出现. 联合情况 α) 和 β) 得证

$$\bigcap_{i\in I}(A_i\bigcap B)\subset \left(\bigcap_{i\in I} A_i\right)\bigcup B$$

最终, 联合两个所证的包含式得出 (1.2.6). 定理得证. ∎

推论 并、交运算具有性质:
i) **并分配律** $(A\cap B)\cup C=(A\cup C)\cap(B\cup C)$.
ii) **交分配律** $(A\cup B)\cap C=(A\cap C)\cup(B\cap C)$.

1.2.4 de Morgan 律

定理 1.2.3 (de Morgan 律) 设 I 是有限或可列指标集, $A_i(i\in I)$ 是任意的事件, 那么成立

$$\overline{\bigcup_{i\in I} A_i}=\bigcap_{i\in I}\overline{A_i} \tag{1.2.8}$$

$$\overline{\bigcap_{i\in I} A_i}=\bigcup_{i\in I}\overline{A_i} \tag{1.2.9}$$

证明　用 ⇔ 表示当且仅当, 我们有

$$\overline{\bigcup_{i\in I} A_i}\text{出现} \Leftrightarrow \bigcup_{i\in I} A_i \text{不出现}$$

$$\Leftrightarrow \text{“诸事件} A_i(i\in I)\text{中至少有一个出现”是不可能的}$$

$$\Leftrightarrow \text{诸事件} A_i(i\in I)\text{皆不出现}$$

$$\Leftrightarrow \text{诸事件} \overline{A}_i(i\in I)\text{皆出现}$$

$$\Leftrightarrow \bigcap_{i\in I} \overline{A}_i \text{ 出现}$$

得证 (1.2.8). 类似地可证 (1.2.9). 证毕.　　　　　　　　　　　　　　　■

推论　设 A, B 是事件, 那么成立

$$\overline{A\bigcup B} = \overline{A}\bigcap\overline{B} \tag{1.2.10}$$

$$\overline{A\bigcap B} = \overline{A}\bigcup\overline{B} \tag{1.2.11}$$

特别, 令 $B = \overline{A}$, 则 (1.2.10) 成为 $\overline{X} = \varnothing$; (1.2.11) 成为 $\overline{\varnothing} = X$. 这是命题 1.2.2 的结论.

顺便指出, 容易证明比 (1.2.8) 和 (1.2.9) 稍微广泛的一对等式

$$B\backslash\left(\bigcup_{i\in I} A_i\right) = \bigcap_{i\in I}(B\backslash A_i) \tag{1.2.12}$$

$$B\backslash\left(\bigcap_{i\in I} A_i\right) = \bigcup_{i\in I}(B\backslash A_i) \tag{1.2.13}$$

其中 B 是任意的事件. 显然, $B = X$ 时 (1.2.12) 和 (1.2.13) 分别成为 (1.2.8) 和 (1.2.9). 它们也称为 de Morgan 律.

1.2.5　符号演算法

因果推理法是以 “事件” 和 “出现” 为工具进行逻辑推理的方法, 它是概率论独有的思维方式和证明方法. 我们用这种方法证明了许多命题和三个重要的定理. 但是, 用因果推理法证明比较复杂的等式或包含式时证明很冗长. 为了克服这个缺点, 符号演算法便应运而生.

符号演算法的基本思想是, 把命题 1.1.1—命题 1.1.8 和命题 1.2.1—命题 1.2.5 中的等式和包含式作为可直接引用的公式; 把定理 1.2.1—定理 1.2.3 中的定律作为补、并、交、差运算遵守的基本法则; 然后应用运算法则和基本公式推导出新的等式和新的包含式. 人们称这种获得新等式和新包含式的方法为符号演算法.

例 1.2.1 设 A, B, C 是事件, 试用符号演算法化简符号式 $\overline{\overline{ABC}}$ 和 $\overline{A \cap \overline{B} \cup \overline{C}}$.

解
$$\overline{A\overline{BC}} = \overline{A} \cup \overline{\overline{BC}} \qquad \text{(de Morgan 律)}$$
$$= \overline{A} \cup BC \qquad \text{(命题 1.1.4)}$$

$$\overline{A \cap \overline{B} \cup \overline{C}} = \overline{A} \cup \overline{\overline{B} \cup \overline{C}} \qquad \text{(de Morgan 律)}$$
$$= \overline{A} \cup B \cup C \qquad \text{(命题 1.1.4)}$$

例 1.2.2 设 A, B 是事件, 试用符号演算法证明

i) 如果 $A \cap B = \varnothing$, 则 $A \subset \overline{B}$ 且 $B \subset \overline{A}$;

ii) 如果 $A \cap B = \varnothing$ 且 $A \cup B = X$, 则 $A = \overline{B}$ 且 $B = \overline{A}$.

证明 i) 我们有
$$A = AX \qquad \text{(命题 1.2.4)}$$
$$= A(B \cup \overline{B}) \qquad \text{(定义 1.2.2)}$$
$$= AB \cup A\overline{B} \qquad \text{(交分配律)}$$
$$= \varnothing \cup A\overline{B} \qquad \text{(假设条件)}$$
$$= A\overline{B} \qquad \text{(命题 1.2.4)}$$

于是, 由 $A = A\overline{B}$ 推出 $A \subset \overline{B}$(命题 1.1.6). 类似地可证 $B \subset \overline{A}$.

ii) 我们有
$$\overline{B} = \overline{B}X \qquad \text{(命题 1.2.4)}$$
$$= \overline{B}(A \cup B) \qquad \text{(假定条件)}$$
$$= \overline{B}A \cup \overline{B}B \qquad \text{(交分配律)}$$
$$= \overline{B}A \cup \varnothing \qquad \text{(定义 1.2.1)}$$
$$= \overline{B}A \qquad \text{(命题 1.2.4)}$$

于是, 由 $\overline{B} = \overline{B}A$ 推出 $\overline{B} \subset A$(命题 1.1.6). 联合 i) 中已证的 $A \subset \overline{B}$ 得出 $A = \overline{B}$(命题 1.1.1). $B = \overline{A}$ 的证明类似, 从略.

例 1.2.3 设 A, B, C 是事件. 试证

i) $C \backslash (A \cup B) = (C \backslash A) \cap (C \backslash B)$;

ii) $C \backslash (A \cap B) = (C \backslash A) \cup (C \backslash B)$.

证明 i)
$$C \backslash (A \cup B) = C \cap (\overline{A \cup B}) \qquad \text{(命题 1.1.7)}$$
$$= C \cap (\overline{A} \cap \overline{B}) \qquad \text{(de Morgan 律)}$$

$$= C \cap \overline{A} \cap C \cap \overline{B} \qquad \text{(幂等律和交换律)}$$

$$= (C \backslash A) \cap (C \backslash B) \qquad \text{(命题 1.1.7)}$$

ii)
$$C \backslash (A \cap B) = C(\overline{A \cap B}) \qquad \text{(命题 1.1.7)}$$

$$= C(\overline{A} \cup \overline{B}) \qquad \text{(de Morgan 律)}$$

$$= C\overline{A} \cup C\overline{B} \qquad \text{(交分配律)}$$

$$= (C \backslash A) \cup (C \backslash B) \qquad \text{(命题 1.1.7)}$$

重要的说明: 例 1.2.1—例 1.2.3 是符号演算法的标准书写方法. 优点是推理过程清楚、明白、容易看懂; 缺点是篇幅冗长. 今后, 我们只写出几个关键的等号, 并省略等号后陈述的引证. 例 1.2.4—例 1.2.6 是符号演算法的简略书写方法. 作为练习, 读者可给出它们的标准书写方法. 这类练习, 不仅能牢记 "基本公式", 而且能迅速地提高逻辑推理的能力.

例 1.2.4　设 A, B, C 是事件. 试证

i) $A \backslash (B \backslash C) = (A \backslash B) \cup (A \cap C)$;

ii) $(A \backslash B) \backslash C = A \backslash (B \cup C)$.

证明　i) $A \backslash (B \backslash C) = AB\overline{C} = A \cap (\overline{B} \cup C)$
$= (A \cap \overline{B}) \cup (A \cap C) = (A \backslash B) \cup (A \cap C)$

ii) $(A \backslash B) \backslash C = (A\overline{B})\overline{C} = A\overline{B}\,\overline{C}$
$A \backslash (B \cup C) = A(\overline{B \cup C}) = A\overline{B}\,\overline{C}$

由此推出 ii) 成立.

例 1.2.5　设 A, B, C, D 是事件. 试证:

i) $(A \backslash C) \cap (B \backslash C) = (A \cap B) \backslash C$;

ii) $(A \backslash C) \cap (B \backslash D) = (A \cap B) \backslash (C \cup D)$.

证明　在 ii) 中令 $D = C$, 则 ii) 成为 i). 只需证 ii), 我们有

$$(A \backslash C) \cap (B \backslash D) = (A \cap \overline{C}) \cap (B \cap \overline{D})$$

$$= (A \cap B) \cap (\overline{C} \cap \overline{D}) = (A \cap B) \cap (\overline{C \cup D})$$

$$= (A \cap B) \backslash (C \cup D)$$

例 1.2.6　设 $A_n (n = 1, 2, 3, \cdots)$ 是事件. 试证:

$$\overline{\liminf_{n \to \infty} A_n} = \limsup_{n \to \infty} \overline{A_n} \qquad (1.2.14)$$

$$\overline{\limsup_{n \to \infty} A_n} = \liminf_{n \to \infty} \overline{A_n} \qquad (1.2.15)$$

证明　应用命题 1.1.8 和 de Morgan 律, 我们有

$$\overline{\liminf_{n\to\infty} A_n} = \overline{\bigcup_{n=1}^{\infty} \bigcap_{i=n}^{\infty} A_i} = \bigcap_{n=1}^{\infty} \overline{\bigcap_{i=n}^{\infty} A_i} = \bigcap_{n=1}^{\infty} \bigcup_{i=n}^{\infty} \overline{A_i} = \limsup_{n\to\infty} \overline{A_n}$$

得证前一个等式. 同理可证后一等式成立.

在结束本节时引进事件互不相容的概念, 并用符号演算法证明一个在计算概率时频繁使用的定理.

定义 1.2.3 i) 设 A, B 是事件. 称事件 A 和 B 不相容, 如果 $AB = \varnothing$.

ii) 设 $A_\alpha(\alpha \in J, J$ 是任意指标集) 是事件. 称诸事件 $A_\alpha(\alpha \in J)$ 互不相容, 如果对任意的 $\alpha, \beta \in J(\alpha \neq \beta)$ 成立 $A_\alpha A_\beta = \varnothing$.

直观上, A 和 B 不相容是 "事件 A 和 B 不能同时出现". 即是说, "A 出现时 B 一定不出现; 反之, B 出现时 A 一定不出现". 例 1.2.2 表明, 事件 A 和补事件 $\overline{A}$ 不相容, 但不相容的事件不必是互补的.

定理 1.2.4 设 $A_i(i = 1, 2, 3, \cdots)$ 是有限个或可列个事件, 那么存在互不相容的事件 $B_i(i = 1, 2, 3, \cdots)$, 使得

$$\bigcup_{i\geqslant 1} A_i = \bigcup_{i\geqslant 1} B_i \tag{1.2.16}$$

证明 令 $B_1 = A_1, B_2 = A_2 \backslash A_1, \cdots, B_n = A_n \backslash \left(\bigcup_{i=1}^{n-1} A_i\right), \cdots$. 往证诸 $B_n(n \geqslant 1)$ 是互不相容的事件. 事实上, 设 $m \neq n$ 且 $m < n$, 则

$$B_m B_n = \left(A_m \cap \overline{\bigcup_{i=1}^{m-1} A_i}\right) \cap \left(A_n \cap \overline{\bigcup_{i=1}^{n-1} A_i}\right)$$

应用 de Morgan 律, 并注意到 $A_m \overline{A_m} = \varnothing$, 我们有

$$B_m B_n = [A_m \cap \overline{A_1} \cap \overline{A_2} \cap \cdots \cap \overline{A_{m-1}}] \cap [A_n \cap \overline{A_1} \cap \overline{A_2} \cap \cdots \cap \overline{A_{n-1}}] = \varnothing$$

得证诸 $B_n(n \geqslant 1)$ 互不相容.

下证 (1.2.16) 成立. 先证 $A_1 \cup A_2 = B_1 \cup B_2$. 事实上, 有

$$B_1 \cup B_2 = A_1 \cup (A_2 \backslash A_1) = A_1 \cup (A_2 \cap \overline{A_1})$$

$$= (A_1 \cup A_2) \cap (A_1 \cup \overline{A_1}) = (A_1 \cup A_2) \cap X = A_1 \cup A_2$$

现在假定 $r \leqslant n$ 时 $\bigcup_{i=1}^{r} A_i = \bigcup_{i=1}^{r} B_i$ 成立, 往证 $\bigcup_{i=1}^{n+1} A_i = \bigcup_{i=1}^{n+1} B_i$ 成立. 事实上, 有

$$\bigcup_{i=1}^{n+1} B_i = \left(\bigcup_{i=1}^{n} B_i\right) \cup \left(A_{n+1} \backslash \bigcup_{i=1}^{n} A_i\right)$$

$$= \left(\bigcup_{i=1}^{n} A_i\right) \cup \left[A_{n+1} \cap \overline{\bigcup_{i=1}^{n} A_i}\right]$$

$$= \left(\bigcup_{i=1}^{n+1} A_i\right) \cap (D \cup \overline{D}) = \bigcup_{i=1}^{n+1} A_i$$

其中 $D = \bigcup\limits_{i=1}^{n} A_i$. 于是, 应用数学归纳法得证 (1.2.16) 成立.　　　　　　　■

1.3　因果空间和概率论第一基本定理

事件空间 $\mathcal{U}$ 是宇宙中古往今来的所有事件组成的大集合. 在 $\mathcal{U}$ 中研究事件时, 每个事件都要用语言一一描述, 随着事件个数的增多, 研究者很难记住这些事件, 更无法对这些事件进行逻辑推理和数学演算.

如何把大量的事件一一地列举出来? 概率论发现一种巧妙的方法: 用集合表达事件, 并由此发展出概率论中的集合论方法. 本节引进的原因空间是这个方法的理论基础.

1.3.1　原因空间的直观背景

事件空间 $\mathcal{U}$ 含有无穷无尽的事件. 每个事件或者处于出现状态, 或者处于未出现状态, 并且二者必居其一.

空间 $\mathcal{U}$ 的一个状态 u 被设想为所有事件的一次想象中的实现. 换言之, 状态 u 是事件空间 $\mathcal{U}$ 在 "静止的瞬间的" 一次实现: u 规定一部分事件处于出现状态. 其余事件处于未出现状态. 如果 $\mathcal{U}$ 果真处于这个状态, 则称状态 u 伪出现[①].

首先, 把状态 u 改称为原因点 u, 并用 X^* 表示全体原因点组成的集合, 即

$$X^* = \{u | u \text{ 是原因点}\} \tag{1.3.1}$$

称 X^* 为原因空间.

第一, 事件空间 $\mathcal{U}$ 必定处于且只能处于某个状态下. 因此, **原因空间 X^* 中有且仅有一个原因点伪出现.**

第二, 设 $B \in \mathcal{U}$ 是任意的事件. 称原因点 u 是事件 B 的诱因点, 如果 u 伪出现时事件 B 处于出现状态. 令

$$B^* = \{u | u \in X^*, u \text{ 是} B \text{的诱因点}\} \tag{1.3.2}$$

显然, B^* 是 X^* 的子集;　　并且 **事件 B 出现当且仅当 B^* 中某个原因点伪出现.**

特别, 每个原因点皆为必然事件 X 的诱因点, 符号式 (1.3.2) 成为 (1.3.1). 不可能事件 $\varnothing$ 没有诱因点, 符号式 (1.3.2) 成为

$$\varnothing^* = \text{空集} \tag{1.3.3}$$

第三, 把 B 和 B^* 合二为一, 并且把合二为一后的产物仍然用 B 表示. 我们用符号式

---

① 状态 u 不是事件, 所以采用 "伪出现" 一词.

$$B \equiv B^* \Rightarrow B \tag{1.3.4}$$

表达这个操作. 特别

$$X \equiv X^* \Rightarrow X \tag{1.3.5}$$

$$\varnothing \equiv \varnothing^* \Rightarrow \varnothing \tag{1.3.6}$$

操作 (1.3.4) 完成后, 我们得到 $\mathcal{U}$ 中事件呈现出的 "集合论" 景象:

i) 必然事件 X 是原因空间. 换言之, 必然事件是由全体原因点组成的大集合, 在这个大集合中有且仅有一个原因点伪出现.

ii) 事件 B 是原因空间 X 的子集[①](对应地, 必然事件 X 的子事件). 这个子集用 (1.3.2) 规定, 并且事件 B 出现当且仅当该子集中某原因点伪出现.

iii) 不可能事件 $\varnothing$ 是不含任何原因点的空集.

随后的研究 (参看引理 1.3.1) 表明, 还有

iv) 事件 $A = B$ 当且仅当集合 $A^* = B^*$.

v) 事件 $A, B, C, \cdots$ 的补、并、交、差运算等同集合 $A^*, B^*, C^*, \cdots$ 在全集 X^* 中的补、并、交、差运算.

第四, 寻找原因点的数学表达式. 为此, 用 1 和 0 分别表示 "出现" 和 "不出现", 那么原因点 u 是定义在事件空间 $\mathcal{U}$ 上的函数

$$u(A) = \begin{cases} 1, & A \text{ 处于出现状态} \\ 0, & \text{否则} \end{cases} \tag{1.3.7}$$

注意, 形如 (1.3.7) 的函数可以不是原因点. 例如, 设事件 $B \subset C$, 那么

$$u_1(A) = \begin{cases} 1, & A = B \text{ 或 } A = \overline{B} \\ 0 \text{ 或 } 1, & \text{其他} \end{cases}$$

$$u_2(A) = \begin{cases} 1, & A = B \\ 0, & A = C \\ 0 \text{ 或 } 1, & \text{其他} \end{cases}$$

皆不是原因点. 事实上, u_1 要求事件 B 和 $\overline{B}$ 皆出现, 但这是不可能的; 同样, u_2 要求事件 B 出现, 但事件 C 不出现, 这也是不可能的, 因为与 $B \subset C$ 矛盾. 故 u_1 和 u_2 皆不是原因点.

第五, 论证原因点的符号式 (1.3.7) 具有下列三个性质:

i) $u(X) = 1; u(\varnothing) = 0$;

ii) $u(A) = 1 - u(\overline{A})$, 对任意的 $A \in \mathcal{U}$;

---

① 注意, X 的子集可以不是事件. 例如, 单点集 $\{u\}$ 就不是事件.

iii) 对任意的 $A_i \in \mathcal{U}(i \in I, I$ 为有限或可列指标集) 成立

$$u\left(\bigcup_{i \in I} A_i\right) = \sup\{u(A_i)|i \in I\}$$

$$u\left(\bigcap_{i \in I} A_i\right) = \inf\{u(A_i)|i \in I\}$$

事实上, 性质 i) 和 ii) 由 (1.3.7) 直接推出. 用 $\Longleftrightarrow$ 表示当且仅当, 我们有

$$u\left(\bigcup_{i \in I} A_i\right) = 1 \quad \Leftrightarrow 事件 \bigcup_{i \in I} A_i A_i \text{ 出现}$$

$$\Leftrightarrow I \text{ 中至少存在一个元素 } r, \text{ 使得 } A_r \text{ 出现}$$

$$\Leftrightarrow I \text{ 中至少存在一个元素 } r, \text{ 使得 } u(A_r) = 1$$

$$\Leftrightarrow \sup\{u(A_i)|i \in I\} = 1$$

$$u\left(\bigcup_{i \in I} A_i A_i\right) = 0 \Leftrightarrow 事件 \bigcup_{i \in I} A_i A_i \text{ 不出现}$$

$$\Leftrightarrow 对 I \text{ 中所有的 } i, \text{ 事件 } A_i \text{ 不出现}$$

$$\Leftrightarrow 对任意的 i \in I \text{ 有 } u(A_i) = 0$$

$$\Leftrightarrow \sup\{u(A_i)|i \in I\} = 0$$

得证 iii) 中第 1 个等式. 同理可证第 2 个等式. 性质 iii) 得证.

反之, 用 (1.3.7) 定义的、具有性质 i)—iii) 的函数 $u(A), A \in \mathcal{U}$ 是原因点. 事实上, u 把空间 $\mathcal{U}$ 中事件分为两类:

$$\mathcal{U}_1 = \{B|u(B) = 1\}$$

$$\mathcal{U}_2 = \{C|u(C) = 0\}$$

并且 $\mathcal{U}_1$ 中事件处于出现状态; $\mathcal{U}_2$ 中事件处于不出现状态. 性质 i)—iii) 保证, 此状态是 "一次可能的想象中的" 实现.

1.3.2　原因空间的定义和性质

现在把 1.3.1 小节的直观想法抽象为数学理论; 把概念的雏形抽象为严谨的数学概念.

定义 1.3.1 (原因点)　设 $\mathcal{U}$ 是事件空间, $u(A), A \in \mathcal{U}$ 是定义在 $\mathcal{U}$ 上只取 0 或 1 两个数值的函数. 如果 $u(A), A \in \mathcal{U}$ 具有下列三个性质:

i) $u(X) = 1; u(\varnothing) = 0;$

ii) $u(\overline{A}) = 1 - u(A)$, 对任意的 $A \in \mathcal{U};$

iii) 对任意的事件 $A_i(i \in I, I$ 为有限或可列指标集) 成立

$$u\left(\bigcup_{i \in I} A_i\right) = \sup\{u(A_i)|i \in I\} \tag{1.3.8}$$

$$u\left(\bigcap_{i \in I} A_i\right) = \inf\{u(A_i)|i \in I\} \tag{1.3.9}$$

则称 $u(A), A \in \mathcal{U}$ 为一个原因点, 简记为 u. 令

$$X^* = \{u|u \text{ 为原因点}\} \tag{1.3.10}$$

则称 X^* 为原因空间.

定义 1.3.2 (状态、伪出现和诱因集) i) 原因点 u 代表事件空间 $\mathcal{U}$ 的如下状态: 凡使 $u(B) = 1$ 的事件 B 皆处于出现状态; 凡使 $u(C) = 0$ 的事件 C 皆处于不出现状态

ii) 称原因点 u 伪出现, 如果事件空间 $\mathcal{U}$ 处于状态 u 下.

iii) 设 $B \in \mathcal{U}$, u 是一个原因点. 如果 $u(B) = 1$, 则称 u 是 B 的一个诱因点; 并称原因空间的子集

$$B^* = \{u|u \in X^*, u(B) = 1\} \tag{1.3.11}$$

为事件 B 的诱因集.

定理 1.3.1 (前因后果定理) 原因空间 X^* 中有且仅有一个原因点伪出现; 事件 B 出现当且仅当诱因集 B^* 中某诱因点伪出现.

证明 由于事件空间 $\mathcal{U}$ 必须处于且只能处于一个状态, 譬如处于状态 u_0 下, 所以 X^* 中有且仅有一个原因点 u_0 伪出现.

设 $B \in \mathcal{U}$ 是任意的事件. 假定事件 B 出现, 用 u_0 表示此时的事件空间 $\mathcal{U}$ 所处的状态, 那么 $u_0(B) = 1$. 得证 B 的诱因点 u_0 伪出现. 反之, 假定诱因集 B^* 中某原因点, 譬如 u_1 伪出现, 那么 $u_1(B) = 1$. 由定义 1.3.2 的 i) 得出事件 B 出现. 定理得证. ∎

至此, 我们定义了两个大集合 —— 事件空间 $\mathcal{U}$ 和原因空间 X^*. 用 $\mathcal{P}(X^*)$ 表示 X^* 的全体子集组成的集合 (称为幂集), 即

$$\mathcal{P}(X^*) = \{G|G \subset X^*\} \tag{1.3.12}$$

现在, 引进一个定义在 $\mathcal{U}$ 上取值于 $\mathcal{P}(X^*)$ 中的函数

$$B^* = f(B), \quad B \in \mathcal{U} \tag{1.3.13}$$

其中 B^* 是 B 的诱因集.

众所周知, 函数 $B^* = f(B)$ 的自变量是事件, 定义域是事件空间 $\mathcal{U}$; 因变量是集合, 取值空间是幂集 $\mathcal{P}(X^*)$. 用 $\mathcal{U}^*$ 表示函数 $f(B)$ 的值域, 它是

$$\mathcal{U}^* = \{B^*|\text{存在} B \in \mathcal{U} \text{ 使得 } B^* = f(B)\} \tag{1.3.14}$$

显然, $\mathcal{U}^*$ 是 $\mathcal{P}(X^*)$ 的子集, 并且是真子集, 因为单点集 $\{u\} \notin \mathcal{U}^*$.

引理 1.3.1　函数 $B^* = f(B)$ 建立事件空间 $\mathcal{U}$ 和集合 $\mathcal{U}^*$ 之间的一个一一对应:

$$f : \mathcal{U} \ni B \xleftrightarrow{1:1} B^* \in \mathcal{U}^* \tag{1.3.15}$$

并且 f 是 $\mathcal{U}$ 和 $\mathcal{U}^*$ 之间的一个同构. 即 f 具有下列四个性质:

i) $f(X) = X^*$, $f(\varnothing) = \varnothing^*$;

ii) $f(\overline{B}) = \overline{f(B)}$, 对任意的 $B \in \mathcal{U}$;

iii) 对任意的 $B_i \in \mathcal{U}(i \in I,\ I$ 为有限或可列指标集) 成立

$$f\left(\bigcup_{i \in I} B_i\right) = \bigcup_{i \in I} f(B_i),$$
$$f\left(\bigcap_{i \in I} B_i\right) = \bigcap_{i \in I} f(B_i);$$

iv) 对任意的 $A, B, \in \mathcal{U}$ 成立

$$f(A \backslash B) = f(A) \backslash f(B)$$

其中数学符号 "$-, \cup, \cap, \backslash$" 在等式左方是事件的补、并、交、差; 在等式的右方是集合的补、并、交、差.

说明　上述等式的两边皆是集合 —— 全集 X^* 的子集, 因此需要用集合论方法进行证明. 集合论中最原始的、最基本的方法是: 以元素和属于 (其数学符号是 "$\in$") 为工具的逻辑推理法, 我们把它称为属于推理法 (1.4 节), 本引理的证明是属于推理法的一个展示.

应当指出, 属于推理法在集合论中的地位相当于因果推理法在概率论中的地位. 特别重要的结论是: 两种推理法产生出 "共同的" 符号演算法 (见概率论第一基本定理).

证明　证 (1.3.15). 设 $A, B \in \mathcal{U}, A \neq B$. 此时 $A \backslash B \neq \varnothing$ 和 $B \backslash A \neq \varnothing$ 中至少有一个成立, 不妨假定 $A \backslash B \neq \varnothing$. 现在, 如果事件 $A \backslash B$ 出现, 由定理 1.3.1 得出, 存在原因点 u_0 使得 $u_0(A \backslash B) = 1$. 应用定义 1.3.1 中条件 iii) 得出

$$u_0(A \backslash B) = u_0(A \cap \overline{B}) = \inf\{u_0(A), u_0(\overline{B})\}$$

由此推出 $u_0(A) = u_0(\overline{B}) = 1$. 应用定义 1.3.1 之 ii) 又得出 $u_0(B) = 0$. 于是 $u_0 \in A^*$, $u_0 \notin B^*$, 得证 $A \neq B$ 可推出 $A^* \neq B^*$.

显然, (1.3.13) 规定的函数是单值的. 由此得知, 由 $A = B$ 推出 $A^* = B^*$. 得证 (1.3.15).

证性质 i). 由定义 1.3.1 中的条件 i) 和 (1.3.11) 直接推出欲证的结论.

证性质 ii). 用 ⇔ 表示 "当且仅当". 注意到 $f(B)$ 和 $f(\overline{B})$ 皆是全集 X^* 的子集, 应用属于推理法得到

$$u \in f(\overline{B}) \Leftrightarrow u \in \overline{B}^* \qquad \text{(式 (1.3.13))}$$

$$\Leftrightarrow u \in X^* \text{ 且 } u(\overline{B}) = 1 \qquad \text{(式 (1.3.11))}$$

$$\Leftrightarrow u \in X^* \text{ 且 } u(B) = 0 \qquad \text{(定义 1.3.1 中 ii)}$$

$$\Leftrightarrow u \in X^* \text{ 且 } u \notin B^* \qquad \text{(式 (1.3.11))}$$

$$\Leftrightarrow u \in X^* \text{ 且 } u \notin f(B) \qquad \text{(式 (1.3.13))}$$

$$\Leftrightarrow u \in \overline{f(B)} \qquad \text{(补集的定义)}$$

证性质 iii). 应用属于推理法, 有

$$u \in f\left(\bigcup_{i \in I} B_i\right) \Leftrightarrow u \in \left(\bigcup_{i \in I} B_i\right)^* \qquad \text{(式 (1.3.13))}$$

$$\Leftrightarrow u \in X^*, u\left(\bigcup_{i \in I} B_i\right) = 1 \qquad \text{(式 (1.3.11))}$$

$$\Leftrightarrow u \in X^*, \sup\{u(B_i) | i \in I\} = 1 \qquad \text{(定义 1.3.1 中 iii)}$$

$$\Leftrightarrow u \in X^*, \text{存在某} r \in I \text{使} u(B_r) = 1 \qquad \text{(sup 的定义)}$$

$$\Leftrightarrow u \in X^*, \text{存在某} r \in I \text{ 使} u \in B_r^* \qquad \text{(式 (1.3.11))}$$

$$\Leftrightarrow u \in X^*, \text{存在某} r \in I \text{ 使} u \in f(B_r) \qquad \text{(式 (1.3.13))}$$

$$\Leftrightarrow u \in \bigcup_{i \in I} f(B_i) \qquad \text{(并集的定义)}$$

得证性质 iii) 中第 1 个等式. 同理可证第 2 个等式.

证性质 iv). 应用属于推理法, 有

$$u \in f(A \backslash B) \Leftrightarrow u \in X^* \text{ 且 } u \in (A \backslash B)^* \qquad \text{(式 (1.3.13))}$$

$$\Leftrightarrow u \in X^* \text{ 且 } u \in (A\overline{B})^* \qquad \text{(命题 1.1.7)}$$

$$\Leftrightarrow u \in X^* \text{ 且 } u(A\overline{B}) = 1 \qquad \text{(式 (1.3.11))}$$

$$\Leftrightarrow u \in X^* \text{ 且 } \inf\{u(A), u(\overline{B})\} = 1 \qquad \text{(定义 1.3.1 中 iii)}$$

$$\Leftrightarrow u \in X^* \text{ 且 } u(A) = u(\overline{B}) = 1 \qquad \text{(inf 的定义)}$$

$$\Leftrightarrow u \in X^* \text{ 且 } u(A) = 1, u(B) = 0 \qquad \text{(定义 1.3.1 中 ii)}$$

$$\Leftrightarrow u \in X^* \text{ 且 } u \in A^*, u \notin B^* \qquad \text{(式 (1.3.11))}$$

$$\Leftrightarrow u \in X^* \text{ 且 } u \in f(A), u \notin f(B) \qquad \text{(式 (1.3.11))}$$

$$\Leftrightarrow u \in f(A) \backslash f(B) \qquad \text{(差集的定义)}$$

引理证毕.　　　　　　　　　　　　　　　　　　　　　　　　　　　■

推论　在集合论中, $\mathcal{U}^*$ 是全集 X^* 上的 σ 域, $(X^*, \mathcal{U}^*)$ 是可测空间.

证明　由定义 1.4.14 知, 需证 $\mathcal{U}^*$ 关于集合的补和可列并运算封闭.

设 $B^* \in \mathcal{U}^*$, 则存在 $B \in \mathcal{U}$ 使得 $B^* = f(B)$. 由引理中 ii) 推出 $\overline{B}^* = f(\overline{B})$. 注意到 $\overline{B} \in \mathcal{U}$, 故 $\overline{B}^* \in \mathcal{U}^*$, 得证 $\mathcal{U}^*$ 关于补运算封闭.

再设 $B_i^* \in \mathcal{U}^* (i \in I)$, 则存在 $B_i \in \mathcal{U}$ 使得 $\overline{B}_i^* = f(B_i)$. 由引理中 iii) 推出 $\bigcup\limits_{i \in I} B_i^* = f\left(\bigcup\limits_{i \in I} B_i\right)$. 注意到 $\bigcup\limits_{i \in I} B_i \in \mathcal{U}$, 故 $\bigcup\limits_{i \in I} B_i^* \in \mathcal{U}^*$, 得证 $\mathcal{U}^*$ 关于可列并运算封闭.　　　　　　　　　　　　　　　　　　　　　　■

1.3.3　因果空间和合二为一操作

考察式 (1.3.15) 和 (1.3.11), 即

$$f : \mathcal{U} \ni B \xleftrightarrow{\ 1:1\ } B^* \in \mathcal{U}^* \qquad\qquad \text{(式(1.3.15))}$$

$$B^*\{u | u \in X^*, \quad u(B) = 1\} \qquad\qquad \text{(式(1.3.11))}$$

其中 B 是事件, B^* 是 B 的诱因点组成的集合 —— 诱因集; 并且, 事件 B 出现当且仅当 B^* 中某个原因点伪出现.

直观上, 有序对 (B^*, B) 中 B^* 是事件 B 出现的原因; 事件 B 是原因 B^* 产生的后果. 式 (1.3.15) 保证, "前因" 和 "后果" 相互唯一确定. 于是, 自然公理系统把 "前因" 和 "后果" 合二为一, 得到用集合研究事件的方法 —— 概率论中集合论方法.

定义 1.3.3 (合二为一操作)　设 $B \in \mathcal{U}$ 是任意的事件, B^* 是 B 的全体诱因点组成的集合. 称符号式

$$B \equiv B^* \Rightarrow B \qquad\qquad\qquad (1.3.16)$$

为合二为一操作. 该操作的内容是: 把事件 B 和原因点的集合 B^* 等同, 等同的东西仍然用 B 表示.

特别, (1.3.16) 中两个特殊的合二为一操作是

$$X \equiv X^* \Rightarrow X \qquad\qquad\qquad (1.3.17)$$

$$\varnothing \equiv \varnothing^* \Rightarrow X \qquad\qquad\qquad (1.3.18)$$

另外, 当对 $\mathcal{U}$ 中所有事件都进行合二为一操作后得到一个新的合二为一操作, 它是

$$\mathcal{U} \equiv \mathcal{U}^* \Rightarrow \mathcal{U} \qquad\qquad\qquad (1.3.19)$$

定义 1.3.4 (因果空间)　称二元组 $(X, \mathcal{U})$ 为因果空间, 如果 X 是原因空间, $\mathcal{U}$ 是已完成合二为一操作的事件空间.

定理 1.3.2 (概率论第一基本定理)　在因果空间 $(X, \mathcal{U})$ 中, 基本要素的概率论属性和集合论属性具有表 1.3.1 表达的一致性; 事件的相等、包含、补、并、交、差和集合的相等、包含、补、并、交、差具有表 1.3.2 表达的一致性.

表 1.3.1　基本要素的概率论属性和集合论属性对照表

因果空间 $(X, \mathcal{U})$		
符号 ＼ 学科	集合论 原因空间 X	概率论 事件空间 $\mathcal{U}$
X	全集	必然事件
$\mathcal{U}$	X 上的 σ 域	事件空间
u	原因点	空间 $\mathcal{U}$ 的一种状态 (不是事件)
B	X 的子集, 属于 σ 域 $\mathcal{U}$	事件
G	X 的子集, 不属于 σ 域 $\mathcal{U}$	缺
$\varnothing$	空集	不可能事件 (又称空事件)
$u \in B$	u 是集合 B 的元素	u 是事件 B 的诱因点
$(X, \mathcal{U})$	可测空间	因果空间

表 1.3.2　基本关系的概率论属性和集合论属性对照表

因果空间 $(X, \mathcal{U})$		
符号 ＼ 学科	集合论 原因空间 X	概率论 事件空间 $\mathcal{U}$
$u \in B$	u 是集合 B 的元素	u 是事件 B 的诱因点
$A = B$	A, B 由相同的元素组成	A 出现当且仅当 B 出现
$A \subset B$	A 中元素皆属于 B	A 出现时 B 必出现
$\overline{A}$	由 X 中不属于 A 的元素组成的集合	补事件 "A 不出现"
$\displaystyle\bigcup_{i \in I} A_i$	并集合. 它是由诸 $A_i(i \in I)$ 中所有元素组成的集合	并事件. 它是 "诸 $A_i(i \in I)$ 中至少有一个出现" 这一事件
$\displaystyle\bigcup_{\alpha \in J} A_\alpha$	(不可列) 并集合. 它是由诸 $A_\alpha(\alpha \in J)$ 中所有元素组成的集合	缺
$\displaystyle\bigcap_{i \in I} A_i$	交集合. 它是由同时属于所有 $A_i(i \in I)$ 的元素组成的集合	交事件. 它是 "诸 $A_i(i \in I)$ 皆出现" 这一事件
$\displaystyle\bigcap_{\alpha \in J} A_\alpha$	(不可列) 交集合. 它是由同时属于所有 $A_\alpha(\alpha \in J)$ 的元素组成的集合	缺
$A \backslash B$	差集合. 它是由属于 A, 但不属于 B 的元素组成的集合	差事件 "A 出现, 但 B 不出现"
$A \cap B = \varnothing$	集合 A 和 B 不相交	事件 A 和 B 不相容

注: 其中 A, B, A_i, A_α 皆是 $\mathcal{U}$ 中事件; I 是有限或可列指标集; J 是不可列指标集.

证明　对照表 1.3.1 由式 (1.3.16)–(1.3.19) 和引理 1.3.1 的推论得出. 对照表 1.3.2 由引理 1.3.1 得出. ∎

小结　本章建立的因果空间 $(X, \mathcal{U})$ 是一个大容器. $\mathcal{U}$ 装载了随机宇宙中的全部事件; X 装载了导致这些事件出现的全部原因点. 事件 B 是可观测的随机现象; 原因点 u 则是抽象思维的产物; 它们通过合二为一的操作 $B \equiv B^* \Rightarrow B$ 产生出最重要的等式

$$B = \{u|u \in X, u(B) = 1\} \tag{1.3.20}$$

于是, 概率论第一基本定理说, $\mathcal{U}$ 中的事件 B 原来是 X 的子集, 事件 B 出现当且仅当 B 中某原因点伪出现; 并且事件在 $\mathcal{U}$ 中的运算、性质和结论等同于该子集在全集 X 中的集合运算、性质和结论, 由此产生出概率论的集合论研究方法.

1.4　附录: 集合论的基础知识

集合论的基础知识简单, 直观, 不言自明. 这些 "不言自明" 的知识已经完全融入概率论之中. 它们不仅是概率论知识和方法的一部分, 而且是进行概率论思维不可缺少的工具.

本节分为四小节. 前两小节介绍 1.1 节 —1.3 节已用到的集合论知识: 集合的补、并、交、差, 有限集、可列集和不可列集. 后两小节介绍第 2 章必备的集合论知识: 集合的划分、σ 域和可测空间等概念.

对集合论有了解的读者, 可以跳过本节, 直接进入下章的讨论.

1.4.1　集合和集合运算

本小节模仿 1.1 节和 1.2 节的方式介绍集合论的基础内容: 集合及其运算.

和事件一样, 集合也是一个非常直观、很难定义的概念. 直观上, 把一些事物汇集在一起组成的一个整体就称为集合, 汇集的事物称为集合的元素. 如果用字母 A 表示这个集合, 用字母 $a, b, c, \cdots$ 表示汇集的元素, 则有

$$A = \{a, b, c, \cdots\}$$

并用符号式

$$a \in A$$

表示 "a 是集合 A 的一个元素", 读为 "a 属于 A". 并称 "$\in$" 为属于号, 它是最频繁使用的数学符号之一.

于是, 我们认为 "集合" 是一个不定义只进行描述, 作为集合论研究起点的一个概念. 一个集合被描述清楚, 或 "被定义" 的标志是: 对一个任意的元素, 人们能够判定该元素或者属于这个集合, 或者不属于这个集合, 并且二者必居其一.

描述一个集合的方法有两种:

(1) 列举法: 列举出集合中的全体元素, 元素之间用逗号分开, 然后用花括号括起来.

例如, $\{1,2,3,4,5,6\}$ 是前六个自然数组成的集合; $\{A,B,C\}$ 是由字母 A,B,C 组成的集合; $\{1,2,3,\cdots\}$ 表示全体自然数组成的集合; 等等.

(2) 描述法: 用集合中元素的性质表示该集合. 例如:

$$\mathbf{N} = \{n|n\text{为自然数}\}$$
$$\mathbf{Z} = \{n|n\text{为整数}\}$$
$$\mathbf{R} = \{x|x\text{为实数}\}$$
$$\{x|x\text{为熊猫}\}$$
$$\mathcal{U} = \{A|A\text{为事件}\}$$
$$X = \{u|u\text{为原因点}\}$$

分别是自然数集、整数集、实数集、所有熊猫组成的集合、事件空间和原因空间.

1. 相等与包含

定义 1.4.1　设 A,B 是两个集合. 如果 A 和 B 含有同样的元素, 则称它们相等, 记为

$$A = B \tag{1.4.1}$$

读为 "A 等于 B", 并称 "$=$" 为等号.

定义 1.4.2　设 A,B 是两个集合. 如果 A 中元素皆属于 B, 则称 A 是 B 的子集合, 记为

$$A \subset B \quad \text{或} \quad B \supset A \tag{1.4.2}$$

读为 "A 包含在 B 内", 或 "B 包含 A", 并称 "$\subset$" 和 "$\supset$" 为包含号.

和概率论一样, 这两个定义貌似平凡, 但内涵十分丰富. 它们不仅产生无数的集合论等式和包含式, 而且产生集合论特有的证明方法 —— 以元素和属于为工具的逻辑推理法. 我们把它称为属于推理法, 并应用它证明了引理 1.3.1.

现在, 命题 1.1.1— 命题 1.1.3 对集合的相等和包含也成立 (无须任何改动, 只需把 A,B,C 理解为集合即可), 证明方法也基本相同 (只需把事件改为集合, 把出现改为属于). 这里以包含关系的传递性说明 "属于推理法" 与 "因果推理法" 的雷同.

试证: 设 A,B,C 是集合. 如果 $A \subset B$ 且 $B \subset C$, 则 $A \subset C$.

证明　设 $u \in A$. 由于 $A \subset B$, 应用定义 1.4.2 推出 $u \in B$. 类似地, 由 $u \in B$ 推出 $u \in C$. 于是, 再次应用定义 1.4.2 推出 $A \subset C$, 结论得证.　∎

容易看出, 由于 "属于" 有数学符号 "$\in$", 书写时带来许多的方便. 下面引进一个非常重要的集合.

定义 1.4.3　不含任何元素的集合称为空集, 记为 $\varnothing$.

显然, 空集是唯一的, 并且是任何集合的子集.

2. 并集、交集和差集

设 J 是指标集, 它可以是有限集, 或可列集, 或不可列集. 通常

$$J = \{1, 2, \cdots, n\}$$
$$J = \{1, 2, \cdots, n, \cdots\}$$
$$J = \{x | x \text{ 为实数}\}$$

当然, J 可以是其他形式的指标集.

定义 1.4.4　设 $A_j (j \in J)$ 是集合. 把诸 $A_j (j \in J)$ 中所有元素汇集在一起, 称组成的新集合为诸 $A_j (j \in J)$ 的并集合, 简称为并, 记为 $\bigcup\limits_{j \in J} A_j$, 即

$$\bigcup_{j \in J} A_j = \{x | \text{至少存在一个} j \in J, \text{使 } x \in A_j\} \tag{1.4.3}$$

定义 1.4.5　设 $A_j (j \in J)$ 是集合. 把诸 $A_j (j \in J)$ 的所有公共元素汇集在一起, 称组成的新集合为诸 $A_j (j \in J)$ 的交集合, 简称为交, 记为 $\bigcap\limits_{j \in J} A_j$, 即

$$\bigcap_{j \in J} A_j = \{x | \text{对任意的} j \in J, \text{有 } x \in A_j\} \tag{1.4.4}$$

定义 1.4.6　设 A, B 是集合. 把属于 A, 但不属于 B 的元素汇集在一起, 称新集合为 A 与 B 的差集合, 简称为差, 记为 $A \backslash B$, 即

$$A \backslash B = \{x | x \in A \text{ 且 } x \notin B\} \tag{1.4.5}$$

并, 交, 差作为集合的运算遵守更广泛的 (包括不可列情形的) 交换–结合律、分配律和 de Morgan 律.

定理 1.4.1 (一般性的交换–结合律)　设 J 是任意指标集, 它有两个子集 J_1 和 J_2(允许它们相交), 并且 $J = J_1 \cup J_2$; 又设 $A_j (j \in J)$ 是任意的集合, 那么成立

i) 并运算的交换–结合律

$$\bigcup_{j \in J} A_j = \left(\bigcup_{k \in J_1} A_k \right) \cup \left(\bigcup_{l \in J_2} A_l \right) \tag{1.4.6}$$

ii) 交运算的交换–结合律

$$\bigcap_{j \in J} A_j = \left(\bigcap_{k \in J_1} A_k \right) \cap \left(\bigcap_{l \in J_2} A_l \right) \tag{1.4.7}$$

定理 1.4.2 (一般性的分配律)　设 J 是任意指标集, B 和 $A_j (j \in J)$ 是任意的集合, 那么成立

i) 并运算的分配律

$$\left(\bigcap_{j\in J} A_j\right) \cup B = \bigcap_{j\in J} (A_j \cup B) \tag{1.4.8}$$

ii) 交运算的分配律

$$\left(\bigcup_{j\in J} A_j\right) \cap B = \bigcup_{j\in J} (A_j \cap B) \tag{1.4.9}$$

定理 1.4.3 (de Morgan 律) 设 J 是任意指标集, B 和 $A_j (j\in J)$ 是任意的集合, 那么成立

$$B\setminus \left(\bigcup_{j\in J} A_j\right) = \bigcap_{j\in J} (B\setminus A_j) \tag{1.4.10}$$

$$B\setminus \left(\bigcap_{j\in J} A_j\right) = \bigcup_{j\in J} (B\setminus A_j) \tag{1.4.11}$$

显然, 当 J 是有限或可列指标集时有关并、交、差的符号式、结论及其证明, 它们在集合论中和在概率论中是"一样的"、互通的.

不同的是, 集合存在不可列并和不可列交运算. 在目前的基础部分 (如定义和运算法则等) 中, 不可列并 (或交) 和可列并 (或交) 无本质的不同, 它们也是互通的. 为说明这一断言, 我们给出式 (1.4.9) 的证明. 我们有

$$x \in \left(\bigcup_{j\in J} A_j\right) \cap B \Leftrightarrow x\in B \text{且} x \in \bigcup_{j\in J} A_j$$

$$\Leftrightarrow x\in B, \text{至少存在一个} r\in J \text{使} x\in A_r$$

$$\Leftrightarrow \text{至少存在一个} r\in J \text{使} x\in A_r\cap B$$

$$\Leftrightarrow x\in \bigcup_{j\in J} (A_j\cap B)$$

与 (1.2.7) 的证明比较看出, 它们是"一样的".

3. 全集和补集

定义 1.4.7 设 E 是一个给定的集合. 如果限定所有讨论的集合皆是 E 的子集, 则称 E 为全局性集合, 简称为全集.

定义 1.4.8 设 E 是全集, A 是 E 的子集, 则称 $E\setminus A$ 为 A 关于 E 的补集, 简称为补, 记为 $\overline{A}$ 或 A^c.

容易看出, 集合论是先定义并、交、差运算, 再引进全集概念, 然后定义补; 概率论则是先定义补、并、交、差运算, 然后证明"全集"—— 必然事件 X 存在.

图 1.4.1 称为文 (J. Venn) 氏图. 它给出集合的六种关系 —— 相等、包含、补、并、交、差的直观形象, 因而也给出概率论中事件的六种关系的直观形象.

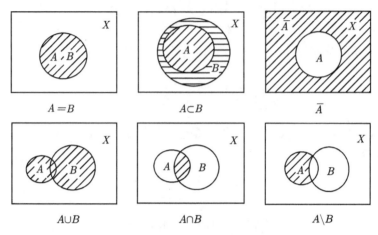

图 1.4.1　集合的 6 种关系

1.4.2　有限集、可列集和不可列集

事件能进行有限和可列并 (或交) 运算, 却不存在不可列并 (或交) 运算. 因此, 了解可列集和不可列集的基本知识是必要的.

定义 1.4.9　设 A, B 是两个集合. 如果 A 和 B 之间存在一个一一对应 f,

$$f : A \ni a \underset{b=f(a)}{\overset{1:1}{\longleftrightarrow}} b \in B \tag{1.4.12}$$

则称集合 A, B 是等势的, 记为 $A \approx B$.

定义 1.4.10　设 A 是任意的集合, 那么

i) 如果 $A \approx \{1, 2, \cdots, n\}$, 则称 A 为 n 元集, 并称 n 为集合 A 的基数;

ii) 如果 $A \approx \mathbf{N} = \{1, 2, \cdots, n, \cdots\}$, 则称 A 为可列集. 这时用 $\mathcal{H}_0$ 表示集合 A 的基数[①];

iii) 如果 $A \approx \mathbf{R} = \{x | x \text{ 为实数}\}$, 则称集合 A 的基数为 c;

iv) 空集 (基数为 0) 和所有的 $n(n \geqslant 1)$ 元集总称为有限集; 其余的集称为无限集; 基数不是 $\mathcal{H}_0$ 的无限集称为不可列集.

显然, 有限集的基数是该集合中元素的个数. 因此, 基数是个数的推广: 它不仅能数出有限集中元素的个数, 也能数出无限集中元素的 "个数".

例 1.4.1　设 $A = \{a, b, c\}$, $B = \{\alpha, \beta, \gamma\}$. 试证 $A \approx B$.

---

① $\mathcal{H}_0$ 是德文花体字母, 读为 "阿列夫零".

证明 构造一个定义在 A 上取值于 B 的一一对应 f, 它是

$$f(a) = \alpha, \quad f(b) = \beta, \quad f(c) = r$$

得证 $A \approx B$.

例 1.4.2 设 $\mathbf{N}$ 是自然数集, $A = \{2, 4, 6, \cdots\}$ 是全体偶数组成的集. 试证 $\mathbf{N} \approx A$.

证明 构造如下的一个一一对应 f,

$$f : \mathbf{N} \ni n \underset{f(n)=2n}{\overset{1:1}{\longleftrightarrow}} 2n \in A$$

结论得证.

由此看出, 一一对应的映射 f 不是唯一的, 无限集可以和自己的真子集等势, 但有限集没有这个性质.

命题 1.4.1 i) 集合 A 是 n 元集当且仅当它能表示为

$$A = \{a_1, a_2, \cdots, a_n\} = \{a_i | 1 \leqslant i \leqslant n\} \tag{1.4.13}$$

ii) 集合 A 是可列集当且仅当它能表示为

$$A = \{a_1, a_2, \cdots, a_n, \cdots\} = \{a_i | i \geqslant 1\} \tag{1.4.14}$$

证明 i) 和 ii) 的证明类似, 只证 ii). 由于 A 是可列集, 所以 A 与自然数集 $\mathbf{N}$ 之间存在一个一一对应 f,

$$f : \mathbf{N} \ni n \underset{f(n)=\alpha}{\overset{1:1}{\longleftrightarrow}} \alpha \in A$$

现在把 A 中元素 α 改为 a_n, 应用列举法可把 A 中元素一一列举, 得到 (1.4.14). ∎

命题 1.4.2 任意无限集均包含一个可列的子集.

证明 设 M 是任意的无限集. 从 M 中任意地选一个元素, 记为 m_1. 由于 $M \backslash \{m_1\}$ 仍是无限集, 于是又可以选元素 m_2. 现在假定已选出 i 个互不相同的元素:

$$m_1, m_2, \cdots, m_i$$

则因 $M \backslash \{m_1, m_2, \cdots, m_i\}$ 仍然是无限集, 于是从中可选出一个元素, 记为 m_{i+1}, 它和诸 $m_j (1 \leqslant j \leqslant i)$ 皆不同. 因此, 我们从 M 中选出 $i+1$ 个互不相同的元素

$$m_1, m_2, \cdots, m_i, m_{i+1}$$

应用数学归纳法得知, 在 M 中可选出无穷多个元素

$$m_1, m_2, \cdots, m_i \cdots,$$

由命题 1.4.1 知 $M^* = \{m_1, m_2, \cdots, m_i, \cdots\}$ 是可列集, 并且是 M 的子集. 命题得证. ■

命题 1.4.3　i) 若 A, B 是可列集, 则 $A \cup B$ 也是可列集;

ii) 若 $A_n (n \geqslant 1)$ 是可列集, 则可列并 $\bigcup\limits_{n=1}^{\infty} A_n$ 也是可列集.

证明　i) 与 ii) 的证明类似, 并且更简单, 故只证 ii). 应用定理 1.2.4(相应的集合形式定理) 可设诸集合 $A_n (n \geqslant 1)$ 互不相交; 应用命题 1.4.1 可假定

$$A_n = \{a_{n1}, a_{n2}, \cdots, a_{nm}, \cdots\} \quad (n = 1, 2, 3 \cdots)$$

现在, 把诸 A_n 写成 "矩阵" 形式 (n 表示行, m 表示列)

$$A_1 = \{a_{11}, a_{12}, a_{13}, a_{14}, \cdots\}$$
$$A_2 = \{a_{21}, a_{22}, a_{23}, a_{24}, \cdots\}$$
$$A_3 = \{a_{31}, a_{32}, a_{33}, a_{34}, \cdots\}$$
$$A_4 = \{a_{41}, a_{42}, a_{43}, a_{44}, \cdots\}$$
$$\cdots\cdots$$

首先按 $n + m = h$ 编号, 把 h 小的元素排前头; 对 h 相同的元素则按 n 编号, 把 n 小的元素排前 (即上述 "矩阵" 中箭头所指顺序), 得到

$$\bigcup\limits_{n=1}^{\infty} A_n = \{a_{11}, a_{12}, a_{21}, a_{13}, a_{22}, a_{31}, a_{14}, a_{23}, a_{32}, a_{41}, \cdots\}$$

由命题 1.4.1 得出 $\bigcup\limits_{n=1}^{\infty} A_n$ 是可列集. ■

由此得知, 非负整数集、整数集、平面上的整数点集 $\{(m, n) | m, n$ 为整数$\}$ 皆为可列集.

命题 1.4.4　有理数集是可列集.

证明　由命题 1.4.3 之 ii) 得出, 只需证 $[0, 1)$ 中的有理数集是可列集. 用 M 表示 $[0, 1)$ 中全体有理数组成的集合, 则

$$M = \left\{ \frac{m}{n} \middle| m, n 为无公约数的整数, 0 \leqslant m < n \right\}$$

于是, 首先按 n 的大小编号, n 小的排前头; 对 n 相同的元素则按 m 编号, m 小的排前头. 应用列举法得出

$$M = \left\{ 0, \frac{1}{2}, \frac{1}{3}, \frac{2}{3}, \frac{1}{4}, \frac{3}{4}, \frac{1}{5}, \frac{2}{5}, \frac{3}{5}, \frac{4}{5}, \cdots \right\}$$

由命题 1.4.1 得出 M 是可列集.　　　　　　　　　　　　　　　　　　　■

命题 1.4.5　设 a, b 为实数且 $a < b$, 那么区间 $(a, b]$ 中所有点组成的集合是不可列集.

证明　由于函数 $f(x) = \dfrac{x - a}{b - a}, a < x \leqslant b$, 建立区间 $(a, b]$ 和 $(0, 1]$ 之间的一个一一对应, 所以只需对区间 $(0, 1]$ 进行证明.

反证法: 设 $(0, 1]$ 中所有实数组成可列集. 由命题 1.4.1 知, 可把 $(0, 1]$ 中全体实数排成序列

$$t_1, t_2, t_3, \cdots$$

现在, 将所有的 $t_n (n \geqslant 1)$ 表示为十进位的无限小数. 它们是

$$t_1 = 0.t_{11}t_{12}t_{13}t_{14}\cdots$$
$$t_2 = 0.t_{21}t_{22}t_{23}t_{24}\cdots$$
$$t_3 = 0.t_{31}t_{32}t_{33}t_{34}\cdots$$
$$\cdots\cdots$$

其中所有的 t_{ij} 都是 $0, 1, 2, \cdots, 9$ 中的一个, 并且对每个 i, $t_{i1}, t_{i2}, \cdots$ 中有无穷多个不为零. 于是, 可以构造一个十进制的小数

$$\alpha = 0.\,\alpha_1\alpha_2\alpha_3\cdots$$

其中 $\alpha_i \neq t_{ii}, \alpha_i \neq 0 (i = 1, 2, \cdots)$. 这是办得到的, 因为当 $t_{ii} = 1$ 时可令 $\alpha_i = 2$, 而当 $t_{ii} \neq 1$ 时可取 $\alpha_i = 1$ 就行了.

显然, 实数 α 在 $(0, 1]$ 中, 但不在 $t_1, t_2, \cdots$ 中, 矛盾. 得证 $(0, 1]$ 不是可列集.　■

推论 1　区间 $[a, b]$ 中的无理数组成不可列集.

推论 2　实数集、全体无理数组成的集皆是不可列集.

命题 1.4.6　给定集合 $E = \{e_1, e_2\}$, 用 E 中元素组成无穷序列 $(\alpha_1, \alpha_2, \cdots, \alpha_n, \cdots)(\alpha_i = e_1$ 或 $e_2, i \geqslant 1)$. 令

$$E^\infty = \{(\alpha_1, \alpha_2, \cdots, \alpha_n, \cdots) | \alpha_i = e_1 \text{或} e_2, i \geqslant 1\}$$

那么 E^∞ 是不可列集.

证明　不失一般性, 可令 $e_1 = 0, e_2 = 1$. 于是, 在二进制下 $0.\alpha_1\alpha_2\cdots$ 是 $[0,1]$ 中的实数, 而函数

$$f : [0,1] \ni 0.\alpha_1\alpha_2\cdots \overset{1:1}{\longleftrightarrow} (\alpha_1, \alpha_2, \cdots) \in E^\infty$$

建立 $[0,1]$ 中实数和 E^∞ 之间的一个一一对应, 得证 E^∞ 是不可列集. ■

1.4.3　集合的划分

划分是学习第 2 章必备的基础知识. 考虑到集合论基础知识中较少地讨论划分, 因此给出稍微详细的介绍.

定义 1.4.11　设 E 是集合, $\pi_\alpha(\alpha \in J, J$ 为任意指标集) 是 E 的子集. 称集系

$$\Pi = \{\pi_\alpha | \alpha \in J\} \tag{1.4.15}$$

为 E 的一个划分, 如果 Π 具有下列三个性质:

i) $\pi_\alpha \neq \varnothing$, 对任意的 $\alpha \in J$;

ii) $\pi_\alpha \cap \pi_\beta = \varnothing$, 对任意的 $\alpha, \beta \in J$ 且 $\alpha \neq \beta$;

iii) $\bigcup\limits_{\alpha \in J} \pi_\alpha = E$.

并称 π_α 为划分块 (图 1.4.2). 如果允许 Π 含有空集, 则称 Π 为广义划分.

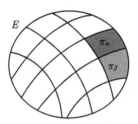

图 1.4.2　划分和划分块

定义 1.4.12　设 $\Pi_1 = \{\pi_\alpha^{(1)} | \alpha \in J_1\}, \Pi_2 = \{\pi_\beta^{(2)} | \beta \in J_2\}$ 是 E 的两个划分. 如果对任意的 $\pi_\beta^{(2)} \in \Pi_2$, 在划分 Π_1 中存在划分块 $\pi_r^{(1)}$, 使得

$$\pi_\beta^{(2)} \subset \pi_r^{(1)} \tag{1.4.16}$$

则称 Π_2 是 Π_1 的加细, 或 Π_1 是 Π_2 的加粗.

例 1.4.3　设 $A_i(i \in I, I$ 为有限或可列指标集) 是非空事件; 又设事件族 $\{A_i | i \in I\}$ 中诸事件互不相容, $\bigcup\limits_{i \in I} A_i = X$, 那么事件族

$$\Omega_1 = \{A_i | i \in I\} \tag{1.4.17}$$

是原因空间 X 的一个划分.

例 1.4.4 设 $A_\alpha(\alpha \in J, J$ 为不可列指标集$)$ 是原因空间的子集 $(A_\alpha$ 可以是事件, 也可以不是$)$; 又设集系 $\{A_\alpha | \alpha \in J\}$ 中诸集合互不相交, $\bigcup\limits_{\alpha \in J} A_\alpha = X$, 那么集系

$$\Omega_2 = \{A_\alpha | \alpha \in J\} \tag{1.4.18}$$

是原因空间 X 的一个划分.

例 1.4.5 设 $\mathbf{R} = (-\infty, +\infty)$. 显然

$$\Pi_1 = \{\mathbf{R}\}$$
$$\Pi_2 = \{(n, n+2] | n \text{为奇整数}\}$$
$$\Pi_3 = \{(n, n+2] | n \text{为偶整数}\}$$
$$\Pi_4 = \{(n, n+1] | n \text{为整数}\}$$
$$\Pi_5 = \{\{x\} | x \text{为实数}\}$$

皆是 $\mathbf{R}$ 的划分. 并且具有下列结论:

i) Π_1 是最粗划分. 即是说, $\mathbf{R}$ 的任何划分皆是 Π_1 的加细.

ii) Π_5 是最细划分. 即是说, $\mathbf{R}$ 的任何划分皆是 Π_5 的加粗.

iii) Π_4 是 Π_2 的加细, 也是 Π_3 的加细.

iv) Π_2 和 Π_3 不能比较粗细.

命题 1.4.7 设 $\Pi_1 = \{\pi_\alpha^{(1)} | \alpha \in J_1\}$, $\Pi_2 = \{\pi_\beta^{(2)} | \beta \in J_2\}$ 是集合 E 的两个划分, 并且 Π_2 是 Π_1 的加细. 那么, 对任意的 $\pi_\alpha^{(1)} \in \Pi_1$, 存在 J_2 的子集 $J_{2\alpha}$, 使得

$$\pi_\alpha^{(1)} = \bigcup\limits_{\beta \in J_{2\alpha}} \pi_\beta^{(2)} \tag{1.4.19}$$

证明 令 $J_{2\alpha} = \{\beta | \beta \in J_2, \pi_\beta^{(2)} \cap \pi_\alpha^{(1)} \neq \varnothing\}$, 往证式 (1.4.19) 成立.

事实上, 若 $\beta \in J_{2\alpha}$, 则 $\pi_\beta^{(2)} \cap \pi_\alpha^{(1)} \neq \varnothing$. 应用 Π_2 是 Π_1 的加细得出 $\pi_\beta^{(2)} \subset \pi_\alpha^{(1)}$. 由此推出

$$\bigcup\limits_{\beta \in J_{2\alpha}} \pi_\beta^{(2)} \subset \pi_\alpha^{(1)}$$

反之, 设 $e \in \pi_\alpha^{(1)}$ 是任意的元素. 由于 Π_2 是划分, 故 Π_2 中有且仅有一个划分块 $\pi_r^{(2)}$, 使得 $e \in \pi_r^{(2)}$. 由此推出 $\pi_r^{(2)} \cap \pi_\alpha^{(1)} \neq \varnothing$ 和 $r \in J_{2\alpha}$, 得证

$$\pi_\alpha^{(1)} \subset \bigcup\limits_{\beta \in J_{2\alpha}} \pi_\beta^{(2)}$$

联合两个所证的包含式即得 (1.4.19). ∎

命题 1.4.8 设 $\Pi_1 = \{\pi_\alpha^{(1)} | \alpha \in J_1\}$, $\Pi_2 = \{\pi_\beta^{(2)} | \beta \in J_2\}$ 是集合 E 的两个划分, 那么

$$\Pi_1 * \Pi_2 \stackrel{\text{def}}{=} \{\pi_\alpha^{(1)} \cap \pi_\beta^{(2)} | \alpha \in J_1, \beta \in J_2\} \tag{1.4.20}$$

是 E 的广义划分;

$$\Pi_1 \circ \Pi_2 \overset{\text{def}}{=\!=} \{\pi_\alpha^{(1)} \cap \pi_\beta^{(2)} | \alpha \in J_1, \beta \in J_2, \pi_\alpha^{(1)} \cap \pi_\beta^{(2)} \neq \varnothing\} \tag{1.4.21}$$

是 E 的划分.

证明　设 $\pi_\alpha^{(1)} \cap \pi_\beta^{(2)}$ 和 $\pi_\varepsilon^{(1)} \cap \pi_\delta^{(2)}$ 是 $\Pi_1 * \Pi_2$ 中的不同元素, 则 $\alpha \neq \varepsilon$ 和 $\beta \neq \delta$ 中至少有一个成立, 故

$$(\pi_\alpha^{(1)} \cap \pi_\beta^{(2)}) \cap (\pi_\varepsilon^{(1)} \cap \pi_\delta^{(2)}) = (\pi_\alpha^{(1)} \cap \pi_\varepsilon^{(1)}) \cap (\pi_\beta^{(2)} \cap \pi_\delta^{(2)}) = \varnothing$$

得证 $\Pi_1 * \Pi_2$ 满足定义 1.4.11 中条件 ii). 由于

$$\bigcup_{\alpha \in J_1} \bigcup_{\beta \in J_2} (\pi_\alpha^{(1)} \cap \pi_{(\beta)}^{2}) = \bigcup_{\alpha \in J_1} \left[\pi_\alpha^{(1)} \cap \left(\bigcup_{\beta \in J_2} \pi_\beta^{(2)} \right) \right] = \bigcup_{\alpha \in J_1} \pi_\alpha^{(1)} = E$$

故条件 iii) 也满足. 得证 $\Pi_1 * \Pi_2$ 是 E 的广义划分.

从 $\Pi_1 * \Pi_2$ 中删去空集后得到 $\Pi_1 \circ \Pi_2$. 故 $\Pi_0 \circ \Pi_2$ 是 E 的划分, 命题得证. ■

推论　$\Pi_1 \circ \Pi_2$ 既是 Π_1, 也是 Π_2 的加细划分.

定义 1.4.13　称命题 1.4.8 中的 $\Pi_1 \circ \Pi_2$ 为 Π_1 和 Π_2 的真交叉划分; 称 $\Pi_1 * \Pi_2$ 为 Π_1 和 Π_2 的交叉划分.

例 1.4.6　在例 1.4.5 中设 Π 是 $\mathbf{R}$ 的任意划分, 那么成立

$$\Pi_1 \circ \Pi = \Pi_1 * \Pi = \Pi$$
$$\Pi_5 \circ \Pi = \Pi_5$$
$$\Pi_2 \circ \Pi_3 = \Pi_4$$
$$\Pi_2 \circ \Pi_4 = \Pi_4 = \Pi_3 \circ \Pi_4$$

例 1.4.7　给定欧氏平面 $\mathbf{R}^2 = \{(x, y) | x, y \in \mathbf{R}\}$. 对固定的实数 x, y, 令

$$(x, \mathbf{R}) = \{(x, z) | z \in \mathbf{R}\} \tag{1.4.22}$$

$$(\mathbf{R}, y) = \{(z, y) | z \in \mathbf{R}\} \tag{1.4.23}$$

那么

$$\Pi_1 = \{(x, \mathbf{R}) | x \in \mathbf{R}\} \tag{1.4.24}$$

$$\Pi_2 = \{(\mathbf{R}, y) | y \in \mathbf{R}\} \tag{1.4.25}$$

分别是坐标平面中的垂直平行线族和水平平行线族.

容易验证, Π_1 和 Π_2 是集合 $\mathbf{R}^2$ 的两个划分, 并且

$$\Pi_1 \circ \Pi_2 = \Pi_1 * \Pi_2 = \{(x, y) | x, y \in \mathbf{R}\} \tag{1.4.26}$$

这里右端是 $\mathbf{R}^2$ 的最细划分 (图 1.4.3)

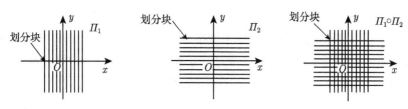

图 1.4.3 平面 $\mathbf{R}^2$ 的三个划分

例 1.4.8 设 X 是原因空间, 又设

$$\Omega_1 = \{\omega_\alpha^{(1)} | \alpha \in J_1\} \tag{1.4.27}$$

$$\Omega_2 = \{\omega_\beta^{(2)} | \beta \in J_2\} \tag{1.4.28}$$

是 X 的两个划分, 那么, 交叉划分

$$\Omega_1 * \Omega_2 = \{\omega_\alpha^{(1)} \cap \omega_\beta^{(2)} | \alpha \in J_1, \beta \in J_2\} \tag{1.4.29}$$

是 X 的一个广义划分; 真交叉划分

$$\Omega_1 \circ \Omega_2 = \{\omega_\alpha^{(1)} \cap \omega_\beta^{(2)} | \alpha \in J_1, \beta \in J_2, \omega_\alpha^{(1)} \cap \omega_\beta^{(2)} \neq \varnothing\} \tag{1.4.30}$$

是 X 的一个划分.

1.4.4 σ 域、可测空间和可测函数

结束本节前再介绍集合论中的几个重要的概念. 目的是, 当相应概念和有关命题在第 2 章出现时可以相互对照, 明白它在集合论中的出处.

定义 1.4.14 设 E 是给定的集合, $\mathcal{E}$ 是由 E 的一些子集组成的集系. 称 $\mathcal{E}$ 是 E 上的 σ 域, $(E, \mathcal{E})$ 是可测空间, 如果 $\mathcal{E}$ 满足下列两个条件:

i) 补运算封闭: 若 $A \in \mathcal{E}$, 则 $\overline{A} \in \mathcal{E}$.

ii) 可列并运算封闭: 若 $A_i \in \mathcal{E}(i = 1, 2, 3, \cdots)$, 则 $\bigcup\limits_{i \geqslant 1} A_i \in \mathcal{E}$.

注 称 $\mathcal{E}$ 是 E 上的域, 如果 $\mathcal{E}$ 满足上述条件 i) 和下述的条件:

iii) 有限并运算封闭: 若 $A, B \in \mathcal{E}$, 则 $A \cup B \in \mathcal{E}$.

定义 1.4.15 给定集合 E, 设 $\mathcal{E}_1$ 和 $\mathcal{E}_2$ 是 E 上的两个 σ 域 (或域). 如果 $\mathcal{E}_2 \subset \mathcal{E}_1$, 则称 $\mathcal{E}_2$ 是 $\mathcal{E}_1$ 的子 σ 域 (或域); 并称 $(E, \mathcal{E}_2)$ 是 $(E, \mathcal{E}_1)$ 的子可测空间.

例 1.4.9 设 E 是任意的集合, 那么

i) $\mathcal{E}_0 = \{\varnothing, E\}$ 是 E 上的域和 σ 域;

ii) 幂集 $\mathcal{P}(E) = \{A | A \subset E\}$ 是 E 上的域和 σ 域.

命题 1.4.9 设 E 是给定的集合, $\mathcal{E}$ 是 E 的一些子集组成的集系, 那么

i) 如果 $\mathcal{E}$ 是域, 则 $\varnothing \in \mathcal{E}, E \in \mathcal{E}$;

ii) 如果 $\mathcal{E}$ 是 σ 域, 则 $\mathcal{E}$ 是域;

iii) $\mathcal{E}$ 是 σ 域的必要充分条件是 $\mathcal{E}$ 关于补、可列并、可列交和差运算封闭;

iv) $\mathcal{E}$ 是域的必要充分条件是 $\mathcal{E}$ 关于补、有限并、有限交和差运算封闭.

它对应于第 2 章中的定理 2.2.2, 在那里会给出证明. 读者可用集合论方法自证之.

命题 1.4.10 设 E 是给定的集合, $\mathcal{A}$ 是 E 的一些子集组成的非空集系, 那么 E 上存在唯一的 σ 域 (或域)$\mathcal{E}_0$, 使得 $\mathcal{A} \subset \mathcal{E}_0$, 并且对任意包含 $\mathcal{A}$ 的 σ 域 (或域)$\mathcal{E}$ 成立 $\mathcal{E}_0 \subset \mathcal{E}$.

证明 由例 1.4.9 知至少存在一个包含 $\mathcal{A}$ 的 σ 域 (或域)—— 幂集 $\mathcal{P}(E)$. 容易验证, E 上的任意多个 σ 域 (或域) 的交仍然是 E 上的 σ 域 (或域). 于是, E 上包含 $\mathcal{A}$ 的所有 σ 域 (或域) 的交就是命题中的 $\mathcal{E}_0$. ∎

定义 1.4.16 i) 称命题 1.4.10 中的 σ 域 $\mathcal{E}_0$ 为 $\mathcal{A}$ 生成的 σ 域, 或称为包含 $\mathcal{A}$ 的最小 σ 域, 记为 $\sigma(\mathcal{A})$, 并称 $\mathcal{A}$ 为 σ 域 $\mathcal{E}_0$ 的芽集.

ii) 称命题 1.4.10 中的域 $\mathcal{E}_0$ 为 $\mathcal{A}$ 生成的域, 或称为包含 $\mathcal{A}$ 的最小域, 记为 $r(\mathcal{A})$, 并称 $\mathcal{A}$ 为域 $\mathcal{E}_0$ 的芽集.

特别重要的特殊情形如下.

定义 1.4.17 设 $\mathbf{R}$ 为实数集, $\mathcal{A}$ 是全体左开右闭区间组成的集合, 即

$$\mathcal{A} = \{(a,b]|-\infty \leqslant a < b < +\infty\} \tag{1.4.31}$$

那么称 $\sigma(\mathcal{A})$ 为 $\mathbf{R}$ 上的 Borel 域, 记为 $\mathcal{B}$; 并称 $(\mathbf{R},\mathcal{B})$ 为 Borel 可测空间, 简称为 Borel 空间.

通常, 称 Borel 域 $\mathcal{B}$ 中元素为 Borel 集.

命题 1.4.11 实数集 $\mathbf{R}$ 上的单点集 $\{x\}$, 各种区间 $(a,b],(a,b),[a,b),[a,b]$, 以及它们的补、可列并、可列交、差皆为 Borel 集.

这个命题对应于概率论中的定理 2.2.3, 在那里将给出证明.

命题 1.4.12 设 $(\mathbf{R},\mathcal{B})$ 是 Borel 可测空间, 那么, 存在 $\mathbf{R}$ 的子集 M 使得 $M \notin \mathcal{B}$.

这个结论在概率论中有重要的应用 (见命题 2.3.1). 因为命题的证明是纯分析的, 并用到较多的专门知识, 所以本书不给出证明, 只引用这个结论.

最后, 介绍可测函数的概念. 在概率论中它的对照物是随机变量 (第 6 章).

定义 1.4.18 给定可测空间 $(E,\mathcal{E})$, 设 $y = f(e), e \in E$ 是实值函数. 如果对任意的实数 x 成立

$$\{e|f(e) \leqslant x\} \in \mathcal{E} \tag{1.4.32}$$

则称 $y = f(e), e \in E$ 是定义在 $(E,\mathcal{E})$ 上的 (实) 可测函数. 简称为 $\mathcal{E}$-可测函数, 或可测函数.

特别重要的特殊情形是, 当 $(E, \mathcal{E}) \equiv (\mathbf{R}, \mathcal{B})$ 时称 $y = f(x), x \in \mathbf{R}$ 为 Borel 可测函数, 简称为 Borel 函数.

练 习 1

1.1 设 A, B, C, D 是事件, 试用符号式表示下列事件:

i) 事件 A, B, C 出现, 但事件 D 不出现;

ii) 四个事件皆不出现;

iii) 恰有两个事件出现;

iv) 至少有两个事件出现;

v) 至多出现两个事件.

1.2 设 A, B, C 是事件, 试用文字表达下列事件:

i) $A \cap \overline{B} \cap C$;

ii) $(A \backslash B) \cup (A \backslash C)$;

iii) $(A \backslash B) \cap (A \backslash C)$;

iv) $(A \cup B) \backslash C$;

v) $(A \backslash B) \backslash C$,

并画出上述事件的文氏图.

1.3 在某班学生中任意选出一个同学. 用 A 表示事件 "选出的是男同学", B 表示事件 "选出的同学不喜欢唱歌", C 表示事件 "选到的同学是运动员".

i) 用文字表达符号式 $A\overline{B}C$ 和 $A\overline{B}\overline{C}$ 的内容;

ii) 在什么条件下成立 $ABC = A$?

iii) 何种情形下成立 $\overline{C} \subset B$?

iv) 何时 $A = B$ 和 $\overline{A} = C$ 同时成立?

1.4 对靶进行射击, 靶上画有半径为 $r_1 < r_2 < \cdots < r_{10}$ 的同心圆. 用 A_i 表示事件 "弹着点落在半径为 r_i 的圆内 (含边界)" $(1 \leqslant i \leqslant 10)$. 习惯上, 把 "弹着点落在圆环 (内半径为 r_{i-1}, 外半径为 r_i, 并含外半径的边界圆)" 称为事件 "射击成绩为 $11 - i$ 环" $(i = 1, 2, \cdots, 10$, 约定 $r_0 = 0$). 试用 $A_i (1 \leqslant i \leqslant 10)$ 的符号式表示事件 "射击成绩为 k 环" $(k = 1, 2, \cdots, 10)$ 和事件 "子弹脱靶".

1.5 设 A, B, C 是事件. 试用因果推理法证明下列等式和包含式:

i) $A \cap B \subset A \cup B$;

ii) $AB \cup BC \cup CA \subset A \cup B \cup C$;

iii) $ABC \subset AB \cup BC \cup CA$;

iv) $A \backslash (B \backslash C) = A\overline{B}C$;

v) $A \backslash (B \cup C) = (A \backslash B) \cap (A \backslash C)$;

vi) $A \backslash (B \cap C) = (A \backslash B) \cup (A \backslash C)$.

1.6 设 A, B, C 是事件. 试用符号演算法证明下列等式:

i) $A \cup B = AB \cup (A \backslash B) \cup (B \backslash A)$;

ii) $(A \cup B) \backslash AB = A\overline{B} \cup \overline{A}B$;

iii) $\overline{(A \backslash B) \cup (B \backslash A)} = AB \cup \overline{A}\,\overline{B}$;

iv) $(A \backslash B) \backslash C = A \backslash (B \cup C)$;

v) $[(A \backslash B) \backslash C] \cup [(A \backslash B) \backslash \overline{C}] \cup [(AB) \backslash C] \cup ABC = A$.

1.7　化简下列符号式, 并用语言表达化简前后符号式的事件内容.

i) $(A \cup B) \cap (A \cup \overline{B})$;

ii) $(A \cup B) \cap (A \cup \overline{B}) \cap (\overline{A} \cup B)$;

iii) $[A \cup (B \backslash A)] \backslash B$;

iv) $(A \cup B) \cap (B \cup C)$;

v) $(\overline{A}\,\overline{B} \cup C) \cap \overline{AC}$.

1.8　指出下列等式成立的必要充分条件:

i) $ABC = A$;

ii) $A \cup B \cup C = A$;

iii) $A \cup B = A \cap B$;

iv) $(A \cup B) \backslash A = B$;

v) $A \cup B = \overline{A}$;

vi) $AB = \overline{A}$.

1.9　试证: 如果对任何事件 A 皆成立 $A \cup B = A$, 则 $B = \varnothing$.

1.10　试证: 事件 $A \subset B$ 当且仅当 $\overline{A} \cup B = X$.

1.11　设 A, B 为事件, 令

$$E_n = \begin{cases} A, & n = 1, 3, 5, \cdots \\ B, & n = 2, 4, 6, \cdots \end{cases}$$

试证: $\liminf\limits_{n \to \infty} E_n = A \cap B$; $\limsup\limits_{n \to \infty} E_n = A \cup B$.

1.12　设事件族 $\{A_n | n = 1, 2, 3, \cdots\}$ 互不相容. 试证 $\lim\limits_{n \to \infty} A_n = \varnothing$.

1.13　设 B 和 $A_n (n \geqslant 1)$ 是事件, 令 $A^* = \limsup\limits_{n \to \infty} A_n, A_* = \liminf\limits_{n \to \infty} A_n$. 试证:

i) $B \backslash A_* = \limsup\limits_{n \to \infty}(B \backslash A_n)$;

ii) $B \backslash A^* = \liminf\limits_{n \to \infty}(B \backslash A_n)$.

1.14　设 X 为全集, A, B, C 是 X 的子集. 称

$$A \triangle B = (A \backslash B) \cup (B \backslash A)$$

为集合 A, B 的对称差. 试证对称差具有下列性质:

i) $A \triangle \varnothing = A$; $A \triangle X = \overline{A}$;

ii) $A \triangle A = \varnothing$; $A \triangle \overline{A} = X$;

iii) 交换律　对任意的 A, B 成立 $A \triangle B = B \triangle A$;

iv) 结合律　对任意的 A, B, C 成立 $(A \triangle B) \triangle C = A \triangle (B \triangle C)$;

v) $A \triangle B = (A \cup B) \backslash (A \cap B)$;

vi) $A \cap (B \triangle C) = (A \cap B) \triangle (A \cap C)$.

1.15 在上题中设 X 为原因空间, A, B 为事件. 试用文字叙述 $A \triangle B$ 的事件内容, 并画出它的文氏图.

1.16 设 E 为全集, A 是它的子集. 称定义在 E 上的函数

$$\chi_A(x) = \begin{cases} 1, & x \in A \\ 0, & x \notin A \end{cases}$$

为子集 A 的示性函数. 试证示性函数具有下列性质:

i) $\chi_\phi(x) = 0$, 对任意的 $x \in E$;

ii) $\chi_E(x) = 1$, 对任意的 $x \in E$;

iii) $\chi_A(x) \leqslant \chi_B(x)$ 当且仅当 $A \subset B$;

iv) $\chi_{\overline{A}}(x) = 1 - \chi_A(x)(x \in E)$;

v) $\chi_{A \cap B}(x) = \chi_A(x)\chi_B(x)(x \in E)$;

vi) $\chi_{A \cup B}(x) = \chi_A(x) + \chi_B(x) - \chi_{A \cap B}(x)(x \in E)$.

1.17 设 E 为全集, $A_n(n = 1, 2, 3, \cdots)$ 是它的子集. 令 $A_* = \liminf\limits_{n \to \infty} A_n, A^* = \limsup\limits_{n \to \infty} A_n$, 试证:

i) $\chi_{A_*}(x) = \liminf\limits_{n \to \infty} \chi_{A_n}(x)$

ii) $\chi_{A^*}(x) = \limsup\limits_{n \to \infty} \chi_{A_n}(x)$

其中两个等式的右端是普通函数列的上极限和下极限.

1.18 试证: 可数集的子集或为有限集, 或为可数集.

1.19 试证: 有限集和可列集之并是可列集.

1.20 设 $a < b$, 试证: 四个区间 $[a, b], (a, b), [a, b), (a, b]$ 等势.

1.21 用 S 表示某学校全体学生组成的集合; 该校有是十个系, 用 A_i 表示第 i 系的全体学生组成的集合 $(i = 1, 2, \cdots, 10)$. 假定每个学生只能属于一个系, 试证 $\Pi = \{A_i | 1 \leqslant i \leqslant 10\}$ 是 S 的划分.

1.22 设 $\mathbf{N} = \{n | n$ 为自然数$\}$, 判定下列集合族是否构成 $\mathbf{N}$ 的划分:

i) $\Pi_1 = \{\pi_1, \pi_2\}$, 其中 $\pi_1 = \{n | n \in \mathbf{N}, n$ 为素数$\}, \pi_2 = \{n | n \in \mathbf{N}, n$ 为偶数$\}$;

ii) $\Pi_2 = \{\pi_1, \pi_2, \pi_3\}$, 其中 π_1, π_2 与 i) 相同, $\pi_3 = \{n | n \in \mathbf{N}, n$ 为奇数但不是素数$\}$;

iii) $\Pi_3 = \{\{n\} | n \in \mathbf{N}\}$.

1.23 设 A 是任意的非空集合, $\mathcal{P}(A)$ 是 A 的幂集. 试问 $\mathcal{P}(A) \backslash \{\varnothing\}$ 是否为 A 的划分?

1.24 设 $\Pi_1, \Pi_2, \cdots, \Pi_n$ 是集合 E 的 n 个划分. 试证

$$\Pi_1 * \Pi_2 * \cdots * \Pi_n = \left\{ \bigcap_{i=1}^n \pi_{\alpha_i}^{(i)} \middle| \pi_{\alpha_i}^{(i)} \in \Pi_i, 1 \leqslant i \leqslant n \right\}$$

是 E 的广义划分;

$$\Pi_1 \circ \Pi_2 \circ \cdots \circ \Pi_n = \left\{ \bigcap_{i=1}^n \pi_{\alpha_i}^{(i)} | \pi_{\alpha_i}^{(i)} \in \Pi_i, \quad 1 \leqslant i \leqslant n, \bigcap_{i=1}^n \pi_{\alpha_i}^{(i)} \neq \varnothing \right\}$$

是 E 的划分 (称 $\Pi_1 * \Pi_2 * \cdots * \Pi_n$ 为 n 个划分 $\Pi_i (1 \leqslant i \leqslant n)$ 的交叉划分; 称 $\Pi_1 \circ \Pi_2 \circ \cdots \circ \Pi_n$ 为真交叉划分).

1.25 设 J 是 (有限, 可列或不可列) 指标集, $\Pi_j (j \in J)$ 是 E 的划分. 试证

$$\mathop{*}_{j \in J} \Pi_j = \left\{ \bigcap_{j \in J} \pi_{\alpha_j}^{(j)} \mid \pi_{\alpha_j}^{(j)} \in \Pi_j, \quad j \in J \right\}$$

是 E 的广义划分;

$$\mathop{\circ}_{j \in J} \Pi_j = \left\{ \bigcap_{j \in J} \pi_{\alpha_j}^{(j)} \mid \pi_{\alpha_j}^{(j)} \in \Pi_j, j \in J, \bigcap_{j \in J} \pi_{\alpha_j}^{(j)} \neq \varnothing \right\}$$

是 E 的划分 (称为 $\mathop{*}_{j \in J} \Pi_j$ 为诸 $\Pi_j (j \in J)$ 的交叉划分; 称 $\mathop{\circ}_{j \in J} \Pi_j$ 为诸 $\Pi_j (j \in J)$ 的真交叉划分).

1.26 给定集合 E. 试证 E 上任意多个 σ 域 (或域) 的交仍是 σ 域 (或域).

第2章 随机试验——随机局部中前因后果的数学模型

因果空间 $(X, \mathcal{U})$ 是随机宇宙的数学模型, 是概率论专用的研究基地. 它在概率论中的作用类似于欧氏空间在初等几何中的作用. 试问: 因果空间中与几何图形类似的东西是什么? 答案是随机局部 (参看序中的类比表).

常识告诉我们, 人们不可能研究随机宇宙 $\mathcal{U}$ 中的全部事件, 只能研究被关心的一部分事件. 用 $\mathcal{F}$ 表示被关心的全部事件组成的集合, 并称该集合为随机局部. 它是概率论研究的最小单元. 于是, 概率论的全部任务是, 研究因果空间 $(X, \mathcal{U})$ 中一个又一个的随机局部.

设 $\mathcal{F}$ 是一个随机局部. 2.1 节论证 $\mathcal{F}$ 像一个小型的事件空间, 并且存在产生后果 $\mathcal{F}$ 的 "前因空间" Ω(它像一个小型的原因空间), 称前因后果二元组 $(\Omega, \mathcal{F})$ 为随机试验, 它是随机局部 $\mathcal{F}$ 的数学模型.

随机试验 $(\Omega, \mathcal{F})$ 是一个小型的因果空间; 因果空间 $(X, \mathcal{U})$ 是最大的随机试验. 在因果空间 $(X, \mathcal{U})$ 中存在无穷无尽随机试验 $(\Omega, \mathcal{F})$; 每个随机试验中又存在许许多多的子随机试验; 形成一幅生动有趣的随机数学景象 (类似地, 欧氏空间中存在无穷无尽的几何图形; 每个几何图形中又存在许许多多的子图形; 形成一幅生动有趣的几何学景象).

如何找到有研究价值的随机局部? 现实世界中的实验 (2.4 节) 和随机变量 (第 6,7 章) 是两类最重要的最有效的工具.

2.1 直观背景: 随机局部中的前因后果

本节内容分为三个层次.

1. 随机局部是事件 σ 域

设 $\mathcal{F}$ 是从随机宇宙 $\mathcal{U}$ 中划出的一个随机局部. 该局部关心的事件有 A, B, C, A_j $(j \in J, J$ 为指标集$), \cdots$. 用 $\mathcal{F}$ 表示全体被关心的事件组成的集合, 即

$$\mathcal{F} = \{A, B, C, A_j(j \in J), \cdots\} \tag{2.1.1}$$

显然 $\mathcal{F}$ 是事件空间 $\mathcal{U}$ 的子集.

直观上, $\mathcal{F}$ 中事件的补、并、交、差也是被关心的事件, 因此属于 $\mathcal{F}$. 换言之, 事件

$$\overline{A}, \quad \bigcup_{i \in I} A_i, \quad \bigcap_{i \in I} A_i, \quad A \backslash B \tag{2.1.2}$$

皆是 $\mathcal{F}$ 中的元素, 这里 I 是有限或可列指标集, 并且 $I \subset J$.

由此得出, 随机局部 $\mathcal{F}$ 是一些事件组成的集合, 并且关于事件的补、并、交、差运算封闭.

依据概率论第一基本定理, 事件是全集 —— 原因空间 X 中的子集. 因此 $\mathcal{F}$ 是由 X 的一些子集组成的集系, 并且是集合论中的 σ 域 (见定义 1.4.14 和命题 1.4.9). 于是, 概率论也引进 σ 域 (或称为事件 σ 域) 的概念; 并且, 一个随机局部 $\mathcal{F}$ 就是 X 上的一个事件 σ 域, 反之也对.

显然, 事件空间 $\mathcal{U}$ 是全集 X 上的一个事件 σ 域, 并且是一个最大的随机局部, 任何随机局部皆是 $\mathcal{U}$ 的子事件 σ 域 (即子随机局部). 最终, 事件空间 $\mathcal{U}$ 的全体子事件 σ 域就是随机宇宙中所有的随机局部. 概率论的任务是, 从简单到复杂研究一个又一个的随机局部, 即 $\mathcal{U}$ 的子事件 σ 域.

2. 样本空间和随机试验

设 $\mathcal{F}$ 是给定的随机局部. 首先, $\mathcal{F}$ 满足定义 1.2.1 中的各项要求, 因此可以把 $\mathcal{F}$ 视为一个 "小型的" 事件空间.

其次, 对 "小型的" $\mathcal{F}$, 应用 1.3 节的方法可以引进一个 "小型的原因空间" Ω. 称 Ω 为样本 (诱因) 空间, 其内的元素称为样本 (诱因) 点.

最后, 称二元组 $(\Omega, \mathcal{F})$ 为随机试验, 它是随机局部 $\mathcal{F}$ 的因果模型. 在集合论解释中 Ω 是全集, $\mathcal{F}$ 是 Ω 上的 σ 域; 在概率论解释中 $\mathcal{F}$ 是该随机局部的全部后果, Ω 是产生这些后果的全部样本 (诱因) 点.

$(\Omega, \mathcal{F})$ 和 $(X, \mathcal{U})$ 之间的联系可以用图 2.1.1 表达.

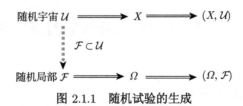

图 2.1.1　随机试验的生成

其中实箭头表示 "产生"; 虚箭头表示 "从随机宇宙中划出随机局部 $\mathcal{F}$", 即 "从事件空间 $\mathcal{U}$ 中划出子事件 σ 域 $\mathcal{F}$".

非常重要的事情是, 因果空间 $(X, \mathcal{U})$ 很抽象, X 和 $\mathcal{U}$ 中元素不可能一一列举; 但是, 随机试验 $(\Omega, \mathcal{F})$ 很现实, 对大量的比较简单的随机局部, Ω 和 $\mathcal{F}$ 中的元素能够一一列举, 或准确地描述.

例 2.1.1 假定应用问题只关心一个事件 $B_1(B_1 \neq X, B_1 \neq \varnothing)$. 令 $B_2 = \overline{B}_1$ 和

$$\mathcal{F}_2 = \{\varnothing, B_1, B_2, X\} \tag{2.1.3}$$

容易验证 $\mathcal{F}_2$ 是事件 σ 域. 于是, 应用问题从事件空间 $\mathcal{U}$ 中划出一个随机局部 $\mathcal{F}_2$.

显然, 随机局部 $\mathcal{F}_2$ 只有两个状态

$$\omega_i(A), \quad A \in \mathcal{F}_2 \quad (i = 1, 2) \tag{2.1.4}$$

见表 2.1.1. 由此得出, 随机局部的样本 (诱因) 空间是 $\Omega_2 = \{\omega_1, \omega_2\}$; 事件 B_i 的诱因集是 $\{\omega_i\}(i = 1, 2)$, 必然事件 X 的诱因集是 Ω. 最终得出, 随机局部 $\mathcal{F}_2$ 的因果模型是随机试验 $(\Omega_2, \mathcal{F}_2)$, 其中

$$\Omega_2 = \{\omega_1, \omega_2\} \tag{2.1.5}$$

$$\mathcal{F}_2 = \Omega_2 \text{ 的全体子集组成的集合} = \{\phi, \{\omega_1\}, \{\omega_2\}, \Omega_2\} \tag{2.1.6}$$

表 2.1.1

样本诱因点		$\mathcal{F}_2$	B_1	B_2	$\varnothing$	X
	ω_1	状态 $\omega_1(A)$	出现	不出现	不出现	出现
	ω_2	状态 $\omega_2(A)$	不出现	出现	不出现	出现

例 2.1.2 假定应用问题只关心 n 个事件 $B_1, B_2, \cdots, B_n$, 并设诸 $B_i(1 \leqslant i \leqslant n)$ 非空、互不相容, $\bigcup_{i=1}^{n} B_i = X$. 令

$$\begin{aligned}
\mathcal{F}_n = \{&\varnothing, B_1, B_2, \cdots, B_n, \\
&B_1 \cup B_2, B_1 \cup B_3, \cdots, B_{n-1} \cup B_n, \\
&B_1 \cup B_2 \cup B_3, \cdots, B_{n-2} \cup B_{n-1} \cup B_n, \\
&\cdots, \\
&B_1 \cup B_2 \cup \cdots \cup B_n\}
\end{aligned} \tag{2.1.7}$$

不难验证 $\mathcal{F}_n$ 是事件 σ 域. 于是, 应用问题从事件空间 $\mathcal{U}$ 中划定出一个随机局部 $\mathcal{F}_n$.

显然, 随机局部 $\mathcal{F}_n$ 有且仅有 n 个状态

$$\omega_i(A), \quad A \in \mathcal{F}_n \quad (i = 1, 2 \cdots, n) \tag{2.1.8}$$

它们是表 2.1.2(其中的 1 表示 "出现", 0 表示 "不出现").

表 2.1.2

样本诱因点		$\mathcal{F}_n$	B_1	B_2	B_2	$\cdots$	B_{n-1}	B_n	$\varnothing$	$B_1 \cup B_2$	$B_1 \cup B_3$	$\cdots$	$\bigcup\limits_{i=1}^{n} B_i$
	ω_1	状态 $\omega_1(A)$	1	0	0	$\cdots$	0	0	0	1	1	$\cdots$	1
	ω_2	状态 $\omega_2(A)$	0	1	0	$\cdots$	0	0	0	1	0	$\cdots$	1
	ω_3	状态 $\omega_3(A)$	0	0	1	$\cdots$	0	0	0	0	1	$\cdots$	1
	$\vdots$	$\vdots$	$\vdots$	$\vdots$	$\vdots$		$\vdots$	$\vdots$	$\vdots$	$\vdots$	$\vdots$		$\vdots$
	ω_{n-1}	状态 $\omega_{n-1}(A)$	0	0	0	$\cdots$	1	0	0	0	0	$\cdots$	1
	ω_n	状态 $\omega_n(A)$	0	0	0	$\cdots$	0	1	0	0	0	$\cdots$	1

由此得出, 随机局部 $\mathcal{F}_n$ 的因果模型是随机试验 $(\Omega_n, \mathcal{F}_n)$, 其中

$$\Omega_n = \{\omega_1, \omega_2, \cdots, \omega_n\} \tag{2.1.9}$$

$$\mathcal{F}_n = \Omega_n \text{ 的全体子集组成的集合}$$
$$= \{\varnothing, \{\omega_1\}, \{\omega_2\}, \cdots, \{\omega_n\},$$
$$\{\omega_1, \omega_2\}, \{\omega_1, \omega_3\}, \cdots, \{\omega_{n-1}, \omega_n\},$$
$$\{\omega_1, \omega_2, \omega_3\}, \cdots, \{\omega_{n-2}, \omega_{n-1}, \omega_n\},$$
$$\cdots, \{\omega_1, \omega_2, \cdots, \omega_n\}\} \tag{2.1.10}$$

比较 $\mathcal{F}_n$ 的两种表达式 (2.1.7) 和 (2.1.10) 是必要的. 我们有

$$\varnothing = \text{空集}$$
$$B_i = \{\omega_i\} \quad (i = 1, 2, \cdots, n)$$
$$B_i \cup B_j = \{\omega_i, \omega_j\} \quad (i, j = 1, 2, \cdots, n, i \neq j)$$
$$B_i \cup B_j \cup B_k = \{\omega_i, \omega_j, \omega_k\} \quad (i, j, k = 1, 2 \cdots n, i \neq j \neq k) \tag{2.1.11}$$
$$\cdots\cdots$$
$$X = \bigcup_{i=1}^{n} B_i = \{\omega_1, \omega_2, \cdots, \omega_n\} = \Omega_n$$

其中左方是事件表示法, 右端是集合 (样本诱因点集) 表示法. 集合表示法的优点是, 只要样本 (诱因) 空间 Ω_n 已知, 那么随机局部 $\mathcal{F}_n$ 便一目了然地呈现给我们.

　　【评论】 $(\Omega_n, \mathcal{F}_n)$ 是一类最简单最重要的随机试验, $(\Omega_2, \mathcal{F}_2)$ 是著名的伯努利试验. 但是, 当随机局部 $\mathcal{F}$ 含有无限多个事件时例 2.1.1 和例 2.1.2 的方法失效, 必须寻找生成随机试验的新方法.

　　3. Ω 是 X 的划分

　　给定随机局部 $\mathcal{F}$, 图 2.1.1 启发我们探讨样本 (诱因) 空间 Ω 和原因空间 X 之间的联系. 现在往证: Ω 是 X 的一个划分.

首先, 回忆原因点和样本 (诱因) 点的定义. 设 $u \in X$, 那么原因点 u 是定义在事件空间 $\mathcal{U}$ 上的 "状态" 函数

$$u(A) = \begin{cases} 1, & A \in \mathcal{U}, \quad A \text{处于出现状态} \\ 0, & A \in \mathcal{U}, \quad A \text{处于不出现状态} \end{cases} \tag{2.1.12}$$

同样, 设 $\omega \in \Omega$, 那么样本 (诱因) 点 ω 是定义在事件 σ 域 $\mathcal{F}$ 上的 "状态" 函数

$$\omega(A) = \begin{cases} 1, & A \in \mathcal{F}, \quad A \text{处于出现状态} \\ 0, & A \in \mathcal{F}, \quad A \text{处于不出现状态} \end{cases} \tag{2.1.13}$$

其次, 由于 $\mathcal{F} \subset \mathcal{U}$, 故当 $\mathcal{F}$ 处于状态 ω 时 $\mathcal{U}$ 应当处于某状态 u, 该 u 和 ω 之间满足关系式

$$u(A) = \begin{cases} \omega(A), & A \in \mathcal{F} \\ 0\text{或}1, & A \in \mathcal{U} \backslash \mathcal{F} \end{cases} \tag{2.1.14}$$

显然, 对同一个 ω 有许多的 u 满足 (2.1.14). 所有这样的 u 组成一个集合, 仍用 ω 表示这个集合, 我们有

$$\omega = \{u | u \in X, u \text{满足}(2.1.14)\} \tag{2.1.15}$$

于是, ω 不仅是 Ω 中的一个样本 (诱因) 点, 也是 X 的一个子集. 所有这样的子集组成 X 上的一个集系, 仍用 Ω 表示这个集系, 即

$$\Omega = \{\omega | \omega \subset X, \omega \text{由}(2.1.15)\text{规定}\} \tag{2.1.16}$$

于是, Ω 不仅是随机局部 $\mathcal{F}$ 的样本 (诱因) 空间, 也是 X 上的一个集系.

最后, 证明 Ω 是 X 的划分. 事实上 (参看定义 1.4.11), ① ω 显然是 X 的非空子集; ② 设 ω_i 和 ω_j 是 Ω 中不同的样本 (诱因) 点. 如果 $u_i \in \omega_i$, $u_j \in \omega_j$, 那么由 (2.1.14) 推出 $u_i \neq u_j$. 得证 $\omega_i \cap \omega_j = \varnothing$; ③ $\bigcup_{\omega \in \Omega} \omega \subset X$ 显然, 往证反包含式成立. 对任意的 $u \in X$, 当事件空间 $\mathcal{U}$ 处于状态 u 时, 它的子事件 σ 域 $\mathcal{F}$ 必处于某个状态 ω. 由此得出 $u \in \omega \subset \bigcup_{\omega \in \Omega} \omega$ 和 $X \subset \bigcup_{\omega \in \Omega} \omega$. 得证 $\bigcup_{\omega \in \Omega} \omega = X$. 于是证明了 Ω 是 X 的一个划分.

一旦发现 Ω 是 X 的划分, 产生随机试验的工作顺序图 2.1.1 可以改变为 "先有前因 Ω, 后有结果 $\mathcal{F}$" 的工作顺序图 2.1.2.

【小结】 生成随机试验的先因后果方法, 它由三个步骤完成:

1) 依据应用问题找到一个样本 (诱因) 空间 Ω, 它是原因空间 X 的划分;

2) 验证应用问题中的事件是 Ω 的子集, 得到划定的随机局部 $\mathcal{F}$;

3) 验证 $\mathcal{F}$ 包含应用问题关心的全部事件, 得到随机局部 $\mathcal{F}$ 的因果模型 —— 随机试验 $(\Omega, \mathcal{F})$.

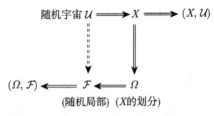

图 2.1.2　"先因后果"生成随机试验

2.2　随机试验和概率论第二基本定理

2.2.1　基本定义和基本定理

本小节把 2.1 节直观背景中"循果寻因"的逆向思维改造为"先因后果"的顺向思维模式; 三个定义和四个定理把概念的雏形抽象成严谨的数学概念; 把直观背景抽象为理论研究的起点.

定义 2.2.1 (样本点和样本空间)　设 X 是原因空间, ω_α 是 X 的子集 ($\alpha \in J$, J 为任意指标集). 称 X 上的集系

$$\Omega = \{\omega_\alpha | \alpha \in J\} \tag{2.2.1}$$

为样本诱因空间, 如果 Ω 是 X 的划分, 即 Ω 具有下列三个性质:

i) $\omega_\alpha \neq \varnothing$, 对任意的 $\alpha \in J$;

ii) $\omega_\alpha \cap \omega_\beta = \varnothing$, 对任意的 $\alpha, \beta \in J, \alpha \neq \beta$;

iii) $\bigcup\limits_{\alpha \in J} \omega_\alpha = X$.

并称划分块 ω_α 为样本诱因点; 称 ω_α 伪出现, 如果划分块中某原因点伪出现.

今后, 把样本诱因点简称为样本点; 把样本诱因空间简称为样本空间.

应当指出, 应用中的样本点 ω_α 皆为事件, 所以 Kolmogorov 称"样本点"为基本事件 (对研究的随机局部而言, 基本事件是不可分解的、"最小的"事件). 在理论中本书之所以坚持 ω_α 可以不是事件, 是因为 X 的最细划分 $\{\{u\} | u \in X\}$ 中的划分块 $\{u\}$ 就不是事件, 而且定义中的 $\bigcup\limits_{\alpha \in J} \omega_\alpha$ 通常是集合的不可列并.

定义 2.2.2 (样本空间上的事件)　设 Ω 是形如 (2.2.1) 的样本空间, A 是 Ω 的子集

$$A = \{\omega_\alpha | \alpha \in J_1 \subset J\} \tag{2.2.2}$$

称 A 是样本空间 Ω 上的事件, 如果在因果空间 $(X, \mathcal{U})$ 中成立

$$A \stackrel{\text{def}}{=} \bigcup\limits_{\alpha \in J_1} \omega_\alpha \in \mathcal{U} \tag{2.2.3}$$

定义 2.2.3 (随机试验) 设 Ω 是样本空间, $\mathcal{F}$ 是 Ω 上一些事件组成的非空集合. 称二元组 $(\Omega, \mathcal{F})$ 为随机试验, 如果在全集 Ω 中 $\mathcal{F}$ 是 (事件)σ 域, 即 $\mathcal{F}$ 具有下列两个性质:

i) 补封闭: 若 $A \in \mathcal{F}$, 则 $\overline{A} \in \mathcal{F}$;

ii) 可列并封闭: 若 $A_i \in \mathcal{F}(i \in I, I$ 为有限或可列集$)$, 则 $\bigcup_{i \in I} A_i \in \mathcal{F}$.

注 如果 $\mathcal{F}$ 只具有性质 i) 和 iii) 有限并封闭: 若 $A, B \in \mathcal{F}$, 则 $A \cup B \in \mathcal{F}$, 那么称 $\mathcal{F}$ 是 Ω 上的 (事件) 域. 概率论也经常使用事件域, 因此不要把事件 σ 域中的 σ 省略.

定理 2.2.1 (钢体化定理) 设 Ω 是样本空间, $\omega_0 \in \Omega$; 又设 u_0 是 ω_0 中任意的原因点, 那么, 对 Ω 上任意的事件 A 成立

$$u_0 \in A \Longleftrightarrow \omega_0 \in A \tag{2.2.4}$$

其中 $\Longleftrightarrow$ 表示 "当且仅当", 并且左方的 A 有集合表达式 (2.2.3), 右方的 A 有集合表达式 (2.2.2).

证明 假定 $\omega_0 \in A$. 应用 $u_0 \in \omega_0$ 和 (2.2.3) 立即推出 $u_0 \in A$. 反之, 假定 $u_0 \in A$. 应用定义 2.2.2 知, 对任意的 $\omega \in \Omega$, 事件 A 或者包含 ω, 或者不包含 ω, 并且二者必居其一. 于是, 由 $u_0 \in \omega_0$ 和 $u_0 \in A$ 推出 $\omega_0 \in A$. ■

定理 2.2.2 (出现定理) 设 $(\Omega, \mathcal{F})$ 是随机试验, 那么

i) 样本空间 Ω 中有且仅有一个样本点伪出现;

ii) $\mathcal{F}$ 中事件 A 出现当且仅当 A 中某样本点伪出现.

证明 设 Ω 有表达式 (2.2.1), A 有表达式 (2.2.2).

i) 由引理 1.3.1 知, 原因空间 X 中有且仅有一个原因点 (譬如 u_0) 伪出现. 由 Ω 是 X 的划分得出, u_0 属于且只属于 Ω 的一个划分块 (譬如 ω_0). 于是, 应用定义 2.2.1 得证 Ω 中有且仅有一个样本点 (它是 ω_0) 伪出现.

ii) 假定事件 A 出现. 由于 A 是因果空间 $(X, \mathcal{U})$ 中的事件, 故 A 中有某个原因点 (譬如 u_0) 伪出现. 注意到 (2.2.3) 得出, 此 u_0 必定属于某个划分块 $\omega_{\alpha_0}(\alpha_0 \in J_1)$. 故 A 出现时必有 A 中样本点 ω_{α_0} 伪出现, 得证必要性.

反之, 假定 A 中某样本点 (譬如 ω_{α_1}) 伪出现. 由定义 2.2.1 得知, 划分块 ω_{α_1} 中有某个原因点 (譬如 u_1) 伪出现. 由 $\omega_{\alpha_1} \in A$ 得出 $u_1 \in A$. 于是由引理 1.3.2 得出事件 A 出现. 得证充分性. ■

定理 2.2.3 (样本空间生成定理) 设 $\omega_\alpha(\alpha \in J, J$ 为任意指标集$)$ 是非空事件. 如果事件族

$$\Omega = \{\omega_\alpha | \alpha \in J\}$$

中有且仅有一个事件出现, 那么 Ω 是一个样本空间.

证明　只需证 Ω 是原因空间 X 的一个划分. 由于 ω_α 是非空事件, 故定义 2.2.1 中条件 i) 满足.

设 $\alpha \neq \beta, \alpha, \beta \in J$, 如果 $\omega_\alpha \cap \omega_\beta \neq \varnothing$, 那么当事件 $\omega_\alpha \cap \omega_\beta$ 出现时 ω_α 和 ω_β 将同时出现. 与定理的假定矛盾, 故定义 2.2.1 中条件 ii) 满足.

设 $u \in X$ 是任意的原因点. 由定理假定得出, 当 u 伪出现时 Ω 中有且仅有一个事件 (譬如 ω_{α_0}) 出现, 故 $u \in \omega_{\alpha_0} \subset \bigcup_{\alpha \in J} \omega_\alpha$. 由此推出 $X \subset \bigcup_{\alpha \in J} \omega_\alpha$. 反包含式显然成立, 故定义 2.2.1 中条件 iii) 成立. 定理得证.　■

定理 2.2.4 (事件运算封闭性定理)　设 Ω 是样本空间, $\mathcal{F}$ 是 Ω 上一些事件组成的非空集合, 那么,

i) 如果 $\mathcal{F}$ 是事件域, 则 $\Omega \in \mathcal{F}, \varnothing \in \mathcal{F}$;

ii) 如果 $\mathcal{F}$ 是事件 σ 域, 则 $\mathcal{F}$ 是事件域;

iii) $\mathcal{F}$ 是事件域当且仅当 $\mathcal{F}$ 关于补、有限并、有限交和差运算封闭;

iv) $\mathcal{F}$ 是事件 σ 域当且仅当 $\mathcal{F}$ 关于补、可列并、可列交和差运算封闭.

证明　i) 假定 $\mathcal{F}$ 是事件域. 由 $\mathcal{F}$ 的非空性推出, 存在事件 A 使得 $A \in \mathcal{F}$. 于是, 由补运算封闭得出 $\overline{A} \in \mathcal{F}$; 由有限并封闭得出 $\Omega = A \cup \overline{A} \in \mathcal{F}$. 再次应用补封闭推出 $\varnothing = \overline{\Omega} \in \mathcal{F}$. 结论 i) 得证.

ii) 由命题 1.2.5 直接推出.

iii) 和 iv) 的证明类似, 只证 iv). 定义 1.2.3 保证 $\mathcal{F}$ 关于补和可列并运算封闭. 设 $A_i \in \mathcal{F}(i = 1, 2, 3, \cdots)$, 由补封闭推出 $\overline{A_i} \in \mathcal{F}(i \geqslant 1)$, 应用 de Morgan 律, 我们有

$$\bigcap_{i \geqslant 1} A_i = \overline{\bigcup_{i \geqslant 1} \overline{A_i}} \in \mathcal{F}$$

得证 $\mathcal{F}$ 关于可列交封闭. 最后, 由 $A \backslash B = A \cap \overline{B}$ 推出 $\mathcal{F}$ 关于差运算封闭, 结论 iv) 得证.　■

以上三个定义和四个定理赋予集合论中 $(\Omega, \mathcal{F})$ 的概率论属性 (样本点和伪出现, 事件和出现, 以及事件的运算等), 它们是人们使用因果思维和因果推理法的出发点.

2.2.2　概率论第二基本定理

定义 2.2.1—定义 2.2.3 用"先因后果"的思维方法生成最一般的随机试验 $(\Omega, \mathcal{F})$(参看图 2.1.2 和其后的小结), 它是随机局部 $\mathcal{F}$ 的数学模型.

给定随机试验 $(\Omega, \mathcal{F})$, 不妨假定 Ω 有集合表达式 (2.2.1), $\mathcal{F}$ 中事件 A 有表达式 (2.2.2). 那么 A 有四种存在形式:

1) A 既是事件 σ 域 $\mathcal{F}$ 中事件, 又是事件空间 $\mathcal{U}$ 中事件 (定义 2.2.2). 关系式

$$A \in \mathcal{F} \subset \mathcal{U} \tag{2.2.5}$$

清楚地表达两种存在形式的一致性.

2) A 既是样本空间 Ω 的子集

$$A = \{\omega_\alpha | \alpha \in J_1 \subset J\} \tag{2.2.6}$$

(见式 (2.2.2)), 又是原因空间 X 的子集

$$A \overset{\text{def}}{=} \bigcup_{\alpha \in J_1} \omega_\alpha = \{u | \text{存在 } \alpha \in J_1 \text{ 使 } u \in \omega_\alpha\} \tag{2.2.7}$$

(见式 (2.2.3)).

注意, 这里出现了集合论不允许的事情: 事件 A 同时是两个全集 Ω 和 X 的子集. 幸运的是, 由于 Ω 是 X 的划分, 我们能够克服这个 "不允许". 为此, 不妨称 X 为 "大全集", Ω 为 "小全集"[①], 并把 (2.2.7) 中的 $\overset{\text{def}}{=}$ 称为 "转换". 我们有

$$A = \{\omega_\alpha | \alpha \in J_1 \subset J\} \text{ (在小全集 } \Omega \text{ 中)}$$
$$\overset{\text{def}}{=} \bigcup_{\alpha \in J_1} \omega_\alpha = \{u | \text{存在 } \alpha \in J_1 \text{ 使 } u \in \omega_\alpha\} = A \text{(在大全集 } X \text{ 中)} \tag{2.2.8}$$

引理 2.2.1 式 (2.2.8) 左方集合在小全集 Ω 中的补、任意并、任意交和差集合在 "转换" 的意义下等同于相应的右方集合在大全集 X 中的补、任意并、任意交和差集合.

证明 式 (2.2.8) 左方集合 A 在小全集 Ω 中的补集是

$$\Omega \backslash \{\omega_\alpha | \alpha \in J_1, J_1 \subset J\} = \{\omega_\alpha | \alpha \in J \backslash J_1\} \tag{2.2.9}$$

式 (2.2.8) 右方集合 A 在大全集 X 中的补集是

$$X \backslash \left(\bigcup_{\alpha \in J_1} \omega_\alpha \right) = \bigcup_{\alpha \in J \backslash J_1} \omega_\alpha \tag{2.2.10}$$

显然, (2.2.9) 中集合在 "转换" 的意义下是 (2.2.10) 中集合. 得证关于补相等的结论.

设 T 是任意指标集, $A_t (t \in T)$ 是 Ω 的任意子集. 不失一般性, 设 A_t 在小全集 Ω 中的集合表达式为

$$A_t = \{\omega_\alpha | \alpha \in J_t \subset J\} \tag{2.2.11}$$

它们在小全集 Ω 中的并集是

$$\bigcup_{t \in T} A_t = \left\{ \omega_\alpha \middle| \alpha \in \bigcup_{t \in T} J_t \right\} \tag{2.2.12}$$

[①] 我们不能取消 Ω 的 "全集" 资格. 原因是, 如果 Ω 不是全集, 则无法在 $\mathscr{F}$ 中定义补运算 (见 1.4.1 小节).

另一方面, 集合 A_t 在大全集 X 中的集合表达式为

$$A_t = \bigcup_{\alpha \in J_t} \omega_\alpha = \{u | \text{存在 } \alpha \in J_t \text{ 使 } u \in \omega_\alpha\} \quad (t \in T) \tag{2.2.13}$$

它们的并集为

$$\bigcup_{t \in T} A_k = \bigcup_{t \in T} \left(\bigcup_{\alpha \in J_t} \omega_\alpha \right) = \bigcup_{\alpha \in \bigcup_{t \in T} J_t} \omega_\alpha \tag{2.2.14}$$

显然, (2.2.12) 中的并和 (2.2.14) 中的并满足 "转换" 关系式 (2.2.8). 得证关于任意并相等的结论.

　　类似地可证关于任意交和差集相等的结论. ■

　　定理 2.2.5 (概率论第二基本定理)　设 $(\Omega, \mathcal{F})$ 是随机试验, 那么试验中基本要素的概率论属性具有表 2.2.1 表达的一致性; 试验中事件的相等、包含、补、并、交、差运算和集合论中相应关系和运算具有表 2.2.2 表达的一致性.

　　证明　由定义 2.2.1、定义 2.2.2 和定理 2.2.2 推出表 2.2.1 表达的一致性. 由引理 2.2.1、式 (2.2.5) 和概率论第一基本定理推出表 2.2.2 表达的一致性. ■

表 2.2.1　基本要素的概率论属性和集合论属性对照表

随机试验 $(\Omega, \mathcal{F})$		
符号 ＼ 学科	集合论	概率论
	Ω(样本空间)	$\mathcal{F}$(事件 σ 域)
Ω	全集 (原因空间 X 的划分)	必然事件 ($\Omega = X$)
$\mathcal{F}$	Ω 上的 σ 域	Ω 上的事件 σ 域
$(\Omega, \mathcal{F})$	可测空间	随机试验
ω	Ω 的元素 (一个划分块)	样本点
B	Ω 的子集, 且 $B \in \mathcal{F}$	Ω 上的事件
G	Ω 的子集, 且 $G \notin \mathcal{F}$	缺
$\varnothing$	空集	不可能事件 (空事件)
$\omega \in B$	ω 是 B 的元素	ω 是 B 的诱因点 (ω 伪出现时 B 出现)

表 2.2.2　基本关系的概率论属性和集合论属性对照表

随机试验 $(\Omega, \mathcal{F})$		
符号 ＼ 学科	集合论	概率论
	Ω	$\mathcal{F}$
$\omega \in A$	样本点 ω 是集合 A 的元素	样本点是事件 A 的诱因
$A = B$	A 和 B 含有同样的元素	A 出现当且仅当 B 出现
$A \subset B$	A 的元素皆是 B 的元素	A 出现时 B 必出现
$\overline{A}$	由 Ω 中不属于 A 的所有元素组成的集合	补事件 "A 不出现"

续表

	随机试验 $(\Omega, \mathcal{F})$	
学科 符号	集合论 Ω	概率论 $\mathcal{F}$
$\bigcup\limits_{i \in I} A_i$	有限并或可列并 (由诸 $A_i(i \in I)$ 中所有元素组成的集合)	并事件 ("诸事件 $A_i(i \in I)$ 中 至少有一个事件出现" 这一事件)
$\bigcup\limits_{\alpha \in J} A_\alpha$	不可列并 (由诸 $A_\alpha(\alpha \in J)$ 中所有元素组成的集合)	缺
$\bigcap\limits_{i \in I} A_i$	有限交或可列交 (由同时属于所有 $A_i(i \in I)$ 的元素组成的集合)	交事件 ("诸事件 $A_i(i \in I)$ 同时出现" 这一事件)
$\bigcap\limits_{\alpha \in J} A_\alpha$	不可列交 (由同时属于所有 $A_\alpha(\alpha \in J)$ 的元素组成的集合)	缺
$A \backslash B$	由属于 A 但不属于 B 的元素组成的集合	差事件 "A 出现但 B 不出现"
$A \cap B = \varnothing$	集合 A 和 B 不相交 (即 A, B 没有公共元素)	事件 A 和 B 不相容 (即 A 和 B 不能同时出现)

注: 其中 A, B, A_i, A_α 皆为 $\mathcal{F}$ 中事件; I 为有限或可列指标集; J 为不可列指标集

2.2.3 样本空间的灵活性; 子随机试验

在随机试验 $(\Omega, \mathcal{F})$ 中, $\mathcal{F}$ 是随机局部, 是概率论研究的最小单元; Ω 是研究 $\mathcal{F}$ 的工具, 它把 $\mathcal{F}$ 中事件运算转化为全集 Ω 中的集合运算. 有趣的是, $\mathcal{F}$ 是唯一的; Ω 却不是, 可以灵活地选取.

引理 2.2.2 给定随机试验 $(\Omega, \mathcal{F})$. 如果 Ω^* 是 Ω 的加细划分, 那么 $(\Omega^*, \mathcal{F})$ 也是随机试验.

证明 只需证 $\mathcal{F}$ 中的事件是 Ω^* 的子集. 不失一般性, 假定两个划分是

$$\Omega = \{\omega_\alpha | \alpha \in J\}$$
$$\Omega^* = \{\pi_t | t \in T\} \tag{2.2.15}$$

其中 J, T 是两个指标集. 应用命题 1.4.7 得出, 对任意的 $\alpha \in J$, 存在 T 的子集 T_α 使得

$$\omega_\alpha = \bigcup_{t \in T_\alpha} \pi_t \quad (\alpha \in J) \tag{2.2.16}$$

现在, 设 A 是 $(\Omega, \mathcal{F})$ 中事件, 则 A 是 Ω 的子集. 不失一般性, 设 A 的集合表达式为 (2.2.2). 应用 (2.2.16) 得出

$$A = \bigcup_{\alpha \in J_1} \omega_\alpha = \bigcup_{\alpha \in J_1} \left(\bigcup_{t \in T_\alpha} \pi_t \right) = \{\pi_t | t \in T_\alpha (\alpha \in J_1)\} \tag{2.2.17}$$

右方是 Ω^* 的子集, 引理得证. ■

推论 1 $(X, \mathcal{F})$ 是随机试验.

推论 2　$\mathcal{F}$ 中事件作为 Ω 的子集, 其补、并、交、差等同于它作为 Ω^* 的子集的补、并、交、差.

证明　在引理 2.2.1 中用 Ω^* 代替原因空间 X 后即是推论的证明.　　　■

推论 3　设 $(\Omega_1, \mathcal{F}_1)$ 和 $(\Omega_2, \mathcal{F}_2)$ 是两个随机试验. 如果 Ω 是真交叉划分 $\Omega_1 \circ \Omega_2$, 那么 $(\Omega, \mathcal{F}_1)$ 和 $(\Omega, \mathcal{F}_2)$ 也是随机试验.

证明　应用命题 1.4.8 推论立即推出所述结论.　　　■

定义 2.2.4　设 $(\Omega_1, \mathcal{F}_1)$ 和 $(\Omega_2, \mathcal{F}_2)$ 是两个随机试验. 如果 $\mathcal{F}_1 = \mathcal{F}_2$, 则认为它们是同一随机试验.

定义 2.2.5　设 $\mathcal{F}_1$ 和 $\mathcal{F}_2$ 是事件空间 $\mathcal{U}$ 的两个子事件 σ 域. 如果 $\mathcal{F}_2 \subset \mathcal{F}_1$, 则称 $\mathcal{F}_2$ 是 $\mathcal{F}_1$ 的子事件 σ 域. 特别, 当 $\mathcal{F}_1 \neq \mathcal{F}_2$ 时称为真子事件 σ 域.

定义 2.2.6　设 $(\Omega_1, \mathcal{F}_1)$ 和 $(\Omega_2, \mathcal{F}_2)$ 是因果空间中的两个随机试验, 如果 $\mathcal{F}_2 \subset \mathcal{F}_1$, 则称 $(\Omega_2, \mathcal{F}_2)$ 是 $(\Omega_1, \mathcal{F}_1)$ 的子试验. 特别,

i) 当 $\Omega_1 = \Omega_2$ 时称为同因子试验;

ii) 当 $\Omega_1 \neq \Omega_2$ 时称为不同因子试验.

如果 $\mathcal{F}_2$ 是 $\mathcal{F}_1$ 的真子 (事件)σ 域, 则称 $(\Omega_2, \mathcal{F}_2)$ 是 $(\Omega_1, \mathcal{F}_1)$ 的真子试验.

2.2.4　随机试验分类

随机局部 $\mathcal{F}$ 虽然多种多样, 五花八门, 但是它的因果模型 —— 随机试验 $(\Omega, \mathcal{F})$ 却可以分成为数不多的几个类型.

定义 2.2.7　称随机试验 $(\Omega, \mathcal{F})$ 为 n 型 (或可列型, 或不可列型) 试验, 如果样本空间 Ω 是 n 元集 (或可列集, 或不可列集), 并且

i) 所有的 $n(n = 1, 2, 3, \cdots)$ 型试验总称为有限型试验;

ii) 有限型和可列型试验合称为离散型试验;

iii) 不可列型试验又称为非离散型试验.

注　由于 Ω 可以灵活选取, 上述类型并不是随机试验的固有属性. 换言之, 对定义 2.2.4 意义下的一个随机试验, 随着 Ω 的不同选取可以属于不同的类型. 虽然如此, 这个分类方法仍然非常重要, 因为它规划出今后的研究方法: 先研究比较简单的 n 型和可列型随机试验, 然后研究复杂的非离散型试验.

定义 2.2.8　给定随机试验 $(\Omega, \mathcal{F})$,

i) 称 $(\Omega, \mathcal{F})$ 为标准试验, 如果对任意的 $\omega \in \Omega$, 样本点不仅是事件, 而且 $\{\omega\} \in \mathcal{F}$;

ii) 称 $(\Omega, \mathcal{F})$ 为满试验, 如果 Ω 的任何子集皆是事件, 并且

$$\mathcal{F} = \Omega \text{ 的全体子集组成的集合} \tag{2.2.18}$$

显然, 满试验必定是标准试验.

引理 2.2.3 假定 $(\Omega, \mathcal{F})$ 是标准试验. 如果 $(\Omega^*, \mathcal{F})$ 是随机试验, 那么 Ω^* 是 Ω 的加细划分.

证明 由标准性知, 对任意的 $\omega \in \Omega$ 有 $\{\omega\} \in \mathcal{F}$. 现在, 在随机试验 $(\Omega^*, \mathcal{F})$ 中, 事件 $\{\omega\}$ 是 Ω^* 的一个子集, 并且在全集 Ω^* 中成立

$$\bigcup_{\omega \in \Omega} \{\omega\} = \Omega^*$$

由此推出, 对任意的 $\omega^* \in \Omega^*$, 存在 ω 使得 $\omega^* \in \{\omega\}$. 得证 Ω^* 是 Ω 的加细划分 (定义 1.4.12). ∎

引理 2.2.4 设 $(\Omega, \mathcal{F})$ 是离散型试验, 那么, $(\Omega, \mathcal{F})$ 是满的当且仅当它是标准的.

证明 必要性显然, 往证充分性.

设 A 是 Ω 的任意子集. 由于 A 至多含可列多个样本点, 所以 $A = \bigcup_{\omega \in A} \{\omega\}$ 是可列并. 现在, 标准性保证 $\{\omega\} \in \mathcal{F}$, 故 $A \in \mathcal{F}$ 和 $(\Omega, \mathcal{F})$ 是满试验. 充分性得证. ∎

例 2.2.1 (退化试验) 用 Ω_0 表示原因空间 X 的最粗划分. 令

$$\Omega_0 = \{X\} \tag{2.2.19}$$

$$\mathcal{F}_0 = \{\varnothing, \Omega_0\} \tag{2.2.20}$$

显然 $(\Omega_0, \mathcal{F}_0)$ 是随机试验, 称之为退化试验.

例 2.2.2 (伯努利试验) 设 B 是事件, 并且 $B \neq \varnothing$, $B \neq X$. 显然 $\{B, \overline{B}\}$ 是原因空间 X 的划分. 令

$$\Omega_B = \{B, \overline{B}\} \tag{2.2.21}$$

$$\mathcal{F}_B = \{\varnothing, B, \overline{B}, \Omega_B\}^{①} \tag{2.2.22}$$

显然 $(\Omega_B, \mathcal{F}_B)$ 是随机试验, 称之为事件 B 生成的试验或伯努利试验.

例 2.2.3 (n 型满试验) 设 $\omega_i (i = 1, 2, \cdots, n)$ 是非空的互不相容的事件, 并且 $\bigcup_{i=1}^{n} \omega_i = X$. 令

$$\Omega = \{\omega_1, \omega_2, \cdots, \omega_n\} \tag{2.2.23}$$

$$\mathcal{F} = \Omega \text{ 的全体子集组成的集合} \tag{2.2.24}$$

容易验证 $(\Omega, \mathcal{F})$ 是 n 型满试验, 称之为事件族 $\{\omega_i | 1 \leqslant i \leqslant n\}$ 生成的试验.

本例 $\mathcal{F}$ 中的全部事件能够一一列举, 共有 $C_n^0 + C_n^1 + \cdots + C_n^n = 2^n$ 个事件 (见 (2.1.10) 和 (2.1.11)).

---

① 严格地说, $\mathcal{F}_B = \{\varnothing, \{B\}, \{\overline{B}\}, \Omega_B\}$. 习惯上, 人们把 $\{B\}$ 简记为 B. 因此, 读者应根据上下文判定, 出现的字母 B 是样本点 B, 还是事件 $\{B\}$.

例 2.2.4 (可列型满试验)　　设 $\omega_i(i=1,2,3,\cdots)$ 是可列个非空的互不相容的事件, 并且 $\bigcup\limits_{i=1}^{\infty}\omega_i=X$. 令

$$\Omega=\{\omega_1,\omega_2,\cdots,\omega_i,\cdots\} \tag{2.2.25}$$

$$\mathcal{F}=\Omega \text{ 的全体子集组成的集合} \tag{2.2.26}$$

容易验证 $(\Omega,\mathcal{F})$ 是可列型满试验, 称之为事件族 $\{\omega_i|i\geqslant 1\}$ 生成的试验.

我们可以列举出 $\mathcal{F}$ 中许多重要的事件, 并准确地描述剩下的事件. 方法是把 $\mathcal{F}$ 中元素分为可列个类:

第 0 类: 由 0 个样本点组成的事件 —— 不可能事件 $\varnothing$;

第 1 类: 由 1 个样本点组成的事件. 它们是 $\{\omega_1\},\{\omega_2\},\{\omega_3\},\cdots$;

第 2 类: 由两个样本点组成的事件. 它们可以一一列举为 $\{\omega_1,\omega_2\},\{\omega_1,\omega_3\}$, $\{\omega_1,\omega_4\},\{\omega_2,\omega_3\},\{\omega_1,\omega_5\},\cdots$;

　　　······

第 n 类: 由 n 个样本点组成的事件, 它们可以一一列举为 $\{\omega_1,\omega_2,\cdots,\omega_n\}$, $\{\omega_1,\cdots,\omega_{n-1},\omega_{n+1}\},\cdots$;

　　　······

第 ∞ 类: 由可列个样本点组成的事件. 例如 $\{\omega_i|i \text{ 为奇数}\},\{\omega_i|i \text{ 为素数}\},\cdots$.

容易证明, 第 0 类只含一个事件; 第 $n(1\leqslant n<\infty)$ 类含有可列多个事件; 第 ∞ 类含有不可列多个事件 (命题 1.4.6).

例 2.2.5 (不可列型满试验)　　设 $\omega_\alpha(\alpha\in J,J \text{ 为不可列指标集})$ 是不可列个非空的互不相容的事件, 作为原因空间的子集成立 $\bigcup\limits_{\alpha\in J}\omega_\alpha=X$. 令

$$\Omega=\{\omega_\alpha|\alpha\in J\} \tag{2.2.27}$$

又假定 Ω 的任何子集皆为事件. 令

$$\mathcal{F}=\Omega \text{ 的全体子集组成的集合} \tag{2.2.28}$$

容易验证 $(\Omega,\mathcal{F})$ 是不可列型满试验, 称之为事件族 $\{\omega_\alpha|\alpha\in J\}$ 生成的试验.

例 2.2.6　　设 Ω 是例 2.2.5 中的样本空间. 令

$$\mathcal{F}_1=\{A|A\subset\Omega,A \text{ 和 } \Omega\backslash A \text{ 中有一个是有限集或可列集}\} \tag{2.2.29}$$

试证 $(\Omega,\mathcal{F}_1)$ 是随机试验, 并且是不可列型、不满的标准试验.

解　　显然, $\mathcal{F}_1$ 关于补运算封闭. 往证关于可列并封闭. 假定 $A_i\in\mathcal{F}_1(i=1,2,3,\cdots)$. 情形①: 如果所有的 $A_i(i\geqslant 1)$ 是有限集或可列集, 则 $\bigcup\limits_{i\geqslant 1}A_i$ 也如此, 故

$\bigcup\limits_{i \geqslant 1} A_i \in \mathcal{F}_1$. 情形②: 诸 $A_i(i \geqslant 1)$ 中至少有一个, 譬如 A_1 是不可列集. 于是, 由 $A_1 \in \mathcal{F}_1$ 推出 $\overline{A_1}$ 是有限集或可列集, 由此又推出 $\Omega \backslash \bigcup\limits_{i \geqslant 1} A_i = \bigcap\limits_{i \geqslant 1} \overline{A_i}$ 也是有限集或可列集, 得证 $\bigcup\limits_{i \geqslant 1} A_i \in \mathcal{F}_1$. 完成 $\mathcal{F}_1$ 是事件 σ 域的证明, 故 $(\Omega, \mathcal{F}_1)$ 是随机试验.

显然, $(\Omega, \mathcal{F}_1)$ 是不可列型标准试验. 由集合论中有关知识得知, 存在 Ω 的子集 A_0 使得 A_0 和 $\Omega \backslash A_0$ 皆是不可列集. 由此推出 $A_0 \notin \mathcal{F}_1$ 和 $\mathcal{F}_1$ 是例 2.2.5 中 $\mathcal{F}$ 的真子事件 σ 域, 得证 $(\Omega, \mathcal{F}_1)$ 是不满的.

顺便指出, $(\Omega, \mathcal{F}_1)$ 是例 2.2.5 中 $(\Omega, \mathcal{F})$ 的同因真子试验. 若令 $\mathcal{F}_0 = \{\varnothing, \Omega\}$, 那么 $(\Omega, \mathcal{F}_0)$ 既是 $(\Omega, \mathcal{F}_1)$, 也是 $(\Omega, \mathcal{F})$ 的同因真子试验. 另外, $(\Omega, \mathcal{F}_0)$ 和例 2.2.1 的 $(\Omega_0, \mathcal{F}_0)$ 是同一个试验 —— 退化试验. 但 $(\Omega, \mathcal{F}_0)$ 却是不可列型的.

例 2.2.7　给定样本空间 Ω. 令

$$\mathcal{F} = \{A | A \subset \Omega, A \text{ 是事件}\} \tag{2.2.30}$$

试证 $(\Omega, \mathcal{F})$ 是随机试验.

解　由于必然事件 $\Omega \in \mathcal{F}$, 故 $\mathcal{F}$ 非空. 假定 $A \in \mathcal{F}$, 由 $A \subset \Omega$ 推出 $\overline{A} \subset \Omega$ 和 $\overline{A} \in \mathcal{F}$, 得证 $\mathcal{F}$ 关于补封闭. 假定 $A_i \in \mathcal{F}(i = 1, 2, 3, \cdots)$. 由 $A_i \subset \Omega(i \geqslant 1)$ 推出 $\bigcup\limits_{i \geqslant 1} A_i \subset \Omega$ 和 $\bigcup\limits_{i \geqslant 1} A_i \in \mathcal{F}$, 得证 $\mathcal{F}$ 关于可列并封闭. 由定义 2.2.3 知, $(\Omega, \mathcal{F})$ 是随机试验.

例 2.2.8　设 $\mathcal{F}$ 是事件空间 $\mathcal{U}$ 的任意子 σ 域, 则 $(X, \mathcal{F})$ 是随机试验, 这里 X 是原因空间.

显然, $(X, \mathcal{F})$ 是不满的非标准的随机试验.

【小结】　在应用中概率论是研究随机宇宙中一个又一个随机局部的科学. 在概率论的理论研究中, 随机局部是事件空间 $\mathcal{U}$ 的子 σ 域 $\mathcal{F}$, 局部 $\mathcal{F}$ 的因果模型是随机试验 $(\Omega, \mathcal{F})$.

如何构造因果模型 $(\Omega, \mathcal{F})$? 换言之, 如何选择 Ω 和 $\mathcal{F}$? 由于 Ω 可以灵活地选取 (参看引理 2.2.2, 引理 2.2.3 和例 2.2.8), 原则上 Ω 越简单越好, 计有

1) 有限集, 或可列集;

2) 实数集 $\mathbf{R}$;

3) n 维欧氏空间 $\mathbf{R}^n$;

4) 无限维欧氏空间;

5) 各种各样的函数空间;

等等. 一旦选定样本空间 Ω, 随机试验便分为两大类型: 离散型和不可列型. 通过例 2.2.1— 例 2.2.8 的简单讨论得出:

i) 离散型标准试验 $(\Omega, \mathcal{F})$ 是最简单的随机试验, 因为 Ω 和 $\mathcal{F}$ 是一目了然的集合. 它们是

$$\Omega = \{\omega_1, \omega_2, \omega_3, \cdots\} \tag{2.2.31}$$

$$\mathcal{F} = \Omega \text{ 的全体子集组成的集合} \tag{2.2.32}$$

ii) 离散型非标准试验 $(\Omega, \mathcal{F})$ 稍微复杂些. 这时 Ω 仍然有表达式 (2.2.31), 但 $\mathcal{F}$ 不是表达式 (2.2.32)(见引理 2.2.4). 因此, 必须寻找构造 $\mathcal{F}$ 的新方法.

iii) 不可列型试验 $(\Omega, \mathcal{F})$ 非常复杂. 同样, 一旦 Ω 选定后必须寻找构造 $\mathcal{F}$ 的新方法.

概率论找到的新方法是: 用芽集构造随机局部 $\mathcal{F}$ —— 芽集扩张法.

2.3　用芽集构造随机试验、Borel 试验和离散型试验

不可列型试验通常是不满的. 即使离散型试验, 它的真子试验肯定是不满的 (因而是不标准的). 因此, 不能用式 (2.2.18) 获得事件 σ 域.

基本问题: 已知样本空间 Ω, 试构造随机试验 $(\Omega, \mathcal{F})$ 中的 $\mathcal{F}$?

2.3.1　芽集扩张定理

定理 2.3.1 (芽集扩张定理)　设 Ω 是样本空间, $\mathcal{A}$ 是 Ω 上一些事件组成的非空集合, 那么

i) 存在 Ω 上事件 σ 域 $\mathcal{F}_0$, 使得 $\mathcal{A} \subset \mathcal{F}_0$, 并且对包含 $\mathcal{A}$ 的任意事件 σ 域 $\mathcal{F}$ 成立 $\mathcal{F} \supset \mathcal{F}_0$;

ii) 存在 Ω 上事件域 R_0, 使得 $\mathcal{A} \subset R_0$, 并且对包含 $\mathcal{A}$ 的任意事件域 R 成立 $R \supset R_0$.

证明　由例 2.2.7 得出, 至少存在一个包含 $\mathcal{A}$ 的事件 σ 域 (或事件域). 容易验证, 任意多个事件 σ 域 (或事件域) 的交仍是一个事件 σ 域 (或事件域). 因此, 包含 $\mathcal{A}$ 的一切事件 σ 域 (或事件域) 的交就是定理所求的事件 σ 域 $\mathcal{F}_0$(或事件域 R_0). 定理得证.　∎

注　芽集扩张定理来自集合论中相应的定理 (见命题 1.4.10). 但是, 在证明时我们用例 2.2.7 代替命题 1.4.10 中的幂集, 因为不能保证幂集 $\mathcal{P}(\Omega)$ 中的所有元素都是事件.

定义 2.3.1 (芽集)　对定理 2.3.1 中的量, 我们有

i) 称 $\mathcal{A}$ 为 $\mathcal{F}_0$(和 R_0) 的芽事件集, 简称为芽集.

ii) 称 $\mathcal{F}_0$ 为芽集 $\mathcal{A}$ 生成的事件 σ 域, 又称为包含 $\mathcal{A}$ 的最小事件 σ 域, 记为 $\sigma(\mathcal{A})$.

iii) 称 R_0 为芽集 $\mathcal{A}$ 生成的事件域, 又称为包含 $\mathcal{A}$ 的最小事件域, 记为 $r(\mathcal{A})$.

现在, 用芽集考察例 2.2.1—— 例 2.2.6, 我们有

在例 2.2.1 中成立 $\mathcal{F}_0 = \sigma(\{X\})$;

在例 2.2.2 中成立 $\mathcal{F}_B = \sigma(\{B\}) = \sigma(\{B, \overline{B}\})$;

在例 2.2.3 中成立 $\mathcal{F} = \sigma(\mathcal{A})$, $\mathcal{A} = \{\{\omega_i\} | i = 1, 2, \cdots, n\}$;

在例 2.2.4 中成立 $\mathcal{F} = \sigma(\mathcal{A})$, $\mathcal{A} = \{\{\omega_i\} | i = 1, 2, 3, \cdots\}$;

在例 2.2.5 中成立 $\mathcal{F} = \sigma(\mathcal{F})$;

在例 2.2.6 中成立 $\mathcal{F} = \sigma(\mathcal{A})$, $\mathcal{A} = \{\{\omega_\alpha\} | \alpha \in J\}$.

定理 2.3.1 只保证 $\sigma(\mathcal{A})$ 和 $r(\mathcal{A})$ 存在. 但是, 它既没有显示如何用芽集产生 $\sigma(\mathcal{A})$ 和 $r(\mathcal{A})$ 的过程, 也没有显示 $\sigma(\mathcal{A})$ 和 $r(\mathcal{A})$ 的结构. 而这两件事情对理解随机试验 $(\Omega, \sigma(\mathcal{A}))$ 和在其上赋予概率测度的工作 (见下章) 是非常重要的知识. 为掌握这样的知识, 我们给出定理 2.3.1 的构造性证明.

芽集扩张定理的构造性证明 先证 ii). 用 $\mathcal{D}$ 表示 Ω 上一些事件组成的集合, 令

$$\mathcal{D}^* = \left\{ \bigcup_{i=1}^{m} D_i, \bigcap_{i=1}^{m} D_i \,\middle|\, m \geqslant 1, D_i \text{ 或 } \overline{D}_i \in \mathcal{D}, 1 \leqslant i \leqslant m \right\} \tag{2.3.1}$$

并把由 $\mathcal{D}$ 扩大为 $\mathcal{D}^*$ 的方法称为 "$*$ 操作". 显然, $*$ 操作可以分两步进行: 先把 $\mathcal{D}$ 中事件的补添入 $\mathcal{D}$ 中; 然后在扩大的 $\mathcal{D}$ 中再添入其内事件的有限并和有限交后即得 $\mathcal{D}^*$.

现在用 $*$ 操作构造 R_0:

1) 先检查 $\mathcal{A}$ 是否为事件域. 如果是, 则令 $R_0 = \mathcal{A}$ 和构造结束.

2) 如果 $\mathcal{A}$ 不是事件域, 则对 $\mathcal{A}$ 进行一系列的 $*$ 操作, 得到

$$R_1 = \mathcal{A}^*, R_2 = R_1^*, \cdots, R_n = R_{n-1}^*, \cdots \quad (n = 2, 3, \cdots) \tag{2.3.2}$$

显然 $R_1 \subset R_2 \subset \cdots \subset R_n \subset \cdots$. 如果对某 n, R_n 是事件域, 则有 $R_n = R_{n+1} = \cdots$. 于是, 令 $R_0 = R_n$ 和构造结束.

3) 如果对所有的 $n \geqslant 1$, R_n 皆不是事件域, 则令

$$R_0 = \bigcup_{n=1}^{\infty} R_n \tag{2.3.3}$$

下证 R_0 是事件域. 事实上, 对任意的 $A \in R_0$, 由 (2.3.3) 知存在正整数 s 使得 $A \in R_s$, 由 $*$ 操作的定义得出 $\overline{A} \in R_{s+1}$, 由此推出 $\overline{A} \in R_0$, 得证 R_0 关于补封闭.

设 $A, B \in R_0$, 则存在正整数 s_1, s_2 使得 $A \in R_{s_1}, B \in R_{s_2}$. 令 $s = \max\{s_1, s_2\}$, 由 $*$ 操作的定义得出 $A \cup B \in R_{s+1}$, 由此推出 $A \cup B \in R_0$, 得证 R_0 关于有限并封闭. 完成 R_0 是事件域的证明.

4) 设 R 是包含 $\mathcal{A}$ 的任意事件域. 由 $*$ 操作的定义得出 $R_n \subset R(n \geqslant 1)$, 由此推出 $R_0 \subset R$. 结论 ii) 得证.

再证 i). 用 $\mathcal{D}$ 表示 Ω 上一些事件组成的集合, 令

$$\mathcal{D}^{**} = \left\{ \bigcup_{i \in I} A_i, \bigcap_{i \in I} A_i \,\middle|\, A_i \text{ 或 } \overline{A_i} \in \mathcal{D}, i \in I, I \text{ 为有限或可列指标集} \right\} \tag{2.3.4}$$

并把由 $\mathcal{D}$ 扩大为 $\mathcal{D}^{**}$ 的方法称为 "$**$ 操作". 显然, $**$ 操作可以分两步进行: 先把 $\mathcal{D}$ 中事件的补添入 $\mathcal{D}$ 中; 然后在扩大的 $\mathcal{D}$ 中添入其内事件的有限并和有限交, 可列并和可列交后即得 $\mathcal{D}^{**}$.

现在用 $**$ 操作构造 $\mathcal{F}_0$:

1) 先检查 $\mathcal{A}$ 是否为事件 σ 域. 如果是, 则令 $\mathcal{F}_0 = \mathcal{A}$ 和构造结束.

2) 如果 $\mathcal{A}$ 不是事件 σ 域, 则对 $\mathcal{A}$ 进行一系列的 $**$ 操作, 得到

$$\mathcal{F}_1 = \mathcal{A}^{**}, \mathcal{F}_2 = \mathcal{F}_1^{**}, \cdots, \mathcal{F}_n = \mathcal{F}_{n-1}^{**}, \cdots (n = 2, 3, \cdots) \tag{2.3.5}$$

显然 $\mathcal{F}_1 \subset \mathcal{F}_2 \subset \cdots \subset \mathcal{F}_n \subset \cdots$. 如果对某 $n, \mathcal{F}_n$ 是事件 σ 域, 则 $\mathcal{F}_n = \mathcal{F}_{n+1} = \cdots$. 于是, 令 $\mathcal{F}_0 = \mathcal{F}_n$ 和构造结束.

3) 如果对所有的 $n \geqslant 1, \mathcal{F}_n$ 皆不是事件 σ 域, 则令

$$\mathcal{F}_\infty = \bigcup_{n=1}^{\infty} \mathcal{F}_n \tag{2.3.6}$$

当 $\mathcal{F}_\infty$ 是事件 σ 域时, 则令 $\mathcal{F}_0 = \mathcal{F}_\infty$ 和构造结束.

4) 如果 $\mathcal{F}_\infty$ 不是事件 σ 域, 则对 $\mathcal{F}_\infty$ 进行一系列的 $**$ 操作, 得到

$$\mathcal{F}_{\infty+1} = \mathcal{F}_\infty^{**}, \quad \mathcal{F}_{\infty+2} = \mathcal{F}_{\infty+1}^{**}, \cdots, \mathcal{F}_{\infty+n} = \mathcal{F}_{\infty+n-1}^{**}, \cdots \tag{2.3.7}$$

显然 $\mathcal{F}_{\infty+1} \subset \mathcal{F}_{\infty+2} \subset \cdots \subset \mathcal{F}_{\infty+n} \subset \cdots$. 如果对某 $n, \mathcal{F}_{\infty+n}$ 是事件 σ 域, 则 $\mathcal{F}_{\infty+n} = \mathcal{F}_{\infty+n+1} = \cdots$. 于是, 令 $\mathcal{F}_0 = \mathcal{F}_{\infty+n}$ 和构造结束.

5) 如果对所有的 $n \geqslant 1, \mathcal{F}_{\infty+n}$ 皆不是事件 σ 域, 则令

$$\mathcal{F}_{\infty+\infty} = \bigcup_{n=1}^{\infty} \mathcal{F}_{\infty+n} \tag{2.3.8}$$

当 $\mathcal{F}_{\infty+\infty}$ 是事件 σ 域时, 则令 $\mathcal{F}_0 = \mathcal{F}_{\infty+\infty}$ 和构造结束.

6) 如果 $\mathcal{F}_{\infty+\infty}$ 不是事件 σ 域, 则对 $\mathcal{F}_{\infty+\infty}$ 进行一系列的 $**$ 操作, $\cdots$.

7) 上述操作不断地进行下去, 我们得到事件集合的 "超无限" 的包含序列

$$\mathcal{A} \subset \mathcal{F}_1 \subset \mathcal{F}_2 \subset \cdots \subset \mathcal{F}_\infty \subset \mathcal{F}_{\infty+1} \subset \mathcal{F}_{\infty+2}$$
$$\subset \cdots \subset \mathcal{F}_{\infty+\infty} \subset \mathcal{F}_{\infty+\infty+1} \subset \cdots \subset \mathcal{F}_\alpha \subset \cdots \tag{2.3.9}$$

可以证明①, 如果对某 α, $\mathcal{F}_\alpha$ 是事件 σ 域, 则令 $\mathcal{F}_0 = \mathcal{F}_\alpha$ 和构造结束; 如果对所有的 α, $\mathcal{F}_\alpha$ 皆不是事件 σ 域, 则令

$$\mathcal{F}_0 = \bigcup_\alpha \mathcal{F}_\alpha \tag{2.3.10}$$

那么, $\mathcal{F}_0$ 必定是事件 σ 域和构造结束.

8) 设 $\mathcal{F}$ 是包含 $\mathcal{A}$ 的任意事件 σ 域. 由 $**$ 操作的定义得出 $\mathcal{F}_\alpha \subset \mathcal{F}$(对任意的 α), 由此推出 $\mathcal{F}_0 \subset \mathcal{F}$. 结论 i) 得证. ■

推论 设 Ω 是样本空间, $\mathcal{A}_1$ 和 $\mathcal{A}_2$ 皆是 Ω 上一些事件组成的集合. 如果 $\mathcal{A}_1$ 中事件能够用 $\mathcal{A}_2$ 中事件的补、并、交、差表达, 那么

$$\sigma(\mathcal{A}_1) \subset \sigma(\mathcal{A}_2) \tag{2.3.11}$$

例 2.3.1 设实数集 $\mathbf{R}$ 是样本空间, 选芽集为

$$\mathcal{A} = \{(a,b] | -\infty \leqslant a < b < +\infty\}$$

那么 $(\mathbf{R}, \sigma(\mathcal{A}))$ 是随机试验.

例 2.3.2 设实数集 $\mathbf{R}$ 是样本空间, 令

$$\mathcal{F} = \mathbf{R}\text{ 的全体子集组成的集合}$$

那么 $(\mathbf{R}, \mathcal{F})$ 是随机试验.

例 2.3.3 设实数集 $\mathbf{R}$ 是样本空间, 选芽集为

$$\mathcal{A}_0 = \{\{x\} | x \in \mathbf{R}\}$$

那么

$$\sigma(\mathcal{A}_0) = \{A | A \subset \mathbf{R}, A \text{ 和 } \mathbf{R} \backslash A \text{ 中有一个是有限集或可列集}\}$$

和 $(\mathbf{R}, \sigma(\mathcal{A}_0))$ 是随机试验 (参看例 2.2.6).

命题 2.3.1 在例 2.3.1— 例 2.3.3 的三个随机试验中, $(\mathbf{R}, \sigma(\mathcal{A}_0))$ 是 $(\mathbf{R}, \sigma(\mathcal{A}))$ 的真子试验; $(\mathbf{R}, \sigma(\mathcal{A}))$ 是 $(\mathbf{R}, \mathcal{F})$ 的真子试验.

证明 设 $a < b$, 那么 $(a,b] \in \sigma(\mathcal{A})$, 但是 $(a,b] \notin \sigma(\mathcal{A}_0)$, 得证前一个结论. 由命题 1.4.12 知, 存在 $\mathbf{R}$ 的子集 M 使得 $M \notin \sigma(\mathcal{A})$, 但是 $M \in \mathcal{F}$, 得证后一个结论. ■

这个命题说, $(\mathbf{R}, \sigma(\mathcal{A}))$ 含有"不多不少"的事件; 而 $(\mathbf{R}, \sigma(\mathcal{A}_0))$ 含有"太少"的事件, $(\mathbf{R}, \mathcal{F})$ 含有"太多"的事件, 概率论 (对应地, 测度论) 的发展表明, $(\mathbf{R}, \sigma(\mathcal{A}))$ 是一个极为重要的试验 (对应地, 可测空间); 而 $(\mathbf{R}, \sigma(\mathcal{A}_0))$ 和 $(\mathbf{R}, \mathcal{F})$ 则很少涉及.

① 以下证明用到集合论中超限数知识, 从略. 完整的证明见文献 [2].

原因很直观, $\mathcal{F}$ 含有太多的元素, 其中许多集合不存在长度 (概率论中表现为不能赋予几何概率); 而 $\sigma(\mathcal{A}_0)$ 含有太少的元素, 其内集合的长度不是 0, 就是无穷大 (概率论中表现为几何概率不是等于 0, 就是等于 1); 只有 $\sigma(\mathcal{A})$ 含有 "既不多又不少" 的元素, 事实上, $\sigma(\mathcal{A})$ 是数直线上所有存在长度 (概率论中表现为存在几何概率) 的集合组成的集系.

2.3.2　Borel 试验

定义 2.3.2　称 $(\mathbf{R}, \mathcal{B})$ 为 Borel 试验, 如果样本空间 $\mathbf{R}$ 是实数集, 事件 σ 域 $\mathcal{B} = \sigma(\mathcal{A})$, 芽集 $\mathcal{A}$ 为

$$\mathcal{A} = \{(a, b] | -\infty \leqslant a < b < +\infty\} \tag{2.3.12}$$

并称 $\mathcal{B}$ 为 Borel 域.

在测度论中 $(\mathbf{R}, \mathcal{B})$ 是 Borel 可测空间, 简称为 Borel 空间; $\mathcal{B}$ 称为 Borel 域; $\mathcal{B}$ 中元素称为 Borel 集 (参看定义 1.4.17).

定理 2.3.2　Borel 试验 $(\mathbf{R}, \mathcal{B})$ 是不满的标准试验.

证明　由命题 2.3.1 推出 $(\mathbf{R}, \mathcal{B})$ 是不满试验. 对任意的 $x \in \mathbf{R}$, 由于

$$\left(x - \frac{1}{2^n}, x\right] \in \mathcal{B} \quad (n = 1, 2, \cdots),$$

故

$$\{x\} = \bigcap_{n=1}^{\infty} \left(x - \frac{1}{2^n}, x\right] \in \mathcal{B} \tag{2.3.13}$$

得证 $(\mathbf{R}, \mathcal{B})$ 是标准试验. ∎

定理 2.3.3　设 $\mathbf{R}$ 是实数集, 用 $\langle \cdots \rangle$ 表示四种区间 $(\cdots], (\cdots), [\cdots), [\cdots]$ 中任一种. 令

$$\mathcal{A}_0 = \{(-\infty, b] | b \in \mathbf{R}\} \tag{2.3.14}$$

$$\mathcal{A}_1 = \{\langle a, b \rangle | a, b \in \mathbf{R}\} \tag{2.3.15}$$

那么成立

$$\mathcal{B} = \sigma(\mathcal{A}_0) = \sigma(\mathcal{A}_1) \tag{2.3.16}$$

证明　由 $\mathcal{A}_0 \subset \mathcal{A} \subset \mathcal{A}_1$ 推出 $\sigma(\mathcal{A}_0) \subset \mathcal{B} \subset \sigma(\mathcal{A}_1)$. 由于

$$(a, b] = (-\infty, b) \backslash (-\infty, a]$$

应用定理 2.3.1 推论得出 $\mathcal{B} = \sigma(\mathcal{A}) \subset \sigma(\mathcal{A}_0)$, 得证 $\mathcal{B} = \sigma(\mathcal{A}_0)$. 我们有

$$(a, b) = (a, b] \backslash \{b\}$$
$$[a, b) = \{a\} \cup (a, b)$$
$$[a, b] = \{a\} \cup (a, b]$$

注意到(2.3.12), 再次应用定理2.3.1推论得出 $\sigma(\mathcal{A}_i) \subset \sigma(\mathcal{A}) = \mathcal{B}$. 得证 $\mathcal{B} = \sigma(\mathcal{A}_1)$. ■

本定理保证, 各种各样的区间, 以及这些区间的补、可列并、可列交、差都是 Borel 集. 芽集扩张定理表明, 直线上的常见区域都是 Borel 集. 事实上, 要找到一个非 Borel 集是相当困难的. 命题 1.4.12 肯定, 非 Borel 集存在.

2.3.3 n 维 Borel 试验

n 维欧氏空间 $\mathbf{R}^n$ 的集合表达式为

$$\mathbf{R}^n = \{(x_1, x_2, \cdots, x_n) | x_i (i = 1, \cdots, n) \text{ 为实数}\} \qquad (2.3.17)$$

称 $\mathbf{R}^n$ 的子集

$$\prod_{i=1}^{n}(a_i, b_i] \overset{\text{def}}{=\!=} (a_1, b_1] \times (a_2, b_2] \times \cdots \times (a_n, b_n]$$

$$= \{(x_1, x_2, \cdots, x_n) | -\infty \leqslant a_i < x_i \leqslant b_i, 1 \leqslant i \leqslant n\} \qquad (2.3.18)$$

为左开右闭 (n 维) 柱集, 或 (n 维) 柱体.

特别, 一维柱集 $(a_1, b_1]$ 是左开右闭的区间; 二维柱集 $(a_1, b_1] \times (a_2, b_2]$ 是左开右闭的矩形 (图 2.3.1 之 (a)); 三维柱集 $\prod_{i=1}^{3}(a_i, b_i]$ 是左开右闭的长方体 (图 2.3.1 之 (b)).

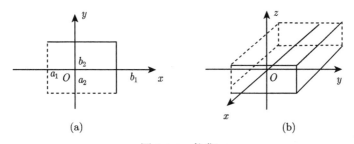

图 2.3.1 柱集

定义 2.3.3 称 $(\mathbf{R}^n, \mathcal{B}^n)$ 为 n 维 Borel 试验, 如果样本空间 $\mathbf{R}^n$ 是 n 维欧氏空间, 事件 σ 域 $\mathcal{B}^n = \sigma(\mathcal{A}^n)$, 芽集 $\mathcal{A}^n$ 为

$$\mathcal{A}^n = \left\{ \prod_{i=1}^{n}(a_i, b_i] \,\middle|\, -\infty \leqslant a_i < b_i < +\infty, 1 \leqslant i \leqslant n \right\} \qquad (2.3.19)$$

并称 $\mathcal{B}^n$ 为 n 维 Borel 域.

在测度论中称 $(\mathbf{R}^n, \mathcal{B}^n)$ 为 n 维 Borel 可测空间; 称 $\mathcal{B}^n$ 为 n 维 Borel 域; 称 $\mathcal{B}^n$ 中元素为 n 维 Borel 集.

定理 2.3.4　n 维 Borel 试验 $(\mathbf{R}^n, \mathcal{B}^n)$ 是不满的标准试验.

定理 2.3.5　设 $\mathbf{R}^n$ 是 n 维欧氏空间, 用 $\langle \cdots \rangle$ 表示四种区间 $(\cdots], (\cdots),$ $[\cdots), [\cdots]$ 中任一种. 令

$$\mathcal{A}_0^n = \left\{ \prod_{i=1}^n (-\infty, b_i] \,\middle|\, b_i \in \mathbf{R}, i = 1, 2, \cdots, n \right\} \tag{2.3.20}$$

$$\mathcal{A}_1^n = \left\{ \prod_{i=1}^n \langle a_i, b_i \rangle \,\middle|\, -\infty \leqslant a_i < b_i < +\infty, 1 \leqslant i \leqslant n \right\} \tag{2.3.21}$$

那么成立

$$\mathcal{B}^n = \sigma(\mathcal{A}_0^n) = \sigma(\mathcal{A}_1^n) \tag{2.3.22}$$

两个定理的证明类似于定理 2.2.2 和定理 2.2.3. 从略.

2.3.4　区域 D 上的 Borel 试验

引理 2.3.1　设 $(\mathbf{R}^n, \mathcal{B}^n)$ 是 n 维 Borel 可测空间, $D \in \mathcal{B}^n$. 取 D 为全集, 令

$$\mathcal{B}^n[D] = \{ A | A \subset D, A \in \mathcal{B}^n \} \tag{2.3.23}$$

那么 $\mathcal{B}^n[D]$ 是全集 D 上的 σ 域.

证明　设 $A \in \mathcal{B}^n[D]$, 那么 $A \subset D$ 和 $A \in \mathcal{B}^n$. 由此推出 $D \backslash A \subset D$ 和 $D \backslash A \in \mathcal{B}^n$. 得证 $D \backslash A = \overline{A} \in \mathcal{B}^n[D]$.

设 $A_i \in \mathcal{B}^n[D] (i = 1, 2, 3, \cdots)$, 那么 $A_i \subset D$ 和 $A_i \in \mathcal{B}^n (i \geqslant 1)$, 由此推出 $\bigcup_{i \geqslant 1} A_i \subset D$ 和 $\bigcup_{i \geqslant 1} A_i \in \mathcal{B}^n$. 得证 $\bigcup_{i \geqslant 1} A_i \in \mathcal{B}^n[D]$. 引理结论得证. ■

通常, 称 $\mathcal{B}^n[D]$ 为 D 上的 Borel 域, 或关于 D 的因子 σ 域. 显然有

$$\mathcal{B}^n[D] = \{ D \cap B | B \in \mathcal{B}^n \} \tag{2.3.24}$$

注意, $\mathcal{B}^n[D]$ 不是 $\mathcal{B}^n$ 的子 σ 域, 因为它们有不同的全集 D 和 $\mathbf{R}^n$(这时 $\mathbf{R}^n \backslash D$ 在 $\mathcal{B}^n[D]$ 中是空集), 所以称为 "因子" σ 域.

定义 2.3.4　称 $(D, \mathcal{B}^n[D])$ 为区域 D 上的 $(n$ 维)Borel 试验, 如果样本空间 D 是 $\mathbf{R}^n$ 中的 $(n$ 维)Borel 集, 事件 σ 域 $\mathcal{B}^n[D]$ 是关于 D 的因子 σ 域.

定理 2.3.6　D 上的 Borel 试验 $(D, \mathcal{B}^n[D])$ 是不满的标准试验.

结论由式 (2.3.24) 推出.

2.3.5　离散型试验

离散型试验结构简单、清晰. 它和 Borel 试验是必须透彻理解的两类试验.

假定 $(\Omega, \mathcal{F})$ 是离散型满试验, 那么它是标准的, 并且有统一的表达式

$$\Omega = \{\omega_i | i \in I, I \text{为有限或可列指标集}\} \tag{2.3.25}$$

$$\mathcal{F} = \Omega \text{的全体子集组成的集合} \tag{2.3.26}$$

(参看例 2.2.3 和例 2.2.4.) 由引理 2.2.4 得知, $\mathcal{F}$ 存在芽集

$$\mathcal{A} = \{\{\omega_i\} | \omega_i \in \Omega\} \tag{2.3.27}$$

即 $\mathcal{F} = \sigma(\mathcal{A})$. 于是, $(\Omega, \mathcal{F})$ 可写为 $(\Omega, \sigma(\mathcal{A}))$.

如果离散型试验 $(\Omega, \mathcal{F})$ 是不满的, 这时 Ω 仍然有表达式 (2.3.25), 但 $\mathcal{F}$ 不是表达式 (2.3.26), 必须寻找 $\mathcal{F}$ 的比较简单的芽集. 为此, 引进一个新概念.

定义 2.3.5　设 $(\Omega, \mathcal{F})$ 是任意的(可以是非离散型的)随机试验. 假定 $B \in \mathcal{F}$, $B \neq \varnothing$,

i) 称 B 是原子事件, 如果对任意的 $A \in \mathcal{F}$, 由包含式 $A \subset B$ 推出 $A = \varnothing$ 和 $A = B$ 中必有一个成立;

ii) 称 B 是非原子事件, 如果 B 不是原子事件.

引理 2.3.2　设 $(\Omega, \mathcal{F})$ 是任意的随机试验, B_1 和 B_2 是 $\mathcal{F}$ 中两个不同的原子事件, 那么成立 $B_1 \cap B_2 = \varnothing$.

证明　如果 $B_1 \cap B_2 \neq \varnothing$, 则由 $B_1 \cap B_2 \subset B_1$(或 B_2) 推出 $B_1 \cap B_2 = B_1$(或 B_2). 与 $B_1 \neq B_2$ 矛盾, 结论得证. ∎

引理 2.3.3　设 $(\Omega, \mathcal{F})$ 是离散型试验. 那么对任意的 $\omega \in \Omega$, 存在唯一的原子事件 B 使得 $\omega \in B$.

证明　唯一性由引理 2.3.2 推出. 证存在性. 如果 Ω 本身是原子的, 取 $B = \Omega$ 即得结论. 如果 Ω 是非原子的, 那么存在事件 A_1, 使得 A_1 和 $\Omega \backslash A_1$ 皆是非空事件. 于是, 由 $A_1 \cup (\Omega \backslash A_1) = \Omega$ 推出 $\omega \in A_1$ 和 $\omega \in \Omega \backslash A_1$ 有且仅有一个成立. 不失一般性, 设 $\omega \in A_1$.

如果 A_1 不是原子事件, 类似地可证 A_1 存在真子事件 A_2, 使得 $\omega \in A_2$. 如此不断的做下去, 得到事件的真包含序列

$$\Omega \supset A_1 \supset A_2 \supset \cdots \supset A_n \supset \cdots \tag{2.3.28}$$

1) 对 n 型试验 $(\Omega, \mathcal{F})$, 真包含序列必须在 A_n 之前结束. 设在 $A_m(m \leqslant n-1)$ 处结束, 则 A_m 是包含 ω 的原子事件, 存在性得证.

2) 对可列型试验 $(\Omega, \mathcal{F})$, 如果真包含序列 (2.3.28) 在某自然数 m 处结束, 则 A_m 是所求的原子事件.

如果 (2.3.28) 中所有的事件都是非原子的, 则令 $A_\infty = \bigcap\limits_{m=1}^{\infty} A_m$. 假定 A_∞ 是原子的, 则 A_∞ 是所求的原子事件, 存在性得证.

如果 A_∞ 不是原子事件, 类似地可证 A_∞ 存在真子事件 $A_{\infty+1}$, 使得 $\omega \in A_{\infty+1}$, 如此不断地做下去, 得到事件的真包含 "超限" 序列

$$\Omega \supset A_1 \supset \cdots \supset A_n \supset \cdots \supset A_\infty \supset A_{\infty+1} \supset \cdots \supset A_\alpha \supset \cdots \qquad (2.3.29)$$

可以证明[1], 真包含 "超限" 序列一定会在某 A_α 处结束. 于是, 最终得到的 A_α 是原子的, 并且 $\omega \in A_\alpha$. 引理得证. ■

推论　n 型试验最多有 n 个原子事件; 可列型试验最多有可列个原子事件.

定理 2.3.7　设 $(\Omega, \mathcal{F})$ 是离散型试验, $B_i (i = 1, 2, 3, \cdots)$ 是 $\mathcal{F}$ 中所有的原子事件, 那么

$$\mathcal{A}_a = \{B_i | i = 1, 2, 3, \cdots\} \qquad (2.3.30)$$

是事件 σ 域 $\mathcal{F}$ 的芽集, 即 $\mathcal{F} = \sigma(\mathcal{A}_a)$.

证明　为证 $\mathcal{F} = \sigma(\mathcal{A}_a)$, 只需证对任意的 $A \in \mathcal{F}$, A 是有限或可列个原子事件 (即 $\mathcal{A}_a$ 中元素) 之并.

证集系 $\mathcal{A}_a$ 是 Ω 的一个划分. 事实上, 诸 $B_i (i \geqslant 1)$ 非空, 且互不相容 (引理 2.3.2). 下证

$$\Omega = \bigcup\limits_{i \geqslant 1} B_i \qquad (2.3.31)$$

若不能, 则存在 $\omega_0 \in \Omega \backslash \bigcup\limits_{i \geqslant 1} B_i$. 由引理 2.3.3 得出, 存在原子事件 B_0 使得 $\omega_0 \in B_0$. 显然, 此 B_0 不在 $\mathcal{A}_a$ 中, 与 $\mathcal{A}_a$ 的规定矛盾, 故 (2.3.31) 成立. 得证 $\mathcal{A}_a$ 是 Ω 的一个划分.

现在, 设 $A \in \mathcal{F}$, 我们有

$$A = A \cap \Omega = \bigcup\limits_{i \geqslant 1} (AB_i) \qquad (2.3.32)$$

由原子事件的定义推出, 右方 $AB_i (i \geqslant 1)$ 或者等于 $\varnothing$, 或者等于 B_i. 得证 A 是 $\mathcal{A}_a$ 中 (有限或可列个) 元素之并, 定理证毕. ■

推论 1　$\mathcal{A}_a$ 是 Ω 的加粗划分.

推论 2　如果选 $\Omega_* = \{B_i | i = 1, 2, 3, \cdots\} (= \mathcal{A}_a)$ 为样本空间, 那么 $(\Omega_*, \mathcal{F})$ 是离散型标准试验, 并且

$$\mathcal{F} = \Omega_* \text{ 的全体子集组成的集合} \qquad (2.3.33)$$

---

① 证明用到超限数的知识, 从略 (见参考文献 [2]).

2.4 实验—随机局部—随机试验

迄今为止, 我们从事的工作是基础理论的讨论: 建立随机宇宙的数学模型 —— 因果空间 $(X, \mathcal{U})$; 和随机局部的因果模型 —— 随机试验 $(\Omega, \mathcal{F})$. 以下两小节讨论基础理论的应用.

实验是人类最基本的科学活动. 首先声明, 概率论中的实验不仅包含实验装置, 而且包含实验周围的随机环境和操作者. 因此, 不仅 "扔硬币" "掷骰子" "抽查产品" "对目标进行射击" 等实验会产生许多随机事件; 而且像 "测量长度、重量、温度、湿度等" 这类只能得到一个数值的实验, 由于随机干扰的存在, (预估的) 测量值将不是一个数值, 而是一个 "随不同机会取不同数值" 的变量 (一种通俗的说法是, 预估的测量值 = 真值 + 随机误差). 这里 "不同机会" 就是出现各种各样的随机现象.

在以往的概率论中, 实验和试验有相同的含义, 是不区别的两个名词. 与此不同, 自然公理系统保留 "实验" 的原有含义, 而把 "试验" 作为专有名词. 试验, 或随机试验, 是实验的一种数学模型 —— 因果模型.

2.4.1 基本事件—芽集建模法

科学赋予概率论的任务是: 每个实验 $\mathcal{E}$ 都产生大量的随机现象, 试寻找这些现象中蕴含的因果知识和出现规律.

概率论提供的解答方案是, 把现实中的实验 $\mathcal{E}$ 和理论中的随机局部 $\mathcal{F}$ 划上等号, 即

$$实验\mathcal{E} \Longleftrightarrow 随机局部\mathcal{F} \Longrightarrow 随机试验(\Omega, \mathcal{F}) \tag{2.4.1}$$

其中 $\mathcal{F}$ 是 $\mathcal{E}$ 关心的全体事件组成的集合. 于是, $(\Omega, \mathcal{F})$ 中的因果知识和出现规律就是实验 $\mathcal{E}$ 蕴含的知识和规律, 故称 $(\Omega, \mathcal{F})$ 是实验 $\mathcal{E}$ 的因果模型.

问题: 给定实验 $\mathcal{E}$, 如何建立 $\mathcal{E}$ 的因果模型 —— 随机试验 $(\Omega, \mathcal{F})$?

下面介绍的 "基本事件 — 芽集建模法" 给出了问题的圆满答案. 它是 2.1 节末 "生成随机试验的先因后果方法" 的充实和发展.

【基本事件—芽集建模法】 给定实验 $\mathcal{E}$, 建立 $\mathcal{E}$ 的因果模型的工作可以分为三步进行:

1) 建立实验 $\mathcal{E}$ 的样本空间 Ω.

找出实验 $\mathcal{E}$ 中 "最小的不能分解的" 事件[①], 并称这样的事件为基本事件. 把

[①] "最小的不能分解的" 事件是这样的一个事件: 实验 $\mathcal{E}$ 关心的非空事件皆不是基本事件的真子事件。

全体基本事件汇集在一起组成集合 Ω, 即

$$\Omega = \{\omega|\omega \text{ 是基本事件}\} \tag{2.4.2}$$

如果能证实, 实验 $\mathcal{E}$ 实施时 Ω 中有且只有一个基本事件出现, 则称 Ω 是 $\mathcal{E}$ 产生的样本空间 (参看定理 2.2.3)[①].

2) 建立实验 $\mathcal{E}$ 产生的事件 σ 域 $\mathcal{F} = \sigma(\mathcal{A})$.

列举出 $\mathcal{E}$ 产生的一部分事件, 验证这些事件皆是样本空间 Ω 上的事件. 然后把它们汇集在一起组成集合 $\mathcal{A}$, 即

$$\mathcal{A} = \Omega \text{ 上一部分能列举的事件组成的集合} \tag{2.4.3}$$

验证 $\mathcal{F} = \sigma(\mathcal{A})$ 是实验 $\mathcal{E}$ 关心的全部事件 (如果不是, 则扩大 $\mathcal{A}$). 并称 $\mathcal{A}$ 是实验 $\mathcal{E}$ 的芽集, $\mathcal{F}$ 是 $\mathcal{E}$ 产生的事件 σ 域.

3) 获得实验 $\mathcal{E}$ 的因果模型 —— 随机试验 $(\Omega, \sigma(\mathcal{A}))$.

二元组 $(\Omega, \mathcal{F})$ 是实验 $\mathcal{E}$ 的一种数学模型. 人们用随机试验 $(\Omega, \mathcal{F})$ 中的理论知识发现隐藏在实验 $\mathcal{E}$ 中的因果知识和出现规律.

两种重要的特殊情形是:

【古典建模法】　　当样本空间 Ω 是有限集或可列集, 芽集为

$$\mathcal{A} = \mathcal{F} = \Omega \text{ 的全体子集组成的集合} \tag{2.4.4}$$

时, 称基本事件 —— 芽集建模法为古典建模法. 显然, 所建的模型 $(\Omega, \mathcal{F})$ 是离散型标准试验.

【几何建模法】　　当样本空间是 n 维欧氏空间 $\mathbf{R}^n$(或 n 维区域 D), 芽集是 (2.3.19)(或 (2.3.23)) 时, 称基本事件 —— 芽集建模法为几何建模法. 显然, 所建的模型是 Borel 试验 $(\mathbf{R}^n, \mathcal{B}^n)$(或 $(D, \mathcal{B}^n[\mathrm{D}])$).

2.4.2　建模中注意事项

例 2.4.1　　向桌面扔一枚硬币 (实验 $\mathcal{E}$), 试求 $\mathcal{E}$ 的因果模型.

解法 1　　用 H 表示事件 "正面朝上", T 表示事件 "反面朝上". 我们认定 H 和 T 是 "最小的不可分解的" 基本事件. 并且认定, 实验 $\mathcal{E}$ 实施后,

$$\Omega = \{H, T\} \tag{2.4.5}$$

中有且仅有一个事件出现, 故 Ω 是 $\mathcal{E}$ 产生的样本空间 (定理 2.2.3).

---

① 于是, 基本事件成为样本点.

于是, 应用古典建模法得出实验 $\mathcal{E}$ 的因果模型是随机试验 $(\Omega, \mathcal{F})$, 这里

$$\mathcal{F} = \Omega \text{ 的全体子集组成的集合} \tag{2.4.6}$$

解法 2 用 H 表示事件 "正面朝上", T 表示事件 "反面朝上", S 表示事件 "硬币站立". 我们认定, 事件 H, T 和 S 皆是基本事件, 并且认定, 实验 $\mathcal{E}$ 实施后,

$$\Omega_3 = \{H, T, S\} \tag{2.4.7}$$

中有且仅有一个事件出现, 故 Ω_3 是实验 $\mathcal{E}$ 产生的样本空间 (定理 2.2.3).

于是, 应用古典建模法得出实验 $\mathcal{E}$ 的因果模型是 $(\Omega_3, \mathcal{F}_3)$, 这里

$$\mathcal{F}_3 = \Omega_3 \text{ 的全体子集组成的集合} \tag{2.4.8}$$

例 2.4.2 向桌面掷一颗骰子 (实验 $\mathcal{E}$), 试求 $\mathcal{E}$ 产生的随机试验.

解法 1 用 ω_i 表示事件 "i 点朝上" $(i = 1, 2, \cdots, 6)$. 我们认定诸 $\omega_i (1 \leqslant i \leqslant 6)$ 是基本事件, 并且认定实验 $\mathcal{E}$ 实施后,

$$\Omega = \{\omega_i \,|\, i = 1, 2, \cdots, 6\} \tag{2.4.9}$$

中有且仅有一个事件出现, 故 Ω 是实验 $\mathcal{E}$ 产生的样本空间 (定理 2.2.3).

于是, 应用古典建模法得出, 实验 $\mathcal{E}$ 产生的随机试验是 $(\Omega, \mathcal{F})$, 这里

$$\mathcal{F} = \Omega \text{ 的全体子集组成的集合} \tag{2.4.10}$$

解法 2 用 ω_i 表示事件 "i 点朝上" $(i = 1, 2, \cdots, 6)$, ω_7 表示事件 "一个角朝上". 我们认定诸 $\omega_i (1 \leqslant i \leqslant 7)$ 是基本事件, 并且在实验 $\mathcal{E}$ 实施后

$$\Omega_7 = \{\omega_i \,|\, i = 1, 2, \cdots, 7\} \tag{2.4.11}$$

中有且仅有一个事件出现, 故 Ω_7 是实验 $\mathcal{E}$ 产生的样本空间 (定理 2.2.3).

于是, 应用古典建模法得出, 实验 $\mathcal{E}$ 的因果模型是随机试验 $(\Omega_7, \mathcal{F}_7)$, 这里

$$\mathcal{F}_7 = \Omega_7 \text{ 的全体子集组成的集合} \tag{2.4.12}$$

【评论 1】 在例 2.4.1 和例 2.4.2 中, 由于 "我们认定" 的不同, 产生出两种不同的答案. 两种答案都是合理的, 可接受的. 如果愿意, 还可以给出更多的不同答案.

产生不同答案的原因是, 现实中的实验 (记住, 它包含随机环境和操作者) 是一个很难描述、无法精确定义的概念, 因为我们不可能把实验 $\mathcal{E}$ 遵守的条件一个不漏地罗列出来.

在目前的情形下, 例 2.4.1 和例 2.4.2 没有给出有关桌面的条件. 如果补充 "桌面光滑" 这个条件, 那么两个例子中的解法 1 是正确的, 可接受的; 而解决 2 不符合实际情形 (指硬币不可能站立, 骰子的角不可能朝上), 因此是不正确的, 不能采用的.

但是, 如果补充 "桌面有小裂缝" 这个条件, 那么例 2.4.1 中解法 2 是正确的; 而解法 1 不符合实际情况, 是不正确的, 不能接受的. 同样, 如果补充 "桌面有小坑" 这个条件, 那么例 2.4.2 中解法 2 正确, 而解法 1 不正确.

既然我们不能把实验 $\mathcal{E}$ 遵守的条件一一地罗列出来, 为了消除建模时隐含的不确定性, 得到人们习惯的、"唯一的" 答案, 不妨引进如下规则.

【约定俗成规则】　　给定实验 $\mathcal{E}$, 它除遵守指明的条件外, 其他未指明的条件皆是人人认可的、不言而喻的条件.

显然, 在约定俗成规则下, 例 2.4.1 和例 2.4.2 只能得到解法 1 给出的、"唯一的" 答案.

【评论 2】　　实验 $\mathcal{E}$ 的 "前因" —— $\mathcal{E}$ 实施时遵守的全部条件虽然无法全面掌握, 但是它将产生的 "后果" —— 随机试验 $(\Omega, \mathcal{F})$ 却是完全确定的. 于是, 人们用 "后果" 来定义实验 $\mathcal{E}$: 每个随机试验 $(\Omega, \mathcal{F})$ 定义一个实验 $\mathcal{E}$; 不同的试验定义不同的实验. 在这种约定下, (2.4.1) 称为

$$\text{实验}\varepsilon \Longleftrightarrow \text{随机局部}\mathcal{F} \Longleftrightarrow \text{随机试验}(\Omega, \mathcal{F}) \tag{2.4.13}$$

2.5　实验建模: (Ⅰ) 离散型试验; (Ⅱ)Borel 试验

研究实验中的随机现象, 寻找这些随机现象中蕴含的因果知识和出现规律, 是概率论中永恒的研究课题. 因此, 建立实验的因果模型 (和后续的概率模型, 随机变量模型等) 是学习概率论必须掌握的知识.

例 2.4.1 和例 2.4.2 虽然简单, 但却是实验建模的两个经典范例. 本节用更多的例子帮助读者熟悉建模方法, 了解现实中的随机宇宙.

2.5.1　实验建模 (Ⅰ): 离散型试验

例 2.5.1　　向光滑的桌面投掷一枚硬币和一颗骰子 (实验 $\mathcal{E}$), 试求 $\mathcal{E}$ 的因果模型.

解　　用 α_1 表示硬币的正面, α_2 表示反面, $\beta_j(j = 1, 2, \cdots, 6)$ 表示骰子标有 j 点的那个面.

用 (α_i, β_j) 表示事件 "硬币出现 α_i 面, 骰子出现 j 点". 我们认定它是基本事件, 令

$$\Omega = \{(\alpha_i, \beta_j) | i = 1, 2; j = 1, 2, \cdots, 6\} \tag{2.5.1}$$

又认定实验 $\mathcal{E}$ 实施时 Ω 中有且仅有一个事件出现, 故 Ω 是 $\mathcal{E}$ 产生的样本空间.

现在, 应用古典建模法得出 $\mathcal{E}$ 的因果模型是随机试验 $(\Omega, \mathcal{F})$, 这里

$$\mathcal{F} = \Omega \text{ 的全体子集组成的集合} \tag{2.5.2}$$

例 2.5.2 向桌面掷三颗骰子 (实验 $\mathcal{E}$), 试求 $\mathcal{E}$ 产生的随机试验, 并给出事件

$$A : \text{点数之和为 } 9$$
$$B : \text{点数之和为 } 10$$
$$C : \text{点数之和为 } 11$$
$$D : \text{点数之和为 } 12$$

的集合表达式.

解 把三颗骰子命名为 1 号、2 号和 3 号. 用 (i, j, k) 表示事件 "1 号出现 i 点, 2 号出现 j 点, 3 号出现 k 点" $(1 \leqslant i, j, k \leqslant 6)$. 我们认定, 它是 "最小的不可分解的" 基本事件, 令

$$\Omega = \{(i, j, k) | 1 \leqslant i, j, k \leqslant 6\} \tag{2.5.3}$$

并认定实验 $\mathcal{E}$ 实施时 Ω 中有且仅有一个事件出现, 故 Ω 是 $\mathcal{E}$ 产生的样本空间.

现在, 应用古典建模法得出 $\mathcal{E}$ 产生的随机试验是 $(\Omega, \mathcal{F})$, 这里

$$\mathcal{F} = \Omega \text{ 的全体子集组成的集合} \tag{2.5.4}$$

显然, $A, B, C, D \in \mathcal{F}$, 其集合表达式分别为

$$A = \{(i, j, k) | 1 \leqslant i, j, k \leqslant 6, \quad i + j + k = 9\}$$
$$B = \{(i, j, k) | 1 \leqslant i, j, k \leqslant 6, \quad i + j + k = 10\}$$
$$C = \{(i, j, k) | (i, j, k) \in \Omega, \quad i + j + k = 11\}$$
$$D = \{(i, j, k) | (i, j, k) \in \Omega, \quad i + j + k = 12\}$$

注 伽利略 (Galileo Galilei, 1564—1642) 仅有一篇短文与概率论有关. 他感兴趣的问题是, 在掷三颗骰子时为什么数字 10 和 11 出现的频率比 9 和 12 更大?

伽利略把本例的集合 A, B, C, D 中元素一一列举. 它们是

$$A = \{(1, 2, 6), (1, 3, 5), (1, 4, 4), (1, 5, 3), (1, 6, 2),$$
$$(2, 1, 6), (2, 2, 5), (2, 3, 4), (2, 4, 3), (2, 5, 2),$$
$$(2, 6, 1), (3, 1, 5), (3, 2, 4), (3, 3, 3), (3, 4, 2),$$
$$(3, 5, 1), (4, 1, 4), (4, 2, 3), (4, 3, 2), (4, 4, 1)$$
$$(5, 1, 3), (5, 2, 2), (5, 3, 1), (6, 1, 2), (6, 2, 1)\}$$

B, C, D 从略. 于是伽利略得出结论: 因为 A, D 含有 25 个元素, B, C 含有 27 个元素, 所以数字 10 和 11 出现的频率比 9 和 12 大.

例 2.5.3　袋中有 N 个球, 并已分别标号为 $1, 2, \cdots, N$. 现在从袋中随意地摸出 $n(1 \leqslant n \leqslant N)$ 个球 (实验 $\mathcal{E}$), 试建立 $\mathcal{E}$ 的因果模型.

解　用 $\langle \alpha_1, \alpha_2, \cdots, \alpha_n \rangle$ 表示事件 "摸出的球是 α_1 号, α_2 号, $\cdots$, α_n 号" $(1 \leqslant \alpha_1, \alpha_2, \cdots, \alpha_n \leqslant N$, 诸 $\alpha_i(1 \leqslant i \leqslant n)$ 互不相同$)$[①]. 我们认定, 它是一个基本事件. 令

$$\Omega = \{\langle \alpha_1, \alpha_2, \cdots, \alpha_n \rangle | 1 \leqslant \alpha_1, \alpha_2, \cdots, \alpha_n \leqslant N, \text{诸 } \alpha_i(1 \leqslant i \leqslant n) \text{互不相同}\} \quad (2.5.5)$$

并认定实验 $\mathcal{E}$ 实施时 Ω 中有且仅有一个事件出现, 故 Ω 是 $\mathcal{E}$ 产生的样本空间.

现在, 应用古典建模法得出 $\mathcal{E}$ 产生的随机试验是 $(\Omega, \mathcal{F})$, 这里

$$\mathcal{F} = \Omega \text{ 的全体子集组成的集系} \quad (2.5.6)$$

例 2.5.4　观测某电话交换台在固定时间段 $(0, t]$ 内接收到的呼叫次数 (实验 $\mathcal{E}_t$), 试求 $\mathcal{E}_t$ 产生的随机试验.

解　用 ω_n 表示事件 "在 $(0, t]$ 时间段收到 n 次呼叫" $(n = 0, 1, 2, \cdots)$. 我们认定它是实验 $\mathcal{E}_t$ 产生的基本事件, 令

$$\Omega_t = \{\omega_n | n = 0, 1, 2, \cdots\} \quad (2.5.7)$$

显然, 实验 $\mathcal{E}_t$ 实施时 Ω_t 中有且仅有一个事件出现, 故 Ω_t 是 $\mathcal{E}_t$ 产生的样本空间.

于是, 应用古典建模法得出 $\mathcal{E}_t$ 产生的随机试验是 $(\Omega_t, \mathcal{F}_t)$, 这里

$$\mathcal{F}_t = \Omega_t \text{ 产生的全体子集组成的集合} \quad (2.5.8)$$

例 2.5.5　扔一枚硬币 n 次 (实验 $\mathcal{E}_n$), 试求实验 $\mathcal{E}_n$ 的因果模型, 并给出事件 B_k "正面出现 k 次" 的集合表达式 $(0 \leqslant k \leqslant n)$.

解　用 H 表示硬币正面, T 表示反面; 又用 $(\alpha_1, \alpha_2, \cdots, \alpha_n)(\alpha_i = H \text{ 或 } T, 1 \leqslant i \leqslant n)$ 表示事件 "第 1 次出现 α_1 面, 第 2 次 α_2 面, $\cdots$, 第 n 次 α_n 面". 显然 $(\alpha_1, \alpha_2, \cdots, \alpha_n)$ 是一个基本事件, 并且实验 $\mathcal{E}_n$ 实施后,

$$\Omega_n = \{(\alpha_1, \alpha_2, \cdots, \alpha_n) | \alpha_i = H \text{ 或 } T, 1 \leqslant i \leqslant n\} \quad (2.5.9)$$

中有且仅有一个事件出现, 故 Ω_n 是 $\mathcal{E}_n$ 产生的样本空间.

于是, 应用古典建模法得出 $\mathcal{E}_n$ 的因果模型是随机试验 $(\Omega_n, \mathcal{F}_n)$, 其中

$$\mathcal{F}_n = \Omega_n \text{ 的全体子集组成的集合} \quad (2.5.10)$$

---

① $\langle \cdots \rangle$ 和 $\{\cdots\}$ 一样, 表示集合. 因此 $\langle \cdots \rangle$ 中元素是不计次序的.

现在, 在 $(\Omega_n, \mathcal{F}_n)$ 中事件 B_k 的集合表达式为

$$B_k = \{(\alpha_1, \alpha_2, \cdots, \alpha_n) | (\alpha_1, \cdots, \alpha_n) \in \Omega_n,$$
$$\text{诸 } \alpha_i (1 \leqslant i \leqslant n) \text{中恰有 } k \text{ 个 } H\} \tag{2.5.11}$$

例 2.5.6 掷一颗骰子 n 次 (实验 $\mathcal{E}_n$), 试求实验 $\mathcal{E}_n$ 的因果模型, 并给出事件 $B_k(0 \leqslant k \leqslant n)$ "6 点出现 k 次" 的集合表达式.

解 用 $(\alpha_1, \alpha_2, \cdots, \alpha_n)(\alpha_i = 1, 2, \cdots, 6, 1 \leqslant i \leqslant n)$ 表示事件 "第 1 次掷出 α_1 点, 第 2 次 α_2 点, $\cdots$, 第 n 次 α_n 点", 并认定它是基本事件. 令

$$\Omega_n = \{(\alpha_1, \alpha_2, \cdots, \alpha_n) | \alpha_i = 1, 2, \cdots, 6, 1 \leqslant i \leqslant n\}$$

显然, 实验 $\mathcal{E}_n$ 实施后 Ω_n 中有且仅有一个基本事件出现, 故 Ω_n 是 $\mathcal{E}_n$ 产生的样本空间.

于是, 应用古典建模法得出, 实验 $\mathcal{E}_n$ 的因果模型是随机试验 $(\Omega_n, \mathcal{F}_n)$, 这里

$$\mathcal{F}_n = \Omega_n \text{ 的全体子集组成的集合}$$

现在, 在 $(\Omega_n, \mathcal{F}_n)$ 中 $B_k(0 \leqslant h \leqslant n)$ 的集合表达式为

$$B_k = \{(\alpha_1, \alpha_2, \cdots, \alpha_n) | \alpha_i = 1, 2, \cdots, 6, 1 \leqslant i \leqslant n,$$
$$\text{并且诸} \alpha_i (1 \leqslant i \leqslant n) \text{中恰有} k \text{个} 6\}$$

例 2.5.7 接连不断地扔一枚硬币, 直到第 1 次出现正面时停止 (实验 $\mathcal{E}$). 试求实验 $\mathcal{E}$ 的因果模型; 并求事件

$$A_i : \text{第} i \text{次扔出正面}$$
$$B_i : \text{第} i \text{次扔出反面}$$
$$C : \text{扔硬币永不停止}$$

的集合表达式.

解 用 H 表示硬币正面, T 表示反面. 又用 $\omega_n = (\underbrace{T, \cdots, T}_{n-1\text{个}}, H)$ 表示事件 "第 n 次扔硬币出现正面", $\omega_\infty = (T, T, \cdots, T, \cdots)$ 表示事件 "每次都出现反面". 我们认定, $\omega_n (1 \leqslant n \leqslant \infty)$ 是实验 $\mathcal{E}$ 的基本事件, 令

$$\Omega = \{\omega_n | n = 1, 2, \cdots, \infty\} \tag{2.5.12}$$

显然, 实验 $\mathcal{E}$ 实施时 Ω 中有且仅有一个事件出现, 故 Ω 是 $\mathcal{E}$ 的样本空间.

于是, 应用古典建模法得出 $\mathcal{E}$ 的因果模型是随机试验 $(\Omega, \mathcal{F})$, 这里

$$\mathcal{F} = \Omega \text{ 的全体子集组成的集合} \tag{2.5.13}$$

显然, $A_i = \{\omega_i\}, C = \{\omega_\infty\}, B_i = \{\omega_n | n = i+1, i+2, \cdots, \infty\}$. 得到最后一个等式时需注意, 第 i 次扔出反面含有第 1 次, $\cdots$, 第 $i-1$ 次皆扔出反面.

2.5.2　实验建模 (Ⅱ)：Borel 试验

Borel 试验是许多实验的因果模型. 这些实验虽然多种多样, 但是可以归结为一类想象中的 "扔质点" 实验.

例 2.5.8 (区域 D 上的 Borel 试验)　设 D 是 n 维欧氏空间 $\mathbf{R}^n$ 中的 Borel 集 (允许 $D = \mathbf{R}^n$). 把一个质点随意地扔到区域 D 中 (实验 $\mathcal{E}$), 试建立实验 $\mathcal{E}$ 的因果模型.

解　设 $(x_1, x_2, \cdots, x_n) \in D$, 并用 $(x_1, x_2, \cdots, x_n)$ 表示事件 "质点落在坐标为 $(x_1, x_2, \cdots, x_n)$ 的点上"[①]. 我们认定 $(x_1, x_2, \cdots, x_n)$ 是基本事件, 令

$$D = \{(x_1, x_2, \cdots, x_n) | (x_1, x_2, \cdots, x_n) \text{是基本事件}\} \tag{2.5.14}$$

我们还认定, 实验 $\mathcal{E}$ 实施后 D 中有且仅有一个事件出现, 故 D 是 $\mathcal{E}$ 产生的样本空间.

于是, 应用几何建模法得出 $\mathcal{E}$ 的因果模型是 D 上的 Borel 试验 $(D, \mathcal{B}^n[D])$.

例 2.5.9　把长度为 l 的棍子随意地折成两段 (实验 $\mathcal{E}$), 试求 $\mathcal{E}$ 的因果模型; 并求事件

　　　　A_1：其中一段的长度是另一段的两倍

　　　　A_2：其中一段的长度大于等于另一段的两倍

的集合表达式.

解　视棍子为数直线上的区间 $[0, l]$. 用 $x(0 \leqslant x \leqslant l)$ 表示事件 "棍子在坐标为 x 的点处折断". 我们认定它是基本事件. 全体基本事件组成集合

$$[0, l] = \{x | 0 \leqslant x \leqslant l, x \text{为基本事件}\} \tag{2.5.15}$$

并认定实验 $\mathcal{E}$ 实施时 $[0, l]$ 中有且仅有一个事件出现, 故 $[0, l]$ 是 $\mathcal{E}$ 产生的样本空间.

于是, 应用几何建模法得出, 实验 $\mathcal{E}$ 的因果模型是 Borel 试验 $([0, l], \mathcal{B}[0, l])$.

显然, 事件 $A_1 = \left\{\dfrac{l}{3}, \dfrac{2l}{3}\right\}$; 事件 A_2 出现当且仅当折断点位于区间 $\left[0, \dfrac{l}{3}\right]$ 或 $\left[\dfrac{2l}{3}, l\right]$ 中, 故

$$A_2 = \left[0, \frac{l}{3}\right] \cup \left[\frac{2l}{3}, l\right] = \left\{x | 0 \leqslant x \leqslant \frac{l}{3} \text{ 或 } \frac{2l}{3} \leqslant x \leqslant l\right\} \tag{2.5.16}$$

例 2.5.10 (会面问题)　甲, 乙两人约定在 $[0, T]$ 时间段内见面, 他们到达的时间是随意的 (实验 $\mathcal{E}$). 试求 $\mathcal{E}$ 产生随机试验, 并求事件 A "先到者等待时间 $t(t < T)$ 后离去, 并且两人能见面" 的集合表达式.

---

① 显然, n 元有序组 $(x_1, x_2, \cdots, x_n)$ 现在具有两种身份 —— 点的坐标和基本事件. 由此导致 D 也具有两种身份 —— 区域和样本空间.

解　用 (x,y) 表示事件 "甲在 x 时刻到达, 乙在 y 时刻到达" $(0 \leqslant x, y \leqslant T)$. 我们认定它是基本事件, 并用 D 表示全体基本事件组成的集合, 即

$$D = \{(x,y)|0 \leqslant x, y \leqslant T\} \tag{2.5.17}$$

我们还认定, 实验 $\mathcal{E}$ 实施后 D 中有且仅有一个事件出现, 故 D 是 $\mathcal{E}$ 产生的样本空间.

于是, 应用几何建模法得出 $\mathcal{E}$ 产生的随机试验是 Borel 试验 $(D, \mathcal{B}^2[D])$.

容易验证, 事件 A 的集合表达式为 (图 2.5.1)

$$A = \{(x,y)|(x,y) \in D, |x-y| \leqslant t\} \tag{2.5.18}$$

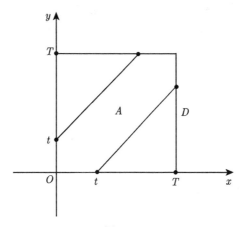

图 2.5.1

例 2.5.11 (蒲丰投针实验)　平面上画着一族平行线, 相邻平行线间的距离皆等于 a. 向平面上随意地投掷一根长度为 $l(l \leqslant a)$ 的针 (实验 $\mathcal{E}$). 试求实验 $\mathcal{E}$ 的因果模型, 并求事件 B "针与平行线相交" 的集合表达式.

解　考察针落在平行线族中的 "形态". 用 x 表示针的中点到最近的一条直线的距离, 用 φ 表示针与平行线的夹角. 显然, x 和 φ 完全确定针在平行线族中的 "形态" (图 2.5.2 之 (a)).

现在, 用 (φ, x) 表示事件 "针的中点与最近直线的距离为 x, 针与平行线的夹角为 φ". 我们认定 $(\varphi, x)(0 \leqslant \varphi < \pi, 0 \leqslant x \leqslant \frac{a}{2})$ 是一个基本事件. 所有基本事件组成矩形 D(图 2.5.2 之 (b)),

$$D = \left\{ (\varphi, x) \Big| 0 \leqslant \varphi < \pi, 0 \leqslant x \leqslant \frac{a}{2} \right\} \tag{2.5.19}$$

我们又认定, 实验 $\mathcal{E}$ 实施时 D 中有且只有一个事件出现, 故 D 是 $\mathcal{E}$ 产生的样本空间.

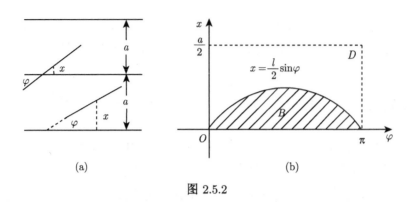

图 2.5.2

于是, 应用几何建模法得出实验 $\mathcal{E}$ 的因果模型是 Borel 试验 $(D, \mathcal{B}^2[D])$.

注意到针与平行线相交当且仅当 $x \leqslant \dfrac{l}{2} \sin \varphi$. 故事件 B 的集合表达式为

$$B = \left\{ (\varphi, x) \big| (\varphi, x) \in D, x \leqslant \frac{l}{2} \sin \varphi \right\} \tag{2.5.20}$$

(图 2.5.2).

例 2.5.12　预测某个灯泡 (或某件产品, 某人, 某动物等) 的使用寿命 (实验 $\mathcal{E}$), 试求 $\mathcal{E}$ 的因果模型.

解　假定寿命可以是 $[0, +\infty)$ 中的任意实数[①]. 用 $x(x \geqslant 0)$ 表示事件 "灯泡寿命为 x", 并认定它是基本事件. 令

$$[0, +\infty) = \{x | x \geqslant 0, x \text{ 为基本事件}\} \tag{2.5.21}$$

显然实验 $\mathcal{E}$ 实施时 $[0, +\infty)$ 中有且仅有一个事件出现, 故 $[0, +\infty)$ 是 $\mathcal{E}$ 产生的样本空间.

于是, 应用几何建模法得出 $\mathcal{E}$ 的因果模型是 Borel 试验 $([0, +\infty), B[0, +\infty))$.

例 2.5.13 (弹着点的建模)　设目标靶是一个坐标平面, 在随机干扰存在时瞄准靶心 (它是坐标原点) 射击 (实验 $\mathcal{E}$). 试求 $\mathcal{E}$ 产生的随机试验.

解　本例实验可视为例 2.5.8 中向坐标平面 $\mathbf{R}^2$ 扔一个质点的实验. 由此得出, 本例实验 $\mathcal{E}$ 产生的随机试验是 Borel 试验 $(\mathbf{R}^2, \mathcal{B}^2)$.

练　习　2

2.1　设全集 X 是原因空间. 试证幂集 $\mathcal{P}(X)$ 是集合论中的 σ 域, 并说明它不是概率论中的事件 σ 域.

---

① 寿命当然是有限的. 但是人们很难确定寿命的上限值. 譬如, 如果规定寿命的上限为 T 小时, 那么为什么不能是 $T + \varepsilon$ 小时呢? 因此, 方便的做法是认为寿命可以取 $[0, +\infty)$ 中的任何值.

2.2 设 Ω 为样本空间. 试证 Ω 上任意多个事件 σ 域的交是事件 σ 域.

2.3 设全集 E 是无限集. 试证集系

$$\mathcal{R} = \{A | A \subset E, A \text{ 或 } \overline{A} \text{ 是有限集}\}$$

是 E 上的域, 但不是 σ 域.

2.4 设 $\Omega = \{\omega_1, \omega_2, \omega_3, \omega_4, \omega_5\}$ 是全集, $A = \{\omega_1, \omega_2, \omega_3\}, B = \{\omega_2, \omega_3, \omega_4\}$. 令 $\mathcal{A} = \{A, B\}$, 试用列举法写出 $\sigma(\mathcal{A})$ 的集合表达式.

2.5 设 $(\Omega, \mathcal{F})$ 是随机试验, 试求下列芽事件集生成的同因子试验:

i) $\mathcal{A}_1 = \{\Omega\}$;

ii) $\mathcal{A}_2 = \{B\}, B \in \mathcal{F}, B \neq \varnothing, \Omega$;

iii) $\mathcal{A}_3 = \{A, B\}, A, B \in \mathcal{F}$ 且 $A \cap B \neq \varnothing$;

iv) $\mathcal{A}_4 = \{A, B, C\}, A, B, C \in \mathcal{F}$, 且 $A \cap B \cap C \neq \varnothing$.

2.6 设 $\mathbf{R}$ 为实数集, $A_* = \{(-\infty, x) | x \in \mathbf{R}\}$. 试证 Borel 域 $\mathcal{B} = \sigma(A_*)$.

2.7 设 $(\Omega, \mathcal{F})$ 是随机试验, $B \in \mathcal{F}$ 且 $B \neq \varnothing, \Omega$. 令

$$\mathcal{A}_1 = \{A | A \in \mathcal{F}, A \subset B\}$$
$$\mathcal{A}_2 = \{A | A \in \mathcal{F}, A \supset B\}$$

试证, $\overline{B}$ 是子试验 $(\Omega, \sigma(\mathcal{A}_1))$ 中的原子事件; B 是子试验 $(\Omega, \sigma(\mathcal{A}_2))$ 中的原子事件.

2.8 从 1,2,3,4,5 中任取两个数组成两位数, 试求该实验产生的随机试验.

2.9 100 件产品中有 5 件次品, 任意地取出 3 件. 试建立该实验的因果模型, 并给出事件 "三件皆为次品" 的集合表达式.

2.10 有五条线段, 长度分别为 1,3,5,7,9. 从这五条线段中任意地取出三条. 试求该实验的因果模型, 并给出事件 "取出的三条线段能构成 $\triangle$" 的集合表达式.

2.11 从 $0,1,2,\cdots,9$ 共 10 个数字中有放回地随意地、依次取出四个数字, 试求该实验产生的随机试验, 并求事件 A "四个数字排成一个四位偶数" 和事件 B "四个数字中 0 恰好出现两次" 的集合表达式.

2.12 不断地掷一颗骰子, 一旦 5 点或 6 点出现便停止投掷. 试建立该实验的因果模型.

2.13 把 n 个质点分配到 N 个盒子中, 盒子已标号为 $1,2,\cdots,N(N \geqslant n)$. 四种假定的条件

i) 每盒容纳的质点数不限, 并且质点可辨别 (Maxwell-Boltzmann 粒子);

ii) 每盒容纳的质点数不限, 并且质点不可辨别 (Bose-Einstein 粒子);

iii) 每盒至多容纳一个质点 (假定 $n \leqslant N$), 并且质点可辨别;

iv) 每盒至多容纳一个质点 (假定 $n \leqslant N$), 并且质点不可辨别 (Fermi-Dirac 粒子), 产生四个实验. 试求这些实验的因果模型, 并判断所建随机试验的类型.

2.14 在线段 AB 上任取一点 C, 试建立该实验的因果模型. 用 O 表示 AB 的中点, 试给出事件 "线段 AC, CB 和 AO 构成三角形" 的集合表达式.

2.15 平面上画有一组平行线, 其间隔交替为 2cm 和 8cm, 任意地向平面投一半径为 2cm 圆. 试求该实验产生的 Borel 试验, 并给出事件 "此圆不与平行线相交" 的集合表达式.

2.16　在随机环境中测量两个物理量, 并假定测量值只能在 $[0,1]$ 中取值, 试求该实验产生的 Borel 试验.

2.17　在圆周上任取三点 A, B, C, 试求该实验产生的 Borel 试验, 并给出事件 "$\triangle ABC$ 是锐角三角形" 的集合表达式.

2.18　设甲, 乙两艘船可以在一昼夜中任何时候到达某码头. 试建立该实验的因果模型, 并给出事件 "甲, 乙船停靠时间分别是 1 小时和 2 小时, 并且两船在码头相遇" 的集合表达式.

2.19　在线段 AC 上任意三点 A_1, A_2, A_3, 试求该实验产生的 Borel 试验, 并给出事件 "线段 AA_1, AA_2, AA_3 能构成三角形" 的集合表达式.

第3章 概率空间 —— 随机局部的因果量化模型

概率论认为: 随机宇宙是事件空间 $\mathcal{U}$, 随机局部是 $\mathcal{U}$ 的子事件 σ 域 $\mathcal{F}$; 它们的数学模型分别是因果空间 $(X,\mathcal{U})$ 和随机试验 $(\Omega,\mathcal{F})$. 于是, 人们在 $(X,\mathcal{U})$ 和 $(\Omega,\mathcal{F})$ 中研究涉及事件的因果知识和出现规律, 属于随机事件的定性研究.

本章开始定量研究. 定量研究的出发点是 (0.3 节):

概率论原理 II 在合理划定的 (或给定的) 条件 $\mathcal{C}$ 下, 某事件 A 出现的可能性大小能够用 $[0,1]$ 中唯一的实数 p 表达.

自然公理系统认为, 合理划定的条件 $\mathcal{C}$ 规定一个随机局部 $\mathcal{F}$, 局部 $\mathcal{F}$ 产生因果模型 $(\Omega,\mathcal{F})$. 现在, 原理 II 保证对任意的 $A\in\mathcal{F}$ 存在函数

$$p = P(A), \quad A \in \mathcal{F} \tag{3.0.1}$$

姑且称它为概率函数[①], 简记为 $P(\mathcal{F})$; 称 $P(A)$ 为事件 A 的概率值. 于是, 条件 $\mathcal{C}$ (或局部 $\mathcal{F}$) 产生一个三元组 $(\Omega,\mathcal{F},P)$, 并出现两个问题:

1) 什么样的函数 $P(\mathcal{F})$ 有资格作为概率函数?

2) 如何得到概率函数 $P(\mathcal{F})$?

通过 3.1 节和 3.2 节的讨论得出, 只有被称为概率测度的 $P(\mathcal{F})$ 才有资格作为概率函数, 称这时的三元组 $(\Omega,\mathcal{F},P)$ 为概率空间. 概率测度 $P(\mathcal{F})$ 把 $\mathcal{F}$ 中事件出现可能性大小进行量化, 故称 $(\Omega,\mathcal{F},P)$ 为随机局部 $\mathcal{F}$ 的因果量化模型. 3.3 节 —3.7 节致力于问题 2) 的研究.

和 2.4 节中"实验"一词一样, 原理 II 中"条件 $\mathcal{C}$"也是一个很难精确描述的对象, 因为我们无法把 $\mathcal{C}$ 的内容一一地罗列出来. 但是, 条件 $\mathcal{C}$ 产生的后果 —— 数学模型 $(\Omega,\mathcal{F},P)$ 却是有严格定义的数学对象. 于是, 在理论中我们把条件 $\mathcal{C}$ 等同于概率空间 $(\Omega,\mathcal{F},P)$.

在应用中, 实验 $\mathcal{E}$ 存在因果模型 $(\Omega,\mathcal{F})$. 实践表明, 所有的科学实验 $\mathcal{E}$ 都在 $(\Omega,\mathcal{F})$ 上赋予一个概率函数 $P(\mathcal{F})$, 产生出新类型的数学模型 —— 概率空间 $(\Omega,\mathcal{F},P)$. 因此, 我们把实验 $\mathcal{E}$ 遵守的条件等同于原理 II 中的条件 $\mathcal{C}$, 把概率空间 $(\Omega,\mathcal{F},P)$ 作为实验 $\mathcal{E}$ 的因果量化的数学模型.

最终, 我们有

$$\text{实验 } \mathcal{E} \Longleftrightarrow \text{条件 } \mathcal{C} \Longleftrightarrow \text{概率空间 } (\Omega,\mathcal{F},P) \tag{3.0.2}$$

[①] 依据 0.3 节的讨论, 这里的 $P(A)$ 应写为 $P(A|\mathcal{C})$. 由于在本章的讨论中条件 $\mathcal{C}$ 是固定的、不改变的, 因此把 $P(A|\mathcal{C})$ 简记为 $P(A)$. 第 4, 5 章将讨论条件 $\mathcal{C}$ 改变时 $P(A)=P(A|\mathcal{C})$ 如何改变的问题.

于是原理 II 中条件 C 成为理论 (指右方) 联系实际 (指左方) 的桥梁.

3.1　直观背景: 概率的四种直观解释

原理 II 把概率论的思维模式总结为"在给定的条件 C 下事件 A 出现的可能性为 $p \times 100\%$"; 或者说"在条件 C 下以 $p \times 100\%$ 的把握断定 (或猜测) 事件 A 出现". 例如, 扔一枚硬币时"正面"出现的可能性是 50%; 我们以 80% 的把握断定"明天会下雨", 等等. 0.3 节曾举出十个这样的例子.

如何理解数值 p? 怎样得到 p? 这是掌握概率论思维模式的关键. 为了寻找答案, 让我们跟随历史的足迹, 讨论实验 $\mathcal{E}$ 中一些事件的概率.

3.1.1　概率的客观解释: 古典概率

设实验 $\mathcal{E}$ 遵守的条件是原理 II 中的条件 C. 如果条件 C 不包含认识的主体, 那么原理 II 中的数值 $p = P(A)$ 不会因人而异, 故称 $P(A)$ 为客观概率.

在现实中要把认识主体从条件 C 中彻底排除出去是困难的 (试问: 哪个数值的确定与认识主体无关?). 于是, 概率论把人人能接受的、经过实践长期检查过的"等可能性原理"认为是客观的; 把用等可能性原理得到的两类概率 —— 古典型概率和几何型概率认为是客观概率.

例 3.1.1　向桌面随意地扔一枚硬币 (实验 $\mathcal{E}$), 试求 $\mathcal{E}$ 产生的随机试验, 概率函数和三元组[①].

解　由例 2.4.1 得知, 实验 $\mathcal{E}$ 产生的随机试验是 $(\Omega, \mathcal{F})$, 这里

$$\Omega = \{H, T\} \tag{3.1.1}$$

$$\mathcal{F} = \{\varnothing, H, T, \Omega\} \tag{3.1.2}$$

其中 H 表示事件"出现正面"; T 表示事件"出现反面".

依题意, "随意地"扔硬币表明实验 $\mathcal{E}$ 不受操作者的影响, 因此认为事件 H 和 T 处于对等的地位. "对等的"含义是, 人们没有理由认为 H 和 T 之中的一个事件比另一个事件出现的可能性更大, 即是说

$$P(H) = P(T) \tag{3.1.3}$$

(这就是等可能性原理).

Ω 是必然事件. 人们常说"必然事件以 100% 的可能性出现", 即是说

$$P(\Omega) = 1 \tag{3.1.4}$$

---

① 本节中概率函数和三元组实际上是今后的概率测度和概率空间. 后者的正式定义将在下节给出.

(我们将把这个等式抽象为规范性公理).

∅ 是不可能事件. 人们常说 "不可能事件以 0% 的可能性出现", 即是说

$$P(\varnothing) = 0 \tag{3.1.5}$$

(这个等式是规范性公理和可加性公理的推论).

由于事件 $\{H\}$ 和 $\{T\}$ 互不相容, $\{H\} \cup \{T\} = \Omega$, 于是认为事件 $\{H\}$ 和 $\{T\}$ 出现可能性之和应等于 Ω 的出现可能性. 即是说

$$P(H) + P(T) = P(\Omega) \tag{3.1.6}$$

(这个等式将抽象成可加性公理).

最终, 应用 (3.1.3), (3.1.4) 和 (3.1.6) 得出

$$P(H) = P(T) = \frac{1}{2} \tag{3.1.7}$$

和实验 $\mathcal{E}$ 产生的概率函数为

$$P(A) = \begin{cases} 0, & A = \varnothing \\ \dfrac{1}{2}, & A = H \text{或} T \\ 1, & A = \Omega \end{cases} \tag{3.1.8}$$

以及实验 $\mathcal{E}$ 产生的三元组为 $(\Omega, \mathcal{F}, P)$.

例 3.1.2 向桌面随意地掷一颗质料均匀的骰子 (实验 $\mathcal{E}$). 试求 $\mathcal{E}$ 产生的随机试验、概率函数和三元组.

解 由例 2.4.2 得知, 实验 $\mathcal{E}$ 产生随机试验 $(\Omega, \mathcal{F})$, 这里

$$\Omega = \{\omega_1, \omega_2, \omega_3, \omega_4, \omega_5, \omega_6\} \tag{3.1.9}$$

$$\mathcal{F} = \Omega\text{的全体子集组成的集合} \tag{3.1.10}$$

其中 ω_i 表示事件 "掷出 i 点" $(1 \leqslant i \leqslant 6)$.

依题意, "随意地" 和 "质料均匀" 等假定表明, 实验 $\mathcal{E}$ 既不受人的影响, 并且 6 个事件 $\omega_i (1 \leqslant i \leqslant n)$ 处于对等的地位. 换言之, 在诸 $\omega_i (1 \leqslant i \leqslant 6)$ 中不可能有一个事件的出现可能性比其他的事件出现可能性更大 (或更小). 反映这个结论的符号式为

$$P(\omega_1) = P(\omega_2) = \cdots = P(\omega_6) \tag{3.1.11}$$

(这是等可能性原理).

Ω 是必然事件, 人们以 100% 的把握断定必然事件会出现, 即

$$P(\Omega) = 1 \tag{3.1.12}$$

(这是规范性公理).

显然, 六个事件 $\{\omega_i\}(1 \leqslant i \leqslant 6)$ 互不相容, 并且 $\bigcup\limits_{i=1}^{6} \{\omega_i\} = \Omega$. 于是认为这六个事件的出现可能性之和等于 Ω 的出现可能性, 即

$$P(\omega_1) + P(\omega_2) + \cdots + P(\omega_6) = P(\Omega) \tag{3.1.13}$$

(这是可加性公理).

现在, 应用 (3.1.11)—(3.1.13) 推出

$$P(\omega_1) = P(\omega_2) = \cdots = P(\omega_6) = \frac{1}{6} \tag{3.1.14}$$

对任意的 $A \in \mathcal{F}$, 不妨设 $A = \{\omega_{\alpha_1}, \omega_{\alpha_2}, \cdots, \omega_{\alpha_k}\}$ ($k \leqslant 6, 1 \leqslant \alpha_1, \alpha_2, \cdots, \alpha_k \leqslant 6$ 且互不相同). 注意到 A 中诸事件互不相容, 并且 $\bigcup\limits_{j=1}^{k} \{\omega_{\alpha_j}\} = A$, 应用可加性公理得出

$$P(A) = \frac{k}{6} = \frac{A \text{含样本点个数}}{\Omega \text{含样本点个数}}, \quad A \in \mathcal{F} \tag{3.1.15}$$

最终, 我们得到实验 $\mathcal{E}$ 产生的概率函数是 (3.1.15) 规定的 $P(A), A \in \mathcal{F}$; 产生的三元组是 $(\Omega, \mathcal{F}, P)$.

3.1.2   概率的客观解释: 几何概率

等可能性原理有时也能用于样本空间是无限集情形.

例 3.1.3   试求例 2.5.9 中实验 $\mathcal{E}$ 产生的随机试验, 概率函数和三元组, 以及概率值 $P(A_1)$ 和 $P(A_2)$.

解   2.5 节已求出实验 $\mathcal{E}$ 产生的随机试验是 Borel 试验 $(D, \mathcal{B}[D])$, 这里

$$D = \{x | 0 \leqslant x \leqslant l\} \tag{3.1.16}$$

依题意, 棍子是 "随意地" 折断, 因此 $D = [0, l]$ 中的样本点 (即基本事件) 皆处于同等的地位, 有同样的出现可能性. 于是, "长度相等的" 的事件具有同样的出现可能性 (这就是等可能性原理). 即是说, 对任意的 $B \in \mathcal{F}[D]$ 有

$$\text{概率值 } P(B) \text{ 与 } B \text{ 的长度成正比} \tag{3.1.17}$$

注意到 $P(D) = 1$ (规范性公理), 由此得出

$$P(B) = \frac{P(B)}{P(D)} = \frac{B \text{的长度}}{D \text{的长度}}, \quad B \in \mathcal{F}[D] \tag{3.1.18}$$

这就是实验 $\mathcal{E}$ 产生的概率函数. 产生的三元组是 $(D, \mathcal{B}[D], P)$.

依据 A_1 和 A_2 的集合表达式 (2.5.20), 应用公式 (3.1.18) 得出

$$P(A_1) = 0; \quad P(A_2) = \frac{2}{3}.$$

例 3.1.4 试求例 2.5.11 中实验 $\mathcal{E}$ 产生的随机试验、概率函数和三元组; 并求事件 B "针与平行线相交" 的概率 $P(B)$.

解 2.5 节已求出 $\mathcal{E}$ 产生的随机试验是 Borel 试验 $(D, \mathcal{B}^2[D])$, 这里

$$D = \left\{ (\varphi, x) \middle| 0 \leqslant \varphi < \pi, \quad 0 \leqslant x \leqslant \frac{a}{2} \right\} \tag{3.1.19}$$

依题意, "随意地" 投掷等条件表明, D 中样本点皆处于同等的地位, 有同样的出现可能性. 于是, "面积相等的" 事件具有同样的出现可能性 (这就是等可能性原理). 即是说, 对任意的 $A \in \mathcal{B}^2[D]$ 有

$$\text{概率值 } P(A) \text{ 与 } A \text{ 的面积成正比} \tag{3.1.20}$$

注意到 $P(D) = 1$ (规范性公理), 由此得出

$$P(A) = \frac{P(A)}{P(D)} = \frac{A\text{的面积}}{D\text{的面积}}, \quad A \in \mathcal{B}^2[D] \tag{3.1.21}$$

这就是实验 $\mathcal{E}$ 产生的概率函数. 产生的三元组是 $(D, \mathcal{B}^2[D], P)$.

依据事件 B 的集合表达式 (2.5.24), 应用公式 (3.1.21) 得出 (图 2.5.2)

$$P(B) = \frac{B\text{的面积}}{D\text{的面积}} = \frac{2}{\pi a} \int_0^\pi \frac{l}{2} \sin\varphi \mathrm{d}\varphi = \frac{2l}{\pi a} \tag{3.1.22}$$

例 3.1.1—例 3.1.4 证实 "公式" (3.0.2) 的合理性. 即是说, 每个实验 $\mathcal{E}$ 皆存在一个因果量化的数学模型 —— 概率空间 $(\Omega, \mathcal{F}, P)$. $(\Omega, \mathcal{F}, P)$ 不仅包含随机试验 $(\Omega, \mathcal{F})$ 中的全部因果知识和出现规律, 而且包含概率函数 $P(\mathcal{F})$ 表达的定量的出现规律.

新的定量的出现规律是, 实验 $\mathcal{E}$ 中事件 A 出现的可能性是 $P(A) \times 100\%$; 或者说, 在实验 $\mathcal{E}$ 中人们以 $P(A) \times 100\%$ 的把握期待事件 A 出现. 下面介绍的概率的频率解释深刻地展示数值 $P(A)$ 的本质, 并给出一种获得数值 $P(A)$ 的一般方法.

3.1.3 概率的频率解释: 统计概率

很奇怪! 不断地重复地扔一枚硬币, 即使不做实验, 人们也会本能地接受如下的判断: 当扔硬币的次数很大时正面出现的次数约占总次数的一半.

用 $\nu_n(H)$ 表示前 n 次扔硬币实验中正面出现的次数, 那么上述判断的符号式为

$$\frac{\nu_n(H)}{n} \approx \frac{1}{2}, \quad \text{当 } n \text{ 很大时} \tag{3.1.23}$$

称 $\dfrac{\nu_n(H)}{n}$ 为事件 "正面" 出现的频率. 式 (3.1.23) 是可以用实验证实的近似式, 下面是证实 (3.1.23) 成立的历史资料 (表 3.1.1).

表 3.1.1　扔硬币实验的历史资料

实验者	扔硬币次数 n	正面出现次数 $\nu_n(H)$	频率 $\dfrac{\nu_n(H)}{n}$
蒲丰	4040	2048	0.5069
德·摩根	4092	2048	0.5005
杰万斯	20480	10379	0.5068
皮尔逊	24000	12012	0.5005
费勒	10000	4979	0.4979
罗曼诺夫斯基	80640	39699	0.4923

把 "奇怪的" 事情和例 3.1.1 联系. 由 (3.1.7) 和 (3.1.23) 推出

$$P(H) \approx \frac{\nu_n(H)}{n}, \quad \text{当 } n \text{ 很大时} \tag{3.1.24}$$

即是说, 当扔硬币次数很大时 "正面" 这一事件出现的频率 $\dfrac{\nu_n(H)}{n}$ 稳定在某个数值附近, 并且这个数值就是该事件的概率 $P(H)$.

蒲丰投针实验 (例 2.5.11) 是概率论中著名的实验. 用 B 表示事件 "针与平行线相交", 由例 3.1.4 得知 $P(B) = \dfrac{2l}{\pi a}$.

现在, 把蒲丰实验不停地重复地进行, 并用 $\nu_n(B)$ 表示前 n 次投掷中事件 B 出现的次数, 那么历史资料 (表 3.1.2) 证实

$$P(B) = \frac{2l}{\pi a} \approx \frac{\nu_n(B)}{n} \tag{3.1.25}$$

表 3.1.2　投针实验的历史资料 (把 a 折算为 1)

实验者	年份	针长	投掷次数	相交次数	π 的实验值
瓦尔夫	1850	0.8	5000	2532	3.1596
史密斯	1855	0.6	3204	1218.5	3.1554
德·摩根	1860	1.0	600	382.5	3.137
福克斯	1884	0.75	1030	489	3.1595
拉查里尼	1901	0.83	3408	1808	3.1415929
里纳	1925	0.5419	2520	859	3.1795

由此推出 π 的实验值公式

$$\pi \approx \frac{2l}{a} \cdot \frac{n}{\nu_n(B)} \tag{3.1.26}$$

于是, 一个著名的常数 π 被表示成大量随机投掷实验中出现的随机数值 $\dfrac{\nu_n(B)}{n}$ 的

极限. 这一发现揭示出大量的随机现象中存在确定性的规律, 促进了概率论的发展. 方法本身则发展成蒙特–卡罗 (Monte-Carlo) 方法.

不断地重复地进行其他的实验, 实验结果无一例外地证实: 事件 A 出现的频率稳定在概率值 $P(A)$ 附近. 于是, 米泽斯 (R.von Mises) 总结出如下结论.

【概率的频率解释】 设实验 $\mathcal{E}$ 产生随机试验 $(\Omega, \mathcal{F})$ 和 $A \in \mathcal{F}$. 如果在相同的条件下把实验 $\mathcal{E}$ 不断地重复地进行, 并记录下前 n 次实验中事件 A 出现的次数 $\nu_n(A)$, 那么当 n 很大时事件 A 出现的频率 $\dfrac{\nu_n(A)}{n}$ 稳定在某个数值附近, 并且这个数值就是 A 的概率 $P(A)$.

【统计概率】 在上述的频率解释中假定 $\lim\limits_{n \to \infty} \dfrac{\nu_n(A)}{n}$ 存在, 令

$$P(A) = \lim_{n \to \infty} \frac{\nu_n(A)}{n} \tag{3.1.27}$$

那么称 $P(A)$ 为 A 的统计概率; 称 $P(A)$, $A \in \mathcal{F}$ 为统计概率函数.

古典概率、几何概率和统计概率从不同的侧面展示 "概率" 的本质. 由于统计概率深刻地揭示出大量随机现象出现时遵守的客观规律, 因此人们把定量的出现规律称为统计规律.

3.1.4 概率的主观解释: 主观概率

设实验 $\mathcal{E}$ 遵守的条件是概率论原理 II 中的条件 C. 与上述三种客观解释不同, 现在的条件 C 包含认识的主体 (个人或群体), 因此称原理 II 中的数值 $p = P(A)$ 为主观概率, 又称为个人概率.

概率的主观解释认为: 概率值 p (指 $P(A)$ 表达的出现规律) 存在于人们的主观世界中. 它反映人们对某些事物的一种信任程度, 是对事物不确定性的一种主观判断. 其数值依赖于个人 (认识主体) 的知识水平、生活经验、心理状态等诸种因素.

主观概率的思维模式为 "我 (或群体) 以 $P(A) \times 100\%$ 的把握判断事件 A 会出现". 因此, 主观概率是认识主体相信 "A 会出现" 的一个定量的度量, 是依据经验给出的猜测 (或估计) 值.

主观概率强调概率科学的一些主观方面, 既重要又有趣. 由于它是人们习惯的思维方式, 因此使用方便, 应用广泛, 特别适合在社会科学、人文科学、经济科学等领域中使用.

从广义上看, 不同的认识主体也是一种客观存在. 因此, 主观概率是一种特殊的客观概率.

3.1.5 概率函数的公理化

在公理化概率论出现之前, 人们的注意力集中于: 求个别事件的概率值. 由于

没有随机试验的概念, 无法把概率视为函数 (不知道定义域!).

1933 年 Kolmogorov 建立概率论公理系统时明确指出, 概率是一个定义在 $(\Omega, \mathcal{F})$ 上的实值函数 $P(A)$, $A \in \mathcal{F}$. 由于 $\mathcal{F}$ 中事件之间存在紧密的联系, 因此反映这些事件出现可能性大小的数值族 $\{P(A) | A \in \mathcal{F}\}$ 必然相互依赖. Kolmogorov 找到三类主要的依赖关系, 抽象成三条公理. 于是, 称满足这三条公理的概率函数 $P(A)$, $A \in \mathcal{F}$ 为概率测度 (见定义 3.2.1).

在公理化概率论中基本的问题是: 如何在随机试验 $(\Omega, \mathcal{F})$ 上赋予概率测度 $P(A)$, $A \in \mathcal{F}$? 古典概率, 几何概率, 统计概率和主观概率都满足 Kolmogorov 的三条公理. 因此, 概率的公理化定义容纳了概率的四种不同解释, 为这些解释的沟通和交流提供了一个共识的平台.

结束本节时让我们指出, 在概率论公理系统中概率是满足三条公理的一些数值 (犹如几何学中的距离, 或力学中的质量). 必须注意, 建立理论体系时只假定它们存在, 是给定的. 至于它们具体是什么数值? 如何获得的? 却用不着任何假定. 一般理论能应用到其他科学领域, 如同几何定理成为物理理论和工程应用的基础一样.

当应用需要确定概率的具体数值时有两种可供使用的方法:

1) 把概率理论和其他理论联系起来;

2) 对观测的实验数据进行统计处理 (统计方法).

两种方法的联合使用导致统计方法成为发现、建立、检验 "其他理论" 的一种科学方法.

历史上, 孟德尔的基因遗传学说是用统计方法发现新理论的著名例子 (参考文献 [2]). 广义上, 任何定量的科学规律 (物理定律, 化学定律, 经济规律, · · ·) 的获得都要用到统计方法.

3.2　概率空间和概率值计算 (I)

3.2.1　定义和存在定理

定义 3.2.1　设 $(\Omega, \mathcal{F})$ 是随机试验, $P(A)$ 是定义在 $\mathcal{F}$ 上的实值函数. 如果 $P(A)$ 满足下列三个条件:

i) 非负性公理: $P(A) \geqslant 0$, 对任意的 $A \in \mathcal{F}$;

ii) 规范性公理: $P(\Omega) = 1$;

iii) 可列可加性公理: 对 $\mathcal{F}$ 中互不相容的可列个事件 $A_n (n = 1, 2, 3, \cdots)$ 成立

$$P\left(\bigcup_{n \geqslant 1} A_n\right) = \sum_{n \geqslant 1} P(A_n) \tag{3.2.1}$$

则称 $P(A)$, $A \in \mathcal{F}$ 为 $(\Omega, \mathcal{F})$ 上的概率测度, 简记为 P, 或 $P(A)$, 或 $P(\mathcal{F})$[①]; 并称数值 $P(A)$ 为事件 A 的概率值.

习惯上, 概率测度和概率值皆简称为概率, 读者可通过上下文进行判别.

定义 3.2.2 称三元组 $(\Omega, \mathcal{F}, P)$ 为概率空间, 如果 $(\Omega, \mathcal{F})$ 是随机试验, P 是 $\mathcal{F}$ 上的概率测度 $P(\mathcal{F})$.

定义 3.2.3 设 $(\Omega_i, \mathcal{F}_i, P_i)(i = 1, 2)$ 是两个概率空间. 称 $(\Omega_2, \mathcal{F}_2, P_2)$ 是 $(\Omega_1, \mathcal{F}_1, P_1)$ 的子概率空间, 如果 $(\Omega_2, \mathcal{F}_2)$ 是 $(\Omega_1, \mathcal{F}_1)$ 的子试验, 并且对任意的 $A \in \mathcal{F}_2$ 成立 $P_2(A) = P_1(A)$. 特别, 如果 $\Omega = \Omega_1 = \Omega_2$, 则称 $(\Omega, \mathcal{F}_2, P_2)$ 是 $(\Omega, \mathcal{F}_1, P_1)$ 的同因子概率空间.

定理 3.2.1 (存在定理) 设 $(\Omega, \mathcal{F})$ 是任意的随机试验, 那么其上必定存在概率测度 $P(\mathcal{F})$, 并且

i) $(\Omega, \mathcal{F})$ 是退化试验时 $P(\mathcal{F})$ 是唯一的;

ii) $(\Omega, \mathcal{F})$ 是非退化试验时存在无穷多个 $P(\mathcal{F})$.

证明 先证 i), 这时 $\mathcal{F} = \{\varnothing, \Omega\}$. 令

$$P(A) = \begin{cases} 1, & A = \Omega \\ 0, & A = \varnothing \end{cases} \tag{3.2.2}$$

显然 $P(\mathcal{F})$ 是概率测度. 存在性得证, 往证唯一性. 设 $P(\mathcal{F})$ 是 $(\Omega, \mathcal{F})$ 上任意的测度. 由规范性公理得出 $P(\Omega) = 1$. 注意到

$$\Omega = \Omega \cup \varnothing \cup \varnothing \cup \cdots \tag{3.2.3}$$

显然, 右方诸事件互不相容. 应用可列可加性公理得出

$$P(\Omega) = P(\Omega) + P(\varnothing) + P(\varnothing) + \cdots \tag{3.2.4}$$

故 $P(\varnothing) = 0$. 唯一性得证.

ii) 设 $(\Omega, \mathcal{F})$ 是非退化试验. 这时存在 $B \in \mathcal{F}$ 使得 $B \neq \varnothing$, $B \neq \Omega$. 由此推出 $\overline{B} \neq \varnothing$. 于是, 在 Ω 中存在两个样本点 ω_1 和 ω_2 使得 $\omega_1 \in B$, $\omega_2 \in \overline{B}$. 对任意的 $A \in \mathcal{F}$, 令

$$P(A) = \begin{cases} 0, & \omega_1 \notin A, \omega_2 \notin A \\ p, & \omega_1 \in A, \omega_2 \notin A \\ q, & \omega_1 \notin A, \omega_2 \in A \\ 1, & \omega_1 \in A, \omega_2 \in A \end{cases} \tag{3.2.5}$$

---

① 简写式 $P(\mathcal{F})$ 的优点是, 它既可以和函数值区分, 又突出了定义域 $\mathcal{F}$. 后者正是概率论需要强调的东西.

其中 $p \geqslant 0$, $q \geqslant 0$, $p + q = 1$.

显然, $P(\mathcal{F})$ 满足定义 3.2.1 中条件 i) 和 ii), 下证它满足条件 iii). 设 $A_i (i = 1, 2, 3, \cdots)$ 是 $\mathcal{F}$ 中可列个互不相容的事件, 令

$$A = \bigcup_{i=1}^{\infty} A_i \tag{3.2.6}$$

依据定义 (3.2.5), 事件 A 可以分为四种情形:

① $P(A) = 1$;　② $P(A) = p$;　③ $P(A) = q$;　④ $P(A) = 0$;

讨论情形①, 这时 $\omega_1 \in A$, $\omega_2 \in A$. 由式 (3.2.5) 得出, 右方诸事件 $\{A_i | i \geqslant 1\}$ 中存在 A_j 和 A_k 使得 $\omega_1 \in A_j$, $\omega_2 \in A_k$. 当 $j \neq k$ 时有

$$P(A_j) = p, \quad P(A_k) = q, \quad P(A_l) = 0 \quad (l \neq j, k)$$

故 (3.2.6) 可推出 (3.2.1) 成立. 当 $j = k$ 时有

$$P(A_j) = 1, \quad P(A_l) = 0, \quad (l \neq j)$$

故由 (3.2.6) 可推出 (3.2.1) 成立. 得证在情形①下 $P(\mathcal{F})$ 满足可列可加性公理.

类似地可证, 在情形②—④下 $P(\mathcal{F})$ 满足可列可加性公理, 故式 (3.2.5) 定义的 $P(\mathcal{F})$ 是概率测度. 注意到这样的 $P(\mathcal{F})$ 有无穷多个, 定理中的 ii) 得证. ■

3.2.2　概率空间分类

定义 3.2.4　称概率空间 $(\Omega, \mathcal{F}, P)$ 为 n 型的 (或可列型的, 或不可列型的, 或有限型的, 或离散型的), 如果 $(\Omega, \mathcal{F})$ 是相应的类型.

定义 3.2.5　i) 称概率空间 $(\Omega, \mathcal{F}, P)$ 为标准的, 如果 $(\Omega, \mathcal{F})$ 是标准试验.

ii) 称概率空间 $(\Omega, \mathcal{F}, P)$ 是满的, 如果 $(\Omega, \mathcal{F})$ 是满试验.

定义 3.2.6　i) 称 $(\Omega, \mathcal{F}, P)$ 为退化的概率空间, 如果 $(\Omega, \mathcal{F})$ 是退化试验;

ii) 称 $(\Omega, \mathcal{F}, P)$ 为伯努利概率空间, 如果 $(\Omega, \mathcal{F})$ 是伯努利试验;

iii) 称 $(\mathbf{R}^n, \mathcal{B}^n, P)$ 为 n 维 Kolmogorov 型概率空间, 如果 $(\mathbf{R}^n, \mathcal{B}^n)$ 是 n 维 Borel 试验.

3.2.3　概率测度的基本性质

固定概率空间 $(\Omega, \mathcal{F}, P)$, 讨论概率测度 $P(\mathcal{F})$ 的基本性质. 应用这些性质可以进行简单的概率值计算: 由 $\mathcal{F}$ 中一些事件的概率值计算出另一些事件的概率值.

定理 3.2.2　给定概率空间 $(\Omega, \mathcal{F}, P)$, 那么概率测度 $P(\mathcal{F})$ 具有下列性质:

i) $P(\varnothing) = 0$;

ii) 有界性: 对任意的 $A \in \mathcal{F}$ 成立 $0 \leqslant P(A) \leqslant 1$;

iii) 单调性: 如果 $A \subset B$, 则 $P(A) \leqslant P(B)$;

iv) 有限可加性: 设 $A_1, A_2, \cdots, A_n$ 是 n 个互不相容的事件, 则

$$P\left(\bigcup_{i=1}^{n} A_i\right) = \sum_{i=1}^{n} P(A_i) \tag{3.2.7}$$

v) 半可加性: 设 $A_i \in \mathcal{F}(i \in I, I$ 为有限集或可列集), 则

$$P\left(\bigcup_{i \geqslant 1} A_i\right) \leqslant \sum_{i \geqslant 1} P(A_i) \tag{3.2.8}$$

证明 i) 由 (3.2.3) 和 (3.2.4) 推出.

先证 iv). 应用命题 1.2.5 和已证的 i) 推出, 可列可加性公式 (3.2.1) 含有有限可加性公式 (3.2.7).

证 iii). 如果 $A \subset B$, 则 $B = A \cup (B \backslash A)$, 并且事件 A 和 $B \backslash A$ 不相容. 应用有限可加性得出

$$P(B) = P(A) + P(B \backslash A)$$

再应用非负性公理即得 $P(B) \geqslant P(A)$.

证 ii). 注意到 $\varnothing \subset A \subset \Omega$, 应用单调性即得结论 ii).

最后证 v). 由定理 1.2.4 得出

$$\bigcup_{i \geqslant 1} A_i = \bigcup_{i \geqslant 1} B_i$$

其中 $B_i = A_i \backslash \left(\bigcup_{j=1}^{i-1} A_j\right)$, 并且诸 $B_i(i \geqslant 1)$ 互不相容. 应用有限或可列可加性得出

$$P\left(\bigcup_{i \geqslant 1} A_i\right) = \sum_{i \geqslant 1} P(B_i)$$

但是, 单调性保证 $P(A_i) \geqslant P(B_i)$, 结论 (3.2.8) 得证. ∎

定理 3.2.3 (概率值计算公式) 给定概率空间 $(\Omega, \mathcal{F}, P)$, 则有

i) 补概率公式: 对任意的 $A \in \mathcal{F}$ 成立

$$P(\overline{A}) = 1 - P(A) \tag{3.2.9}$$

ii) 差概率公式: 对任意的 $A, B \in \mathcal{F}$ 成立

$$P(A \backslash B) = P(A) - P(AB) \tag{3.2.10}$$

iii) 一般加法公式: 对任意的 $A_i \in \mathcal{F}(i = 1, 2, \cdots, n)$ 成立

$$P\left(\bigcup_{i=1}^{n} A_i\right) = s_1 - s_2 + s_3 - \cdots + (-1)^{n-1} s_n \qquad (3.2.11)$$

其中

$$s_1 = \sum_{i=1}^{n} P(A_i)$$
$$s_2 = \sum_{i<j} P(A_i A_j)$$
$$s_3 = \sum_{i<j<k} P(A_i A_j A_k)$$
$$\cdots\cdots$$
$$s_n = P(A_1 A_2 \cdots A_n)$$

证明　i) 由于 $A \cup \overline{A} = \Omega$, 应用有限可加性和规范性公理得出 $P(A) + P(\overline{A}) = P(\Omega) = 1$, 式 (3.2.9) 得证.

ii) 容易验证 $A = (A \backslash B) \cup (AB)$, $A \backslash B \cap (AB) = \varnothing$. 应用有限可加性得到 $P(A) = P(A \backslash B) + P(AB)$, 得证式 (3.2.10) 成立.

iii) 先证 $n = 2$ 时 (3.2.11) 成立. 对任意 $A, B \in \mathcal{F}$, 容易验证 $A \cup B = A \cup (B \backslash AB)$, $A \cap (B \backslash AB) = \varnothing$. 应用有限可加性和差概率公式, 我们有

$$P(A \cup B) = P(A) + P(B \backslash AB) = P(A) + P(B) - P(AB) \qquad (3.2.12)$$

得证 (3.2.11) 在 $n = 2$ 时成立.

现在假定 $n = r$ 时 (3.2.11) 成立, 往证 $n = r + 1$ 时也成立. 事实上, 当 $n = r$ 时有

$$P\left(\bigcup_{i=1}^{r} A_i\right) = \sum_{i=1}^{r} P(A_i) - \sum_{i<j} P(A_i A_j) + \cdots + (-1)^r P(A_1 A_2 \cdots A_r)$$

$$P\left(\bigcup_{i=1}^{r} A_i A_{r+1}\right) = \sum_{i=1}^{r} P(A_i A_{r+1}) - \sum_{i<j} P(A_i A_j A_{r+1}) + \cdots + (-1)^r P(A_1 A_2 \cdots A_r A_{r+1})$$

另一方面 $\bigcup_{i=1}^{r+1} A_i = \left(\bigcup_{i=1}^{r} A_i\right) \cup A_{r+1}$, 应用 (3.2.12) 得出

$$P\left(\bigcup_{i=1}^{r+1} A_i\right) = P\left(\bigcup_{i=1}^{r} A_i\right) + P(A_{r+1}) - P\left(\bigcup_{i=1}^{r} A_i A_{r+1}\right)$$

把前面的两个式子代入右端, 经过简单的整理即得 $n = r + 1$ 的公式 (3.2.11). 于是, 数学归纳法得出 (3.2.11) 对任意的自然数 n 成立. 定理得证.　　■

【评论】 细心的读者可能注意到, 使用差概率公式和一般加法公式时需要知道交事件的概率, 但定理中却没有这样的计算公式. 克服缺点的办法是, 把概率测度推广为条件概率捆. 在条件概率捆中存在交事件概率的计算公式 —— 乘法公式 (4.2 节).

设 $A_1, A_2, A_3, \cdots$ 是事件序列. 称序列 $A_n, n \geqslant 1$ 是单调增的, 如果 $A_1 \subset A_2 \subset A_3 \subset \cdots$; 称为单调减的, 如果 $A_1 \supset A_2 \supset A_3 \supset \cdots$; 称为单调的, 如果它是单调增的, 或者单调减的.

定理 3.2.4 (连续性定理)　给定概率空间 $(\Omega, \mathcal{F}, P)$, 设 $A_n, n \geqslant 1$ 是 $\mathcal{F}$ 中事件单调序列, 那么,

i) 下连续性: 设 $A_n, n \geqslant 1$ 是单调增序列, 令 $A = \bigcup\limits_{n=1}^{\infty} A_n$, 则

$$P(A) = \lim_{n \to \infty} P(A_n) \tag{3.2.13}$$

ii) 上连续性: 设 $A_n, n \geqslant 1$ 是单调减序列, 令 $A = \bigcap\limits_{n=1}^{\infty} A_n$, 则

$$P(A) = \lim_{n \to \infty} P(A_n) \tag{3.2.14}$$

证明　i) 令 $A_0 = \varnothing$, $B_n = A_n \backslash A_{n-1} (n = 1, 2, 3, \cdots)$. 由单增的假设和应用定理 1.2.4 得出, 诸 $B_n (n \geqslant 1)$ 互不相容, 并且

$$\bigcup_{n=1}^{\infty} A_n = \bigcup_{n=1}^{\infty} B_n$$

于是, 应用可列可加性公理得出

$$P(A) = P\left(\bigcup_{n=1}^{\infty} B_n\right) = \sum_{n=1}^{\infty} P(B_n)$$

再应用差概率公式得

$$P(A) = \lim_{n \to \infty} \sum_{i=1}^{n} [P(A_i) - P(A_{i-1})] = \lim_{n \to \infty} P(A_n)$$

ii) 令 $B_n = \overline{A}_n (n \geqslant 1)$. 由命题 1.1.5 得出, $B_n, n \geqslant 1$ 是单调增序列. 注意到 $\overline{A} = \bigcup\limits_{n=1}^{\infty} \overline{A}_n = \bigcup\limits_{n=1}^{\infty} B_n$, 应用已证的 i) 得出

$$P(\overline{A}) = \lim_{n \to \infty} P(B_n) = \lim_{n \to \infty} P(\overline{A}_n)$$

由补概率公式知 $P(\overline{A}) = 1 - P(A)$, $P(\overline{A}_n) = 1 - P(A_n)$. 代入上式即得 (3.2.14), 定理得证.　∎

下一个定理展示, 可列可加性是有限可加性的实质性推广.

定理 3.2.5　给定随机试验 $(\Omega, \mathcal{F})$, 设 $P(A)$, $A \in \mathcal{F}$ 是实值函数, 满足非负性公理和规范性公理, 那么 $P(\mathcal{F})$ 满足可列可加性公理的必要充分条件是, $P(\mathcal{F})$ 具有下列两个性质:

i) 有限可加性公理: 对任意的 $A, B \in \mathcal{F}$, 如果 A, B 不相容, 则

$$P(A \cup B) = P(A) + P(B) \tag{3.2.15}$$

ii) 在 $\varnothing$ 处具有上连续性: 设 A_n, $n \geqslant 1$ 是任意的单调减序列, 并且 $\bigcap\limits_{n=1}^{\infty} A_n = \varnothing$, 则

$$\lim_{n \to \infty} P(A_n) = 0 \tag{3.2.16}$$

证明　必要性由定理 3.2.2 之 iv) 和定理 3.2.4 之 ii) 推出. 往证充分性. 设 $B_n (n \geqslant 1)$ 是可列个互不相容的事件, 令

$$B = \bigcup_{n=1}^{\infty} B_n, \quad C_n = \bigcup_{i=1}^{n} B_i, \quad D_n = \bigcup_{i=n+1}^{\infty} B_i$$

显然, C_n 和 D_n 不相容, 并且 $B = C_n \cup D_n$. 应用有限可加性公理得出

$$P(C_n) = \sum_{i=1}^{n} P(B_i)$$

和

$$P(B) = P(C_n) + P(D_n) = \sum_{i=1}^{n} P(B_i) + P(D_n)$$

令 $n \to \infty$ 得到

$$P(B) = \sum_{i=1}^{\infty} P(B_i) + \lim_{n \to \infty} P(D_n)$$

为完成证明, 只需证 $\lim\limits_{n \to \infty} P(D_n) = 0$.

显然, D_n, $n \geqslant 1$ 是单调减序列; $D_n = B \backslash C_n = B\overline{C}_n$, $\overline{D}_n = \overline{B} \cup C_n$ 和

$$\overline{\bigcap_{n=1}^{\infty} D_n} = \bigcup_{n=1}^{\infty} \overline{D}_n = \overline{B} \cup \left(\bigcup_{n=1}^{\infty} C_n \right) = \overline{B} \cup \left(\bigcup_{n=1}^{\infty} B_n \right) = \overline{B} \cup B = \Omega$$

故 $\bigcap\limits_{n=1}^{\infty} D_n = \varnothing$. 现在, 对序列 D_n, $n \geqslant 1$ 应用假设条件 ii) 即得 $\lim\limits_{n \to \infty} P(D_n) = 0$, 定理得证. ∎

3.2.4 概率值计算（Ⅰ）：例题和评论

例 3.2.1　给定概率空间 $(\Omega, \mathcal{F}, P)$, 设 A, B, C 是 $\mathcal{F}$ 中任意的事件. 试证

$$P(AB) \geqslant P(A) + P(B) - 1 \tag{3.2.17}$$

$$P(ABC) \geqslant P(A) + P(B) + P(C) - 2 \tag{3.2.18}$$

解　应用一般加法公式 (3.2.12) 和定理 3.2.2 中有界性的结论, 我们有

$$P(AB) = P(A) + P(B) - P(A \cup B) \geqslant P(A) + P(B) - 1$$

得证结论 (3.2.17). 重复使用结论 (3.2.17) 得出

$$P(ABC) \geqslant P(AB) + P(C) - 1 \geqslant P(A) + P(B) + P(C) - 2$$

例 3.2.2　给定概率空间 $(\Omega, \mathcal{F}, P)$, 设 $A, B \in \mathcal{F}$. 试证

$$|P(AB) - P(A)P(B)| \leqslant \frac{1}{4} \tag{3.2.19}$$

解　先假定 $A \cap B = \varnothing$. 这时 $B \subset \overline{A}$, 故 $P(AB) = 0$ 和 $P(B) \leqslant P(\overline{A})$. 由此推出

$$|P(AB) - P(A)P(B)| \leqslant P(A)P(\overline{A}) = P(A)[1 - P(A)] \leqslant \frac{1}{4}^{①}$$

现在设 A, B 是 $\mathcal{F}$ 中任意的事件. 我们有

$$P(AB) = [P(A) + P(\overline{A})]P(AB) = P(A)P(AB) + P(\overline{A})P(AB)$$

另一方面, 我们有

$$P(A)P(B) = P(A)P(\Omega B) = P(A)[P(AB) + P(\overline{A}B)]$$

两式相减后得到

$$|P(AB) - P(A)P(B)| = |P(\overline{A})P(AB) - P(A)P(\overline{A}B)| \tag{3.2.20}$$

注意到事件 $\overline{A}$ 和 AB 不相容, A 和 $\overline{A}B$ 不相容. 应用已证的结果得出

$$P(\overline{A})P(AB) \leqslant \frac{1}{4}; \quad P(A)P(\overline{A}B) \leqslant \frac{1}{4}$$

---

① 众所周知, 对任意的 $x \in [0, 1]$ 成立 $x(1-x) \leqslant \dfrac{1}{4}$, 并且等号成立当且仅当 $x = \dfrac{1}{2}$.

代入 (3.2.20) 即得 (3.2.19).

例 3.2.3 (线断裂)　有五根长度为 1, 2, 3, 4, 5 英寸 (1 英寸 = 0.025 米) 的线进行拉伸检验, 观察哪一根线先断 (实验 $\mathcal{E}$). 假定每一根线先断的可能性与它的长度成正比. 试求长度为 1 和 2 的两条线中一条先断的概率.

解　用 ω_i 表示事件 "长度为 i 英寸的线先断" $(i = 1, 2, \cdots, 5)$. 令

$$\Omega = \{\omega_1, \omega_2, \omega_3, \omega_4, \omega_5\} \tag{3.2.21}$$

显然, 实验 $\mathcal{E}$ 实施后 Ω 中有且仅有一个事件出现, 故 Ω 是必然事件 (其实, 它也是 $\mathcal{E}$ 产生的样本空间). 应用概率 (测度) 的可加性, 有

$$\sum_{i=1}^{5} P(\omega_i) = P(\Omega) = 1 \tag{3.2.22}$$

依题意, $P(\omega_i) = \alpha i$ (α 为常数, $1 \leqslant i \leqslant 5$). 代入 (3.2.22) 后得 $\alpha = \dfrac{1}{15}$ 和

$$P(\omega_i) = \frac{i}{15}, \quad i = 1, 2, \cdots, 5 \tag{3.2.23}$$

用 A 表示事件 "长度为 1, 2 的两条线中一条先断", 则 $A = \{\omega_1, \omega_2\}$. 再次应用概率的可加性得出

$$P(A) = P(\omega_1) + P(\omega_2) = \frac{1}{5} \tag{3.2.24}$$

例 3.2.4　在概率空间 $(\Omega, \mathcal{F}, P)$ 中, 设 $P(A) = P(B) = P(C) = \dfrac{1}{4}$, $P(AB) = 0$, $P(AC) = P(BC) = \dfrac{1}{8}$. 试求 A, B, C 皆不出现的概率.

解　令 $D = \overline{A}\,\overline{B}\,\overline{C}$, 则 D 表示事件 "A, B, C 皆不出现". 本题的任务是求概率 $P(D)$.

注意到 $\overline{D} = A \cup B \cup C$, 应用一般加法公式得

$$P(\overline{D}) = P(A) + P(B) + P(C) - P(AB) - P(AC) - P(BC) + P(ABC) \tag{3.2.25}$$

由于 $ABC \subset AB$, 由概率的单调性得 $P(ABC) = 0$. 把题中数据代入 (3.2.25), 有

$$P(\overline{D}) = \frac{1}{4} + \frac{1}{4} + \frac{1}{4} - 0 - \frac{1}{8} - \frac{1}{8} + 0 = \frac{1}{2}$$

故所求事件的概率 $P(D) = 1 - P(\overline{D}) = \dfrac{1}{2}$.

注　让我们指出, 像例 3.2.4 这样的没有实验背景的 "纯数值的" 概率计算很少出现在概率论书籍中. 原因是, 不能保证所给定的概率值确实来自于某个概率测度. 事实上, 如果把例 3.2.4 给定的一组数值改为

$$P(A) = P(B) = P(C) = \frac{3}{4}$$

$$P(AB) = P(AC) = P(BC) = \frac{1}{2}$$

$$P(ABC) = \frac{1}{5}$$

同样的计算得出 $P(D) = \frac{1}{20}$. 但是, 由于这组数值不满足 (3.2.18), 所以不存在概率空间 $(\Omega, \mathcal{F}, P)$, 其内含有如此概率值的事件 A, B, C, D. 于是, 这次计算是无意义的工作.

为了避免 "纯数值的" 概率计算可能产生的谬误, 今后我们或者在概率空间中、或者在实验 $\mathcal{E}$ 中进行概率值的计算 (如例 3.2.3).

【评论】 应用中的一个基本问题是: 求指定实验 $\mathcal{E}$ 中某事件 A 的概率 $P(A)$? 基础概率论用两种方法给出问题的解答.

方法 1 先建立实验 $\mathcal{E}$ 的因果量化模型 $(\Omega, \mathcal{F}, P)$, 然后在已知概率空间 $(\Omega, \mathcal{F}, P)$ 中求 $\mathcal{F}$ 中事件的概率.

方法 2 由于实验 $\mathcal{E}$ 较复杂, 我们很难得到 $\mathcal{E}$ 的因果量化模型 $(\Omega, \mathcal{F}, P)$, 但能论证 (或假定) 因果量化模型存在. 于是, 我们在想象的 $(\Omega, \mathcal{F}, P)$ 中应用概率测度的性质 (如定理 3.2.2—定理 3.2.5) 求 $\mathcal{E}$ 中事件的概率.

传统的概率论入门书籍中都是采用方法 2 进行概率值计算; 本书在概率值计算 (Ⅰ) 中采用方法 1 进行计算, 产生出 3.3 节和 3.4 节的内容; 在概率值计算 (Ⅱ), (Ⅲ) (4.2 节和 4.4 节) 中主要采用方法 2 进行计算.

3.3 古典型概率空间：等可能赋概法

3.3.1 古典型概率

定理 3.3.1 设 $(\Omega, \mathcal{F})$ 是 n 型试验 (可以是不满的). 对任意的 $A \in \mathcal{F}$, 令

$$P(A) = \frac{A \text{含样本点个数}}{n} \tag{3.3.1}$$

那么 $P(\mathcal{F})$ 是 $(\Omega, \mathcal{F})$ 上的概率测度.

证明 显然 $P(\mathcal{F})$ 满足定义 3.2.1 中的非负性公理和规范性公理, 往证条件 iii).

设 $A_1, A_2, \cdots, A_m$ 是 m 个互不相容的事件. 由于每个样本点至多属于一个 $A_i (1 \leqslant i \leqslant m)$, 故

$$P\left(\bigcup_{i=1}^{m} A_i\right) = \frac{\bigcup\limits_{i=1}^{m} A_i \text{中样本点个数}}{n}$$

$$= \frac{A_1 中样本点个数}{n} + \cdots + \frac{A_m 中样本点个数}{n}$$

$$= P(A_1) + P(A_2) + \cdots + P(A_m)$$

得证 $P(\mathcal{F})$ 满足有限可加性 (定理 3.2.2 之 iv).

又设 $A_i(i = 1, 2, 3, \cdots)$ 是 $\mathcal{F}$ 中可列个互不相容的事件. 由于每个样本点至多属于一个 $A_i(i \geqslant 1)$, 故诸 $A_i(i \geqslant 1)$ 中至多有 $m(m \leqslant n)$ 个非空事件. 不妨假定 $A_i(1 \leqslant i \leqslant m)$ 是非空的, 则 $i \geqslant m + 1$ 时 $A_i = \varnothing$. 注意到 (3.3.1) 含有 $P(\varnothing) = 0$, 有

$$P\left(\bigcup_{i=1}^{\infty} A_i\right) = P\left(\bigcup_{i=1}^{m} A_i\right) = \sum_{i=1}^{m} P(A_i) = \sum_{i=1}^{\infty} P(A_i)$$

得证 $P(\mathcal{F})$ 满足可列可加性公理, 证明完成. ■

定义 3.3.1　称 $(\Omega, \mathcal{F}, P)$ 为古典型概率空间, 如果 $(\Omega, \mathcal{F})$ 是 n 型试验 (可以是不满的), $P(\mathcal{F})$ 是 (3.3.1) 规定的概率测度.

通常, 称 $P(\mathcal{F})$ 为古典型概率测度, $P(A)$ 为事件 A 的古典型概率值, 两者皆简称为古典概率.

定理 3.3.2　设 $(\Omega, \mathcal{F})$ 是 n 型标准试验, $P(\mathcal{F})$ 是其上的概率测度, 那么 $P(\mathcal{F})$ 是古典型的当且仅当

$$P(\omega) = \frac{1}{n}, \quad \omega \in \Omega \tag{3.3.2}$$

证明　先证必要性. 由标准性条件知, 对任意的 $\omega \in \Omega$ 有 $\{\omega\} \in \mathcal{F}$. 于是, 由 (3.3.1) 推出 (3.3.2).

再证充分性. 对任意的 $A \in \mathcal{F}$, 不妨假定其集合表达式为 $A = \{\omega_{i_1}, \omega_{i_2}, \cdots, \omega_{i_m}\}(m \leqslant n)$. 由于概率测度 $P(\mathcal{F})$ 具有有限可加性, 故

$$P(A) = P\left(\bigcup_{j=1}^{m} \{\omega_{i_j}\}\right) = \sum_{j=1}^{m} P(\{\omega_{i_j}\}) = \frac{m}{n}$$

得证 (3.3.1) 成立, 证毕. ■

3.3.2　等可能性原理和古典建模赋概法

【等可能性原理】　设 $(\Omega, \mathcal{F})$ 是一般的随机试验, $A \in \mathcal{F}$, $P(A)$ 已知; 又设 A 的所有真子事件皆未赋概, 并且 $\mathcal{F}$ 中事件族 $\{A_1, A_2, \cdots, A_n\}$ 是事件 A 的划分. 如果认为诸 $A_i(1 \leqslant i \leqslant n)$ 皆处于对等的地位 (即没有理由认为其中的一个事件的出现可能性比其他的事件更大, 或更小), 那么我们认为诸 $A_i(1 \leqslant i \leqslant n)$ 具有同样大小的出现可能性, 即赋予概率值

$$P(A_1) = P(A_2) = \cdots = P(A_n) = \frac{1}{n} P(A) \tag{3.3.3}$$

今后, 称获得 (3.3.3) 的方法为等可能性原理.

把等可能性原理和上述的两个定理相结合, 引出一种非常有用的赋概方法.

【等可能赋概法】 设实验 $\mathcal{E}$ 的因果模型是 n 型试验 $(\Omega, \mathcal{F})$ (可以是不满的), 并且

$$\Omega = \{\omega_1, \omega_2, \cdots, \omega_n\} \tag{3.3.4}$$

如果认定 n 个基本事件 $\omega_i(1 \leqslant i \leqslant n)$ 皆处于对等的地位, 那么应用等可能性原理得出

$$P(\omega_1) = P(\omega_2) = \cdots = P(\omega_n) = \frac{1}{n} \tag{3.3.5}$$

于是, 实验 $\mathcal{E}$ 的因果量化模型是 $(n$ 型) 古典型概率空间 $(\Omega, \mathcal{F}, P)$, 其中概率测度为

$$P(A) = \frac{A含样本点个数}{n}, \quad A \in \mathcal{F} \tag{3.3.6}$$

现在, 联合等可能赋概法和 2.4 节的古典建模法产生出

【实验 $\mathcal{E}$ 的古典建模赋概法】 给定实验 $\mathcal{E}$, 建立 $\mathcal{E}$ 的因果量化模型的工作分三步完成:

1) 建立实验 $\mathcal{E}$ 的样本空间 Ω (见式 (2.4.2)).

如果 Ω 是有限集, 并有集合表达式

$$\Omega = \{\omega_1, \omega_2, \cdots, \omega_n\} \tag{3.3.7}$$

则进入下一步.

2) 选取芽事件集. 设

$$\mathcal{F} = \Omega的全体子集组成的集合 \tag{3.3.8}$$

为实验 $\mathcal{E}$ 的芽事件集, 则 $\mathcal{E}$ 的因果模型为 $(\Omega, \mathcal{F})$ (2.4.1 小节中古典建模法).

3) 如果判定等可能赋概法适用于 $(\Omega, \mathcal{F})$, 那么得到古典型概率测度

$$P(A) = \frac{A含样本点个数}{n}, \quad A \in \mathcal{F} \tag{3.3.9}$$

和 $\mathcal{E}$ 的因果量化模型 —— 古典型概率空间 $(\Omega, \mathcal{F}, P)$. 建模赋概工作完成.

例 3.3.1 100 件产品中有 5 件次品, 任意地取出三件 (实验 $\mathcal{E}$). 试求实验 $\mathcal{E}$ 的概率模型, 并求事件 "三件皆为次品" 的概率.

解 把 100 件产品标记为 $\alpha_1, \alpha_2, \cdots, \alpha_{100}$, 其中 $\alpha_1, \alpha_2, \cdots, \alpha_5$ 为次品. 用 $\langle \alpha_i, \alpha_j, \alpha_k \rangle (i \neq j \neq k)$[①]表示事件 "取出的三件产品分别是 $\alpha_i, \alpha_j, \alpha_k$". 我们认定它

---

① 今后, 如果没有特别申明, $\langle \cdot \rangle$ 号和 $\{ \cdot \}$ 号一样, 其内的元素不计次序. 式 (3.3.10) 显示新符号 $\langle \cdot \rangle$ 带来的方便.

是实验 $\mathcal{E}$ 中的基本事件, 令

$$\Omega = \{\langle \alpha_i, \alpha_j, \alpha_k \rangle | 1 \leqslant i, j, k \leqslant 100, \quad i \neq j \neq k\} \tag{3.3.10}$$

由于实验 $\mathcal{E}$ 实施后 Ω 中有且仅有一个基本事件出现, 故 Ω 是样本空间 (定理 2.2.3).

于是, 应用古典建模法 (2.4 节) 得出, 实验 $\mathcal{E}$ 的因果模型是随机试验 $(\Omega, \mathcal{F})$, 这里

$$\mathcal{F} = \Omega\text{的全体子集组成的集合} \tag{3.3.11}$$

依题意, 三件产品是 "任意地" 取出, 故 Ω 中的事件皆处于对等的地位. 应用等可能赋概法得出, 实验 $\mathcal{E}$ 的因果量化模型是概率空间 $(\Omega, \mathcal{F}, P)$, 这里

$$P(A) = \frac{A\text{含样本点个数}}{\Omega\text{含样本点个数}} \tag{3.3.12}$$

用 B 表示事件 "三件皆为次品", 其集合表达式为

$$B = \{\langle \alpha_i, \alpha_j, \alpha_k \rangle | 1 \leqslant i, j, k \leqslant 5, \quad i \neq j \neq k\} \tag{3.3.13}$$

由组合知识得出, B 含有 C_5^3 个元素, Ω 含有 C_{100}^3 个元素. 代入公式 (3.3.12) 得出, 所求的概率值为

$$P(B) = \frac{C_5^3}{C_{100}^3} = \frac{5 \cdot 4 \cdot 3}{100 \cdot 99 \cdot 98} = 0.000062 \tag{3.3.14}$$

注　本例给出 0.3 节中第 7 个问题的答案. 显然 B 是小概率事件, 与我们的生活经验相符.

【评论】　使用一般性公式 (3.3.9) 计算概率值 $P(A)$ 时必须数出 A 和 Ω 中元素的个数. "数数" 工作称为计数. 计数有的很容易; 有的难度较大; 有的非常困难. 为了方便读者, 这里插入一个新小节 —— 介绍排列组合的简单知识.

3.3.3　计数的简单知识

【计数基本问题】　假定有 n 个非空集合 $E_1, E_2, \cdots, E_n$, 其中 E_i 含有 a_i 个元素 $(1 \leqslant i \leqslant n)$. 现在从每个集合 E_i 中各选一个元素 e_i, 把它们组成一个 n 元有序组 $(e_1, e_2, \cdots, e_n)$. 试问: 所有可能的有序组总共有多少个?

【计数基本法则】　上述基本问题的答案是, 总共有 $a_1 a_2 \cdots a_n$ 个有序组.

事实上, e_1 有 a_1 种选法, e_2 有 a_2 种选法. 由乘法的定义得出, (e_1, e_2) 有 $a_1 a_2$ 种选法. 同理, (e_1, e_2, e_3) 有 $a_1 a_2 a_3$ 种选法; 依此继续, 得出 $(e_1, e_2, \cdots, e_n)$ 有 $a_1, a_2, \cdots, a_n$ 种选法.

下面介绍三种重要的特殊情形.

【排列】 从 n 个元素组成的集合 $\{e_1, e_2, \cdots, e_n\}$ 中依次地选出了 $k(k \leqslant n)$ 个, 按选出顺序排列成 k 元有序组 $(e_{i_1}, e_{i_2}, \cdots, e_{i_k})$. 那么总共产生出

$$\mathrm{A}_n^k \stackrel{\text{def}}{=\!\!=} n(n-1) \cdots (n-k+1) = \frac{n!}{(n-k)!} \qquad (3.3.15)$$

个不相同的 k 元有序组.

事实上, k 元有序组的第 1 个分量 e_{i_1} 是从 n 元集 $\{e_1, e_2, \cdots, e_n\}$ 中任选一个, 共有 n 种选法; 第 2 个分量 e_{i_2} 是从 $\{e_1, e_2, \cdots, e_n\}$ 中剩下的 $n-1$ 个元素中任选一个, 共有 $n-1$ 种选法; $\cdots$; 第 k 个分量 e_{i_k} 是从剩下的 $n-k+1$ 个元素中任选一个, 共有 $n-k+1$ 种选法. 因此, 总共产生出 $n(n-1) \cdots (n-k+1)$ 不相同的 k 元有序组 $(e_{i_1}, e_{i_2}, \cdots, e_{i_k})$.

【全排列】 把 n 个不相同的元素 $e_1, e_2, \cdots, e_n$ 排列成 n 元有序组, 那么总共产生出

$$\mathrm{A}_n^n = n! \qquad (3.3.16)$$

个不相同的 n 元有序组 $(e_{i_1}, e_{i_2}, \cdots, e_{i_n})$.

事实上, 全排列是 $k = n$ 时的排列.

【组合】 从 n 元集 $\{e_1, e_2, \cdots, e_n\}$ 中任意地选出 $k(k \leqslant n)$ 个元素, 组成集合 $\langle e_{i_1}, e_{i_2}, \cdots, e_{i_k} \rangle$. 那么总共产生出

$$\mathrm{C}_n^k = \frac{n(n-1) \cdots (n-k+1)}{k!} = \frac{n!}{k!(n-k)!} \qquad (3.3.17)$$

个不相同的 k 元集 $\langle e_{i_1}, e_{i_2}, \cdots, e_{i_k} \rangle$.

事实上, 由全排列知, 每个 k 元集能产生 $k!$ 个不相同的 k 元有序组. 应用 (3.3.15) 得出, 不相同的 k 元集总共有 $\dfrac{1}{k!}\mathrm{A}_n^k$ 个. 得证 (3.3.17).

3.3.4 例题

例 3.3.2 (随机抽样) 假定 N 件产品中有 M 件次品 $(M \leqslant N)$. 现在采用三种不同的方法随意地取出 $n(n \leqslant M, n \leqslant N - M)$ 件产品进行检查. 试求三个实验产生的概率模型, 并求事件 "取出的 n 件产品中含 $k(k \leqslant n)$ 件次品" 的概率.

1)【放回抽样】 一件接一件, 随意地取出产品, 并且检查后立即放回 (实验 $\mathcal{E}_1$).

2)【不放回抽样】 和 1) 一样, 但检查后产品不放回 (实验 $\mathcal{E}_2$).

3)【一次性抽样】 同时取出 n 件产品进行检查 (实验 $\mathcal{E}_3$).

解 把 N 件产品编号为 $1, 2, \cdots, N$, 其中编号为 $1, 2, \cdots, M$ 的产品是次品, 并用 B_k 表示事件 "取出的 n 件产品含有 k 件次品".

【实验 $\mathcal{E}_1$】 用有序组 $(\alpha_1, \alpha_2, \cdots, \alpha_n)$ 表示事件 "第 1 次取出产品 α_1, 第 2 次取出 $\alpha_2, \cdots$, 第 n 次取出 α_n", 人们认定它是基本事件. 由于是放回抽样,

$\alpha_i(1 \leqslant i \leqslant n)$ 可以取小于等于 N 的任意正整数. 令

$$\Omega_1 = \{(\alpha_1, \alpha_2, \cdots, \alpha_n) | 1 \leqslant \alpha_1, \alpha_2, \cdots, \alpha_n \leqslant N\} \tag{3.3.18}$$

显然, 实验 $\mathcal{E}_1$ 实施时 Ω_1 中有且仅有一个事件出现, 故 Ω_1 是 $\mathcal{E}_1$ 产生的样本空间. 应用古典建模法得出, $\mathcal{E}_1$ 的因果模型是随机试验 $(\Omega_1, \mathcal{F}_1)$, 这里

$$\mathcal{F}_1 = \Omega_1 的全体子集组成的集合 \tag{3.3.19}$$

由计数基本法则得出 Ω_1 含有 N^n 个元素. 人们认定 Ω_1 中 N^n 个基本事件处于对等的地位, 于是应用等可能赋概法得出实验 $\mathcal{E}_1$ 的因果量化模型 —— 概率空间 $(\Omega_1, \mathcal{F}_1, P_1)$, 其中

$$P_1(A) = \frac{A 含样本点个数}{N^n}, \quad A \in \mathcal{F}_1 \tag{3.3.20}$$

在概率空间 $(\Omega_1, \mathcal{F}_1, P_1)$ 中事件 B 有集合表达式

$$B_k = \{(\alpha_1, \alpha_2, \cdots, \alpha_n) | 1 \leqslant \alpha_1, \cdots, \alpha_n, \leqslant N, 诸 \alpha_i(1 \leqslant i \leqslant n) 中$$
$$恰有 k 个小于等于 M\} \tag{3.3.21}$$

为计算 B_k 中元素的个数, 首先在 n 元有序组 $(*, *, \cdots, *)$ 中任意地指定 k 个位置放次品, 在剩下的 $n - k$ 个位置放正品, 这样的指定方法共 C_n^k 个. 其次, 在每个指定方法中 k 个次品每次都是从 M 个中取出, 故有 M^k 种取法; 同理, $n - k$ 个正品共有 $(N - M)^{n-k}$ 种取法. 最终得出, B_k 含有 $\mathrm{C}_n^k M^k (N - M)^{n-k}$ 个元素, 所求概率值为

$$P_1(B_k) = \frac{\mathrm{C}_n^k M^k (N - M)^{n-k}}{N^n} = \mathrm{C}_n^k \left(\frac{M}{N}\right)^k \left(1 - \frac{M}{N}\right)^{n-k} \tag{3.3.22}$$

【实验 $\mathcal{E}_2$】 用有序组 $(\alpha_1, \alpha_2, \cdots, \alpha_n)$ 表示事件 "第 1 次取出产品 α_1, 第 2 次取出 $\alpha_2, \cdots$, 第 n 次取出 α_n", 并认定它是基本事件. 由于是不放回抽样, 所以 $\alpha_i(1 \leqslant i \leqslant n)$ 可以小于等于 N 的整数, 但诸 $\alpha_i(1 \leqslant i \leqslant n)$ 互不相同. 令

$$\Omega_2 = \{(\alpha_1, \alpha_2, \cdots, \alpha_n) | 1 \leqslant \alpha_1, \cdots, \alpha_n \leqslant N, 诸 \alpha_i(1 \leqslant i \leqslant n) 互不相同\} \tag{3.3.23}$$

显然, 实验 $\mathcal{E}_2$ 实施后 Ω_2 中有且只有一个事件出现, 故 Ω_2 是 $\mathcal{E}_2$ 产生的样本空间.

应用古典建模法 (2.4 节) 得出实验 $\mathcal{E}_2$ 的因果模型是随机试验 $(\Omega_2, \mathcal{F}_2)$, 其中

$$\mathcal{F}_2 = \Omega_2 的全体子集组成的集合 \tag{3.3.24}$$

现在, 由排列知识得出 Ω_2 含有 A_N^n 个元素. 我们认定 Ω_2 中事件皆处于对等的地位, 因此可以在 $(\Omega_2, \mathcal{F}_2)$ 上实行等可能赋概法, 以及得到实验 $\mathcal{E}_2$ 的因果量化模型 —— 概率空间 $(\Omega_2, \mathcal{F}_2, P_2)$, 这里

$$P_2(B) = \frac{B \text{含样本点个数}}{\mathrm{A}_N^n}, \quad B \in \mathcal{F}_2 \tag{3.3.25}$$

在实验 $\mathcal{E}_2$ 中事件 B_k 有集合表达式

$$B_k = \{(\alpha_1, \alpha_2, \cdots, \alpha_n) | (\alpha_1, \cdots, \alpha_n) \in \Omega_2, \text{诸} \alpha_i (1 \leqslant i \leqslant n)$$
$$\text{中恰有 } k \text{ 个小于等于 } M\} \tag{3.3.26}$$

为计算 B_k 中元素的个数, 首先在 n 元有序组 $(*, *, \cdots, *)$ 中任意地指定 k 个位置放次品, 在剩下的 $n - k$ 个位置放正品, 这样的指定方法共有 C_n^k 个. 其次, 在每个指定方法中 k 个次品是从 M 个次品依次地取出, 并且不放回, 由排列知识得出, 共有 A_n^k 种取法; 同理, $n - k$ 个正品共有 A_{N-M}^{n-k} 种取法. 最终得出, B_k 含有 $\mathrm{C}_n^k \mathrm{A}_M^k \mathrm{A}_{N-M}^{n-k}$ 个元素, 所求概率值为

$$\begin{aligned} P_2(B_k) &= \frac{\mathrm{C}_n^k \mathrm{A}_M^k \mathrm{A}_{N-M}^{n-k}}{\mathrm{A}_N^n} \\ &= \frac{n!}{k!(n-k)!} \cdot \frac{M!}{(M-k)!} \cdot \frac{(N-M)!}{(N-M-n+k)!} \cdot \frac{(N-n)!}{N!} \\ &= \frac{M!}{k!(M-k)!} \cdot \frac{(N-M)!}{(n-k)!(N-M-n+k)!} \cdot \frac{n!(N-n)!}{N!} \\ &= \frac{\mathrm{C}_M^k \mathrm{C}_{N-M}^{n-k}}{\mathrm{C}_N^n} \end{aligned} \tag{3.3.27}$$

【实验 $\mathcal{E}_3$】 用集合 $\langle \alpha_1, \alpha_2, \cdots, \alpha_n \rangle$ 表示事件 "一次取出 n 件编号为 α_1, $\alpha_2, \cdots, \alpha_n$ 的产品". 依题意, 诸 $\alpha_i (1 \leqslant i \leqslant n)$ 互不相同, 而且是小于等于 N 的正整数. 令

$$\Omega_3 = \{\langle \alpha_1, \alpha_2, \cdots, \alpha_n \rangle | \text{诸} \alpha_i (1 \leqslant i \leqslant n) \text{互不相同, 且} 1 \leqslant \alpha_1, \cdots, \alpha_n \leqslant N\} \tag{3.3.28}$$

显然, 实验 $\mathcal{E}_2$ 实施后 Ω_3 中有且只有一个事件出现, 故 Ω_3 是实验 $\mathcal{E}_3$ 产生的样本空间.

应用古典建模法 (2.4 节) 得出实验 $\mathcal{E}_2$ 的因果模型是随机试验 $(\Omega_3, \mathcal{F}_3)$, 其中

$$\mathcal{F}_3 = \Omega_3 \text{的全体子集组成的集合} \tag{3.3.29}$$

现在, 由组合知识得出 Ω_3 含有 C_N^n 个元素. 显然, Ω_3 中事件皆处于对等地位, 使用等可能赋概法得出, 实验 $\mathcal{E}_3$ 的因果量化模型是概率空间 $(\Omega_3, \mathcal{F}_3, P_3)$, 这里

$$P_3(A) = \frac{A \text{含样本点个数}}{\mathrm{C}_N^n}, \quad A \in \mathcal{F} \tag{3.3.30}$$

在实验 $\mathcal{E}_3$ 中事件 B_k 有集合表达式

$$B_k = \{\langle \alpha_1, \alpha_2, \cdots, \alpha_n \rangle | \langle \alpha_1, \cdots, \alpha_n \rangle \in \Omega_3, \text{诸} \alpha_i (1 \leqslant i \leqslant n)$$
$$\text{中恰有 } k \text{ 个小于等于 } M\} \tag{3.3.31}$$

由组合知识得出 B_k 含有 $C_M^k C_{N-M}^{n-k}$ 个元素. 故所求概率值为

$$P_3(B_k) = \frac{C_M^k C_{N-M}^{n-k}}{C_N^n} \tag{3.3.32}$$

注　直观上, 事件 B_k 在实验 $\mathcal{E}_2$ 和 $\mathcal{E}_3$ 中有相同的出现可能性. 由 (3.3.27) 和 (3.3.32) 推出的等式 $P_2(B_k) = P_3(B_k)$ 把这个经验知识提升为理论知识.

例 3.3.3　任意 n 个人的生日可以视为从一年 (365 日) 的全部日子所组成的集合中有放回地抽取 n 个日子的实验. 试求事件"至少有两人的生日相同"的概率.

解　依题意, 本例实验的因果量化模型是例 3.3.2 中的概率空间 $(\Omega_1, \mathcal{F}_1, P_1)$, 其中 $N = 365$.

用 B 表示事件"至少两人的生日相同". 显然, 当 $n > 365$ 时 $P(B) = 1$. 下设 $n \leqslant 365$, 这时补事件 $\overline{B}$ 有集合表达式

$$\overline{B} = \{(\alpha_1, \alpha_2, \cdots, \alpha_n) | 1 \leqslant \alpha_1, \cdots, \alpha_n \leqslant 365, \text{诸} \alpha_i (1 \leqslant i \leqslant n) \text{互不相同}\}$$

由组合知识得出 $\overline{B}$ 含 C_{365}^n 个元素. 由公式 (3.3.22) 推出, 所求概率值为

$$P(B) = 1 - P(\overline{B}) = 1 - \left(1 - \frac{1}{365}\right)\left(1 - \frac{2}{365}\right) \cdots \left(1 - \frac{n-1}{365}\right)$$

注　当 $n = 30$ 时 $P(B) = 0.706$. 于是得到一个统计规律: 随意地选出 30 个人, 那么以 70.6% 的把握断定其中至少有两人的生日相同.

粗看起来, 人们对这个统计规律会感到意外: 30 人似乎太少了! 然而, 每两人生日相同的概率是 $\frac{1}{365}$, 而 30 人共有 $C_{30}^2 = 475$ 个不同的二人组合. 注意到这个结果, 人们就不会感到意外了.

例 3.3.4　扔一枚硬币 n 次 (实验 $\mathcal{E}$). 试求 $\mathcal{E}$ 产生的概率空间, 并求事件"正面恰好出现 k 次" $(0 \leqslant k \leqslant n)$ 的概率.

解　例 2.5.5 已求出本例实验的因果模型. 它是随机试验 $(\Omega, \mathcal{F})$, 这里

$$\Omega = \{(\alpha_1, \alpha_2, \cdots, \alpha_n) | \alpha_i = H \text{或} T, 1 \leqslant i \leqslant n\} \tag{3.3.33}$$
$$\mathcal{F} = \Omega \text{的全体子集组成的集合} \tag{3.3.34}$$

其中 H 表示硬币正面, T 表示反面.

显然, Ω 含有 2^n 个基本事件, 并且这些基本事件皆处于对等的地位. 于是, 应用等可能赋概法得出实验 $\mathcal{E}$ 产生古典型概率空间 $(\Omega, \mathcal{F}, P)$, 其中概率测度为

$$P(A) = \frac{A含样本点个数}{2^n}, \quad A \in \mathcal{F} \tag{3.3.35}$$

用 B_k 表示事件 "正面恰好出现 k 次", 则 B_k 的集合表达式是 (2.5.15). 由组合知识得出, B_k 含有 C_n^k 个元素. 故所求的概率值为

$$P(B_k) = C_n^k \left(\frac{1}{2}\right)^n \tag{3.3.36}$$

例 3.3.5 掷一颗骰子 n 次 (实验 $\mathcal{E}$). 试求 $\mathcal{E}$ 的因果量化模型, 并求事件 "6 点恰好出现 k 次" $(0 \leqslant k \leqslant n)$ 的概率.

解 例 2.5.6 已求出本例实验的因果模型. 它是随机试验 $(\Omega, \mathcal{F})$, 这里

$$\Omega = \{(\alpha_1, \alpha_2, \cdots, \alpha_n) | \alpha_i = 1, 2, \cdots, 6, 1 \leqslant i \leqslant n\} \tag{3.3.37}$$

$$\mathcal{F} = \Omega 的全体子集组成的集合 \tag{3.3.38}$$

显然, Ω 含有 6^n 个基本事件, 并且这些基本事件皆处于对等的地位. 于是, 应用等可能赋概法得出 $\mathcal{E}$ 的因果量化模型 —— 古典型概率空间 $(\Omega, \mathcal{F}, P)$, 其中概率测度为

$$P(A) = \frac{A含样本点个数}{6^n}, \quad A \in \mathcal{F} \tag{3.3.39}$$

用 $B_k (0 \leqslant k \leqslant n)$ 表示事件 "6 点恰好出现 k 次", 则 B_k 有集合表达式

$$\begin{aligned} B_k = \{&(\alpha_1, \alpha_2, \cdots, \alpha_n) | 1 \leqslant \alpha_1, \cdots, \alpha_n \leqslant 6, \\ &诸 \alpha_i (1 \leqslant i \leqslant n) 中恰有 k 个 6\} \end{aligned} \tag{3.3.40}$$

为计算 B_k 中元素的个数, 首先在 n 元有序组 $(*, *, \cdots, *)$ 中任意地指定 k 个位置放置数字 6, 共有 C_n^k 个 "指定" 方法. 在每个指定方法中, 剩下的 $n - k$ 个位置可以放置 $\{1, 2, 3, 4, 5\}$ 中的任何一个数字, 共有 5^{n-k} 种 "放置" 方法. 由此得出, B_k 含有 $C_n^k 5^{n-k}$ 个元素. 故所求概率值为

$$P(B_k) = C_n^k \left(\frac{1}{6}\right)^k \left(\frac{5}{6}\right)^{n-k} \tag{3.3.41}$$

例 3.3.6 (分房问题) 有 n 个人和 N 间房 $(n \leqslant N)$, 每人随意地进入一间房中 (实验 $\mathcal{E}$). 试求实验 $\mathcal{E}$ 的因果量化模型, 并求下列各事件的概率:

B_1: 某指定 n 间房中各有一人;

B_2: 恰有 n 间房, 其中各有一人;

B_3：某指定房中恰有 $m(m \leqslant n)$ 人.

解　把 n 个人标记为 1 号，2 号，$\cdots$，n 号；把 N 间房标记为 1 号房，2 号房，$\cdots$，N 号房. 用 $(\alpha_1, \alpha_2, \cdots, \alpha_n)(1 \leqslant \alpha_1, \alpha_2, \cdots, \alpha_n \leqslant N)$ 表示事件 "1 号进入 α_1 号房，2 号进入 α_2 号房，$\cdots$，n 号进入 α_n 号房". 显然, 它是实验 $\mathcal{E}$ 的基本事件, 并且在实验 $\mathcal{E}$ 实施后,

$$\Omega \overset{\text{det}}{=\!=} \{(\alpha_1, \alpha_2, \cdots, \alpha_n) \mid 1 \leqslant \alpha_1, \alpha_2, \cdots, \alpha_n \leqslant N\} \tag{3.3.42}$$

中有且仅有一个事件出现. 故 Ω 是 $\mathcal{E}$ 产生的样本空间.

应用古典建模法得出实验 $\mathcal{E}$ 的因果模型是随机 $(\Omega, \mathcal{F})$, 这里

$$\mathcal{F} = \Omega \text{的全体子集组成的集合} \tag{3.3.43}$$

现在, 由计数的基本法则得出 Ω 含有 N^n 个基本事件. 人们认为这些基本事件处于对等的地位. 于是应用等可能赋概法得出, 实验 $\mathcal{E}$ 的因果量化模型是概率空间 $(\Omega, \mathcal{F}, P)$, 其中

$$P(A) = \frac{A \text{含样本点个数}}{N^n} \tag{3.3.44}$$

下面求三个事件的概率：

i) 不妨设指定的 n 间房是 $\beta_1, \beta_2, \cdots, \beta_n$ (诸 $\beta_i(1 \leqslant i \leqslant n)$ 互不相同且 $1 \leqslant \beta_1, \cdots, \beta_n \leqslant N$), 则事件 B_1 有集合表达式

$$B_1 = \{(\alpha_1, \alpha_2, \cdots, \alpha_n) \mid (\alpha_1, \alpha_2, \cdots, \alpha_n) \text{是集合} \langle \beta_1, \beta_2, \cdots, \beta_n \rangle \text{ 的一个全排列}\} \tag{3.3.45}$$

由全排列知识得出 B_1 含有 $n!$ 个元素, 故其概率值为

$$P(B_1) = \frac{n!}{N^n} \tag{3.3.46}$$

ii) 显然, B_2 有集合表达式

$$B_2 = \{(\alpha_1, \alpha_2, \cdots, \alpha_n) \mid (\alpha_1, \alpha_2, \cdots, \alpha_n) \text{是集合}$$
$$\langle \beta_1, \beta_2, \cdots, \beta_n \rangle \text{的一种全排列, 而} \langle \beta_1, \beta_2, \cdots, \beta_n \rangle \subset \langle 1, 2, \cdots, N \rangle\} \tag{3.3.47}$$

由排列组合知识得出 B_2 含有 $\mathrm{C}_N^n n!$ 个元素, 故其概率值为

$$P(B_2) = \frac{\mathrm{C}_N^n n!}{N^n} = \frac{N!}{N^n (N-n)!} \tag{3.3.48}$$

iii) 不妨设指定的是第 $k(1 \leqslant k \leqslant N)$ 间房, 则事件 B_3 有集合表达式

$$B_3 = \{(\alpha_1, \alpha_2, \cdots, \alpha_n) \mid \text{诸} \alpha_i(1 \leqslant i \leqslant n) \text{中}$$

$$\text{有且仅有} m(\leqslant n) \text{个数值 } k\} \tag{3.3.49}$$

在事件 B_3 中的 m 个人可自 n 个人中任意地选出, 共有 C_n^m 种选法, 而其余的 $n-m$ 个人可以任意地分配在其余的 $N-1$ 间房里, 共有 $(N-1)^{n-m}$ 个分配法. 因而事件 B_3 含有 $C_n^m(N-1)^{n-m}$ 个元素, 其概率值为

$$P(B_3) = \frac{C_n^m(N-1)^{n-m}}{N^n} = C_n^m \left(\frac{1}{N}\right)^m \left(\frac{N-1}{N}\right)^{n-m} \tag{3.3.50}$$

例 3.3.7 从 n 双能区别的鞋中任取 $2r(2r < n)$ 只 (实验 $\mathcal{E}$), 试求下列事件的概率:

B_1: 所取的 $2r$ 只鞋中至少有两只成双;

B_2: 所取的 $2r$ 只鞋中只有两只成双;

B_3: 所取的 $2r$ 只鞋中恰好配成 r 双.

解 先建立实验 $\mathcal{E}$ 的因果量化模型. 把 $2n$ 只鞋分别标号为 $a_1, b_1, a_2, b_2, \cdots,$ a_n, b_n, 其中 $a_i, b_i(1 \leqslant i \leqslant n)$ 是配对的一双鞋子. 令

$$E = \{a_1, b_1, a_2, b_2, \cdots, a_n, b_n\} \tag{3.3.51}$$

用集合 $\langle\beta_1, \beta_2, \cdots, \beta_{2r}\rangle(\beta_i \in E, \text{诸} \beta_i(1 \leqslant i \leqslant 2r)$ 互不相同) 表示事件 "取出的 $2r$ 只鞋是 $\beta_1, \beta_2, \cdots, \beta_{2r}$". 它是实验 $\mathcal{E}$ 中基本事件. 令

$$\Omega = \{\langle\beta_1, \beta_2, \cdots, \beta_{2r}\rangle | \beta_i \in E, \text{诸}\beta_i(1 \leqslant i \leqslant 2r)\text{互不相同}\} \tag{3.3.52}$$

显然, 实验 $\mathcal{E}$ 实施后 Ω 中有且仅有一个事件出现, 故 Ω 是 $\mathcal{E}$ 产生的样本空间. 应用古典建模法得出 $\mathcal{E}$ 的因果模型是随机试验 $(\Omega, \mathcal{F})$, 这里

$$\mathcal{F} = \Omega \text{的全体子集组成的集合} \tag{3.3.53}$$

应用组合知识得出 Ω 含有 C_{2n}^{2r} 个元素. 显然, Ω 中基本事件皆处于对等的地位, 应用等可能赋概法得出, $\mathcal{E}$ 的因果量化模型是古典型概率空间 $(\Omega, \mathcal{F}, P)$, 其中

$$P(A) = \frac{A\text{含样本点个数}}{C_{2n}^{2r}}, \quad A \in \mathcal{F} \tag{3.3.54}$$

i) 计算概率值 $P(B_1)$. 显然, 补事件 $\overline{B_1}$ 是事件 "所取出的 $2r$ 只鞋子中没有配对的鞋", 其集合表达式为

$$\overline{B_1} = \{\langle\beta_1, \beta_2, \cdots, \beta_{2r}\rangle | \beta_i \in E, 1 \leqslant i \leqslant 2r,$$
$$\text{诸}\beta_i(1 \leqslant i \leqslant 2r)\text{互不相同, 并且不出现成对的鞋}\} \tag{3.3.55}$$

为计算 $\overline{B}_1$ 中元素的个数, 可以使用如下方法: 先从 E 中任意地取 $2r$ 双鞋 (共有 C_n^{2r} 种取法); 然后从每双鞋中任取一只 (共有 2^{2r} 种取法); 由此得到不含配对的 $2r$ 只鞋, 并且共有 $C_n^{2r}2^{2r}$ 种取法. 于是, 应用公式 (3.3.54) 得出所求概率为

$$P(B_1) = 1 - P(\overline{B}_1) = 1 - \frac{C_n^{2r}2^{2r}}{C_{2n}^{2r}} \tag{3.3.56}$$

ii) 计算 $P(B_2)$. 事件 B_2 的集合表达式为

$$B_2 = \{\langle \beta_1, \beta_2, \cdots, \beta_{2r}\rangle | \beta_i \in E, 1 \leqslant i \leqslant 2r,$$
$$\text{诸} \beta_i (1 \leqslant i \leqslant 2r) \text{互不相同, 其中有且只有一双成对的鞋}\} \tag{3.3.57}$$

为计算 B_2 含元素的个数, 使用如下的方法: 先从 E 中取出一双成对的鞋 (共有 C_n^1 种取法); 然后用 E^* 表示 E 中剩下的 $2n - 2$ 只鞋 (即 $n - 1$ 双鞋), 由于 B_2 中剩下的 $2r - 2$ 只鞋只能在 E^* 中选取, 而且其中没有配对的鞋, 于是应用已证的 i) 得出, 剩下的 $2r - 2$ 只鞋共有 $C_{n-1}^{2(r-1)}2^{2(r-1)}$ 种选取方法. 由此推出集合 B_2 含有 $C_n^1 C_{n-1}^{2r-2}2^{2r-2}$ 个元素. 应用公式 (3.3.54) 得出所求概率为

$$P(B_2) = nC_{n-1}^{2r-2}2^{2r-2}/C_{2n}^{2r} \tag{3.3.58}$$

iii) 计算 $P(B_3)$. 事件 B_3 的集合表达式为

$$B_3 = \{\langle \beta_1, \beta_2, \cdots, \beta_{2r}\rangle | \beta_i \in E, 1 \leqslant i \leqslant 2r,$$
$$\text{诸} \beta_i (1 \leqslant i \leqslant 2r) \text{互不相同, 并且有 } r \text{ 双配对的鞋}\} \tag{3.3.59}$$

显然, 从 E 中取出 r 双鞋 (共有 C_n^r 种取法) 组成的 $2r$ 只鞋是 B_3 的元素, 反之也对, 故 B_3 含有 C_n^r 个元素. 应用公式 (3.3.54) 得出所求概率为

$$P(B_3) = \frac{C_n^r}{C_{2n}^{2r}} \tag{3.3.60}$$

例 3.3.8 (配对问题)　在 n 张卡片上写上数目 $1, 2, \cdots, n$. 现在把 n 张卡片随意地从左到右排成一行 (实验 $\mathcal{E}$), 用 B 表示事件 "至少有一张卡片上的数字与它在排列中的序号一致", 试求 $P(B)$.

解　用 n 元有序组 $(\alpha_1, \alpha_2, \cdots, \alpha_n)$ 表示事件 "在序号为 i 处的卡片上的数字为 α_i" $(1 \leqslant i \leqslant n)$. 依题意, 它是一个基本事件. 令

$$\Omega = \{(\alpha_1, \alpha_2, \cdots, \alpha_n) | 1 \leqslant \alpha_1, \cdots, \alpha_n \leqslant n, \text{诸} \alpha_i (1 \leqslant i \leqslant n) \text{ 互不相同}\} \tag{3.3.61}$$

显然, 实验 $\mathcal{E}$ 实施后 Ω 中有且仅有一个事件出现, 故 Ω 是 $\mathcal{E}$ 产生的样本空间.

应用古典建模法得出实验 $\mathcal{E}$ 的因果模型是随机试验 $(\Omega, \mathcal{F})$, 这里

$$\mathcal{F} = \Omega\text{的全体子集组成的集合} \tag{3.3.62}$$

由全排列知识得出 Ω 含有 $n!$ 个元素. 人们认定, Ω 中基本事件皆处于对等的地位. 于是, 应用等可能赋概法得出 $\mathcal{E}$ 的因果量化模型是古典型概率空间 $(\Omega, \mathcal{F}, P)$, 其中

$$P(A) = \frac{A\text{含样本点个数}}{n!} \tag{3.3.63}$$

在 $(\Omega, \mathcal{F}, P)$ 中事件 B 有集合表达式

$$B = \{(\alpha_1, \alpha_2, \cdots, \alpha_n) | (\alpha_1, \cdots, \alpha_n) \in \Omega, \text{至少存在一个 } i \text{ 使} \alpha_i = i(1 \leqslant i \leqslant n)\} \tag{3.3.64}$$

直接数出 B 中元素的个数是困难的.

为求概率 $P(B)$, 引进一些新事件

$$B_j = \{(\alpha_1, \alpha_2, \cdots, \alpha_n) | (\alpha_1, \cdots, \alpha_n) \in \Omega, \alpha_j = j\} \quad (j = 1, 2, \cdots, n)$$

注意到 B_j 中元素 $(\alpha_1, \alpha_2, \cdots, \alpha_n)$ 在序号 j 处必定安置数字为 j 的卡片, 而在剩下的 $n-1$ 张卡片是随意地从左到右排成一行, 共有 $(n-1)!$ 种排列方法. 故 B_j 含有 $(n-1)!$ 个元素,

$$P(B_j) = \frac{(n-1)!}{n!} = \frac{1}{n}$$

显然, $B = \bigcup_{j=1}^{n} B_j$. 应用一般加法公式 (3.2.11) 得出

$$P(B) = 1 - \sum_{i<j} P(B_i B_j) + \sum_{i<j<k} P(B_i B_j B_k) - \cdots + P(B_1 B_2 \cdots B_n) \tag{3.3.65}$$

设 $i \neq j$, 对任意的 $i, j = 1, 2, \cdots, n$, 我们有

$$B_i B_j = \{(\alpha_1, \alpha_2, \cdots, \alpha_n) | (\alpha_1, \cdots, \alpha_n) \in \Omega, \alpha_i = i, \alpha_j = j\}$$

由于 $B_i B_j$ 的元素中, 在序号 i 处安置卡片 α_i, 在序号 j 处安置卡片 α_j, 而剩下的 $n-2$ 张卡片则随意地从左到右排成一行, 共有 $(n-2)!$ 种排列方法. 故 $B_i B_j$ 含有 $(n-2)!$ 个元素,

$$P(B_i B_j) = \frac{(n-2)!}{n!} \quad (i, j = 1, 2, \cdots, n, i \neq j)$$

同理, 设 $1 \leqslant i_1 < i_2 < \cdots < i_r \leqslant n(r \leqslant n)$, 那么交事件 $B_{i_1} B_{i_2} \cdots B_{i_r}$ 含有 $(n-r)!$ 个元素,

$$P(B_{i_1} B_{i_2} \cdots B_{i_r}) = \frac{(n-r)!}{n!} \quad (r = 1, 2, \cdots, n)$$

最后, 把以上概率代入 (3.3.65) 即得本例所求概率

$$
\begin{aligned}
P(B) &= 1 - \mathrm{C}_n^2 \frac{(n-2)!}{n!} + \mathrm{C}_n^3 \frac{(n-3)!}{n!} - \cdots + (-1)^{n-1} \mathrm{C}_n^n \frac{1}{n!} \\
&= 1 - \frac{1}{2!} + \frac{1}{3!} - \cdots + (-1)^{n-1} \frac{1}{n!}
\end{aligned} \tag{3.3.66}
$$

注　当 n 很大时 $P(B) \doteq 1 - \mathrm{e}^{-1} = 0.63$.

结束本节时, 让我们指出, 古典概率的计算有的很容易, 有的相当困难. 初学者不要钻研难题, 因为它不属于概率论的主流. 像例 3.3.7 和例 3.3.8 这类有一定难度的例题, 只要能看懂解答就够了.

3.4　几何型概率空间: 几何赋概法

在本书中, $(\mathbf{R}^n, \mathcal{B}^n)$ 既是 n 维 Borel 可测空间 (见 1.4.4 小节), 又经常作为实验的因果模型 —— n 维 Borel 试验 (2.3 节).

用 $\mu(A), A \in \mathcal{B}^n$ 表示 $\mathcal{B}^n$ 上的 Lebesgue 测度, 简称为 L-测度. 众所周知, $n = 1$ 时 $\mu(A)$ 是 A 的长度; $n = 2$ 时是 A 的面积; $n = 3$ 时是 A 的体积.

定理 3.4.1　设 $D \in \mathcal{B}^n$, $(D, \mathcal{B}^n[D])$ 是 D 上的 Borel 试验. 假定 $0 < \mu(D) < +\infty$, 如果对任意的 $A \in \mathcal{B}^n[D]$, 令

$$
P(A) = \frac{\mu(A)}{\mu(D)} \tag{3.4.1}
$$

那么 $P(A), A \in \mathcal{B}^n[D]$ 是 $(D, \mathcal{B}^n[D])$ 上的概率测度.

证明　$P(\mathcal{B}^n[D])$ 显然满足定义 3.2.1 中的非负性公理和规范性公理. 由于 L-测度 $\mu(\mathcal{B}^n)$ 满足可列可加性公理, 由 (3.4.1) 立即推出 $P(\mathcal{B}^n[D])$ 也满足可列可加性公理. 定理得证.　∎

定义 3.4.1　称 $(D, \mathcal{B}^n[D], P)$ 为 n 维几何型概率空间, 如果 $(D, \mathcal{B}^n[D])$ 是 D 上的 Borel 试验, $P(\mathcal{B}^n[D])$ 是 (3.4.1) 规定的概率测度.

通常, 称 $P(\mathcal{B}^n[D])$ 为几何型概率测度; $P(A)$ 为几何型概率值. 两者皆简称为几何概率.

【几何赋概法】　设实验 $\mathcal{E}$ 的因果模型是 Borel 试验 $(D, \mathcal{B}^n[D])$. 如果 $0 < \mu(D) < +\infty$, 并且 D 中的基本事件皆处于对等的地位 (即是说, 皆有同等的出现可能性). 那么实验 $\mathcal{E}$ 在 $(D, \mathcal{B}^n[D])$ 上赋予几何型概率测度

$$
P(A) = \frac{\mu(A)}{\mu(D)}, \quad A \in \mathcal{B}^n[D] \tag{3.4.2}
$$

并认定实验 $\mathcal{E}$ 的因果量化模型是几何型概率空间 $(D, \mathcal{B}^n[D], P)$.

【实验 $\mathcal{E}$ 的几何建模赋概法】 给定实验 $\mathcal{E}$, 建立 $\mathcal{E}$ 的因果量化模型的工作分三步完成:

1) 建立实验 $\mathcal{E}$ 的样本空间 Ω (见式 (2.4.2)).

如果 $\Omega = D$, $D \in \mathcal{B}^n$, 则进入下一步.

2) 选取芽事件集 $\mathcal{B}^n[D]$ (见式 (2.3.23)).

于是, 几何建模法 (2.4 节) 保证实验 $\mathcal{E}$ 的因果模型是 D 上的 Borel 试验 $(D, \mathcal{B}^n[D])$.

3) 如果判定几何赋概法适用于 $(D, \mathcal{B}^n[D])$, 那么得到几何型概率测度 (3.4.2) 和 $\mathcal{E}$ 的因果量化模型 —— 几何型概率空间 $(D, \mathcal{B}^n[D], P)$. 建模赋概工作完成.

例 3.1.3 和例 3.1.4 是几何赋概法的经典例题. 下面再介绍几个典型的例题.

例 3.4.1 设有一个形状为旋转体的均匀的陀螺. 假定陀螺的圆周长为 3, 并在圆周上均匀地刻上刻度. 现在, 让陀螺在桌面上旋转, 当它停止转动后观察圆周和桌面接触点的刻度 (实验 $\mathcal{E}$). 试求实验 $\mathcal{E}$ 的因果量化模型, 并求事件

B: 接触点的刻度恰好在 1 处

C: 接触点的刻度在区间 $[1,2]$ 内

的概率.

解 用数值 $x(0 \leqslant x < 3)$ 表示事件 "接触点在刻度为 x 的点处", 它是实验 $\mathcal{E}$ 的基本事件. 令

$$D = \{x | 0 \leqslant x < 3\}$$

显然, 实验 $\mathcal{E}$ 实施后 D 中有且仅有一个事件出现, 故 D 是 $\mathcal{E}$ 产生的样本空间.

应用几何建模法 (即选 $\mathcal{B}[D]$ 为芽集) 得出, $\mathcal{E}$ 的因果模型为 Borel 试验 $(D, \mathcal{B}[D])$.

依题意, 人们认定 D 中基本事件处于对等的地位. 应用几何赋概法得出, 实验 $\mathcal{E}$ 的因果量化模型是几何型概率空间 $(D, \mathcal{B}[D], P)$, 其中

$$P(A) = \frac{A\text{的长度}}{3}, \quad A \in \mathcal{B}[D] \tag{3.4.3}$$

特别, 事件 B 有集合表达式 $B = \{1\}$, 故 $P(B) = 0$; 事件 C 有集合表达式

$$C = \{x | 1 \leqslant x \leqslant 2\}$$

故其概率 $P(C) = \frac{1}{3}$.

例 3.4.2 试求 "会面问题" (例 2.5.10) 产生的概率空间, 并求事件 A "先到者等候时间 $t(t < T)$ 后离去, 并且能见面" 的概率.

解 由例 2.5.10 得知, "会面问题" 这一实验的因果模型是 $(D, \mathcal{B}^2[D])$, 其中

$$D = \{(x, y) | 0 \leqslant x, y \leqslant T\} \tag{3.4.4}$$

显然, $\mu(D) = T^2$. 依题意, D 中的基本事件皆处于对等的地位. 因此, 应用几何赋概法得出本例实验的因果量化模型是几何型概率空间 $(D, \mathcal{B}^2[D], P)$, 这里

$$P(B) = \frac{B \text{的面积}}{T^2}, \quad B \in \mathcal{B}^2[D] \tag{3.4.5}$$

现在, 事件 A 有集合表达式 (2.5.22). 显然 A 的面积为 $T^2 - (T-t)^2$ (图 2.5.1). 故所求的概率值为

$$P(A) = \frac{T^2 - (T-t)^2}{T^2} = 1 - \left(1 - \frac{t}{T}\right)^2 \tag{3.4.6}$$

例 3.4.3　把长度为 l 的棒任意地折成三段 (实验 $\mathcal{E}$). 试求实验 $\mathcal{E}$ 的因果量化模型, 并求事件 "三段能构成一个三角形" 的概率.

解　把棒认为是坐标直线上的区间 $[0, l]$. 用 (x, y) 表示事件 "两个折断点的坐标分别是 x 和 y", 它是 $\mathcal{E}$ 产生的基本事件. 令

$$D = \{(x, y) | 0 \leqslant x < y \leqslant l\} \tag{3.4.7}$$

显然, 实验 $\mathcal{E}$ 实施后 D 中事件有且仅有一个出现, 故 D 是 $\mathcal{E}$ 产生的样本空间 (图 3.4.1).

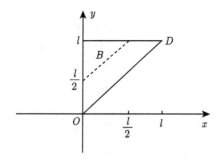

图 3.4.1　区域 D 和 B

应用几何建模法得出, $\mathcal{E}$ 的因果模型是 Borel 试验 $(D, \mathcal{B}^2[D])$.

显然, $\mu(D) = \frac{1}{2}l^2$. 依题意, 人们认定 D 中基本事件皆处于对等的地位. 应用几何赋概法得出, 所求的数学模型是几何型概率空间 $(D, \mathcal{B}^2[D], P)$, 其中概率测度为

$$P(A) = \frac{2\mu(A)}{l^2}, \quad A \in \mathcal{B}^2[D] \tag{3.4.8}$$

现在, 用 B 表示事件 "折断后的三段 $[0, x), (x, y], (y, l]$ 能构成三角型". 众所

周知, 事件 B 出现当且仅当 x, y 满足如下的不等式

$$\begin{cases} x + y - x > l - y \\ x + l - y > y - x \\ y - x + l - y > x \end{cases} \tag{3.4.9}$$

化简后成为三个不等式: $x < \dfrac{l}{2}, y > \dfrac{l}{2}, y - x < \dfrac{l}{2}$. 故事件 B 有集合表达式

$$B = \left\{ (x, y) \mid 0 \leqslant x < y \leqslant l, x < \frac{l}{2}, y > \frac{l}{2}, y - x < \frac{l}{2} \right\} \tag{3.4.10}$$

(图 3.4.1). 容易得出, 区域 B 的面积 $\mu(B) = \dfrac{l^2}{8}$. 应用公式 (3.4.8) 得出所求概率为

$$P(B) = \frac{2}{l^2} \cdot \frac{l^2}{8} = \frac{1}{4} \tag{3.4.11}$$

例 3.4.4 在线段 $[0, a]$ 上随意地取三个点 (实验 $\mathcal{E}$). 试求实验 $\mathcal{E}$ 的因果量化模型, 并求事件 "从坐标原点到三个点所得三根线段能够构成三角形" 的概率.

解 设随意地取出的三个点的坐标分别是 x, y, z. 用三元组 (x, y, z) 表示事件 "取出的第 1 个点是 x, 第 2 个是 y, 第 3 个是 z", 它是实验 $\mathcal{E}$ 产生的基本事件, 令

$$D = \{ (x, y, z) \mid 0 \leqslant x, y, z \leqslant a \} \tag{3.4.12}$$

显然, 实验 $\mathcal{E}$ 实施后 D 中事件有且只有一个出现, 故 D 是 $\mathcal{E}$ 产生的样本空间 (图 3.4.2).

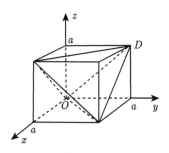

图 3.4.2

应用几何建模法得出, $\mathcal{E}$ 的因果模型是 Borel 试验 $(D, \mathcal{B}^3[D])$.

显然, D 的体积 $\mu(D) = a^3$. 依题意, 可以认定 D 中基本事件皆处于对等的地位, 应用几何赋概法得出, 实验 $\mathcal{E}$ 的因果量化模型是几何型概率空间 $(D, \mathcal{B}^3[D], P)$, 其中概率测度为

$$P(A) = \frac{A\text{的体积}}{a^3}, \quad A \in \mathcal{B}^3[D] \tag{3.4.13}$$

现在, 用 B 表示事件 "从坐标原点到三个点得到的三根线段能构成三角形". 容易得出 B 有集合表达式

$$B = \{(x, y, z) | 0 \leqslant x, y, z \leqslant a, x + y > z, x + z > y, y + z > x\} \tag{3.4.14}$$

由解析几何得出, 在坐标系 $O\text{-}xyz$ 中 D 是立方体; B 的体积

$$\mu(B) = a^3 - 3 \cdot \frac{1}{6}a^3 = \frac{1}{2}a^3$$

(图 3.4.2), 应用公式 (3.4.13) 得出, 所求事件的概率为 $P(B) = \frac{1}{2}$

例 3.4.5 (Bertrand 奇论)　在半径为 r 的圆 C 内随意地作一条弦. 试求事件 "此弦长度 l 大于内接正三角形的边长 $r\sqrt{3}$" 的概率 p.

注　为了反映历史情况, 本例采用 2.2 节末介绍的概率值计算的方法 2 给出问题的解答. 即是说, 依据所给实验遵守的条件, 直接找到区域 D 和 A, 然后用公式 (3.4.2) 得到所求概率.

解法 1　作半径为 $\frac{r}{2}$ 的同心圆 C_1. 依题意, 弦的中点 M 是 "随意地" 扔在圆 C 中. 显然, $l > r\sqrt{3}$ 当且仅当 $M \in C_1$ (图 3.4.3(a)). 故所求事件的概率为

$$p = \frac{\text{圆 } C_1 \text{ 的面积}}{\text{圆 } C \text{ 的面积}} = \pi \left(\frac{r}{2}\right)^2 \cdot \frac{1}{\pi r^2} = \frac{1}{4} \tag{3.4.15}$$

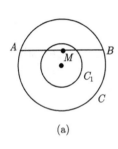
(a)
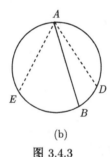
(b)
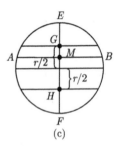
(c)

图 3.4.3

解法 2　由对称性不妨先固定弦的一端 A 于圆周上, 于是另一端 B 可以 "随意地" 扔在圆周上 (图 3.4.3(b)). 考虑等边三角形 $\triangle ADE$, 显然 $l > r\sqrt{3}$ 当且仅当 B 落在角 A 所对应的弧 $\overset{\frown}{DE}$ 上. 故所求事件的概率为

$$P = \frac{\overset{\frown}{DE} \text{的弧长}}{\text{圆周全长}} = \frac{1}{3} \tag{3.4.16}$$

解法 3　不妨先固定弦的方向使它垂直于直径 EF (图 3.4.3(c)), 于是弦的中点 M 可以 "随意地" 扔在直径 EF 上. 显然, $l > r\sqrt{3}$ 当且仅当 AB 的中点 M 落在图中的 GH 上. 故所求事件的概率为

$$p = \frac{GH \text{的长度}}{EF \text{的长度}} = \frac{1}{2} \tag{3.4.17}$$

于是我们得到了三个不同的答案, 原因何在? 这是因为三个解法中用了三个不同的实验. 第 1 个是"观察随机点 M 落于圆 C 中"(实验 $\mathcal{E}_1$); 第 2 个是"把端点 B 随意地扔在圆周 C 上"(实验 $\mathcal{E}_2$); 第 3 个是"把弦的中点 M 随意地扔在直径 EF 上"(实验 $\mathcal{E}_3$). 这使我们看出, 原来例 3.4.5 中所给条件"随意地作一条弦"过于不确定, 无法得到唯一的"约定俗成"的实验.

本例是 19 世纪末由贝特朗提出的一个著名奇论: "同一个"事件有三种不同的概率. 奇论反映当年的概率论缺乏严密的逻辑基础, 促进了公理化概率论的诞生.

3.5 离散型概率空间：分布列赋概法

古典型和几何型概率测度是能用解析式 (见式 (3.3.1) 和 (3.4.1)) 表达的两类重要的概率测度. 但是, 古典型的 $P(\mathcal{F})$ 只是 n 型试验 $(\Omega, \mathcal{F})$ 上的一个概率测度; 几何型的 $P(\mathcal{B}^n[D])$ 只是 n 维 Borel 试验 $(D, \mathcal{B}^n[D])$ 上的一个概率测度. 定理 3.2.1 说, 随机试验上存在无限多个概率测度. 试问: 能否把所有的概率测度一一构造出来? 答案是乐观的: 对常见的、非常一般的随机试验能够构造出所有的概率测度.

原来, 随机试验 $(\Omega, \mathcal{F})$ 上存在两类实值函数. 定义在 Ω 上的函数称为点函数 (因为自变量是样本点); 定义在 $\mathcal{F}$ 上的函数称为集函数 (因为自变量是事件 —— Ω 的子集). 显然, Ω 比 $\mathcal{F}$ 简单; 点函数比集函数简单.

在研究随机试验 $(\Omega, \mathcal{F})$ 时我们用样本空间 Ω 认识随机局部 $\mathcal{F}$ 中事件. 同样, 研究概率空间 $(\Omega, \mathcal{F}, P)$ 时用点函数 $f(x), x \in \Omega$ 认识集函数 —— 概率测度 $P(A), A \in \mathcal{F}$.

3.5.1 离散型试验上的分布列

定义 3.5.1 给定离散型试验 $(\Omega, \mathcal{F})$, 设 $p(\omega), \omega \in \Omega$ 是实值函数. 如果条件

i) 非负性: $p(\omega) \geqslant 0 (\omega \in \Omega)$;

ii) 规范性: $\sum\limits_{\omega \in \Omega} p(\omega) = 1$

成立, 则称 $p(\omega), \omega \in \Omega$ 是样本空间 Ω 上的概率分布列, 简称为分布列.

通常把分布列 $p(\omega), \omega \in \Omega$ 简记为 p, 或 $p(\omega)$, 或 $p(\Omega)$. 不失一般性, 可设

$$\Omega = \{\omega_i | i \in I\} \tag{3.5.1}$$

其中 $I = \{1, 2, \cdots, n\}$ 或 $\{1, 2, \cdots, n, \cdots\}$ (命题 1.4.1). 于是, 分布列 $p(\Omega)$ 不仅有解析式,

$$p(\omega) = p_i, \quad \text{当} \omega = \omega_i, \quad i = 1, 2, 3, \cdots \tag{3.5.2}$$

而且有表格式

$$p(\Omega): \quad \begin{array}{c|ccccc} \Omega & \omega_1 & \omega_2 & \cdots & \omega_i & \cdots \\ \hline p & p_1 & p_2 & \cdots & p_i & \cdots \end{array} \tag{3.5.3}$$

其中第 1 行是自变量 —— Ω 中样本点; 第 2 行是对应的函数值, 这些值遵守定义 3.5.1 中条件 i) 和 ii). 下面是常用的分布列:

1) 单点分布列

$$p(\Omega): \quad \begin{array}{c|c} \Omega & \omega \\ \hline p & 1 \end{array}$$

2) 两点分布列 (或伯努利分布列)

$$p(\Omega): \quad \begin{array}{c|cc} \Omega & \omega_0 & \omega_1 \\ \hline p & q & p \end{array} \tag{3.5.4}$$

其中 $p \geqslant 0$, $q \geqslant 0$, $p + q = 1$.

3) 二项分布列 $B(n,p)$

$$B(n,p): \quad \begin{array}{c|ccccccc} \Omega & \omega_0 & \omega_1 & \cdots & \omega_k & \cdots & \omega_n \\ \hline B(n,p) & q^n & \mathrm{C}_n^1 pq^{n-1} & \cdots & \mathrm{C}_n^k p^k q^{n-k} & \cdots & p^n \end{array} \tag{3.5.5}$$

其中 $p > 0, q > 0, p + q = 1$.

4) 超几何分布列

$$p(\Omega): \quad \begin{array}{c|ccccc} \Omega & \omega_0 & \cdots & \omega_k & \cdots & \omega_n \\ \hline p & \dfrac{\mathrm{C}_{N-M}^n}{\mathrm{C}_N^n} & \cdots & \dfrac{\mathrm{C}_M^k \mathrm{C}_{N-M}^{n-k}}{\mathrm{C}_N^n} & \cdots & \dfrac{\mathrm{C}_M^n}{\mathrm{C}_N^n} \end{array} \tag{3.5.6}$$

其中 N, M, n 为正整数 $1 \leqslant M \leqslant N$, $1 \leqslant n \leqslant \min(M, N-M)$, $p(\Omega)$ 也称参数为 (N, M, n) 的超几何分布.

5) 几何分布列

$$p(\Omega): \quad \begin{array}{c|ccccc} \Omega & \omega_1 & \omega_2 & \cdots & \omega_k & \cdots \\ \hline p & p & pq & \cdots & pq^{k-1} & \cdots \end{array} \tag{3.5.7}$$

其中 $p > 0$, $q > 0$, $p + q = 1$.

6) Poisson 分布列 $P(\lambda)$

$$P(\lambda): \quad \begin{array}{c|ccccc} \Omega & \omega_0 & \omega_1 & \cdots & \omega_k & \cdots \\ \hline P(\lambda) & \mathrm{e}^{-\lambda} & \lambda \mathrm{e}^{-\lambda} & \cdots & \dfrac{\lambda^k}{k!}\mathrm{e}^{-\lambda} & \cdots \end{array} \tag{3.5.8}$$

其中参数 $\lambda > 0$.

验证以上分布列满足规范性条件的工作由读者完成.

引理 3.5.1 (Poisson) 给定可列个二项分布列 $B(n, p_n)(n = 1, 2, 3, \cdots)$. 如果 $\lim\limits_{n \to \infty} np_n = \lambda > 0$, 那么

$$\lim_{n \to \infty} B(n, p_n)(\omega_k) = P(\lambda)(\omega_k), \quad k = 0, 1, 2, \cdots \tag{3.5.9}$$

其中 $P(\lambda)$ 是参数为 λ 的 Poisson 分布列.

证明 记 $\lambda_n = np_n$, 则

$$\begin{aligned}
C_n^k p_n^k (1 - p_n)^{n-k} &= \frac{n(n-1) \cdots (n-k+1)}{k!} \left(\frac{\lambda_n}{n}\right)^k \left(1 - \frac{\lambda_n}{n}\right)^{n-k} \\
&= \frac{\lambda_n^k}{k!} \left(1 - \frac{1}{n}\right) \left(1 - \frac{2}{n}\right) \cdots \left(1 - \frac{k-1}{n}\right) \left(1 - \frac{\lambda_n}{n}\right)^{n-k}
\end{aligned}$$

由于对固定的 k, 成立 $\lim\limits_{n \to \infty} \lambda_n^k = \lambda^k$,

$$\lim_{n \to \infty} \left(1 - \frac{\lambda_n}{n}\right)^{n-k} = e^{-\lambda}$$

$$\lim_{n \to \infty} \left(1 - \frac{1}{n}\right) \left(1 - \frac{2}{n}\right) \cdots \left(1 - \frac{k-1}{n}\right) = 1$$

把它们代入前面的等式即得 (3.5.9). ■

引理的特殊情形是, 条件 $\lim\limits_{n \to \infty} np_n = \lambda$ 简化为

$$np_n = \lambda > 0, \quad n = 1, 2, 3, \cdots \tag{3.5.10}$$

于是, 我们即可以用二项分布列 $B\left(n, \dfrac{\lambda}{n}\right)$ 来逼近 Poisson 分布列 $P(\lambda)$, 也可以用 $P(np_n)$ 作为 $B(n, p_n)$ (通常要求 $n \geqslant 10, p \leqslant 0.1$) 的近似值, 即

$$B(n, p_n)(\omega_k) \approx P(np_n)(\omega_k), \quad k = 0, 1, \cdots, n \tag{3.5.11}$$

图 3.5.1 给出二项分布列逼近 Poisson 分布列的一个图示, 吻合程度甚好.

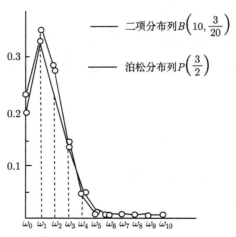

图 3.5.1 二项分布列和 Poisson 分布列

3.5.2 离散型概率空间 $(\Omega, \mathcal{F}, P \Leftarrow p)$

定理 3.5.1 设 $(\Omega, \mathcal{F})$ 是离散型试验, $p(\omega)$ 是样本空间 Ω 上的分布列. 对任意的 $A \in \mathcal{F}$, 令

$$P(A) = \sum_{\omega \in A} p(\omega) \tag{3.5.12}$$

那么 $P(\mathcal{F})$ 是 $(\Omega, \mathcal{F})$ 上的概率测度.

注 今后, 把定理产生的概率空间记为 $(\Omega, \mathcal{F}, P \Leftarrow p)$.

证明 集函数 $P(\mathcal{F})$ 显然满足定义 3.2.1 中的非负性公理和规范性公理.

设 $A_i (i \geqslant 1)$ 是 $\mathcal{F}$ 中有限个或可列个互不相容的事件, 令 $A = \bigcup_{i \geqslant 1} A_i$. 应用公式 (3.5.12) 和正项级数的性质得出

$$P(A) = \sum_{\omega \in A} p(\omega) = \sum_{\omega \in A_1} p(\omega) + \sum_{\omega \in A_2} p(\omega) + \cdots + \sum_{\omega \in A_i} p(\omega) + \cdots$$
$$= P(A_1) + P(A_2) + \cdots + P(A_i) + \cdots$$

得证 $P(\mathcal{F})$ 满足可列可加性公理. 定理证毕. ■

定理 3.5.1 的逆定理如下.

定理 3.5.2 设 $(\Omega, \mathcal{F}, P)$ 是离散型概率空间, 那么存在 Ω 上的分布列 $p(\omega)$, 使得公式 (3.5.12) 成立. 并且

i) 当 $(\Omega, \mathcal{F})$ 是标准试验时分布列 $p(\omega)$ 是唯一的;

ii) 当 $(\Omega, \mathcal{F})$ 不是标准的, 但对至少含两个样本点的原子事件 B 皆成立 $P(B) = 0$. 这时分布列 $p(\omega)$ 仍然唯一;

iii) 当 $(\Omega, \mathcal{F})$ 不是标准的, 而且至少存在一个原子事件 B, B 含有两个或更多的样本点且 $P(B) > 0$. 这时分布列 $p(\omega)$ 不仅不唯一, 而且存在无限多个.

证明 先设 $(\Omega, \mathcal{F})$ 是标准的. 这时对任意的 $\omega \in \Omega$ 有 $\{\omega\} \in \mathcal{F}$. 故可令

$$p(\omega) = P(\{\omega\}), \quad \omega \in \Omega \tag{3.5.13}$$

由 $P(\mathcal{F})$ 的非负性和规范性推出 $p(\omega)$ 是分布列. 再应用 $P(\mathcal{F})$ 的可列可加性推出公式 (3.5.12). 得证分布列存在且唯一的结论.

后设 $(\Omega, \mathcal{F})$ 是不标准的. 设 $B_i(i = 1, 2, \cdots)$ 是 $\mathcal{F}$ 中的全部原子事件 (可以是有限个, 也可以是可列个). 令

$$\Omega_* = \{B_i | i = 1, 2, \cdots\} \tag{3.5.14}$$

由定理 2.3.7 之推论 2 得出, $(\Omega_*, \mathcal{F})$ 是离散型标准试验. 应用已证的结论 i) 得出, 在 Ω_* 上存在唯一的分布列

$$p(\Omega_*): \quad \begin{array}{c|cccc} \Omega_* & B_1 & B_2 & \cdots \\ \hline p & P(B_1) & P(B_2) & \cdots \end{array} \tag{3.5.15}$$

使得, 对任意的 $A \in \mathcal{F}$ 成立

$$P(A) = \sum_{i: B_i \subset A} P(B_i) \tag{3.5.16}$$

现在设 $B_i = \{\omega_{i1}, \omega_{i2}, \cdots, \omega_{i\alpha_i}\}(i \geqslant 1)$. 我们选择 α_i 个非负实数 $p(\omega_{ij})(j = 1, 2, \cdots, \alpha_i)$ 使得

$$\sum_{j \geqslant 1} p(\omega_{ij}) = P(B_i) \quad (i = 1, 2, \cdots) \tag{3.5.17}$$

于是, 我们用 Ω_* 上的分布列 $P(B_i)$, $i \geqslant 1$ 产生出 Ω 上的分布列 $p(\Omega)$, 它是

$$p(\omega_{ij}), \quad i \geqslant 1, \quad j = 1, 2, \cdots, \alpha_i \tag{3.5.18}$$

显然, 由 (3.5.16) 推出分布列 $p(\Omega)$ 使得公式 (3.5.12) 成立; 并且在情形 ii) 时 $p(\Omega)$ 唯一, 在情形 iii) 时存在无限多个 $p(\Omega)$. 定理得证. ∎

上述两个定理组成离散型概率空间的基本定理. 它说, 分布列 $p(\omega)$ 应该代替概率测度 $P(\mathcal{F})$ 成为研究的基本工具和出发点. 因此, 今后用 $(\Omega, \mathcal{F}, P \Leftarrow p)$ 表示离散型概率空间, 并产生出两个基本任务:

i) 已知分布列 $p(\omega)$, 试求 $\mathcal{F}$ 中事件的概率, 或求概率测度 $P(\mathcal{F})$;

ii) 求分布列 $p(\omega)$.

例 3.5.1　给定离散型概率空间 $(\Omega, \mathcal{F}, P \Leftarrow p)$, 其中分布列 $p(\omega)$ 是 (3.5.5) 规定的二项分布列 $B(400, 0.02)$. 试求事件 $B = \{\omega_i | 2 \leqslant i \leqslant 400\}$ 的概率.

解　依题意, 样本空间 $\Omega = \{\omega_i | 0 \leqslant i \leqslant 400\}$, 故 $\overline{B} = \{\omega_0, \omega_1\}$. 应用公式 (3.5.12) 得出

$$P(B) = 1 - P(\overline{B}) = 1 - P(\{\omega_0\}) - P(\{\omega_1\})$$
$$= 1 - 0.98^{400} - 400 \cdot 0.02 \cdot 400^{399}$$

为计算数值, 可应用近似公式 (3.5.11). 注意到 $np = 400 \cdot 0.02 = 8$, 故

$$P(\{\omega_0\}) \approx \mathrm{e}^{-8}, \quad P(\{\omega_1\}) \approx 8\mathrm{e}^{-8}$$

由此得出所求概率值为

$$P(B) = 1 - \mathrm{e}^{-8} - 8\mathrm{e}^{-8} = 1 - 9\mathrm{e}^{-8} \approx 0.997$$

例 3.5.2　给定离散型概率空间 $(\Omega, \mathcal{F}, P \Leftarrow p)$, 其中 $p(\omega)$ 是几何分布列 (3.5.7). 试求事件 $A = \{\omega_1, \omega_2, \cdots, \omega_n\}$ 和 $B = \{\omega_i | i = 1, 3, 5, \cdots\}$ 的概率.

解　由 (3.5.5) 和 (3.5.12) 得出

$$P(A) = \sum_{i=1}^{n} P(\{\omega_i\}) = \sum_{i=1}^{n} pq^{i-1} = 1 - q^n$$
$$P(B) = \sum_{i=0}^{\infty} P(\{\omega_{2i+1}\}) = \sum_{i=0}^{\infty} pq^{2i+1} = \frac{1}{1+q}$$

例 3.5.3　给定离散型概率空间 $(\Omega, \mathcal{F}, P \Leftarrow p)$, 其中 $p(\omega)$ 是参数为 λ 的 Poisson 分布列 (3.5.8). 试求事件 $A = \{\omega_{2k} | k = 0, 1, 2, \cdots\}$ 的概率.

解　由定理 3.5.1 得出

$$P(A) = \sum_{k=0}^{\infty} \frac{\lambda^{2k}}{(2k)!} \mathrm{e}^{-\lambda}$$

由于补事件 $\overline{A} = \{\omega_{2k+1} | k = 0, 1, 2, \cdots\}$, 故

$$P(\overline{A}) = \sum_{k=0}^{\infty} \frac{\lambda^{2k+1}}{(2k+1)!} \mathrm{e}^{-\lambda}$$

由此得出

$$P(A) - P(\overline{A}) = \left[\sum_{k=0}^{\infty} \frac{(-\lambda)^{2k}}{2k!} + \sum_{k=0}^{\infty} \frac{(-\lambda)^{2k+1}}{(2k+1)!} \right] \cdot \mathrm{e}^{-\lambda} = \mathrm{e}^{-2\lambda}$$

注意到 $P(A) + P(\overline{A}) = 1$, 故所求概率值为

$$P(A) = \frac{1}{2}(1 + e^{-2\lambda})$$

例 3.5.4 给定离散型概率空间 $(\Omega, \mathcal{F}, P \Leftarrow p)$, 这里 $\Omega = \{\omega_1, \omega_2, \cdots, \omega_k, \cdots\}$, 分布列 $p(\omega)$ 的解析式为

$$p(\omega_k) = \frac{c}{k(k+1)(k+2)}, \quad k = 1, 2, 3, \cdots \tag{3.5.19}$$

试求常数 c 和事件

$$A = \{\omega_i | m - k \leqslant i < m + k\}$$

的概率, 其中 m, k 为正整数, 并且 $m > k$.

解 由分布列满足规范性条件得出

$$\begin{aligned}
1 &= \sum_{k=1}^{\infty} p(\omega_k) = c \cdot \sum_{k=1}^{\infty} \frac{1}{k(k+1)(k+2)} \\
&= \lim_{n \to \infty} c \cdot \sum_{k=1}^{n} \frac{1}{2} \left[\frac{1}{k(k+1)} - \frac{1}{(k+1)(k+2)} \right] \\
&= \lim_{n \to \infty} \frac{c}{2} \left[\frac{1}{1 \times 2} - \frac{1}{(n+1)(n+2)} \right] = \frac{c}{4}
\end{aligned}$$

故 $c = 4$. 由定理 3.5.1 得出

$$\begin{aligned}
P(A) &= \sum_{i=m-k}^{m+k-1} p(\omega_i) = \sum_{i=m-k}^{m+k-1} \frac{4}{k(k+1)(k+2)} \\
&= 2 \sum_{i=m-k}^{m+k-1} \left[\frac{1}{i(i+1)} - \frac{1}{(i+1)(i+2)} \right] \\
&= 2 \cdot \left[\frac{1}{(m-k)(m-k+1)} - \frac{1}{(m+k)(m+k+1)} \right] \\
&= \frac{4k(2m+1)}{(m^2 - k^2) \cdot [(m+1)^2 - k^2]}
\end{aligned}$$

3.5.3 分布列赋概法

应用定理 3.5.1 和定理 3.5.2, 我们总结出分布列赋概法.

【分布列赋概法】 设实验 $\mathcal{E}$ 的因果模型是离散型试验 $(\Omega, \mathcal{F})$, 这里 $\Omega = \{\omega_1, \omega_2, \cdots, \omega_n, \cdots\}$ 是有限集或可列集. 如果有理由 (客观的或主观的) 认为样本事件 ω_n 的概率值为 p_n, 并且 $\sum_{n \geqslant 1} p_n = 1$. 那么, 我们在 $(\Omega, \mathcal{F})$ 上赋予概率分布列

$$p(\omega): \quad \begin{array}{c|ccccc} \Omega & \omega_1 & \omega_2 & \cdots & \omega_n & \cdots \\ \hline p & p_1 & p_2 & \cdots & p_n & \cdots \end{array} \tag{3.5.20}$$

并得到实验 $\mathcal{E}$ 的因果量化模型 —— 离散型概率空间 $(\Omega, \mathcal{F}, P \Leftarrow p)$.

特别, 当 $(\Omega, \mathcal{F})$ 是 n 型试验, 分布列 $p(\omega)$ 为

$$p(\omega): \quad \begin{array}{c|cccc} \Omega & \omega_1 & \omega_2 & \cdots & \omega_n \\ \hline p & \dfrac{1}{n} & \dfrac{1}{n} & \cdots & \dfrac{1}{n} \end{array} \tag{3.5.21}$$

时, 分布列赋概法是等可能赋概法.

例 3.5.5　掷一颗骰子 n 次, 我们只关心 "6 点" 这一事件出现的次数 (实验 $\mathcal{E}_*$). 试建立实验 $\mathcal{E}_*$ 的因果量化模型.

解　用 ν_n 表示 n 次掷骰子中 "6 点" 出现的次数, 那么 ν_n 只能取值 $0, 1, 2, \cdots, n$, 共 $n+1$ 个值. 又用 $(\nu_n = k)$ 表示事件 "n 次投掷中 6 点出现 k 次", 并认定它是实验 $\mathcal{E}_*$ 中的基本事件. 令

$$\Omega_* = \{(\nu_n = k) | k = 0, 1, 2, \cdots, n\} \tag{3.5.22}$$

显然, 实验 $\mathcal{E}_*$ 实施后 Ω_* 中有且仅有一个事件出现, 故 Ω_* 是 $\mathcal{E}_*$ 产生的样本空间.

应用古典建模法得出, $\mathcal{E}_*$ 的因果模型是随机试验 $(\Omega_*, \mathcal{F}_*)$, 这里

$$\mathcal{F}_* = \Omega_* \text{的全体子集组成的集合} \tag{3.5.23}$$

为了在 $(\Omega_*, \mathcal{F}_*)$ 上赋概, 我们应用例 3.3.5 中实验 $\mathcal{E}$ 的知识. 视 $\mathcal{E}_*$ 为 $\mathcal{E}$ 的子实验时这里的样本事件 $(\nu_n = k)$ 是实验 $\mathcal{E}$ 中事件 B_k. 于是, 依据式 (3.3.41) 我们赋予样本事件 $(\nu_n = k)$ 的概率值为

$$\mathrm{C}_n^k \left(\frac{1}{6}\right)^k \left(\frac{5}{6}\right)^{n-k} \quad (k = 0, 1, \cdots, n)$$

和得到样本空间 Ω_* 上的分布列

$$p_*(\omega): \quad \begin{array}{c|ccccc} \Omega_* & \nu_n = 0 & \nu_n = 1 & \cdots & \nu_n = k & \cdots & \nu_n = n \\ \hline p_* & \left(\dfrac{5}{6}\right)^n & \mathrm{C}_n^1 \left(\dfrac{1}{6}\right)\left(\dfrac{5}{6}\right)^{n-1} & \cdots & \mathrm{C}_n^k \left(\dfrac{1}{6}\right)^k \left(\dfrac{5}{6}\right)^{n-k} & \cdots & \left(\dfrac{1}{6}\right)^n \end{array}$$

$$\tag{3.5.24}$$

最终, 应用古典建模 —— 分布列赋概法得出, 实验 $\mathcal{E}_*$ 的因果量化模型是概率空间 $(\Omega_*, \mathcal{F}_*, P_* \Leftarrow p_*)$.

例 3.5.6　试建立例 2.5.7 中实验 $\mathcal{E}$ 的因果量化模型.

解　例 2.5.7 已建立实验 $\mathcal{E}$ 的因果模型 $(\Omega, \mathcal{F})$, 这里 Ω 和 $\mathcal{F}$ 由 (2.5.16) 和 (2.5.17) 规定.

现在进行赋概工作. 用 B_i 表示事件 "第 i 次扔硬币时出现反面 (它含有前面的 $i-1$ 次也出现反面)", 其集合表达式为

$$B_i = \{\omega_n | n = i+1, i+2, \cdots, \infty\} \quad (i = 1, 2, 3, \cdots)$$

其中 ω_i 表示样本事件"第 i 次扔硬币出现正面 (它含有前面的 $i-1$ 次出现反面)".

显然, $\{\omega_1, B_1\}$ 是 Ω 的划分, 并且两个事件处于对等的地位. 应用等可能性原理得出

$$P(\{\omega_1\}) = P(B_1) = \frac{1}{2}$$

同样, $\{\omega_2, B_2\}$ 是 B_1 的划分, 并且两个事件处于对等的地位. 应用等可能性原理得出

$$P(\{\omega_2\}) = P(B_2) = \frac{1}{2}P(B_1) = \frac{1}{4}$$

类似的操作不断进行下去, 得到

$$P(\{\omega_i\}) = \frac{1}{2^i}, \quad i = 1, 2, 3, \cdots$$

注意到分布列的规范性条件, 我们有

$$P(\{\omega_\infty\}) = 1 - \sum_{i=1}^{\infty} P(\{\omega_i\}) = 0$$

最终, 我们在样本空间 Ω 上赋予分布列

$$p(\omega): \quad \begin{array}{c|ccccccc} \Omega & \omega_1 & \omega_2 & \cdots & \omega_i & \cdots & \omega_\infty \\ \hline p & \dfrac{1}{2} & \dfrac{1}{4} & & \dfrac{1}{2^i} & \cdots & 0 \end{array} \tag{3.5.25}$$

和得到实验 $\mathcal{E}$ 的因果量化模型 —— 概率空间 $(\Omega, \mathcal{F}, P \Leftarrow p)$.

例 3.5.7 作者有一颗灌铅的骰子, 灌铅的位置是"1 点""2 点""3 点"的三个面的公共角. 现在做实验 $\mathcal{E}$"掷灌铅骰子一次". 试求实验 $\mathcal{E}$ 产生的概率空间[1].

解 由例 2.4.2 得出, 实验 $\mathcal{E}$ 的因果模型是 6 型随机试验 $(\Omega, \mathcal{F})$, 这里

$$\Omega = \{\omega_1, \omega_2, \omega_3, \omega_4, \omega_5, \omega_6\} \tag{3.5.26}$$

$$\mathcal{F} = \Omega \text{的全体子集组成的集合} \tag{3.5.27}$$

其中样本点 ω_i 是基本事件"出现 i 点"$(1 \leqslant i \leqslant 6)$.

为了在 $(\Omega, \mathcal{F})$ 上赋概, 作者设计一个新实验 $\mathcal{E}^*$"在同样的条件下掷灌铅骰子 2000 次", 并记录骰子每次出现的点数 (有实验记录, 略). 用 $\nu_n(k)$ 表示前 n 次投掷中 k 点出现的次数 $(1 \leqslant k \leqslant 6)$. 表 3.5.1 是 $\nu_n(k)$ 和频率 $\dfrac{\nu_n(k)}{n}$ 的部分统计数据.

---

[1] 对均匀的骰子, 建立实验 $\mathcal{E}$ 的因果量化模型的工作已在例 3.1.2 中完成.

表 3.5.1　掷灌铅骰子的实验记录

实验次数 n	ω_1		ω_2		ω_3		ω_4		ω_5		ω_6	
	$\nu_n(1)$	$\dfrac{\nu_n(1)}{n}$	$\nu_n(2)$	$\dfrac{\nu_n(2)}{n}$	$\nu_n(3)$	$\dfrac{\nu_n(3)}{n}$	$\nu_n(4)$	$\dfrac{\nu_n(4)}{n}$	$\nu_n(5)$	$\dfrac{\nu_n(5)}{n}$	$\nu_n(6)$	$\dfrac{\nu_n(6)}{n}$
500	77	0.154	62	0.124	54	0.108	93	0.186	100	0.200	114	0.228
1000	145	0.145	116	0.116	117	0.117	209	0.209	204	0.204	209	0.209
1500	211	0.141	168	0.112	170	0.113	316	0.211	312	0.208	323	0.215
2000	286	0.143	219	0.110	229	0.114	431	0.215	410	0.205	425	0.214

最终, 依据概率的频率解释, 我们赋予样本事件 ω_k 的概率值为

$$P(\{\omega_k\}) = \frac{\nu_{2000}(k)}{2000}, \quad k = 1, 2, \cdots, 6 \tag{3.5.28}$$

和得到实验 $\mathcal{E}$ 产生的分布列

$$p(\omega): \quad \begin{array}{c|cccccc} \Omega & \omega_1 & \omega_2 & \omega_3 & \omega_4 & \omega_5 & \omega_6 \\ \hline p & 0.142 & 0.110 & 0.114 & 0.215 & 0.205 & 0.214 \end{array} \tag{3.5.29}$$

和 $\mathcal{E}$ 产生的概率空间是 $(\Omega, \mathcal{F}, P \Leftarrow p)$.

例 3.5.8　对固定的时刻 t, 观察某电话交换台在 $(0, t]$ 时间段内接收到的呼叫次数 (实验 $\mathcal{E}_t$), 试建立实验 $\mathcal{E}_t$ 的因果量化模型.

解　例 2.5.4 已建立实验 $\mathcal{E}_t$ 的因果模型 $(\Omega_t, \mathcal{F}_t)$, 这里

$$\Omega_t = \{\omega_n | n = 0, 1, 2, \cdots\} \tag{3.5.30}$$

$$\mathcal{F}_t = \Omega_t\text{的所有子集组成的集合} \tag{3.5.31}$$

其中样本点 ω_n 是基本事件 "在 $(0, t]$ 时间段内收到 n 次呼叫".

为了在 $(\Omega_t, \mathcal{F}_t)$ (t 是固定的正实数) 上赋概, 需要研究一个大实验 $\mathcal{E}^*$ "对 $(0, \infty)$ 中所有的时间段 $(a, b]$, 观察 $(a, b]$ 时间段内收到的呼叫次数 $\xi(a, b]$". 显然, $\mathcal{E}_t$ 是 $\mathcal{E}^*$ 的子实验, 并且事件 $\{\xi(0, t] = n\} = \{\omega_n\}$. 注意, 我们将使用大实验 $\mathcal{E}^*$ 中的因果知识和出现规律, 但不建立 $\mathcal{E}^*$ 的因果模型和量化的因果模型.

令 $\xi(t) = \xi(0, t]$ ($t \geqslant 0, \xi(0) \equiv 0$), 则 $\xi(t)$ 是 $(0, t]$ 时间段内接收到的呼叫次数, 通常把 $\xi(t), t \geqslant 0$ 称为呼叫流. 设分布列赋概法在 $(\Omega_t, \mathcal{F}_t)$ 上产生的分布列是

$$p_n(t) = P(\{\omega_n\}) = P\{\xi(t) = n\}, \quad n \geqslant 0 \tag{3.5.32}$$

下面的任务是: 证 $p_n(t), n \geqslant 0$ 是 Poisson 分布列.

在 $\mathcal{E}^*$ 的因果量化模型 $(\Omega, \mathcal{F}, P)$ 中根据实际情况, 可以假定呼叫流 $\xi(t), t \geqslant 0$ 具有如下的三个性质:

i) 平稳性: 在 $(t_0, t_0 + t]$ 中接收到的呼叫次数只和时间段的长度 t 有关, 而与时间起点 t_0 无关; 并且, 有限时间段内的呼叫次数是有限的. 因此,

$$p_n(t) = P\{\xi(t_0, t_0 + t] = n\}, \quad n \geqslant 0 \tag{3.5.33}$$

$$\sum_{n=0}^{\infty} p_n(t) = 1 \tag{3.5.34}$$

ii) 独立增量性 (或无后效性): "在 $(t_0, t_0 + t]$ 时段内接收到 n 次呼叫" 这一事件与 t_0 前出现的事件相互独立 (或无关). 换言之, 设 $(a, b], (c, d]$ 是不相交的区间, 那么对任意的非负整数 m, n 成立

$$P(\{\xi(a, b] = m\} \cap \{\xi(c, d] = n\})$$
$$= P(\xi(a, b] = m) \cdot P\{\xi(c, d] = n\} \tag{3.5.35}$$

(这里预支了 4.4 节中的独立性概念. 此处只需直接承认等式 (3.5.35) 即可)

iii) 普通性: 在无穷小时间间隔内最多接收到一次呼叫. 即是说, 若令

$$\psi(t) = \sum_{n=2}^{\infty} p_n(t) = 1 - p_0(t) - p_1(t) \tag{3.5.36}$$

那么

$$\lim_{t \to 0} \frac{\psi(t)}{t} = 0 \tag{3.5.37}$$

(普通性表明, 在某瞬间收到两个或两个以上的呼叫是不可能的).

对任意的正整数 n, 成立事件的等式

$$\{\xi(t + \Delta t) = n\} = [\{\xi(t) = n\} \cap \{\xi(t, t + \Delta t] = 0\}]$$
$$\cup [\{\xi t = n - 1\} \cap \{\xi(t, t + \Delta t] = 1\}] \cup \cdots$$
$$\cup [\{\xi(t) = 0\} \cap \{\xi(t, t + \Delta t] = n\}]$$

注意到右方 $n + 1$ 个方括号中事件是互不相容的, 应用概率的可加性得出

$$P(\xi(t + \Delta t) = n) = P(\{\xi(t) = n\} \cap \{\xi(t, t + \Delta t] = 0\})$$
$$+ P(\{\xi(t) = n - 1\} \cap \{\xi(t, t + \Delta t] = 1\}) + \cdots$$
$$+ P(\{\xi(t) = 0\} \cap \{\xi(t, t + \Delta t] = n\})$$

再利用平稳性和独立性的假定, 上式成为

$$p_n(t + \Delta t) = p_n(t)p_0(\Delta t) + p_{n-1}(t)p_1(\Delta t) + \cdots + p_0(t)p_n(\Delta t) \tag{3.5.38}$$

应用这个等式就能求出所有的 $p_n(t)(n \geqslant 0)$. 为此先证一个分析学中的结论.

引理 3.5.2 设 $f(x)$ 是连续函数 (或单调函数), 并且对一切 x, y (或一切 $x \geqslant 0, y \geqslant 0$) 成立

$$f(x)f(y) = f(x + y) \tag{3.5.39}$$

那么存在常数 $a(a \geqslant 0)$, 使得

$$f(x) = a^x \tag{3.5.40}$$

证明　由 (3.5.39) 得出, 对任意的 x 有

$$f(x) = \left[f\left(\frac{x}{2} \right) \right]^2 \geqslant 0$$

因此 $f(x)$ 是非负函数. 反复应用 (3.5.39) 得出, 对任意正整数 n 和实数 x, 成立

$$f(nx) = [f(x)]^n$$

在此式中取 $x = \dfrac{1}{n}$ 得到

$$f(1) = \left[f\left(\frac{1}{n} \right) \right]^n$$

记 $a = f(1) \geqslant 0$, 则

$$f\left(\frac{1}{n} \right) = a^{\frac{1}{n}}$$

因此对任意的正整数 m 和 n 成立

$$f\left(\frac{m}{n} \right) = \left[f\left(\frac{1}{n} \right) \right]^m = a^{\frac{m}{n}}$$

这样, 得证 (3.5.40) 对一切有理数成立. 再利用连续性或单调性可以证明对无理数也成立. 引理得证. ■

回到呼叫流的讨论. 首先求 $p_0(t)$. 在 (3.5.38) 中令 $n = 0$ 得到

$$p_0(t + \Delta t) = p_0(t) p_0(\Delta t) \tag{3.5.41}$$

注意到 $p_0(t)$ 是事件 "在长度为 t 的时间段内没有呼叫" 的概率, 因此它关于 t 是单调下降的. 应用引理 3.5.2 推出

$$p_0(t) = a^t \quad (a \geqslant 0)$$

如果 $a = 0$, 则 $p_0(t) \equiv 0$. 这说明不管时间间隔如何短, 交换台都会接收到呼叫, 因此在有限时间段内将接收到无限多个呼叫 (因为有限时间段是可列个不相交时间段的并). 这种情况违反平稳性假定中的条件, 因而不在考虑之列.

如果 $a = 1$, 则 $p_0(t) \equiv 1$. 这表明, 不管时间间隔多长, 交换台都接收不到呼叫. 即是说, 呼叫永远不出现. 这是人们不感兴趣的情形. 另外, 如果 $a > 1$, 则存在足够大的 t 使得概率 $p_0(t) > 1$, 故 $a > 1$ 是不可能出现的情形.

排除 $a = 0$ 和 $a \geqslant 1$ 后得出 $0 < a < 1$. 于是存在 $\lambda > 0$ 使得

$$p_0(t) = \mathrm{e}^{-\lambda t} \tag{3.5.42}$$

接着求 $p_n(t)(n \geqslant 1)$. 由 (3.5.42), (3.5.36) 和 (3.5.37) 得出

$$p_0(\Delta t) = 1 - \lambda \Delta t + o(\Delta t)$$

$$p_1(\Delta t) = 1 - p_0(\Delta t) - \psi(\Delta t) = \lambda \Delta t + o(\Delta t)$$

$$\sum_{i=2}^{\infty} p_{n-i}(t) p_i(\Delta t) \leqslant \sum_{i=2}^{\infty} p_i(\Delta t) = \psi(t) = o(\Delta t)$$

其中 $o(\Delta t)$ 表示 Δt 的高阶无穷小. 于是, 由 (3.5.38) 推出

$$\frac{p_n(t + \Delta t) - P_n(t)}{\Delta t} = \lambda [p_{n-1}(t) - p_n(t)] + o(1)$$

令 $\Delta t \to 0$, 得到

$$p_n'(t) = \lambda [p_{n-1}(t) - p_n(t)] \quad (n \geqslant 1) \tag{3.5.43}$$

现在, 由于已知 $p_0(t) = \mathrm{e}^{-\lambda t}$, 故有 $p_1'(t) = \lambda [\mathrm{e}^{-\lambda t} - p_1(t)]$, 解此微分方程后得

$$p_1(t) = \lambda t \mathrm{e}^{-\lambda t} \tag{3.5.44}$$

如此继续下去, 可求出一切 $p_n(t)$, 它是

$$p_n(t) = \frac{(\lambda t)^n}{n!} \mathrm{e}^{-\lambda t}, \quad n = 0, 1, 2, \cdots \tag{3.5.45}$$

最终, 我们在实验 $\mathcal{E}_t$ 的因果模型 $(\Omega_t, \mathcal{F}_t)$ 上赋予分布列 (3.5.45) —— 它是参数为 λt 的 Poisson 分布; 并得到 $\mathcal{E}_t$ 的因果量化模型 —— 可列型概率空间 $(\Omega_t, \mathcal{F}_t, P_t \Leftarrow p(t))$.

3.6 Kolmogorov 型概率空间: 分布函数赋概法

定义 3.6.1 称概率空间 $(\mathbf{R}, \mathcal{B}, P)$ 为 Kolmogorov 型的, 如果 $(\mathbf{R}, \mathcal{B})$ 是 Borel 试验.

本节证明, 集函数 —— 概率测度 $P(\mathcal{B})$ 和点函数 —— 分布函数 $F(x), x \in \mathbf{R}$ 相互唯一确定. 因此, Kolmogorov 型概率空间由一个分布函数 $F(x)$ 完全确定, 故记为 $(\mathbf{R}, \mathcal{B}, P \Leftarrow F)$.

3.6.1　分析学中的分布函数、分布律和分布密度

定义 3.6.2　设 $F(x)$ 是定义在实数集 **R** 上的非负实值函数. 如果 $F(x)$ 满足下列三个条件:

i) 单调不减性: $F(x_1) \leqslant F(x_2)$, $(-\infty < x_1 < x_2 < +\infty)$;

ii) 右连续性: $\lim\limits_{u \to x+} F(u) = F(x)$, 对任意的 $x \in \mathbf{R}$;

iii) 规范性: 记 $F(-\infty) = \lim\limits_{x \to -\infty} F(x)$; $F(+\infty) = \lim\limits_{x \to +\infty} F(x)$, 则

$$F(-\infty) = 0; \quad F(+\infty) = 1 \tag{3.6.1}$$

那么称 $F(x)$ 是 **R** 上的分布函数, 简记为 F 或 $F(\mathbf{R})$.

引理 3.6.1　分布函数 $F(x)$ 存在左极限. 即对任意的实数 x 成立

$$F(x-) \stackrel{\text{def}}{=\!=} \lim\limits_{u \to x-} F(u); \quad F(x) - F(x-) \geqslant 0 \tag{3.6.2}$$

并且, $F(x)$ 的间断点集

$$H = \{x | F(x) - F(x-) > 0\} \tag{3.6.3}$$

至多是可列集.

证明　式 (3.6.2) 是单调不减性的推论. 由 (3.6.1) 得出, 在间断点 x 处的跳跃值 $F(x) - F(x-)$ 不超过 1. 令

$$H_n = \left\{ x \,\middle|\, F(x) - F(-x) > \frac{1}{n} \right\} \quad (n = 2, 3, \cdots)$$

则 H_n 至多含有 n 个元素. 注意到 $H = \bigcup\limits_{n=1}^{\infty} H_n$, 由此推出 H 至多是可列集.　■

分布函数 $F(x)$ 是右连续, 左极限存在, 单调不减, 并满足条件 (3.6.1) 的函数. 这样的函数虽然简单, 但分析学仍然可以构造出许多奇异的, 基础概率论不使用的分布函数 (见本节末的讨论). 概率论主要讨论两种类型 —— 离散型和连续型分布函数, 它们可以用更简单的函数生成.

1. 离散型分布函数和分布律

设 $p(x)$ 是定义在实数集 **R** 上的实值函数, 如果 **R** 中存在有限个或可列个实数 $x_0, x_1, \cdots, x_n, \cdots$, 使得

$$p(x) = \begin{cases} p_i, & x = x_i (i = 0, 1, \cdots, n, \cdots) \\ 0, & \text{其他} \end{cases} \tag{3.6.4}$$

则称 $p(x)$ 为栅函数. 栅函数有表格式

$$p(x): \quad \frac{\mathbf{R} \mid x_0 \quad x_1 \quad \cdots \quad x_n \quad \cdots \mid \text{其他 } x}{p \mid p_0 \quad p_1 \quad \cdots \quad p_n \quad \cdots \qquad\qquad 0} \qquad (3.6.4')$$

定义 3.6.3 称分布函数 $F(x)$ 是离散型的, 如果 $F(x)$ 有解析式

$$F(x) = \sum_{i \geqslant 0} p_i \varepsilon(x - x_i) = \sum_{i: x_i < x} p_i \qquad (3.6.5)$$

其中 $x_0, x_1, \cdots, x_n, \cdots$ 是有限个或可列个不同的实数, $\varepsilon(x)$ 是单位跳函数[1]. 这时称形如 (3.6.4) 的栅函数为 $F(x)$ 的分布律[2].

引理 3.6.2 栅函数 (3.6.4) 是分布律的必要充分条件是 $p_i \geqslant 0 (i = 0, 1, \cdots, n, \cdots)$, 并且成立

$$\sum_{i \geqslant 0} p_i = 1 \qquad (3.6.6)$$

这时, 分布律 (3.6.4) 生成离散型分布函数 (3.6.5).

证明 结论显然, 由读者完成 (图 3.6.1).

通常, 称 (3.6.4) 是分布函数 (3.6.5) 的分布律. 图 3.6.1 是它们相互关系的一个示意图.

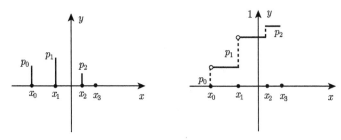

图 3.6.1 分布律和它确定的分布函数 (补充假定: $x_0 < x_1 < x_2 < \cdots$)

比较分布律 (3.6.4) 和上节的分布列 (3.5.2), 容易看出它们的差别仅仅是定义域的不同. 如果把 (3.5.2) 中的 Ω 理解为实数集 $\mathbf{R}$, 则分布列成为分布律. 因此, 分布列 (3.5.3)–(3.5.8) 可以改造为相应的分布律. 为了展示"改造"的方法, 这里写出两个分布律 —— 二项分布律 $B(n, p)$ 和 Poisson 分布律 $P(\lambda)$:

$$B(n, p): \quad \frac{\mathbf{R} \mid x_0 \quad x_1 \quad \cdots \quad x_k \quad \cdots \quad x_n \mid \text{其他 } x}{B(n, p) \mid q^n \quad \mathrm{C}_n^1 p q^{n-1} \quad \cdots \quad \mathrm{C}_n^k p^k q^{n-k} \quad \cdots \quad p^n \qquad 0}$$
$$(3.6.7)$$

---

[1] 单位跳函数的解析式为 $\varepsilon(x) = \begin{cases} 0, & x < 0, \\ 1, & x \geqslant 1. \end{cases}$

[2] 在本书中分布律和分布列是有区别的两个概念, 区别在于定义域的不同.

$$P(\lambda): \quad \begin{array}{c|ccccc|c} \mathbf{R} & x_0 & x_1 & \cdots & x_k & \cdots & \text{其他 } x \\ \hline P(\lambda) & e^{-\lambda} & \lambda e^{-\lambda} & \cdots & \dfrac{\lambda^k}{k!}e^{-\lambda} & \cdots & 0 \end{array} \tag{3.6.8}$$

图 3.6.2 是二项分布 (3.6.7) (补充假定 $x_k = k$, $k = 0, 1, 2, \cdots, n$) 的栅函数图.

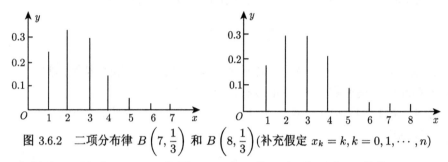

图 3.6.2　二项分布律 $B\left(7, \dfrac{1}{3}\right)$ 和 $B\left(8, \dfrac{1}{3}\right)$(补充假定 $x_k = k, k = 0, 1, \cdots, n$)

容易验证 (见引理 5.3.2), 在图 3.6.2 中 x 从 0 变到 n 时, 函数值 $B(n, p)$ 开始增大, 在 $k_0 = [(n+1)p]$ 处[1]达到最大值 (当 $(n+1)p$ 为正整数时有两个最大值, 另一个在 $k_0 - 1$ 处达到), 然后函数值 $B(n, p)$ 逐渐减小.

图 3.6.3 是 Poisson 分布 (3.6.8) (补充假定 $x_k = k$, $k = 0, 1, 2, \cdots$) 的栅函数图.

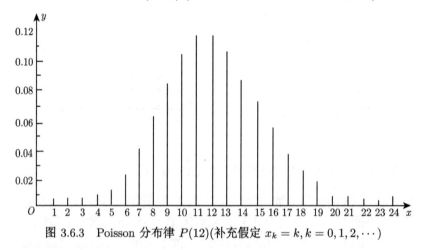

图 3.6.3　Poisson 分布律 $P(12)$(补充假定 $x_k = k, k = 0, 1, 2, \cdots$)

容易验证, 在图 3.6.3 中 x 从 0 开始逐渐增大时, 函数值 $P(\lambda)$ 开始增大, 在 $k_0 = [\lambda]$ 处达到最大值 (当 λ 为正整数时有两个最大值, 另一个在 $k_0 - 1$ 处达到), 然后函数值逐渐减小, 趋于零.

2. 连续型分布函数和分布密度函数

定义 3.6.4　称分布函数 $F(x)$ 为连续型的, 如果存在非负实值函数 $f(x)$, $x \in$

---

[1] $[\cdot]$ 是高斯记号, $[x]$ 表示不超过 x 的最大整数.

R, 使得对任意的实数 x 成立

$$F(x) = \int_{-\infty}^{x} f(u)\mathrm{d}u \tag{3.6.9}$$

这时称 $f(x)$ 是分布函数 $F(x)$ 的分布密度函数, 简称为分布密度.

由分析学得知, 连续型分布函数 $F(x)$ 肯定是连续函数; 但是连续的分布函数可以不是连续型的. 另外, 由 (3.6.9) 推出在 $f(x)$ 的连续点处成立 $F'(x) = f(x)$.

引理 3.6.3 定义在实数集 **R** 上的非负可积函数 $f(x)$ 是分布密度的必要充分条件是

$$\int_{-\infty}^{+\infty} f(x)\mathrm{d}x = 1 \tag{3.6.10}$$

证明 必要性由 (3.6.1) 推出, 往证充分性. 令 $F(x) = \int_{-\infty}^{x} f(u)\mathrm{d}u$. 由 $f(x)$ 的非负性推出 $F(x)$ 满足定义 3.6.1 中条件 i) 和 ii); 由条件 (3.6.10) 推出 $F(x)$ 满足定义 3.6.1 中条件 iii). 故 $F(x)$ 是分布函数和充分性得证. ∎

下面给出几个常用的分布密度.

A. 均匀分布

设 D 是 **R** 中的 Borel 集, $\mu(D)$ 是它的 Lebesgue 测度 (即长度). 当 $0 < \mu(D) < +\infty$ 时称函数

$$f(x) = \begin{cases} \dfrac{1}{\mu(D)}, & x \in D \\ 0, & x \notin D \end{cases} \tag{3.6.11}$$

为区域 D 上的均匀分布密度. 称它生成的函数

$$F(x) = \int_{-\infty}^{x} f(u)\mathrm{d}u, \quad x \in \mathbf{R} \tag{3.6.12}$$

为 D 上的均匀分布函数.

特别, 区间 $[a,b]$ 上的均匀分布密度和均匀分布函数是 (下页图 3.6.4)

$$f(x) = \begin{cases} \dfrac{1}{b-a}, & a \leqslant x \leqslant b \\ 0, & \text{其他} \end{cases}$$

$$F(x) = \begin{cases} 0, & x < a \\ \dfrac{x-a}{b-a}, & a \leqslant x < b \\ 1, & x \geqslant b \end{cases}$$

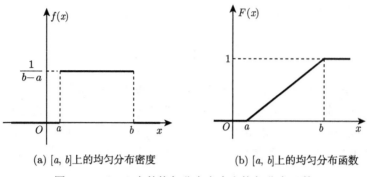

(a) $[a, b]$上的均匀分布密度　　　　　(b) $[a, b]$上的均匀分布函数

图 3.6.4　$[a, b]$ 上的均匀分布密度和均匀分布函数

B. 指数分布

设 $\lambda > 0$, 应用引理 3.6.3 得出,

$$f(x) = \begin{cases} \lambda \mathrm{e}^{-\lambda x}, & x \geqslant 0 \\ 0, & x < 0 \end{cases} \tag{3.6.13}$$

是分布密度, 称之为参数为 λ 的指数分布密度; 称它生成的

$$F(x) = \int_{-\infty}^{x} f(u)\mathrm{d}u = \begin{cases} 0, & x < 0 \\ 1 - \mathrm{e}^{-\lambda t}, & x \geqslant 0 \end{cases} \tag{3.6.14}$$

为参数为 λ 的指数分布函数 (图 3.6.5)

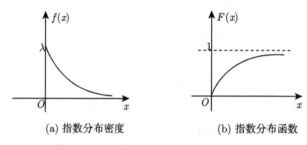

(a) 指数分布密度　　　　　(b) 指数分布函数

图 3.6.5　指数分布密度和指数分布函数

C. 标准正态分布 $N(0,1)$

称函数

$$\varphi(x) = \frac{1}{\sqrt{2\pi}} \mathrm{e}^{-\frac{x^2}{2}}, \quad x \in \mathbf{R} \tag{3.6.15}$$

为标准正态分布密度 (函数); 称它产生的

$$\Phi(x) = \frac{1}{\sqrt{2\pi}} \int_{-\infty}^{x} \mathrm{e}^{-\frac{u^2}{2}} \mathrm{d}u, \quad x \in \mathbf{R} \tag{3.6.16}$$

为标准正态分布函数 (图 3.6.6)

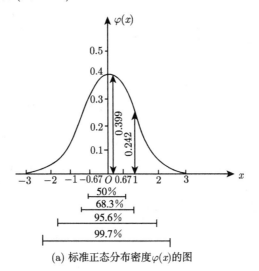

(a) 标准正态分布密度 $\varphi(x)$ 的图

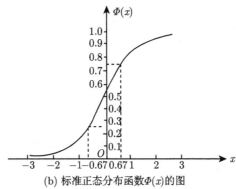

(b) 标准正态分布函数 $\Phi(x)$ 的图

图 3.6.6 标准正态分布密度和标准正态分布函数

【证 $\varphi(x)$ 是分布密度】 显然 $\varphi(x) \geqslant 0$, 只需证 $\int_{-\infty}^{+\infty} \varphi(x) \mathrm{d}x = 1$. 我们有

$$\left(\int_{-\infty}^{+\infty} \frac{1}{\sqrt{2\pi}} \mathrm{e}^{-\frac{x^2}{2}} \mathrm{d}x\right)^2 = \frac{1}{2\pi} \int_{-\infty}^{+\infty} \mathrm{e}^{-\frac{x^2}{2}} \mathrm{d}x \int_{-\infty}^{+\infty} \mathrm{e}^{-\frac{y^2}{2}} \mathrm{d}y = \frac{1}{2\pi} \iint\limits_{\mathbf{R}^2} \mathrm{e}^{-\frac{x^2+y^2}{2}} \mathrm{d}x\mathrm{d}y$$

其中 $\mathbf{R}^2$ 是坐标平面. 把二重积分换为极坐标形式后得出

$$\left(\int_{-\infty}^{+\infty} \frac{1}{\sqrt{2\pi}} \mathrm{e}^{-\frac{x^2}{2}} \mathrm{d}x\right)^2 = \frac{1}{2\pi} \int_0^{2\pi} \int_0^{+\infty} \mathrm{e}^{-\frac{r^2}{2}} r\mathrm{d}r\mathrm{d}\theta = 1 \tag{3.6.17}$$

得证 $\varphi(x)$ 是分布密度函数.

【$\Phi(x)$ 的函数值】 概率论经常用到 $\Phi(x)$ 的函数值. 由于 $\Phi(x)$ 不是初等函数, 因此人们造出 $\Phi(x)$ 的数值表 (附表 1). 注意, 表中只有 $x \geqslant 0$ 的函数值; 应用

公式

$$\Phi(-x) = \int_{-\infty}^{-x} \varphi(u)\mathrm{d}u = \int_{x}^{+\infty} \varphi(u)\mathrm{d}u = 1 - \Phi(x) \tag{3.6.18}$$

可以获得 $x < 0$ 时的函数值 $\Phi(x) = 1 - \Phi(-x)$.

　　D. 正态分布 $N(\mu, \sigma^2)$

　　设 μ, σ 是任意的实数, 并且 $\sigma > 0$. 称

$$\varphi(x; \mu, \sigma^2) = \frac{1}{\sqrt{2\pi}\sigma} \mathrm{e}^{-\frac{(x-\mu)^2}{2\sigma^2}}, \quad x \in \mathbf{R} \tag{3.6.19}$$

为参数为 (μ, σ^2) 的正态分布密度; 称它生成的

$$\Phi(x; \mu, \sigma^2) = \frac{1}{\sqrt{2\pi}\sigma} \int_{-\infty}^{x} \mathrm{e}^{-\frac{(u-\mu)^2}{2\sigma^2}}\mathrm{d}u, \quad x \in \mathbf{R} \tag{3.6.20}$$

为参数为 (μ, σ^2) 的正态分布函数 (图 3.6.7).

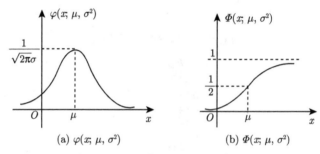

(a) $\varphi(x; \mu, \sigma^2)$　　　　　　(b) $\Phi(x; \mu, \sigma^2)$

图 3.6.7　$\varphi(x; \mu, \sigma^2)$ 和 $\Phi(x; \mu, \sigma^2)$ 的图形

　　【证 $\varphi(x; \mu, \sigma^2)$ 是分布密度】　只需证 $\int_{-\infty}^{+\infty} \varphi(x; \mu, \sigma^2)\mathrm{d}x = 1$. 事实上, 用 $y = \dfrac{x-\mu}{\sigma}$ 作积分变量代换, 得到

$$\begin{aligned}
\int_{-\infty}^{+\infty} \varphi(x; \mu, \sigma^2)\mathrm{d}x &= \frac{1}{\sqrt{2\pi}} \int_{-\infty}^{+\infty} \mathrm{e}^{-\frac{1}{2}\left(\frac{x-\mu}{\sigma}\right)^2} \mathrm{d}\frac{x-\mu}{\sigma} \\
&= \frac{1}{\sqrt{2\pi}} \int_{-\infty}^{+\infty} \mathrm{e}^{-\frac{y^2}{2}} \mathrm{d}y = 1
\end{aligned} \tag{3.6.21}$$

　　【$\Phi(x; \mu, \sigma^2)$ 的函数值】　用 $v = \dfrac{u-\mu}{\sigma}$ 作积分变量代换, 得到

$$\begin{aligned}
\Phi(x, \mu, \sigma^2) &= \frac{1}{\sqrt{2\pi}} \int_{-\infty}^{x} \mathrm{e}^{-\frac{1}{2}\left(\frac{u-\mu}{\sigma}\right)^2} \mathrm{d}\frac{u-\mu}{\sigma} \\
&= \frac{1}{\sqrt{2\pi}} \int_{-\infty}^{\frac{x-\mu}{\sigma}} \mathrm{e}^{-\frac{v^2}{2}} \mathrm{d}\mu = \Phi\left(\frac{x-\mu}{\sigma}\right)
\end{aligned} \tag{3.6.22}$$

于是, 查标准正态分布函数值表 $\Phi(x)$ (附表 1) 和公式 (3.6.22) 即可获得 $\Phi(x; \mu, \sigma^2)$ 的函数值.

E. Γ-分布 $\Gamma(\alpha, \lambda)$

设 $\alpha > 0, \lambda > 0$. 称实值函数

$$f(x) = \begin{cases} \dfrac{\lambda^\alpha}{\Gamma(\alpha)} x^{\alpha-1} \mathrm{e}^{-\lambda x}, & x > 0 \\ 0, & x \leqslant 0 \end{cases} \tag{3.6.23}$$

为参数为 (α, λ) 的 Γ-分布密度; 称它生成的

$$F(x) = \begin{cases} 0, & x < 0 \\ \dfrac{\lambda^\alpha}{\Gamma(\alpha)} \displaystyle\int_0^x u^{\alpha-1} \mathrm{e}^{-\lambda u} \mathrm{d}u, & x \geqslant 0 \end{cases} \tag{3.6.24}$$

为参数为 (α, λ) 的 Γ-分布函数 (图 3.6.8).

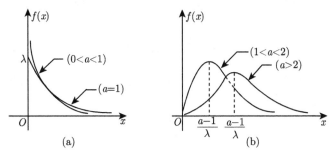

图 3.6.8 Γ-分布密度函数

【证 $f(x)$ 是分布密度】 回忆 Γ-函数的定义, 它是

$$\Gamma(\alpha) = \int_0^{+\infty} u^{\alpha-1} \mathrm{e}^{-u} \mathrm{d}u \tag{3.6.25}$$

由此推出

$$\int_{-\infty}^{+\infty} f(x)\mathrm{d}x = \frac{1}{\Gamma(\alpha)} \int_0^{+\infty} (\lambda x)^{\alpha-1} \mathrm{e}^{-\lambda x} \mathrm{d}(\lambda x) = \frac{1}{\Gamma(\alpha)} \int_0^{+\infty} u^{\alpha-1} \mathrm{e}^{-u} \mathrm{d}u = 1$$

得证所求结论.

容易证明 $\Gamma(n) = (n-1)!$. 特别, $\Gamma(1, \lambda)$ 是参数为 λ 的指数分布密度; 当 $\alpha = n$ 为正整数时, 称 $\Gamma(n, \lambda)$ 为 Erlang (埃尔朗) 分布密度, 它是

$$f(x) = \begin{cases} \dfrac{\lambda^n}{(n-1)!} x^{n-1} \mathrm{e}^{-\lambda x}, & x > 0 \\ 0, & x \leqslant 0 \end{cases} \tag{3.6.26}$$

3.6.2 分布函数和 Kolmogorov 型概率空间

Kolmogorov 型概率空间 $(\mathbf{R}, \mathcal{B}, P)$ 的定义已在本节开篇时给出, 下面是这个空间的基本定理.

定理 3.6.1 (基本定理)　i) 设 $(\mathbf{R}, \mathcal{B}, P)$ 是 Kolmogorov 型概率空间, 那么概率测度 $P(\mathcal{B})$ 用公式

$$F(x) = P\{(-\infty, x]\}, \quad x \in \mathbf{R} \tag{3.6.27}$$

定义一个分布函数.

　　ii) 反之, 设 $(\mathbf{R}, \mathcal{B})$ 是 Borel 试验, $F(x), x \in \mathbf{R}$ 是任意的分布函数, 那么在 $(\mathbf{R}, \mathcal{B})$ 上存在唯一的概率测度 $P(\mathcal{B})$ 使得 (3.6.27) 成立, 并且这个概率测度可以表示为

$$P(B) = \int_B \mathrm{d}F(x), \quad B \in \mathcal{B} \tag{3.6.28}$$

其中右方是 Lebesgue-Stieltjes 积分, 简称为 L-S 积分. 特别,

　　1) 当 $F(x)$ 是离散型分布函数, 且分布律是 (3.6.4) 时, L-S 积分 (3.6.28) 成为有限和或可列和

$$P(B) = \sum_{i:x_i \in B} p_i \tag{3.6.29}$$

　　2) 当 $F(x)$ 是连续型分布函数, 且分布密度是 $f(x), x \in \mathbf{R}$ 时, L-S 积分 (3.6.28) 成为普通积分

$$P(B) = \int_B f(x)\mathrm{d}x \tag{3.6.30}$$

　　注　L-S 积分的一般形式是

$$\int_B \varphi(x)\mathrm{d}F(x) \quad (\text{对任意的 } B \in \mathcal{B}) \tag{3.6.31}$$

其中 $\varphi(x)$ 是 Borel 可测函数, $F(x)$ 是有界变差函数 (为简单, 不妨认为是分布函数). L-S 积分超出高等数学的范围. 为帮助读者理解 (3.6.28), 设 $B = (a, b], \varphi(x)$ 是连续函数, 那么

$$\int_{(a,b]} \varphi(x)\mathrm{d}F(x) = \lim_{\Delta_n \to 0} \sum_{i=1}^n \varphi(x_i)[F(x_i) - F(x_{i-1})] \tag{3.6.32}$$

其中

$$a = x_0 < x_1 < \cdots < x_{n-1} < x_n = b \tag{3.6.33}$$

和 $\Delta_n = \max\limits_{1 \leqslant i \leqslant n}(x_i - x_{i-1})$. 特别, $\varphi(x) \equiv 1$ 时 (3.6.32) 成为

$$\int_{(a,b]} \mathrm{d}F(x) = \lim_{\Delta_n \to 0} \sum_{i=1}^n [F(x_i) - F(x_{i-1})] = F(b) - F(a) \tag{3.6.34}$$

在概率论中, 应用公式 (3.6.28) 计算概率值 $P(B)$ 的工作皆简化为用公式 (3.6.29) 或 (3.6.30) 进行计算.

证明　i) 设 $F(x)$ 是 (3.6.27) 定义的点函数. 由概率测度 $P(\mathcal{B})$ 的非负性和单调性推出 $F(x)$ 是非负的、单调不减函数.

对任意的实数 x 和 $u_1 > u_2 > \cdots > u_k > \cdots$, 且 $\lim\limits_{k\to\infty} u_k = x$, 由于 $(-\infty, x] = \bigcap\limits_{k=1}^{\infty} (-\infty, u_k]$, 应用概率测度的上连续性得出

$$\lim_{k\to\infty} F(u_k) = \lim_{k\to\infty} P\{(-\infty, u_k]\} = P\{(-\infty, x]\} = F(x)$$

故 $F(x)$ 是右连续函数. 当取 $x = -\infty$ 时由上式得出 $F(-\infty) = P(\varnothing) = 0$; 现在取 $v_1 < v_2 < \cdots < v_k < \cdots$, $\lim\limits_{k\to\infty} v_k = +\infty$. 由于 $\bigcup\limits_{k=1}^{\infty} (-\infty, v_k] = \mathbf{R}$, 应用概率测度下连续性得出

$$F(+\infty) = \lim_{k\to\infty} F(v_k) = \lim_{k\to\infty} P\{(-\infty, v_k]\} = P(\mathbf{R}) = 1$$

故 $F(x)$ 满足规范性条件 (3.6.1). i) 得证.

ii) 首先证明特殊情形 1). 假定给定的分布律是 (3.6.4), 则它生成的离散型分布函数 $F(x)$ 是 (3.6.5). 和定理 3.5.1 的证明完全类似, 容易证明用 (3.6.29) 规定的集函数 $P(B)$, $B \in \mathcal{B}$ 是 $(\mathbf{R}, \mathcal{B})$ 上的概率测度. 在 (3.6.29) 中令 $B = (-\infty, x]$, 应用 (3.6.5) 得出

$$P\{(-\infty, x]\} = \sum_{i:x_i \leqslant x} p_i = F(x)$$

得证 $P(\mathcal{B})$ 满足 (3.6.27). 特殊情形 1) 得证.

其次证明特殊情形 2). 假定给定的分布密度函数是 $f(x)$, 则它生成的连续型分布函数 $F(x)$ 是 (3.6.9). 现在, 用 (3.6.30) 定义集函数 $P(B), B \in \mathcal{B}$. 显然, 由 $f(x)$ 的非负性和 (3.6.10) 推出 $P(\mathcal{B})$ 满足测度的非负性公理和规范性公理; 众所周知, 集函数 (3.6.30) (即函数 $f(x)$ 的不定积分 $\int_B f(x)\mathrm{d}x$) 不仅具有有限可加性, 而且具有可列可加性. 得证 $P(\mathcal{B})$ 是概率测度. 在 (3.6.30) 中令 $B = (-\infty, x]$, 应用 (3.6.9) 得出

$$P\{(-\infty, x]\} = \int_{(-\infty, x]} f(x)\mathrm{d}x = F(x)$$

得证 $P(\mathcal{B})$ 满足 (3.6.27). 特殊情形 2) 得证.

最后指出, 给定一般的分布函数 $F(x)$, 由 L-S 积分理论得出, 用 (3.6.28) 定义的集函数 $P(\mathcal{B})$ 是 $(\mathbf{R}, \mathcal{B})$ 上的概率测度. 下证它满足 (3.6.27). 事实上, 由 (3.6.32) 得出 $(a = -\infty, b = x)$,

$$P\{(-\infty, x]\} = \lim_{\Delta_n \to 0} \sum_{i=1}^{n} [F(x_i) - F(x_{i-1})] = F(x)$$

定理证毕.　　　　　　　　　　　　　　　　　　　　　　　　　　　■

　　基本定理说, 在特殊情形 1) 和 2), Kolmogorov 型概率空间 $(\mathbf{R}, \mathcal{B}, P \Leftarrow F)$ 分别由分布律 $p(x), x \in \mathbf{R}$ 和分布密度 $f(x), x \in \mathbf{R}$ 完全确定. 故概率空间 $(\mathbf{R}, \mathcal{B}, P)$ 又分别记为 $(\mathbf{R}, \mathcal{B}, P \Leftarrow p)$ 和 $(\mathbf{R}, \mathcal{B}, P \Leftarrow f)$. 研究的基本课题是:

　　1) 已知 $F(x)$ (或 $p(x)$, 或 $f(x)$), 求 $\mathcal{B}$ 中事件 A 的概率 $P(A)$;

　　2) 求分布函数 $F(x)$ (或分布律 $p(x)$, 或分布密度 $f(x)$).

　　例 3.6.1　给定实值函数

$$F(x) = \begin{cases} 0, & x < -1 \\ q, & -1 \leqslant x < 1 \\ 1, & x \geqslant 1 \end{cases}$$

试问 q 为何值时 $F(x)$ 是分布函数, 并求它的分布律.

　　解　显然, $0 \leqslant q \leqslant 1$ 时 $F(x)$ 是分布函数, 并且

$$p(x): \quad \begin{array}{c|cc|c} \mathbf{R} & -1 & 1 & \text{其他 } x \\ \hline p & q & 1-q & 0 \end{array}$$

是 $F(x)$ 产生的分布律.

　　例 3.6.2　给定 Kolmogorov 型概率空间 $(\mathbf{R}, \mathcal{B}, P \Leftarrow p)$, 其中 p 为

$$p(x): \quad \begin{array}{c|cccc|c} \mathbf{R} & \dfrac{1}{2} & \dfrac{3}{4} & \cdots & 1-\dfrac{1}{2^n} & \cdots & \text{其他 } x \\ \hline p & \dfrac{1}{2} & \dfrac{1}{4} & \cdots & \dfrac{1}{2^n} & \cdots & 0 \end{array}$$

试证 $p(x)$ 是分布律, 并求 $p(x)$ 生成的分布函数, 以及事件 $\left[0, 1 - \dfrac{1}{2^n}\right]$ 的概率.

　　解　由于 $p(x)$ 中第 2 行数值之和 $\displaystyle\sum_{n=1}^{\infty} \dfrac{1}{2^n} = 1$, 故 $p(x)$ 是分布律. 于是, 应用引理 3.6.2 得出 $p(x)$ 生成的分布函数是

$$F(x) = \sum_{i=1}^{\infty} \frac{1}{2^i} \varepsilon \left(x - 1 + \frac{1}{2^i} \right)$$

应用公式 (3.6.29) 得出, 所求概率为

$$P\left\{ \left[0, 1 - \frac{1}{2^n} \right] \right\} = \sum_{i=1}^{n} \frac{1}{2^i} = 1 - \frac{1}{2^n}$$

注 应用所求得的概率值, 可以给出 $F(x)$ 的分段函数表达式, 它是 $F(x) = P\{(-\infty, x]\} = P\{[0, x]\}$, 即

$$F(x) = \begin{cases} 0, & -\infty < x < \dfrac{1}{2} \\ 1 - \left(\dfrac{1}{2}\right)^n, & 1 - \dfrac{1}{2^n} \leqslant x < 1 - \dfrac{1}{2^{n+1}} \quad (n = 1, 2, 3, \cdots) \\ 1, & x \geqslant 1 \end{cases}$$

例 3.6.3 给定 Kolmogorov 型概率空间 $(\mathbf{R}, \mathcal{B}, P \Leftarrow f)$, 其中分布密度为

$$f(x) = \begin{cases} \dfrac{a}{\sqrt{1 - x^2}}, & |x| < 1 \\ 0, & |x| \geqslant 1 \end{cases}$$

试求数值 a 和 $f(x)$ 生成的分布函数 $F(x)$; 并求事件 $\left[\dfrac{\pi}{6}, 1\right]$ 的概率.

解 由于

$$\int_{-\infty}^{+\infty} f(x)\mathrm{d}x = \int_{-1}^{1} \frac{a}{\sqrt{1 - x^2}}\mathrm{d}x = a\arcsin x \Big|_{-1}^{1} = \pi a$$

应用引理 3.6.3 得出 $a = \dfrac{1}{\pi}$. 显然, $f(x)$ 产生的分布函数为

$$F(x) = \int_{-\infty}^{x} f(u)\mathrm{d}u = \begin{cases} 0, & x < -1 \\ \dfrac{1}{\pi}\arcsin x + \dfrac{1}{2}, & -1 \leqslant x < 1 \\ 1, & x \geqslant 1 \end{cases}$$

应用公式 (3.6.34) 得出, 所求事件的概率为

$$P\left\{\left[\frac{\pi}{6}, 1\right]\right\} = F(1) - F\left(\frac{\pi}{6}\right) = \frac{1}{2} - \frac{1}{2\pi}$$

例 3.6.4 给定 Kolmogorov 概率空间 $(\mathbf{R}, \mathcal{B}, P \Leftarrow F)$, 其中 $F(x)$ 为连续型分布函数, 它是

$$F(x) = \begin{cases} 0, & x < -\dfrac{\pi}{2} \\ A(1 + \sin x) & -\dfrac{\pi}{2} \leqslant x < \dfrac{\pi}{4} \\ 1, & x \geqslant \dfrac{\pi}{4} \end{cases}$$

试求常数 A 和 $F(x)$ 的分布密度, 以及事件 $[0, 1]$ 的概率.

解 依题意, $F(x)$ 是连续函数. 由此推出

$$\lim_{x \to -\frac{\pi}{2}-} F(x) = \lim_{x \to -\frac{\pi}{2}+} F(x) = 0$$

即

$$A\left(1+\frac{\sqrt{2}}{2}\right) = \lim_{x \to \frac{\pi}{4}-} F(x) = \lim_{x \to \frac{\pi}{4}+} F(x) = 1$$

故

$$A = \frac{2}{2+\sqrt{2}} = 2 - \sqrt{2}$$

对 $F(x)$ 求导数得出

$$f(x) = F'(x) = \begin{cases} (2-\sqrt{2})\cos x, & -\dfrac{\pi}{2} < x < \dfrac{\pi}{4} \\ 0, & \text{其他} \end{cases}$$

注意

$$\int_{-\infty}^{+\infty} f(x)\mathrm{d}x = \int_{-\frac{\pi}{2}}^{\frac{\pi}{4}} (2-\sqrt{2})\cos x \mathrm{d}x = 1$$

由引理 3.6.3 得出, 此 $f(x)$ 是所求的分布密度.

应用公式 (3.6.30) 得出, 所求事件的概率为

$$P\{[0,1]\} = \int_0^1 f(x)\mathrm{d}x = \int_0^{\frac{\pi}{4}} (2-\sqrt{2})\cos x \mathrm{d}x = \sqrt{2} - 1$$

例 3.6.5　给定 Kolmogorov 型概率空间 $(\mathbf{R}, \mathcal{B}, P \Leftarrow \Phi)$, 其中 Φ 是正态分布函数 $\Phi(x; \mu, \sigma^2)$. 试求事件 $[a,b]$ 和 $[\mu - i\sigma, \mu + i\sigma](i=1,2,3)$ 的概率.

解　用 $\varphi(x; \mu, \sigma^2)$ 表示正态分布密度函数, 应用公式 (3.6.30) 和 (3.6.22) 得出

$$\begin{aligned} P\{[a,b]\} &= \int_a^b \varphi(x; \mu, \sigma^2)\mathrm{d}x \\ &= \Phi(b; \mu, \sigma^2) - \Phi(a; \mu, \sigma^2) = \Phi\left(\frac{b-\mu}{\sigma}\right) - \Phi\left(\frac{a-\mu}{\sigma}\right) \end{aligned} \quad (3.6.35)$$

特别, 令 $a = \mu - i\sigma$, $b = \mu + i\sigma$, 并应用公式 (3.6.18), 我们有

$$P\{[\mu - i\sigma, \mu + i\sigma]\} = \Phi(i) - \Phi(-i) = 2\Phi(i) - 1 \quad (3.6.36)$$

为求出 $i = 1,2,3$ 的具体数值, 查附表 1 得出 $\Phi(1) = 0.8413$, $\Phi(2) = 0.9772$, $\Phi(3) = 0.9987$. 故

$$P\{[\mu - \sigma, \mu + \sigma]\} = 0.6826$$
$$P\{[\mu - 2\sigma, \mu + 2\sigma]\} = 0.9544$$
$$P\{[\mu - 3\sigma, \mu + 3\sigma]\} = 0.9974$$

3.6.3 分布函数赋概法

应用定理 3.6.1, 我们总结出分布函数赋概法.

【分布函数赋概法】 设实验 $\mathcal{E}$ 的因果模型是 Borel 试验 $(\mathbf{R}, \mathcal{B})$, 选 $\mathcal{B}$ 的芽集为

$$\mathcal{A}_0 = \{(-\infty, x] | x \in \mathbf{R}\} \tag{3.6.37}$$

如果有理由 (客观的, 或主观的) 可以对 $\mathcal{A}_0$ 中事件进行赋概, 并且全体概率值组成的函数

$$F(x) = P\{(-\infty, x]\}$$

是分布函数. 那么认为实验 $\mathcal{E}$ 的因果量化模型是 Kolmogorov 型概率空间 $(\mathbf{R}, \mathcal{B}, P \Leftarrow F)$.

显然, 如果 $F(x)$ 是区域 D 上的均匀分布函数, 那么分布函数赋概法成为几何赋概法.

耐用品是指这样的一类器件 (或系统). 这种器件 (或系统) 经过一段时间使用后, 若尚未失效, 则它仍然同新器件 (或系统) 一样, 不影响以后的使用寿命. 一般器件在开始使用的一段时间 (即 "未老化" 之前) 内可以认为是耐用品; 由大量元件组成的系统 (如电子计算机, 大型发射系统等), 如果假定系统中元件失效后能及时更换或修复, 这样的系统也被认为是耐用品.

例 3.6.6 预测某件耐用品的使用寿命 (实验 $\mathcal{E}$), 试求 $\mathcal{E}$ 的因果量化模型 (参看例 2.5.12).

解 假定寿命可以是 $(-\infty, +\infty)$ 中的任意实数. 用实数 x 表示事件 "耐用品的寿命为 x", 并认定它是实验 $\mathcal{E}$ 中基本事件. 令

$$\mathbf{R} = \{x | -\infty < x < +\infty\} \tag{3.6.38}$$

显然, 实验 $\mathcal{E}$ 实施时 $\mathbf{R}$ 中有且仅有一个事件出现, 故 $\mathbf{R}$ 是 $\mathcal{E}$ 产生的样本空间. 于是, 应用几何建模法得出 $\mathcal{E}$ 的因果模型是 Borel 试验 $(\mathbf{R}, \mathcal{B})$.

为了使 $\mathcal{B}$ 中事件的实际意义清晰, 用 ξ 表示耐用品的使用寿命, 则 $(-\infty, x] \in \mathcal{B}$ 是事件 $\{\xi \leqslant x\}$ (寿命小于等于 x); $(a, b] \in \mathcal{B}$ 是事件 $\{a < \xi \leqslant b\}$ (寿命大于 a, 小于等于 b); $(b, +\infty) \in \mathcal{B}$ 是事件 $\{\xi > b\}$ (寿命大于 b), 等等.

现在用分布函数赋概法进行赋概. 选 $\mathcal{B}$ 的芽集为

$$\mathcal{A}_0 = \{(\xi \leqslant x) | -\infty < x < +\infty\} \tag{3.6.39}$$

显然, 寿命不能是负值和零 (假定耐用品未失效), 即

$$P\{\xi \leqslant x\} = 0, \quad x \leqslant 0 \tag{3.6.40}$$

设 $x, y > 0$. 应用耐用品的 "定义" 得出文字等式

在已使用 x 小时条件下事件 "再使用 y 小时" 的条件概率

$=$ 事件 "耐用品寿命大于 y 小时" 的概率 　　　　　　　　　　　　(3.6.41)

预支条件概率的知识, 由此推出[①]

$$P\{\xi > x + y\} = P\{\xi > x\}P\{\xi > y\} \tag{3.6.42}$$

于是, 令 $G(x) = P\{\xi > x\}$, (3.6.42) 是

$$G(x + y) = G(x)G(y) \tag{3.6.42'}$$

应用引理 3.5.2 得出 $G(x) = a^x (a \geqslant 0)$. 注意到 $x > 0$ 和 a^x 是概率值, 由此推出 $0 < a < 1$. 再令 $\lambda = -\ln a > 0$, 则

$$P\{\xi > x\} = G(x) = \mathrm{e}^{-\lambda x} \tag{3.6.43}$$

$$F(x) = 1 - P\{\xi > x\} = 1 - \mathrm{e}^{-\lambda x} \tag{3.6.44}$$

联合 (3.6.40) 即得 $\mathcal{A}_0$ 中事件的概率值组成的函数是

$$F(x) = \begin{cases} 0, & x < 0 \\ 1 - \mathrm{e}^{-\lambda x}, & x \geqslant 0 \end{cases} \tag{3.6.45}$$

它的确是分布函数. 赋概工作完成.

最终得出, 本例实验 $\mathcal{E}$ 的因果量化模型是 Kolmogorov 型概率空间 $(\mathbf{R}, \mathcal{B}, P \Leftarrow F)$, 其中 F 是参数为 λ 的指数分布函数.

3.6.4　分布函数的补充知识

下面介绍分布函数的一个重要结论, 不证明. 目的是帮助读者较全面地认识分布函数.

定义 3.6.5 　i) 称分布函数 $F(x)$ 是奇异型的, 如果 $F(x)$ 是连续函数, 导数几乎处处 (关于 Lebesgue 测度而言) 存在, 且 $F'(x) = 0$.

ii) 称分布函数 $F(x)$ 是混合型的, 如果它不属于离散型、连续型和奇异型.

---

① 由 4.1 节和 4.2 节的讨论, 文字等式 (3.6.41) 成为符号式

$$P(\xi > x + y | \xi > x) = P\{\xi > y\}$$

由此容易推出 (3.6.42).

定理 3.6.2 (Lebesque) 设 $F(x)$ 是任意的分布函数, 那么存在分布函数 $F_i(x)(i = 1, 2, 3)$ 使得

$$F(x) = \lambda_1 F_1(x) + \lambda_2 F_2(x) + \lambda_3 F_3(x) \tag{3.6.46}$$

其中 $F_1(x)$ 是离散型的, $F_2(x)$ 是连续型的, $F_3(x)$ 是奇异型的; $\lambda_1, \lambda_2, \lambda_3$ 是非负实数, 且 $\lambda_1 + \lambda_2 + \lambda_3 = 1$. 并且分解式 (3.6.46) 是唯一的.

3.7　n 维 Kolmogorov 型概率空间: n 元分布函数赋概法

不难把 3.6 节的指导思想和内容推广到 n 维情形. 困难之处在于内容的陈述和符号表达式变复杂了.

定义 3.7.1 称概率空间 $(\mathbf{R}^n, \mathcal{B}^n, P)$ 为 n 维 Kolmogorov 型的, 如果 $(\mathbf{R}^n, \mathcal{B}^n)$ 是 n 维 Borel 试验.

3.7.1　分析学中的 n 元分布函数、分布律和分布密度

定义 3.7.2 设 $\mathbf{R}^n$ 是 n 维欧氏空间, $F(x_1, x_2, \cdots, x_n)$ 是定义在 $\mathbf{R}^n$ 上的非负实值函数. 如果 $F(x_1, x_2, \cdots, x_n)$ 满足下列四个条件:

i) 单调不减性: 对每个自变量 $x_i(1 \leqslant i \leqslant n)$, $F(x_1, x_2, \cdots, x_n)$ 是 x_i 的单调不减函数;

ii) 右连续性: 对每个自变量 $x_i(1 \leqslant i \leqslant n)$, $F(x_1, x_2, \cdots, x_n)$ 是 x_i 的右连续函数;

iii) 规范性: 对每个自变量 $x_i(1 \leqslant i \leqslant n)$, 成立

$$\lim_{x_i \to -\infty} F(x_1, x_2, \cdots, x_n) = 0 \tag{3.7.1}$$

而当 $x_1 \to +\infty, x_2 \to +\infty, \cdots, x_n \to +\infty$ 时成立

$$F(+\infty, +\infty, \cdots, +\infty) = \lim_{x_i \to +\infty, 1 \leqslant i \leqslant n} F(x_1, x_2, \cdots, x_n) = 1 \tag{3.7.2}$$

iv) 相容性: 对任意的 $-\infty < a_i < b_i < +\infty (i = 1, 2, \cdots, n)$, 成立

$$F_0 - \sum_{i=1}^{n} F_i + \sum_{i<j} F_{ij} - \sum_{i<j<k} F_{ijk} + \cdots + (-1)^n F_{1,2,\cdots,n} \geqslant 0 \tag{3.7.3}$$

其中 $F_0 = F(b_1, b_2, \cdots, b_n)$; 对任意的 $1 \leqslant i < j < \cdots < m \leqslant n$ 有

$$F_{ij\cdots m} \stackrel{\text{def}}{=\!=} F(x_1, x_2, \cdots, x_n) \Big|_{\substack{x_r = a_r, \quad r=i,j,\cdots,m \\ x_r = b_r \quad r \neq i,j,\cdots,m}} \tag{3.7.4}$$

那么, 称 $F(x_1, x_2, \cdots, x_n)$ 为 n 元分布函数, 简记为 F, 或 $F(\mathbf{R}^n)$.

说明 当 $n = 1$ 时 (3.7.3) 成为 $F(b_1) - F(a_1) \geqslant 0$, 这是条件 i) 的推论. 故 $n = 1$ 时定义 3.7.2 和定义 3.6.2 一致. 当 $n = 2$ 时 (3.7.3) 成为

$$F(b_1, b_2) - F(a_1, b_2) - F(b_1, a_2) + F(a_1, a_2) \geqslant 0 \qquad (3.7.5)$$

下面的例题展示, 当 $n \geqslant 2$ 时条件 iv) 不能从前三个条件推出, 因此是一个不能去除的条件.

例 3.7.1 验证函数

$$F(x, y) = \begin{cases} 0, & x + y < 0 \\ 1, & x + y \geqslant 0 \end{cases}$$

满足定义 3.7.2 中条件 i), ii) 和 iii), 但不满足条件 iv).

解 容易验证, $F(x, y)$ 满足定义 3.7.2 中条件 i), ii) 和 iii). 往证它不满足条件 iv).

在坐标平面 $\mathbf{R}^2$ 上选取矩形 $(-1, 2] \times (-1, 2]$. 把四个顶点 $(-1, -1)$, $(-1, 2)$, $(2, -1)$, $(2, 2)$ 的函数值代入 (3.7.5) 左方, 得到

$$F(2, 2) - F(-1, 2) - F(2, -1) + F(-1, -1) = -1$$

得证 $F(x, y)$ 不满足条件 iv). ■

和一维情形一样, 概率论主要讨论离散型和连续型两类分布函数.

定义 3.7.3 称分布函数 $F(x_1, x_2, \cdots, x_n)$ 是离散型的, 如果 $\mathbf{R}^n$ 中存在有限或可列个点 $(x_1^i, x_2^i, \cdots, x_n^i)(i = 0, 1, 2, \cdots)$ 和相应实数 $p_i(i = 0, 1, 2, \cdots)$, 使得 F 有解析表达式

$$F(x_1, x_2, \cdots, x_n) = \sum_{i \geqslant 0} p_i \varepsilon(x_1 - x_1^i) \varepsilon(x_2 - x_2^i) \cdots \varepsilon(x_n - x_n^i) \qquad (3.7.6)$$

这时, 称 $\mathbf{R}^n$ 上的非负实值栅函数

$$p(x_1, x_2, \cdots, x_n) = \begin{cases} p_i, & (x_1, \cdots, x_n) = (x_1^i, \cdots, x_n^i)(i = 0, 1, 2, \cdots) \\ 0, & \text{其他} \end{cases} \qquad (3.7.7)$$

为分布函数 $F(\mathbf{R}^n)$ 的 (n 元) 分布律.

显然, 分布律 $p(\mathbf{R}^n)$ 有如下的表格式

$\mathbf{R}^n$	$(x_1^0, \cdots, x_n^0),$	$(x_1^1, \cdots, x_n^1)$	$\cdots$	$(x_1^i, \cdots, x_n^i)$	$\cdots$	其他 $(x_1, \cdots, x_n)$
p	p_0	p_1	$\cdots$	p_i	$\cdots$	0

$p(\mathbf{R}^n):$

定义 3.7.4 称分布函数 $F(x_1, x_2, \cdots, x_n)$ 为连续型的, 如果存在非负实值函数 $f(x_1, x_2, \cdots, x_n)$, 使得对任意的 $(x_1, x_2, \cdots, x_n) \in \mathbf{R}^n$ 成立

$$F(x_1, x_2, \cdots, x_n) = \int_{-\infty}^{x_1} \int_{-\infty}^{x_2} \cdots \int_{-\infty}^{x_n} f(u_1, u_2, \cdots, u_n) \mathrm{d}u_1 \mathrm{d}u_2 \cdots \mathrm{d}u_n \quad (3.7.8)$$

这时称 $f(x_1, x_2, \cdots, x_n)$ 为分布函数 $F(\mathbf{R}^n)$ 的 n 元分布密度函数, 简称为分布密度, 简记为 f 或 $f(\mathbf{R}^n)$.

显然, 由 (3.7.8) 推出, 在 $f(x_1, x_2, \cdots, x_n)$ 的连续点处成立

$$f(x_1, x_2, \cdots, x_n) = \frac{\partial^n}{\partial x_1 \partial x_2 \cdots \partial x_n} F(x_1, x_2, \cdots, x_n) \quad (3.7.9)$$

但是, 和一维情形一样, 反之不成立. 即 (3.7.9) 成立时 (3.7.8) 可能不成立.

现在, 很容易把引理 3.6.1 — 引理 3.6.3 推广到 n 维情形. 我们直接写出推广的引理, 证明留给读者.

引理 3.7.1 分布函数 $F(x_1, x_2, \cdots x_n)$ 对每个自变量 $x_i (1 \leqslant i \leqslant n)$ 是右连续, 左极限存在的函数; 并且至多有可列个间断点.

引理 3.7.2 设 $p(x_1, x_2, \cdots, x_n)$ 是定义在 $\mathbf{R}^n$ 上非负实值栅函数 (3.7.7), 那么它是分布律的必要充分条件是满足条件

$$\sum_{i \geqslant 0} p_i = 1 \quad (3.7.10)$$

这时, $p(\mathbf{R}^n)$ 生成的分布函数是 (3.7.6).

引理 3.7.3 设 $f(x_1, x_2, \cdots, x_n)$ 是定义在 $\mathbf{R}^n$ 上的非负实值可积函数, 那么 $f(\mathbf{R}^n)$ 是分布密度的必要充分条件是

$$\int_{-\infty}^{+\infty} \int_{-\infty}^{+\infty} \cdots \int_{-\infty}^{+\infty} f(x_1, x_2, \cdots, x_n) \mathrm{d}x_1 \mathrm{d}x_2 \cdots \mathrm{d}x_n = 1 \quad (3.7.11)$$

这时, $f(\mathbf{R}^n)$ 生成的分布函数是 (3.7.8).

例 3.7.2 在欧氏平面 $\mathbf{R}^2$ 上给定分布律

$\mathbf{R}^2$	(0,0)	(1,−1)	(2,2)	其他 (x,y)
p	$3a$	$2a$	a	0

$p(x,y):$

试确定常数 a, 并求 $p(x,y)$ 生成的分布函数.

解 由引理 3.7.2 得出

$$3a + 2a + a = 1$$

故常数 $a = \dfrac{1}{6}$; $p(x,y)$ 生成的分布函数是

$$F(x,y) = \frac{1}{2}\varepsilon(x)\varepsilon(y) + \frac{1}{3}\varepsilon(x-1)\varepsilon(y+1) + \frac{1}{6}\varepsilon(x-2)\varepsilon(y-2)$$

其中 $\varepsilon(x)$ 是单位跳函数.

例 3.7.3　给定 $\mathbf{R}^2$ 上非负实值函数

$$f(x,y) = \begin{cases} \dfrac{A}{(1+x+y)^3}, & x > 0 \text{且} y > 0 \\ 0, & \text{其他} \end{cases}$$

试问: A 为何值时 $f(x,y)$ 是分布密度, 并求它生成的分布函数.

解　由引理 3.7.3 得出

$$\begin{aligned}
1 &= \iint\limits_{\mathbf{R}^2} f(x,y)\mathrm{d}x\mathrm{d}y = \int_0^{+\infty}\int_0^{+\infty} \frac{A}{(1+x+y)^3}\mathrm{d}x\mathrm{d}y \\
&= \int_0^{+\infty}\left[\int_0^{+\infty}\frac{A}{(1+x+y)^3}\mathrm{d}y\right]\mathrm{d}x = \frac{A}{2}
\end{aligned}$$

故 $A = 2$ 时 $f(x,y)$ 是分布密度函数.

假定 $x > 0$, $y > 0$, 我们有

$$\begin{aligned}
F(x,y) &= \int_{-\infty}^x\int_{-\infty}^y f(u,v)\mathrm{d}u\mathrm{d}v \\
&= \int_0^x\int_0^y \frac{2}{(1+u+v)^3}\mathrm{d}u\mathrm{d}v \\
&= \int_0^x\left[\int_0^y \frac{2}{(1+u+v)^3}\mathrm{d}v\right]\mathrm{d}u \\
&= 1 - \frac{1}{1+x} - \frac{1}{1+y} + \frac{1}{1+x+y}
\end{aligned}$$

显然, 当 $x \leqslant 0$ 和 $y \leqslant 0$ 有一个成立时

$$F(x,y) = \int_{-\infty}^x\int_{-\infty}^y f(u,v)\mathrm{d}u\mathrm{d}v = 0$$

于是得出 $f(x,y)$ 生成的分布函数是

$$F(x,y) = \begin{cases} 1 - \dfrac{1}{1+x} - \dfrac{1}{1+y} + \dfrac{1}{1+x+y}, & x \geqslant 0 \text{ 且 } y \geqslant 0 \\ 0, & \text{其他} \end{cases}$$

例 3.7.4 验证函数

$$F(x,y) = \begin{cases} 0, & x < 0 \text{ 或 } y < 0 \\ \dfrac{x^3 y}{3} + \dfrac{x^2 y^2}{12}, & 0 \leqslant x < 1 \text{ 且 } 0 \leqslant y < 2 \\ \dfrac{2}{3}x^3 + \dfrac{1}{3}x^2, & 0 \leqslant x < 1 \text{ 且 } y \geqslant 2 \\ \dfrac{1}{3}y + \dfrac{1}{12}y^2, & x \geqslant 1 \text{ 且 } 0 \leqslant y < 2 \\ 1, & x \geqslant 1 \text{ 且 } y \geqslant 2 \end{cases}$$

是连续型分布函数, 并求它的分布密度.

解 先求 $F(x,y)$ 的二阶偏导数

$$f(x,y) = \frac{\partial^2 F(x,y)}{\partial x \partial y} = \begin{cases} x^2 + \dfrac{1}{3}xy, & 0 < x < 1 \text{ 且 } 0 < y < 2 \\ 0, & \text{其他} \end{cases}$$

显然 $f(x,y)$ 是非负实值函数, 并且

$$\int_{-\infty}^{+\infty} \int_{-\infty}^{+\infty} f(x,y) \mathrm{d}x \mathrm{d}y = \int_0^1 \int_0^2 \left(x^2 + \frac{1}{3}xy\right) \mathrm{d}x \mathrm{d}y$$
$$= \int_0^1 \left[\int_0^2 \left(x^2 + \frac{1}{3}xy\right) \mathrm{d}y \right] \mathrm{d}x = 1$$

由引理 3.7.3 得出 $f(x,y)$ 是分布密度, 它生成的分布函数是 $F(x,y)$. 得证 $F(x,y)$ 是连续型分布函数, 它的分布密度是 $f(x,y)$.

例 3.7.5 设 $F_i(x)(i = 1, 2, \cdots, n)$ 是一元连续型分布函数, 它的分布密度是 $f_i(x)$. 试证

$$f(x_1, x_2, \cdots, x_n) = f_1(x_1) f_2(x_2) \cdots f_n(x_n), \quad (x_1, x_2, \cdots, x_n) \in \mathbf{R}^n \qquad (3.7.12)$$

是 n 元分布密度, 它生成的 n 元分布函数是

$$F(x_1, x_2, \cdots, x_n) = F_1(x_1) F_2(x_2) \cdots F_n(x_n), \quad (x_1, x_2, \cdots, x_n) \in \mathbf{R}^n \qquad (3.7.13)$$

解 显然 $f(x_1, x_2, \cdots, x_n)$ 是非负实值函数, 由于

$$\int_{-\infty}^{+\infty} \int_{-\infty}^{+\infty} \cdots \int_{-\infty}^{+\infty} f(x_1, x_2, \cdots, x_n) \mathrm{d}x_1 \mathrm{d}x_2 \cdots \mathrm{d}x_n$$
$$= \int_{-\infty}^{+\infty} \int_{-\infty}^{+\infty} \cdots \int_{-\infty}^{+\infty} f_1(x_1) f_2(x_2) \cdots f_n(x_n) \mathrm{d}x_1 \mathrm{d}x_2 \cdots \mathrm{d}x_n$$

$$= \prod_{i=1}^{n} \int_{-\infty}^{+\infty} f(x_i)\mathrm{d}x_i = 1$$

由引理 3.7.3 知 $f(x_1, x_2, \cdots, x_n)$ 是 n 元分布密度, 它生成的分布函数是

$$F(x_1, x_2, \cdots, x_n) = \int_{-\infty}^{x_1} \int_{-\infty}^{x_2} \cdots \int_{-\infty}^{x_n} f(u_1, u_2, \cdots, u_n)\mathrm{d}u_1\mathrm{d}u_2 \cdots \mathrm{d}u_n$$

$$= \prod_{i=1}^{n} \int_{-\infty}^{x_i} f_i(u_i)\mathrm{d}u_i = \prod_{i=1}^{n} F_i(x_i)$$

结论得证.

和一维情形一样, 我们需要熟悉一些常用的分布律、分布密度和分布函数. 同样, 3.5 节中的六个分布列 (3.5.3)—(3.5.8) 可以改造成六个 n 元分布律. 为了展示 "改造" 的方法, 这里写出两个 n 元分布律 —— n 元二项分布律 $B(k,p)$ 和 n 元 Poisson 分布律 $P(\lambda)$.

$$B(k,p): \quad \begin{array}{c|ccccc|c} \mathbf{R}^n & (x_1^0, x_2^0, \cdots, x_n^0) & \cdots & (x_1^i, x_2^i, \cdots, x_n^i) & \cdots & (x_1^k, x_2^k, \cdots, x_n^k) & \text{其他}(x_1, x_2, \cdots, x_n) \\ \hline B(k,p) & q^k & \cdots & \mathrm{C}_n^i p^i q^{k-i} & \cdots & p^k & 0 \end{array}$$

$$\text{(3.7.14)}$$

$$P(\lambda): \quad \begin{array}{c|ccccc|c} \mathbf{R}^n & (x_1^0, x_2^0, \cdots, x_n^0) & \cdots & (x_1^i, x_2^i, \cdots, x_n^i) & \cdots & \text{其他}\ (x_1, x_2, \cdots, x_n) \\ \hline P(\lambda) & \mathrm{e}^{-\lambda} & \cdots & \dfrac{\lambda^i}{i!}\mathrm{e}^{-\lambda} & \cdots & 0 \end{array}$$

$$\text{(3.7.15)}$$

下面是几个常用的分布密度和分布函数.

A. 均匀分布 (密度或函数)

设 D 是 $\mathbf{R}^n$ 中的 Borel 集, $\mu(D)$ 是它的 Lebesgue 测度 (即 n 维体积). 当 $0 < \mu(D) < +\infty$ 时称函数

$$f(x_1, x_2, \cdots, x_n) = \begin{cases} \dfrac{1}{\mu(D)}, & (x_1, x_2, \cdots, x_n) \in D \\ 0, & \text{其他} \end{cases} \qquad \text{(3.7.16)}$$

为区域 D 上的均匀分布密度函数.

容易证明, $f(\mathbf{R}^n)$ 满足 (3.7.11), 它生成的分布函数为

$$F(x_1, x_2, \cdots, x_n) = \int_{-\infty}^{x_1} \int_{-\infty}^{x_2} \cdots \int_{-\infty}^{x_n} f(u_1, u_2, \cdots, u_n)\mathrm{d}u_1\mathrm{d}u_2 \cdots \mathrm{d}u_n \qquad \text{(3.7.17)}$$

称之为 D 上的均匀分布函数.

特别, 当 $D = [a_1, b_1] \times [a_2, b_2] \times \cdots \times [a_n, b_n]$ 时, (3.7.17) 成为

$$f(x_1, x_2, \cdots, x_n) = \begin{cases} \dfrac{1}{(b_1 - a_1)(b_2 - a_2) \cdots (b_n - a_n)}, & (x_1, x_2, \cdots, x_n) \in D \\ 0, & \text{其他} \end{cases}$$
(3.7.18)

B. 二维正态分布 $\mathcal{N}(\boldsymbol{\mu}, C)$

给定实数 $\mu_1, \mu_2, \sigma_1 > 0, \sigma_2 > 0$ 和 $|r| \leqslant 1$. 称

$$f(x_1, x_2) = \frac{1}{2\pi\sigma_1\sigma_2\sqrt{1 - r^2}} \exp\left\{ -\frac{1}{2(1 - r^2)} \left[\frac{(x_1 - \mu_1)^2}{\sigma_1^2} \right. \right.$$
$$\left. \left. -\frac{2r(x_1 - \mu_1)(x_2 - \mu_2)}{\sigma_1\sigma_2} + \frac{(x_2 - \mu_2)^2}{\sigma_2^2} \right] \right\}$$
(3.7.19)

为参数为 $(\mu_1, \mu_2, \sigma_1, \sigma_2, r)$ 的二维正态分布密度函数. 称

$$F(x_1, x_2) = \int_{-\infty}^{x_1} \int_{-\infty}^{x_2} f(u_1, u_2) \mathrm{d}u_1 \mathrm{d}u_2$$
(3.7.20)

为参数为 $(\mu_1, \mu_2, \sigma_1, \sigma_2, r)$ 的二维正态分布函数.

需证 $f(x_1, x_2)$ 满足条件 (3.7.11). 由于证明过程的中间结果也重要, 因此给出如下引理.

引理 3.7.4 设 $f(x_1, x_2)$ 的解析式为 (3.7.19), 那么

i) $f(x_1, x_2) > 0$, 对任意的 $(x_1, x_2) \in \mathbf{R}^2$;

ii) $\displaystyle\int_{-\infty}^{+\infty} f(x_1, x_2)\mathrm{d}x_2 = \frac{1}{\sqrt{2\pi}\sigma_1} \mathrm{e}^{-\frac{(x_1 - \mu_1)^2}{2\sigma_1^2}}$,
(3.7.21)

$\displaystyle\int_{-\infty}^{+\infty} f(x_1, x_2)\mathrm{d}x_1 = \frac{1}{\sqrt{2\pi}\sigma_2} \mathrm{e}^{-\frac{(x_2 - \mu_2)^2}{2\sigma_2^2}}$;
(3.7.22)

iii) $\displaystyle\int_{-\infty}^{+\infty} \int_{-\infty}^{+\infty} f(x_1, x_2)\mathrm{d}x_1 \mathrm{d}x_2 = 1.$
(3.7.23)

证明 结论 i) 显然. 往证 (3.7.21). 令 $u = \dfrac{x_1 - \mu_1}{\sigma_1}$, $v = \dfrac{x_2 - \mu_2}{\sigma_2}$, 我们有

$$\int_{-\infty}^{+\infty} f(x_1, x_2)\mathrm{d}x_2 = \frac{1}{2\pi\sigma_1\sqrt{1 - r^2}} \int_{-\infty}^{+\infty} \exp\left\{ \frac{1}{2(1 - r^2)}(u^2 - 2ruv + v^2) \right\} \mathrm{d}v$$

$$= \frac{1}{\sqrt{2\pi}\sigma_1} \mathrm{e}^{-\frac{u^2}{2}} \int_{-\infty}^{+\infty} \frac{1}{\sqrt{2\pi} \cdot \sqrt{1 - r^2}} \exp\left\{ -\frac{(v - ru)^2}{2(1 - r^2)} \right\} \mathrm{d}v$$

$$= \frac{1}{\sqrt{2\pi}\sigma_1} \mathrm{e}^{-\frac{u^2}{2}} \int_{-\infty}^{+\infty} \frac{1}{\sqrt{2\pi}} \mathrm{e}^{-\frac{t^2}{2}} \mathrm{d}t \quad \left(\Leftrightarrow t = \frac{v - ru}{\sqrt{1 - r^2}} \right)$$

于是, 由 (3.6.17) 推出 (3.7.21). 类似地可证 (3.7.22) 成立. 现在应用 (3.6.21) 得出

$$\int_{-\infty}^{+\infty} \int_{-\infty}^{+\infty} f(x_1, x_2)\mathrm{d}x_1 \mathrm{d}x_2 = \int_{-\infty}^{+\infty} \left[\int_{-\infty}^{+\infty} f(x_1, x_2)\mathrm{d}x_1 \right] \mathrm{d}x_2$$

$$= \int_{-\infty}^{+\infty} \frac{1}{\sqrt{2\pi}\sigma_2} \mathrm{e}^{-\frac{(x_2-\mu_2)^2}{2\sigma_2^2}} \mathrm{d}x_2 = 1$$

得证 iii) 成立, 引理得证. ■

图 3.7.1 是 $f(x_1, x_2)$ 的切断了的图形

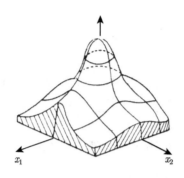

图 3.7.1

【二维正态分布密度的矩阵形式】 　应用矩阵知识, 可以把二维正态分布密度
(3.7.19) 写成

$$f(\boldsymbol{x}) = \frac{1}{2\pi\sqrt{|C|}} \exp\left\{-\frac{1}{2}(\boldsymbol{x}-\boldsymbol{\mu})^\tau C^{-1}(\boldsymbol{x}-\boldsymbol{\mu})\right\} \tag{3.7.24}$$

其中 $\boldsymbol{x}, \boldsymbol{\mu}$ 和 $\boldsymbol{x}-\boldsymbol{\mu}$ 是二维列向量,

$$\boldsymbol{x} = \begin{pmatrix} x_1 \\ x_2 \end{pmatrix}, \quad \boldsymbol{\mu} = \begin{pmatrix} \mu_1 \\ \mu_2 \end{pmatrix}, \quad \boldsymbol{x}-\boldsymbol{\mu} = \begin{pmatrix} x_1-\mu_1 \\ x_2-\mu_2 \end{pmatrix}, \tag{3.7.25}$$

而 $(\boldsymbol{x}-\boldsymbol{\mu})^\tau = (x_1-\mu_1, x_2-\mu_2)$ 是 $\boldsymbol{x}-\boldsymbol{\mu}$ 的转置 (右上角 τ 是矩阵转置符号); C
是 2×2 矩阵, $|C|$ 表示 C 的行列式, C^{-1} 表示 C 的逆矩阵, 它们是

$$C = \begin{pmatrix} \sigma_1^2 & r\sigma_1\sigma_2 \\ r\sigma_1\sigma_2 & \sigma_2^2 \end{pmatrix}, \tag{3.7.26}$$

$$|C| = (1-r^2)\sigma_1^2\sigma_2^2 \tag{3.7.27}$$

$$C^{-1} = \frac{1}{1-r^2} \begin{pmatrix} \dfrac{1}{\sigma_1^2} & \dfrac{-r}{\sigma_1\sigma_2} \\ \dfrac{-r}{\sigma_1\sigma_2} & \dfrac{1}{\sigma_2^2} \end{pmatrix}, \tag{3.7.28}$$

C. n 维正态分布 $\mathcal{N}(\boldsymbol{\mu}, C)$

给定参数 $\boldsymbol{\mu} = (\mu_1, \mu_2, \cdots, \mu_n)^\tau$ 和 $C = (c_{ij})_{n\times n}$. 称 n 元实值函数

$$f(\boldsymbol{x}) = f(x_1, x_2, \cdots, x_n)$$

$$= (2\pi)^{-\frac{n}{2}} |C|^{-\frac{1}{2}} \exp \left\{ -\frac{1}{2} (\boldsymbol{x} - \boldsymbol{\mu})^{\tau} C^{-1} (\boldsymbol{x} - \boldsymbol{\mu}) \right\} \qquad (3.7.29)$$

为参数为 $(\boldsymbol{\mu}, C)$ 的 n 元正态分布密度，其中 C 是 $n \times n$ 阶正定矩阵[①]，$|C|$ 是它的行列式，C^{-1} 是它的逆矩阵；$\boldsymbol{x}, \boldsymbol{\mu}, \boldsymbol{x} - \boldsymbol{\mu}$ 是 n 维列向量，

$$\boldsymbol{x} = \begin{pmatrix} x_1 \\ x_2 \\ \vdots \\ x_n \end{pmatrix}, \quad \boldsymbol{\mu} = \begin{pmatrix} \mu_1 \\ \mu_2 \\ \vdots \\ \mu_n \end{pmatrix}, \quad \boldsymbol{x} - \boldsymbol{\mu} = \begin{pmatrix} x_1 - \mu_1 \\ x_2 - \mu_2 \\ \vdots \\ x_n - \mu_n \end{pmatrix} \qquad (3.7.30)$$

显然，(3.7.29) 指数位置上是一个二次型，

$$(\boldsymbol{x} - \boldsymbol{\mu})^{\tau} C^{-1} (\boldsymbol{x} - \boldsymbol{\mu}) = \sum_{i=1}^{n} \sum_{j=1}^{n} c_{ij}^{-1} (x_i - \mu_i)(x_j - \mu_j) \qquad (3.7.31)$$

这里 $C^{-1} = (c_{ij}^{-1})_{n \times n}$. 特别，

1) 当 $n = 1$ 时 $C = (\sigma^2)_{1 \times 1}$，$|C| = \sigma^2 > 0$，$C^{-1} = \left(\dfrac{1}{\sigma^2} \right)$，$\boldsymbol{x} = x, \boldsymbol{\mu} = \mu$. 于是 (3.7.29) 成为 (3.6.19).

2) 当 $n = 2$ 时 (3.7.29) 成为 (3.7.24).

需证 (3.7.29) 满足条件 (3.7.11). 为此先证一个引理.

引理 3.7.5 给定形如 (3.7.29) 的 n 元函数 $f(\boldsymbol{x})$，那么存在正交矩阵 T，使得对任意的 $\boldsymbol{y} = (y_1, y_2, \cdots, y_n)^{\tau}$ 有

$$f(T\boldsymbol{y} + \boldsymbol{\mu}) = (2\pi)^{-\frac{n}{2}} (\lambda_1 \lambda_2 \cdots \lambda_n)^{-\frac{1}{2}} \exp \left\{ -\frac{1}{2} \sum_{i=1}^{n} \frac{y_i^2}{\lambda_i} \right\} \qquad (3.7.32)$$

其中 $\lambda_1, \lambda_2, \cdots, \lambda_n$ 是矩阵 C 的特征根.

证明 由于 C 是正定的，从而是对称矩阵. 由矩阵论得知，存在一个正交矩阵 T 使得

$$T^{\tau} C T = \begin{pmatrix} \lambda_1 & & & \\ & \lambda_2 & & 0 \\ & & \ddots & \\ 0 & & & \lambda_n \end{pmatrix} \stackrel{\text{def}}{=\!=} \Lambda \qquad (3.7.33)$$

---

① 称矩阵 C 为对称的，如果 $C^{\tau} = C$，即 $c_{ij} = c_{ji}$. 称对称矩阵 C 为正定的，如果对任意的 $\boldsymbol{\alpha} = (\alpha_1, \alpha_2, \cdots, \alpha_n)^{\tau} \in \mathbf{R}^n$，有 $\boldsymbol{\alpha}^{\tau} C \boldsymbol{\alpha} \geqslant 0$，其中等号成立当且仅当 $\boldsymbol{\alpha}$ 是零向量. 如果 C 是正定的，则 $|C| > 0$.

其中 $\lambda_1, \lambda_2, \cdots, \lambda_n$ 是 C 的特征根. 由 C 的正定性推出 $\lambda_i > 0$ $(1 \leqslant i \leqslant n)$. 此外, 由正交矩阵的性质 (指 $T^\tau = T^{-1}$, $|T| = |T^\tau| = 1$) 和 (3.7.33) 得出

$$|C| = |T^\tau| \cdot |C| \cdot |T| = |T^\tau C T| = |\Lambda| = \lambda_1 \lambda_2 \cdots \lambda_n$$

$$\Lambda^{-1} = (T^\tau C T)^{-1} = T^{-1} C^{-1} (T^\tau)^{-1} = T^\tau C^{-1} T$$

$$\Lambda^{-1} = \begin{pmatrix} \dfrac{1}{\lambda_1} & & & \\ & \dfrac{1}{\lambda_2} & & 0 \\ & & \ddots & \\ 0 & & & \dfrac{1}{\lambda_n} \end{pmatrix}$$

于是, 在 (3.7.29) 中用 $T\boldsymbol{y} + \boldsymbol{\mu}$ 代替 $\boldsymbol{x}$, 并应用以上三式得出

$$f(T\boldsymbol{y} + \boldsymbol{\mu}) = (2\pi)^{-\frac{n}{2}} |C|^{-\frac{1}{2}} \exp\left\{ -\frac{1}{2} \boldsymbol{y}^\tau T^\tau C^{-1} T \boldsymbol{y} \right\}$$

$$= (2\pi)^{-\frac{n}{2}} \cdot (\lambda_1 \lambda_2 \cdots \lambda_n)^{-\frac{1}{2}} \exp\left\{ -\frac{1}{2} \boldsymbol{y}^\tau \Lambda^{-1} \boldsymbol{y} \right\}$$

$$= (2\pi)^{-\frac{n}{2}} \cdot (\lambda_1 \lambda_2 \cdots \lambda_n)^{-\frac{1}{2}} \exp\left\{ -\frac{1}{2} \sum_{i=1}^{n} \frac{y_i^2}{\lambda_i} \right\}$$

得证 (3.7.32).　　　　　　　　　　　　　　　　　　　　　　　　　　　■

【证 $f(\boldsymbol{x})$ 是 n 元分布密度】　需证 $f(\boldsymbol{x})$ 是 (3.7.29) 时满足条件 (3.7.11). 为此, 对 (3.7.11) 左方积分进行 $\boldsymbol{x} = T\boldsymbol{y} + \boldsymbol{\mu}$ 的积分变量代换. 由 T 是正交矩阵知代换的雅可比行列为

$$\frac{\partial \boldsymbol{x}}{\partial \boldsymbol{y}} = \frac{D(x_1, x_2, \cdots, x_n)}{D(y_1, y_2, \cdots, y_n)} = |T| = \pm 1$$

因此, (3.7.11) 左方积分等于

$$\int_{\mathbf{R}^n} f(\boldsymbol{x}) \mathrm{d}\boldsymbol{x} = \int_{\mathbf{R}^n} f(T\boldsymbol{y} + \boldsymbol{\mu}) \left| \frac{\partial \boldsymbol{x}}{\partial \boldsymbol{y}} \right| \mathrm{d}\boldsymbol{y} = \int_{\mathbf{R}^n} f(T\boldsymbol{y} + \boldsymbol{\mu}) \mathrm{d}\boldsymbol{y}$$

现在, 应用引理 3.7.5 得出

$$\int_{-\infty}^{+\infty} \int_{-\infty}^{+\infty} \cdots \int_{-\infty}^{+\infty} f(x_1, x_2, \cdots, x_n) \mathrm{d}x_1 \mathrm{d}x_2 \cdots \mathrm{d}x_n$$

$$= (2\pi)^{-\frac{n}{2}} \cdot (\lambda_1 \lambda_2 \cdot \lambda_n)^{-\frac{1}{2}} \int_{-\infty}^{+\infty} \int_{-\infty}^{+\infty} \cdots \int_{-\infty}^{+\infty} \exp\left\{ -\frac{1}{2} \sum_{i=1}^{n} \frac{y_i^2}{\lambda_i} \right\} \mathrm{d}y_1 \mathrm{d}y_2 \cdots \mathrm{d}y_n$$

$$= \prod_{i=1}^{n} \frac{1}{\sqrt{2\pi\lambda_i}} \int_{-\infty}^{+\infty} \mathrm{e}^{-\frac{y_i^2}{2\lambda_i}} \mathrm{d}y_i = 1$$

得证所要的结论.

3.7.2 *n* 元分布函数和 *n* 维 Kolmogorov 型概率空间

n 维 Kolmogorov 型概率空间 $(\mathbf{R}^n, \mathcal{B}^n, P)$ 的定义已在本节开篇时给出, 下面是这个空间的基本定理.

定理 3.7.1 (基本定理)　i) 设 $(\mathbf{R}^n, \mathcal{B}^n, P)$ 是 *n* 维 Kolmogorov 型概率空间, 那么概率测度 $P(\mathcal{B}^n)$ 用公式

$$F(x_1, x_2, \cdots, x_n) = P\left\{ \prod_{i=1}^{n}(-\infty, x_i] \right\}, \quad (x_1, x_2, \cdots, x_n) \in \mathbf{R}^n \qquad (3.7.34)$$

定义一个 *n* 元分布函数.

ii) 反之, 设 $(\mathbf{R}^n, \mathcal{B}^n)$ 是 *n* 维 Borel 试验, $F(x_1, x_2, \cdots, x_n)$, $(x_1, x_2, \cdots, x_n) \in \mathbf{R}^n$ 是任意的分布函数. 那么在 $(\mathbf{R}^n, \mathcal{B}^n)$ 上存在唯一的概率测度 $P(\mathcal{B}^n)$, 使得 (3.7.34) 成立. 并且这个概率测度可以表示为: 对任意的 $B \in \mathcal{B}^n$ 有

$$P(B) = \int_B \mathrm{d}F(\boldsymbol{x}) = \int \cdots \int_B \mathrm{d}_{x_1} \mathrm{d}_{x_2} \cdots \mathrm{d}_{x_n} F(x_1, x_2, \cdots, x_n) \qquad (3.7.35)$$

其中右方是 *n* 元 Lebesgue-Stieltjes 积分, 简称为 L-S 积分. 特别,

1) 当 $F(x_1, x_2, \cdots, x_n)$ 是离散型分布函数, 且分布律是 (3.7.7) 时 L-S 积分 (3.7.35) 成为有限和或可列和, 即

$$P(B) = \sum_{i:(x_1^i, \cdots, x_n^i) \in B} p_i \qquad (3.7.36)$$

2) 当 $F(x_1, x_2, \cdots, x_n)$ 是连续型分布函数, 且分布密度是 $f(x_1, x_2, \cdots, x_n)$ 时 L-S 积分 (3.7.35) 成为普通积分

$$P(B) = \int \cdots \int_B f(x_1, x_2, \cdots, x_n) \mathrm{d}x_1 \mathrm{d}x_2 \cdots \mathrm{d}x_n \qquad (3.7.37)$$

证明　i) 设 $F(x_1, x_2, \cdots, x_n)$ 是 (3.7.34) 定义的点函数. 和一维情形类似地可证 $F(\mathbf{R}^n)$ 满足定义 3.7.2 中条件 i)—iii) (参看定理 3.6.1).

下证 $F(\mathbf{R}^n)$ 满足定义 3.7.2 中相容性条件 iv). 引进差分算子 $\Delta_i (i = 1, 2, \cdots, n)$,

$$\Delta_i F(a_1, a_2, \cdots, a_n) = F(a_1, \cdots, a_{i-1}, b_i, a_{i+1}, \cdots, a_n) - F(a_1, a_2, \cdots, a_n)$$

使用 (3.7.4) 中记号, 我们有

$$\Delta_n F(a_1, a_2, \cdots, a_n) = F_{12\cdots(n-1)} - F_{12\cdots n}$$

$$\Delta_{n-1} \Delta_n F(a_1, a_2, \cdots, a_n) = \Delta_{n-1} F_{12\cdots(n-1)} - \Delta_{n-1} F_{12\cdots n}$$

$$= F_{12\cdots(n-2)} - F_{1\cdots(n-2)(n-1)} - F_{1\cdots(n-2)n} + F_{12\cdots n}$$

如此不断地继续下去, 直至得到

$$\Delta_1\Delta_2\cdots\Delta_n F(a_1, a_2, \cdots, a_n) = \text{式 (3.7.3) 的左方} \qquad (3.7.38)$$

现在证左方值等于概率 $P\{(a_1, b_1] \times (a_2, b_2] \times \cdots \times (a_n, b_n]\}$. 事实上, 应用 (3.7.34) 和概率测度 $P(\mathcal{B}^n)$ 的可减性, 有

① $P\{(-\infty, a_1] \times (-\infty, a_2] \times \cdots \times (-\infty, a_n]\} = F(a_1, a_2, \cdots, a_n)$

② $P\{(-\infty, a_1] \times \cdots \times (-\infty, a_{n-1}] \times (a_n, b_n]\}$

$$= P\{(-\infty, a_1] \times \cdots \times (-\infty, a_{n-1}] \times (-\infty, b_n]\}$$
$$\quad - P\{(-\infty, a_1] \times \cdots \times (-\infty, a_{n-1}] \times (-\infty, a_n]\}$$
$$= F_{12\cdots(n-1)} - F_{12\cdots n} = \Delta_n F(a_1, a_2, \cdots, a_n)$$

③ $P\{(-\infty, a_1] \times \cdots \times (-\infty, a_{n-2}] \times (a_{n-1}, b_{n-1}] \times (a_n, b_n]\}$

$$= P\{(-\infty, a_1] \times \cdots \times (-\infty, a_{n-2}] \times (-\infty, b_{n-1}] \times (a_n, b_n]\}$$
$$\quad - P\{(-\infty, a_1] \times \cdots \times (-\infty, a_{n-2}] \times (-\infty, a_{n-1}] \times (a_n, b_n]\}$$
$$= \Delta_{n-1} F_{12\cdots n-1} - \Delta_{n-1} F_{12\cdots n}$$
$$= \Delta_{n-1}\Delta_n F(a_1, a_2, \cdots, a_n)$$

如此不断地继续下去, 直至得到

$$P\{(a_1, b_1] \times (a_2, b_2] \times \cdots \times (a_n, b_n]\} = \Delta_1\Delta_2\cdots\Delta_n F(a_1, a_2, \cdots, a_n) \qquad (3.7.39)$$

于是, 联合 (3.7.38) 和 (3.7.39) 推出相容性条件 (3.7.3) 成立. 得证 $F(x_1, x_2, \cdots, x_n)$ 是 n 元分布函数.

ii) 首先证明特殊情形 1). 假定给定的分布律是 (3.7.7), 则它生成的分布函数是 (3.7.6). 与定理 3.5.1 的证明完全类似, 容易证明用 (3.7.36) 规定的集函数 $P(B)$, $B \in \mathcal{B}^n$ 是 $(\mathbf{R}^n, \mathcal{B}^n)$ 上的概率测度. 在 (3.7.36) 中令 $B = (-\infty, x_1] \times (-\infty, x_2] \times \cdots \times (-\infty, x_n]$, 并应用 (3.7.6) 得出

$$P\left\{\prod_{j=1}^{n}(-\infty, x_j]\right\} = \sum_{i:(x_1^i, \cdots, x_n^i) \in \prod_{j=1}^{n}(-\infty, x_j]} p_i$$
$$= \sum_{i \geqslant 0} p_i \varepsilon(x_1 - x_1^i)\varepsilon(x_2 - x_2^i)\cdots\varepsilon(x_n - x_n^i)$$

$$= F(x_1, x_2, \cdots, x_n)$$

得证 $P(\mathcal{B}^n)$ 满足 (3.7.34). 特殊情形 1) 得证.

其次证明特殊情形 2). 在定理 3.6.1 特殊情形 2) 的证明中, 用 (3.7.37) 代替那里的 (3.6.30), 应用多重积分的知识即得此处需要的证明.

最后指出, 给定一般的分布函数 $F(x_1, x_2, \cdots, x_n)$, 应用 L-S 积分理论知, 用 (3.7.35) 定义的集函数 $P(\mathcal{B}^n)$ 是 $(\mathbf{R}^n, \mathcal{B}^n)$ 上的概率测度, 并满足关系式 (3.7.4). 证毕. ∎

基本定理说明, 在 n 维 Kolmogorov 概率空间 $(\mathbf{R}^n, \mathcal{B}^n, P)$ 中概率测度 $P(\mathcal{B}^n)$ 和点函数 —— 分布函数 $F(\mathbf{R}^n)$ 相互一一对应. 因此, 一个分布函数 $F(\mathbf{R}^n)$ 完全确定 $(\mathbf{R}^n, \mathcal{B}^n, P)$, 故又记为 $(\mathbf{R}^n, \mathcal{B}^n, P \Leftarrow F)$. 在特殊情形 1), 一个分布律 $p(\mathbf{R}^n)$ 完全确定 $(\mathbf{R}^n, \mathcal{B}^n, P \Leftarrow F)$, 故又记为 $(\mathbf{R}^n, \mathcal{B}^n, P \Leftarrow p)$. 同样, 在特殊情形 2), 一个分布密度 $f(\mathbf{R}^n)$ 完全确定 $(\mathbf{R}^n, \mathcal{B}^n, P \Leftarrow F)$, 故又记为 $(\mathbf{R}^n, \mathcal{B}^n, P \Leftarrow f)$.

和一维情形一样, 研究的基本课题是:

1) 已知 $F(x_1, x_2, \cdots, x_n)$ (或 $p(x_1, x_2, \cdots, x_n)$, 或 $f(x_1, x_2, \cdots, x_n)$), 求 $\mathcal{B}^n$ 中事件 A 的概率;

2) 求分布函数 $F(x_1, x_2, \cdots, x_n)$, 或分布律 $p(x_1, x_2, \cdots, x_n)$, 或分布密度 $f(x_1, x_2, \cdots, x_n)$.

例 3.7.6 给定概率空间 $(\mathbf{R}^2, \mathcal{B}^2, P \Leftarrow p)$, 其中分布律 (图 3.7.2) 是

$$p(\mathbf{R}^2):$$

$\mathbf{R}^2$	$(1,1)$	$(1,3)$	$(2,1)$	$(2,3)$	$(2,4)$	$(3,2)$	其他 (x,y)
p	0.1	0.1	0.3	0.1	0.2	0.2	0

试求事件 $A = [2, +\infty) \times [2, +\infty)$ 和 $B = \{(x,y) \mid x = 2\}$ 的概率.

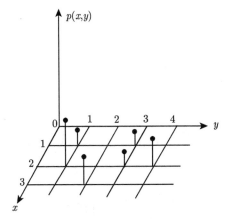

图 3.7.2 分布律 $p(\mathbf{R}^2)$ 的栅函数图形

解　应用公式 (3.7.36) 得出

$$P(A) = P\{(2,3)\} + P\{(2,4)\} + P\{(3,2)\} = 0.1 + 0.2 + 0.2 = 0.5$$
$$P(B) = P\{(2,1)\} + P\{(2,3)\} + P\{(2,4)\} = 0.3 + 0.1 + 0.2 = 0.6$$

例 3.7.7　给定概率空间 $(\mathbf{R}^2, \mathcal{B}^2, P \Leftarrow f)$, 其中分布密度是

$$f(x,y) = \begin{cases} c, & x^2 + y^2 \leqslant r \\ 0, & \text{其他} \end{cases}$$

试确定常数 c, 并求事件 $A = \{(x,y) | x^2 + y^2 \leqslant a^2\}$ $(0 \leqslant a \leqslant r)$ 和 $B = \{(x,y) | x \leqslant b\}$ $(-r \leqslant b \leqslant r)$ 的概率.

解　由引理 3.7.3 得出

$$1 = \int_{-\infty}^{+\infty} \int_{-\infty}^{+\infty} f(x,y) \mathrm{d}x \mathrm{d}y = c \iint_{x^2+y^2 \leqslant r^2} \mathrm{d}x \mathrm{d}y = c\pi r^2$$

故 $c = \dfrac{1}{\pi r^2}$. 应用公式 (3.7.37), 得出

$$P(A) = \iint_{x^2+y^2 \leqslant a^2} \frac{1}{\pi r^2} \mathrm{d}x \mathrm{d}y = \left(\frac{a}{r}\right)^2 \quad (0 \leqslant a \leqslant r)$$

$$P(B) = \iint_{x \leqslant b, x^2+y^2 \leqslant r^2} \frac{1}{\pi r^2} \mathrm{d}x \mathrm{d}y = \frac{1}{\pi r^2} \int_{-r}^{b} \left(\int_{-\sqrt{r^2-x^2}}^{\sqrt{r^2-x^2}} \mathrm{d}y \right) \mathrm{d}x$$

$$= \frac{2}{\pi r^2} \int_{-r}^{b} \sqrt{r^2-x^2} \mathrm{d}x = \frac{2}{\pi r^2} \left(\frac{x}{2}\sqrt{r^2-x^2} + \frac{r^2}{2}\arcsin\frac{x}{r} \right) \Big|_{-r}^{b}$$

$$= \frac{b\sqrt{r^2-b^2}}{\pi r^2} + \frac{b^2}{\pi r^2}\arcsin\frac{b}{r} + \frac{1}{2} \quad (-r \leqslant b \leqslant r)$$

例 3.7.8　给定概率空间 $(\mathbf{R}^2, \mathcal{B}^2, P \Leftarrow \varphi)$, 其中 φ 是二元正态分布密度 $\varphi(\boldsymbol{x}, \boldsymbol{\mu}, C)$, 这里

$$\boldsymbol{x} = \begin{pmatrix} x_1 \\ x_2 \end{pmatrix}, \quad \boldsymbol{\mu} = \begin{pmatrix} \mu_1 \\ \mu_2 \end{pmatrix}, \quad C = \begin{pmatrix} \sigma_1^2 & r\sigma_1\sigma_2 \\ r\sigma_1\sigma_2 & \sigma_2^2 \end{pmatrix}$$

称坐标平面 $\mathbf{R}^2$ 上的曲线

$$\frac{(x_1-\mu_1)^2}{\sigma_1^2} - \frac{2r(x_1-\mu_1)(x_2-\mu_2)}{\sigma_1\sigma_2} + \frac{(x_2-\mu_2)^2}{\sigma_2^2} = \lambda^2 \quad (\lambda > 0)$$

为等概率椭圆. 用 D_λ 表示椭圆围成的区域, 试求 $P(D_\lambda)$.

解　应用定理 3.7.1 得出

$$P(D_\lambda) = \iint\limits_{D_\lambda} \frac{1}{2\pi\sigma_1\sigma_2\sqrt{1-r^2}} \exp\left\{-\frac{1}{2(1-r^2)}\left[\frac{(x_1-\mu_1)^2}{\sigma_1^2}\right.\right.$$

$$\left.\left.-\frac{2r(x_1-\mu_1)(x_2-\mu_2)}{\sigma_1\sigma_2} + \frac{(x_2-\mu_2)^2}{\sigma_2^2}\right]\right\}$$

引进极坐标 $\begin{cases} x_1 - \mu_1 = \rho\cos\theta, \\ x_2 - \mu_2 = \rho\sin\theta, \end{cases}$ 并令

$$S^2 = \frac{1}{1-r^2}\left[\frac{\cos^2\theta}{\sigma_1^2} - 2r\frac{\cos\theta\sin\theta}{\sigma_1\sigma_2} + \frac{\sin^2\theta}{\sigma_2^2}\right]$$

那么

$$P(D_\lambda) = \frac{1}{2\pi\sigma_1\sigma_2\sqrt{1-r^2}}\int_0^{2\pi}\int_0^{\frac{\lambda}{\sqrt[8]{1-r^2}}} e^{-\frac{s^2}{2}\rho^2} \cdot \rho\mathrm{d}\rho\mathrm{d}\theta$$

$$= \frac{1 - e^{-\frac{\lambda^2}{2(1-r^2)}}}{2\pi\sigma_1\sigma_2\sqrt{1-r^2}}\int_0^{2\pi}\frac{1}{s^2}\mathrm{d}\theta$$

虽然 $\int_0^{2\pi}\dfrac{1}{s^2}\mathrm{d}\theta$ 可以用三角函数积分法求值, 但此处没有这个必要. 因为在上式中令 $\lambda \to +\infty$ 后得出

$$1 = \frac{1}{2\pi\sigma_1\sigma_2\sqrt{1-r^2}}\int_0^{2\pi}\frac{1}{s^2}\mathrm{d}\theta$$

于是所求的概率值为

$$P(D_\lambda) = 1 - e^{-\frac{\lambda^2}{2(1-r^2)}}$$

3.7.3　n 元分布函数赋概法

应用定理 3.7.1, 我们总结出 n 元分布函数赋概法.

【n 元分布函数赋概法】　设实验 $\mathcal{E}$ 的因果模型是 n 维 Borel 试验 $(\mathbf{R}^n, \mathcal{B}^n)$, 选 $\mathcal{B}^n$ 的芽集为

$$\mathcal{A}_0 = \left\{\sum_{i=1}^n(-\infty, x_i]\,\bigg|\, x_i \in \mathbf{R}, i = 1, 2, \cdots, n\right\} \tag{3.7.40}$$

如果有理由 (客观的, 或主观的) 可以对 $\mathcal{A}_0$ 中事件进行赋概, 并且全体概率值组成的函数

$$F(x_1, x_2, \cdots, x_n) = P\left\{\prod_{i=1}^n(-\infty, x_i]\right\} \tag{3.7.41}$$

是分布函数, 那么认为实验 $\mathcal{E}$ 的因果量化模型是 n 维 Kolmogorov 型概率空间 $(\mathbf{R}^n, \mathcal{B}^n, P \Leftarrow F)$.

显然, 如果 $F(x_1, x_2, \cdots, x_n)$ 是区域 D 上的均匀分布函数 (3.7.17), 那么 n 元分布函数赋概法成为几何赋概法.

例 3.7.9 (弹着点的建模和赋概)　设目标靶是一个坐标平面, 靶心是坐标原点, 水平方向是 x 轴, 竖直方向是 y 轴 (图 3.7.3). 现在瞄准靶心进行射击, 并预测弹着点的位置 (实验 $\mathcal{E}$). 试建立实验 $\mathcal{E}$ 的因果量化模型 (参看例 2.5.13).

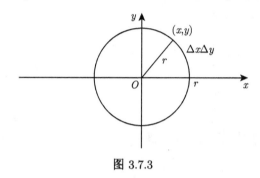

图 3.7.3

解　用 (x, y) 表示事件 "弹着点位于坐标为 (x, y) 的点处", 它是实验 $\mathcal{E}$ 产生的基本事件. 令

$$\mathbf{R}^2 = \{(x, y) | x, y \in \mathbf{R}\} \tag{3.7.42}$$

显然, 实验 $\mathcal{E}$ 实施后 $\mathbf{R}^2$ 中有且仅有一个事件出现, 故 $\mathbf{R}^2$ 是实验 $\mathcal{E}$ 产生的样本空间.

应用几何建模法得出, 实验 $\mathcal{E}$ 的因果模型是 Borel 试验 $(\mathbf{R}^2, \mathcal{B}^2)$ (参看例 2.5.13).

下面讨论在 $(\mathbf{R}^2, \mathcal{B}^2)$ 上的赋概问题. 和例 3.6.6 的处理方法相似, 为了使 $\mathcal{B}^2$ 中事件的实际意义清晰, 用 (X, Y) 表示预测的弹着点, 不妨称 X 为水平偏差, Y 为垂直偏差. 于是, $A_x = \{X \leqslant x\} = \{(u, v) | u \leqslant x, v \in \mathbf{R}\}$ 表示事件 "水平偏差不超过 x"; $B_y = \{Y \leqslant y\} = \{(u, v) | u \in \mathbf{R}, v \leqslant y\}$ 表示事件 "垂直偏差不超过 y";

$$C_r = \{X^2 + Y^2 \leqslant r^2\} = \{(x, y) | x^2 + y^2 \leqslant r^2\}$$

表示事件 "弹着点落在圆心为原点, 半径为 r 的圆内".

现在进行赋概. 设实验 $\mathcal{E}$ 的因果量化模型是 $(\mathbf{R}^2, \mathcal{B}^2, P \Leftarrow F)$, 任务是求分布函数 $F(x, y)$. 根据经验知识, 我们承认下列三个假定:

i) $F(x, y)$ 是连续型分布函数, 分布密度为 $f(x, y)$. 事实上, 事件 "命中点恰好落在点 (x, y) 处" 是零概率的, 故 $F(x, y)$ 是连续函数. 注意到应用中不会出现奇异型分布函数, 因此认为 $F(x, y)$ 是连续型的.

ii) 分布密度 $f(x,y)$ 只依赖于 x^2+y^2. 事实上, $f(x,y)\Delta x\Delta y$ 可视为事件 "弹着点落在无穷小区域 $\Delta x\Delta y$ 内" 的概率. 由于各个方向处于对等的地位, 此概率只依赖于区域 $\Delta x\Delta y$ 到靶心的距离而不依赖于其方向角.

iii) 水平方向产生的偏差与垂直方向产生的偏差相互独立. 换言之, 事件 A_x 出现的可能性大小与诸事件 B_y 无关, 反之也对. 预支 "独立性" 的知识 (4.3 节, 4.4 节), 它产生出概率等式

$$P(A_x \cap B_y) = P(A_x)P(B_y) \tag{3.7.43}$$

最后证明, 在上述假定下 $f(x,y)$ 是二维正态分布密度. 注意到 $A_x\cap B_y=\{X\leqslant x,\ Y\leqslant y\}=\{(u,v)|u\leqslant x,v\leqslant y\}$, 故 $F(x,y)=P(A_x\cap B_y)$. 记

$$F_1(x) = P(A_x), \quad f_1(x) = \frac{\mathrm{d}}{\mathrm{d}x}F_1(x),$$

$$F_2(x) = P(B_y), \quad f_2(y) = \frac{\mathrm{d}}{\mathrm{d}y}F_2(x),$$

那么 (3.7.43) 成为

$$F(x,y) = F_1(x)F_2(y) \tag{3.7.44}$$

两边求二阶混合偏导数得出

$$f(x,y) = f_1(x)f_2(y) \tag{3.7.45}$$

应用假定 ii) 得出, 存在一元函数 $g(u), u\in\mathbf{R}$ 使得 $f(x,y)=g(x^2+y^2)$, 故

$$f_1(x)f_2(y) = g(x^2 + y^2) \tag{3.7.46}$$

现在两边对 x 求导, 得出 $f_1'(x)f_2(y)=2xg'(x^2+y^2)$, 然后用式 (3.7.46) 相除, 我们有

$$\frac{f_1'(x)}{2xf_1(x)} = \frac{g'(x^2+y^2)}{g(x^2+y^2)} \tag{3.7.47}$$

由于左方的值只依赖于 x, 而右方值依赖于 x^2+y^2, 由此推出两端的值为常数. 事实上, 设 x_1, x_2 是任意的实数, 并选 y_1, y_2 使得 $x_1^2+y_1^2=x_2^2+y_2^2$, 则

$$\frac{f_1'(x_1)}{2x_1f_1(x_1)} = \frac{g'(x_1^2+y_1^2)}{g(x_1^2+y_1^2)} = \frac{g'(x_2^2+y_2^2)}{g(x_2^2+y_2^2)} = \frac{f_1(x_2)}{2x_2f_1(x_2)}$$

得证存在常数 c_1 使得

$$\frac{f_1'(x)}{2xf_1(x)} = c_1, \quad \text{或者} \quad \frac{\mathrm{d}}{\mathrm{d}x}\ln f_1(x) = c_1 x$$

两边同时积分, 则有

$$\ln f_1(x) = a_1 + \frac{c_1 x^2}{2}, \quad \text{或者} f_1(x) = k_1 e^{\frac{c_1 x^2}{2}} \tag{3.7.48}$$

同理可得 $f_2(y) = k_2 e^{\frac{c_2 y^2}{2}}$. 由 (3.7.45) 得出

$$f(x, y) = f_1(x) f_2(y) = k_1 k_2 e^{\frac{c_1 x^2 + c_2 y^2}{2}} \tag{3.7.49}$$

由于右方是 $x^2 + y^2$ 的函数, 由此推出 $c_1 = c_2$. 令 $c = c_1 = c_2$, $k = k_1 k_2$, 上式成为

$$f(x, y) = k e^{\frac{c(x^2 + y^2)}{2}} \tag{3.7.50}$$

因为 $f(x, y)$ 是 $\mathbf{R}^2$ 上的可积函数, 所以 c 一定是负值, 记 $\sigma^2 = -\dfrac{1}{c}$. 于是, 由规范性条件 $\displaystyle\int_{-\infty}^{+\infty} \int_{-\infty}^{+\infty} f(x, y) \mathrm{d}x \mathrm{d}y = 1$ 推出 $k = \dfrac{1}{2\pi\sigma^2}$. 最终得出 $f(x, y)$ 是二元正态分布密度

$$f(x, y) = \frac{1}{2\pi\sigma^2} e^{-\frac{x^2 + y^2}{2\sigma^2}} \tag{3.7.51}$$

和本例实验 $\mathcal{E}$ 的因果量化模型是 $(\mathbf{R}^2, \mathcal{B}^2, P \Leftarrow f)$.

结束本章时指出, 本例的偏差 X, Y; 例 3.6.6 中耐用品的寿命 ξ, 以及例 3.5.8 中接收到的呼叫次数 $\xi(t)$, 它们在建立因果量化模型时不仅清晰地表达出事件的实际内容, 而且为赋概提供合理的假定, 达到建立概率空间的目的. 第 6 章引进随机变量后将把这个方法一般化, 清晰化.

练　习　3

3.1　给定概率空间 $(\Omega, \mathcal{F}, P)$, 已知 $A, B \in \mathcal{F}$, $P(A) = 0.95$, $P(B) = 0.9$. 试求 $P(AB)$ 可能取的最大值和最小值, 并画出文氏图.

3.2　给定概率空间 $(\Omega, \mathcal{F}, P)$, 设 $P(A) = p$, $P(B) = q$, $P(AB) = r$. 试求事件 $A \cup B$, $\overline{A} \cup \overline{B}$, $\overline{A} \cap \overline{B}$ 以及 $\overline{A} \cap (A \cup B)$ 的概率.

3.3　设 $(\Omega, \mathcal{F}, P)$ 是概率空间. 试证: 对任意的 $A, B \in \mathcal{F}$ 成立

$$P(AB) \leqslant \min\{P(A), P(B)\} \leqslant P(A \cup B)$$

$$\max\{P(A), P(B)\} \leqslant P(A \cup B) \leqslant 2\max\{P(A), P(B)\}$$

3.4　设 $(\Omega, \mathcal{F}, P)$ 是概率空间. 试证: 对任意的 $A, B, C \in \mathcal{F}$ 成立

$$P(AB) + P(AC) - P(BC) \leqslant P(A)$$

3.5 给定概率空间 $(\Omega, \mathcal{F}, P)$. 试证: 对任意的 $A_i \in \mathcal{F}$ $(i = 1, 2, \cdots, n)$ 成立

$$P\left(\bigcap_{i=1}^{n} A_i\right) = \sum_{i=1}^{n} P(A_i) - \sum_{i<j} P(A_i \cup A_j) + \sum_{i<j<k} P(A_i \cup A_j \cup A_k)$$
$$- \cdots + (-1)^{n-1} P(A_1 \cup A_2 \cup \cdots \cup A_n)$$

3.6 给定概率空间 $(\Omega, \mathcal{F}, P)$. 试证: 对任意的 $A_i \in \mathcal{F}$ $(i = 1, 2, \cdots, n)$ 成立

$$\sum_{i=1}^{n} P(A_i) = P\left(\bigcup_{i=1}^{n} A_i\right) + P\left(\bigcup_{i<j} A_i A_j\right) + P\left(\bigcup_{i<j<k} A_i A_j A_k\right) + \cdots + P(A_1 A_2 \cdots A_n)$$

3.7 给定概率空间 $(\Omega, \mathcal{F}, P)$, 设 $A, B, C \in \mathcal{F}$. 假定 $P(BC) \leqslant P(A)$, $P(B) = k_1 P(A)$, $P(C) = k_2 P(A)$ $(k_1, k_2 > 0, k_1 + k_2 > 1)$. 试证

$$P(A) \leqslant \frac{1}{k_1 + k_2 - 1}$$

3.8 给定概率空间 $(\Omega, \mathcal{F}, P)$, 设 $A_i \in \mathcal{F}$ $(i = 1, 2, 3, \cdots)$. 如果 $\sum_{i=1}^{\infty} P(A_i) < +\infty$, 试证

$$P\left\{\lim_{i \to \infty} \sup A_i\right\} = 0$$

3.9 给定概率空间 $(\Omega, \mathcal{F}, P)$ 和其内事件 A 和 B. 假定 $\Omega = \{\omega_0, \omega_1, \cdots, \omega_q\}$, $A = \{\omega_0, \omega_1, \omega_2, \omega_3\}$, $B = \{\omega_2, \omega_3, \omega_4\}$.

i) 试证

$$\mathcal{A} = \{AB, A \backslash AB, B \backslash AB, \overline{A}\,\overline{B}\}$$

是 Ω 的划分;

ii) 给出 $\mathcal{A}$ 中事件的集合表达式;

iii) 试证子概率空间 $(\Omega, \sigma\{A, B\}, P)$ 中的子随机局部 $\sigma\{A, B\} = \sigma(\mathcal{A})$.

3.10 匣中有三张卡片, 编号分别为 1, 2, 3. 现在从匣中随意地依次取出这三张卡片 (实验 $\mathcal{E}$), 试建立 $\mathcal{E}$ 的因果量化模型; 并求事件 A "每张卡片被取出的顺序与其编号一致" 和事件 B "至少有一张卡片出现的顺序与其编号一致" 的概率.

3.11 把一个红色白心的立方体分成 1000 个同样大小的小立方体, 并从其中随意地取出一个. 试求该实验产生的概率空间; 并求事件 "恰好取到有两个侧面涂有红色的小立方体" 的概率.

3.12 袋中有白球 5 只, 黑球 6 只, 陆续地取出三球 (取出后不放回), 试建立该实验的因果量化模型; 并求事件 "顺序为黑白黑" 的概率.

3.13 把一颗骰子接连地掷 12 次, 试求该实验产生的概率空间; 并求事件 "1, 2, 3, 4, 5, 6 各出现两次" 的概率.

3.14 某公共汽车线路共有 11 个车站, 始发站有 8 位乘客, 他们将在余下的 10 个车站下车 (实验 $\mathcal{E}$). 试建立 $\mathcal{E}$ 的因果模型; 假定每位乘客在各站下车的概率相同, 试建立 $\mathcal{E}$ 的因

果量化模型, 并求事件 A "8 人在同一站下车" 和事件 B "8 人中恰有 3 人在终点站下车" 的概率.

3.15　练习第 2.13 题中给出四个实验 $\mathcal{E}_i(i = 1, 2, 3, 4)$. 试建立 $\mathcal{E}_i$ 的因果量化模型, 并求事件 A "某预先指定的 n 个盒中各有一个质点" 的概率.

3.16　试求练习第 2.15 题中实验产生的概率空间, 并求事件 "此圆不与平行线相交" 的概率.

3.17　试求练习第 2.18 题中实验产生的概率空间, 并求事件 "甲, 乙两船停靠时间分别是 1 小时和 2 小时, 并且两船在码头相遇" 的概率.

3.18　在 $[0, 1]$ 中任取两数, 求该实验产生的概率空间, 并求事件 "两数之和大于 $\frac{6}{5}$" 的概率.

3.19　在圆周上固定一个点 A, 然后随意地取两个点 B 和 C, 试求该实验的因果量化模型, 并求事件 "$\triangle ABC$ 是锐角三角形" 的概率.

3.20　在上题中 A 也随意选取时解答同样的问题.

3.21　设 Ω 是离散型样本空间, 试判定下列函数是否为分布列:

i)

Ω	ω_1	ω_2	ω_3	ω_4
p	-0.1	0.5	0.5	0.1

ii)

Ω	ω_1	ω_2	ω_3
p	$\dfrac{1}{2}$	$\dfrac{1}{3}$	$\dfrac{1}{3}$

iii)

Ω	ω_1	ω_2	ω_3
p	$\dfrac{1}{4}$	$\dfrac{1}{3}$	$\dfrac{5}{12}$

iv)

Ω	ω_1	ω_2	$\cdots$	ω_k	$\cdots$
p	$\lambda e^{-\lambda}$	$\dfrac{\lambda^2}{2!} e^{-\lambda}$	$\cdots$	$\dfrac{\lambda^k}{k!} e^{-\lambda}$	$\cdots$

v) 设 $\Omega = \{\omega_1, \omega_2, \cdots, \omega_n, \cdots\}$,

$$p(\omega_n) = \frac{1}{2^n}, \quad n = 1, 2, 3, \cdots$$

3.22　设 $\Omega = \{\omega_1, \omega_2, \cdots, \omega_N\}$, Ω 上的函数

i) $p(\omega_n) = \dfrac{a}{N^2}, n = 1, 2, \cdots, N$;

ii) $p(\omega_n) = bp(1 - p)^n, n = 1, 2, \cdots, N$

是分布列, 试确定常数 a 和 b.

3.23　给定离散型概率空间 $(\Omega, \mathcal{F}, P \Leftarrow p)$, 其中 $\Omega = \{\omega_0, \omega_1, \cdots, \omega_n, \cdots\}$, 分布律为

$$p(\omega_n) = \frac{\lambda^n}{n!} e^{-\lambda} \quad (n = 0, 1, 2, \cdots)$$

如果 $P\{\omega_1\} = P\{\omega_2\}$, 试确定参数值 λ, 并求 $P\{\omega_4\}$.

3.24 设 $(\Omega, \mathcal{F}, P \Leftarrow p)$ 是离散型概率空间, 其中 $p(\omega)$ 是 (3.5.7) 定义的几何分布列. 试求事件

$$A_m = \{\omega_k | k = 1, 2, \cdots, m\} \quad (m = 1, 2, 3, \cdots)$$

的概率.

3.25 不停地随意地掷一颗骰子, 当 6 点出现时便停止. 试建立该实验的因果量化模型.

3.26 N 件产品中有 M 件废品 $(M < N)$. 从这批产品中随意地接连地取出一个产品 (取出后不放回), 当第 1 次出现正品时便停止 (实验 $\mathcal{E}$), 试求 $\mathcal{E}$ 产生的概率空间.

3.27 设有函数

i) $F(x) = \begin{cases} \sin x, & 0 \leqslant x \leqslant \pi \\ 0, & \text{其他} \end{cases}$

ii) $F(x) = \dfrac{1}{1+x^2}, \quad -\infty < x < +\infty$

iii) $F(x) = \begin{cases} \dfrac{1}{1+x^2}, & x < 0 \\ 1, & x \geqslant 0 \end{cases}$

iv) $F(x) = \begin{cases} 0, & x < 0 \\ \dfrac{1}{2}, & 0 \leqslant x < 1 \\ \dfrac{3}{4}, & 1 \leqslant x < 2 \\ 1, & x \geqslant 2 \end{cases}$

v) $F(x) = \begin{cases} 0, & x < 0 \\ \sin x, & 0 \leqslant x < \dfrac{\pi}{2} \\ 1, & x \geqslant \dfrac{\pi}{2} \end{cases}$

试问: 哪些 $F(x)$ 是分布函数, 哪些不是. 如果是, 判别分布函数的类型, 并求分布密度或分布律.

3.28 判别下列函数是否为分布密度或分布律:

i) $f(x) = \dfrac{1}{2}\mathrm{e}^{-|x|}, \quad -\infty < x < +\infty$

ii)

$\mathbf{R}$	0	1	$\cdots$	n	$\cdots$	其他	x
p	$\dfrac{1}{2}$	$\dfrac{1}{2} \cdot \dfrac{1}{3}$		$\dfrac{1}{2}\left(\dfrac{1}{3}\right)^n$	$\cdots$		0

iii) $f(x) = \begin{cases} \dfrac{1}{\sqrt{2\pi}\sigma}\mathrm{e}^{-\frac{(x-\mu)^2}{2\sigma^2}}, & |x - \mu| \leqslant r(r > 0) \\ 0, & \text{其他} \end{cases}$

iv) $f(x, y) = \begin{cases} 6xy(2 - x - y), & 0 \leqslant x \leqslant 1, \quad 0 \leqslant y \leqslant 1 \\ 0, & \text{其他} \end{cases}$

3.29　给定分布密度函数

$$f(x) = \begin{cases} Ae^{-\left(\frac{x}{50}\right)^2}, & x \leqslant 0 \\ 1 - Ae^{-\left(\frac{x}{50}\right)^2}, & x > 0 \end{cases}$$

试求常数 A 和 $f(x)$ 的分布函数 $F(x)$.

3.30　设 $F(x)$ 是分布函数, 试证: 对任意的 $h > 0$, 函数

$$G(x) = \frac{1}{h} \int_x^{x+h} F(y)\mathrm{d}y, \quad -\infty < x < +\infty$$

也是分布函数.

3.31　给定概率空间 $(\mathbf{R}, \mathcal{B}, P \Leftarrow p)$, 其中分布律为

$$p(x) = \begin{cases} \dfrac{A}{k^2}, & x = k, k = 1, 2, \cdots \\ 0, & \text{其他} \end{cases}$$

试求常数 A 和 $p(x)$ 的分布函数 $F(x)$.

　　提示: $\displaystyle\sum_{k=1}^{\infty} \frac{1}{k^2} = \frac{\pi^2}{6}$.

3.32　给定概率空间 $(\mathbf{R}, \mathcal{B}, P \Leftarrow F)$, 其中分布函数为

$$F(x) = A + B\operatorname{arctan} e^{-x}, \quad -\infty < x < +\infty$$

试求: i) 常数 A 和 B;

ii) $P\left\{\left[-\dfrac{1}{2}\ln 3, \dfrac{1}{2}\ln 3\right]\right\}$;

iii) $F(x)$ 的分布密度 $f(x)$.

3.33　给定概率空间 $(\mathbf{R}, \mathcal{B}, P \Leftarrow f)$, 其中分布密度函数为

$$f(x) = \begin{cases} Ae^x, & x \leqslant 0 \\ Ae^{-(x-1)}, & x > 1 \\ 0, & \text{其他} \end{cases}$$

试求: i) 常数 A;

ii) $P\{[-\ln 2, \ln 3 - \ln 2 + 1]\}$;

iii) $f(x)$ 的分布函数 $F(x)$.

3.34　给定概率空间 $(\mathbf{R}, \mathcal{B}, P \Leftarrow f)$, 其中分布密度为

$$f(x) = \begin{cases} Ce^{-x^2}, & x > 0 \\ 0, & x \leqslant 0 \end{cases}$$

试求: i) 常数 C;

ii) $P\{[-\sqrt{2}, \sqrt{2}]\}$;

iii) $f(x)$ 的分布函数 $F(x)$.

3.35 给定概率空间 $(\mathbf{R}^2, \mathcal{B}^2, P \Leftarrow f)$, 其中分布密度函数

$$f(x, y) = \begin{cases} Ae^{-(3x+4y)}, & x > 0, y > 0 \\ 0, & \text{其他} \end{cases}$$

试求: i) 常数 A;

ii) $P\{[0,1] \times [0,2]\}$;

iii) $f(x, y)$ 的分布函数 $F(x, y)$.

3.36 给定概率空间 $(\mathbf{R}^2, \mathcal{B}^2, P \Leftarrow p)$, 其中分布律为

$\mathbf{R}^2$	(0,0)	(0,1)	(1,0)	(1,1)	其他 (x,y)
p	$\dfrac{1}{4}$	$\dfrac{1}{4}$	$\dfrac{1}{4}$	$\dfrac{1}{4}$	0

试求 $p(x, y)$ 的分布函数 $F(x, y)$.

3.37 给定概率空间 $(\mathbf{R}^2, \mathcal{B}^2, P \Leftarrow f)$, 其中分布密度函数为

$$f(x, y) = \begin{cases} \dfrac{1}{(b_1 - a_1)(b_2 - a_2)}, & (x, y) \in [a_1, b_1] \times [a_2, b_2] \\ 0, & \text{其他} \end{cases}$$

试求 $f(x, y)$ 的分布函数 $F(x, y)$.

3.38 给定概率空间 $(\mathbf{R}^2, \mathcal{B}^2, P \Leftarrow f)$, 其中分布密度函数为

$$f(x, y) = \begin{cases} \dfrac{A}{(1 + x + y)^3}, & x > 0, y > 0 \\ 0, & \text{其他} \end{cases}$$

试求: i) 常数 A;

ii) 事件 $D = \{(x, y) \mid x + y \leqslant 1\}$ 的概率;

iii) $f(x, y)$ 生成的分布函数 $F(x, y)$.

3.39 给定概率空间 $(\mathbf{R}^2, \mathcal{F}^2, P \Leftarrow F)$, 其中分布函数为

$$F(x, y) = \begin{cases} 0, & x < 0 \text{或} y < 0 \\ \dfrac{x^3 y}{3} + \dfrac{x^2 y^2}{12}, & 0 \leqslant x < 1, 0 \leqslant y < 2 \\ \dfrac{2}{3}x^3 + \dfrac{1}{3}x^2, & 0 \leqslant x < 1 \quad y \geqslant 2 \\ \dfrac{1}{3}y + \dfrac{1}{12}y^2, & x \geqslant 1, 0 \leqslant y < 2 \\ 1, & x \geqslant 1, y \geqslant 2 \end{cases}$$

试求: i) 用分布函数求事件 $\left(\dfrac{1}{2}, 1\right) \times \left(\dfrac{1}{2}, 1\right)$ 的概率;

ii) $F(x, y)$ 的分布密度 $f(x, y)$;

iii) 用分布密度求事件 $D = \{(x, y) | x + y > 1]$ 的概率.

3.40　给定概率空间 $(\mathbf{R}^2, \mathcal{B}^2, P \Leftarrow f)$, 其中分布密度为

$$f(x, y) = \begin{cases} Axe^{-x(1+y)}, & x > 0, y > 0 \\ 0, & \text{其他} \end{cases}$$

试求：i) 常数 A;

ii) 事件 $D = \{(x, y) | x - y \geqslant 1\}$ 的概率;

iii) $f(x, y)$ 生成的分布函数 $F(x, y)$.

3.41　给定概率空间 $(\mathbf{R}^2, \mathcal{B}^2, P \Leftarrow F)$, 其中分布函数为

$$F(x, y) = A \left(B + \arctan \frac{x}{2} \right) \left(C + \arctan \frac{y}{3} \right)$$

试求：i) 常数 A, B, C;

ii) $F(x, y)$ 的分布密度 $f(x, y)$.

3.42　给定概率空间 $(\mathbf{R}^3, \mathcal{B}^3, P \Leftarrow f)$, 其中分布密度为

$$f(x, y, z) = \begin{cases} Ae^{-(x+2y+3z)}, & x > 0, y > 0, z > 0 \\ 0, & \text{其他} \end{cases}$$

试求：i) 常数 A;

ii) 事件 $D = \{(x, y, z) | x + y + z \leqslant 1\}$ 的概率;

iii) $f(x, y, z)$ 生成的分布函数 $F(x, y, z)$.

第4章 条件概率捆——概率空间中全部统计规律

概率空间 $(\Omega, \mathcal{F}, P)$ 是实验 $\mathcal{E}$ 的因果量化模型. 它不仅包含随机试验 $(\Omega, \mathcal{F})$ 中定性的因果知识和出现规律, 而且每个概率值 $P(A)$ 是一个量化的出现规律: "在实验 $\mathcal{E}$ 中事件 A 出现的可能性大小是 $P(A)$". 习惯上, 称量化的出现规律为统计规律. 因此, 概率测度 $P(\mathcal{F})$ 是一批统计规律.

现在问: 在概率空间 $(\Omega, \mathcal{F}, P)$ 中, 即在实验 $\mathcal{E}$ 中还存在其他的统计规律吗? 本章论证, 还存在另一类统计规律——条件概率捆

$$P(A|B), \quad A \in \mathcal{F}, \quad B \in \mathcal{F}^* \tag{4.0.1}$$

$$\mathcal{F}^* = \{B | B \in \mathcal{F}, P(B) > 0\} \tag{4.0.2}$$

其中, 每个条件概率值 $P(A|B)$ 代表一个统计规律: "在实验 $\mathcal{E}$ 中当事件 B 已经出现的条件下事件 A 出现的可能性大小是 $P(A|B)$".

显然, (4.0.1) 规定一个二元集函数, 定义域是 $(\mathcal{F}, \mathcal{F}^*)$. 因此, 新统计规律 $P(\mathcal{F}|\mathcal{F}^*)$ 的个数大大地多于原先的 $P(\mathcal{F})$. 条件概率捆 $P(\mathcal{F}|\mathcal{F}^*)$ 扩充了概率空间 $(\Omega, \mathcal{F}, P)$ 的理论内容, 满足了应用的要求.

正如 Feller 所说: "条件概率的概念是概率论中的一个基本工具, 然而不幸的是, 由于使用了个别粗糙的术语其简明性反而显得不清晰了" [14, p88]; 甚至出现似是而非的议论: "在概率论中往往有必要考虑关于零概率事件的条件概率". 鉴于此, 自然公理系统引进因子概率空间和条件概率空间, 应用这两个工具阐明条件概率和独立性的来龙去脉.

4.1 直观背景: 因子概率空间和条件概率空间

第 3 章实现了理论联系实际的研究模式

$$实验\mathcal{E} \Longleftrightarrow 条件\mathcal{C} \Longleftrightarrow 概率空间(\Omega, \mathcal{F}, P) \tag{4.1.1}$$

(参看 (3.0.2)). 这时称 $(\Omega, \mathcal{F}, P)$ 是实验 $\mathcal{E}$ 的因果量化模型, 或称 $(\Omega, \mathcal{F}, P)$ 是 $\mathcal{E}$ 产生的概率空间.

现在, 把实验 $\mathcal{E}$ 遵守的条件 $\mathcal{C}$ 改变为条件 $\mathcal{C}^*$, 则实验 $\mathcal{E}$ 改变成新实验 $\mathcal{E}^*$, $\mathcal{E}^*$ 产生新概率空间 $(\Omega^*, \mathcal{F}^*, P^*)$. 试问: 如何研究 $(\Omega, \mathcal{F}, P)$ 和 $(\Omega^*, \mathcal{F}^*, P^*)$ 之间的关

系? 这个问题过于一般, 难以回答. 幸运的是, 对 C^* 中一类特殊的条件 C_B,

$$\mathcal{C}_B \text{ 表示在条件}\mathcal{C}\text{上添加条件 "事件}B\text{已出现" 后得到的新条件} \tag{4.1.2}$$

$$\mathcal{E}_B \text{ 表示实验}\mathcal{E}\text{遵守的条件}\mathcal{C}\text{改变为}\mathcal{C}_B\text{后产生的新实验} \tag{4.1.3}$$

$$(B \in \mathcal{F}, P(B) > 0)$$

这个问题有完美的回答. 本节即将论证, 新实验 $\mathcal{E}_B$ 的因果量化模型是条件概率空间 $(\Omega, \mathcal{F}, P(\cdot|B))$, 其中 $P(\cdot|B)$ 是条件概率测度 $P(\mathcal{F}|B)$, 即

$$P(A|B), \quad A \in \mathcal{F} \tag{4.1.4}$$

的简写.

上述工作完成后我们把理论联系实际的研究模式扩充为

$$\text{实验族}\{\mathcal{E}_B|B \in \mathcal{F}^*\} \Longleftrightarrow \text{条件族}\{\mathcal{C}_B|B \in \mathcal{F}^*\}$$

$$\Longleftrightarrow\text{条件概率空间族}\{(\Omega, \mathcal{F}, P(\cdot|B))|B \in \mathcal{F}^*\} \tag{4.15}$$

于是, 应用中研究实验族 $\{\mathcal{E}_B|B \in \mathcal{F}^*\}$ 的任务转化为理论中研究 (4.1.5) 右端的任务.

进一步, 注意到 (4.1.5) 右端有公共的随机试验 $(\Omega, \mathcal{F})$. 我们在概率空间中引进条件概率测度族

$$\{P(\cdot|B)|B \in \mathcal{F}^*\} \tag{4.1.6}$$

更紧凑些, 引进一个二元集函数——条件概率捆

$$P(A|B), \quad A \in \mathcal{F}, \quad B \in \mathcal{F}^* \tag{4.1.7}$$

于是, 理论联系实际的模式 (4.1.5) 可以延伸为

$$\text{条件概率空间族}\{(\Omega, \mathcal{F}, P(\cdot|B))|B \in \mathcal{F}^*\}$$

$$\Longleftrightarrow\text{概率空间}(\Omega, \mathcal{F}, P)\text{上条件概率测度族}\{P(\cdot|B)|B \in \mathcal{F}^*\}$$

$$\Longleftrightarrow\text{概率空间}(\Omega, \mathcal{F}, P)\text{上条件概率捆}P(\mathcal{F}|\mathcal{F}^*) \tag{4.1.8}$$

条件概率捆 $P(\mathcal{F}|\mathcal{F}^*)$ 将在下节定义, 是本章的研究对象.

特别, 取 $B = \Omega$, 那么 $\mathcal{C}_\Omega = \mathcal{C}, \mathcal{E}_\Omega = \mathcal{E}$. 因此

i) 条件概率测度 $P(A|\Omega), A \in \mathcal{F}$ 就是原始的概率测度 $P(\mathcal{F})$;

ii) 条件概率空间 $(\Omega, \mathcal{F}, P(\cdot|\Omega))$ 就是原始的概率空间 $(\Omega, \mathcal{F}, P)$.

为了强调原始性和重要性, 习惯上, $(\Omega, \mathcal{F}, P)$ 又称为绝对概率空间, $P(\mathcal{F})$ 又称为绝对概率测度.

现在, 让我们开始实现理论联系实际的研究模式 (4.1.5) 和 (4.1.8), 建立实验 $\mathcal{E}_B$ 的因果量化模型——因子概率空间和条件概率空间.

4.1.1 因子概率空间

给定模式 (4.1.1) 中的概率空间 $(\Omega, \mathcal{F}, P)$. 设 $B \in \mathcal{F}$, $P(B) > 0$; "新"条件 $\mathcal{C}_B$ 由 (4.1.2) 规定. 让我们建立新条件 $\mathcal{C}_B$ 产生的"新"概率空间.

1. 建立因子事件 σ 域 $\mathcal{F}[B]$

根据常识, 在条件 $\mathcal{C}_B$ 下人们关心且只关心 $\mathcal{F}$ 中的一部分事件——事件 B 的所有子事件. 令

$$\mathcal{F}[B] = \{A | A \in \mathcal{F}, A \subset B\} \tag{4.1.9}$$

显然, 集合 $\mathcal{F}[B]$ 关于可列并、可列交和差运算封闭; 如果取 B 为全集, 则关于补运算也封闭. 因此, 取 B 为全集时 $\mathcal{F}[B]$ 是 B 上的事件 σ 域. 今后, 称 B 为因子事件, $\mathcal{F}[B]$ 为因子事件 σ 域.

注意, $\mathcal{F}[B]$ 不是 $\mathcal{F}$ 的子 σ 域, 因为当 $B \neq \Omega$ 时 $\mathcal{F}[B]$ 在全集 Ω 中关于补运算不封闭.

2. 建立因子试验 $(B, \mathcal{F}[B])$

在条件 $\mathcal{C}_B$ 下因子事件 B 是必然事件. 取 B 为样本空间, 则 $(B, \mathcal{F}[B])$ 是随机试验, 称之为 $(\Omega, \mathcal{F})$ 关于 B 的因子 (随机) 试验.

同样, 当 $B \neq \Omega$ 时, $(B, \mathcal{F}[B])$ 不是 $(\Omega, \mathcal{F})$ 的子试验.

3. 在因子试验上赋概

姑且用 $P^*(A)$, $A \in \mathcal{F}[B]$ 表示实验 $\mathcal{E}_B$ 在因子试验 $(B, \mathcal{F}[B])$ 上产生的概率测度. 在条件 $\mathcal{C}_B$ 下, 因子事件 B 是必然事件, 故

$$P^*(B) = 1 \tag{4.1.10}$$

经验告诉我们, 当条件 $\mathcal{C}$ 改变成 $\mathcal{C}_B$ 时 $\mathcal{F}[B]$ 中事件出现的可能性变大了. 即成立

$$P^*(A) \geqslant P(A), \quad A \in \mathcal{F}[B] \tag{4.1.11}$$

增大的幅度是多少? 一个合理的假定是: 所有的事件都按比例地增大. 即对任意的 $A, A_1 \in \mathcal{F}[B]$ 成立

$$\frac{P^*(A)}{P(A)} = \frac{P^*(A_1)}{P(A_1)} \quad (P(A) > 0, P(A_1) > 0) \tag{4.1.12}$$

特别, 取 $A_1 = B$ 时成为

$$P^*(A) = \frac{P(A)}{P(B)}, \quad A \in \mathcal{F}[B] \tag{4.1.13}$$

在 (4.1.13) 中不必要求 $P(A) > 0$, 因为 $P(A) = 0$ 时按比例增大后的 $P^*(A)$ 也是零. 现在, 把 $P^*(A)$ 改记为 $P(A|B)$ 后有如下结论.

引理 4.1.1　给定概率空间 $(\Omega, \mathcal{F}, P)$, 设 $B \in \mathcal{F}$, $P(B) > 0$, 那么

$$P(A|B) = \frac{P(A)}{P(B)}, \quad A \in \mathcal{F}[B] \tag{4.1.14}$$

是因子试验 $(B, \mathcal{F}[B])$ 上的概率测度.

证明　显然, $P(\mathcal{F}[B]|B)$ 满足非负性公理和规范性公理. 设 $A_i(i = 1, 2, 3, \cdots)$ 是 $\mathcal{F}[B]$ 中可列个互不相交的事件, 那么诸 $A_i(i \geqslant 1)$ 在 $\mathcal{F}$ 中也是互不相交的, 故

$$P\left(\bigcup_{i \geqslant 1} A_i \Big| B\right) = \frac{1}{P(B)} P\left(\bigcup_{i \geqslant 1} A_i\right) = \frac{1}{P(B)} \sum_{i \geqslant 1} P(A_i) = \sum_{i \geqslant 1} P(A_i|B)$$

得证 $P(\mathcal{F}[B]|B)$ 满足可列可加性公理. ∎

通常, 把 $P(\mathcal{F}[B]|B)$ 简记为 $P(\cdot|B)$.

定义 4.1.1　给定概率空间 $(\Omega, \mathcal{F}, P)$, 设 $B \in \mathcal{F}$, $P(B) > 0$, 那么

i) 称 $(B, \mathcal{F}[B], P(\cdot|B))$ 为关于 B 的因子概率空间; 称 $P(\cdot|B)$ 为 $P(\mathcal{F})$ 关于 B 的因子概率测度; 称 $P(A|B)(A \in \mathcal{F}[B])$ 为事件 A 关于 B 的因子概率值.

ii) 称 $(B, \mathcal{F}[B])$ 为 $(\Omega, \mathcal{F})$ 关于事件 B 的因子试验; 称 $\mathcal{F}[B]$ 为 $\mathcal{F}$ 关于 B 的因子事件 σ 域.

最终得出, 因子概率空间 $(B, \mathcal{F}[B], P(\cdot|B))$ 是实验 $\mathcal{E}_B$ 的因果量化模型.

一般说来, 因子概率空间比 "母" 概率空间 $(\Omega, \mathcal{F}, P)$ 简单. 特别是, 当 $(\Omega, \mathcal{F}, P)$ 不能直接求出时我们往往可以求出许多的因子概率空间.

4.1.2　条件概率空间

理论和应用都要求在 $(\Omega, \mathcal{F}, P)$ 中同时研究许多的因子概率空间 $(B, \mathcal{F}[B], P(\cdot|B))$. 由于随机试验 $(\Omega, \mathcal{F})$ 和诸 $(B, \mathcal{F}[B])$ 有不同的样本空间 (或者说, 不同的全集), 给研究带来了许多的困难.

克服困难的办法是, 把因子试验 $(B, \mathcal{F}[B])$ 扩充为原始试验 $(\Omega, \mathcal{F})$. 工作分三步进行.

1) 把子随机局部 $\mathcal{F}[B]$ 扩大为随机局部 $\mathcal{F}$.

依据常识, 在条件 $\mathcal{C}_B$ 下人们只关心 $\mathcal{F}$ 中的一部分事件——事件 B 的所有子事件, 全体这样的事件组成集合 $\mathcal{F}[B]$. 但是, 条件 $\mathcal{C}_B$ 来自于条件 $\mathcal{C}$, 在条件 $\mathcal{C}$ 下我们已经关心 $\mathcal{F}$ 中的全部事件, 因此在条件 $\mathcal{C}_B$ 下不妨继续关心 $\mathcal{F}$ 中的全部事件.

2) 把因子试验 $(B, \mathcal{F}[B])$ 扩充为 $(\Omega, \mathcal{F})$.

基于 1) 的讨论, 我们认为条件 $\mathcal{C}_B$ (即实验 $\mathcal{E}_B$) 产生的因果模型是 "原始的" 试验 $(\Omega, \mathcal{F})$.

3) 把因子概率测度 $P(\mathcal{F}[B]|B)$ 扩充为 $P(\mathcal{F}|B)$.

姑且用 $P^*(A)$, $A \in \mathcal{F}$ 表示实验 $\mathcal{E}_B$ 在 "原始试验" $(\Omega, \mathcal{F})$ 上产生的概率测度. 显然, 对 $\mathcal{F}[B]$ 中的事件, 其概率值由式 (4.1.14) 确定; 由于在条件 $\mathcal{C}_B$ 下事件 $\overline{B} = \Omega \setminus B$ 是不可能事件, 因此对 $\overline{B}$ 和它的子事件皆赋予零概率, 即

$$P^*(A) = 0, \quad A \in \mathcal{F} 且 A \subset \overline{B} \tag{4.1.15}$$

因此, 对任意的 $A \in \mathcal{F}$ 有

$$P^*(A) = P^*(AB) + P^*(A\overline{B}) = \frac{P(AB)}{P(B)} + 0 \overset{\text{def}}{=\!=} P(A|B) \tag{4.1.16}$$

于是右端自变量 A 的定义域由 $\mathcal{F}[B]$ 扩大为 $\mathcal{F}$. "克服困难" 的工作完成.

引理 4.1.2　给定概率空间 $(\Omega, \mathcal{F}, P)$, 设 $B \in \mathcal{F}$, $P(B) > 0$, 那么

$$P(A|B) = \frac{P(AB)}{P(B)}, \quad A \in \mathcal{F} \tag{4.1.17}$$

是试验 $(\Omega, \mathcal{F})$ 上的概率测度.

证明略, 它类似于引理 4.1.1 的证明.

定义 4.1.2　给定概率空间 $(\Omega, \mathcal{F}, P)$, 设 $B \in \mathcal{F}$, $P(B) > 0$, 那么

i) 称式 (4.1.17) 规定的 $P(\mathcal{F}|B)$ 为关于事件 B 的条件概率测度;

ii) 称 $(\Omega, \mathcal{F}, P(\cdot|B))$ 为关于事件 B 的条件概率空间;

iii) 称数值 $P(A|B)$ 为事件 A 关于 B 的条件概率值.

于是, 和因子概率空间一样, 条件概率空间 $(\Omega, \mathcal{F}, P(\cdot|B))$ 也是实验 $\mathcal{E}_B$ 的因果量化模型. 特别, 当 $B = \Omega$ 时有

$$P(\mathcal{F}|\Omega) = P(\mathcal{F}) \tag{4.1.18}$$

为了把原始的 $P(\mathcal{F})$ 从条件概率测度族 $\{P(\mathcal{F}|B)|B \in \mathcal{F}, P(B) > 0\}$ 中区别出来, 并强调它的原始性, 习惯上又把 $P(\mathcal{F})$ 称为绝对概率测度, 又称 $(\Omega, \mathcal{F}, P)$ 为绝对概率空间 (见本节开篇语).

例 4.1.1　设有两个罐子, 其中一个装有 2 个白球, 3 个黑球; 另一个装有 1 个白球, 5 个黑球. 现在任意地取出一个罐子, 并从中随意地取出一个球 (实验 $\mathcal{E}$). 试求

i) 实验 $\mathcal{E}$ 产生的随机试验;

ii) 两个因子概率空间;

iii) 两个条件概率空间.

解　i) 用 H_1 表示装有 2 个白球, 3 个黑球的罐子, 并用 $\omega_{11}, \omega_{12}, \cdots, \omega_{15}$ 表示其内的 5 个球, 其中前 2 个为白球, 后 3 个为黑球. 同样, 用 H_2 表示另一个罐子, 并用 $\omega_{21}, \omega_{22}, \cdots, \omega_{26}$ 表示其内的 6 个球, 其中 ω_{21} 是白球, 其余的是黑球.

现在, 用 ω_{ij} 表示实验 $\mathcal{E}$ 中事件 "取出的球是 ω_{ij}". 令

$$\Omega = \{\omega_{1j}, \omega_{2k} | j = 1, 2, \cdots, 5; k = 1, 2, \cdots, 6\} \tag{4.1.19}$$

人们认定, 实验 $\mathcal{E}$ 实施时 Ω 中有且仅有一个事件出现, 故 Ω 是实验 $\mathcal{E}$ 产生的样本空间.

应用古典建模法 (见 2.4.1 小节) 得出, 实验 $\mathcal{E}$ 的因果模型是随机试验 $(\Omega, \mathcal{F})$, 这里

$$\mathcal{F} = \Omega \text{的全体子集组成的集合} \tag{4.1.20}$$

ii) 用 H_i 表示事件 "取出的球来自罐 H_i" $(i = 1, 2)$. 它们有集合表达式

$$H_1 = \{\omega_{1j} | j = 1, 2, \cdots, 5\} \tag{4.1.21}$$

$$H_2 = \{\omega_{2k} | k = 1, 2, \cdots, 6\} \tag{4.1.22}$$

现在, 选 H_1 为因子事件, 则 $(H_1, \mathcal{F}[H_1])$ 是关于 H_1 的因子试验, 其中

$$\mathcal{F}[H_1] = \{A | A \in \mathcal{F}, A \subset H_1\} = H_1 \text{的全体子集组成的集合} \tag{4.1.23}$$

由于罐 H_1 中的球是随意地取出, 应用古典赋概法 (3.3 节) 得出, 关于 H_1 的因子概率空间是 $(H_1, \mathcal{F}[H_1], P(\cdot|H_1))$, 其中

$$P(A|H_1) = \frac{A \text{含} H_1 \text{中样本点个数}}{5}, \quad A \in \mathcal{F}[H_1] \tag{4.1.24}$$

同理, 选 H_2 为因子事件, 则关于 H_2 的因子概率空间是 $(H_2, \mathcal{F}[H_2], P(\cdot|H_2))$, 其中

$$\mathcal{F}[H_2] = \{A | A \in \mathcal{F}, A \subset H_2\} = H_2 \text{的全体子集组成的集合} \tag{4.1.25}$$

$$P(A|H_2) = \frac{A \text{含} H_2 \text{中样本点个数}}{6}, \quad A \in \mathcal{F}[H_2] \tag{4.1.26}$$

iii) 选 H_1 为因子事件. 应用 (4.1.24), (4.1.15) 得出 Ω 上的一个分布列

$$p_1(\Omega): \quad \begin{array}{c|ccccccc} \Omega & \omega_{11} & \omega_{12} & \cdots & \omega_{15} & \omega_{21} & \omega_{22} & \cdots & \omega_{26} \\ \hline p_1 & \frac{1}{5} & \frac{1}{5} & \cdots & \frac{1}{5} & 0 & 0 & \cdots & 0 \end{array} \tag{4.1.27}$$

于是应用分布列赋概法得出, 关于 H_1 的条件概率空间是 $(\Omega, \mathcal{F}, P(\cdot|H_1) \Leftarrow p_1)$.

同理, 关于 H_2 的条件概率空间是 $(\Omega, \mathcal{F}, P(\cdot|H_2) \Leftarrow p_2)$, 这里分布列 $p_2(\Omega)$ 是

$$p_2(\Omega): \quad \begin{array}{c|ccccccc} \Omega & \omega_{11} & \omega_{12} & \cdots & \omega_{15} & \omega_{21} & \omega_{22} & \cdots & \omega_{26} \\ \hline p_2 & 0 & 0 & \cdots & 0 & \frac{1}{6} & \frac{1}{6} & \cdots & \frac{1}{6} \end{array} \tag{4.1.28}$$

由此可见, 本例中的两个因子概率空间是古典型的, 而两个条件概率空间则不是.

4.1.3 因子事件赋概法

设实验 $\mathcal{E}$ 的因果模型是随机试验 $(\Omega, \mathcal{F})$. 在一些情形中, 赋概工作可以用下列的四个步骤完成:

i) 设 $H_i \in \mathcal{F}(i \in I, I$ 是有限或可列指标集), 并且 $\{H_i | i \in I\}$ 是 Ω 的划分. 假定实验 $\mathcal{E}$ 能对 $H_i(i \in I)$ 赋予概率

$$p_i = P(H_i), \quad i \in I \tag{4.1.29}$$

显然有 $\sum\limits_{i \in I} p_i = 1$.

ii) 选 $H_i(i \in I)$ 为因子事件, 实验 $\mathcal{E}$ 能建立关于 H_i 的因子概率空间 $(H_i, \mathcal{F}[H_i], P(\cdot|H_i))$.

iii) 应用引理 4.1.2, 把上述因子概率空间转换为条件概率空间 $(\Omega, \mathcal{F}, P(\cdot|H_i))$.

iv) 对任意的 $A \in \mathcal{F}$, 用全概率公式

$$P(A) = \sum\limits_{i \in I} P(A|H_i) P(H_i) \tag{4.1.30}$$

进行赋概[①], 得到绝对概率测度 $P(\mathcal{F})$.

最终, 我们得到实验 $\mathcal{E}$ 的因果量化模型——绝对概率空间 $(\Omega, \mathcal{F}, P)$, 其中 $P(\mathcal{F})$ 由 (4.1.30) 确定.

例 4.1.2 试建立例 4.1.1 中实验 $\mathcal{E}$ 的因果量化模型, 并给出绝对概率测度产生的分布列.

---

① 全概率公式见定理 4.4.2.

解 例 4.1.1 中 i) 已建立实验 $\mathcal{E}$ 的因果模型, 它是用 (4.1.19) 和 (4.1.20) 定义的随机试验 $(\Omega, \mathcal{F})$.

显然, 用 (4.1.21) 和 (4.1.22) 规定的事件族 $\{H_1, H_2\}$ 是 Ω 的一个划分. 由于实验 $\mathcal{E}$ 中 H_1 和 H_2 处于对等的地位, 应用等可能性原理得出

$$P(H_1) = P(H_2) = \frac{1}{2} \tag{4.1.31}$$

选 $H_i (i = 1, 2)$ 为因子事件, 那么关于 H_i 的条件概率空间已在例 4.1.1 中的 ii), iii) 求出, 它们是 $(\Omega, \mathcal{F}, P(\cdot | H_i) \Leftarrow p_i)$, 其中 $p_i (i = 1, 2)$ 分别由 (4.1.27) 和 (4.1.28) 规定.

最终, 应用因子事件赋概法得到实验 $\mathcal{E}$ 产生的因果量化模型是概率空间 $(\Omega, \mathcal{F}, P)$, 其中绝对概率测度由公式

$$P(A) = \frac{1}{2} P(A|H_1) + \frac{1}{2} P(A|H_2), \quad A \in \mathcal{F} \tag{4.1.32}$$

确定.

特别, 取 $A = \{\omega_{ij}\}$ 时由 (4.1.32) 得到 $P(\mathcal{F})$ 产生的分布列为

$$p(\omega) = \begin{cases} \dfrac{1}{10}, & \omega = \omega_{1j}, j = 1, 2, \cdots, 5 \\ \dfrac{1}{12}, & \omega = \omega_{2k}, k = 1, 2, \cdots, 6 \end{cases} \tag{4.1.33}$$

其表格式为

$$p(\Omega): \quad \begin{array}{c|ccccccccc} \Omega & \omega_{11} & \omega_{12} & \cdots & \omega_{15} & \omega_{21} & \omega_{22} & \cdots & \omega_{26} \\ \hline p & \dfrac{1}{10} & \dfrac{1}{10} & \cdots & \dfrac{1}{10} & \dfrac{1}{12} & \dfrac{1}{12} & \cdots & \dfrac{1}{12} \end{array} \tag{4.1.33$'$}$$

因此, 实验 $\mathcal{E}$ 的因果量化模型是离散型概率空间 $(\Omega, \mathcal{F}, P \Leftarrow p)$.

4.2 条件概率捆和概率值计算 (II)

4.2.1 条件概率捆的定义和三个基本定理

概率空间是测度论中一类特殊的测度空间. 但是概率论不能归于测度论, 因为它有独特的理论联系实际的研究方法.

在概率空间 $(\Omega, \mathcal{F}, P)$ 中, $\mathcal{F}$ 是待研究的随机局部; 随机试验 $(\Omega, \mathcal{F})$ 是该局部的因果模型; $P(\mathcal{F})$ 是该局部中事件出现可能性大小的度量值——统计规律; 理论联系实际的研究方法使用的模式是

$$概率空间(\Omega, \mathcal{F}, P) \Longleftrightarrow 条件\mathcal{C} \Longleftrightarrow 实验\mathcal{E} \tag{4.2.1}$$

(参看式 (3.0.2) 和 (4.1.1)). 于是, 现实世界中的实验 $\mathcal{E}$ 不断地提供新的研究问题, 丰富概率论的理论内容和应用范围, 使得概率论极富有生命力. 现在, 在 4.1 节提供的直观背景下引进如下定义.

定义 4.2.1 设 $(\Omega, \mathcal{F}, P)$ 是研究模式 (4.2.1) 中的概率空间, 并已发展为模式 (4.1.5) 和 (4.1.8). 引进二元集函数

$$P(A|B) \overset{\text{def}}{=\!=} P(A|\mathcal{C}_B) = \frac{P(AB)}{P(B)}, \quad A \in \mathcal{F}, \quad B \in \mathcal{F}^* \tag{4.2.2}$$

简记为 $P(\mathcal{F}|\mathcal{F}^*)$. 称 $P(\mathcal{F}|\mathcal{F}^*)$ 为条件概率捆; 称 $P(A|B)$ 为事件 A 关于 B(即条件 $\mathcal{C}_B$) 的条件概率值. 这里的 $\mathcal{F}^*$ 由式 (4.0.2) 规定.

下面对定义进行四点说明:

i) 条件概率捆虽然有解析式 (4.2.2), 但它的概率论解释不是用绝对概率测度 $P(\mathcal{F})$ 进行逻辑推理的产物, 而是建模时引进新假定 (4.1.12) 和 (4.1.15) 的产物 (参看 4.1.2 小节). 由于 $P(\mathcal{F}) = P(\mathcal{F}|\Omega)$, 所以条件概率捆 $P(\mathcal{F}|\mathcal{F}^*)$ 是比概率测度更基础的概率. 不仅如此, 条件概率捆和独立性是使概率论区别于测度论的特有概念.

ii) 依据式 (4.1.17) 的来源, $P(A|B) \overset{\text{def}}{=\!=} P(A|\mathcal{C}_B)$ 又称为在事件 B 出现的条件下事件 A 的条件概率 (值).

iii) 当 B(即条件 $\mathcal{C}_B$) 固定时, $P(A|B)$, $A \in \mathcal{F}$ 是 $(\Omega, \mathcal{F})$ 上的概率测度, 因此 3.2 节中关于 $P(\mathcal{F})$ 的所有结论和运算规则皆适用于 $P(\mathcal{F}|B)$.

iv) 二元集函数 $P(A|B)$ 中自变量 A 是事件, 关于它有 iii) 中提及的结论和运算规则. 但是, 自变量 B 不代表事件, 而是条件 $\mathcal{C}_B$. 因此, 自变量 B 遵守的运算规则 (见定理 4.2.1—定理 4.2.3) 完全不同于 A 遵守的运算规则.

定理 4.2.1 (乘法定理) 给定概率空间 $(\Omega, \mathcal{F}, P)$, 设 $A_i \in \mathcal{F}(i = 1, 2, \cdots, n)$. 如果 $P(A_1 A_2 \cdots A_{n-1}) > 0$, 则成立[①]

$$P(A_1 A_2 \cdots A_n) = P(A_1)P(A_2|A_1)P(A_3|A_1 A_2) \cdots P(A_n|A_1 A_2 \cdots A_{n-1}) \tag{4.2.3}$$

证明 由于 $P(A_1) \geqslant P(A_1 A_2) \geqslant \cdots \geqslant P(A_1 A_2 \cdots A_{n-1}) > 0$, 故式 (4.2.3) 中的条件概率值皆存在. 把 (4.2.2) 定义的条件概率值代入 (4.2.3) 的右方, 得到

$$P(A_1) \cdot \frac{P(A_1 A_2)}{P(A_1)} \cdot \frac{P(A_1 A_2 A_3)}{P(A_1 A_2)} \cdot \cdots \cdot \frac{P(A_1 A_2 \cdots A_n)}{P(A_1 A_2 \cdots A_{n-1})} = (4.2.5)\text{左方}$$

定理得证. ∎

---

① 我们终于得到了定理 3.2.3 后【评论】中需要的乘法公式. 引进独立性概念后乘法公式 (4.2.3) 可以进一步简化.

定理 4.2.2 (全概率定理)　给定概率空间 $(\Omega, \mathcal{F}, P)$, 设 $H_i(i = 1, 2, 3, \cdots)$ 是有限个或可列个互不相容的事件, $\bigcup\limits_{i \geqslant 1} H_i = \Omega$, 那么对任意的 $A \in \mathcal{F}$ 成立

$$P(A) = \sum_{i \geqslant 1} P(A|H_i)P(H_i) \tag{4.2.4}$$

其中若出现 $P(H_j) = 0$, 这时 $P(A|H_j)$ 无意义, 我们约定 $P(A|H_j)$ 为零.

　　证明　显然, 诸事件 $AH_1, AH_2, AH_3, \cdots$ 是 $\mathcal{F}$ 中互不相容的事件, 并且 $\bigcup\limits_{i \geqslant 1} AH_i = A$. 故

$$P(A) = \sum_{i \geqslant 1} P(AH_i)$$

由乘法定理知 $P(AH_i) = P(A|H_i)P(H_i)$, 代入上式即得所证.　　■

　　推论 (条件全概率定理)　设 $G \in \mathcal{F}$, $P(G) > 0$, 那么对任意的 $A \in \mathcal{F}$ 成立

$$P(A|G) = \sum_{i \geqslant 1} P(A|GH_i)P(GH_i) \tag{4.2.5}$$

　　证明　在条件概率空间 $(\Omega, \mathcal{F}, P(\cdot|G))$ 中应用全概率定理即得 (4.2.5).　　■

　　定理 4.2.3 (贝叶斯定理)　在定理 4.2.2 的条件下, 对任意的 $A \in \mathcal{F}$, $P(A) > 0$ 成立

$$P(H_i|A) = \frac{P(A|H_i)P(H_i)}{\sum\limits_{j \geqslant 1} P(A|H_j)P(H_j)} \tag{4.2.6}$$

　　证明　由于 $P(H_i|A) = \dfrac{P(H_iA)}{P(A)}$, 于是对分子应用乘法定理, 对分母应用全概率定理即得式 (4.2.6).　　■

　　推论 (条件贝叶斯定理)　设 $G \in \mathcal{F}$, $P(G) > 0$, 那么对任意的 $A \in \mathcal{F}$, 当 $P(AG) > 0$ 时成立

$$P(H_i|AG) = \frac{P(A|H_iG)P(H_i|G)}{\sum\limits_{j \geqslant 1} P(A|H_jG)P(H_j|G)} \tag{4.2.7}$$

　　证明　在条件概率空间 $(\Omega, \mathcal{F}, P(\cdot|G))$ 中应用贝叶斯定理即得结论.　　■

　　以上是条件概率的三个著名定理, 经常使用. 通常, 式 (4.2.3), (4.2.4), (4.2.6) 分别称为乘法公式、全概率公式、贝叶斯公式; 式 (4.2.5), (4.2.7) 分别称为条件全概率公式和条件贝叶斯公式.

4.2.2 概率值计算 (II)

条件概率捆通常来自于比较复杂的实验 $\mathcal{E}$. 这时, 我们认定实验 $\mathcal{E}$ 有理论联系实际的研究模式 (4.1.1), (4.1.5) 和 (4.1.8); 但是 $\mathcal{E}$ 产生的概率空间 $(\Omega, \mathcal{F}, P)$ 或者很难求出, 或者需要对 $\mathcal{E}$ 作出许多补充假定才能求出. 为了不使"补充假定"掩盖主题, 直奔"用以上三个定理计算概率或条件概率"这项工作, 我们假定: 本小节中每个例题给定一个实验 $\mathcal{E}$, 它产生的概率空间是 $(\Omega, \mathcal{F}, P)$. 题中的计算是在这个"未知的" $(\Omega, \mathcal{F}, P)$ 中进行 (参看 3.2 节末的评论).

1. 涉及乘法公式的概率计算

例 4.2.1 一批产品中不合格率为 4%; 在合格产品中的一等品的概率为 75%. 现在从这批产品中任取一件, 试求恰好取到一等品的概率.

解 用 A, B 分别表示事件 "取到一等品" 和 "取到不合格产品", 任务是求 $P(A)$. 依题意

$$P(B) = 0.04, \quad P(\overline{B}) = 1 - 0.04 = 0.96, \quad P(A|\overline{B}) = 0.75$$

注意到 $A \subset \overline{B}$, 应用乘法公式得出

$$P(A) = P(A\overline{B}) = P(A|\overline{B})P(\overline{B}) = 0.75 \times 0.96 = 0.72$$

故恰好取到一等品的概率为 0.72.

例 4.2.2 加工零件需要经过两道工序. 第 1 道工序合格品率为 0.9, 次品率为 0.1. 第 2 道工序加工合格品时出现合格品的概率为 0.8, 出现次品的概率为 0.2; 但加工次品时出现合格品、次品、废品的概率分别为 0.1, 0.5, 0.4. 试求最终产品中的合格率、次品率和废品率.

解 用 A, B, C 分别表示事件"最终产品中的合格品""次品"和"废品". 任务是求 $P(A)$, $P(B)$ 和 $P(C)$.

用 E_1, E_2 表示事件"第 1 道工序生产的合格品"和"次品"; 用 G_1, G_2, G_3 表示事件"第 2 道工序生产的合格品", "次品"和"废品". 容易验证

$$A = E_1G_1 \cup E_2G_1; \quad B = E_1G_2 \cup E_2G_2; \quad C = E_2G_3 \tag{4.2.8}$$

依题意

$$\begin{aligned}
&P(E_1) = 0.9, \qquad P(E_2) = 0.1, \\
&P(G_1|E_1) = 0.8, \quad P(G_2|E_1) = 0.2, \quad P(G_3|E_1) = 0 \\
&P(G_1|E_2) = 0.1, \quad P(G_2|E_2) = 0.5, \quad P(G_3|E_2) = 0.4
\end{aligned}$$

注意到 (4.2.8) 右端中的 E_1G_1 和 E_2G_1 是不相容的事件, E_1G_2 和 E_2G_2 是不相容事件, 应用乘法公式, 我们有

$$
\begin{aligned}
P(A) &= P(E_1G_1) + P(E_2G_1) \\
&= P(G_1|E_1)P(E_1) + P(G_1|E_2)P(E_2) \\
&= 0.8 \cdot 0.9 + 0.1 \cdot 0.1 = 0.73 \\
P(B) &= P(E_1G_2) + P(E_2G_2) \\
&= P(G_2|E_1)P(E_1) + P(G_2|E_2)P(E_2) \\
&= 0.2 \cdot 0.9 + 0.5 \cdot 0.1 = 0.23 \\
P(C) &= P(E_2G_3) = P(G_3|E_2)P(E_2) \\
&= 0.4 \cdot 0.1 = 0.04
\end{aligned}
$$

由此得知, 最终产品中含 73% 的合格品, 23% 的次品和 4% 的废品.

例 4.2.3　N 件产品中有 M 件次品, 按不放回抽样方式一件接一件地取出三件产品 (参看例 3.3.2). 假定 $M \geqslant 3$, $N - M \geqslant 3$, 试求事件 "三件皆为次品" 的概率.

解　用 A 表示事件 "取出三件次品", $A_i (i = 1, 2, 3)$ 表事件 "第 i 次取出时是次品". 显然, $A = A_1A_2A_3$. 应用乘法公式得出

$$
P(A) = P(A_1)P(A_2|A_1)P(A_3|A_1A_2)
$$

现在, 第 1 次抽样是 "N 件产品中有 M 件次品, 从中任取一件" 这一实验, 应用等可能原理得出 $P(A_1) = \dfrac{M}{N}$; 同样, 在 A_1 已出现的条件下, 第 2 次抽样是 "$N - 1$ 件产品中含有 $M - 1$ 件次品, 从中任取一件" 这一实验, 故 $P(A_2|A_1) = \dfrac{M - 1}{N - 1}$; 同理, $P(A_3|A_1A_2) = \dfrac{M - 2}{N - 2}$. 代入上式即得所求概率为

$$
P(A) = \frac{M(M - 1)(M - 2)}{N(N - 1)(N - 2)}
$$

例 4.2.4　五张彩票中有一张是中奖彩票. 五人用抓阄的方式进行分配. 试证: 抽到中奖彩票的可能性与抓阄的先后无关.

解　用 A_i 表示事件 "中奖彩票在第 i 次被抓出"$(i = 1, 2, \cdots, 5)$, 需证 $P(A_1) = P(A_2) = \cdots = P(A_5)$.

A_1 是事件 "五张彩票中有一张中奖彩票, 并被抽出". 应用等可能性原理得出

$$
P(A_1) = \frac{1}{5}
$$

注意到 $A_2 \subset \overline{A_1}$. 故在 $\overline{A_1}$ 已出现的条件下, A_2 "四张彩票中有一张中奖彩票, 并被抽出". 应用等可能性原理得出 $P(A_2|\overline{A_1}) = \dfrac{1}{4}$, 从而

$$P(A_2) = P(A_2\overline{A_1}) = P(A_2|\overline{A_1})P(\overline{A_1}) = \frac{1}{4} \cdot \frac{4}{5} = \frac{1}{5}$$

同理可证 $P(A_3) = P(A_4) = P(A_5) = \dfrac{1}{5}$, 结论得证.

例 4.2.5(卜里耶 (Pólya) 罐子模型)   罐中有 b 个黑球和 r 个红球. 随意地摸出一个球, 把原球放回, 并加进与摸出的球颜色相同的 c 个球; 再随意地摸第 2 次, 并做同样的工作; 这样继续下去, 共摸 n 次. 试问:

i) "前 n_1 次出现黑球, 后 $n_2 = n - n_1$ 次出现红球" 这一事件的概率多大?

ii) "摸出 n_1 个黑球和 $n_2 = n - n_1$ 个红球" 这一事件的概率多大?

解   i) 用 A_i 和 B_i 分别表示事件 "第 i 次摸出黑球" 和 "摸出红球", 则 $\overline{A_i} = B_i(i = 1, 2, \cdots, n)$. 应用等可能性原理, 类似于例 4.2.3 的讨论方法得出

$$P(A_1) = \frac{b}{b + r}$$
$$P(A_2|A_1) = \frac{b + c}{b + r + c}$$
$$\cdots\cdots$$
$$P(A_{n_1}|A_1 A_2 \cdots A_{n_1-1}) = \frac{b + (n_1 - 1)c}{b + r + (n_1 - 1)c}$$
$$P(B_{n_1+1}|A_1 A_2 \cdots A_{n_1}) = \frac{r}{b + r + n_1 c}$$
$$P(B_{n_1+2}|A_1 \cdots A_{n_1} B_{n_1+1}) = \frac{r + c}{b + r + (n_1 + 1)c}$$
$$\cdots\cdots$$
$$P(B_n|A_1 \cdots A_{n_1} B_{n_1+1} \cdots B_{n-1}) = \frac{r + (n_2 - 1)c}{b + r + (n - 1)c}$$

用 A 表示事件 "前 n_1 次摸出黑球, 后 $n_2 = n - n_1$ 次摸出红球", 则

$$A = A_1 A_2 \cdots A_{n_1} B_{n_1+1} B_{n_1+2} \cdots B_n$$

于是, 应用乘法公式得出所求概率为

$$P(A) = \frac{b(b+c)\cdots[b+(n_1-1)c] \cdot r(r+c)\cdots[r+(n_2-1)c]}{(b+r)(b+r+c)(b+r+2c)\cdots[b+r+(n-1)c]}$$

ii) 容易看出, $P(A)$ 的值只与黑球和红球出现的次数有关, 而与出现的顺序无关. 这样的顺序组合总共有 $C_n^{n_1} = C_n^{n_2}$ 个.

用 B 表示事件 "摸出 n_1 个黑球和 $n_2 = n - n_1$ 个红球". 那么 B 是上述的

$\mathrm{C}_n^{n_1}$ 个事件之并, 并且这些事件互不相容. 因此 $P(B)$ 是这些事件的概率之和, 即

$$P(B) = \mathrm{C}_n^{n_1} \frac{b(b+c)\cdots[b+(n_1-1)c]r(r+c)\cdots[r+(n_2-1)c]}{(b+r)(b+r+c)(b+r+2c)\cdots[b+r+(n-1)c]}$$

例 4.2.6   在可靠性理论中, 某装置 (或某机器, 或某系统) 在时间 $[0,t]$ 中无故障的概率 $R(t)$ 被称为可靠度, 或生存函数. 用 $F(t+\Delta t|t)$ 表示该装置在 $[0,t]$ 中无故障的条件下在 $(t,t+\Delta t]$ 中出现故障的条件概率, 则称

$$\lambda(t) = \lim_{\Delta t \to 0} \frac{F(t+\Delta t|t)}{\Delta t} \tag{4.2.9}$$

为失效函数, 或故障强度函数, 简称为失效率或故障强度.

失效率 $\lambda(t)$ 是装置可靠性的重要指标, 它可用实验测定. 现在, 假定 $\lambda(t)$ 已知, 试求可靠度 $R(t)$ (假定 $R(0)=1$, 即装置启动时无故障).

解   引进下列事件

A：装置在 $(t,t+\Delta t]$ 中出现故障;

B：装置在 $(0,t]$ 中无故障;

C：装置在 $(0,t+\Delta t]$ 中无故障.

显然 $C = B\overline{A}$, 应用乘法公式得出

$$P(C) = P(B)P(\overline{A}|B) \tag{4.2.10}$$

现在, 应用 $F(t+\Delta t|t)$ 的定义得出 $P(\overline{A}|B) = 1 - P(A|B) = 1 - F(t+\Delta t|t)$; 再应用 $R(t)$ 和 $\lambda(t)$ 的定义, 式 (4.2.10) 成为

$$R(t+\Delta t) = R(t)[1 - F(t+\Delta t|t)] = R(t)[1 - \lambda(t)\Delta t + \circ(\Delta t)] \tag{4.2.11}$$

其中 $\circ(\Delta t)$ 是 Δt 的高阶无穷小. 整理后得出

$$\frac{R(t+\Delta t) - R(t)}{\Delta t} = -\lambda(t) + \frac{\circ(\Delta t)}{\Delta t}$$

令 $\Delta t \to 0$, 得到带初始条件的微分方程

$$\begin{cases} R'(t) = -\lambda(t)R(t) \\ R(0) = 1 \end{cases} \tag{4.2.12}$$

其解

$$R(t) = \mathrm{e}^{-\int_0^t \lambda(s)\mathrm{d}s} \tag{4.2.13}$$

是本例装置的可靠度.

2. 涉及全概率公式的概率计算

例 4.2.7 设有 9 个罐子, 把它们分为三类:

第 1 类包含 3 个罐子, 每个罐子中有 2 个白球和 1 个黑球;

第 2 类包含 2 个罐子, 每个罐子中有 10 个黑球;

第 3 类包含 4 个罐子, 每个罐子中有 3 个白球和 1 个黑球.

现在, 从 9 个罐子中任意地选定一个, 并从其中任意地摸出一个球. 试求摸出白球的概率.

解 用 A 表示事件 "摸出白球"; 用 H_i 表示事件 "选定的罐子属于第 i 类" $(i = 1, 2, 3)$. 由于选罐和摸球都是任意的, 应用等可能性原理得出

$$P(H_1) = \frac{3}{9}, \quad P(H_2) = \frac{2}{9}, \quad P(H_2) = \frac{4}{9}$$
$$P(A|H_1) = \frac{2}{3}, \quad P(A|H_2) = 0, \quad P(A|H_3) = \frac{3}{4}$$

应用全概率公式得出所求概率

$$P(A) = \sum_{i=1}^{3} P(A|H_i)P(H_i) = \frac{2}{3} \cdot \frac{3}{9} + 0 \cdot \frac{2}{9} + \frac{3}{4} \cdot \frac{4}{9} = \frac{5}{9}$$

例 4.2.8 播种用的一等小麦种子中混有 2% 的二等种子, 1.5% 的三等种子, 1% 的四等种子. 用一等、二等、三等、四等种子长出的穗含 50 颗以上麦粒的概率分别为 0.5, 0.15, 0.1, 0.05. 试求这批种子所结出的穗含有 50 颗以上麦粒的概率.

解 用 A 表示事件 "麦穗含有 50 颗以上的麦粒"; 用 H_i 表示事件 "种子是 i 等的" $(i = 1, 2, 3, 4)$. 依题意

$$P(H_2) = 0.02, \quad P(H_3) = 0.015, \quad P(H_4) = 0.01$$

故 $P(H_1) = 1 - \sum_{i=2}^{4} P(H_i) = 0.955$. 同样, 依题意

$$P(A|H_1) = 0.5, \quad P(A|H_2) = 0.15$$
$$P(A|H_3) = 0.1, \quad P(A|H_4) = 0.05$$

应用全概率公式得出

$$P(A) = \sum_{i=2}^{4} P(A|H_i)P(H_i)$$
$$= 0.5 \cdot 0.955 + 0.15 \cdot 0.02 + 0.1 \cdot 0.015 + 0.05 \cdot 0.01 = 0.4825$$

即是说, 这批种子结出的麦穗中约有 48.52% 的麦穗含有 50 颗以上的麦粒.

例 4.2.9　对一联机的计算机系统来自五条通信线. 已知计算机系统接收的报文来自这 5 条线的百分比是 20%, 30%, 10%, 15%, 25%; 来自这 5 条线的报文长度超过 100 个字母的概率分别是 0.4, 0.6, 0.2, 0.8 和 0.9. 试问: 随意地选择一条报文, 其长度超过 100 个字母的概率是多大?

解　用 A 表示事件 "报文长度超过 100 个字母"; 用 H_i 表示事件 "报文来自第 i 条通信线" $(i = 1, 2, \cdots, 5)$. 依题意

$$P(H_1)=0.2, \quad P(H_2)=0.3, \quad P(H_3)=0.1 \quad P(H_4)=0.15, \quad P(H_5)=0.25$$
$$P(A|H_1)=0.4, \quad P(A|H_2)=0.6, \quad P(A|H_3)=0.2 \quad P(A|H_4)=0.8, \quad P(A|H_5)=0.9$$

显然, 诸 $H_i(i = 1, 2, \cdots, 5)$ 互不相容, 其并为必然事件. 应用全概率公式得出所求概率为

$$\begin{aligned}
P(A) &= \sum_{i=1}^{5} P(A|H_i)P(H_i) \\
&= 0.4 \cdot 0.2 + 0.6 \cdot 0.3 \\
&\quad + 0.2 \cdot 0.1 + 0.8 \cdot 0.15 + 0.9 \cdot 0.25 \\
&= 0.625
\end{aligned}$$

例 4.2.10　某保险公司认为, 人可以分为两类. 第 1 类是容易出事故的人; 第 2 类是比较谨慎的人. 他们的统计资料表明, 易出事故的人在固定一年内出事故的概率是 0.4; 比较谨慎的人是 0.2. 假定第 1 类人占 30%. 试问: 任意地选一个人参保, 他在一年的保险中出事故的概率是多大?

解　用 A 表示 "参保人在 1 年的保险期中出事故" 这一事件; 用 H 表示 "参保人属于第 1 类" 这一事件. 依题意

$$P(H) = 0.3, \quad P(\overline{H}) = 0.7$$
$$P(A|H) = 0.4, \quad P(A|\overline{H}) = 0.2$$

应用全概率公式得出, 所求事件的概率为

$$P(A) = P(A|H)P(H) + P(A|\overline{H})P(\overline{H}) = 0.3 \cdot 0.4 + 0.7 \cdot 0.2 = 0.26$$

例 4.2.11 (赌客输光问题)　设某赌客有赌本 i 元, 对手有赌本 $a-i$ 元 $(a, i$ 为非负整数, 且 $a > i)$. 每赌一局赌客以概率 p 赢 1 元, 以概率 q 输 1 元 $(p+q=1)$. 赌博进行到一方输光为止, 因此赢家最终有赌金 a 元. 试问: 赌客输光的概率多大?

解　用 A_i 表示事件 "赌客有赌本 i 元时最终输光", 任务是求 $P(A_i)(i = 0, 1, 2, \cdots, a)$. 记 $p_i = P(A_i)$, 则

$$p_0 = P(A_0) = 1, \quad p_a = P(A_a) = 0 \tag{4.2.14}$$

用 H 表示事件 "赌一局时赌客赢 1 元", 则 $\overline{H}$ 表示 "赌一局时赌客输 1 元". 依题意

$$P(A_i|H) = p_{i+1}, \quad P(A_i|\overline{H}) = p_{i-1}, \quad (0 < i < a)$$

应用全概率公式得到

$$p_i = P(A_i) = P(A_i|H)P(H) + P(A_i|\overline{H})P(\overline{H}) = pp_{i+1} + qp_{i-1} \qquad (4.2.15)$$

联合 (4.2.14) 和 (4.2.15) 后得到差分方程

$$\begin{cases} p_i = pp_{i+1} + qp_{i-1} \\ p_0 = 1, \quad p_a = 0 \end{cases} \qquad (4.2.16)$$

现在求此差分方程的解. 为此前一式改写为

$$p(p_{i+1} - p_i) = q(p_i - p_{i-1}) \quad (0 < i < a) \qquad (4.2.17)$$

情形 1 当 $p > 0$ 且 $p \neq \dfrac{1}{2}$ 时由 (4.2.17) 得出

$$p_i - p_1 = \sum_{k=1}^{i-1} \left(\frac{q}{p}\right)^k (p_1 - p_0) \quad (0 < i < a) \qquad (4.2.18)$$

令 $i = a$, 并应用边界条件 (4.2.14) 得出

$$p_1 = \frac{\dfrac{q}{p} - \left(\dfrac{q}{p}\right)^a}{1 - \left(\dfrac{q}{p}\right)^a} \qquad (4.2.19)$$

代入 (4.2.18) 中得到所求的概率 p_i 为

$$p_i = \frac{\left(\dfrac{q}{p}\right)^i - \left(\dfrac{q}{p}\right)^a}{1 - \left(\dfrac{q}{p}\right)^a} \quad (0 \leqslant i \leqslant a) \qquad (4.2.20)$$

情形 2 当 $p = q = \dfrac{1}{2}$ 时由 (4.2.17) 和边界条件 $p_0 = 1$ 得出

$$p_i - p_1 = (i-1)(p_1 - 1) \quad (0 < i < a) \qquad (4.2.21)$$

令 $i = a$, 应用边界条件 $p_a = 0$ 得出 $p_1 = \dfrac{a-1}{a}$. 代入 (4.2.21) 得出所求概率 p_i 为

$$p_i = 1 - \frac{i}{a} \qquad (4.2.22)$$

本例证实, 在公平赌博 ($p = q = \dfrac{1}{2}$ 情形) 中, 如果赌博双方的赌本很悬殊 (即 $i \ll a$, 或 $a - i \ll a$), 那么赌本少的一方最终输光的概率很大.

3. 涉及贝叶斯公式的概率计算

例 4.2.12　设有 5 个罐子, 把它们分为三类:

第 1 类包含 2 个罐子, 每个罐子中有 2 个白球和 3 个黑球;

第 2 类包含 2 个罐子, 每个罐子中有 1 个白球和 4 个黑球;

第 3 类包含 1 个罐子, 其内有 4 个白球和 1 个黑球.

现在, 任意地选取一个罐子, 并随意地摸出一个球. 试问: 摸出白球的概率多大? 如果摸出的是白球, 那么该白球来自第 $i(i = 1, 2, 3)$ 类罐子的条件概率多大?

解　用 A 表示事件 "摸出白球"; 用 H_i 表示事件 "摸出的球来自第 i 类罐子". 依题意, 应用等可能性原理得出

$$P(H_1) = \frac{2}{5}, \qquad P(H_2) = \frac{2}{5}, \qquad P(H_3) = \frac{1}{5}$$
$$P(A|H_1) = \frac{2}{5}, \quad P(A|H_2) = \frac{1}{5}, \quad P(A|H_3) = \frac{4}{5}$$

注意到事件 H_1, H_2, H_2 互不相容, $H_1 \cup H_2 \cup H_3$ 是必然事件, 故应用全概率公式得出

$$P(A) = \sum_{i=1}^{3} P(A|H_i)P(H_i) = \frac{2}{5} \cdot \frac{2}{5} + \frac{1}{5} \cdot \frac{2}{5} + \frac{4}{5} \cdot \frac{1}{5} = \frac{10}{25}$$

即是说, 摸出白球的概率为 $\dfrac{10}{25}$.

现在, 应用贝叶斯公式得出

$$P(H_1|A) = \frac{P(A|H_1)P(H_1)}{P(A)} = \frac{2}{5} \cdot \frac{2}{5} \cdot \frac{25}{10} = \frac{2}{5}$$

$$P(H_2|A) = \frac{P(A|H_2)P(H_2)}{P(A)} = \frac{1}{5} \cdot \frac{2}{5} \cdot \frac{25}{10} = \frac{1}{5}$$

$$P(H_3|A) = \frac{P(A|H_3)P(H_3)}{P(A)} = \frac{4}{5} \cdot \frac{1}{5} \cdot \frac{25}{10} = \frac{2}{5}$$

即是说, 如果摸出的是白球, 则它来自第 1 类罐子的概率和第 3 类罐子的概率都是 $\dfrac{2}{5}$; 来自第 2 类罐子的概率是 $\dfrac{1}{5}$.

例 4.2.13　甲, 乙, 丙三家工厂生产同样的产品. 三家工厂产品的废品率分别为 5%, 4% 和 1%. 某商家采购了大量的这种产品, 其中甲, 乙, 丙三家所占的比例分别为 25%, 35% 和 40%. 假定采购的产品已随机地混在一起, 试问: 这批产品的废品率是多大? 如果任意地取出一件产品, 发现它是废品, 那么该废品来自甲厂, 乙厂和丙厂的可能性多大?

解 用 H_1, H_2, H_3 分别表示事件"产品来自甲厂""来自乙厂"和"来自丙厂". 依题意

$$P(H_1) = 0.25, \quad P(H_2) = 0.35, \quad P(H_3) = 0.4$$

用 A 表示事件"任意地取出一件产品, 它是废品". 依题意

$$P(A|H_1) = 0.05, \quad P(A|H_2) = 0.04, \quad P(A|H_3) = 0.01$$

于是, 应用全概率公式得出

$$P(A) = \sum_{i=1}^{3} P(A|H_i)P(H_i) = 0.05 \cdot 0.25 + 0.04 \cdot 0.35 + 0.01 \cdot 0.4 = 0.0305$$

即是说, 混在一起的这批产品中有 3.05% 的废品. 应用贝叶斯公式, 我们有

$$P(H_1|A) = \frac{P(A|H_1)P(H_1)}{P(A)} = \frac{0.05 \cdot 0.25}{0.0305} = 0.41$$

$$P(H_2|A) = \frac{P(A|H_2)P(H_2)}{P(A)} = \frac{0.04 \cdot 0.35}{0.0305} = 0.46$$

$$P(H_3|A) = \frac{P(A|H_3)P(H_3)}{P(A)} = \frac{0.01 \cdot 0.4}{0.0305} = 0.13$$

即是说, 取出的废品来自甲厂的条件概率约为 41%, 来自乙厂约为 46%, 来自丙厂约为 13%.

例 4.2.14 在电报通信中, 发送端发出由"·"和"—"两种信号组成的序列; 而由于随机干扰的存在, 接受端收到由"·""不清"和"—"三种信号组成的序列. 用 $0, x, 1$ 分别表示信号"·""不清"和"—". 假定已知: ①发送信号 0 和 1 的概率分别为 0.6 和 0.4; ②在发出信号 0 的条件下, 收到信号为 $0, x, 1$ 的条件概率分别为 0.7, 0.2, 0.1; ③在发出信号 1 的条件下, 收到信号为 $0, x, 1$ 的条件概率分别为 0, 0.1 和 0.9(图 4.2.1). 试求: 接受信号为 x 的条件下, 原发信号为 0 和 1 的条件概率.

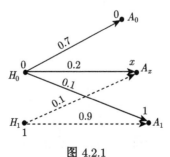

图 4.2.1

解   为了清晰地表达本例中事件, 用 ξ 表示发送端发出的信号; 用 η 表示接收端接收的信号. 于是, 我们关心的事件可表示为

$$H_0 = \{\xi = 0\}, \quad H_1 = \{\xi = 1\} \tag{4.2.23}$$

$$A_0 = \{\eta = 0\}, \quad A_x = \{\eta = x\}, \quad A_1 = \{\eta = 1\} \tag{4.2.24}$$

依题意

$$P(H_0) = 0.6, \qquad P(H_1) = 0.4$$

$$P(A_0|H_0) = 0.7, \quad P(A_x|H_0) = 0.2, \quad P(A_1|H_0) = 0.1$$

$$P(A_0|H_1) = 0, \qquad P(A_x|H_1) = 0.1, \quad P(A_1|H_1) = 0.9$$

需求的条件概率是 $P(H_0|A_x)$ 和 $P(H_1|A_x)$.

现在, 应用贝叶斯公式即得所求的条件概率为

$$P(H_0|A_x) = \frac{P(H_0)P(A_x|H_0)}{P(H_0)P(A_x|H_0) + P(H_1)P(A_x|H_1)}$$

$$= \frac{0.6 \cdot 0.2}{0.6 \cdot 0.2 + 0.4 \cdot 0.1} = 0.75$$

$$P(H_1|A_x) = 1 - P(H_0|A_x) = 1 - 0.75 = 0.25$$

由此可见, 收到信号"不清"时原发送信号为"·"的可能性较大.

例 4.2.15   用血清甲胎蛋白检查肝癌. 依据实验资料得出

$$P(A|H) = 0.95, P(\overline{A}|\overline{H}) = 0.90,$$

这里 H 表示事件"被检查者患有肝癌"; A 表示事件"检查结果是阳性"(非阳性称为阴性). 现在, 设在被检查的人群中肝癌患者的比例为 0.04%, 某人检查的结果为阳性, 试问此人患有肝癌的概率多大?

解   本例的任务是求条件概率 $P(H|A)$. 依题意

$$P(H) = 0.0004, \quad P(\overline{H}) = 0.9996 \tag{4.2.25}$$

$$P(A|H) = 0.95, \quad P(A|\overline{H}) = 1 - P(\overline{A}|\overline{H}) = 0.10 \tag{4.2.26}$$

应用贝叶斯公式即得

$$P(H|A) = \frac{P(H)P(A|H)}{P(H)P(A|H) + P(\overline{H})P(A|\overline{H})}$$

$$= \frac{0.0004 \cdot 0.95}{0.0004 \cdot 0.95 + 0.9996 \cdot 0.1} = 0.0038 \tag{4.2.27}$$

故此人患肝癌的可能极小, 其概率仅为 0.38%.

【评论】 式 (4.2.26) 表明, 血清甲胎蛋白检查法相当可靠, 但此人患肝癌的可能性却很小, 似乎难以相信. 下面的分析将解除这个困惑, 加深对条件概率的理解.

从 (4.2.25) 看出, 本例实验是"对某类人群进行健康普查". 不妨假定健康普查的人数为 1 万人. 我们有

1) 由 (4.2.25) 得出 1 万人中约有 40 人患肝癌;

2) 我们有

$$P(A) = P(H)P(A|H) + P(\overline{H})P(A|\overline{H}) = 0.0004 \cdot 0.95 + 0.9996 \cdot 0.1 = 0.10034$$

由此得知, 1 万人中约有 1003 人的检查结果是阳性.

综合 1) 和 2) 得出, 从呈阳性反应的检查者中任取 1 人, 此人患肝癌的可能性仅为 $\dfrac{40}{1003} = 0.0038$. 与答案 (4.2.27) 一致.

以上讨论表明, 在健康普查中不能用血清甲胎蛋白检查呈阳性反应判定该人患肝癌. 但是, 在另一个实验——医生诊断中该检验法却非常准确.

例 4.2.16 某医生怀疑病人患有肝癌时便开出血清甲胎蛋白检验的化验单. 如果检查结果是阳性, 他便判定此人患肝癌. 试问: 该医生诊断正确的可能性多大? 依据以前的资料, 该医生开出化验单的人群中有 60%确患肝癌.

解 用 H 表示事件"被检查者患有肝癌"; 用 A 表示事件"检验的结果是阳性". 依题意

$$P(H) = 0.6 \qquad P(\overline{H}) = 0.4 \tag{4.2.28}$$

$$P(A|H) = 0.95, \quad P(A|\overline{H}) = 1 - P(\overline{A}|\overline{H}) = 0.1 \tag{4.2.29}$$

应用贝叶斯公式得出

$$P(H|A) = \frac{P(H)P(A|H)}{P(H)P(A|H) + P(\overline{H})P(A|\overline{H})} = \frac{0.6 \cdot 0.95}{0.6 \cdot 0.95 + 0.4 \cdot 0.1} = 0.993 \tag{4.2.30}$$

由此得出, 该医生诊断正确的可能性为 99.3%.

由例 4.2.15 和例 4.2.16 看出, 明确所讨论的实验和它划定的随机局部是很重要的事情.

4.3 三类条件概率子捆和独立性

首先介绍分析学中的限制运算, 其功能是缩小函数的定义域.

【限制】 设 $y = f(x), x \in \mathcal{D}$ 是任意的函数, $\mathcal{D}_1$ 是任意的集合, 那么称新函数

$$y = f(x), \quad x \in \mathcal{D} \cap \mathcal{D}_1 \tag{4.3.1}$$

为函数 $f(\mathcal{D})$ 在集合 $\mathcal{D}_1$ 上的限制, 记为

$$f(\mathcal{D} \cap \mathcal{D}_1) = f(\mathcal{D}){\restriction}\mathcal{D}_1 \tag{4.3.2}$$

并称 "${\restriction}$" 为限制号. 特别, 当 $\mathcal{D}_1 \subset \mathcal{D}$ 时上述两式简化为

$$y = f(x), \quad x \in \mathcal{D}_1 \tag{4.3.3}$$

$$f(\mathcal{D}_1) = f(\mathcal{D}){\restriction}\mathcal{D}_1 \tag{4.3.4}$$

4.3.1　定义和直观解释

定义 4.3.1　给定概率空间 $(\Omega, \mathcal{F}, P)$, 设 $P(\mathcal{F}|\mathcal{F}^*)$ 是条件概率捆, 那么

i) 设 $A \in \mathcal{F}$, $(\Omega, \mathcal{F}_2)$ 是 $(\Omega, \mathcal{F})$ 的子试验, 则称

$$P(A|\mathcal{F}_2^*) = P(\mathcal{F}|\mathcal{F}^*){\restriction}(A, \mathcal{F}_2^*) \tag{4.3.5}$$

为在子试验 $(\Omega, \mathcal{F}_2)$ 实施的条件下事件 A 的条件概率子捆, 简称为 A 关于 $\mathcal{F}_2$ 的条件概率 (子捆).

ii) 设 $(\Omega, \mathcal{F}_1)$ 是 $(\Omega, \mathcal{F})$ 的子试验, $B \in \mathcal{F}$ 且 $P(B) > 0$, 则称

$$P(\mathcal{F}_1|B) = P(\mathcal{F}|\mathcal{F}^*){\restriction}(\mathcal{F}_1, B) \tag{4.3.6}$$

为在事件 B 出现的条件下 $(\Omega, \mathcal{F}_1)$ 中事件的条件概率子捆, 或称为在 B 出现的条件下子局部 $\mathcal{F}_1$(或子试验 $(\Omega, \mathcal{F}_1)$) 的条件概率子捆; 简称为 $\mathcal{F}_1$ 关于 B 的条件概率 (子捆).

iii) 设 $(\Omega, \mathcal{F}_i)(i = 1, 2)$ 是 $(\Omega, \mathcal{F})$ 的两个子试验, 则称

$$P(\mathcal{F}_1|\mathcal{F}_2^*) = P(\mathcal{F}|\mathcal{F}^*){\restriction}(\mathcal{F}_1, \mathcal{F}_2^*) \tag{4.3.7}$$

为在子试验 $(\Omega, \mathcal{F}_2)$ 实施的条件下子局部 $\mathcal{F}_1$(或子试验 $(\Omega, \mathcal{F}_1)$) 的条件概率子捆, 简称为 $\mathcal{F}_1$ 关于 $\mathcal{F}_2$ 的条件概率 (子捆).

【直观解释】　在理论联系实际的研究模式 (4.1.5) 和 (4.1.8) 中引进各种类型的条件概率子捆是很自然的事情.

i) 设 $A \in \mathcal{F}$, 试问: 当子实验 $\mathcal{E}_2$ 实施时[①]事件 A 的出现规律——绝对概率值 $P(A)$ 将如何改变?

完整的全面的答案是: 当子试验 $(\Omega, \mathcal{F}_2)$ 实施时如果 $\mathcal{F}_2$ 中事件 B_1 出现, 则 $P(A)$ 改变为 $P(A|B_1)$; 如果事件 B_2 出现, 则 $P(A)$ 改变为 $P(A|B_2)$; 如果事件 B_3 出现, 则 $P(A)$ 改变为 $P(A|B_3)$; ……

---

①子实验 $\mathcal{E}_2$ 产生子试验 $(\Omega, \mathcal{F}_2)$. 因此 "$\mathcal{E}_2$ 实施" 也可表述为 "$(\Omega, \mathcal{F}_2)$ 出现".

概率论把这个答案综合为: 在子试验 $(\Omega, \mathcal{F}_2)$ 实施的条件下事件 A 的统计规律 $P(A)$ 将改变成一个函数

$$P(A|B), \quad B \in \mathcal{F}_2^* \tag{4.3.8}$$

称之为 A 关于 $\mathcal{F}_2$ 的条件概率子捆, 简记为 $P(A|\mathcal{F}_2^*)$.

ii) 设 $B \in \mathcal{F}$, $P(B) > 0$. 试问: 当事件 B 出现的条件下子试验 $(\Omega, \mathcal{F}_1)$ 中事件的出现规律将如何改变?

完整的全面的答案是: 当事件 B 已经出现时子局部 $\mathcal{F}_1$ 中事件 A_1 的出现规律 $P(A_1)$ 将改变为 $P(A_1|B)$; 事件 A_2 的出现规律 $P(A_2)$ 将改变为 $P(A_2|B)$, $\cdots\cdots$

概率论把这个答案综合为: 在事件 B 出现的条件下子试验 $(\Omega, \mathcal{F}_1)$ 中事件的出现规律 $P(A)$, $A \in \mathcal{F}_1$ 将改变为一个新的出现规律

$$P(A|B), \quad A \in \mathcal{F}_1 \tag{4.3.9}$$

称之为 $\mathcal{F}_1$ 关于 B 的条件概率子捆, 简记为 $P(\mathcal{F}_1|B)$.

iii) 设 $(\Omega, \mathcal{F}_i)(i = 1, 2)$ 是两个子试验. 试问: 在 $(\Omega, \mathcal{F}_2)$ 实施的条件下子局部 $\mathcal{F}_2$ 中事件的出现规律 $P(\mathcal{F}_1)$ 将如何改变?

完整的全面的答案是: 当子试验 $(\Omega, \mathcal{F}_2)$ 实施时如果 $\mathcal{F}_2$ 中事件 B_1 出现, 则子局部 $\mathcal{F}_1$ 中事件的出现规律 $P(\mathcal{F}_1)$ 将改变为 $P(\mathcal{F}_1|B_1)$; 如果事件 B_2 出现, 则改变为 $P(\mathcal{F}_1|B_2)$; $\cdots\cdots$

概率论把上述回答综合为二元函数, 得到简洁的答案: 在子试验 $(\Omega, \mathcal{F}_2)$ 实施的条件下, 子局部 $\mathcal{F}_1$ 中事件的出现规律 $P(\mathcal{F}_1)$ 将改变为 $P(\mathcal{F}_1|\mathcal{F}_2^*)$, 即

$$P(A|B), \quad A \in \mathcal{F}_1, \quad B \in \mathcal{F}_2^* \tag{4.3.10}$$

称此二元函数为 $\mathcal{F}_1$ 关于 $\mathcal{F}_2$ 的条件概率子捆, 简记为 $P(\mathcal{F}_1|\mathcal{F}_2^*)$.

引理 4.3.1 子试验 $(\Omega, \mathcal{F}_1)$ 关于事件 B 的条件概率子捆 $P(\mathcal{F}_1|B)$ 是 $(\Omega, \mathcal{F}_1)$ 上的条件概率测度.

证明 结论由引理 4.1.2 推出. ∎

该引理说, 条件概率子捆 $P(\mathcal{F}_1|\mathcal{F}_2^*)$ 是条件概率测度族 $\{P(\mathcal{F}_1|B)|B \in \mathcal{F}_2^*\}$ 也是条件概率子捆族 $\{P(A|\mathcal{F}_2^*)|A \in \mathcal{F}_1\}$.

4.3.2 独立性的直观背景

给定概率空间 $(\Omega, \mathcal{F}, P)$, 设 $(\Omega, \mathcal{F}_i)(i = 1, 2)$ 是两个子试验. 不妨假定 $(\Omega, \mathcal{F}, P)$ 来自理论联系实际的研究模式 (4.1.5) 和 (4.1.8). 这时 $(\Omega, \mathcal{F}_i, P)$ 是子实验 $\mathcal{E}_i(i = 1, 2)$ 的因果量化模型, $P(\mathcal{F}|\mathcal{F}^*)$ 是条件概率捆.

现在讨论 $\mathcal{F}_1$ 关于 $\mathcal{F}_2$ 的条件概率子捆 $P(\mathcal{F}_1|\mathcal{F}_2^*)$. 它的一种重要的特殊情形是

$$P(\mathcal{F}_1|\mathcal{F}_2^*) = P(\mathcal{F}_1) \tag{4.3.11}$$

即是说, 不管子试验 $(\Omega, \mathcal{F}_2)$ 是否实施, 皆不影响子试验 $(\Omega, \mathcal{F}_1)$ 中事件出现的概率, 即总是等于绝对概率 $P(\mathcal{F}_1)$. 自然称子试验 $(\Omega, \mathcal{F}_1)$ 关于 $(\Omega, \mathcal{F}_2)$ 独立.

容易证明 (见定理 4.3.1 推论), (4.3.11) 和

$$P(\mathcal{F}_2|\mathcal{F}_1^*) = P(\mathcal{F}_2) \tag{4.3.12}$$

相互等价. 因此, 独立是相互的性质, 称之为子试验 $(\Omega, \mathcal{F}_1)$ 和 $(\Omega, \mathcal{F}_2)$ 相互独立.

式 (4.3.11) 的具体形式为, 对任意的 $A \in \mathcal{F}_1$, $B \in \mathcal{F}_2^*$ 成立

$$P(A|B) = P(A) \tag{4.3.13}$$

注意到 $P(A|B) = \dfrac{P(AB)}{P(B)}$, 由此推出

$$P(AB) = P(A)P(B) \tag{4.3.14}$$

由此可见, 独立性导致条件概率捆中的乘法公式 (4.2.3) 异常地简单, 为概率值计算带来极大的方便. 因此, 独立子实验的研究是概率论中成果最丰富的分支之一.

4.3.3　两个子试验的独立性

定义 4.3.2　给定概率空间 $(\Omega, \mathcal{F}, P)$, 设 $(\Omega, \mathcal{F}_1)$ 和 $(\Omega, \mathcal{F}_2)$ 是两个子试验. 如果成立条件概率子捆的等式 $P(\mathcal{F}_1|\mathcal{F}_2^*) = P(\mathcal{F}_1)$, 即

$$P(A|B) = P(A), \quad A \in \mathcal{F}_1, \quad B \in \mathcal{F}_2^* \tag{4.3.15}$$

则称子试验 $(\Omega, \mathcal{F}_1)$ 和 $(\Omega, \mathcal{F}_2)$ 关于绝对概率测度 $P(\mathcal{F})$ 相互独立, 简称为 $(\Omega, \mathcal{F}_1)$ 和 $(\Omega, \mathcal{F}_2)$ 相互独立, 或子局部 $\mathcal{F}_1$ 和 $\mathcal{F}_2$ 相互独立.

定理 4.3.1　子试验 $(\Omega, \mathcal{F}_1)$ 和 $(\Omega, \mathcal{F}_2)$ 相互独立的必要充分条件是, 对任意的 $A \in \mathcal{F}_1$, $B \in \mathcal{F}_2$ 成立

$$P(AB) = P(A)P(B) \tag{4.3.16}$$

证明　假定 (4.3.15) 成立, 那么对 $A \in \mathcal{F}_1$, $B \in \mathcal{F}_2^*$, 应用乘法公式得出

$$P(AB) = P(B)P(A|B) = P(A)P(B)$$

而当 $P(B) = 0$ 时 (4.3.16) 自然成立, 得证必要性.

反之, 假定 (4.3.16) 成立. 应用条件概率的定义, 对任意的 $A \in \mathcal{F}_1$, $B \in \mathcal{F}_2^*$ 有

$$P(A|B) = \frac{P(AB)}{P(B)} = \frac{P(A)P(B)}{P(B)} = P(A)$$

故 (4.3.15) 成立, 得证充分性. ■

推论 条件 (4.3.15) 等价于条件 $P(\mathcal{F}_2|\mathcal{F}_1^*) = P(\mathcal{F}_2)$, 即

$$P(B|A) = P(B), \quad A \in \mathcal{F}_1^*, \quad B \in \mathcal{F}_2 \tag{4.3.17}$$

定理 4.3.2 给定概率空间 $(\Omega, \mathcal{F}, P)$, 假定子试验 $(\Omega, \mathcal{F}_1)$ 和 $(\Omega, \mathcal{F}_2)$ 相互独立. 那么对任意的 $A \in \mathcal{F}_1$, $B \in \mathcal{F}_2$ 成立:

i) $P(AB) = 0$ 当且仅当 $P(A) = 0$ 和 $P(B) = 0$ 中至少有一个成立;

ii) 如果 $0 < P(A), P(B) < 1$, 那么

$$AB \notin \mathcal{F}_1, \quad AB \notin \mathcal{F}_2 \tag{4.3.18}$$

iii) 0-1 律: 对任意的 $A \in \mathcal{F}_1 \cap \mathcal{F}_2$ 成立

$$P(A) = 0\text{或}1 \tag{4.3.19}$$

iv) 0-1 律: 如果 $(\Omega, \mathcal{F}_1)$ 和自己独立, 那么

$$P(A) = 0\text{或}1, \quad A \in \mathcal{F}_1 \tag{4.3.20}$$

证明 i) 是公式 (4.3.16) 的直接推论.

ii) 反证法: 假定 $AB \in \mathcal{F}_1$, 那么由定理 4.3.1 得出

$$P(AB) = P(ABB) = P(AB)P(B)$$

注意到 $P(AB) = P(A)P(B) \neq 0$, $0 < P(B) < 1$, 故上式不可能成立. 矛盾推出 $AB \notin \mathcal{F}_1$. 同理, $AB \notin \mathcal{F}_2$.

iii) 设 $A \in \mathcal{F}_1 \cap \mathcal{F}_2$, 则 $A \in \mathcal{F}_1$ 且 $A \in \mathcal{F}_2$, 故

$$P(A) = P(AA) = P(A)P(A)$$

由此推出 (4.3.19).

iv) 是 iii) 的特殊情形. ■

用定理 4.3.1 判定子局部 $\mathcal{F}_1$ 和 $\mathcal{F}_2$ 相互独立时必须对所有的事件对 (A, B) 验证 (4.3.16) 成立. 下面的定理说, 在一定的条件下只需对来自芽集的事件进行验证即可.

定理 4.3.3 给定概率空间 $(\Omega, \mathcal{F}, P)$, 设 $\mathcal{A}_1$ 和 $\mathcal{A}_2$ 是 $\mathcal{F}$ 的两个任意的子集. 如果

i) $\mathcal{A}_1$ 和 $\mathcal{A}_2$ 皆是 π 系[①];

---

①设 Π 是全集 E 中由一些集合组成的集系. 称 Π 为 π 系, 如果对任意的 $A, B \in \Pi$, 则 $AB \in \Pi$.

ii) 对任意的 $A \in \mathcal{A}_1, B \in \mathcal{A}_2$ 成立

$$P(AB) = P(A)P(B) \tag{4.3.21}$$

那么子试验 $(\Omega, \sigma(\mathcal{A}_1))$ 和 $(\Omega, \sigma(\mathcal{A}_2))$ 相互独立.

证明　引进集合

$$\Lambda = \{A | A \in \mathcal{F}, \text{对任意的 } B \in \mathcal{A}_2 \text{ 有 } P(AB) = P(A)P(B)\}$$

显然 $\Lambda \subset \mathcal{F}$, 由假定条件 ii) 和 $\mathcal{A}_1 \subset \Lambda$. 下证 Λ 具有下列四个性质:

1) $\varnothing, \Omega \in \Lambda$;
2) 设 $A_1, A_2 \in \Lambda$ 且 $A_1 \cap A_2 = \varnothing$, 则 $A_1 \cup A_2 \in \Lambda$;
3) 设 $A_1, A_2 \in \Lambda$ 且 $A_1 \supset A_2$, 则 $A_1 \setminus A_2 \in \Lambda$;
4) 设 $A_i \in \Lambda (i \geqslant 1)$ 且 $A_1 \subset A_2 \subset A_3 \subset \cdots$, 则 $\bigcup\limits_{i=1}^{\infty} A_i \in \Lambda$[①].

事实上, 结论 1) 显然. 证 2): 对任意的 $B \in \mathcal{A}_2$, 由于 $(A_1 B) \cap (A_2 B) = \varnothing$, 故

$$P([A_1 \cup A_2] \cap B) = P(A_1 B) + P(A_2 B)$$

应用假定条件 ii) 推出

$$P([A_1 \cup A_2] \cap B) = P(A_1)P(B) + P(A_2)P(B) = P(A_1 \cup A_2)P(B)$$

得证 $A_1 \cup A_2 \in \Lambda$. 证 3): 对任意的 $B \in \mathcal{A}_2$, 由于 $A_1 B \supset A_2 B$, 故

$$P([A_1 \setminus A_2] \cap B) = P(A_1 B) - P(A_2 B)$$
$$= P(A_1)P(B) - P(A_2)P(B) = P(A_1 \setminus A_2)P(B)$$

得证 $A_1 \setminus A_2 \in \Lambda$. 证 4): 显然, 诸 $A_i \setminus A_{i-1}(i \geqslant 1,$ 约定 $A_0 = \varnothing)$ 互不相交, 且 $\bigcup\limits_{i=1}^{\infty} A_i = \bigcup\limits_{i=1}^{\infty} (A_i \setminus A_{i-1})$. 应用概率测度的可列可加性和已证的 3) 得出, 对任意 $B \in \mathcal{A}_2$, 有

$$P\left(\left(\bigcup\limits_{i=1}^{\infty} A_i\right) \cap B\right) = P\left(\left[\bigcup\limits_{i=1}^{\infty} (A_i \setminus A_{i-1})\right] \cap B\right)$$
$$= \sum\limits_{i=1}^{\infty} P((A_i \setminus A_{i-1}) \cap B) = \sum\limits_{i=1}^{\infty} P(A_i \setminus A_{i-1})P(B)$$
$$= P\left(\bigcup\limits_{i=1}^{\infty} (A_i \setminus A_{i-1})\right) P(B) = P\left(\bigcup\limits_{i=1}^{\infty} A_i\right) P(B)$$

---

①设 Λ 是全集 E 中由一些集合组成的集系, 如果 Λ 具有这四个性质, 则称 Λ 为 λ 系. λ-π 系方法中的一个基本定理是: 如果 λ-系 Λ 包含 π-系 Π, 即 $\Lambda \supset \Pi$, 则 $\Lambda \supset \sigma(\Pi)$. 证明见 [19, 附篇引理 3; 或 20, 定理 1.1.4].

得证 4).

我们证明了 Λ 是 λ 系; 由假设条件 i) 知 $\mathcal{A}_1$ 是 π 系; 显然 $\mathcal{A}_1 \subset \Lambda$. 于是, 应用脚注中所述定理得出 $\sigma(\mathcal{A}_1) \subset \Lambda$.

以上讨论表明, 满足条件 i) 和 ii) 的子集 $\mathcal{A}_1$ 和 $\mathcal{A}_2$ 可以代之为 $\sigma(\mathcal{A}_1)$ 和 $\mathcal{A}_2$. 重复上述讨论得出, 可以进一步代之为 $\sigma(\mathcal{A}_1)$ 和 $\sigma(\mathcal{A}_2)$. 最终, 应用定理 4.3.1 得出, 子试验 $(\Omega, \sigma(\mathcal{A}_1))$ 和 $(\Omega, \sigma(\mathcal{A}_2))$ 相互独立. ■

4.3.4 两个事件的独立性

定义 4.3.3 给定概率空间 $(\Omega, \mathcal{F}, P)$, 设事件 $A, B \in \mathcal{F}$. 如果存在相互独立的子试验 $(\Omega, \mathcal{F}_1)$ 和 $(\Omega, \mathcal{F}_2)$ 使得 $A \in \mathcal{F}_1$ 和 $B \in \mathcal{F}_2$, 则称事件 A 和 B 关于概率测度 $P(\mathcal{F})$ 相互独立, 简称为 A 和 B 独立.

定理 4.3.4 给定概率空间 $(\Omega, \mathcal{F}, P)$, 设 $A, B \in \mathcal{F}$, 那么事件 A 和 B 相互独立的必要充分条件是

$$P(AB) = P(A)P(B) \tag{4.3.22}$$

证明 必要性显然. 往证充分性: 假定 (4.3.22) 成立. 由于 $\overline{A}B = B \backslash (AB)$, 应用差概率公式 (3.2.10) 得出

$$P(\overline{A}B) = P(B) - P(AB) = P(B) - P(A)P(B) = P(\overline{A})P(B)$$

同理可证 $P(A\overline{B}) = P(A)P(\overline{B}); \ P(\overline{A}\,\overline{B}) = P(\overline{A})P(\overline{B})$.

现在引进 $\mathcal{F}$ 的两个子事件 σ 域

$$\mathcal{F}_A = \{\varnothing, A, \overline{A}, \Omega\}$$
$$\mathcal{F}_B = \{\varnothing, B, \overline{B}, \Omega\}$$

于是, 应用定理 4.4.1 得出, 子试验 $(\Omega, \mathcal{F}_A)$ 和 $(\Omega, \mathcal{F}_B)$ 相互独立. 由此推出事件 A 和 B 相互独立. ■

推论 1 概率为 0 或 1 的事件和任何事件皆独立.

推论 2 四对事件 (A, B), $(\overline{A}, B)$, $(A, \overline{B})$ 和 $(\overline{A}, \overline{B})$ 中有一对独立, 则其他三对也独立.

【直观解释】 当 $P(B) > 0$ 时 (4.3.22) 等价于等式

$$P(A|B) = P(A)$$

即是说, 事件 A 出现的统计规律 $P(A)$ 与事件 B 是否出现无关. 同样, 当 $P(A) > 0$ 时事件 B 的统计规律 $P(B)$ 与事件 A 是否出现无关, 即 $P(B) = P(B|A)$.

4.3.5　联合子随机试验

给定随机试验 $(\Omega, \mathcal{F})$, 设 $(\Omega, \mathcal{F}_i)(i = 1, 2, \cdots, n)$ 是它的 n 个子试验. 令 $N = \{1, 2, \cdots, n\}$, 选

$$\mathcal{A}_N = \bigcup_{i=1}^{n} \mathcal{F}_i = \{A | A \in \mathcal{F}_i, i = 1, 2, \cdots, n\} \tag{4.3.23}$$

为芽集. 称 $\sigma(\mathcal{A}_N)$ 为诸 $\mathcal{F}_i(i = 1, 2, \cdots, n)$ 的乘积事件 σ 域, 记为

$$\mathcal{F}_1 \otimes \mathcal{F}_2 \otimes \cdots \otimes \mathcal{F}_n \quad \text{或} \quad \bigotimes_{i=1}^{n} \mathcal{F}_i.$$

称 $(\Omega, \mathcal{F}_1 \otimes \mathcal{F}_2 \otimes \cdots \otimes \mathcal{F}_n)$ 为 n 个子试验 $(\Omega, \mathcal{F}_i)(i = 1, 2, \cdots, n)$ 的联合子试验.

引理 4.3.2　引进事件集

$$\mathcal{A}_* = \left\{ \bigcap_{i=1}^{n} A_i | A_i \in \mathcal{F}, i = 1, 2, \cdots, n \right\} \tag{4.3.24}$$

那么 $\mathcal{A}_*$ 是 π 系, 且

$$\mathcal{F}_1 \otimes \mathcal{F}_2 \otimes \cdots \otimes \mathcal{F}_n = \sigma(\mathcal{A}_*) \tag{4.3.25}$$

证明　容易验证 $\mathcal{A}_*$ 是 π 系, 下证 (4.3.25). 注意到 $\Omega \in \mathcal{F}_i(1 \leqslant i \leqslant n)$, 故 $\mathcal{A}_N \subset \mathcal{A}_*$ 和 $\sigma(\mathcal{A}_N) \subset \sigma(\mathcal{A}_*)$. 另一方面, 由于 $\mathcal{A}_*$ 中事件能够用 $\mathcal{A}_N$ 中事件的有限交表示, 应用定理 2.3.1 推论得出 $\sigma(\mathcal{A}_*) \subset \sigma(\mathcal{A}_N)$. 联合两个包含式即得 (4.3.25).∎

4.3.6　n 个子试验的独立性

用 $(r_1, r_2, \cdots, r_n)$ 表示 $(1, 2, \cdots, n)$ 的任意一种排列.

定义 4.3.4　给定概率空间 $(\Omega, \mathcal{F}, P)$, 设 $(\Omega, \mathcal{F}_i)(i = 1, 2, \cdots, n)$ 是它的 n 个子试验. 如果对任意的 $k(1 \leqslant k \leqslant n - 1)$, 子试验 $(\Omega, \mathcal{F}_{r_1} \otimes \mathcal{F}_{r_2} \otimes \cdots \otimes \mathcal{F}_{r_k})$ 和 $(\Omega, \mathcal{F}_{r_{k+1}} \otimes \mathcal{F}_{r_{k+2}} \otimes \cdots \otimes \mathcal{F}_{r_n})$ 相互独立, 则称 n 个子试验 $(\Omega, \mathcal{F}_1), (\Omega, \mathcal{F}_2), \cdots, (\Omega, \mathcal{F}_n)$ 关于绝对概率测度 $P(\mathcal{F})$ 相互独立, 简称 $(\Omega, \mathcal{F}_i)(1 \leqslant i \leqslant n)$ 相互独立, 或 n 个子事件 σ 域 $\mathcal{F}_1, \mathcal{F}_2, \cdots, \mathcal{F}_n$ 相互独立.

定理 4.3.5　n 个子试验 $(\Omega, \mathcal{F}_i)(1 \leqslant i \leqslant n)$ 相互独立的必要充分条件是, 对任意的 $A_i \in \mathcal{F}_i(i = 1, 2, \cdots, n)$ 成立

$$P(A_1 A_2 \cdots A_n) = P(A_1)P(A_2) \cdots P(A_n) \tag{4.3.26}$$

证明　必要性: 假定诸 $\mathcal{F}_i(1 \leqslant i \leqslant n)$ 相互独立. 对任意的 $A_i \in \mathcal{F}_i(1 \leqslant i \leqslant n)$, 由于 $A_2 A_3 \cdots A_n \in \mathcal{F}_2 \otimes \mathcal{F}_3 \otimes \cdots \otimes \mathcal{F}_n$, 应用它和 $\mathcal{F}_1$ 相互独立得出

$$P(A_1 A_2 \cdots A_n) = P(A_1)P(A_2 A_3 \cdots A_n)$$

注意到 $\Omega A_2 \in \mathcal{F}_1 \otimes \mathcal{F}_2$, $A_3 A_4 \cdots A_n \in \mathcal{F}_3 \otimes \mathcal{F}_4 \otimes \cdots \otimes \mathcal{F}_n$, 应用这两个子事件 σ 域相互独立推出

$$P(A_2 A_3 \cdots A_n) = P(\Omega A_2 A_3 \cdots A_n) = P(\Omega A_2) P(A_3 A_4 \cdots A_n)$$

代入上式即得

$$P(A_1 A_2 \cdots A_n) = P(A_1) P(A_2) P(A_3 A_4 \cdots A_n)$$

如此重复操作即得 (4.3.26). 必要性得证.

充分性: 假定 (4.3.26) 成立. 由引理 4.3.1 得知, $\mathcal{F}_{r_1} \otimes \mathcal{F}_{r_2} \otimes \cdots \otimes \mathcal{F}_{r_k}$ 和 $\mathcal{F}_{r_{k+1}} \otimes \mathcal{F}_{r_{k+2}} \otimes \cdots \otimes \mathcal{F}_{r_n}$ 分别有芽事件集

$$\mathcal{A}_1 = \{A_{r_1} \cap A_{r_2} \cap \cdots \cap A_{r_k} | A_{r_i} \in \mathcal{F}_{r_i}, i = 1, 2, \cdots, k\}$$

$$\mathcal{A}_2 = \{A_{r_{k+1}} \cap A_{r_{k+2}} \cap \cdots \cap A_{r_n} | A_{r_i} \in \mathcal{F}_{r_i}, i = k+1, k+2, \cdots, n\}$$

并且 $\mathcal{A}_1$ 和 $\mathcal{A}_2$ 皆为 π 系. 由假定条件 (4.3.26) 得出

$$P(A_1 A_2 \cdots A_n) = P(A_{r_1} A_{r_2} \cdots A_{r_k}) P(A_{r_{k+1}} A_{r_{k+2}} \cdots A_{r_n})$$

于是, $\mathcal{A}_1$ 和 $\mathcal{A}_2$ 满足定理 4.3.3 的条件. 由此推出 $\sigma(\mathcal{A}_1) = \mathcal{F}_{r_1} \otimes \mathcal{F}_{r_2} \otimes \cdots \otimes \mathcal{F}_{r_k}$ 和 $\sigma(\mathcal{A}_2) = \mathcal{F}_{r_{k+1}} \otimes \mathcal{F}_{r_{k+2}} \otimes \cdots \otimes \mathcal{F}_{r_n}$ 相互独立. 充分性得证. ∎

推论　如果 n 个子试验 $(\Omega, \mathcal{F}_i)(i = 1, 2, \cdots, n)$ 相互独立, 那么其中的任意 $m(m \leqslant n)$ 个也相互独立.

定理 4.3.6　给定概率空间 $(\Omega, \mathcal{F}, P)$, 设 $\mathcal{A}_i(i = 1, 2, \cdots, n)$ 是 $\mathcal{F}$ 的 n 个子集. 如果

i) $\mathcal{A}_i$ 是 π 系 $(i = 1, 2, \cdots n)$;

ii) 对任意的 $A_i \in \mathcal{A}_i (1 \leqslant i \leqslant n)$ 成立

$$P\left(\bigcap_{i=1}^{n} A_i\right) = \prod_{i=1}^{n} P(A_i) \qquad (4.3.27)$$

那么 n 个子试验 $(\Omega, \sigma(\mathcal{A}_i))(i = 1, 2, \cdots, n)$ 相互独立.

证明类似于定理 4.3.3, 从略.

4.3.7　n 个事件的独立性

定义 4.3.5　给定概率空间 $(\Omega, \mathcal{F}, P)$, 设 $A_i \in \mathcal{F}(i = 1, 2, \cdots, n)$. 如果存在 n 个相互独立的子试验 $(\Omega, \mathcal{F}_i)$, 使得 $A_i \in \mathcal{F}_i(i = 1, 2, \cdots, n)$, 则称 n 个事件 $A_1, A_2, \cdots, A_n$ 关于绝对概率测度 $P(\mathcal{F})$ 相互独立, 简称为 $A_1, A_2, \cdots, A_n$ 相互独立.

定理 4.3.7　n 个事件 $A_i(i = 1, 2, \cdots, n)$ 相互独立的必要充分条件是, 对任意的 k 和任意的 $1 \leqslant r_1 < r_2 < \cdots < r_k \leqslant n$ 成立

$$P(A_{r_1} A_{r_2} \cdots A_{r_k}) = P(A_{r_1}) P(A_{r_2}) \cdots P(A_{r_k}) \tag{4.3.38}$$

注　式 (4.3.28) 共含有 $2^n - n - 1$ 个等式. 它们是

$$\left.\begin{array}{ll} P(A_{r_1} A_{r_2}) = P(A_{r_1}) P(A_{r_2}) & （共 C_n^2 个） \\ P(A_{r_1} A_{r_2} A_{r_3}) = P(A_{r_1}) P(A_{r_2}) P(A_{r_3}) & （共 C_n^3 个） \\ \cdots\cdots \\ P(A_{r_1} A_{r_2} \cdots A_{r_n}) = P(A_{r_1}) P(A_{r_2}) \cdots P(A_{r_n}) & （共 C_n^n 个） \end{array}\right\} \tag{4.3.29}$$

证明　必要性由定理 4.3.5 及其推论得出. 下证充分性: 假定 (4.3.29) 成立. 首先用它推出如下的 2^n 个等式:

$$\left.\begin{array}{l} P(A_{r_1} A_{r_2} \cdots A_{r_n}) = P(A_{r_1}) P(A_{r_2}) \cdots P(A_{r_n}) \\ P(A_{r_1} \cdots A_{r_{n-1}} \overline{A}_{r_n}) = P(A_{r_1}) \cdots P(A_{r_{n-1}}) P(\overline{A}_{r_n}) \\ \cdots\cdots \\ P(A_{r_1} \cdots A_{r_k} \overline{A}_{r_{k+1}} \cdots \overline{A}_{r_n}) = P(A_{r_1}) \cdots P(A_{r_k}) P(\overline{A}_{r_{k+1}}) \cdots P(\overline{A}_{r_n}) \\ \cdots\cdots \\ P(\overline{A}_{r_1} \overline{A}_{r_2} \cdots \overline{A}_{r_n}) = P(\overline{A}_{r_1}) P(\overline{A}_{r_2}) \cdots P(\overline{A}_{r_n}) \end{array}\right\} \tag{4.3.30}$$

事实上, (4.3.30) 中第 1 组等式是 (4.3.29) 中的最后一组等式. 记 $B = A_{r_1} A_{r_2} \cdots A_{r_{n-1}}$, 应用 (4.3.29) 得出

$$P(BA_{r_n}) = P(A_{r_1}) P(A_{r_2}) \cdots P(A_{r_{n-1}}) P(A_{r_n}) = P(B) P(A_{r_n})$$

由定理 4.3.4 知 B 和 A_{r_n} 相互独立, 再由该定理的推论 2 知 B 和 $\overline{A}_{r_n}$ 也相互独立. 故

$$P(A_{r_1} \cdots A_{r_{n-1}} \overline{A}_{r_n}) = P(B\overline{A}_{r_n})$$
$$= P(B) P(\overline{A}_{r_n}) = P(A_{r_1}) \cdots P(A_{r_{n-1}}) P(\overline{A}_{r_n})$$

得证 (4.3.30) 中第 2 组等式也成立. 依次类推, 得证 (4.3.30) 成立.

现在, 引进 n 个子事件 σ 域

$$\mathcal{F}_{r_i} = \{\varnothing, A_{r_i}, \overline{A}_{r_i}, \Omega\} \tag{4.3.31}$$

式 (4.3.30) 保证 n 个子试验 $(\Omega, \mathcal{F}_{r_i})(1 \leqslant i \leqslant n)$ 是相互独立的 (定理 4.3.5). 由此推出 n 个事件 $A_{r_1}, A_{r_2}, \cdots, A_{r_n}$ 相互独立, 充分性得证.　■

推论 假定 n 个事件 $A_i(1 \leqslant i \leqslant n)$ 相互独立, 那么其中任意 $m(m \leqslant n)$ 个也相互独立.

【两两独立】 称 n 个事件 $A_1, A_2, \cdots, A_n$ 两两独立, 如果其中任意两个事件相互独立. 由定理 4.3.4 得出, $A_i(1 \leqslant i \leqslant n)$ 两两独立当且仅当

$$P(A_iA_j) = P(A_i)P(A_j), \quad i,j = 1,2,\cdots,n, \quad i \neq j \tag{4.3.32}$$

显然, 式 (4.3.32) 是 (4.3.29) 中第 1 组等式. 由此得出, n 个事件相互独立可推它们两两独立; 但反之不对, 见下例.

例 4.3.1 (掷彩色四面体) 一个质料均匀的正四面体, 其中第 1 个面染成红色, 第 2 个面染成白色, 第 3 个面染成黑色, 第 4 个面同时染上红, 白, 黑三色. 现在, 向光滑的桌面投掷这个四面体一次, 并观察与桌面接触的那个面 (实验 $\mathcal{E}$).

解 用 ω_i 表示事件 "第 i 面与桌面接触" $(i = 1,2,3,4)$. 显然 ω_i 是实验 $\mathcal{E}$ 中 "最简单的不可分解的" 基本事件. 令

$$\Omega = \{\omega_1, \omega_2, \omega_3, \omega_4\}$$

人们认定, 实验 $\mathcal{E}$ 实施时 Ω 中有且仅有一个事件出现, 故 Ω 是 $\mathcal{E}$ 产生的样本空间.

由于 Ω 中四个事件处于对等的地位, 可用古典建模法和等可能赋概法建立实验 $\mathcal{E}$ 的因果量化模型, 它是概率空间 $(\Omega, \mathcal{F}, P \Leftarrow p)$, 其中

$$\mathcal{F} = \Omega\text{的全体子集组成的集合}$$

$$p(\Omega): \quad \begin{array}{c|cccc} \Omega & \omega_1 & \omega_2 & \omega_3 & \omega_4 \\ \hline p & \dfrac{1}{4} & \dfrac{1}{4} & \dfrac{1}{4} & \dfrac{1}{4} \end{array} \tag{4.3.33}$$

现在, 用 A, B, C 分别表示事件 "接触面含红色" "含白色" "含黑色". 那么它们的集合表达式为

$$A = \{\omega_1, \omega_4\}, \quad B = \{\omega_2, \omega_4\}, \quad C = \{\omega_3, \omega_4\}$$

应用 (4.4.33) 容易算出

$$P(A) = P(B) = P(C) = \frac{1}{2}$$
$$P(AB) = P(AC) = P(BC) = \frac{1}{4}$$
$$P(ABC) = \frac{1}{4}$$

由此推出

$$P(AB) = P(A)P(B), \quad P(AC) = P(A)P(C), \quad P(BC) = P(B)P(C)$$

故 A, B, C 两两独立; 但是

$$P(ABC) = \frac{1}{4} \neq \frac{1}{8} P(A)P(B)P(C)$$

故三个事件 A, B, C 不是相互独立的.

4.3.8　无穷多个子试验的独立性

用 T 表示无穷指标集, 它可以是可列集, 也可以是不可列集.

定义 4.3.6　给定概率空间 $(\Omega, \mathcal{F}, P)$, 设 $(\Omega, \mathcal{F}_t)(t \in T)$ 是 $(\Omega, \mathcal{F})$ 的无穷多个子试验. 称子试验族 $\{(\Omega, \mathcal{F}) | t \in T\}$ 关于绝对概率测度相互独立, 如果族中的任意有限个子试验是相互独立的.

应用这个定义, 由定理 4.3.5 和定理 4.3.6 立即得出下面两个定理.

定理 4.3.8　子试验族 $\{(\Omega, \mathcal{F}_t) | t \in T\}$ 相互独立当且仅当, 对任意的 $n \geqslant 1$, 任意的 $t_1, t_2, \cdots, t_n \in T$ 和任意的事件 $A_{t_i} \in \mathcal{F}_{t_i}(i = 1, 2, \cdots, n)$ 成立

$$P(A_{t_1} A_{t_2} \cdots A_{t_n}) = P(A_{t_1})P(A_{t_2}) \cdots P(A_{t_n}) \tag{4.3.34}$$

定理 4.3.9　给定概率空间 $(\Omega, \mathcal{F}, P)$, 设 $\mathcal{A}_t$ 是 $\mathcal{F}_t$ 的子集 $(t \in T)$. 如果

i) 对每个 $t \in T$, $\mathcal{A}_t$ 是 π 系;

ii) 对任意的 $n \geqslant 1$, 任意的 $t_1, t_2, \cdots, t_n \in T$ 和任意的事件 $A_{t_i} \in \mathcal{A}_{t_i}(i = 1, 2, \cdots, n)$ 成立

$$P(A_{t_1} A_{t_2} \cdots A_{t_n}) = P(A_{t_1})P(A_{t_2}) \cdots P(A_{t_n}) \tag{4.3.35}$$

那么子试验族 $\{\Omega, \sigma(\mathcal{A}_t) | t \in T\}$ 是相互独立的.

4.3.9　无穷多个事件的独立性

定义 4.3.7　给定概率空间 $(\Omega, \mathcal{F}, P)$, 设 $A_t(t \in T)$ 是 $\mathcal{F}$ 中无穷多个事件. 称事件族 $\{A_t | t \in T\}$ 关于绝对概率测度 $P(\mathcal{F})$ 相互独立, 如果族中任意有限个事件是相互独立的.

应用这个定义和定理 4.3.7 立即得出如下定理.

定理 4.3.10　给定概率空间 $(\Omega, \mathcal{F}, P)$, 设 $A_t(t \in T)$ 是 $\mathcal{F}$ 中的无穷多个事件. 那么下列三个条件相互等价:

i) 事件族 $\{A_t | t \in T\}$ 相互独立;

ii) 对任意有限个 $t_1, t_2, \cdots, t_n \in T$, 成立

$$P(A_{t_1} A_{t_2} \cdots A_{t_n}) = P(A_{t_1})P(A_{t_2}) \cdots P(A_{t_n}) \tag{4.3.36}$$

iii) 存在相互独立的子试验族 $\{(\Omega, \mathcal{F}_t) | t \in T\}$, 使得 $A_t \in \mathcal{F}_t(t \in T)$.

最后用一个著名的引理结束本节.

引理 4.3.3 (Borel-Cantelli 引理) 给定概率空间 $(\Omega, \mathcal{F}, P)$, 设 $A_n(n \geqslant 1)$ 是 $\mathcal{F}$ 中可列个事件. 那么,

i) 如果 $\sum\limits_{n=1}^{\infty} P(A_n) < \infty$, 则

$$P\left(\limsup_{n \to \infty} A_n\right) = 0 \tag{4.3.37}$$

ii) 如果 $\sum\limits_{n=1}^{\infty} P(A_n) = +\infty$, 并且可列个事件 $\{A_n | n = 1, 2, \cdots\}$ 相互独立, 则

$$P\left(\limsup_{n \to \infty} A_n\right) = 1 \tag{4.3.38}$$

证明   i) 应用概率测度的连续性和半可加性, 我们有

$$P\left(\bigcap_{n=1}^{\infty} \bigcup_{i=n}^{\infty} A_i\right) = \lim_{n \to \infty} P\left(\bigcup_{i=n}^{\infty} A_i\right) \leqslant \lim_{n \to \infty} \sum_{i=n}^{\infty} P(A_i)$$

于是, 由假定的条件推出右方为零. (4.3.37) 得证.

ii) 由于诸事件 $A_n(n \geqslant 1)$ 相互独立. 应用式 (4.4.36) 得出

$$P\left(\bigcap_{i=n}^{N} \overline{A_i}\right) = \prod_{i=n}^{N} P(\overline{A_i})$$

令 $N \to +\infty$, 应用概率测度的上连续性有

$$P\left(\bigcap_{i=n}^{\infty} \overline{A_i}\right) = \prod_{i=n}^{\infty} P(\overline{A_i})$$

现在, 由不等式 $\ln(1-x) \leqslant -x(0 \leqslant x < 1)$ 可得

$$\ln \prod_{i=n}^{\infty} P(\overline{A_i}) = \sum_{i=n}^{\infty} \ln[1 - P(A_i)] \leqslant -\sum_{i=n}^{\infty} P(A_i) = -\infty$$

由此推出 $P(\bigcap\limits_{i=n}^{\infty} \overline{A_i}) = 0$. 故

$$P\left(\bigcup_{n=1}^{\infty} \bigcap_{i=n}^{\infty} \overline{A_i}\right) \leqslant \sum_{n=1}^{\infty} P\left(\bigcap_{i=n}^{\infty} \overline{A_i}\right) = 0$$

注意到 $\bigcup\limits_{n=1}^{\infty} \bigcap\limits_{i=n}^{\infty} \overline{A_i}$ 的补事件是 $\bigcap\limits_{n=1}^{\infty} \bigcup\limits_{i=n}^{\infty} A_i$(例 1.2.6), 故 $P\left(\bigcap\limits_{n=1}^{\infty} \bigcup\limits_{i=n}^{\infty} A_i\right) = 1$, 得证 (4.3.38) 成立. ∎

4.4　独立性原理和概率值计算 (III)

概率论既注重理论研究, 又注重应用研究, 采用理论联系实际的研究方法. 并把该方法表示为模式 (4.1.1), (4.1.5) 和 (4.1.8).

4.4.1　独立性原理

设实验 $\mathcal{E}$ 的因果量化模型 $(\Omega, \mathcal{F}, P)$ 存在, 但不必知道它的具体形式.

【独立性原理 (实验形式)】　i) 选定实验 $\mathcal{E}$ 的 n 个子实验 $\mathcal{E}_i(i = 1, 2, \cdots, n)$, $\mathcal{E}_i$ 的因果模型是 $(\Omega_i, \mathcal{F}_i)$. 如果能判定, 对每个 $j(1 \leqslant j \leqslant n)$, 子实验 $\mathcal{E}_j$ 中事件的出现规律 $P(\mathcal{F}_j)$ 不因子实验 $\mathcal{E}_i(i \neq j, 1 \leqslant i \leqslant n)$ 是否实施而改变, 则称 n 个子实验 $\mathcal{E}_1, \mathcal{E}_2, \cdots, \mathcal{E}_n$ 遵守独立性原理. 这时 $\{(\Omega, \mathcal{F}_i) | i = 1, 2, \cdots, n\}$ 关于概率测度 $P(\mathcal{F})$ 是相互独立的子试验族, 即对任意的 $A_i \in \mathcal{F}_i(1 \leqslant i \leqslant n)$ 成立

$$P(A_1 A_2 \cdots A_n) = P(A_1) P(A_2) \cdots P(A_n) \tag{4.4.1}$$

ii) 称 $\mathcal{E}$ 的无限个子实验族 $\mathcal{E}_t(t \in T, T$ 是无限指标集) 遵守独立性原理, 如果族 $\{\mathcal{E}_t | t \in T\}$ 中任意有限个子实验 $\mathcal{E}_{t_1}, \mathcal{E}_{t_2}, \cdots, \mathcal{E}_{t_n}(t_1, t_2, \cdots, t_n \in T)$ 皆遵守独立性原理. 这时对任意 $n \geqslant 1, t_1, t_2, \cdots, t_n \in T, A_{t_j} \in \mathcal{F}_{t_j}(1 \leqslant j \leqslant n)$ 成立

$$P(A_{t_1} A_{t_2} \cdots A_{t_n}) = P(A_{t_1}) P(A_{t_2}) \cdots P(A_{t_n}) \tag{4.4.2}$$

【独立性原理 (事件形式)】　i) 选定实验 $\mathcal{E}$ 中 n 个事件 $A_i(i = 1, 2, \cdots, n)$. 如果能判定, 对每个 $j(1 \leqslant j \leqslant n)$, 事件 A_j 的概率值 (即出现规律)$P(A_j)$ 不因事件 $A_i(i \neq j, 1 \leqslant i \leqslant n)$ 是否出现而改变, 则称 n 个事件 $A_1, A_2, \cdots, A_n$ 遵守独立性原理. 这时, n 个事件 $A_i(1 \leqslant i \leqslant n)$ 关于概率测度 $P(\mathcal{F})$ 相互独立, 即对任意的 $A_{r_1}, A_{r_2}, \cdots, A_{r_m}(2 \leqslant m \leqslant n, r_1 < r_2 < \cdots < r_m)$ 成立

$$P(A_{r_1} A_{r_2} \cdots A_{r_m}) = P(A_{r_1}) P(A_{r_2}) \cdots P(A_{r_m}) \tag{4.4.3}$$

ii) 称实验 $\mathcal{E}$ 中无限个事件 $A_t(t \in T, T$ 是无限指标集) 遵守独立性原理, 如果事件族 $\{A_t | t \in T\}$ 中任意有限个事件遵守独立性原理. 这时对任意的 $n \geqslant 1$, $t_1, t_2, \cdots, t_n \in T, A_{t_j} \in \mathcal{F}(1 \leqslant j \leqslant n)$ 成立

$$P(A_{t_1} A_{t_2} \cdots A_{t_n}) = P(A_{t_1}) P(A_{t_2}) \cdots P(A_{t_n}) \tag{4.4.4}$$

现实的随机世界中存在大量的遵守独立性原理的实验族和事件族, 因此公式 (4.4.1)—(4.4.4) 为概率值 (含条件概率值) 的计算带来巨大的方便.

例 4.4.1(小概率事件终将出现) 设 A 是实验 $\mathcal{E}$ 中的小概率事件, 即 $P(A) = \delta(\delta$ 是小正数). 如果在同样的条件下把 $\mathcal{E}$ 不停地实施, 得到实验序列 $\mathcal{E}_1, \mathcal{E}_2, \cdots \mathcal{E}_n, \cdots$ (这里 $\mathcal{E}_n$ 表示第 n 次实施的 $\mathcal{E}$). 那么, 以概率 1 保证事件 A 将在 $\mathcal{E}_n, n \geqslant 1$ 中出现.

注 我们是在一个"大"实验中进行讨论, 这时 $\mathcal{E}$ 和 $\mathcal{E}_n(n \geqslant 1)$ 皆是这个"大"实验的子实验.

解 认定"大"实验的因果量化模型是概率空间 $(\Omega, \mathcal{F}, P)$, 设子实验 $\mathcal{E}_i$ 产生的子试验是 $(\Omega, \mathcal{F}_i)$. 用 A_i 表示事件"第 i 次实施 $\mathcal{E}$ 时事件 A 出现", 则 $A_i \in \mathcal{F}_i$, $P(A_i) = \delta$. 于是, 用 B 表示事件"A 将在 $\mathcal{E}_n, n \geqslant 1$ 中出现", 则

$$B = A_1 \cup A_2 \cup \cdots \cup A_n \cup \cdots$$

任务是证明 $P\left(\bigcup_{i=1}^{\infty} A_i\right) = 1$.

注意到 $\overline{B} = \bigcap_{i=1}^{\infty} \overline{A}_i$. 依题意, 人们认定子试验族 $\{(\Omega, \mathcal{F}_i)|i \geqslant 1\}$ 是相互独立的. 对事件族 $\{\overline{A}_i|i \geqslant 1\}$ 使用独立性原理得出

$$P(\overline{B}) = P\left(\bigcap_{i=1}^{\infty} \overline{A}_i\right) = \lim_{n \to \infty} P\left(\bigcap_{i=1}^{n} \overline{A}_i\right)$$

$$= \lim_{n \to \infty} \prod_{i=1}^{n} P(\overline{A}_i) = \lim_{n \to \infty} (1 - \delta)^n = 0$$

故 $P(B) = 1$, 得证本例结论成立.

让我们指出, 在独立乘积概率空间中本例的讨论和结果将成为严谨的理论知识 (5.5 节).

4.4.2 概率值计算 (III)

本小节的例题可视为 4.2.2 小节的继续, 但是多了一个新工具——允许使用独立性原理.

例 4.4.2 设甲、乙两射手独立地射击同一目标, 他们击中目标的概率分别为 0.9 和 0.8. 现在, 假定他们各射击一次, 试求事件"目标被击中"的概率.

解 用 A 表示事件"甲击中目标"; B 表示事件"乙击中目标", 则 $A \cup B$ 是事件"目标被击中", 任务是求 $P(A \cup B)$.

依题意 $P(A) = 0.9, P(B) = 0.8$. 应用一般加法公式得出

$$P(A \cup B) = P(A) + P(B) - P(AB) = 1.7 - P(AB)$$

显然, 对事件 A 和 B 能应用独立性原理. 即是说 $P(AB) = P(A)P(B) = 0.72$. 故所求事件的概率为

$$P(A \cup B) = 1.7 - 0.72 = 0.98$$

例 4.4.3   假定每支步枪射击飞机命中的概率为 $p = 0.004$. 试求

i) 250 支步枪同时独立地进行射击时, 击中飞机的概率;

ii) 为使击中的飞机的概率达到 0.99, 需要多少支步枪同时独立地射击?

解   用 A_i 表示事件"第 i 支步枪击中飞机", 依题意

$$P(A_i) = 0.004 \quad (i = 1, 2, 3, \cdots).$$

i) 用 E 表示事件"250 支步枪同时射击时飞机被击中", 则

$$E = \bigcup_{i=1}^{250} A_i, \quad \overline{E} = \bigcap_{i=1}^{250} \overline{A_i}.$$

由于射击是独立地进行, 故事件族 $\{\overline{A_i} | 1 \leqslant i \leqslant 250\}$ 是相互独立的. 我们有

$$P\left(\bigcap_{i=1}^{250} \overline{A_i}\right) = \prod_{i=1}^{250} P(A_i) = (1 - 0.004)^{250},$$

由此得出所求的概率为

$$P(E) = 1 - P(\overline{E}) = 1 - 0.996^{250} = 0.63$$

ii) 用 E_n 表示事件"n 支步枪同时射击时飞机被击中", 则 $E_n = \bigcup_{i=1}^{n} A_i$. 和 i) 类似的计算得出

$$P(E) = 1 - 0.996^n$$

为使此概率值为 0.99, 令 $1 - 0.996^n = 0.99$, 即 $0.996^n = 0.01$. 解方程得出

$$n = \frac{\ln 0.01}{\ln 0.996} = 1150$$

于是得出, 需要 1150 支步枪同时射击才能保证以 0.99 的概率击中飞机.

【在可靠性理论中的应用】   对于一个元件, 它能正常工作的概率为 p, 称 p 为该元件的可靠性 (或可靠度). 元件组成系统, 系统正常工作的概率称为该系统的可靠性. 随着近代电子技术的迅猛发展, 关于元件和系统可靠性的研究已发展成一门学科——可靠性理论.

例 4.4.4   由 n 个元件组成两个最简单的系统——串联系统和并联系统 (图 4.4.1). 假定第 i 个元件的可靠性为 r_i, 并且各元件能否正常工作是相互独立的. 试求两个系统的可靠性.

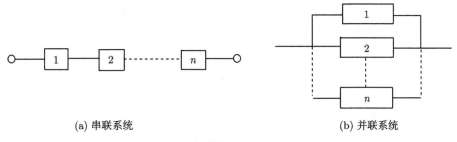

(a) 串联系统   (b) 并联系统

图 4.4.1

解 用 A_i 表示事件"第 i 个元件正常工作"; 用 C_1, C_2 分别表示事件"串联系统正常工作"和"并联系统正常工作".

1) 事件 C_1 出现当且仅当 n 个事件 $A_i(i = 1, 2, \cdots, n)$ 皆出现, 故 $C_1 = A_1 A_2 \cdots A_n$. 由诸 $A_i(1 \leqslant i \leqslant n)$ 相互独立得出串联系统的可靠性为

$$P(C_1) = P(A_1)P(A_2) \cdots P(A_n) = r_1 r_2 \cdots r_n$$

2) 事件 C_2 出现当且仅当诸事件 $A_i(1 \leqslant i \leqslant n)$ 中至少有一个出现, 故 $C_2 = A_1 \cup A_2 \cup \cdots \cup A_n$. 由于 $\overline{C_2} = \overline{A_1}\,\overline{A_2} \cdots \overline{A_n}$, 应用独立性假定得出

$$P(\overline{C_2}) = P(\overline{A_1})P(\overline{A_2}) \cdots P(\overline{A_n}) = \prod_{i=1}^{n}(1 - r_i)$$

由此推出并联系统的可靠性为

$$P(C_2) = 1 - P(\overline{C_2}) = 1 - (1 - r_1)(1 - r_2) \cdots (1 - r_n)$$

例 4.4.5 如果构成系统的每个元件的可靠性均为 $r(0 < r < 1)$, 并且各元件能否正常工作是相互独立的. 试求下面两个系统的可靠性:

i) 附加通路系统 (图 4.4.2 之 (a));

ii) 附加元件系统 (图 4.4.2 之 (b)).

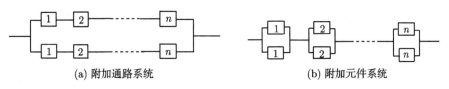

(a) 附加通路系统   (b) 附加元件系统

图 4.4.2

解 i) 图 4.2.2 之 (a) 中有两条串联子通路, 每条通路的可靠性皆为 r^n. 附加通路系统由两条子通路并联组成, 故该系统的可靠性为

$$P(\text{附加通路系统正常工作}) = 1 - (1 - r^n)^2 = r^n(2 - r^n)$$

ii) 图 4.2.2 之 (b) 中有 n 对并联元件, 每对并联元件的可靠性为 $1 - (1-r)^2 = r(2-r)$. 附加元件系统由 n 对并联元件串联组成, 故其可靠性为

$$P(\text{附加元件系统正常工作}) = r^n(2-r)^n$$

利用数学归纳法易证, 当 $n \geqslant 2$ 时 $(2-r)^n > 2 - r^n$. 因此, 虽然上面两个系统同样由 $2n$ 个元件构成, 作用也相同, 但第二种构成方式比第一种构成方式可靠性来得大. 寻找可靠性较大的构成方式是可靠性理论的研究课题之一.

例 4.4.6　在图 4.4.3 所示的开关电路中, 开关 a_1, a_2, a_3, a_4 开或关的概率均为 $\dfrac{1}{2}$, 并且它们的工作情况是相互独立的. 试求

i) 灯亮的概率;

ii) 已见灯亮, 开关 a_1 与 a_2 同时合上的概率.

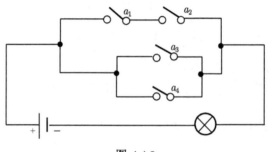

图 4.4.3

解　i) 用 A_i 表示事件"开关 a_i 合上" $(i = 1, 2, 3, 4)$; C 表示事件"灯泡亮". 显然,

$$C = (A_1 A_2) \cup A_3 \cup A_4$$

应用一般加法公式得出

$$P(C) = P(A_1 A_2) + P(A_3) + P(A_4) - P(A_1 A_2 A_3)$$
$$- P(A_1 A_2 A_4) - P(A_3 A_4) + P(A_1 A_2 A_3 A_4)$$

依题意, $P(A_1) = P(A_2) = P(A_3) = P(A_4) = \dfrac{1}{2}$, 并且事件族 $\{A_i | i = 1, 2, 3, 4\}$ 相互独立. 故

$$P(A_1 A_2) = P(A_1) P(A_2) = \frac{1}{4}$$

$$P(A_3 A_4) = P(A_3) P(A_4) = \frac{1}{4}$$

$$P(A_1 A_2 A_3) = P(A_1) P(A_2) P(A_3) = \frac{1}{8}$$

$$P(A_1 A_2 A_4) = P(A_1)P(A_2)P(A_4) = \frac{1}{8}$$

$$P(A_1 A_2 A_3 A_4) = P(A_1)P(A_2)P(A_3)P(A_4) = \frac{1}{16}$$

代入上式即得 "灯泡亮" 的概率为

$$P(C) = \frac{1}{4} + \frac{1}{2} + \frac{1}{2} - \frac{1}{8} - \frac{1}{8} - \frac{1}{4} + \frac{1}{16} = \frac{13}{16}$$

ii) 所求概率是条件概率 $P(A_1 A_2 | C)$. 注意到 $A_1 A_2 \subset C$, 故

$$P(A_1 A_2 | C) = \frac{P(A_1 A_2)}{P(C)} = \frac{4}{13}$$

例 4.4.7 设昆虫产 k 个卵的概率为

$$p_k = \frac{\lambda^k}{k!} \mathrm{e}^{-\lambda} \quad (k = 0, 1, 2, \cdots);$$

又设一个虫卵能孵化成昆虫的概率等于 p. 若卵的孵化是相互独立的, 试问该昆虫的下一代有 m 条的概率是多大?

解 首先证明, "k 个卵孵化出 $m(0 \leqslant m \leqslant k)$ 条昆虫" 这一事件的概率为 $\mathrm{C}_k^m p^m (1-p)^{k-m}$.

事实上, 用 D_i 表示事件 "第 i 个卵孵化成昆虫". 依题意, $P(D_i) = p$, $P(\overline{D}_i) = 1 - p$; 并且 k 个事件 $D_1, D_2, \cdots, D_k$ 相互独立. 显然, "k 个卵孵化出 m 条昆虫" 这一事件出现当且仅当下列形式的诸事件.

$$G_1 G_2 \cdots G_k, (G_i = D_i \text{ 或 } \overline{D}_i, \text{并且} k \text{个} G_i \text{中恰好有} m \text{个是} D_i)$$

之中有一个出现. 由组合知识得出, 这样的事件共有 C_k^m 个; 由独立性推出

$$P(G_1 G_2 \cdots G_k) = P(G_1)P(G_2) \cdots P(G_k) = p^m (1-p)^{k-m}.$$

于是,

$$P(\text{孵出 } m \text{ 条虫} | \text{产} k \text{个卵}) = \mathrm{C}_k^m p^m (1-p)^{k-m} \quad (0 \leqslant m \leqslant k)$$

现在, 用 A_m 表示该昆虫有 m 个后代; 用 B_k 表示昆虫产 k 个卵. 依题意和已证结论, 有

$$P(B_k) = \frac{\lambda^k}{k!} \mathrm{e}^{-\lambda}; \quad P(A_m | B_k) = \mathrm{C}_k^m p^m (1-p)^{k-m}$$

最终, 应用全概率公式得出本例所求概率为

$$
\begin{aligned}
P(A_m) &= \sum_{k=m}^{\infty} P(A_m|B_k)P(B_k) \\
&= \sum_{k=m}^{\infty} \mathrm{C}_k^m p^m (1-p)^{k-m} \cdot \frac{\lambda^k}{k!} \mathrm{e}^{-\lambda} \\
&= \sum_{k=m}^{\infty} \frac{\lambda^k \mathrm{e}^{-\lambda}}{k!} \cdot \frac{k!}{m!(k-m)!} p^m (1-p)^{k-m} \\
&= \frac{\lambda^m \mathrm{e}^{-\lambda}}{m!} p^m \cdot \sum_{k=m}^{\infty} \frac{[\lambda(1-p)]^{k-m}}{(k-m)!} \\
&= \frac{(\lambda p)^m}{m!} \mathrm{e}^{-\lambda} \cdot \mathrm{e}^{-\lambda(1-p)} = \frac{(\lambda p)^m}{m!} \mathrm{e}^{-\lambda p} \quad (m = 0, 1, 2, \cdots)
\end{aligned}
$$

即是说, 该昆虫的后代个数服从参数为 λp 的 Poisson 分布.

练　习　4

4.1　设 $(\Omega, \mathcal{F}, P)$ 是概率空间, $A, B \in \mathcal{F}$, $P(B) > 0$. 试证

$$
\frac{P(A) + P(B) - 1}{P(B)} \leqslant P(A|B) \leqslant \frac{P(A) + P(B)}{P(B)}
$$

$$
P(A|B) \geqslant 1 - \frac{P(A)}{P(B)}
$$

4.2　给定概率空间 $(\Omega, \mathcal{F}, P)$, $P(A) > 0, P(B) > 0$. 试证: 如果 $P(A|B) > P(A)$, 则 $P(B|A) > P(B)$.

4.3　给定概率空间 $(\Omega, \mathcal{F}, P)$, $0 < P(A), P(B) < 1$. 试证: 如果 $P(A|B) > P(A|\overline{B})$, 则 $P(B|A) > P(B|\overline{A})$.

4.4　在 25 张电影票中有 5 张坐位不好. 两人先后各随意地抽取一张票. 试求该实验产生的概率空间和条件概率捆. 并且,

i) 求事件 A, B 的概率, 这里 $A = \{$第1人的票座位不好$\}$, $B = \{$第2人的座位不好$\}$;

ii) 写出关于事件 B 的因子概率空间, 并求因子概率 $P(AB|B)$;

iii) 写出关于事件 B 的条件概率空间, 并求条件概率 $P(A|B)$;

iv) 写出关于事件 A 的因子概率空间, 并求因子概率 $P(AB|A)$;

v) 写出关于事件 A 的条件概率空间, 并求条件概率 $P(B|A)$.

4.5　把 $00, 01, \cdots, 99$ 分别写在 100 张卡片上, 现在随机地取出一张卡片. 试求该实验的因果量化模型和条件概率捆. 并且

i) 用 ξ, η 分别表示卡片上数字的和与积, 试求事件 $A = \{\xi = m\}$ 和 $B = \{\eta = 0\}$ 的概率;

ii) 给出关于 B 的因子概率空间, 并求因子概率 $P(AB|B)$;

iii) 给出关于 B 的条件概率空间, 并求条件概率 $P(A|B)$.

4.6 从集合 $\{1, 2, \cdots, N\}$ 中随意地不放回地取出三个数 ξ_1, ξ_2, ξ_3. 试建立该实验的概率模型, 并求

i) 事件 $A = \{\xi_1 < \xi_2 < \xi_3\}$ 和 $B = \{\xi_1 < \xi_2\}$ 的概率;

ii) 因子概率值 $P(AB|B)$;

iii) 条件概率值 $P(A|B)$.

4.7 向以原点为圆心, 半径为 R 的圆中随意地扔一个质点, 试建立该实验的概率模型和条件概率捆, 并且

i) 用 (ξ, η) 表示质点的落点, 试求事件 $A = \{(\xi, \eta)|\eta > 0\}$, $B = \{(\xi, \eta)|\xi > 0, \eta > 0\}$, $C = \{(\xi, \eta)|\xi > 0\}$ 的概率;

ii) 写出关于事件 B 的因子概率空间, 并求因子概率 $P(AB|B)$, $P(BC|B)$;

iii) 写出关于事件 B 的条件概率空间, 并求条件概率值 $P(A|B)$ 和 $P(C|B)$.

4.8 假设 N 个匣各盛有 $n_1, n_2, \cdots, n_N$ 个球, 其中白球相应为 $m_1, m_2, \cdots, m_N$ 个 $(m_i \leqslant n_i, 1 \leqslant i \leqslant N)$. 现在随意地取一个匣, 再从匣中随意地取出一球. 试求取到白球的概率.

4.9 一个人从 0 点出发, 随意地沿四条路中的一条前进; 当他到达 A_1, A_2, A_3, A_4 中任一结点时, 他在前进方向的各条线路中随意选择一条继续前进. 求此人能到达 A 点的概率 (图 4.5.1).

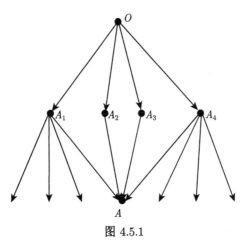

图 4.5.1

4.10 向线段 $[0, a]$ 上随意地扔一个质点, 落点分 $[0, a]$ 为两个线段. 现在从两线段中随意地取出一个线段, 并用 ξ 表示它的长度. 试求概率 $P(\xi \leqslant x)(0 < x < a)$.

4.11 某光学仪器厂制造的透镜, 在第 1 次落下时打破的概率为 $\frac{1}{2}$, 第 2 次落下时打破的概率为 $\frac{6}{10}$, 第 3 次落下时打破的概率为 $\frac{9}{10}$. 试求透镜落下三次, 它没有被打破的概率.

4.12 对飞机进行三次射击. 第 1 次射击的命中率为 0.4, 第 2 次为 0.5, 第 3 次为 0.7;

飞机被击中一弹而击落的概率为 0.2, 被击中两弹而击落的概率为 0.6, 被击中三弹则必定被击落. 试求飞机被击落的概率.

4.13　50 只铆钉随机地取 30 只用在 10 个部件上，每个部件用 3 只. 已知 50 只中有 3 只铆钉强度太弱, 若将它们用于同一部件上, 则这个部件强度太弱. 试问, 出现一个部件太弱的概率为多大?

4.14　假设匣中只有一个球, 而且此球不是白球就是黑球. 现在把一个白球放入匣中, 然后随机地去取出一球, 结果是白球. 试求原来匣中是白球的概率.

4.15　用 X-光诊断肺结核病时, 以 $1 - \beta$ 的概率把实际患病者确诊, 而以概率 α 把未患病者误诊断为患病者. 假定在居民中肺结核病患者占 $100\gamma\%(0 < \gamma < 1)$.

i) 试求被诊断为肺结核病患者而实际并不患肺结核病的概率 $p = p(\alpha, \beta, \gamma)$.

ii) 令 $\alpha = 0.01, \beta = 0.1, \gamma = 0.001$, 求 $p(\alpha, \beta, \gamma)$ 的数值.

4.16　通过信道分别以概率 p_1, p_2 和 $p_3(p_1 + p_2 + p_3 = 1)$ 传递 $AAAA$, $BBBB$ 和 $CCCC$ 三种信号. 假定每个字母被正确接收的概率为 α, 而被错误接收为其余二字母的概率各等于 $\dfrac{1 - \alpha}{2}$. 试求接收到 $ABCA$ 时, 实际发送信号为 $AAAA$ 的概率.

4.17　甲、乙二人轮流射击, 首先命中目标者胜. 假定甲先射击, 并且甲、乙的射击命中率分别为 p_1 和 p_2. 试求每个射手获胜的概率, 以及射击无休止地进行下去而不分胜负的概率.

4.18　假设某雷达追踪一个不断施放干扰的飞行目标. 已知: 当目标不施放干扰时雷达一次扫描发现它的概率为 p_0; 当目标施放干扰时, 一次扫描发现它的概率为 $p_1(p_1 < p_0)$; 目标在一次扫描的时间内施放干扰的概率为 p. 试求 n 次扫描至少有一次发现目标的概率.

4.19　某输电线路有 n 个 (相互无关的) 用户. 假设在每一时刻 t 正在用电的用户于 $t + \Delta t$ 停止用电的概率为 $\alpha\Delta t + o(\Delta t)$; 而在 t 时没有用电的用户于 $t + \Delta t$ 开始用电的概率为 $\beta\Delta t + o(\Delta t)$. 以 $p_m(t)$ 表示事件 "在时刻 t 恰好有 m 个用户用电" 的概率. 试列出 $p_m(t)$ 满足的微分方程.

4.20　图 4.5.2 中 $a_1, a_2, \cdots, a_5$ 表示继电器接点. 假设每一继电器接点闭合的概率为 p, 并且各继电器闭合与否相互独立. 试求 L 至 R 是通路的概率.

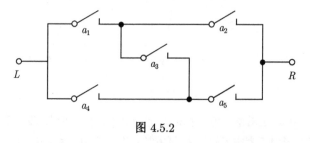

图 4.5.2

4.21　求下列系统的可靠性 (图 4.5.3). 图中的字母代表子系统的种类, 字母相同而下标不同的子系统属于同一类, 只是装配的位置不相同, 并且假定 A, B, C, D 类的子系统的可靠性分别为 p_1, p_2, p_3, p_4.

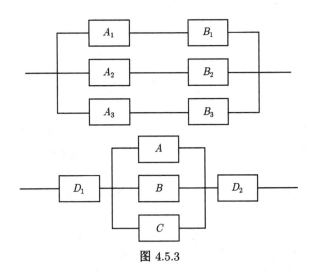

图 4.5.3

4.22 设图 4.5.4 是一个部件的结构图, 其中 6 个零件是独立工作的, ④, ⑤, ⑥三个零件中有两个是备用件 (当正在工作的那一个失效时, 其中另一个立即补充上去). 已知零件①, ②, ③的可靠性分别为 p_1, p_2, p_3; 零件④, ⑤, ⑥有相同的可靠性 p. 试求部件的可靠性.

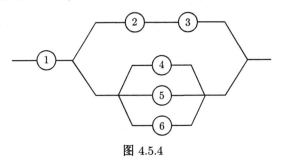

图 4.5.4

第 5 章　乘积试验和独立乘积概率空间

新概率论把随机局部 $\mathcal{F}$(即科学实验 $\mathcal{E}$) 作为研究的基本对象, 建立实验 $\mathcal{E}$ 的因果模型——随机试验 $(\Omega, \mathcal{F})$, 以及因果量化模型——概率空间 $(\Omega, \mathcal{F}, P)$.

第 2 章研究两类最简单最重要的随机试验: 离散型试验和 n 维 Borel 试验.

第 3 章在这两类试验上赋予概率, 得到其上所有的概率测度, 产生两类最简单最重要的概率空间: 离散型概率空间和 n 维 Kolmogorov 型概率空间.

乘积试验和独立乘积概率空间是另一类极为重要的随机试验和概率空间. 5.1—5.3 节分别构造二维, n 维和无限维乘积试验和独立乘积概率空间; 5.4 节在无限维 Borel(乘积) 试验上赋予概率, 得到其上的全部概率测度, 产生无限维 Kolmogorov 型概率空间.

无限维独立乘积概率空间是众多大数定理和中心极限定理的载体和发源地; n 维 Kolmogorov 型概率空间是研究随机变量和随机向量的基本工具; 无限维 Kolmogorov 型概率空间是研究随机变量族 (含随机序列和随机过程) 的基本工具.

5.1　二　维　情　形

5.1.1　问题的提出

在现实中经常遇到这样的问题: 已知两个实验 $\mathcal{E}_1$ 和 $\mathcal{E}_2$, 把 $\mathcal{E}_1$ 和 $\mathcal{E}_2$ 联合在一起, 形成一个更大的实验 $\mathcal{E}$, 试问如何研究大实验 $\mathcal{E}$?

在概率论中问题成为: 设实验 $\mathcal{E}_i$ 的因果模型是 $(\Omega_i, \mathcal{F}_i)(i = 1, 2)$, 试问已知 $(\Omega_1, \mathcal{F}_1)$ 和 $(\Omega_2, \mathcal{F}_2)$ 时如何构造大实验 $\mathcal{E}$ 的因果模型 $(\Omega, \mathcal{F})$? 具体些, 它可以分为两个问题:

i) 已知样本空间 Ω_1 和 Ω_2, 如何构造 Ω?

ii) 已知事件 σ 域 $\mathcal{F}_1$ 和 $\mathcal{F}_2$, 如何构造 $\mathcal{F}$?

5.1.2　乘积试验 $(\Omega_1 \times \Omega_2, \mathcal{F}_1 \otimes \mathcal{F}_2)$ 的生成

定义 5.1.1 (可乘性条件)　设 Ω_1 和 Ω_2 是两个样本空间. 如果在原因空间 X 中对任意的 $\alpha \in \Omega_1$, $\beta \in \Omega_2$ 成立

$$\alpha \cap \beta \neq \varnothing \tag{5.1.1}$$

那么称 Ω_1 和 Ω_2 是可乘的.

【乘积建模法 (二维情形)】 给定实验 $\mathcal{E}_1$ 和 $\mathcal{E}_2$, 它们的因果模型分别是 $(\Omega_1, \mathcal{F}_1)$ 和 $(\Omega_2, \mathcal{F}_2)$, 并假定 Ω_1 和 Ω_2 是可乘的. 现在, 把 $\mathcal{E}_1$ 和 $\mathcal{E}_2$ 联合在一起, 形成一个大实验 $\mathcal{E}$. 那么 $\mathcal{E}$ 的建模工作可以用三个步骤完成.

i) 建立 $\mathcal{E}$ 的样本空间 $\Omega_1 \times \Omega_2$.

由于 Ω_1 和 Ω_2 满足可乘性条件 (5.1.1), 故 Ω_1 和 Ω_2 的真交叉划分为

$$\Omega_1 \circ \Omega_2 = \{\alpha \cap \beta | \alpha \in \Omega_1, \beta \in \Omega_2\} \tag{5.1.2}$$

其中 $\alpha \cap \beta$ 是大实验 $\mathcal{E}$ 中 "$\mathcal{E}_1$ 实施时出现事件 α, 并且 $\mathcal{E}_2$ 实施时出现 β" 这一事件, 它不是空事件. 注意到 α 是 $\mathcal{E}_1$ 中基本事件, β 是 $\mathcal{E}_2$ 中基本事件, 由此得出 $\alpha \cap \beta$ 是大实验 $\mathcal{E}$ 中 "最小的, 不可分解的" 基本事件. 显然, 大实验 $\mathcal{E}$ 实施后, $\Omega_1 \circ \Omega_2$ 中有且仅有一个事件出现, 故 $\Omega_1 \circ \Omega_2$ 是实验 $\mathcal{E}$ 的样本空间.

样本点是 "点", 它的符号式应该是 "钢体" ——不能发生任何变化的符号式. 但是 $\alpha \cap \beta = \beta \cap \alpha$ 不是 "钢体", 因此引进重要的约定

$$(\alpha, \beta) \stackrel{\text{def}}{=\!=} \alpha \cap \beta = \beta \cap \alpha \tag{5.1.3}$$

应用乘积集合的概念[①], 式 (5.1.2) 可改写为

$$\Omega_1 \times \Omega_2 = \{(\alpha, \beta) | \alpha \in \Omega_1, \beta \in \Omega_2\} \stackrel{\text{def}}{=\!=} \Omega_1 \circ \Omega_2 \tag{5.1.4}$$

于是, 乘积集合 $\Omega_1 \times \Omega_2$ 是原因空间的一个划分.

现在, 选 $\Omega_1 \times \Omega_2$ 为大实验 $\mathcal{E}$ 的样本空间, 称为乘积样本空间; 称 (α, β) 为 (坐标) 基本事件或 (坐标) 样本点.

ii) 确定 $\mathcal{E}$ 划定的随机局部.

大实验 $\mathcal{E}$ 既关心 $\mathcal{F}_1$ 中的所有事件, 又关心 $\mathcal{F}_2$ 中的所有事件. 即 $\mathcal{E}$ 关心集合

$$\mathcal{F}_1 \cup \mathcal{F}_2 = \{D | D = A \in \mathcal{F}_1 \text{或} D = B \in \mathcal{F}_2\} \tag{5.1.5}$$

[①] n 维乘积集合的定义: 设 $E_1, E_2, \cdots, E_n$ 是 n 个任意的非空集合. 用 E_1 中元素 x_1 作为第 1 个元素, E_2 中元素 x_2 作为第 2 个元素, $\cdots$, E_n 中元素 x_n 作为第 n 个元素, 组成 n 元有序组 $(x_1, x_2, \cdots, x_n)$. 用 $\prod_{i=1}^{n} E_i \stackrel{\text{def}}{=\!=} E_1 \times E_2 \times \cdots \times E_n$ 表示所有 n 元有序组组成的集合, 即

$$E_1 \times E_2 \times \cdots \times E_n = \{(x_1, x_2, \cdots, x_n) | x_i \in E_i, 1 \leqslant i \leqslant n\}$$

则称 $E_1 \times E_2 \times \cdots \times E_n$ 为诸集合 $E_i (1 \leqslant i \leqslant n)$ 的 n 维乘积集合, 或称为 n 维笛卡儿积.

特别, 当 $E = E_1 = E_2 = \cdots = E_n$ 时用 E^n 表示 $E \times E \times \cdots \times E$. 我们有

$$E^n = \{(x_1, x_2, \cdots, x_n) | x_i \in E, 1 \leqslant i \leqslant n\}$$

另外, n 元有序组 $(x_1, x_2, \cdots, x_n)$ 有时用不可交换的 n 元乘积 $x_1 \times x_2 \times \cdots \times x_n$ 代替. 人们最熟悉的例子是 n 维欧氏空间 $\mathbf{R}^n$, 它常被视为 n 个坐标轴的乘积.

中的所有事件. 用 $\mathcal{F}$ 表示 $\mathcal{E}$ 划定的随机局部. 常识告诉我们, $\mathcal{F}$ 是由芽集 $\mathcal{F}_1 \cup \mathcal{F}_2$ 产生的全体事件组成的集合, 即

$$\mathcal{F} = \sigma(\mathcal{F}_1 \cup \mathcal{F}_2) \tag{5.1.6}$$

人们特别关心 $\mathcal{F}$ 中形如 $A \cap B (A \in \mathcal{F}_1, B \in \mathcal{F}_2)$ 这样的交事件. 令

$$\mathcal{A}^2 = \{A \cap B | A \in \mathcal{F}_1, B \in \mathcal{F}_2\} \tag{5.1.7}$$

注意到 $A \in \mathcal{F}_1$ 时有 $A = A \cap \Omega_2$; $B \in \mathcal{F}_2$ 时有 $B = \Omega_1 \cap B$, 因此

$$\mathcal{F}_1 \cup \mathcal{F}_2 \subset \mathcal{A}^2 \tag{5.1.8}$$

引理 5.1.1　$\mathcal{F} = \sigma(\mathcal{A}^2)$

证明　由 (5.1.8) 推出 $\sigma(\mathcal{F}_1 \bigcup \mathcal{F}_2) \subset \sigma(\mathcal{A}^2)$; 由定理 2.3.1 推论得出 $\sigma(\mathcal{A}^2) \subset \sigma(\mathcal{F}_1 \cup \mathcal{F}_2)$. 引理得证.　∎

最终得到, 大实验 $\mathcal{E}$ 划定的随机局部是 $\mathcal{F}$, 它是

$$\mathcal{F} = \sigma(\mathcal{A}^2) \tag{5.1.9}$$

其中芽集 $\mathcal{A}^2$ 由 (5.1.7) 规定.

iii) 建立 $\mathcal{E}$ 的因果模型 $(\Omega_1 \times \Omega_2, \mathcal{F}_1 \otimes \mathcal{F}_2)$.

论证局部 $\mathcal{F}$ 中事件皆为 $\Omega_1 \times \Omega_2$ 的子集. 事实上,

1) 设 $A \in \mathcal{F}_1$, 则它是全集 Ω_1 的子集, 并有平凡的符号式 $A = \{\alpha | \alpha \in A\}$. 于是

$$
\begin{aligned}
A = A \cap \Omega_2 &= \left[\bigcup_{\alpha \in A} \alpha\right] \cap \left[\bigcup_{\beta \in \Omega_2} \beta\right] \\
&= \bigcup_{\alpha \in A, \beta \in \Omega_2} [\alpha \cap \beta] = \{\alpha \cap \beta | \alpha \in A, \beta \in \Omega_2\}
\end{aligned} \tag{5.1.10}
$$

应用约定 (5.1.3) 得到

$$A = \{(\alpha, \beta) | \alpha \in A, \beta \in \Omega_2\} = A \times \Omega_2 \tag{5.1.11}$$

得证事件 A 是样本空间 $\Omega_1 \times \Omega_2$ 的子集 $A \times \Omega_2$.

2) 设 $B \in \mathcal{F}_2$, 同样的议论得出事件 B 有符号式

$$B = \{(\alpha, \beta) | \alpha \in \Omega_1, \beta \in \beta\} = \Omega_1 \times B \tag{5.1.12}$$

它也是 $\Omega_1 \times \Omega_2$ 的子集.

3) 讨论 $\mathcal{F}$ 的芽事件 $A \cap B(A \in \mathcal{F}_1, B \in \mathcal{F}_2)$. 应用 (5.1.11) 和 (5.1.12) 有

$$A \cap B = (A \times \Omega_2) \cap (\Omega_1 \times B)$$
$$= \{(\alpha, \beta) | \alpha \in A, \beta \in B\} = A \times B \tag{5.1.13}$$

得证交事件 $A \cap B$ 是 $\Omega_1 \times \Omega_2$ 的子集. 由此推出下列四个结论:

a) 交事件 $A \cap B = B \cap A(A \in \mathcal{F}_1, B \in \mathcal{F}_2)$ 是乘积集合 $A \times B$, 后者是 $\Omega_1 \times \Omega_2$ 的子集.

b) 芽事件集 $\mathcal{A}^2$ 是乘积集合 $\mathcal{F}_1 \times \mathcal{F}_2$, 即

$$\mathcal{F}_1 \times \mathcal{F}_2 = \{A \times B | A \in \mathcal{F}_1, B \in \mathcal{F}_2\} = \{A \cap B | A \in \mathcal{F}_1, B \in \mathcal{F}_2\} = \mathcal{A}^2 \tag{5.1.14}$$

它是 $\Omega_1 \times \Omega_2$ 上的集系.

c) $\mathcal{F}_1 \bigotimes \mathcal{F}_2 \overset{\text{def}}{=} \sigma(\mathcal{F}_1 \times \mathcal{F}_2)$ 是大实验 $\mathcal{E}$ 划定的随机局部 $\mathcal{F} = \sigma(\mathcal{A}^2)$.

d) $(\Omega_1 \times \Omega_2, \mathcal{F}_1 \bigotimes \mathcal{F}_2)$ 是大实验 $\mathcal{F}$ 的因果模型.

定义 5.1.2 称上述乘积建模法中的交事件 $A \times B$ 为矩形 (事件), 称 A, B 为矩形的边.

定义 5.1.3 称上述乘积建模法中的 $(\Omega_1 \times \Omega_2, \mathcal{F}_1 \bigotimes \mathcal{F}_2)$ 为试验 $(\Omega_1, \mathcal{F}_1)$ 和 $(\Omega_2, \mathcal{F}_2)$ 的乘积试验 (测度论中称为乘积可测空间); 称 $\Omega_1 \times \Omega_2$ 为 Ω_1 和 Ω_2 的乘积样本空间; 称 $\mathcal{F}_1 \bigotimes \mathcal{F}_2$ 为 $\mathcal{F}_1$ 和 $\mathcal{F}_2$ 的乘积事件 σ 域.

特别, 当 $(\Omega_1, \mathcal{F}_1)$ 和 $(\Omega_2, \mathcal{F}_2)$ 有相同的符号式 $(\Omega, \mathcal{F})$ 时, 称乘积试验 $(\Omega \times \Omega, \mathcal{F} \bigotimes \mathcal{F})$ 为重复试验, 简记为 $(\Omega^2, \mathcal{F}^2)$.

定理 5.1.1 设 $(\Omega_1, \mathcal{F}_1)$ 和 $(\Omega_2, \mathcal{F}_2)$ 两个离散型试验, 并且 Ω_1 和 Ω_2 是可乘的, 那么乘积试验 $(\Omega_1 \times \Omega_2, \mathcal{F}_1 \bigotimes \mathcal{F}_2)$ 也是离散型的. 特别,

i) $(\Omega_1, \mathcal{F}_1)$ 是 n 型的, $(\Omega_2, \mathcal{F}_2)$ 是 m 型的, 则 $(\Omega_1 \times \Omega_2, \mathcal{F}_1 \bigotimes \mathcal{F}_2)$ 是 mn 型的.

ii) 如果 $(\Omega_1, \mathcal{F}_1)$ 和 $(\Omega_2, \mathcal{F}_2)$ 中至少有一个是可列型的, 则 $(\Omega_1 \times \Omega_2, \mathcal{F}_1 \bigotimes \mathcal{F}_2)$ 是可列型的.

iii) 如果 $(\Omega_1, \mathcal{F}_1)$ 和 $(\Omega_2, \mathcal{F}_2)$ 皆是标准的 (或满的), 则 $(\Omega_1 \times \Omega_2, \mathcal{F}_1 \bigotimes \mathcal{F}_2)$ 也是标准的 (或满的).

结论显然, 证明留给读者.

定理 5.1.2 用 $(\mathbf{R}, \mathcal{B})$ 表示两个不同的 Borel 试验, 并且两个样本空间 $\mathbf{R}$ 和 $\mathbf{R}$ 是可乘的, 那么乘积试验 $(\mathbf{R} \times \mathbf{R}, \mathcal{B} \bigotimes \mathcal{B})$ 是二维 Borel 试验 $(\mathbf{R}^2, \mathcal{B}^2)$.

证明 $(\mathbf{R}^2, \mathcal{B}^2)$ 是定义 2.3.3 规定的二维 Borel 试验, $\mathcal{B}^2$ 的芽集是 (2.3.19) 规定的 $\mathcal{A}^2$, 乘积试验 $(\mathbf{R} \times \mathbf{R}, \mathcal{B} \bigotimes \mathcal{B})$ 中 $\mathcal{B} \bigotimes \mathcal{B}$ 的芽集是乘积集合 $\mathcal{B} \times \mathcal{B}$.

显然 $\mathbf{R}^2 = \mathbf{R} \times \mathbf{R}$. 为证定理, 只需证 $\mathcal{B}^2 = \mathcal{B} \bigotimes \mathcal{B}$. 由于 $\mathcal{A}^2$ 中元素 (见 $n = 2$

时的式 (2.3.19))

$$\prod_{i=1}^{2}(a_i, b_i] = (a_1, b_1] \times (a_2, b_2] \quad (-\infty \leqslant a_i < b_i < +\infty, i = 1, 2)$$

是 $\mathcal{B} \times \mathcal{B}$ 中的矩形事件, 故 $\mathcal{A}^2 \subset \mathcal{B} \times \mathcal{B}$. 由此推出

$$\mathcal{B}^2 = \sigma(\mathcal{A}^2) \subset \sigma(\mathcal{B} \times \mathcal{B}) = \mathcal{B} \otimes \mathcal{B}$$

为证反包含式, 引进部分矩形事件组成的集合

$$\mathcal{A}_1 = \{(a_1, b_1] \times \mathbf{R} \mid -\infty \leqslant a_1 < b_1 < +\infty\}$$

容易验证 $\sigma(\mathcal{A}_1) = \{A \times R \mid A \in \mathcal{B}\}$. 显然 $\mathcal{A}_1$ 是 $\mathcal{A}^2$ 的子集, 故 $\sigma(\mathcal{A}_1) \subset \sigma(\mathcal{A}^2) = \mathcal{B}^2$. 于是证明了

$$\{A \times \mathbf{R} \mid A \in B\} \subset B^2$$

类似的推导得出

$$\{\mathbf{R} \times B \mid B \in \mathcal{B}\} \subset \mathcal{B}^2$$

由此推出 $\mathcal{B} \otimes \mathcal{B}$ 中的矩形事件

$$A \times B = (A \times \mathbf{R}) \cap (\mathbf{R} \times B) \in \mathcal{B}^2$$

于是, 芽集 $\mathcal{B} \times \mathcal{B} \subset \mathcal{B}^2$ 和 $\mathcal{B} \otimes \mathcal{B} \subset \mathcal{B}^2$. 证明完成. ∎

例 5.1.1 (扔两次硬币)　用 $\mathcal{E}_1$ 表示实验"扔一次硬币"; 用 $\mathcal{E}_2$ 表示实验"再次扔硬币". 现在把 $\mathcal{E}_1$ 和 $\mathcal{E}_2$ 联合在一起, 形成大实验 $\mathcal{E}$ "接连地扔两次硬币". 试用乘积建模法建立大实验 $\mathcal{E}$ 的因果模型.

解　由例 2.4.1 知, 实验 $\mathcal{E}_1$ 和 $\mathcal{E}_2$ 有外形相同的因果模型——随机试验 $(\Omega, \mathcal{F})$, 这里

$$\Omega = \{H, T\} \tag{5.1.15}$$

$$\mathcal{F} = \{\varnothing, H, T, \Omega\} \tag{5.1.16}$$

对任意的 $\alpha, \beta \in \Omega$, 假定 α 来自实验 $\mathcal{E}_1$, β 来自实验 $\mathcal{E}_2$. 那么有序对 $(\alpha, \beta) = \alpha \cap \beta$ 表示事件"第 1 次硬币出现 α 面, 第 2 次出现 β 面". 显然 $\alpha \cap \beta \neq \varnothing$, 故 $\mathcal{E}_1$ 和 $\mathcal{E}_2$ 的两个样本空间 Ω 和 Ω 是可乘的. 于是, 应用乘积建模法得出, 大实验 $\mathcal{E}$ 的因果模型是重复试验 $(\Omega^2, \mathcal{F}^2)$, 其中

$$\Omega^2 = \Omega \times \Omega = \{(\alpha, \beta) \mid \alpha, \beta = H \text{或} T\} \tag{5.1.17}$$

$$\mathcal{F}^2 = \mathcal{F} \otimes \mathcal{F} = \Omega^2 \text{的全体子集组成的集合} \tag{5.1.18}$$

注 例 2.5.5($n = 2$ 情形) 用古典建模法也得到大实验 $\mathcal{E}$ 的因果模型. 显然, 两个答案是一致的.

例 5.1.2 (掷骰子两次) 用 $\mathcal{E}_1$ 表示实验 "掷骰子一次"; 用 $\mathcal{E}_2$ 表示实验 "再次掷骰子". 现在把 $\mathcal{E}_1$ 和 $\mathcal{E}_2$ 联合在一起, 形成大实验 $\mathcal{E}$ "接连地掷两次骰子". 试求大实验 $\mathcal{E}$ 产生的随机试验.

解 由例 2.4.2 知, 实验 $\mathcal{E}_1$ 和 $\mathcal{E}_2$ 有外形相同的因果模型——随机试验 $(\Omega, \mathcal{F})$, 这里

$$\Omega = \{\omega_1, \omega_2, \cdots, \omega_6\} \tag{5.1.19}$$

$$\mathcal{F} = \Omega \text{的全体子集组成的集合} \tag{5.1.20}$$

对任意的 $\omega_i, \omega_j \in \Omega$, 并假定 ω_i 来自实验 $\mathcal{E}_1$, ω_j 来自实验 $\mathcal{E}_2$. 那么, 有序对 $(\omega_i, \omega_j) = \omega_i \cap \omega_j$ 表示事件 "第 1 次骰子出现 i 点, 第 2 次出现 j 点". 显然 $\omega_i \cap \omega_j \neq \varnothing$, 故 $\mathcal{E}_1$ 和 $\mathcal{E}_2$ 的两个样本空间 Ω 和 Ω 是可乘的.

现在, 应用乘积建模法得出, 大实验 $\mathcal{E}$ 产生重复试验 $(\Omega^2, \mathcal{F}^2)$, 其中

$$\Omega^2 = \Omega \times \Omega = \{(\omega_i, \omega_j) | i, j = 1, 2, \cdots, 6\} \tag{5.1.21}$$

$$\mathcal{F}^2 = \mathcal{F} \otimes \mathcal{F} = \Omega^2 \text{的全体子集组成的集合} \tag{5.1.22}$$

注 例 2.5.6($n = 2$ 情形) 用古典建模法也得到大实验 $\mathcal{E}$ 的因果模型. 显然, 两个答案是一致的.

例 5.1.3 (扔质点两次) 用 $\mathcal{E}_1$ 表示实验 "向坐标平面中的 x 轴随意地扔一个质点", 用 $\mathcal{E}_2$ 表示实验 "向 y 轴随意地扔一个质点". 现在把 $\mathcal{E}_1$ 和 $\mathcal{E}_2$ 联合在一起, 形成大实验 $\mathcal{E}$ "同时进行实验 $\mathcal{E}_1$ 和 $\mathcal{E}_2$", 试求 $\mathcal{E}$ 的因果模型.

解 例 2.5.8(取 $D = \mathbf{R}$) 知, 实验 $\mathcal{E}_1$ 和 $\mathcal{E}_2$ 有外形相同的因果模型——Borel 试验 $(\mathbf{R}, \mathcal{B})$.

对任意的 $x, y \in \mathbf{R}$, 并假定 x 来自实验 $\mathcal{E}_1$, y 来自实验 $\mathcal{E}_2$. 那么有序对 $(x, y) \stackrel{\text{def}}{=} x \cap y$ 表示事件 "$\mathcal{E}_1$ 中的质点落在坐标为 $(x, 0)$ 的点处, $\mathcal{E}_2$ 中质点落在坐标为 $(0, y)$ 的点处". 显然, $(x, y) \stackrel{\text{def}}{=} x \cap y$ 不是空事件, 故 $\mathcal{E}_1$ 和 $\mathcal{E}_2$ 的两个样本空间 $\mathbf{R}$ 和 $\mathbf{R}$ 是可乘的.

现在, 应用乘积建模法得出大实验 $\mathcal{E}$ 的因果模型是重复试验 $(\mathbf{R}^2, \mathcal{B} \otimes \mathcal{B})$, 其中

$$\mathbf{R}^2 = \{(x, y) | x, y \text{为实数}\} \tag{5.1.23}$$

$$\mathcal{B} \otimes \mathcal{B} = \sigma(\mathcal{B} \times \mathcal{B}) \tag{5.1.24}$$

应用定理 5.1.2 得知, $\mathcal{B} \otimes \mathcal{B} = \mathcal{B}^2$ 是 2 维 Borel 域. 最终得出, 大实验 $\mathcal{E}$ 的因果模型是 2 维 Borel 试验 $(\mathbf{R}^2, \mathcal{B}^2)$.

注　直观上, 大实验 $\mathcal{E}$ 等价于实验 $\mathcal{E}^*$ "向坐标平面 $\mathbf{R}^2$ 随意地扔一个质点". 这时 $\mathcal{E}$ 中事件 (x,y) 在 $\mathcal{E}^*$ 中被解释为基本事件 "质点落在坐标为 (x,y) 的点处". 由例 2.5.8(取 $D = \mathbf{R}^2$) 得出, $\mathcal{E}^*$ 的因果模型是 2 维 Borel 试验 $(\mathbf{R}^2, \mathcal{B}^2)$. 于是, 应用中的 $\mathcal{E}$ 和 $\mathcal{E}^*$ "等价" 在理论中意味着它们有相同的因果模型.

5.1.3　矩形事件

乘积实验 $(\Omega_1 \times \Omega_2, \mathcal{F}_1 \otimes \mathcal{F}_2)$ 是比较简单的随机实验. 因为 $(\Omega_1, \mathcal{F}_1)$ 和 $(\Omega_2, \mathcal{F}_2)$ 已知时样本空间 $\Omega_1 \times \Omega_2$ 是一目了然的集合; 乘积 σ 域 $\mathcal{F}_1 \otimes \mathcal{F}_2$ 虽然有复杂的结构, 但它的芽事件集 $\mathcal{F}_1 \times \mathcal{F}_2$ 也是一目了然的集合.

由此总结出研究 $\mathcal{F}_1 \otimes \mathcal{F}_2$ 中事件的一般方法: 先熟练地掌握全体矩形事件; 然后应用定理 2.3.1 构造性证明中的 "∗∗" 操作把其他的事件表示为矩形的事件的补、并、交、差.

定理 5.1.3　设 $(\Omega_1 \times \Omega_2, \mathcal{F}_1 \otimes \mathcal{F}_2)$ 是试验 $(\Omega_1, \mathcal{F}_1)$ 和 $(\Omega_2, \mathcal{F}_2)$ 的乘积试验, 那么 $\mathcal{F}_1 \otimes \mathcal{F}_2$ 中矩形事件具有下列性质:

i) $A \times B = \varnothing$ 当且仅当 $A = \varnothing$ 和 $B = \varnothing$ 中至少有一个成立;

ii) 非空矩形 $A \times B \subset C \times D$ 当且仅当 $A \subset C$ 且 $B \subset D$;

iii) 非空矩形 $A \times B = C \times D$ 当且仅当 $A = C$ 且 $B = D$;

iv) 设 $E = A \times B$, $E_1 = A_1 \times B_1$, $E_2 = A_2 \times B_2$ 皆是非空矩形, 并且

$$E = E_1 \cup E_2 \tag{5.1.25}$$

那么右方是不相交并的必要充分条件是, 或者 $B = B_1 = B_2$ 且 $A = A_1 \cup A_2$ 是不相交并; 或者 $A = A_1 = A_2$ 且 $B = B_1 \cup B_2$ 是不相交并.

证明　i) 设 $A \times B \neq \varnothing$; 则存在 $\Omega_1 \times \Omega_2$ 中元素 $(x,y) \in A \times B$. 由此推出 $x \in A, y \in B$, 得证 $A \neq \varnothing, B \neq \varnothing$.

反之, 设 $A \neq \varnothing$ 且 $B \neq \varnothing$, 这时存在 Ω_1 中元素 $x \in A$ 和 Ω_2 中元素 $y \in B$, 由乘积集合的定义得出 $(x,y) \in A \times B$, 得证 $A \times B \neq \varnothing$.

ii) 充分性显然, 用反证法证必要性. 假定 $A \subset C$ 和 $B \subset D$ 中至少有一个不成立. 不妨设 $A \subset C$ 不成立. 由于 $A \times B \neq \varnothing$ 含有 $A \neq \varnothing$ 且 $B \neq \varnothing$, 故存在 Ω_1 中元素 x_1 使得 $x_1 \in A$ 且 $x_1 \notin C$. 于是, 对任意的 $y \in B$ 有

$$(x_1, y) \in A \times B 且 (x_1, y) \notin C \times D$$

与原假定 $A \times B \subset C \times D$ 矛盾. 必要性得证.

iii) 应用已证的 ii) 推出.

iv) 先证条件是必要的. 假定 $E = E_1 \cup E_2$, 且 $E_1 \cap E_2 = \varnothing$. 由于 $E_1 \subset E, E_2 \subset E$, 应用已证的 ii) 得出 $A_1 \subset A, A_2 \subset A$, 故 $A_1 \cup A_2 \subset A$. 同理, $B_1 \cup B_2 \subset B$. 我

们有
$$E = E_1 \cup E_2 \subset (A_1 \cup A_2) \times (B_1 \cup B_2)$$

由此推出 $A \subset A_1 \cup A_2$, $B \subset B_1 \cup B_2$. 得证
$$A = A_1 \cup A_2, \quad B = B_1 \cup B_2$$

类似地, 我们有
$$E_1 \cap E_2 \supset (A_1 \cap A_2) \times (B_1 \cap B_2)$$

由于假定 $E_1 \cap E_2 = \varnothing$, 应用已证的 i) 得出
$$\varnothing = A_1 \cap A_2, \quad \varnothing = B_1 \cap B_2$$

中至少有一个成立.

如果能证明 $A_1 \cap A_2 = \varnothing$ 时必有 $B = B_1 = B_2$(对 $B_1 \cap B_2 = \varnothing$ 的情形可类似地讨论), 则必要性证明完成. 事实上, 假定 Ω_2 中存在元素 $y \in B \backslash B_1$, 那么对任意的 $x \in A_1$(由 $A_1 \cap A_2 = \varnothing$ 知 $x \notin A_2$) 有
$$(x, y) \in A \times B, \quad (x, y) \notin A_1 \times B_1, \quad (x, y) \notin A_2 \times B_2$$

此结论与 $E = E_1 \cup E_2$ 矛盾, 故 $B \backslash B_1 = \varnothing$. 同理可证 $B \backslash B_2 = \varnothing$. 注意到 $B = B_1 \cup B_2$, 得证 $B = B_1 = B_2$.

条件的充分性证明比较简单. 不失一般性, 假定 $B = B_1 = B_2$, 且 $A = A_1 \cup A_2$ 是不相交的并. 由此得出 $A \supset A_i$, $B \supset B_i (i = 1, 2)$, 故 $E \supset E_1 \cup E_2$. 此外, 如果 $(x, y) \in E$, 则依 $x_1 \in A_1$(这时 $x \notin A_2$), 或 $x \in A_2$(这时 $x \notin A_1$) 而分别有
$$(x, y) \in E_1(\text{这时}(x, y) \notin E_2), \quad \text{或}(x, y) \in E_2(\text{这时}(x, y) \notin E_1)$$

可见 E 的确是 E_1 和 E_2 的不相交并. ∎

定理 5.1.4 设 $(\Omega_1 \times \Omega_2, \mathcal{F}_1 \otimes \mathcal{F}_2)$ 是试验 $(\Omega_1, \mathcal{F}_1)$ 和 $(\Omega_2, \mathcal{F}_2)$ 的乘积试验, 那么 $\mathcal{F}_1 \otimes \mathcal{F}_2$ 中矩形事件具有性质:

i) 对任意的 $A \in \mathcal{F}_1$, 成立
$$A \times \Omega_2 = A \tag{5.1.26}$$

ii) 对任意的 $B \in \mathcal{F}_2$, 成立
$$\Omega_1 \times B = B \tag{5.1.27}$$

iii) 对任意的 $A \in \mathcal{F}_1$, $B \in \mathcal{F}_2$, 如果 $A, B \neq \varnothing$, $A \neq \Omega_1$, $B \neq \Omega_2$, 那么成立
$$A \times B \notin \mathcal{F}_1, \quad A \times B \notin \mathcal{F}_2 \tag{5.1.28}$$

证明 i) $A \times \Omega_2 = A$ 作为事件的等式是事件的交运算 $A \cap \Omega_2 = A$; 作为集合的等式则按式 (5.1.11) 理解.

ii) $\Omega_1 \times B = B$ 作为事件的等式是事件的交运算 $\Omega_1 \cap B = B$; 作为集合的等式则按式 (5.1.12) 理解.

iii) 不失一般性, 设

$$\Omega_1 = \{\alpha_i | i \in J_1\}, \quad A = \{\alpha_i | i \in J_{1a}\} \tag{5.1.29}$$

$$\Omega_2 = \{\beta_j | j \in J_2\}, \quad B = \{\beta_j | j \in J_{2b}\} \tag{5.1.30}$$

其中 J_1, J_2 是两个指标集. 由假定的条件知, J_{1a} 是 J_1 的非空真子集; J_{2b} 是 J_2 的非空真子集.

现在考察矩形事件 $A \times B$. 由样本空间 Ω_1 和 Ω_2 的可乘性得出

$$A \times B = \{(\alpha_i, \beta_j) | i \in J_{1a}, j \in J_{2b}\} \tag{5.1.31}$$

设 $\alpha_0 \in A$, 并定义 α_0 的两个子集

$$\{\alpha_0 \cap \beta_j | j \in J_{2b}\}, \quad \{\alpha_0 \cap \beta_j | j \in J_2 \setminus J_{2b}\}$$

由 $B \neq \phi$, $B \neq \Omega_2$ 推出, 它们是 α_0 的互不相交的真子集. 显然

$$\{\alpha_0 \cap \beta_j | j \in J_{2b}\} \in A \times B$$

$$\{\alpha_0 \cap \beta_j | j \in J_2 \setminus J_{2b}\} \notin A \times B$$

即是说, α_0 不遵守定理 2.2.1 的结论. 得证 $A \times B$ 不是 Ω_1 上的事件, 故 $A \times B \notin \mathcal{F}_1$. 同理 $A \times B \notin \mathcal{F}_2$. 定理得证. ■

两个定理给出矩形事件的一个完整的描述: 在事件 σ 域 $\mathcal{F} \otimes \mathcal{F}$ 中, 除空事件外所有的矩形事件只有唯一的符号式 $A \times B$; 并且全体矩形事件可以分为三类, ① $\mathcal{F}_1$ 中事件; ②$\mathcal{F}_2$ 中事件; ③形成乘积事件时新产生的矩形事件 $A \times B(A, B \neq \varnothing, A \neq \Omega_1, B \neq \Omega_2)$; 这些矩形事件既不属于 $\mathcal{F}_1$, 也不属于 $\mathcal{F}_2$.

5.1.4 独立性乘积概率空间

乘积试验 $(\Omega_1 \times \Omega_2, \mathcal{F}_1 \otimes \mathcal{F}_2)$ 上存在无限多个概率测度. 但是我们只讨论一个最重要的概率测度——独立乘积概率测度.

定理 5.1.5 给定概率空间 $(\Omega_i, \mathcal{F}_i, P_i)(i = 1, 2)$. 假定样本空间 Ω_1 和 Ω_2 是可乘的, $(\Omega_1 \times \Omega_2, \mathcal{F}_1 \otimes \mathcal{F}_2)$ 是 $(\Omega_1, \mathcal{F}_1)$ 和 $(\Omega_2, \mathcal{F}_2)$ 的乘积试验. 对 $\mathcal{F}_1 \otimes \mathcal{F}_2$ 中任意的矩形事件 $A \times B$, 令

$$P(A \times B) = P_1(A)P_2(B), \quad A \in \mathcal{F}_1, \quad B \in \mathcal{F}_2 \tag{5.1.32}$$

那么在乘积试验 $(\Omega_1 \times \Omega_2, \mathcal{F}_1 \otimes \mathcal{F}_2)$ 上存在唯一的概率测度 $P(\mathcal{F}_1 \otimes \mathcal{F}_2)$, 使得 (5.1.32) 成立.

这是测度论中另一个重要的测度扩张定理. 本书不给出证明, 参看 [18, §35]. 定理 5.1.3 保证, 用 (5.1.32) 定义的 P 是芽事件集 $\mathcal{F}_1 \times \mathcal{F}_2$ 上的单值函数; 定理 5.1.4 告知, 新概率测度 P 没有改变 $\mathcal{F}_1$ 和 $\mathcal{F}_2$ 中事件的概率, 即

$$P(A \times \Omega_2) = P_1(A); \quad P(\Omega_1 \times B) = P_2(B) \tag{5.1.33}$$

而且对许多新产生的矩形事件 $A \times B (A, B \neq \varnothing, A \neq \Omega_1, B \neq \Omega_2)$ 赋予新概率值 $P_1(A)P_2(B)$. 通常, 用符号式 $P_1 \times P_2$ 表示新概率测度 P.

定义 5.1.4 称定理 5.1.5 中的 $(\Omega_1 \times \Omega_2, \mathcal{F}_1 \otimes \mathcal{F}_2, P_1 \times P_2)$ 为概率空间 $(\Omega_1, \mathcal{F}_1, P_1)$ 和 $(\Omega_2, \mathcal{F}_2, P_2)$ 的独立乘积概率空间; 称 $P_1 \times P_2 = P$ 为独立乘积概率测度.

特别, 当 $(\Omega_1, \mathcal{F}_1, P_1)$ 和 $(\Omega_2, \mathcal{F}_2, P_2)$ 有相同的符号式 $(\Omega, \mathcal{F}, P)$ 时称独立乘积概率空间 $(\Omega \times \Omega, \mathcal{F} \otimes \mathcal{F}, P \times P)$ 为独立重复概率空间, 简记为 $(\Omega^2, \mathcal{F}^2, P^2)$.

定理 5.1.6 设 $(\Omega_i, \mathcal{F}_i, P_i \Leftarrow p_i)(i = 1, 2)$ 是两个离散型概率空间, 其中分布列 $p_1(\Omega_1)$ 和 $p_2(\Omega_2)$ 分别为

$$p_1(\Omega_1): \quad \begin{array}{c|ccccc} \Omega_1 & \alpha_1 & \alpha_2 & \cdots & \alpha_i & \cdots \\ \hline p_1 & p_1(\alpha_1) & p_1(\alpha_2) & \cdots & p_1(\alpha_i) & \cdots \end{array} \tag{5.1.34}$$

$$p_2(\Omega_2): \quad \begin{array}{c|ccccc} \Omega_2 & \beta_1 & \beta_2 & \cdots & \beta_j & \cdots \\ \hline p_2 & p_2(\beta_1) & p_2(\beta_2) & \cdots & p_2(\beta_j) & \cdots \end{array} \tag{5.1.35}$$

如果样本空间 Ω_1 和 Ω_2 是可乘的, 那么独立乘积概率空间存在, 并且是离散型概率空间 $(\Omega_1 \times \Omega_2, \mathcal{F}_1 \otimes \mathcal{F}_2, P_1 \times P_2 \Leftarrow p_1 \times p_2)$, 其中分布列 $p_1 \times p_2$ 为

$$p_1 \times p_2(\Omega_1 \times \Omega_2): \quad \begin{array}{c|c} \Omega_1 \times \Omega_2 & (\alpha_i, \beta_j)(i, j = 1, 2, \cdots) \\ \hline p_1 \times p_2 & p_1(\alpha_i)p_2(\beta_j) \end{array} \tag{5.1.36}$$

证明 独立乘积概率空间 $(\Omega_1 \times \Omega_2, \mathcal{F}_1 \otimes \mathcal{F}_2, P_1 \times P_2)$ 的存在性由乘积建模法和定理 5.1.5 推出; 分布列 (5.1.36) 由 (5.1.32) 得出. ∎

推论 如果 $(\Omega_1, \mathcal{F}_1, P_1)$ 和 $(\Omega_2, \mathcal{F}_2, P_2)$ 皆是古典型概率空间, 那么 $(\Omega_1 \times \Omega_2, \mathcal{F}_1 \otimes \mathcal{F}_2, P_1 \times P_2)$ 也是古典型的.

定理 5.1.7 设 $(\mathbf{R}, \mathcal{B}, P_i \Leftarrow F_i)(i = 1, 2)$ 是 Kolmogorov 型概率空间. 如果两个样本空间 $\mathbf{R}$ 和 $\mathbf{R}$ 是可乘的, 那么独立乘积概率空间存在, 并且是 2 维 Kolmogorov 型概率空间 $(\mathbf{R}^2, \mathcal{B}^2, P_1 \times P_2 \Leftarrow F)$, 其中分布函数为

$$F(x_1, x_2) = F_1(x_1)F_2(x_2) \quad (x_1, x_2) \in \mathbf{R}^2 \tag{5.1.37}$$

证明 独立乘积概率空间 $(\mathbf{R}^2, \mathcal{B}^2, P_1 \times P_2)$ 的存在性由乘积建模和定理 5.1.5 推出; 分布函数的公式 (5.1.37) 由 (5.1.32) 推出. ∎

5.1.5　边沿子试验

给定乘积试验 $(\Omega_1 \times \Omega_2, \mathcal{F}_1 \bigotimes \mathcal{F}_2)$, 令

$$\mathcal{F}_1 \times \Omega_2 \overset{\text{def}}{=\!=} \{A \times \Omega_2 | A \times \mathcal{F}_1\} \tag{5.1.38}$$

$$\Omega_1 \times \mathcal{F}_2 \overset{\text{def}}{=\!=} \{\Omega_1 \times B | B \in \mathcal{F}_2\} \tag{5.1.39}$$

显然, $\mathcal{F}_1 \times \Omega_2$ 和 $\Omega_1 \times \mathcal{F}_2$ 是 $\mathcal{F}_1 \bigotimes \mathcal{F}_i$ 的两个子事件 σ 域. 故 $(\Omega_1 \times \Omega_2, \mathcal{F}_1 \times \Omega_2)$ 和 $(\Omega_1 \times \Omega_2, \Omega_1 \times \mathcal{F}_2)$ 是 $(\Omega_1 \times \Omega_2, \mathcal{F}_1 \bigotimes \mathcal{F}_2)$ 的两个同因子试验.

现在, 在 $(\Omega_1 \times \Omega_2, \mathcal{F}_1 \times \Omega_2)$, 或 $(\Omega_1 \times \Omega_2, \mathcal{F}_1 \times \mathcal{F}_2)$ 中取第 1 个坐标处的元素, 得到原先的随机试验 $(\Omega_1, \mathcal{F}_1)$; 同样, 在 $(\Omega_1 \times \Omega_2, \Omega_1 \times \mathcal{F}_2)$, 或 $(\Omega_1 \times \Omega_2, \mathcal{F}_1 \bigotimes \mathcal{F}_2)$ 中取第 2 个坐标处的元素, 得到原先的随机试验 $(\Omega_2, \mathcal{F}_2)$.

定义 5.1.5　给定乘积试验 $(\Omega_1 \times \Omega_2, \mathcal{F}_1 \bigotimes \mathcal{F}_2)$. 称 $(\Omega_1 \times \Omega_2, \mathcal{F}_1 \times \Omega_2)$ 为截口 $\{1\}$的边沿子试验; 称 $(\Omega_1, \mathcal{F}_1)$ 为截口 $\{1\}$ 的广义边沿子试验. 同样, 称 $(\Omega_1 \times \Omega_2, \Omega_1 \times \mathcal{F}_2)$ 为截口 $\{2\}$的边沿子试验; 称 $(\Omega_2, \mathcal{F}_2)$ 为截口 $\{2\}$的广义边沿子试验.

5.1.6　边沿子概率空间

定义 5.1.6　给定独立乘积概率空间 $(\Omega_1 \times \Omega_2, \mathcal{F}_1 \bigotimes \mathcal{F}_2, P_1 \times P_2)$. 称 $(\Omega_1 \times \Omega_2, \mathcal{F}_1 \times \Omega_2, P_1 \times P_2)$ 为截口 $\{1\}$ 的边沿子概率空间; 称 $(\Omega_1, \mathcal{F}_1, P_1)$ 为截口 $\{1\}$ 的广义边沿子概率空间. 同样, 称 $(\Omega_1 \times \Omega_2, \Omega_1 \times \mathcal{F}_2, P_1 \times P_2)$ 为截口 $\{2\}$的边沿子概率空间; 称 $(\Omega_2, \mathcal{F}_2, P_2)$ 为截口 $\{2\}$的广义边沿子概率空间.

定理 5.1.8　在独立乘积概率空间 $(\Omega_1 \times \Omega_2, \mathcal{F}_1 \bigotimes \mathcal{F}_2, P_1 \times P_2)$ 中, 两个边沿子试验 $(\Omega_1 \times \Omega_2, \mathcal{F}_1 \times \Omega_2)$ 和 $(\Omega_1 \times \Omega_2, \Omega_1 \times \mathcal{F}_2)$ 相互独立.

证明　结论由定理 4.3.1 和式 (5.1.32) 推出.

【在赋概中的应用】　在 5.1.1 小节提出的问题中, 进一步假定: 试验 $\mathcal{E}_i$ 的因果量化模型是概率空间 $(\Omega_i, \mathcal{F}_i, P_i)$, 并且实验 $\mathcal{E}_1$ 和 $\mathcal{E}_2$ 遵守独立性原理 (4.4 节). 那么定理 5.1.18 保证大实验 $\mathcal{E}$ 的因果量化模型是独立乘积概率空间 $(\Omega_1 \times \Omega_2, \mathcal{F}_1 \bigotimes \mathcal{F}_2, P_1 \times P_2)$. 特别,

i) 在例 5.1.1 中 $\mathcal{E}_i(i = 1, 2)$ 有外形相同的因果量化模型——古典型概率空间 $(\Omega, \mathcal{F}, P \Leftarrow p)$, 其中分布列为

$$p(\Omega): \quad \begin{array}{c|cc} \Omega & H & T \\ \hline p & \dfrac{1}{2} & \dfrac{1}{2} \end{array} \tag{5.1.40}$$

显然, 实验 $\mathcal{E}_1$ 和 $\mathcal{E}_2$ 遵守独立性原理, 故大实验 $\mathcal{E}$ 的因果量化模型是独立重复

概率空间 $(\Omega^2, \mathcal{F}^2, P^2 \Leftarrow p^2)$, 这里 $(\Omega^2, \mathcal{F}^2)$ 由 (5.1.17) 和 (5.1.18) 规定, 分布列为

$$p^2(\Omega^2): \quad \begin{array}{c|cccc} \Omega^2 & (H, H) & (H, T) & (T, H) & (T, T) \\ \hline p^2 & \dfrac{1}{4} & \dfrac{1}{4} & \dfrac{1}{4} & \dfrac{1}{4} \end{array} \qquad (5.1.41)$$

ii) 在例 5.1.2 中实验 $\mathcal{E}_1$ 和 $\mathcal{E}_2$ 有外形相同的因果量化模型——古典型概率空间 $(\Omega, \mathcal{F}, P \Leftarrow p)$, 其中分布列为

$$p(\Omega): \quad \begin{array}{c|cccccc} \Omega & \omega_1 & \omega_2 & \omega_3 & \omega_4 & \omega_5 & \omega_6 \\ \hline p & \dfrac{1}{6} & \dfrac{1}{6} & \dfrac{1}{6} & \dfrac{1}{6} & \dfrac{1}{6} & \dfrac{1}{6} \end{array} \qquad (5.1.42)$$

显然, 实验 $\mathcal{E}_1$ 和 $\mathcal{E}_2$ 遵守独立性原理, 故大实验 $\mathcal{E}$ 的因果量化模型是独立重复概率空间 $(\Omega^2, \mathcal{F}^2, P^2)$, 其中 $(\Omega^2, \mathcal{F}^2)$ 由 (5.1.19) 和 (5.1.20) 规定, 分布列为

$$p^2(\Omega^2): \quad \begin{array}{c|c} \Omega^2 & (\omega_i, \omega_j), i, j = 1, 2, \cdots, 6 \\ \hline p^2 & \dfrac{1}{36} \end{array} \qquad (5.1.43)$$

iii) 在例 5.1.3 中假定实验 $\mathcal{E}_1$ 是向 x 轴的区间 $[a, b]$ 随意地投质点, 则 $\mathcal{E}_1$ 的因果量化模型是 Kolmogorov 型概率空间 $(\mathbf{R}, \mathcal{B}, P_1 \Leftarrow f_1)$, 其中分布密度为

$$f_1(x) = \begin{cases} \dfrac{1}{b-a}, & a \leqslant x \leqslant b \\ 0, & \text{其他} \end{cases} \qquad (5.1.44)$$

同样, 假定实验 $\mathcal{E}_2$ 是向 y 轴的区间 $[c, d]$ 随意地投质点, 则 $\mathcal{E}_2$ 的因果量化模型是 Kolmogorov 型概率空间 $(\mathbf{R}, \mathcal{B}, P_2 \Leftarrow f_2)$, 其中分布密度为

$$f_2(y) = \begin{cases} \dfrac{1}{d-c}, & c \leqslant y \leqslant d \\ 0, & \text{其他} \end{cases} \qquad (5.1.45)$$

显然, 实验 $\mathcal{E}_1$ 和 $\mathcal{E}_2$ 遵守独立性原理, 故大实验 $\mathcal{E}$ 的因果量化模型是 2 维 Kolmogorov 型概率空间 $(\mathbf{R}^2, \mathcal{B}^2, P_1 \times P_2 \Leftarrow f_1 \times f_2)$ (见定理 5.1.2 和定理 5.1.7), 其中分布密度为

$$f_1 \times f_2(x, y) = f_1(x) f_2(y) = \begin{cases} \dfrac{1}{(b-a)(d-c)}, & (x, y) \in [a, b] \times [c, d] \\ 0, & \text{其他} \end{cases} \qquad (5.1.46)$$

结束本节时指出, 样本空间 Ω_1 和 Ω_2 是可乘的条件是产生乘积试验不可缺少的条件 [2, §2.6].

5.2 n 维情形

把 2 维乘积试验和 2 维独立乘积概率空间推广到 n 维情形是平凡的, 因此本节直接给出结论, 省略证明.

5.2.1 问题的提出

在现实中经常遇到这样的问题: 已知 n 个实验 $\mathcal{E}_i(i = 1, 2, \cdots, n)$, 把它们联合在一起, 形成一个更大的实验 $\mathcal{E}$, 试问如何研究大实验 $\mathcal{E}$?

在概率论中问题成为: 设实验 $\mathcal{E}_i$ 的因果模型是 $(\Omega_i, \mathcal{F}_i)(1 \leqslant i \leqslant n)$, 试问已知 $(\Omega_1, \mathcal{F}_1), \cdots, (\Omega_n, \mathcal{F}_n)$ 时如何构造大实验 $\mathcal{E}$ 的因果模型 $(\Omega, \mathcal{F})$?

5.2.2 n 维乘积试验 $\left(\prod_{i=1}^{n} \Omega_i, \bigotimes_{i=1}^{n} \mathcal{F}_i \right)$ 的生成

定义 5.2.1 (可乘性条件) 设 $\Omega_1, \Omega_2, \cdots, \Omega_n$ 是 n 个样本空间. 如果在原因空间 X 中对任意的 $\alpha_i \in \Omega_i(1 \leqslant i \leqslant n)$ 成立.

$$\alpha_1 \cap \alpha_2 \cap \cdots \cap \alpha_n \neq \varnothing \tag{5.2.1}$$

那么称 n 个样本空间 $\Omega_1, \Omega_2, \cdots, \Omega_n$ 是可乘的.

【乘积建模法(n维情形)】 给定 n 个实验 $\mathcal{E}_i$, 假定 $\mathcal{E}_i$ 的因果模型为 $(\Omega_i, \mathcal{F}_i)(1 \leqslant i \leqslant n)$, 并且诸 $\Omega_i(1 \leqslant i \leqslant n)$ 是可乘的. 现在把 n 个 $\mathcal{E}_i(1 \leqslant i \leqslant n)$ 联合在一起, 形成一个大实验 $\mathcal{E}$. 那么 $\mathcal{E}$ 的建模工作可以用三个步骤完成.

i) 建立 $\mathcal{E}$ 的样本空间 $\Omega_1 \times \Omega_2 \times \cdots \times \Omega_n$.

由于 $\Omega_i(1 \leqslant i \leqslant n)$ 满足可乘性条件 (5.2.1), 故 $\Omega_1, \Omega_2, \cdots, \Omega_n$ 的真交叉划分为

$$\Omega_1 \circ \Omega_2 \circ \cdots \circ \Omega_n = \{\alpha_1 \cap \alpha_2 \cap \cdots \cap \alpha_n | \alpha_i \in \Omega_i, 1 \leqslant i \leqslant n\} \tag{5.2.2}$$

其中 $\bigcap_{i=1}^{n} \alpha_i$ 是大实验 $\mathcal{E}$ 中 "n 个实验 $\mathcal{E}_i(1 \leqslant i \leqslant n)$ 同时实施时 n 个事件 $\alpha_i(1 \leqslant i \leqslant n)$ 同时出现" 这一事件. 可乘性条件 (5.2.1) 保证它不是空事件, 并且是大实验 $\mathcal{E}$ 的基本事件, 故 $\Omega_1 \circ \Omega_2 \circ \cdots \circ \Omega_n$ 是实验 $\mathcal{E}$ 产生的样本空间.

为了把基本事件 "钢体化" 为样本点, 引进重要的约定

$$(\alpha_1, \alpha_2, \cdots, \alpha_n) \overset{\text{def}}{=\!=} \alpha_1 \cap \alpha_2 \cap \cdots \cap \alpha_n \tag{5.2.3}$$

应用乘积集合的概念, 式 (5.2.2) 可改写为

$$\Omega_1 \times \Omega_2 \times \cdots \times \Omega_n \overset{\text{def}}{=\!=} \prod_{i=1}^{n} \Omega_i$$

$$= \{(\alpha_1, \alpha_2, \cdots, \alpha_n) | \alpha_i \in \Omega_i, 1 \leqslant i \leqslant n\} \tag{5.2.4}$$

即是说, 乘积集合 $\Omega_1 \times \Omega_2 \times \cdots \times \Omega_n$ 是原因空间 X 的一个划分.

于是, 人们取乘积集合 $\prod\limits_{i=1}^{n} \Omega_i$ 为大实验 $\mathcal{E}$ 的样本空间, 称之为乘积样本空间. 称其内元素 $(\alpha_1, \alpha_2, \cdots, \alpha_n)$ 为坐标基本事件, 或坐标样点.

ii) 确定 $\mathcal{E}$ 划定的随机局部.

引进两个芽事件集

$$\mathcal{F}_1 \cup \mathcal{F}_2 \cup \cdots \cup \mathcal{F}_n = \{A | A \in \mathcal{F}_1, 或\mathcal{F}_2, \cdots, 或\mathcal{F}_m\} \tag{5.2.5}$$

$$\mathcal{A}^n = \{A_1 \cap A_2 \cap \cdots \cap A_n | A_i \in \mathcal{F}_i, 1 \leqslant i \leqslant n\} \tag{5.2.6}$$

引理 5.2.1 $\sigma(\mathcal{F}_1 \cup \mathcal{F}_2 \cup \cdots \cup \mathcal{F}_n) = \sigma(\mathcal{A}^n)$.

于是, 我们认定大实验 $\mathcal{E}$ 划定的随机局部是 $\sigma(\mathcal{A}^n)$.

iii) 建立 $\mathcal{E}$ 的因果模型 $(\Omega_1 \times \Omega_2 \times \cdots \times \Omega_n, \mathcal{F}_1 \otimes \mathcal{F}_2 \otimes \cdots \otimes \mathcal{F}_n)$.

需验证 $\sigma(\mathcal{A}^n)$ 中事件皆为乘积样本空间 $\Omega_1 \times \Omega_2 \times \cdots \times \Omega_n$ 的子集, 只需证芽集 $\mathcal{A}^n$ 中事件是 $\Omega_1 \times \Omega_2 \times \cdots \times \Omega_n$ 的子集. 事实上,

1) 设 $A_i \in \mathcal{F}_i (1 \leqslant i \leqslant n)$, 则它是 "全集" Ω_i 的子集, 有平凡的符号式 $A_i = \{\alpha_i | \alpha_i \in A_i \subset \Omega_i\}$. 于是

$$\begin{aligned}
A_i &= \Omega_1 \cap \cdots \cap \Omega_{i-1} \cap A_i \cap \Omega_{i+1} \cap \cdots \cap \Omega_n \\
&= \left(\bigcup_{\alpha_1 \in \Omega_1} \alpha_1\right) \cap \cdots \cap \left(\bigcup_{\alpha_{i-1} \in \Omega_{i-1}} \alpha_{i-1}\right) \cap \left(\bigcup_{\alpha_i \in A_i} \alpha_i\right) \\
&\quad \cap \left(\bigcup_{\alpha_{i+1} \in \Omega_i + 1} \alpha_{i+1}\right) \cap \cdots \cap \left(\bigcup_{\alpha_n \in \Omega_n} \alpha_n\right) \\
&= \{\alpha_1 \cap \cdots \cap \alpha_{i-1} \cap \alpha_i \cap \alpha_{i+1} \cap \cdots \cap \alpha_n | \alpha_i \in A_i, \alpha_j \in \Omega_j, \\
&\qquad\qquad\qquad j = 1, \cdots, i-1, i+1, \cdots, n\}
\end{aligned} \tag{5.2.7}$$

应用约定 (5.2.3) 得到

$$\begin{aligned}
A_i &= \{(\alpha_1, \cdots, \alpha_{i-1}, \alpha_i, \alpha_{i+1}, \cdots, \alpha_n) | \alpha_i \in A_i, \alpha_j \in \Omega_j, j = 1, \cdots, i-1, i+1, \cdots, n\} \\
&= \Omega_1 \times \cdots \times \Omega_{i-1} \times A_i \times \Omega_{i+1} \times \cdots \times \Omega_n
\end{aligned} \tag{5.2.8}$$

得证 $\mathcal{F}_i$ 中事件 A_i 是 $\Omega_1 \times \Omega_2 \times \cdots \times \Omega_n$ 的子集.

2) 设 $A = \bigcap\limits_{i=1}^{n} A_i (A_i \in \mathcal{F}_i, 1 \leqslant i \leqslant n)$, 应用 (5.2.8) 得到

$$\begin{aligned}
A &= \bigcap_{i=1}^{n} A_i = \{(\alpha_1, \alpha_2, \cdots, \alpha_n) | \alpha_i \in A_i, 1 \leqslant i \leqslant n\} \\
&= A_1 \times A_2 \times \cdots A_n
\end{aligned} \tag{5.2.9}$$

得证 A 是 $\Omega_1 \times \Omega_2 \times \cdots \times \Omega_n$ 的子集, 并且是乘积集合 $A_1 \times A_2 \times \cdots \times A_n$. 由此推出, 芽集

$$\mathcal{A}^n = \mathcal{F}_1 \times \mathcal{F}_2 \times \cdots \times \mathcal{F}_n = \{A_1 \times A_2 \times \cdots \times A_n | A_i \in \mathcal{F}_i, 1 \leqslant i \leqslant n\} \qquad (5.2.10)$$

最终, 乘积建模法 (n 维情形) 得到, 大实验 $\mathcal{E}$ 的因果模型是随机试验 $(\Omega_1 \times \Omega_2 \times \cdots \times \Omega_n, \mathcal{F}_1 \otimes \mathcal{F}_2 \otimes \cdots \otimes \mathcal{F}_n)$, 其中

$$\mathcal{F}_1 \otimes \mathcal{F}_2 \otimes \cdots \otimes \mathcal{F}_n = \sigma(\mathcal{F}_1 \times \mathcal{F}_2 \times \cdots \times \mathcal{F}_n) \qquad (5.2.11)$$

定义 5.2.2   称上述建模法中的交事件 $\prod\limits_{i=1}^{n} A_i = A_i \times A_2 \times \cdots \times A_n$ 为柱事件 (或柱集); 称 $A_1, A_2, \cdots, A_n$ 是柱事件的 n 条边.

定义 5.2.3   称上述乘积建模法 (n 维情形) 中的 $(\Omega_1 \times \Omega_2 \times \cdots \times \Omega_n, \mathcal{F}_1 \otimes \mathcal{F}_2 \otimes \cdots \otimes \mathcal{F}_n)$ 为试验 $(\Omega_i, \mathcal{F}_i)(1 \leqslant i \leqslant n)n$ 维乘积试验 (测度论中称为 n 维乘积可测空间), 简记为 $\left(\prod\limits_{i=1}^{n} \Omega_i, \bigotimes\limits_{i=1}^{n} \mathcal{F}_i\right)$; 称 $\Omega_1 \times \Omega_2 \times \cdots \times \Omega_n$ 为诸 $\Omega_i(i = 1, 2, \cdots, n)$ 的 n 维乘积样本空间; 称 $\mathcal{F}_1 \otimes \mathcal{F}_2 \otimes \cdots \otimes \mathcal{F}_n$ 为诸 $\mathcal{F}_i(i = 1, 2, \cdots, n)$ 的 n 维乘积事件 σ 域.

特别, 当诸 $(\Omega_i, \mathcal{F}_i)(i = 1, 2, \cdots, n)$ 有相同的符号式 $(\Omega, \mathcal{F})$ 时称 n 维乘积试验 $(\Omega \times \Omega \times \cdots \times \Omega, \mathcal{F} \otimes \mathcal{F} \otimes \cdots \otimes \mathcal{F})$ 为 n 维重复试验, 简记为 $(\Omega^n, \mathcal{F}^n)$.

定理 5.2.1   设 $(\Omega_i, \mathcal{F}_i)(i = 1, 2, \cdots, n)$ 是 n 个离散型试验, 并且 n 个样本空间 $\Omega_i(1 \leqslant i \leqslant n)$ 是可乘的, 那么 n 维乘积试验 $\left(\prod\limits_{i=1}^{n} \Omega_i, \bigotimes\limits_{i=1}^{n} \mathcal{F}_i\right)$ 也是离散型的. 特别,

i) $(\Omega_i, \mathcal{F}_i)$ 是 r_i 型的 ($i \leqslant i \leqslant n$), 则 $\left(\prod\limits_{i=1}^{n} \Omega_i, \bigotimes\limits_{i=1}^{n} \mathcal{F}_i\right)$ 是 $r_1 r_2 \cdots r_n$ 型的;

ii) 如果 $(\Omega_i, \mathcal{F}_i)(1 \leqslant i \leqslant n)$ 中至少有一个可列型的, 则 $\left(\prod\limits_{i=1}^{n} \Omega_i, \bigotimes\limits_{i=1}^{n} \mathcal{F}_i\right)$ 是可列型的;

iii) 如果 $(\Omega_i, \mathcal{F}_i)(1 \leqslant i \leqslant n)$ 皆是标准的 (或满的), 则 $\left(\prod\limits_{i=1}^{n} \Omega_i, \bigotimes\limits_{i=1}^{n} \mathcal{F}_i\right)$ 也是标准的 (或满的).

定理 5.2.2   用 $(\mathbf{R}, \mathcal{B})$ 表示 n 个不同的 Borel 试验, 并且 n 个样本空间 $\mathbf{R}, \mathbf{R}, \cdots, \mathbf{R}$ 是可乘的. 那么 n 个试验 $(\mathbf{R}, \mathcal{B}), \cdots, (\mathbf{R}, \mathcal{B})$ 产生的 n 维乘积试验 $(\mathbf{R} \times \mathbf{R} \times \cdots \times \mathbf{R}, \mathcal{B} \otimes \mathcal{B} \otimes \cdots \otimes \mathcal{B})$ 是 n 维 Borel 试验 $(\mathbf{R}^n, \mathcal{B}^n)$.

例 5.2.1 (扔 n 次硬币)   用 $\mathcal{E}_i$ 表示实验 "第 i 次扔硬币" $(i = 1, 2, \cdots, n)$. 现在把 $\mathcal{E}_1, \mathcal{E}_2, \cdots, \mathcal{E}_n$ 联合在一起, 形成大实验 $\mathcal{E}$ "接连地扔 n 次硬币". 试用乘积建模法求 $\mathcal{E}$ 的因果模型.

解 采用例 5.1.1 的记号, 类似的论证得出 $\mathcal{E}$ 的因果模型是 n 维重复试验 $(\Omega^n, \mathcal{F}^n)$.

注 例 2.5.5 用古典建模法也得到同样的结论.

例 5.2.2 (掷 n 次骰子) 用 $\mathcal{E}_i$ 表示实验 "第 i 次掷骰子" $(i = 1, 2, \cdots, n)$. 现在把 $\mathcal{E}_1, \mathcal{E}_2 \cdots, \mathcal{E}_n$ 联合一起, 形成大实验 $\mathcal{E}$ "连接地掷 n 次硬币". 试求大实验 $\mathcal{E}$ 的因果模型.

解 采用例 5.1.2 的记号, 应用乘积建模法 (n 维情形) 得出, $\mathcal{E}$ 的因果模型是 n 维重复试验 $(\Omega^n, \mathcal{F}^n)$.

注 例 2.5.6 用古典建模法也得到同样的结论.

例 5.2.3 (扔质点 n 次) 用 $\mathcal{E}_i$ 表示实验 "向第 i 根坐标轴 x_i-轴随意地扔一个质点" $(i = 1, 2, \cdots, n)$. 现在把 $\mathcal{E}_1, \mathcal{E}_2, \cdots, \mathcal{E}_n$ 联合在一起, 形成大实验 $\mathcal{E}$ "同时向 n 根不同的坐标轴各扔一个质点". 试求大实验 $\mathcal{E}$ 的因果模型.

解 采用例 5.1.3 的记号, 应用乘积建模法和定理 5.2.2 得出, $\mathcal{E}$ 的因果模型是 n 维 Borel 试验 $(\mathbf{R}^n, \mathcal{B}^n)$.

注 把 n 根不同的坐标轴组成 n 维欧氏空间 $\mathbf{R}^n$, 那么大实验 $\mathcal{E}$ 等价于实验 "向 n 维欧氏空间 $\mathbf{R}^n$ 中随意地扔一个质点".

5.2.3 柱事件

同样, n 维乘积试验 $(\Omega_1 \times \Omega_2 \times \cdots \times \Omega_n, \mathcal{F}_1 \otimes \mathcal{F}_2 \otimes \cdots \otimes \mathcal{F}_n)$ 是比较简单的随机试验. 因为 $(\Omega_i, \mathcal{F}_i)(i = 1, 2, \cdots, n)$ 已知时样本空间 $\Omega_1 \times \Omega_2 \times \cdots \times \Omega_n$ 是一目了然的集合; 乘积 σ 域 $\mathcal{F}_1 \otimes \mathcal{F}_2 \otimes \cdots \otimes \mathcal{F}_n$ 虽然有复杂的结构, 但它的芽事件集 $\mathcal{F}_1 \times \mathcal{F}_2 \times \cdots \times \mathcal{F}_n$ 也是一目了然的集合.

由此总结出研究 $\mathcal{F}_1 \otimes \mathcal{F}_2 \otimes \cdots \otimes \mathcal{F}_n$ 的方法: 先熟练地掌握全体柱事件; 然后应用定理 2.3.1 构造性证明中的 "∗∗" 操作把其他的事件表示为柱事件的补、并、交、差.

定理 5.2.3 设 $(\Omega_1 \times \Omega_2 \times \cdots \times \Omega_n, \mathcal{F}_1 \otimes \mathcal{F}_2 \otimes \cdots \otimes \mathcal{F}_n)$ 是试验 $(\Omega_i, \mathcal{F}_i)(i = 1, 2, \cdots, n)$ 的乘积试验, 那么 $\mathcal{F}_1 \otimes \mathcal{F}_2 \otimes \cdots \otimes \mathcal{F}_n$ 中的柱事件具有下列性质:

i) $A_1 \times A_2 \times \cdots \times A_n = \varnothing$ 当且仅当 n 个等式 $A_i = \varnothing (i = 1, 2, \cdots, n)$ 中至少有一个成立.

ii) 非空柱事件 $A_1 \times A_2 \times \cdots \times A_n \subset B_1 \times B_2 \times \cdots \times B_n$ 当且仅当 n 个包含式 $A_i \subset B_i (i = 1, 2, \cdots, n)$ 皆成立.

iii) 非空柱事件 $A_1 \times A_2 \times \cdots \times A_n = B_1 \times B_2 \times \cdots \times B_n$ 当且仅当 n 个等式 $A_i = B_i (i = 1, 2, \cdots, n)$ 皆成立.

iv) 设 $E_1 = A_1 \times A_2 \times \cdots \times A_n, E_2 = B_1 \times B_2 \times \cdots \times B_n, E = C_1 \times C_2 \times \cdots \times C_n$

是三个非空的柱事件, 并且

$$E = E_1 \cup E_2 \tag{5.2.12}$$

那么右方是不相交并的必要充分条件是, 存在某个整数 $k(1 \leqslant k \leqslant n)$ 使得 $C_k = A_k \cup B_k$ 是不相交并, 而且成立 $C_i = A_i = B_i (i \neq k, 1 \leqslant i \leqslant n)$.

定理 5.2.4　设 $(\Omega_1 \times \Omega_2 \times \cdots \times \Omega_n, \mathcal{F}_1 \otimes \mathcal{F}_2 \otimes \cdots \otimes \mathcal{F}_n)$ 是试验 $(\Omega_i, \mathcal{F}_i)(i = 1, 2, \cdots, n)$ 的乘积试验, 那么 $\mathcal{F}_1 \otimes \mathcal{F}_2 \otimes \cdots \otimes \mathcal{F}_n$ 中柱事件具有性质:

i) 设 k 是整数, $1 \leqslant k \leqslant n$. 对任意的事件 $A_k \in \mathcal{F}_k$ 成立

$$\Omega_1 \times \cdots \times \Omega_{k-1} \times A_k \times \Omega_{k+1} \times \cdots \times \Omega_n = A_k \tag{5.2.13}$$

ii) 对任意的 $A_i \in \mathcal{F}_i(i = 1, 2, \cdots, n)$, 如果 n 个事件 $A_i(i \leqslant i \leqslant n)$ 皆不是空事件, 并且至少有两个不是必然事件, 那么成立

$$A_1 \times A_2 \times \cdots \times A_n \notin \mathcal{F}_i \quad (i = 1, 2, \cdots, n) \tag{5.2.14}$$

5.2.4　n 维独立乘积概率空间

定理 5.2.5　给定 n 个概率空间 $(\Omega_i, \mathcal{F}_i, P_i)(i = 1, 2, \cdots, n)$, 假定样本空间 $\Omega_1, \Omega_2, \cdots, \Omega_n$ 是可乘的. 用 $(\Omega_1 \times \Omega_2 \times \cdots \times \Omega_n, \mathcal{F}_1 \otimes \mathcal{F}_2 \otimes \cdots \otimes \mathcal{F}_n)$ 表示诸 $(\Omega_i, \mathcal{F}_i)(1 \leqslant i \leqslant n)$ 的 n 维乘积试验, 对 $\mathcal{F}_1 \otimes \mathcal{F}_2 \otimes \cdots \otimes \mathcal{F}_n$ 中任意的柱事件 $A_1 \times A_2 \times \cdots \times A_n(A_i \in \mathcal{F}_i, 1 \leqslant i \leqslant n)$, 令

$$P(A_1 \times A_2 \times \cdots \times A_n) = P_1(A_1)P_2(A_2) \cdots P_n(A_n) \tag{5.2.15}$$

那么在乘积试验 $\left(\prod_{i=1}^{n} \Omega_i, \bigotimes_{i=1}^{n} \mathcal{F}_i\right)$ 上存在唯一的概率测度 $P\left(\bigotimes_{i=1}^{n} \mathcal{F}_i\right)$, 使得 (5.2.15) 成立.

证明见 [18, §37]. 定理 5.2.3 保证, (5.2.15) 是芽事件集 $\mathcal{F}_1 \times \mathcal{F}_2 \times \cdots \times \mathcal{F}_n$ 上的单值函数; 定理 5.2.5 告知, 新概率测度 P 没有改变 $\mathcal{F}_i$ 中事件的概率 $(1 \leqslant i \leqslant n)$, 即对任意的 $A_i \in \mathcal{F}_i$ 有

$$P(\Omega_1 \times \cdots \times \Omega_{i-1} \times A_i \times \Omega_{i+1} \times \cdots \times \Omega_n) = P_i(A_i) \quad (1 \leqslant i \leqslant n) \tag{5.2.16}$$

习惯上, 用符号式 $\prod_{i=1}^{n} P_i \overset{\text{def}}{=} P_1 \times P_2 \times \cdots \times P_n$ 表示新概率测度 P.

定义 5.2.4　称定理 5.2.5 中的 $(\Omega_1 \times \Omega_2 \times \cdots \times \Omega_n, \mathcal{F}_1 \otimes \mathcal{F}_2 \otimes \cdots \otimes \mathcal{F}_n, P_1 \times P_2 \times \cdots \times P_n)$ 为 n 个概率空间 $(\Omega_i, \mathcal{F}_i, P_i)(i = 1, 2, \cdots, n)$ 的 n 维独立乘积概率空间; 称 $P_1 \times P_2 \times \cdots \times P_n$ 为 n 维独立乘积概率测度.

特别, 当诸 $(\Omega_i, \mathcal{F}_i, P_i)(1 \leqslant i \leqslant n)$ 有相同的符号式 $(\Omega, \mathcal{F}, P)$ 时称 $(\Omega \times \Omega \times \cdots \times \Omega, \mathcal{F} \otimes \mathcal{F} \otimes \cdots \otimes \mathcal{F}, P \times P \times \cdots \times P)$ 为 n 维独立重复概率空间, 简记为 $(\Omega^n, \mathcal{F}^n, P^n)$.

再特别, 当 $(\Omega, \mathcal{F}, P)$ 是伯努利概率空间时称 $(\Omega^n, \mathcal{F}^n, P^n)$ 为 n 重伯努利概率空间.

定理 5.2.6 设 $(\Omega_i, \mathcal{F}_i, P_i \Leftarrow p_i)(i = 1, 2, \cdots, n)$ 是 n 个离散型概率空间, 其中分布列 p_i 为

$$p_i(\Omega_i): \quad \begin{array}{c|ccccc} \Omega_i & \alpha_{i1} & \alpha_{i2} & \cdots & \alpha_{ij_i} & \cdots \\ \hline p_i & p_i(\alpha_{i1}) & p_i(\alpha_{i2}) & \cdots & p_i(\alpha_{ij_i}) & \cdots \end{array} \tag{5.2.17}$$

$(i = 1, 2, \cdots, n; j_i = 1, 2, 3, \cdots)$. 如果 n 个样本空间 $\Omega_i(1 \leqslant i \leqslant n)$ 是可乘的, 那么独立乘积概率空间存在, 并且是离散型概率空间 $\left(\prod\limits_{i=1}^{n} \Omega_i, \bigotimes\limits_{i=1}^{n} \mathcal{F}_i, \prod\limits_{i=1}^{n} P_i \Leftarrow \prod\limits_{i=1}^{n} p_i \right)$, 其中分布列 $\prod\limits_{i=1}^{n} p_i$ 为

$$p_1 \times p_2 \times \cdots p_n \left(\prod_{i=1}^{n} \Omega_i \right): \quad \begin{array}{c|c} \prod\limits_{i=1}^{n} \Omega_i & (\alpha_{1j_1}, \alpha_{2j_2}, \cdots, \alpha_{nj_n})(j_1, j_2, \cdots, j_n = 1, 2, 3 \cdots) \\ \hline \prod\limits_{i=1}^{n} p_i & p_1(\alpha_{1j_1}) \, p_2(\alpha_{2j_2}) \cdots p_n(\alpha_{nj_n}) \end{array} \tag{5.2.18}$$

推论 如果 $(\Omega_i, \mathcal{F}_i, P_i)(i = 1, 2, \cdots, n)$ 是古典型概率空间, 那么 $\left(\prod\limits_{i=1}^{n} \Omega_i, \bigotimes\limits_{i=1}^{n} \mathcal{F}_i, \prod\limits_{i=1}^{n} P_i \right)$ 也是古典型的.

定理 5.2.7 设 $(\mathbf{R}, \mathcal{B}, P_i \Leftarrow F_i)(i = 1, 2, \cdots, n)$ 是 Kolmogorov 型概率空间. 如果 n 个样本空间 $\mathbf{R}, \mathbf{R}, \cdots, \mathbf{R}$ 是可乘的, 那么 n 维独立乘积概率空间存在, 并且是 n 维 Kolmogorov 型概率空间 $\left(\mathbf{R}^n, \mathcal{B}^n, \prod\limits_{i=1}^{n} P_i \Leftarrow F \right)$, 其中 n 维分布函数 F 为

$$F(x_1, x_2, \cdots, x_n) = F_1(x_1) F_2(x_2) \cdots F_n(x_n) \tag{5.2.19}$$

5.2.5 一维边沿子试验

和二维情形一样, 我们很容易从 n 维乘积试验中找回原先的试验 $(\Omega_i, \mathcal{F}_i)(i = 1, 2, \cdots, n)$.

给定 n 维乘积试验 $(\Omega_1 \times \Omega_2 \times \cdots \times \Omega_n, \mathcal{F}_1 \bigotimes \mathcal{F}_2 \bigotimes \cdots \bigotimes \mathcal{F}_n)$. 对任意的 $i(1 \leqslant i \leqslant n)$, 令

$$A_i * \Pi\Omega \stackrel{\text{def}}{=\!=} \Omega_1 \times \cdots \times \Omega_{i-1} \times A_i \times \Omega_{i+1} \times \cdots \times \Omega_n \tag{5.2.20}$$

$$\mathcal{F}_i * \Pi\Omega \stackrel{\text{def}}{=\!=} \{A_i * \Pi\Omega | A_i \in \mathcal{F}_i\} \tag{5.2.21}$$

显然, $A_i * \Pi\Omega$ 是一个柱事件 (柱体), 它的第 i 条边是 A_i, 其他的边是样本空间 $\Omega_1, \cdots, \Omega_{i-1}, \Omega_{i+1}, \cdots, \Omega_n$; $\mathcal{F}_i * \Pi\Omega$ 是 $\bigotimes\limits_{i=1}^{n} \mathcal{F}_i$ 的子事件 σ 域; $\left(\prod\limits_{i=1}^{n} \Omega_i, \mathcal{F}_i * \Pi\Omega \right)$ 是 $\left(\prod\limits_{i=1}^{n} \Omega_i, \bigotimes\limits_{i=1}^{n} \mathcal{F}_i \right)$ 的同因子试验.

现在, 在 $\left(\prod_{i=1}^{n} \Omega_i, \mathcal{F}_i * \Pi\Omega\right)$ 或 $\left(\prod_{i=1}^{n} \Omega_i, \prod_{i=1}^{n} \mathcal{F}_i\right)$ 中取第 i 个坐标处的元素, 得到原先的试验 $(\Omega_i, \mathcal{F}_i)(i = 1, 2, \cdots, n)$.

定义 5.2.5　给定 n 维乘积试验 $\left(\prod_{i=1}^{n} \Omega_i, \bigotimes_{i=1}^{n} \mathcal{F}_i\right)$. 称 $\left(\prod_{i=1}^{n} \Omega_i, \mathcal{F}_i * \Pi\Omega\right)$ 为截口 $\{i\}$ 的一维边沿子试验; 称 $(\Omega_i, \mathcal{F}_i)$ 为截口 $\{i\}$ 的一维广义边沿子试验.

5.2.6　一维边沿子概率空间

定义 5.2.6　给定 n 维独立乘积概率空间 $\left(\prod_{i=1}^{n} \Omega_i, \bigotimes_{i=1}^{n} \mathcal{F}_i, \prod_{i=1}^{n} P_i\right)$. 称 $\left(\prod_{i=1}^{n} \Omega_i, \mathcal{F}_i * \Pi\Omega, \prod_{i=1}^{n} P_i\right) (1 \leqslant i \leqslant n)$ 为截口 $\{i\}$ 的一维边沿子概率空间; 称 $(\Omega_i, \mathcal{F}_i, P_i)$ 为截口 $\{i\}$ 的一维广义边沿子概率空间.

定理 5.2.8　在 n 维独立乘积概率空间 $\left(\prod_{i=1}^{n} \Omega_i, \bigotimes_{i=1}^{n} \mathcal{F}_i, \prod_{i=1}^{n} P_i\right)$ 中 n 个一维边沿子试验 $\left(\prod_{i=1}^{n} \Omega_i, \mathcal{F}_i * \Pi\Omega\right) (i = 1, 2, \cdots, n)$ 关于独立乘积概率测度 $\prod_{i=1}^{n} P_i$ 是相互独立的.

【在赋概中的应用】　在 5.2.1 小节所提出的问题中, 进一步假定: 实验 $\mathcal{E}_i(i = 1, 2, \cdots, n)$ 的因果量化模型是概率空间 $(\Omega_i, \mathcal{F}_i, P_i)$, 并且 n 个实验 $\mathcal{E}_i(i = 1, 2, \cdots, n)$ 遵守独立性原理 (4.4 节). 那么定理 5.2.8 保证大实验 $\mathcal{E}$ 的因果量化模型是 n 维独立乘积概率空间 $\left(\prod_{i=1}^{n} \Omega_i, \bigotimes_{i=1}^{n} \mathcal{F}_i, \prod_{i=1}^{n} P_i\right)$. 特别,

i) 在例 5.2.1 中 $\mathcal{E}_i(i = 1, 2, \cdots, n)$ 有外型相同的因果量化模型——古典型概率空间 $(\Omega, \mathcal{F}, P \Leftarrow p)$, 其中分布列 $p(\Omega)$ 是 (5.1.40).

显然, n 个实验 $\mathcal{E}_i(1 \leqslant i \leqslant n)$ 遵守独立性原理 (4.4 节), 故大实验 $\mathcal{E}$ 的因果量化模型是 n 维独立重复概率空间 $(\Omega^n, \mathcal{F}^n, P^n \Leftarrow p^n)$, 其中分布列为

$$p^n(\Omega^n) : \quad \frac{\Omega^n}{p^n} \left|\begin{array}{l} (\alpha_1, \alpha_2, \cdots, \alpha_n), \alpha_i = H \text{或} T, i = 1, 2, \cdots, n \\ \dfrac{1}{2^n} \end{array}\right. \tag{5.2.22}$$

ii) 在例 5.2.2 中实验 $\mathcal{E}_i(i = 1, 2, \cdots, n)$ 有外形相同的因果量化模型——古典型概率空间 $(\Omega, \mathcal{F}, P \Leftarrow p)$, 其中分布列是 (5.1.42).

显然, n 个实验 $\mathcal{E}_i(i = 1, 2, \cdots, n)$ 遵守独立性原理, 故大实验 $\mathcal{E}$ 的因果量化模型是 n 维独立重复概率空间 $(\Omega^n, \mathcal{F}^n, P^n \Leftarrow p^n)$, 其中分布列为

$$p^n(\Omega^n) : \quad \frac{\Omega^n}{p^n} \left|\begin{array}{l} (\alpha_1, \alpha_2, \cdots, \alpha_n), \alpha_i = \omega_1, \cdots, \omega_6, i = 1, \cdots, n \\ \dfrac{1}{6^n} \end{array}\right. \tag{5.2.23}$$

注　i) 的结论和例 3.3.4 的结论一致;

ii) 的结论和例 3.3.5 一致. "一致" 的理论依据是定理 5.2.6 的推论.

iii) 在例 5.2.3 中假定实验 $\mathcal{E}_i$ 是 "向第 i 根坐标轴 x_i-轴的区间 $[a_i, b_i]$ 随意地扔一个质点"($i = 1, 2, \cdots, n$),则 $\mathcal{E}_i$ 的因果量化模型是 Kolmogorov 型概率空间 $(\mathbf{R}, \mathcal{B}, P_i \Leftarrow f_i)$,其中分布密度 f_i 为

$$
f_i(x_i) = \begin{cases} \dfrac{1}{b_i - a_i}, & a_i \leqslant x_i \leqslant b_i \\ 0, & \text{其他} \end{cases} \tag{5.2.24}
$$

显然,n 个实验 $\mathcal{E}_i(i = 1, 2, \cdots, n)$ 遵守独立性原理,故大实验 $\mathcal{E}$ 的因果量化模型是 n 维 Kolmogorov 型概率空间 $(\mathbf{R}^n, \mathcal{B}^n, \prod\limits_{i=1}^{n} P_i \Leftarrow \prod\limits_{i=1}^{n} f_i)$(见定理 5.2.2 和定理 5.2.7),其中分布密度为

$$
\prod_{i=1}^{n} f_i(\mathbf{R}^n) = f_1(x_1)f_2(x_2)\cdots f_n(x_n)
$$

$$
= \begin{cases} \prod\limits_{i=1}^{n} \dfrac{1}{b_i - a_i}, & (x_1, x_2, \cdots, x_n) \in \prod\limits_{i=1}^{n}[a_i, b_i] \\ 0, & \text{其他} \end{cases} \tag{5.2.25}
$$

至此,我们把 5.1 节中关于二维情形引进的全部概念和结论都移植到 n 维情形. 容易看出,随着维数 n 的增大,将产生出更多的更复杂的边沿子试验和边沿子概率空间. 它们不仅是 n 维情形的研究内容,而且为无限维情形的研究提供有力的方法.

5.2.7 截口 J 的 m 维边沿子试验

设 $r_1 < r_2 < \cdots < r_m (1 \leqslant m \leqslant n)$ 是 $\{1, 2, \cdots, n\}$ 中的 m 个正整数,令

$$
J = \{r_1, r_2, \cdots, r_m\} \tag{5.2.26}
$$

现在考察 5.2.2 小节中乘积建模法 (m 维情形) 中的实验 $\mathcal{E}_{r_1}, \mathcal{E}_{r_2}, \cdots, \mathcal{E}_{r_m}$,并把它们联合在一起,组成大实验 $\mathcal{E}^J$ "同时实施实验 $\mathcal{E}_{r_1}, \mathcal{E}_{r_2}, \cdots, \mathcal{E}_{r_m}$". 于是,应用 m 维情形的乘积建模法得出,$\mathcal{E}^J$ 的因果模型是 m 维乘积试验 $\left(\prod\limits_{j=1}^{m} \Omega_{r_j}, \bigotimes\limits_{j=1}^{m} \mathcal{F}_{r_j} \right)$,其中

$$
\prod_{j=1}^{m} \Omega_{r_j} = \{(\alpha_{r_1}, \alpha_{r_2}, \cdots, \alpha_{r_m}) | \alpha_{r_j} \in \Omega_{r_j}, 1 \leqslant j \leqslant m\} \tag{5.2.27}
$$

$$
\bigotimes_{j=1}^{m} \mathcal{F}_{r_j} = \sigma \left(\prod_{j=1}^{m} \mathcal{F}_{r_j} \right) \tag{5.2.28}
$$

$$\prod_{j=1}^{m} \mathcal{F}_{r_j} = \{A_{r_1} \times A_{r_2} \times \cdots \times A_{r_m} | A_{r_j} \in \mathcal{F}_{r_j}, 1 \leqslant j \leqslant m\} \tag{5.2.29}$$

显然, 从 (5.2.4) 和 (5.2.10) 中取出坐标位于 J 处的量, 便得到 (5.2.27) 和 (5.2.29).

另一方面, 考察大实验 $\mathcal{E}$ 产生的随机试验 $\left(\prod\limits_{i=1}^{n} \Omega_i, \bigotimes\limits_{i=1}^{n} \mathcal{F}_i \right)$ 中的柱事件

$$\Omega_1 \times \cdots \times \Omega_{r_1-1} \times A_{r_1} \times \Omega_{r_1+1} \times \cdots \times \Omega_{r_m-1} \times A_{r_m} \times \Omega_{r_m+1} \times \cdots \times \Omega_n$$
$$= \{(\alpha_1, \alpha_2, \cdots, \alpha_n) | \alpha_{r_j} \in A_{r_j} (j = 1, \cdots, m); 其他 \alpha_i \in \Omega_i\} \tag{5.2.30}$$

为了符号的简明, 把左方简记为 $\prod\limits_{j=1}^{m} A_{r_j} * \Pi\Omega$, 于是上式成为

$$\prod_{j=1}^{m} A_{r_j} * \Pi\Omega = \{(\alpha_1, \alpha_2, \cdots, \alpha_n) | \alpha_{r_j} \in A_{r_j} (j = 1, \cdots, m); 其他 \alpha_i \in \Omega_i\} \tag{5.2.31}$$

令

$$\prod_{j=1}^{m} \mathcal{F}_{r_j} * \Pi\Omega = \left\{ \prod_{j=1}^{m} A_{r_j} * \Pi\Omega \,\middle|\, A_{r_j} \in \mathcal{F}_{r_j}, 1 \leqslant j \leqslant m \right\} \tag{5.2.32}$$

$$\bigotimes_{j=1}^{m} \mathcal{F}_{r_j} * \Pi\Omega = \sigma\left(\prod_{j=1}^{m} \mathcal{F}_{r_j} * \Pi\Omega \right) \tag{5.2.33}$$

显然, $\left(\prod\limits_{i=1}^{n} \Omega_i, \bigotimes\limits_{j=1}^{m} \mathcal{F}_{r_j} * \Pi\Omega \right)$ 是 $\left(\prod\limits_{i=1}^{n} \Omega_i, \bigotimes\limits_{i=1}^{n} \mathcal{F}_i \right)$ 的子试验.

把两方面结合在一起的重要结论是

$$\prod_{j=1}^{m} A_{r_j} * \Pi\Omega = \prod_{j=1}^{m} A_{r_j} \tag{5.2.34}$$

$$\prod_{j=1}^{m} \mathcal{F}_{r_j} * \Pi\Omega = \prod_{j=1}^{m} \mathcal{F}_{r_j} \tag{5.2.35}$$

$$\bigotimes_{j=1}^{m} \mathcal{F}_{r_j} * \Pi\Omega = \bigotimes_{j=1}^{m} \mathcal{F}_{r_j} \tag{5.2.36}$$

于是, $\left(\prod\limits_{i=1}^{n} \Omega_i, \bigotimes\limits_{j=1}^{m} \mathcal{F}_{r_j} * \Pi\Omega \right)$ 和 $\left(\prod\limits_{j=1}^{m} \Omega_{r_j}, \bigotimes\limits_{j=1}^{m} \mathcal{F}_{r_j} \right)$ 是 n 维乘积试验 $\left(\prod\limits_{i=1}^{n} \Omega_i, \bigotimes\limits_{i=1}^{n} \mathcal{F}_i \right)$ 中同一个子试验 (定义 2.2.4).

定义 5.2.7 称 (5.2.34) 左方为截口 J 的 m 维边沿柱事件; 称右方为截口 J 的 m 维广义边沿柱事件.

定义 5.2.8 给定 n 维乘积试验 $\left(\prod\limits_{i=1}^{n}\Omega_i, \bigotimes\limits_{i=1}^{n}\mathcal{F}_i\right)$. 称 $\left(\prod\limits_{i=1}^{n}\Omega_i, \bigotimes\limits_{j=1}^{m}\mathcal{F}_{r_j}*\Pi\Omega\right)$ 为截口 J 的 m 维边沿子试验; 称 $\left(\prod\limits_{j=1}^{m}\Omega_{r_j}, \bigotimes\limits_{j=1}^{m}\mathcal{F}_{r_j}\right)$ 为截口 J 的 m 维广义边沿子试验.

5.2.8 截口 J 的 m 维边沿子概率空间

定义 5.2.9 给定 n 维独立乘积概率空间 $\left(\prod\limits_{i=1}^{n}\Omega_i, \bigotimes\limits_{i=1}^{n}\mathcal{F}_i, \prod\limits_{i=1}^{n}P_i\right)$ 和 (5.2.26) 规定的 J, 那么称 $\left(\prod\limits_{i=1}^{n}\Omega_i, \bigotimes\limits_{j=1}^{m}\mathcal{F}_{r_j}*\Pi\Omega, \prod\limits_{i=1}^{n}P_i\right)$ 为截口 J 的 m 维边沿子概率空间; 称 $\left(\prod\limits_{j=1}^{m}\Omega_{r_j}, \bigotimes\limits_{j=1}^{m}\mathcal{F}_{r_j}, \prod\limits_{j=1}^{m}P_{r_j}\right)$ 为截口 J 的 m 维广义边沿子概率空间.

定理 5.2.9 给定 n 维独立乘积概率空间 $\left(\prod\limits_{i=1}^{n}\Omega_i, \bigotimes\limits_{i=1}^{n}\mathcal{F}_i, \prod\limits_{i=1}^{n}P_i\right)$, 那么对截口 J 的 m 维边沿柱事件 $\prod\limits_{j=1}^{m}A_{r_j}*\Pi\Omega(A_{r_j}\in\mathcal{F}_{r_j}, j=1,2,\cdots,m)$ 成立

$$P\left(A_{r_1}\times A_{r_2}\times\cdots\times A_{r_m}*\Pi\Omega\right)=\prod_{j=1}^{m}P_{r_j}\left(A_{r_1}\times A_{r_2}\times\cdots\times A_{r_m}\right) \tag{5.2.37}$$

其中 P 代表乘积概率测度 $\prod\limits_{j=1}^{n}P_j$.

设 $J_1, J_2, \cdots, J_s$ 是集合 $\{1,2,\cdots,n\}$ 的互不相交的子集.

定理 5.2.10 在 n 维独立乘积概率空间 $\left(\prod\limits_{i=1}^{n}\Omega_i, \bigotimes\limits_{i=1}^{n}\mathcal{F}_i, \prod\limits_{i=1}^{n}P_i\right)$ 中 s 个边沿子试验 $\left(\prod\limits_{i=1}^{n}\Omega_i, \bigotimes\limits_{i\in J_1}\mathcal{F}_i*\Pi\Omega,\right), \cdots, \left(\prod\limits_{i=1}^{n}\Omega_i, \bigotimes\limits_{i\in J_s}\mathcal{F}_i*\Pi\Omega\right)$ 关于独立乘积概率测度 $\prod\limits_{i=1}^{n}P_i$ 是相互独立的.

这是两个很重要的结论. 前一个定理说, 求 $\bigotimes\limits_{i=1}^{n}\mathcal{F}_i$ 中 m 维边沿柱事件的概率可以在 m 维独立乘积概率空间中进行; 后一定理说, 原始的 n 个实验 $\mathcal{E}_1, \mathcal{E}_2, \cdots, \mathcal{E}_n$ 遵守独立性原理 (4.4 节).

5.3 无限维情形

乘积试验的重要性表现在, 它能推广到无限维情形. 各种各样的无限维乘积试验是现代概率论研究的舞台.

在本节和下节中, T 表示任意的无限指标集. 它可以是可列集, 也可以是不可列集. 为了降低抽象性, 读者不妨认为 T 是自然数集 $\{1, 2, 3, \cdots\}$ 或非负实数集 $[0, +\infty)$, 并且把 T 视为时间轴.

5.3.1　问题的提出

已知一族随机局部 $\mathcal{E}_t(t \in T)$, 把它们联合在一起, 形成一个大局部 $\mathcal{E}^T$. 试问如何研究大局部 $\mathcal{E}^T$?

在概率论中问题成为: 设实验 $\mathcal{E}_t$ 的因果模型为 $(\Omega_t, \mathcal{F}_t)(t \in T)$. 现在把一族实验 $\mathcal{E}_t(t \in T)$ 联合在一起, 形成大实验 $\mathcal{E}^T$, 试求大实验 $\mathcal{E}^T$ 的因果模型? 具体些, 它可以分为两个问题:

I) 已知一族样本空间 $\Omega_t(t \in T)$, 试构造 $\mathcal{E}^T$ 产生的样本空间?

II) 已知一族事件 σ 域 (即随机局部)$\mathcal{F}_t(t \in T)$ 试构造 $\mathcal{E}^T$ 产生的事件 σ 域?

5.3.2　无限维乘积试验 $\left(\prod\limits_{t \in T} \Omega_t, \bigotimes\limits_{t \in T} \mathcal{F}_t \right)$ 的生成

定义 5.3.1 (可乘性条件)　设 $\Omega_t(t \in T)$ 是一族样本空间. 如果在全集——原因空间 X 中对任意的 $\alpha_t \in \Omega_t(t \in T)$ 成立集合的不等式

$$\bigcap_{t \in T} \alpha_t \neq \varnothing \tag{5.3.1}$$

那么称诸 $\Omega_t(t \in T)$ 是可乘的.

【乘积建模法(无限维情形)】　给定一族实验 $\mathcal{E}_t$, 假定 $\mathcal{E}_t$ 的因果模型是 $(\Omega_t, \mathcal{F}_t)(t \in T)$, 并且样本空间族 $\Omega_t(t \in T)$ 是可乘的. 现在把实验族 $\mathcal{E}_t(t \in T)$ 联合在一起, 形成大实验 $\mathcal{E}^T$. 那么大实验 $\mathcal{E}^T$ 的建模工作可以用五个步骤完成.

i) 建立 $\mathcal{E}^T$ 的样本空间 $\prod\limits_{t \in T} \Omega_t$.

由于无限个样本空间 $\Omega_t(t \in T)$ 满足可乘性条件 (5.3.1), 故诸 Ω_t 的真交叉划分为

$$\mathop{\circ}\limits_{t \in T} \Omega_t = \left\{ \bigcap_{t \in T} \alpha_t \,\middle|\, \alpha_t \in \Omega_t, t \in T \right\} \tag{5.3.2}$$

并且是原因空间 X 的一个划分. 注意到 $\bigcap\limits_{t \in T} \alpha_t$ 是非空集合, 是一个不能简化的符号式, 应该进行 "钢化". 于是, 我们把它 "钢化" 为一个坐标函数, 即引进约定

$$\alpha_t, t \in T \iff \bigcap_{t \in T} \alpha_t \tag{5.3.3}$$

这里 $\Longleftrightarrow$ 表示左方和右方代表同一个东西. 应用 T 维 (坐标) 乘积集合的概念[1], 式 (5.3.2) 可以改写为

$$\prod_{t \in T} \Omega_t = \{\alpha_t, t \in T | \alpha_t \in \Omega_t, \text{对所有} t \in T\} \tag{5.3.4}$$

于是, 在约定 (5.3.3) 下坐标乘积集合 $\prod_{t \in T} \Omega_t$ 是原因空间 X 的一个划分.

现在, 选 $\prod_{t \in T} \Omega_t$ 为大实验 $\mathcal{E}^T$ 的样本空间. 称之为 (坐标) 乘积样本空间, 其内元素 $\alpha_t, t \in T$ 称之为 (坐标) 样本点, 或 (坐标) 样本函数[2].

ii) 建立截口 J 的 m 维广义边沿子试验.

在 T 中任意取 m 个元素, 并且排列成一个顺序, 得到 T 中的一个 m 元有序子集

$$J = \{r_1, r_2, \cdots, r_m\} \tag{5.3.5}$$

考察 m 个实验 $\mathcal{E}_{r_1}, \mathcal{E}_{r_2}, \cdots, \mathcal{E}_{r_m}$, 并把 m 个 $\mathcal{E}_{r_j}(1 \leqslant j \leqslant m)$ 联合在一起, 形成实验 $\mathcal{E}^J$ "依次地进行实验 $\mathcal{E}_{r_1}, \mathcal{E}_{r_2}, \cdots, \mathcal{E}_{r_m}$". 那么, 应用【乘积建模法 ($m$ 维情形)】得到 $\mathcal{E}^J$ 的因果模型——m 维乘积试验

$$(\Omega_{r_1} \times \Omega_{r_2} \times \cdots \times \Omega_{r_m}, \mathcal{F}_{r_1} \otimes \mathcal{F}_{r_2} \otimes \cdots \otimes \mathcal{F}_{r_m}) \tag{5.3.6}$$

其中事件 σ 域 $\bigotimes_{j=1}^{m} \mathcal{F}_{r_j}$ 有芽集

$$\mathcal{F}_{r_1} \times \mathcal{F}_{r_2} \times \cdots \mathcal{F}_{r_m} = \{A_{r_1} \times A_{r_2} \times \cdots \times A_{r_m} | A_{r_j} \in \mathcal{F}_{r_j}, 1 \leqslant j \leqslant m\} \tag{5.3.7}$$

其内芽事件 $\prod_{j=1}^{m} A_{r_j}$ 有集合表达式

$$A_{r_1} \times A_{r_2} \times \cdots \times A_{r_m} = \{(\alpha_{r_1}, \alpha_{r_2}, \cdots, \alpha_{r_m}) | \alpha_{r_j} \in A_{r_j}, 1 \leqslant j \leqslant m\} \tag{5.3.8}$$

---

[1]T 维坐标乘积集合的定义: 给定无限指标集 T 和非空集合 $E_t(t \in T)$. 如果对任意的 $t \in T$, 在集合 E_t 中存在唯一的元素 α_t 与之对应, 那么称

$$\alpha_t, \quad t \in T$$

为定义在 T 上取值于 E_t 的坐标函数. 用 $\prod_{t \in T} E_t$ 表示全体坐标函数组成的集合, 即

$$\prod_{t \in T} E_t = \{\alpha_t, t \in T | \alpha_t \in E_t, \text{对所有的} t \in T\}$$

并称 $\prod_{t \in T} E_t$ 为诸 $E_t(t \in T)$ 的坐标乘积集合.

特别, 当 $E = E_t$(对一切 $t \in T$) 时坐标函数成为普通函数——定义在 T 上取值于 E 的函数. 另外, ⓐ如果允许 $T = \{1, 2, \cdots, n\}$, 那么坐标函数 $\alpha_t, t \in T$ 成为 n 元有序组 $\{\alpha_1, \alpha_2, \cdots, n\}$; ⓑ如果 $T = \{1, 2, \cdots, n, \cdots\}$, 那么坐标函数 $\alpha_t, t \in T$ 成为序列 $(\alpha_1, \alpha_2, \cdots, \alpha_n, \cdots)$; ⓒ如果 T 是实数集 $\mathbf{R}$, 那么坐标函数成为实变量的在 E 中取值的函数 $\alpha_t, t \in \mathbf{R}$.

[2]即使 α_t 是基本事件, 在理论中也无法论证 $\bigcap_{t \in T} \alpha_t$ 是事件, 所以不再称为坐标基本事件.

定义 5.3.2 称 $\mathcal{E}^J$ 为大实验 $\mathcal{E}^T$ 的截口 J 的 m 维子实验; 称 (5.3.6) 为截口 J 的广义边沿子试验; 称 $\prod\limits_{j=1}^{m} \Omega_{r_j}$ 为截口 J 的广义边沿样本空间; 称 $\bigotimes\limits_{j=1}^{m} \mathcal{F}_{r_j}$ 为截口 J 的 m 维广义边沿事件 σ 域; 称 (5.3.8) 为截口 J 的 m 维广义边沿柱事件 (或柱体).

iii) 建立截口 J 的 m 维边沿子试验.

广义柱事件是样本空间 $\prod\limits_{j=1}^{m} \Omega_{r_j}$ 中的事件. 现在论证它也是样本空间 $\prod\limits_{t \in T} \Omega_t$ 中的事件. 事实上, 由于广义边沿样本空间 $\prod\limits_{j=1}^{m} \Omega_{r_j}$ 是乘积样本空间 $\prod\limits_{t \in T} \Omega_t$ 的加粗划分, 对任意的 $(\alpha_{r_1}, \alpha_{r_2}, \cdots, \alpha_{r_m}) \in \prod\limits_{j=1}^{m} \Omega_{r_j}$ 成立

$$
\begin{aligned}
(\alpha_{r_1}, \alpha_{r_2}, \cdots, \alpha_{r_m}) &= \bigcup_{\substack{\beta_t = \alpha_t, t \in J \\ \beta_t \in \Omega_t, t \notin J}} \{\beta_t, t \in T\} \\
&= \{\beta_t, t \in T | \beta_t = \alpha_t, t \in J; \beta_t \in \Omega_t, t \notin J\}
\end{aligned}
\tag{5.3.9}
$$

于是, 对形如 (5.3.8) 的广义的柱事件有

$$
\begin{aligned}
A_{r_1} \times A_{r_2} \times \cdots \times A_{r_m} &= \bigcup_{\substack{\alpha_t = A_t, t \in J \\ \alpha_t \in \Omega_t, t \notin J}} \{\alpha_t, t \in T\} \\
&= \{\alpha_t, t \in T | \alpha_t \in A_t, t \in J; \alpha_t \in \Omega_t, t \notin J\} \\
&\stackrel{\text{def}}{=} A_{r_1} \times A_{r_2} \times \cdots \times A_{r_m} * \Pi\Omega
\end{aligned}
\tag{5.3.10}
$$

右方是乘积样本空间 $\prod\limits_{t \in T} \Omega_t$ 的子集, 故是其上的事件. 对固定的 J, 用 $\prod\limits_{j=1}^{m} \mathcal{F}_{r_j} * \Pi\Omega$ 表示形如 (5.3.10) 右方全体事件组成的集合, 它是

$$
\mathcal{F}_{r_1} \times \mathcal{F}_{r_2} \times \cdots \times \mathcal{F}_{r_m} * \Pi\Omega = \{A_{r_1} \times A_{r_2} \times \cdots \times A_{r_m} * \Pi\Omega | A_j \in \mathcal{F}_{r_j}, j \in J\}
\tag{5.3.11}
$$

取它为芽集, 令

$$
\mathcal{F}_{r_1} \otimes \mathcal{F}_{r_2} \otimes \cdots \otimes \mathcal{F}_{r_m} * \Pi\Omega = \sigma\{\mathcal{F}_{r_1} \times \mathcal{F}_{r_2} \times \cdots \times \mathcal{F}_{r_m} * \Pi\Omega\}
\tag{5.3.12}
$$

定义 5.3.3 称 $(\prod\limits_{t \in T} \Omega_t, \bigotimes\limits_{j=1}^{m} \mathcal{F}_{r_j} * \Pi\Omega)$ 为截口 J 的 m 维边沿子试验; 称 (5.3.12) 为截口 J 的 m 维边沿子 (事件)σ 域; 称 (5.3.10) 为截口 J 的 m 维柱事件.

iv) 构造大实验 $\mathcal{E}^T$ 的有限维柱事件族.

用 $\mathcal{A}^m$ 表示样本空间 $\prod\limits_{t \in T} \Omega_t$ 上全体 m 维柱事件组成的集合, 即

$$
\mathcal{A}^m = \{A_{r_1} \times A_{r_2} \times \cdots \times A_{r_m} * \Pi\Omega \Big| J = \{r_1, r_2, \cdots, r_m\}\text{是}
$$

$$T的任意m元子集; A_{r_j} \in \mathcal{F}_{r_j}, 1 \leqslant j \leqslant m\} \tag{5.3.13}$$

那么

$$\mathcal{A}^\infty = \bigcup_{m=1}^\infty \mathcal{A}^m \tag{5.3.14}$$

是 $\prod_{t \in T} \Omega_t$ 上全体柱事件组成的集合.

定义 5.3.4 称 $\mathcal{A}^\infty$ 为大实验 $\mathcal{E}^T$ 的有限维柱事件族; 称 $\mathcal{A}^m$ 为 $\mathcal{E}^T$ 的 m 维柱事件族.

v) 建立大实验 $\mathcal{E}^T$ 的因果模型.

最终, 选 $\prod_{t \in \Omega} \Omega_t$ 为 $\mathcal{E}^T$ 的样本空间, $\mathcal{A}^\infty$ 为芽事件集, 令

$$\bigotimes_{t \in T} \mathcal{F}_t = \sigma(\mathcal{A}^\infty) \tag{5.3.15}$$

应用样本空间–芽集建模法得到大实验 $\mathcal{E}^T$ 的因果模型 $\left(\prod_{t \in T} \Omega_t, \bigotimes_{t \in T} \mathcal{F}_t \right)$.

定义 5.3.5 称上述【乘积建模法 (无限维情形)】中的 $\left(\prod_{t \in T} \Omega_t, \bigotimes_{t \in T} \mathcal{F}_t \right)$ 为诸试验 $(\Omega_t, \mathcal{F}_t)(t \in T)$ 的 T 维乘积试验; 称 $\prod_{t \in T} \Omega_t$ 为诸 $\Omega_t(t \in T)$ 的 T 维乘积样本空间; 称 $\bigotimes_{t \in T} \mathcal{F}_t$ 为诸 $\mathcal{F}_t(t \in T)$ 的 T 维乘积 (事件)σ 域.

特别, 当诸 $(\Omega_t, \mathcal{F}_t)(t \in T)$ 有相同的符号式 $(\Omega, \mathcal{F})$ 时称 T 维乘积试验 $\left(\prod_{t \in T} \Omega_t, \bigotimes_{t \in T} \mathcal{F}_t \right)$ 为 T 维重复试验, 简记为 $(\Omega^T, \mathcal{F}^T)$.

再特别, i) 当 $(\Omega, \mathcal{F})$ 是伯努利试验时称 $(\Omega^T, \mathcal{F}^T)$ 为 T 重伯努利试验.

ii) 当 $(\Omega, \mathcal{F})$ 是 Borel 试验 $(\mathbf{R}, \mathcal{B})$ 时称 $(\mathbf{R}^T, \mathcal{B}^T)$ 为 T 重 Borel 试验.

通常, 当 $T = \{1, 2, 3, \cdots\}$ 时把 $\left(\prod_{t \in T} \Omega_t, \bigotimes_{t \in T} \mathcal{F}_t \right)$ 记为 $\left(\prod_{i=1}^\infty \Omega_i, \bigotimes_{t=1}^\infty \mathcal{F}_i \right)$, 称为可列维乘积试验.

现在, 例 5.1.1—例 5.1.3 和例 5.2.1— 例 5.2.3 可以推广到无限维情形. 为了降低抽象性, 认为 $T = \{1, 2, 3, \cdots\}$, 或 $T = [0, +\infty)$, 并且 T 是时间轴.

例 5.3.1 (T 次仍硬币) 用 $\mathcal{E}_t$ 表示实验 "在时刻 t 扔一次硬币", 并把 T 个实验 $\mathcal{E}_t(t \in T)$ 联合在一起, 形成大实验 $\mathcal{E}^T$ "在 T 中每个时刻都扔一次硬币". 试求 $\mathcal{E}^T$ 的因果模型.

解 由例 2.4.1 知, 所有的实验 $\mathcal{E}_t(t \in T)$ 有外形相同的因果模型 $(\Omega, \mathcal{F})$, 这里 $\Omega, \mathcal{F}$ 由 (5.1.15) 和 (5.1.16) 规定.

对固定的 $t \in T$, 设 $\alpha_t \in \Omega$, 并假定 α_t 来自实验 $\mathcal{E}_t$. 于是, 坐标函数 $\alpha_t, t \in T$ 表示大实验 $\mathcal{E}^T$ 中 "对任意的时刻 $t(\in T)$, 实验 $\mathcal{E}_t$ 实施时 'α_t 面朝上' 出现" 这一事件. 显然, 它是事件, 并且不是空事件, 故 T 个外形相同的样本空间 Ω 是可乘的.

现在, 应用 {乘积建模法 (无限维情形)} 得出, 大实验 $\mathcal{E}^T$ 的因果模型是 T 重的伯努利试验 $(\Omega^T, \mathcal{F}^T)$, 其中

$$\Omega^T = \{\alpha_t, t \in T | \text{对任意的} t \in T, \alpha_t = H \text{或} T\} \tag{5.3.16}$$

$$\mathcal{F}^T = \sigma(\mathcal{A}^\infty), \quad \mathcal{A}^\infty = \bigcup_{m=1}^\infty \mathcal{A}^m \tag{5.3.17}$$

$$\mathcal{A}^m = \left\{ \prod_{j=1}^m A_{r_j} * \Pi\Omega | r_j \in T, A_{r_j} \in \mathcal{F}, 1 \leqslant j \leqslant m \right\} \tag{5.3.18}$$

注意, $(\Omega^T, \mathcal{F}^T)$ 是不可列型随机试验.

例 5.3.2 (T 次掷骰子) 用 $\mathcal{E}_t$ 表示实验 "在时刻 t 掷一次骰子", 并把 T 个实验 $\mathcal{E}_t(t \in T)$ 联合在一起, 形成大实验 $\mathcal{E}^T$ "在 T 中每个时刻都掷一次骰子". 试求大实验 $\mathcal{E}^T$ 的因果模型.

解   由例 2.4.2 知, 所有的实验 $\mathcal{E}_t(t \in T)$ 有外形相同的因果模型 $(\Omega, \mathcal{F})$, 这里 $\Omega, \mathcal{F}$ 由 (5.1.19) 和 (5.1.20) 规定.

对固定的 $t \in T$, 设 $\alpha_t \in \Omega$, 并假定 α_t 来自实验 $\mathcal{E}_t$. 于是, 坐标函数 $\alpha_t, t \in T$ 表示大实验 $\mathcal{E}^T$ 中事件 "对任意的时刻 $t(\in T)$, 实验 $\mathcal{E}_t$ 实施时事件 'α_t 面朝上' 出现"[1]. 显然, 它是事件, 并且不是空事件, 故 T 个样本空间 $\Omega, \Omega, \cdots$ 是可乘的.

现在, 应用 {乘积建模法 (无限维情形)} 得出, 大实验 $\mathcal{E}^T$ 的因果模型是 T 维重复试验 $(\Omega^T, \mathcal{F}^T)$, 其中

$$\Omega^T = \{\alpha_t, t \in T | \text{对任意的} t \in T \text{有} \alpha_t \in \Omega\} \tag{5.3.19}$$

$$\mathcal{F}^T = \sigma(\mathcal{A}^\infty), \quad \mathcal{A}^\infty = \bigcup_{m=1}^\infty \mathcal{A}^m \tag{5.3.20}$$

$$\mathcal{A}^m = \left\{ \prod_{j=1}^m \mathcal{A}_{r_j} * \Pi\Omega | r_j \in T, \mathcal{A}_{r_j} \in \mathcal{F}, 1 \leqslant j \leqslant m \right\} \tag{5.3.21}$$

例 5.3.3 (T 次扔质点) 用 $\mathcal{E}_t$ 表示实验 "在时刻 t 向坐标直线扔一个质点", 并把 T 个实验 $\mathcal{E}_t(t \in T)$ 联合在一起, 形成大实验 $\mathcal{E}^T$ "在 T 中每个时刻都向坐标直线扔一个质点". 试求大实验 $\mathcal{E}^T$ 的因果模型.

解   由例 2.5.8(取 $D = \mathbf{R}$) 知, 所有实验 $\mathcal{E}_t$ 有外形相同的因果模型——Borel 试验 $(\mathbf{R}, \mathcal{B})$.

对固定的 $t \in T$, 设 $x_t \in \mathbf{R}$(即 x_t 是实数), 并假定 x_t 来自实验 $\mathcal{E}_t$. 于是, 坐标函数 $x_t, t \in T$ 表示大实验 $\mathcal{E}^T$ 中事件 "对任意的时刻 $t(\in T)$, 实验 $\mathcal{E}_t$ 实施时事件

---

[1] 当 $\alpha_t = \omega_i(i = 1, 2, \cdots, 6)$ 时 "α_t 面朝上" 是事件 "出现 i 点".

'质点落在坐标为 x_t 的点处' 出现". 显然, 它是事件, 并且不是空事件, 故 T 个样本空间 $\mathbf{R}, \mathbf{R}, \cdots$ 是可乘的

现在, 应用 {乘积建模法 (无限维情形)} 得出, 大实验 $\mathcal{E}^T$ 的因果模型是 T 重 Borel 试验 $(\mathbf{R}^T, \mathcal{B}^t)$, 其中

$$\mathbf{R}^T = \{\alpha_t, t \in T | \text{对任意的} t \in T, \alpha_t \in \mathbf{R}\} \tag{5.3.22}$$

$$\mathcal{B}^T = \sigma(\mathcal{A}^\infty), \quad \mathcal{A}^\infty = \bigcup_{m=1}^{\infty} \mathcal{A}^m \tag{5.3.23}$$

$$\mathcal{A}^m = \left\{ \prod_{j=1}^{m} B_{r_j} * \Pi\mathbf{R} \Big| r_j \in T, B_{r_j} \in \mathcal{B}, 1 \leqslant j \leqslant m \right\} \tag{5.3.24}$$

5.3.3 无限维独立乘积概率空间

人类生活在时间的长河中, 经常要研究随时间变化的随机局部 $\mathcal{F}_t(t \in T)$, 和它的因果模型 $(\Omega_t, \mathcal{F}_t)$, 因此它们的乘积试验 $\left(\prod_{t \in T} \Omega_t, \bigotimes_{t \in T} \mathcal{F}_t\right)$ 是非常重要的研究对象.

无限维乘积试验 $\left(\prod_{t \in T} \Omega_t, \bigotimes_{t \in T} \mathcal{F}_t\right)$ 相当复杂, 但仍是便于研究的对象. 因为只要 $(\Omega_t, \mathcal{F}_t)(t \in T)$ 已知, 那么无限维乘积样本空间 $\prod_{t \in T} \Omega_t$ 是一目了然的集合; 无限维乘积 σ 域 $\bigotimes_{t \in T} \mathcal{F}_t$ 虽然有极为复杂的结构, 但它的芽集 $\mathcal{A}^\infty$ 有清晰的结构, 其内的柱事件可以一一列举. 由此总结出研究 $\left(\prod_{t \in T} \Omega_t, \bigotimes_{t \in T} \mathcal{F}_t\right)$ 的一般方法: 先熟练地掌握全体有限维柱事件族; 然后应用定理 2.3.1 构造性证明中的 "**" 操作把其他的事件表示为柱事件的补、并、交、差. 下面定理显示, 概率值的计算也是如此.

定理 5.3.1 给定一族概率空间 $(\Omega_t, \mathcal{F}_t, P_t)(t \in T)$, 并假定样本空间族 $\Omega_t(t \in T)$ 是可乘的. 这时 T 维乘积试验 $\left(\prod_{t \in T} \Omega_t, \bigotimes_{t \in T} \mathcal{F}_t\right)$ 存在. 如果对 $\bigotimes_{t \in T} \mathcal{F}_t$ 中任意的柱事件 $A_{r_1} \times A_{r_2} \times \cdots \times A_{r_m} * \Pi\Omega$, 令

$$P(A_{r_1} \times A_{r_2} \times \cdots \times A_{r_m} * \Pi\Omega)$$
$$= P_{r_1}(A_{r_1}) P_{r_2}(A_{r_2}) \times \cdots \times P_{r_m}(A_{r_m}) \quad (m \geqslant 1, r_j \in T, 1 \leqslant j \leqslant m) \tag{5.3.25}$$

那么在乘积试验 $\left(\prod_{t \in T} \Omega_t, \bigotimes_{t \in T} \mathcal{F}_t\right)$ 上存在唯一的概率测度 $P(\bigotimes_{t \in T} \mathcal{F}_t)$, 使得 (5.3.25) 成立.

证明略, 见 [18, §38]. 通常, 用 $\prod_{t \in T} P_t$ 表示新概率测度 P.

定义 5.3.6 称定理 5.3.1 中的 $\left(\prod_{t \in T} \Omega_t, \bigotimes_{t \in T} \mathcal{F}_t, \prod_{t \in T} P_t\right)$ 为诸 $(\Omega_t, \mathcal{F}_t, P_t)(t \in T)$ 的 T 维独立乘积概率空间; 称 $\prod_{t \in T} P_t$ 为 T 维独立乘积概率测度. 特别,

i) 当诸 $(\Omega_t, \mathcal{F}_t, P_t)(t \in T)$ 有相同的符号式 $(\Omega, \mathcal{F}, P)$ 时称 $\left(\prod\limits_{t \in T} \Omega_t, \bigotimes\limits_{t \in T} \mathcal{F}_t, \prod\limits_{t \in T} P_t\right)$ 为 T 维独立重复概率空间, 简记为 $(\Omega^T, \mathcal{F}^T, P^T)$.

ii) 当 $(\Omega, \mathcal{F}, P)$ 是伯努利概率空间时称 $(\Omega^T, \mathcal{F}^T, P^T)$ 为 T 重伯努利概率空间.

定义 5.3.7　设 $\left(\prod\limits_{t \in T} \Omega_t, \bigotimes\limits_{t \in T} \mathcal{F}_t, \prod\limits_{t \in T} P_t\right)$ 是 T 维独立乘积概率空间, T_1 是 T 的有限或无限子集. 称 $\left(\prod\limits_{t \in T} \Omega_t, \bigotimes\limits_{t \in T_1} \mathcal{F}_t * \Pi\Omega, \prod\limits_{t \in T} P_t\right)$ 为截口 T_1 的边沿子概率空间. 称 $\left(\prod\limits_{t \in T_1} \Omega_t, \bigotimes\limits_{t \in T_1} \mathcal{F}_t, \prod\limits_{t \in T_1} P_t\right)$ 为截口 T_1 的广义边沿子概率空间.

定理 5.3.2　设 $\left(\prod\limits_{t \in T} \Omega_t, \bigotimes\limits_{t \in T} \mathcal{F}_t, \prod\limits_{t \in T} P_t\right)$ 是 T 维独立乘积概率空间, 那么对 $\bigotimes\limits_{t \in T} \mathcal{F}_t$ 中任意的 m 维柱事件 $A_{r_1} \times A_{r_2} \times \cdots \times A_{r_m} * \Pi\Omega$ 成立

$$\prod_{t \in T} P_t(A_{r_1} \times A_{r_2} \times \cdots \times A_{r_m} * \Pi\Omega)$$
$$= \prod_{j=1}^{m} P_{r_j}(A_{r_1} \times A_{r_2} \times \cdots \times A_{r_m}) \tag{5.3.26}$$

其中右方是在 m 维广义边沿概率空间 $\left(\prod\limits_{j=1}^{m} \Omega_{r_j}, \bigotimes\limits_{j=1}^{m} \mathcal{F}_{r_j}, \prod\limits_{j=1}^{m} P_{r_j}\right)$ 中求概率.

证明　结论由 (5.2.15) 和 (5.3.25) 推出.　　■

设 $T_1, T_2, \cdots, T_s$ 是集合 T 的互不相交的子集, 其个数可以是有限的, 也可以是无限的.

定理 5.3.3　设 $\left(\prod\limits_{t \in T} \Omega_t, \bigotimes\limits_{t \in T} \mathcal{F}_t, \prod\limits_{t \in T} P_t\right)$ 是 T 维独立乘积概率空间, 那么边沿子试验族 $(\prod\limits_{t \in T_1} \Omega_t, \bigotimes\limits_{t \in T_1} \mathcal{F}_t), (\prod\limits_{t \in T_2} \Omega_t, \bigotimes\limits_{t \in T_2} \mathcal{F}_t), \cdots, (\prod\limits_{t \in T_s} \Omega_t, \bigotimes\limits_{t \in T_s} \mathcal{F}_t)$ 关于概率测度 $\prod\limits_{t \in T} P_t$ 相互独立. 特别, 一维边沿子试验族 $\{(\Omega_t, \mathcal{F}_t) | t \in T\}$ 关于概率测度 $\prod\limits_{t \in T} P_t$ 相互独立.

证明　结论由独立性的定义, 式 (5.3.25) 和定理 4.3.6 推出.　　■

这是两个很重要的定理. 前一个定理说, 求柱事件的概率可以在有限维独立乘积概率空间中进行; 后一定理说, 原始的实验族 $\mathcal{E}_t(t \in T)$ 遵守独立性原理 (4.4 节).

【在赋概中的应用】　在 5.3.1 小节所提的问题中进一步假定: 实验 $\mathcal{E}_t(t \in T)$ 的因果量化模型是概率空间 $(\Omega_t, \mathcal{F}_t, P_t)$, 并且实验族 $\{\mathcal{E}_t | t \in T\}$ 遵守独立性原理 (4.4 节). 那么, 定理 5.3.3 保证, 大实验 $\mathcal{E}^T$ 的因果量化模型是 T 维独立乘积概率空间 $\left(\prod\limits_{t \in T} \Omega_t, \bigotimes\limits_{t \in T} \mathcal{F}_t, \prod\limits_{t \in T} P_t\right)$. 特别,

i) 在例 5.3.1 中 $\mathcal{E}_t(t \in T)$ 有外型相同的因果量化模型——古典型概率空间 $(\Omega, \mathcal{F}, P \Leftarrow p)$, 其中分布列 $p(\Omega)$ 是 (5.1.40).

现在假定每次"仍硬币"都是独立地进行, 即假定实验族 $\{\mathcal{E}_t | t \in T\}$ 遵守独立性原理. 那么定理 5.3.3 保证, 本例大实验 $\mathcal{E}^T$ 的因果量化模型是 T 维独立乘积概率空间 $\left(\prod\limits_{t \in T} \Omega_t, \bigotimes\limits_{t \in T} \mathcal{F}_t, \prod\limits_{t \in T} P_t \right)$.

ii) 在例 5.3.2 中实验 $\mathcal{E}_t(t \in T)$ 有外型相同的因果量化模型 —— 古典型概率空间 $(\Omega, \mathcal{F}, P \Leftarrow p)$, 其中分布列是 (5.1.42).

现在假定每次"掷骰子"都是独立地进行, 即假定实验族 $\{\mathcal{E}_t | t \in T\}$ 遵守独立性原理. 那么定理 5.3.3 保证, 本例大实验 $\mathcal{E}^T$ 的因果量化模型是 T 维独立乘积概率空间 $\left(\prod\limits_{t \in T} \Omega_t, \bigotimes\limits_{t \in T} \mathcal{F}_t, \prod\limits_{t \in T} P_t \right)$.

iii) 在例 5.3.3 中假定实验 $\mathcal{E}_t$ 是"向第 t 根坐标轴, x_t- 轴的区间 $[a_t, b_t]$ 上随机地扔一个质点" $(t \in T)$, 则 $\mathcal{E}_t$ 的因果量化模型是 Kolmogrov 型概率空间 $(\boldsymbol{R}, \mathcal{B}, P_t \Leftarrow f_t)$, 其中分布密度 f_t 为

$$f_t(x_t) = \begin{cases} \dfrac{1}{b_t - a_t}, & a_t \leqslant x_t \leqslant b_t \\ 0 & \text{其他} \end{cases} \tag{5.3.27}$$

现在假定每次"扔质点"都是独立地进行, 即假定实验族 $\{\mathcal{E}_t | t \in T\}$ 遵守独立性原理. 那么定理 5.3.3 保证, 本例大实验 $\mathcal{E}^T$ 的因果量化模型是 T 维独立乘积概率空间 $\left(\mathbf{R}^T, \mathcal{B}^T, \prod\limits_{t \in T} P_t \right)$. 其中 $\mathcal{B}^T$ 中截口 $J = \{r_1, r_2, \cdots, r_m\}$ 的 m 维边沿柱事件 (5.3.10) 的概率值为

$$\prod_{t \in T} P_t(A_{r_1} \times A_{r_2} \times \cdots \times A_{r_m} * \Pi\Omega) = \prod_{j=1}^m \int_{A_{r_j}} f_{r_j}(x_{r_j}) \mathrm{d}x_{r_j} \tag{5.3.28}$$

5.3.4 小概率事件终将出现

现在把例 4.4.1 提升为严谨的定理.

定理 5.3.4 设实验 $\mathcal{E}$ 的因果量化模型是概率空间 $(\Omega, \mathcal{F}, P)$, $A \in \mathcal{F}$, $P(A) = \delta$(δ 是很小的正数). 如果在同样条件下独立地重复地实施实验 $\mathcal{E}$, 产生实验系列 $\mathcal{E}_1, \mathcal{E}_2, \cdots, \mathcal{E}_n, \cdots$, 形成大实验 $\mathcal{E}^\infty$. 那么, $\mathcal{E}^\infty$ 的因果量化模型是可列维独立乘积概率空间 $(\Omega^\infty, \mathcal{F}^\infty, P^\infty)$; 用 B 表示事件"在实验序列 $\mathcal{E}_n, n \geqslant 1$ 中事件 A 必定出现", 则 $P^\infty(B) = 1$.

证明 显然诸实验 $\mathcal{E}_n(n \geqslant 1)$ 遵守独立性原理, 应用定理 5.3.1 得出 $\mathcal{E}^\infty$ 的因果量化模型是 $(\Omega^\infty, \mathcal{F}^\infty, P^\infty)$.

用 A_i 表示"第 i 次实施 $\mathcal{E}$ 时事件 A 出现"这一事件. 于是, A_i 是 $(\Omega^\infty, \mathcal{F}^\infty, P^\infty)$ 中截口 $\{i\}$ 的广义边沿柱事件; $A_i * \Pi\Omega$ 是截口 $\{i\}$ 的边沿柱事件, 其概率值为

$$P^\infty(A_i * \Pi\Omega) = P(A_i) = \delta$$

显然, 事件 $B = \bigcup\limits_{i=1}^\infty A_i * \Pi\Omega$, $\overline{B} = \bigcap\limits_{i=1}^\infty \overline{A_i * \Pi\Omega}$. 对任意的正整数 n, 应用定理 5.3.2 有

$$P^\infty\left(\bigcap_{i=1}^n \overline{A_i * \Pi\Omega}\right) = \prod_{i=1}^n P(\overline{A_i}) = (1-\delta)^n$$

现在, 应用概率测度的上连续性得出

$$P^\infty(\overline{B}) = \lim_{n\to\infty} P^\infty\left(\bigcap_{i=1}^n \overline{A_i * \Pi\Omega}\right) = \lim_{n\to\infty}(1-\delta)^n = 0$$

得证结论 $P^\infty(B) = 1$.　　　　　　　　　　　　　　　　　　　　■

5.3.5　伯努利大数定理

定理 5.3.5(伯努利大数定理)　设实验 $\mathcal{E}$ 的因果量化模型是概率空间 $(\Omega, \mathcal{F}, P)$, $B \in \mathcal{F}$. 如果在同样条件下独立地重复地实施实验 $\mathcal{E}$, 产生实验系列 $\mathcal{E}_1, \mathcal{E}_2, \cdots,$ $\mathcal{E}_n, \cdots$, 形成大实验 $\mathcal{E}^\infty$, 则 $\mathcal{E}^\infty$ 的因果量化模型是可列维独立乘积概率空间 $(\Omega^\infty, \mathcal{F}^\infty, P^\infty)$; 用 $\nu_n(B)$ 表示 n 次实验 $\mathcal{E}_1, \mathcal{E}_2, \cdots, \mathcal{E}_n$ 中事件 B 出现的次数. 那么, 对任意的 $\varepsilon > 0$ 成立

$$\lim_{n\to\infty} P^\infty\left\{\left|\frac{\nu_n(B)}{n} - P(B)\right| < \varepsilon\right\} = 1 \tag{5.3.29}$$

先证两个引理.

引理 5.3.1　在定理 5.3.5 的假定下, $\{\nu_n(B) = k\}$ 是柱事件的有限并, 其概率为

$$P^\infty\{\nu_n(B) = k\} = C_n^k p^k q^{n-k} \tag{5.3.30}$$

其中 $p = P(B)$, $q = 1 - p$. 并且

$$P^\infty\left\{\bigcup_{k=0}^n (\nu_n(B) = k)\right\} = 1 \tag{5.3.31}$$

证明　用 A_i 表示"实验 $\mathcal{E}_i$ 实施时事件 B 出现"这一事件, 则 $A_i \in \mathcal{F}$. 显然, 柱事件

$$D_1 \times D_2 \times \cdots \times D_n * \Pi\Omega, \quad 其中 D_1, \cdots, D_n 中恰有 k 个 A_i, n-k 个 \overline{A_i} \tag{5.3.32}$$

的概率值为 $p^k q^{n-k}$. 形如 (5.3.32) 的事件共有 C_k^n 个, 并且诸事件互不相交, 其并为事件 $\{\nu_n(B) = k\}$. 应用概率测度的可加性得出 (5.3.30).

注意到事件 $\{\nu_n(B) = k\}(k = 0, 1, \cdots, n)$ 是 $n+1$ 个互不相交的事件, 其并为必然事件, 得证 (5.3.31) 成立. ■

为了下面的叙述方便, 记 $b(k; n, p) = C_n^k p^k q^{n-k}$, 并引进二项分布列

$$
\begin{array}{c|cccc}
\nu_n(B) = k & 0 & 1 & \cdots & n \\
\hline
P^\infty & b(0; n, p) & b(1; n, p) & \cdots & b(n; n, p)
\end{array}
\tag{5.3.33}
$$

引理 5.3.2 当 k 由 0 变到 n 时, $b(k; n, p)$ 最初单调增加, 而后单调下降, 并在 $m = [(n+1)p]$ 处达到它的最大值[①]. 但当 $(n+1)p$ 是整数时有两个最大值 $b(m-1; n, p) = b(m; n, p)$.

证明 我们有

$$
\frac{b(k; n, p)}{b(k-1; n, p)} = \frac{(n-k+1)p}{kq} = 1 + \frac{(n+1)p - k}{kq}
\tag{5.3.34}
$$

由此推出, 当 $k < (n+1)p$ 时 $b(k; n, p)$ 随 k 单调增加; 当 $k > (n+1)p$ 时随 k 单调减小; 并且在 $m = [(n+1)p]$ 处达到最大值.

另外, 当 $(n+1)p = m$ 是整数时, 由 (5.3.34) 推出 $b(m; n, p) = b(m-1; n, p)$. 引理得证. ■

定理的证明 首先考察 (5.3.29) 中事件. 我们有

$$
\begin{aligned}
\left\{ \left| \frac{\nu_n(B)}{n} - P(B) \right| < \varepsilon \right\} &= \{ n(p - \varepsilon) < \nu_n(B) < n(p + \varepsilon) \} \\
&= \Omega^\infty | [\{ \nu_n(B) \leqslant n(p - \varepsilon) \} \cup \{ \nu_n(B) \\
&\geqslant n(p + \varepsilon) \}]
\end{aligned}
\tag{5.3.35}
$$

由此推出

$$
\begin{aligned}
P^\infty &\left\{ \left| \frac{\nu_n(B)}{n} - P(B) \right| < \varepsilon \right\} \\
&= 1 - \sum_{k \geqslant n(p+\varepsilon)} b(n, k, p) - \sum_{k \leqslant n(p-\varepsilon)} b(n, k, p)
\end{aligned}
\tag{5.3.36}
$$

于是, 为完成定理证明, 只需证

$$
\lim_{n \to \infty} \sum_{k \geqslant n(p+\varepsilon)} b(n; k, p) = 0
\tag{5.3.37}
$$

①[·] 是高斯记号. 对任意的实数 x, $[x]$ 是不大于 x 的最大整数.

$$\lim_{n \to \infty} \sum_{k \leqslant n(p-\varepsilon)} b(n; k, p) = 0 \tag{5.3.38}$$

下证 (5.3.37) 成立. 令 $r = n(p + \varepsilon)$. 设 n 足够大, 使得 $r > m = [(n+1)p]$. 于是

$$\sum_{k \geqslant n(p+\varepsilon)} b(n; k, p) = \sum_{l=0}^{\infty} b(r+l; n, p) \tag{5.3.39}$$

(当 $l > n - r$ 时约定 $b(r+l; n, p)$ 为零). 由 (5.3.34) 得出, 右方级数下降比公比为 $1 - \dfrac{r - np}{rq}$ 的几何级数还要快. 因此

$$\sum_{l=0}^{\infty} b(r+l; n, p) \leqslant b(r; n, p) \frac{rq}{r - np} \tag{5.3.40}$$

另一方面, 满足不等式 $m \leqslant k < r$ 的正整数的个数多于 $r - np$ 个. 由 $b(m; n, p) > b(m+1; n, p) > \cdots > b(r; n, p)$ 和 (5.3.33) 是分布列推出

$$b(r; n, p) \leqslant \frac{1}{r - np}$$

代入 (5.5.40) 后得出

$$\sum_{l=0}^{\infty} b(r+l; n, p) \leqslant \frac{rq}{(r - np)^2} \leqslant \frac{1}{n\varepsilon^2}$$

得证 (5.3.37) 成立. 同理可证 (5.3.38) 成立. 定理得证. ■

通过对二项分布进行更细致更精确的估计, 可以得到如下定理.

定理 5.3.6(棣莫弗-拉普拉斯中心极限定理)　在定理 5.3.5 的假定下, 并设 $p = P(B)$, $q = 1 - p(0 < p, q < 1)$ 那么, 对任意的 $a, b(-\infty \leqslant a \leqslant b + \infty)$ 成立

$$\lim_{n \to \infty} P\left\{ a \leqslant \frac{\nu_n(B) - np}{\sqrt{npq}} \leqslant b \right\} = \Phi(b) - \Phi(a)$$

其中 $\Phi(x) = \dfrac{1}{\sqrt{2\pi}} \displaystyle\int_{-\infty}^{x} \mathrm{e}^{-\frac{u^2}{2}} \mathrm{d}u$ 是标准正态分布函数.

证明略. 适合此处的证明可在参考文献 [11, 14] 中找到. 本书将在第 10 章中给出证明.

伯努利大数定理和棣莫弗-拉普拉斯中心极限定理是古典概率论中的最高成就, 是里程碑式的工作. 概率论的进一步发展依赖于随机变量 (含随机变量族) 的引进, 并把古典概率论发展成近代概率论——随机变量族的理论.

5.4 无限维 Kolmogorov 型概率空间: 有限维分布函数族赋概传

和上节一样, T 是无限指标集. 为降低抽象性, 不妨认为 $T = \{1, 2, 3, \cdots\}$, 或 $T = [0, \infty)$ 等熟悉的集.

5.4.1 T 重 Borel 试验 $(\mathbf{R}^T, \mathcal{B}^T)$

首先回忆 $(\mathbf{R}^T, \mathcal{B}^T)$ 的定义. 由上节【乘积建模法 (无限维情形)】得知,

$$\mathbf{R}^T = \{\alpha_t, t \in T | \alpha_t \text{是定义在} T \text{上的实值函数}\} \tag{5.4.1}$$

$$\mathcal{B}^T = \sigma(\mathcal{A}^\infty), \quad \mathcal{A}^\infty = \bigcup_{m=1}^\infty \mathcal{A}^m \tag{5.4.2}$$

$$\mathcal{A}^m = \{A_{r_1} \times A_{r_2} \times \cdots \times A_{r_m} * \Pi\mathbf{R} | r_j \in T, A_{r_j} \in \mathcal{B}, j = 1, \cdots, m\} \tag{5.4.3}$$

显然, 理解 $\mathcal{A}^m$ 的前提是掌握一维 Borel 集 $A_{r_j} (1 \leqslant j \leqslant m)$. 现在, 引进一个比 $\mathcal{A}^m$ 更简单更一目了然的集合

$$\begin{aligned}\mathcal{A}_*^m = &\{(a_{r_1}, b_{r_1}] \times (a_{r_2}, b_{r_2}] \times \cdots \times (a_{r_m}, b_{r_m}] * \Pi\mathbf{R} \\ &\Big| r_1, r_2, \cdots, r_m \in T, -\infty \leqslant a_{r_j} < b_{r_j} < +\infty, j = 1, 2, \cdots, m\}\end{aligned} \tag{5.4.4}$$

令 $\mathcal{A}_*^\infty = \bigcup_{m=1}^\infty \mathcal{A}_*^m$, 我们有如下定理.

定理 5.4.1 $\mathcal{B}^T = \sigma(\mathcal{A}^\infty) = \sigma(\mathcal{A}_*^\infty)$.

证明 显然 $\mathcal{A}_*^m \subset \mathcal{A}^m$, $\mathcal{A}_*^\infty \subset \mathcal{A}^\infty$. 由此推出 $\sigma(\mathcal{A}_*^\infty) \subset \sigma(\mathcal{A}^\infty)$. 下证反包含关系 $\sigma(\mathcal{A}^\infty) \subset \sigma(\mathcal{A}_*^\infty)$.

现在, 任取正整数 m 和指标 $r_1, r_2, \cdots, r_m \in T$. 令

$$\mathcal{A}_{*r_j} = \{(a_{r_j}, b_{r_j}] * \Pi\mathbf{R} | -\infty \leqslant a_{r_j} < b_{r_j} < +\infty\} \tag{5.4.5}$$

我们有 $\sigma(\mathcal{A}_{*r_j}) = \{B_{r_j} * \Pi\mathbf{R} | B_{r_j} \in \mathcal{B}\}$. 注意到 $\mathcal{A}_{*r_j} \subset \mathcal{A}_*^\infty$, 故 $\sigma(\mathcal{A}_{*r_j}) \subset \sigma(\mathcal{A}_*^\infty)$ 和

$$B_{r_j} * \Pi\mathbf{R} \in \sigma(\mathcal{A}_*^\infty) \quad (j = 1, 2, \cdots, m) \tag{5.4.6}$$

显然, 对 (5.4.3) 中的柱事件, 有

$$A_{r_1} \times A_{r_2} \times \cdots \times A_{r_m} * \Pi\mathbf{R} = \bigcap_{j=1}^m [B_{r_j} * \Pi\mathbf{R}] \in \sigma(\mathcal{A}_*^\infty) \tag{5.4.7}$$

由此推出 $\mathcal{A}^m \subset \sigma(\mathcal{A}_*^\infty)$ 和 $\mathcal{A}^\infty \subset \sigma(\mathcal{A}_*^\infty)$. 得证 $\sigma(\mathcal{A}^\infty) \subset \sigma(\mathcal{A}_*^\infty)$, 引理证毕. ∎

下面用定义形式强调无限维 Borel 试验中的一些常用术语, 其中 $J = \{r_1, r_2, \cdots, r_m\} \subset T$.

定义 5.4.1　i) 称 $(\mathbf{R}^T, \mathcal{B}^T)$ 为 T 重 Borel 试验, 如果

$$\mathbf{R}^T = \{\alpha_t, t \in T \,|\, \alpha_t \text{是定义在} T \text{上的实值函数}\} \tag{5.4.8}$$

$$\mathcal{B}^T = \sigma(\mathcal{A}_*^\infty), \quad \mathcal{A}_*^\infty = \bigcup_{m=1}^\infty \mathcal{A}_*^m \tag{5.4.9}$$

$$\mathcal{A}_*^m = \left\{ \prod_{j=1}^m (a_{r_j}, b_{r_j}] * \Pi\mathbf{R} \,\middle|\, r_1, r_2, \cdots, r_m \in T; \right.$$
$$\left. -\infty \leqslant a_{r_j} < b_{r_j} < +\infty, 1 \leqslant j \leqslant m \right\} \tag{5.4.10}$$

ii) 称 $(\mathbf{R}^T, \mathcal{B}^J * \Pi\mathbf{R})$ 为 $(\mathbf{R}^T, \mathcal{B}^T)$ 的截口 J 的 m 重边沿 Borel 试验, 其中

$$\mathcal{B}^J * \Pi\mathbf{R} = \sigma(\mathcal{A}_{*J*}^\infty), \quad \mathcal{A}_{*J*}^\infty = \bigcup_{m=1}^\infty \mathcal{A}_{*J*}^m \tag{5.4.11}$$

$$\mathcal{A}_{*J*}^m = \left\{ \prod_{j=1}^m (a_{r_j}, b_{r_j}] * \Pi\mathbf{R} \,\middle|\, -\infty \leqslant a_j < b_j < +\infty, 1 \leqslant j \leqslant m \right\} \tag{5.4.12}$$

iii) 称 $(\mathbf{R}^J, \mathcal{B}^J)$ 为 $(\mathbf{R}^T, \mathcal{B}^T)$ 的截口 J 的 m 重广义边沿 Borel 试验, 其中

$$\mathbf{R}^J = \{(\alpha_{r_1}, \alpha_{r_2}, \cdots, \alpha_{r_m}) \,|\, \alpha_{r_j} \in \mathbf{R}, 1 \leqslant j \leqslant m\} \tag{5.4.13}$$

$$\mathcal{B}^J = \sigma(\mathcal{A}_{*J}^\infty), \quad \mathcal{A}_{*J}^\infty = \bigcup_{m=1}^\infty \mathcal{A}_{*J}^m \tag{5.4.14}$$

$$\mathcal{A}_{*J}^m = \left\{ \prod_{j=1}^m (a_{r_j}, b_{r_j}] \,\middle|\, -\infty \leqslant a_j < b_j < +\infty, 1 \leqslant j \leqslant m \right\} \tag{5.4.15}$$

5.4.2　无限维 Kolmogorov 型概率空间

设 T 为无限指标集, $J = \{r_1, r_2, \cdots, r_m\} \subset T$.

定义 5.4.2　i) 称 $(\mathbf{R}^T, \mathcal{B}^T, P)$ 为 T 维 Kolmogorov 型概率空间, 如果 $(\mathbf{R}^T, \mathcal{B}^T)$ 是 T 重 Borel 试验, P 是 $\mathcal{B}^T$ 上的概率测度.

ii) 称 $(\mathbf{R}^T, \mathcal{B}^J * \Pi\mathbf{R}, P)$ 为 $(\mathbf{R}^T, \mathcal{B}^T, P)$ 的截口 J 的 m 维边沿子概率空间, 如果 $(\mathbf{R}^T, \mathcal{B}^J * \Pi\mathbf{R})$ 是 $(\mathbf{R}^T, \mathcal{B}^T)$ 的截口 J 的 m 维边沿子试验.

iii) 称 $(\mathbf{R}^J, \mathcal{B}^J, P_J)$ 为 $(\mathbf{R}^T, \mathcal{B}^T, P)$ 的截口 J 的 m 维广义边沿子概率空间, 如果 $(\mathbf{R}^J, \mathcal{B}^J)$ 是 $(\mathbf{R}^T, \mathcal{B}^T)$ 的截口 J 的 m 维广义边沿子试验, 并且对任意的 (5.4.15)

中事件, 成立

$$P_J\left(\prod_{j=1}^{m}(a_{r_j}, b_{r_j}]\right) = P\left(\prod_{j=1}^{m}(a_{r_j}, b_{r_j}] * \Pi\mathbf{R}\right) \tag{5.4.16}$$

显然, m 维广义边沿子概率空间 $(\mathbf{R}^J, \mathcal{B}^J, P_J)$ 是一个 m 维 Kolmogorov 型概率空间, 令

$$F_J(r_1, x_{r_1}; r_2, x_{r_2}; \cdots; r_m, x_{r_m}) = P_J\left(\prod_{j=1}^{m}(-\infty, x_{r_j}]\right) \tag{5.4.17}$$

由定理 3.7.1 知, 对固定的 $J = \{r_1, r_2, \cdots, r_m\}$, F_J 是自变量为 $(x_{r_1}, x_{r_2}, \cdots, x_{r_m})$ 的 m 维分布函数, 并且 F_J 和概率测度 $P_J(\mathcal{B}^J)$ 相互唯一确定.

定义 5.4.3 给定 T 维 Kolmogorov 型概率空间 $(\mathbf{R}^T, \mathcal{B}^T, P)$, 那么

i) 称 (5.4.17) 规定的 $F_J(r_1, x_{r_2}; \cdots; r_m, x_{r_m})$ 为截口 $J = \{r_1, r_2, \cdots, r_m\}$ 的 m 维边沿分布函数.

ii) 称

$$F^m = \{F_J(r_1, x_{r_1}; \cdots; r_m, x_{r_m}) | J = \{r_1, \cdots, r_m\} \subset T\} \tag{5.4.18}$$

为 $(\mathbf{R}^T, \mathcal{B}^T, P)$ 的 m 维边沿分布函数族.

iii) 称 $F^\infty = \bigcup\limits_{m=1}^{\infty} F^m$, 即

$$F^\infty = \{F_J(r_1, x_{r_1}; \cdots; r_m, x_{r_m}) | m \geqslant 1, J = \{r_1, \cdots, r_m\} \subset T\} \tag{5.4.19}$$

为 $(\mathbf{R}^T, \mathcal{B}^T, P)$ 的有限维边沿分布函数族.

定理 5.4.2 给定 T 维 Kolmogorov 型概率空间 $(\mathbf{R}^T, \mathcal{B}^T, P)$, 那么它的有限维边沿分布函数族 F^∞ 具有如下两个性质:

i) 设 $s_1, s_2, \cdots, s_m$ 是 $r_1, r_2, \cdots, r_m$ 的任意一种排列, 令 $J_1 = \{s_1, s_2, \cdots, s_m\}$, 则成立

$$F_{J_1}(s_1, x_{s_1}; \cdots; s_m, x_{s_m}) = F_J(r_1, x_{r_1}; \cdots; r_m, x_{r_m}) \tag{5.4.20}$$

ii) 对任意整数 $1 \leqslant m < n$, 令 $J_2 = \{r_1, r_2, \cdots, r_n\}$, 则成立

$$F_J(r_1, x_{r_1}, \cdots; r_m, x_{r_m})$$
$$= \lim_{x_{r_{m+1}}, \cdots, x_{r_n} \to +\infty} F_{J_2}(r_1, x_{r_1}; \cdots; r_m, x_{r_m}; r_{m+1}, x_{r_{m+1}}; \cdots; r_n, x_{r_n}) \tag{5.4.21}$$

证明 注意到柱事件是交事件, 我们有

$$\prod_{j=1}^{m}(-\infty, x_{r_j}] = \bigcap_{j=1}^{m}(-\infty, x_{r_j}] = \bigcap_{k=1}^{m}(-\infty, x_{s_k}] = \prod_{k=1}^{m}(-\infty, x_{s_k}]$$

应用 (5.4.17) 得证 i) 成立.

先设 $n = m + 1$. 取数列 $x_{r_{m+1},1} < x_{r_{m+1},2} < \cdots < x_{r_{m+1},k} < \cdots$, 并且 $\lim\limits_{k \to \infty} x_{r_{m+1},k} = +\infty$, 那么 (5.4.21) 右方等于

$$
\lim_{k \to \infty} F_{J_2}(r_1, x_{r_1}; \cdots; r_m, x_{r_m}; r_{m+1,k}, x_{r_{m+1,k}})
$$
$$
= \lim_{k \to \infty} P\{(-\infty, x_{r_1}] \times \cdots \times (-\infty, x_{r_m}] \times (-\infty, x_{r_{m+1,k}}]\}
$$

于是, 应用概率测度的右连续性得出, 它等于

$$
= P\{(-\infty, x_{r_1}] \times \cdots \times (-\infty, x_{r_m}]\} = F_J(r_1, x_{r_1}; \cdots; r_m, x_{r_m})
$$

得证 ii) 成立. 对一般的 n 可类似地证明, 定理得证. ∎

现在讨论反问题. 设 T 是任意无限指标集, $J = \{r_1, r_2, \cdots, r_m\}$ 是 T 的任意有限子集. 假定对每个 J, 皆对应一个分布函数

$$
F_J(r_1, x_{r_1}; r_2, x_{r_2}; \cdots; r_m, x_{r_m}), \quad (x_{r_1}, x_{r_2}, \cdots, x_{r_m}) \in \mathbf{R}^m \tag{5.4.22}
$$

用 F^∞ 表示全体分布函数 F_J 组成的族, 即

$$
F^\infty = \{F_J(r_1, x_{r_1}; \cdots; r_m, x_{r_m}) | m \geqslant 1, J = \{r_1, \cdots, r_m\} \subset T\} \tag{5.4.23}
$$

定义 5.4.4　设 T 是任意无限指标集, 那么称 F^∞ 是指标集 T 上的有限维分布函数族. 称 F^∞ 是相容的, 如果它满足定理 5.4.2 中的两个性质 i) 和 ii).

定理 5.4.3 (Kolmogorov 存在定理)　设 T 是无限指标集, F^∞ 是 T 上有限维分布函数族, 并且是相容的. 那么在 T 维 Borel 试验 $(\mathbf{R}^T, \mathcal{B}^T)$ 上存在唯一的概率测度 $P(\mathcal{B}^T)$, 使得 F^∞ 是概率空间 $(\mathbf{R}^T, \mathcal{B}^T, P)$ 的有限维边沿分布函数族.

证明略. 在许多随机过程的书籍中能找到证明 [10, 12, 19].

和 n 维情形一样, 我们把无限维 Kolmogorov 型概率空间记为 $(\mathbf{R}^T, \mathcal{B}^T, P \Leftarrow F^\infty)$. 使用的符号显示研究的两个基本任务是:

i) 已知有限维边沿分布函数族 F^∞, 试求 $\mathcal{B}^T$ 中柱事件的概率, 进而求出 $\mathcal{B}^T$ 中人们关心的事件及其概率.

ii) 如何获得 F^∞?

有限维边沿分布函数族 F^∞ 虽然比概率测度 $P(\mathcal{B}^T)$ 更简单更清晰, 但仍然相当复杂. 幸运的是, 现实随机世界中的 F^∞ 皆比较简单. 通常用一维和二维边沿分布函数族 $F^m(m = 1, 2)$ 就完全确定 F^∞.

无限维 Kolmogorov 型概率空间是《随机过程》中的基础概率空间, 属于本书的后续研究. 现在结束本章的讨论.

练　习　5

5.1　给定欧氏空间 $\mathbf{R}^n = \{(x_1, x_2, \cdots, x_n) | x_i \in \mathbf{R}, 1 \leqslant i \leqslant n\}$. 引进 $\mathbf{R}^n$ 的子集

$$\pi_{x_1, \cdots, x_{i-1}, x_{i+1}, \cdots, x_n}(x_i) = \{(x_1, x_2, \cdots, x_n) | x_1, \cdots, x_{i-1}, x_{i+1}, \cdots, x_n \text{是固定的实数}\}$$

(这是 $\mathbf{R}^n$ 中的一条直线, 此直线过点 $(x_1, \cdots, x_{i-1}, 0, x_{i+1}, \cdots, x_n)$ 且与 x_i-轴平行). 令

$$\Pi_i = \{\pi_{x_1, \cdots, x_{i-1}, x_{i+1}, \cdots, x_n}(x_i) | x_1, \cdots, x_{i-1}, x_{i+1}, \cdots, x_n \in \mathbf{R}\} \quad (1 \leqslant i \leqslant n)$$

这是所有与 x_i-轴平行的直线组成的集合. 试证 Π_i 是 $\mathbf{R}^n$ 的划分 $(1 \leqslant i \leqslant n)$, 并且

$$\Pi_1 \circ \Pi_2 \circ \cdots \circ \Pi_n = \Pi_1 * \Pi_2 * \cdots * \Pi_n$$
$$= \{\{(x_1, x_2, \cdots, x_n)\} | (x_1, x_2, \cdots, x_n) \in \mathbf{R}^n\}$$

右端是 $\mathbf{R}^n$ 的最细划分, $\{(x_1, x_2, \cdots, x_n)\}$ 表示 $\mathbf{R}^n$ 中单点集. ($n = 2$ 情形见例 1.4.7).

5.2　设 $T = [0, \infty)$, $\alpha(t), 0 \leqslant t < +\infty$ 是定义在 T 上的实值函数. 用 $\mathbf{R}^T$ 表示所有这样的函数组成的集合, 即

$$\mathbf{R}^T = \{\alpha(t), t \in T | \alpha(t) \in \mathbf{R}, \text{对任意的} t \in T\}$$

称 $\mathbf{R}^T$ 为 T 维欧氏空间. 对固定的 $t_0 \in T$ 和固定的 $\alpha(s), s \in T$ 且 $s \neq t_0$, 引进 $\mathbf{R}^T$ 的子集

$$\pi_{\alpha(s), s \neq t_0} = \{\alpha(t), t \in T | t \neq t_0 \text{时} \alpha(t) = \alpha(s)\}$$

(它相当于与 t_0-坐标轴平行的直线). 令

$$\Pi_{t_0} = \{\pi_{\alpha(s), s \neq t_0} | \alpha(s) \in \mathbf{R}, s \in T \text{且} s \neq t_0\}$$

(它相当于所有与 t_0 轴平行的直线组成的集合). 试证 Π_{t_0} 是 $\mathbf{R}^T$ 的一个划分, 并且

$$\underset{t_0 \in T}{\circ} \Pi_{t_0} = \underset{t_0 \in T}{*} \Pi_{t_0} = \{\{\alpha(t), t \in T\} | \alpha(t) \in \mathbf{R}^T\}$$

右端是 $\mathbf{R}^T$ 的最细划分, $\{\alpha(t), t \in T\}$ 表示 $\mathbf{R}^T$ 中单点集.

5.3　设 $\mathbf{R}^2$ 是坐标平面. 试证

$$\Pi_1 = \{(a, a+1] \times (-\infty, +\infty) | a = 0, \pm 1, \pm 2, \cdots)\}$$

$$\Pi_2 = \{(-\infty, +\infty) \times (b, b+1] | b = 0, \pm 1, \pm 2, \cdots)\}$$

皆是 $\mathbf{R}^2$ 的划分, 并求交叉划分 $\Pi_1 \circ \Pi_2$.

5.4　设 $\Omega_1, \Omega_2, \cdots, \Omega_n$ 是 n 个样本空间 (即原因空间按 X 的划分). 如果诸 $\Omega_i (1 \leqslant i \leqslant n)$ 是可乘的, 试证 $\Omega_1 \circ \Omega_2 \circ \cdots \circ \Omega_n$ 也是样本空间.

5.5　设 T 是任意指标集, $\Omega_t (t \in T)$ 是样本空间. 如果诸 $\Omega_t, t \in T$ 是可乘的, 试证 $\underset{t_0 \in T}{\circ} \Omega_t$ 也是样本空间.

5.6　设 $\mathcal{F}_1, \mathcal{F}_2, \cdots, \mathcal{F}_n$ 是事件空间 $\mathcal{U}$ 的 n 个子事件 σ 域. 试证

$$\sigma(\mathcal{F}_1 \cup \mathcal{F}_2 \cup \cdots \cup \mathcal{F}_n) = \sigma(\mathcal{A}^n)$$

其中 $\mathcal{A}^n = \{A_1 \cap A_2 \cap \cdots \cap A_n | A_i \in \mathcal{F}_i, \quad 1 \leqslant i \leqslant n\}$.

5.7　设 $(\Omega_1, \mathcal{F}_1), (\Omega_2, \mathcal{F}_2), \cdots, (\Omega_n, \mathcal{F}_n)$ 是 n 个随机试验, 并且 n 个样本空间 $\Omega_1,$ $\Omega_2, \cdots, \Omega_n$ 可乘的. 试证 $(\overset{n}{\underset{i=1}{\circ}} \Omega_i, \sigma(\mathcal{A}^n))$ 是随机试验.

5.8　应用 "钢体化" 操作 (5.2.3), 把上题中 $(\overset{n}{\underset{i=1}{\circ}} \Omega_i, \sigma(\mathcal{A}^n))$ 转换成人们熟悉的符号式 $(\Omega_1 \times \Omega_2 \times \cdots \times \Omega_n, \sigma(\mathcal{F}_1 \times \mathcal{F}_2 \times \cdots \times \mathcal{F}_n))$.

5.9　设 Ω 是任意的集合, $\mathcal{F}$ 是 Ω 上的集域, 有芽集 $\mathcal{A}$. 试证对 Ω 的任意子集 B 成立

$$\mathcal{F} \cap B = \sigma(\mathcal{A} \cap B)$$

其中 $\mathcal{F} \cap B = \{A \cap B | A \in \mathcal{F}\}, \mathcal{A} \cap B = \{A \cap B | A \in \mathcal{A}\}$.

5.10　设 Ω_1, Ω_2 是两个任意的集合, $\Omega_1 \times \Omega_2$ 是它们的乘积集合. 又设 $\mathcal{F}_1$ 是 Ω_1 上的 σ 域, 有芽集 $\mathcal{A}_1$. 试证, 对任意的 $B \subset \Omega_2$ 成立

$$\mathcal{F}_1 \times B = \sigma(\mathcal{A}_1 \times B)$$

其中 $\mathcal{F}_1 \times B = \{A \times B | A \in \mathcal{F}_1\}, \mathcal{A}_1 \times B = \{A \times B | A \in \mathcal{A}_1\}$.

5.11　证明定理 5.2.3.

5.12　设实验 $\mathcal{E}$ 的因果量化模型是伯努利概率空间 $(\Omega, \mathcal{F}, P \Leftarrow f)$, 其中

$$\Omega = \{S, \overline{S}\}$$

$$\mathcal{F} = \{\varnothing, S, \overline{S}, \Omega\}$$

$$f(\Omega): \begin{array}{c|cc} \Omega & S & \overline{S} \\ \hline f & p & q \end{array}$$

这里, $p, q > 0$, $p + q < 1$; 事件 S 称为成功, $\overline{S}$ 称为失败.

现在把实验 $\mathcal{E}$ 独立地重复地实施下去, 得到大实验 $\mathcal{E}^\infty$. 试给出 $\mathcal{E}^\infty$ 的因果量化模型——可列重独立乘积概率空间 $(\Omega^\infty, \mathcal{F}^\infty, P^\infty)$.

5.13　在上题的大实验 $\mathcal{E}^\infty$ 中, 用 ν_n 表示在前 n 次实施 $\mathcal{E}$ 时事件 "成功出现" 的次数. 于是 $\{\nu_n = k\}(0 \leqslant k \leqslant n)$ 表示事件 "前 n 次实施 $\mathcal{E}$ 时成功出现 k 次", 试求 $P^\infty\{\nu_n = k\}$.

5.14　在 5.12 题的大实验 $\mathcal{E}^\infty$ 中, 用 $\tau_r(S)$ 表示恰好成功 r 次时实验 $\mathcal{E}$ 需要实施的最少次数. 那么

i) $\{\tau_1(S) = k\}$ 表示事件 "首次成功出现在第 k 次实施 $\mathcal{E}$ 时" $k \geqslant 1$, 试求 $P\{\tau_1(S) = k\}$.

ii) $\{\tau_r(S) = k\}$ 表示事件 "恰好 r 次成功出现在第 k 次实施 $\mathcal{E}$ 时" $(k \geqslant r)$, 试求 $P\{\tau_r(S) = k\}$.

5.15　设实验 $\mathcal{E}$ 的因果量化模型是 r 型概率空间 $(\Omega, \mathcal{F}, P \Leftarrow f)$, 这里

$$\Omega = \{S_1, S_2, \cdots, S_r\}$$

$$\mathcal{F} = \Omega\text{的全体子集组成的集合}$$

$$f(\Omega): \quad \begin{array}{c|cccc} \Omega & S_1 & S_2 & \cdots & S_r \\ \hline f & p_1 & p_2 & \cdots & p_r \end{array}$$

其中 $p_1, p_2, \cdots, p_r > 0$, $p_1 + p_2 + \cdots p_r = 1$.

现在把实验 $\mathcal{E}$ 独立地重复地实施下去, 得到大实验 $\mathcal{E}^\infty$. 试给出 $\mathcal{E}^\infty$ 的因果量化模型 —— 可列重独立乘积概率空间 $(\Omega^\infty, \mathcal{F}^\infty, P^\infty)$.

5.16 在上题的大实验 $\mathcal{E}^\infty$ 中用 $\nu_n(S_i)$ 表示前 n 次实施 $\mathcal{E}$ 时事件 S_i 出现的次数 $(i = 1, 2, \cdots, r)$. 那么 $\{\nu_n(S_1) = k_1, \nu_n(S_2) = k_2, \cdots, \nu_n(S_r) = k_r\}(k_1 + k_2 + \cdots + k_r = n)$ 表示事件 "在前 n 次实施 $\mathcal{E}$ 时 S_1 出现 k_1 次, S_2 出现 k_2 次, $\cdots$, S_r 出现 k_r 次". 试求概率 $P^\infty\{\nu_n(S_1) = k_1, \nu_n(S_2) = k_2, \cdots, \nu_n(S_r) = k_r\}$.

第 6 章 随机变量 — 子随机局部 — 因果结构图 (I)

现在, 概率论的发展来到转折点: 研究的基本对象由概率空间 $(\Omega, \mathcal{F}, P)$ 转变为定义在 $(\Omega, \mathcal{F}, P)$ 上的一类点函数

$$X(\omega), \quad \omega \in \Omega$$

称之为随机变量. 显然, 只有在掌握概率空间的基本知识后才能严谨地、系统地研究随机变量.

本章建立随机变量的因果结构图 6.2.1. 结构图展示: ①每个随机变量 $X(\omega)$ 皆在实验 ε(它有数学模型 — 概率空间 $(\Omega, \mathcal{F}, P)$) 中划出 $\mathcal{F}$ 的一个子随机局部 — 事件 σ 域 $\sigma(X)$; ②随机变量以 "随不同机会取不同数值" 的面貌呈现于人们面前. 人们从 "取值" 在数直线上的分布情况中抽象出分布函数 $F_X(x)$ 的概念; ③ 应用 $F_X(x)$, 人们获得子局部 $\sigma(X)$ 的数学模型 — 表现概率空间 $(\Omega, \sigma(X), P)$, 它装载 $X(\omega)$ 蕴含的全部因果知识和统计规律.

本质上, 随机变量 $X(\omega)$ 也是子局部 $\sigma(X)$ 的一种数学模型. 研究 $X(\omega)$ 的目的是, 在 $\sigma(X)$ 中寻找人们关心的事件及其概率, 即寻找实验 ε 中人们关心的因果知识和统计规律 (参看例 0.5.2 和例 0.5.1).

6.1　直观背景和分析学中的函数概念

6.1.1　直观背景

随机变量和随机事件是到处存在、非常直观的两类事物, 是概率论诞生时确定的两类最基本的研究对象. 最初, 人们用随机变量表示事件, 用事件理解随机变量. 例如,

i) 把数值 1 刻在硬币正面, 0 刻在反面. 用 ξ 表示向桌面扔一枚硬币时出现的数值, 那么 $\{\xi = 1\}$ 表示事件 "正面出现"; $\{\xi = 0\}$ 表示事件 "反面出现".

ii) 向桌面掷一颗骰子 (均匀的或灌铅的). 用 ξ 表示骰子出现的点数, 那么 $\{\xi = k\}$ 表示事件 "出现 k 点" $(k = 1, 2, \cdots, 6)$.

iii) 100 件产品中有 5 件次品, 任意地取出 3 件. 用 ξ 表示取出的 3 件中含次品的件数, 那么 $\{\xi = k\}$ 表示事件 "取出的 3 件中含 k 件次品" $(k = 0, 1, 2, 3)$.

iv) 在靶平面上建立直角坐标系 $O\text{-}xy$. 称区域 $x^2 + y^2 \leqslant r^2$ 为靶心, 区域 $x^2 + y^2 > (10r)^2$ 为脱靶. 在一次射击中, 用 (ξ, η) 表示在靶平面上的弹着点. 那么, 区域

$$\{(\xi, \eta) | \xi^2 + \eta^2 \leqslant r^2\}, \quad \{(\xi, \eta) | \xi^2 + \eta^2 > (10r)^2\}$$

分别表示事件 "命中靶心" 和 "脱靶".

v) 在天气预报中, 用 ξ 表示明天的最高气温, 那么 $\{a \leqslant \xi \leqslant b\}$($a, b$ 为实数) 表示事件 "明天最高气温高于 a 低于 b".

把这五个例子和 0.1 节中例子 (1)—(10) 进行比较, 容易看出例子 (1)—(10) 是以事件为工具列举出实验中的几个随机现象; 本节例子 i)—v) 是以 ξ, η 这类 "随机变量" 为工具一次性地列举出实验中的一族随机现象 (它们组成一个子随机局部). 显然, 后一方法更实用, 更简明, 更清楚. 因此随机变量和事件一样, 是人们感兴趣的研究对象. 可是在概率论的基础理论 (指本书的前五章) 中并没有正式介绍随机变量, 原因何在?

原来, 随机变量和随机事件是随机宇宙中最重要的两类可观测的事物. 随机事件是一个容易理解的概念, 而随机变量却是一个很难理解的概念. 在概率空间 $(\Omega, \mathcal{F}, P)$ 出现之前, 人们把随机变量理解为 "随不同机会取不同数值的" 变量. 但是, 什么在变? 在哪儿变? 如何变? 能否进行加减乘除运算等问题, 一直困惑着许多概率论学者. 解答这些困惑是促使概率论公理化的主要动力之一.

在公理化概率论中, 随机变量是定义在概率空间 $(\Omega, \mathcal{F}, P)$ 上的可测函数 $X(\omega)$, $\omega \in \Omega$. 由于随机变量不是定义在实体 —— 事件 σ 域 $\mathcal{F}$ 上的函数, 而是定义在抽象思维的产物 —— 样本 (原因) 空间 Ω 上的函数, 因此在概率论公理化之前出现上述的困惑是很正常的事情. 下面用两个通俗的例子展示随机变量在公理化前后产生的变化.

例 6.1.1 甲, 乙两人用扔硬币进行赌博. 双方约定正面出现时甲赢 1 元, 否则输 1 元. 现在进行 n 局赌博, 试表达甲赢钱的总数.

解法 1 (公理化概率论出现之前) 用 ξ 表示甲在 n 局赌博中的总赢钱数; 用 ξ_i 表示甲在第 i($i = 1, 2, \cdots, n$) 局赌博中的赢钱数, 那么

$$\xi = \xi_1 + \xi_2 + \cdots + \xi_n \tag{6.1.1}$$

【评论】 这里的 ξ_i 是随不同机会 (指硬币正反面的出现) 取不同数值 1 或 -1 的变量; ξ 是随不同机会 (指 n 次扔硬币时出现的不同情况) 取不同数值的变量. 于是, 使人困惑的问题是: 在随机变量 ξ_i 和 ξ 中什么在变? 在哪儿变? 如何变? 式 (6.1.1) 中的加法如何进行?

解法 2 (在公理化概率论中) 甲, 乙两人赌博是在实验 $\mathcal{E}$ "独立地、重复地扔 n 次硬币" 中进行. 在公理化概率论中 $\mathcal{E}$ 的因果量化模型是概率空间 $(\Omega^n, \mathcal{F}^n, P^n \Leftarrow$

p^n), 这里

$$\Omega^n = \{(\alpha_1, \alpha_2, \cdots, \alpha_n) | \alpha_i = H \text{ 或 } T,\ 1 \leqslant i \leqslant n\} \tag{6.1.2}$$

$$\mathcal{F}^n = \Omega^n \text{的全体子集组成的集合} \tag{6.1.3}$$

$$p^n(\Omega^n)\colon \quad \begin{array}{c|c} \Omega^n & (\alpha_1, \alpha_2, \cdots, \alpha_n) \quad \alpha_i = H \text{ 或 } T, i = 1, 2, \cdots, n \\ \hline p^n & \dfrac{1}{2^n} \end{array} \tag{6.1.4}$$

其中 H 表示硬币正面, T 表示反面 (见例 5.2.1 和式 (5.2.22), 又见例 3.3.4).

现在, 用 $\xi_i(1 \leqslant i \leqslant n)$ 表示甲在第 i 局赌博中的赢钱数. 依题意, 对任意的 $\omega \in \Omega^n$, 有

$$\xi_i(\omega) = \begin{cases} 1, & \omega = (\alpha_1, \cdots, \alpha_{i-1}, H, \alpha_{i+1}, \cdots, \alpha_n) \\ -1, & \omega = (\alpha_1, \cdots, \alpha_{i-1}, T, \alpha_{i+1}, \cdots, \alpha_n) \end{cases} \tag{6.1.5}$$

用 ξ 表示甲在 n 局赌博中总赢钱数, 则

$$\xi(\omega) = \xi_1(\omega) + \xi_2(\omega) + \cdots + \xi_n(\omega), \quad \omega \in \Omega^n \tag{6.1.6}$$

【困惑问题的答案】 什么在变? 样本 (原因) 点 ω 在变. 在哪儿变? 在样本空间 Ω^n 中变[①]. 如何变? 按解析式 (6.1.5) 和 (6.1.6) 给出的规律变. 能否进行加减乘除运算? 能, 像普通函数一样进行四则运算.

例 6.1.2 在天气预报中预测明天中午的气温为 $\xi\ {}^\circ\mathrm{C}$, 则 ξ 是随机变量.

在公理化概率论出现之前, 人们认识到气象条件是多变的, 明天中午出现的气象条件是不确定的. 因此, 随机变量 ξ 是 "随不同气象条件出现取不同数值的" 变量.

在公理化概率论中天气预报是一个实验, 它划定出一个 "大" 随机局部 $\mathcal{F}$—— 天气预报涉及的全体事件. 大局部 $\mathcal{F}$ 的因果量化模型是概率空间 $(\Omega, \mathcal{F}, P)$, 其中 Ω 是导致 $\mathcal{F}$ 中事件出现的全体样本 (原因) 点 —— 各种各样的气象条件, $P(\mathcal{F})$ 是 $\mathcal{F}$ 中事件的概率值 —— 出现可能性的大小. 由于样本原因点 ω 伪出现时明天中午气温对应一个确切的值 $\xi(\omega)$, 因此随机变量 ξ 是定义在 $(\Omega, \mathcal{F}, P)$ 上的点函数

$$\xi(\omega), \quad \omega \in \Omega$$

与例 6.1.1 不同, 本例只能论证 $(\Omega, \mathcal{F}, P)$ 存在, 但无法列举出 $\mathcal{F}$ 中的全体事件, 更无法获得 Ω 的准确形式和 $\xi(\omega)$ 的解析式. 概率论研究的特色表现在, 对例 6.1.1 和例 6.1.2 中的随机变量 $\xi(\omega)$ 存在统一的研究方法, 并能获得 $\xi(\omega)$ 蕴含的全部因果知识和统计规律 (见 6.2 节和 0.5 节).

[①] 容易看出, 随机变量 $\xi(\omega)$ 的定义域 Ω^n 随着赌局次数 n 的增加在不断地改变之中.

本章论证, 每个随机变量 $\xi(\omega)$ 在大局部 $\mathcal{F}$ 中划定出一个子随机局部 $\sigma(\xi)$, 它有因果量化模型 $(\Omega, \sigma(\xi), P)$. 有趣的是, 不管 Ω 是否已知, 子局部 $\sigma(\xi)$ 中的事件总能一一列举, 并能求出这些事件的概率值.

6.1.2 分析学中的函数概念

函数和集合是现代数学中最基础的概念. 对应律、定义域、值域、值空间、像和原像组成函数概念. 由于高等数学侧重研究对应律, 概率论侧重研究定义域和原像, 所以我们把函数概念作为研究的起点.

定义 6.1.1 设 Ω, E 是两个任意的集合[①]. 如果对 Ω 中每个元素 ω, 在某个法则 ξ 的作用下总有 E 中一个且仅有一个元素 x 与这个 ω 对应, 则称 ξ 是定义在 Ω 上取值于 E 中的一个对应律; 称

$$x = \xi(\omega), \quad \omega \in \Omega \tag{6.1.7}$$

为定义在 Ω 上取值于 E 中的函数. 简记为 $\xi(\omega)$, 或 ξ, 或 $\xi(\Omega)$.

众所周知, 称 Ω 为函数 $\xi(\omega)$ 的定义域, 记为 $\mathrm{dom}\,\xi$; 称 E 为 $\xi(\omega)$ 的值空间, 称 E 的子集

$$\mathrm{ran}\,\xi = \{x \,|\, 存在 \omega \in \Omega 使 x = \xi(\omega)\} \tag{6.1.8}$$

为值域; 称 ω 为自变量, 它取遍 $\mathrm{dom}\,\xi = \Omega$ 中的所有元素; 称 y 为因变量, 它在 E 中取值, 并取遍 $\mathrm{ran}\,\xi$ 中的所有元素.

函数又称为映射. 称 (6.1.7) 为从集合 Ω 到集合 E 中的单值映射, 简称为映射, 又记为

$$\xi : \Omega \longrightarrow E \tag{6.1.9}$$

或

$$\Omega \ni \omega \xrightarrow{\xi(\omega)=x} x \in E \tag{6.1.10}$$

并称 x 是 ω 在映射 ξ 作用下的像; ω 是 x 在映射 ξ 作用下的原像. 显然, ω 的像是唯一的, 但 x 的原像不必是唯一的 (图 6.1.1).

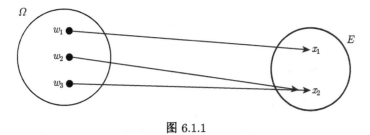

图 6.1.1

[①] 在本小节中 Ω 不是样本空间, 而是一个任意的集合; 同样, 下面的 $\mathcal{F}$ 也不是事件 σ 域, 而是 Ω 上的一个 σ 域. 因此, $(\Omega, \mathcal{F})$ 是一般的可测空间, 不必是随机试验.

用 $\xi^{-1}(x)$ 表示 x 的所有原像组成的集合, 它是

$$\xi^{-1}(x) = \{\omega | \omega \in \Omega, \xi(\omega) = x\} \tag{6.1.11}$$

显然, 当 $x \in E \backslash \mathrm{ran}\xi$ 时 $\xi^{-1}(x) = \varnothing$. 容易验证

$$\mathrm{dom}\xi = \Omega = \bigcup_{x \in \mathrm{ran}\xi} \xi^{-1}(x) \tag{6.1.12}$$

$$\mathrm{ran}\xi = \{\xi(\omega) | \omega \in \Omega\} \tag{6.1.13}$$

由图 6.1.1 和式 (6.1.13) 看出, 定义域 Ω 中元素的 "个数" 不少于值域 $\mathrm{ran}\xi$ 中元素的 "个数".

设 B 是值空间 E 的任意子集. 用 $\xi^{-1}(B)$ 表示 B 中所有元素的原像组成的集合, 即

$$\xi^{-1}(B) = \bigcup_{x \in B} \xi^{-1}(x) = \{\omega | 存在 \ x \in B \ 使 \ \xi(\omega) = x\} \tag{6.1.14}$$

并称 $\xi^{-1}(B)$ 为集合 B 在映射 ξ 作用下的原像. 显然

$$\xi^{-1}(B) = \begin{cases} \Omega, & B = \mathrm{ran}\xi \\ \xi^{-1}(x), & B = \{x\} \\ \varnothing, & B \subset E \backslash \mathrm{ran}\xi \end{cases} \tag{6.1.15}$$

定理 6.1.1　给定函数 $\xi(\omega), \omega \in \Omega$. 设 $B, B_1, B_2, B_j (j \in J, J$ 为任意指标集) 是值空间 E 的任意子集, 那么成立

$$\xi^{-1}(\overline{B}) = \overline{\xi^{-1}(B)} \tag{6.1.16}$$

$$\xi^{-1}\left(\bigcup_{j \in J} B_j\right) = \bigcup_{j \in J} \xi^{-1}(B_j) \tag{6.1.17}$$

$$\xi^{-1}\left(\bigcap_{j \in J} B_j\right) = \bigcap_{j \in J} \xi^{-1}(B_j) \tag{6.1.18}$$

$$\xi^{-1}(B_1 \backslash B_2) = \xi^{-1}(B_1) \backslash \xi^{-1}(B_2) \tag{6.1.19}$$

证明　用 $\Leftrightarrow$ 表示 "当且仅当". 我们有

$$\omega \in \xi^{-1}(B_1 \backslash B_2) \Leftrightarrow \xi(\omega) \in B_1 \backslash B_2 \Leftrightarrow \xi(\omega) \in B_1 \ 且 \ \xi(\omega) \notin B_2$$
$$\Leftrightarrow \omega \in \xi^{-1}(B_1) \ 且 \ \omega \notin \xi^{-1}(B_2)$$
$$\Leftrightarrow \omega \in \xi^{-1}(B_1) \backslash \xi^{-1}(B_2)$$

得证 (6.1.19). 令 $B_1 = E, B_2 = B$, 由 (6.1.19) 推出 (6.1.16). 我们有

$$\omega \in \xi^{-1}\left(\bigcup_{j\in J} B_j\right) \Leftrightarrow \xi(\omega) \in \bigcup_{j\in J} B_j$$

$$\Leftrightarrow 至少存在一个 \ j_0 \in J \ 使得 \ \xi(\omega) \in B_{j_0}$$

$$\Leftrightarrow 至少存在一个 \ j_0 \in J \ 使得 \ \omega \in \xi^{-1}(B_{j_0})$$

$$\Leftrightarrow \omega \in \bigcup_{j\in J} \xi^{-1}(B_j)$$

得证 (6.1.17). 类似地可证 (6.1.18), 定理得证. ■

推论 如果 $B_1 \supset B_2$, 则 $\xi^{-1}(B_1) \supset \xi^{-1}(B_2)$.

公式 (6.1.16)—(6.1.19) 和推论中包含式是使用频率极高的结论. 下面四个符号式

$$\{\omega|\xi(\omega) \in B\} = \{\xi(\omega) \in B\} = (\xi \in B) = \xi^{-1}(B) \tag{6.1.20}$$

皆表示集合 B 在映射 ξ 作用下的原像, 今后我们将不加说明地使用它们.

6.1.3 分析学中可测函数的概念

定义 6.1.2 设 $(\Omega, \mathcal{F})$ 是可测空间, $\xi(\omega)$ 是定义在 Ω 上的实值函数. 如果对任意的实数 x 成立

$$\{\omega|\xi(\omega) \leqslant x\} \in \mathcal{F} \tag{6.1.21}$$

则称 $\xi(\omega)$ 是 $(\Omega, \mathcal{F})$ 上的可测函数, 简称为可测函数, 或 $\mathcal{F}$-可测函数.

今后, $\mathbf{R}$ 永远表示实数集; $\mathcal{B}$ 是 $\mathbf{R}$ 上的 Borel 域, 其内元素称为 Borel 集; $(\mathbf{R}, \mathcal{B})$ 是 Borel 可测空间. 特别, 如果 $(\Omega, \mathcal{F}) = (\mathbf{R}, \mathcal{B})$ 时称 $\xi(\omega), \omega \in \mathbf{R}$ 为 Borel 可测函数, 简称为 Borel 函数.

定理 6.1.2 设 $\xi(\omega)$ 是 $(\Omega, \mathcal{F})$ 上的可测函数, 那么对任意的 Borel 集 B 成立

$$\{\omega|\xi(\omega) \in B\} \in \mathcal{F} \tag{6.1.22}$$

证明 用 $\mathcal{M}$ 表示使 (6.1.22) 成立的所有集合 B 组成的集合, 即

$$\mathcal{M} = \{B|B \in \mathcal{B}, \xi^{-1}(B) \in \mathcal{F}\}^{①}$$

显然 $\mathcal{M} \subset \mathcal{B}$. 为完成证明, 只需证 $\mathcal{B} \subset \mathcal{M}$.

i) $\mathbf{R} \in \mathcal{M}$. 事实上, 由 $\xi^{-1}(\mathbf{R}) = \Omega \in \mathcal{F}$ 推出 $\mathbf{R} \in \mathcal{M}$.

ii) $\mathcal{M}$ 关于补封闭. 事实上, 对任意的 $B \in \mathcal{M}$, 应用定理 6.1.1 得出 $\xi^{-1}(\overline{B}) = \mathbf{R}\backslash\xi^{-1}(B) \in \mathcal{F}$, 故 $\overline{B} \in \mathcal{M}$.

iii) $\mathcal{M}$ 关于可列并封闭. 事实上, 对任意的 $B_i \in \mathcal{M}(i = 1, 2, 3, \cdots)$, 应用定理 6.1.1 得出 $\xi^{-1}\left(\bigcup_{i\geqslant 1} B_i\right) = \bigcup_{i\geqslant 1} \xi^{-1}(B_i) \in \mathcal{F}$, 故 $\bigcup_{i\geqslant 1} B_i \in \mathcal{M}$.

---

① 注意, 符号式 $B \in \mathcal{B}$ 中左方是英文斜体大写字母 B, 代表 R 的子集; 右方是英文草体大写字母 $\mathcal{B}$, 代表一个集示——Borel 域. 今后遇到此类符号式时不再说明.

于是证明了 $\mathcal{M}$ 是 $\mathbf{R}$ 上的 σ 域. 由于 $\xi(\omega)$ 满足 (6.1.21), 故 $(-\infty, x] \in \mathcal{M}$. 应用定理 6.1.1 得出 $\xi^{-1}((a,b]) = \xi^{-1}((-\infty, b])\backslash \xi^{-1}((-\infty, a])$, 故 $(a, b] \in \mathcal{M}$. 于是又证明了 $\mathcal{M}$ 包含 $\mathcal{B}$ 的芽集 $\mathcal{A}$, 即

$$\mathcal{A} = \{(a,b]| -\infty \leqslant a < b < +\infty\} \subset \mathcal{M}$$

应用命题 1.4.10 和芽集扩张定理得出

$$\mathcal{B} = \sigma(\mathcal{A}) \subset \mathcal{M}$$

得证 $\mathcal{B} = \mathcal{M}$. ■

推论　条件 (6.1.21) 和 (6.1.22) 等价.

由于 (6.1.22) 比 (6.1.21) 表达出 $\mathcal{F}$ 中更多的元素, 应用推论可以给出可测函数的一个等价定义.

定义 6.1.3　给定可测空间 $(\Omega, \mathcal{F})$ 和 Borel 可测空间 $(\mathbf{R}, \mathcal{B})$. 设 $\xi(\omega)$ 是定义在 Ω 上取值于 $\mathbf{R}$ 中的实值函数. 如果对任意的 $B \in \mathcal{B}$ 成立

$$\{\omega | \xi(\omega) \in B\} \in \mathcal{F} \tag{6.1.23}$$

则称 $\xi(\omega)$ 是定义在 $(\Omega, \mathcal{F})$ 上取值于 $(\mathbf{R}, \mathcal{B})$ 中的可测函数. 简称为可测函数, 或 $\mathcal{F}$-可测函数.

通常, 把 (6.1.14) 定义的 ξ^{-1} 称为映射 ξ 的逆映射. 我们把一个平凡的结论写成如下定理.

定理 6.1.3　设 $\xi(\omega)$ 是 $(\Omega, \mathcal{F})$ 上取值于 $(\mathbf{R}, \mathcal{B})$ 中的可测函数, 那么逆映射

$$\xi^{-1}(B), \quad B \in \mathcal{B} \tag{6.1.24}$$

是定义在 $\mathcal{B}$ 上取值于 $\mathcal{F}$ 中的函数. 即

$$\xi^{-1} : \mathcal{B} \ni B \to \{\omega | \xi(\omega) \in B\} \in \mathcal{F} \tag{6.1.25}$$

其值域为

$$\operatorname{ran}\xi^{-1} = \{(\xi \in B) | B \in \mathcal{B}\} \subset \mathcal{F} \tag{6.1.26}$$

图 6.1.2 展示出可测函数 $\xi(\omega)$ 和逆映射 $\xi^{-1}(B)$ 之间的依存关系.

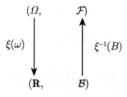

图 6.1.2　$\xi^{-1}(B)$ 和 $\xi(\omega)$ 的依存关系

注意, $\mathbf{R}$ 是 $\xi(\omega)$ 的取值空间, 一般情形下值域 $\operatorname{ran}\xi$ 是 $\mathbf{R}$ 的真子集; 同样, $\mathcal{F}$ 是 $\xi^{-1}(B)$ 的取值空间, 一般情形下值域 $\operatorname{ran}\xi^{-1}$ 是 $\mathcal{F}$ 的真子集.

6.2 随机变量和它的因果结构图

6.2.1 随机变量和它的分布函数

定义 6.2.1 给定概率空间 $(\Omega, \mathcal{F}, P)$, 设 $X(\omega)$ 是定义在 Ω 上的实值函数. 如果对任意的实数 x 成立

$$\{\omega | X(\omega) \leqslant x\} \in \mathcal{F} \tag{6.2.1}$$

则称 $X(\omega)$ 是 $(\Omega, \mathcal{F}, P)$ 上的随机变量; 并称实变量的实值函数

$$F_X(x) = P\{X(\omega) \leqslant x\}, \quad x \in (-\infty, +\infty) \tag{6.2.2}$$

为 $X(\omega)$ 的分布函数.

由此可见, 随机变量是具有分布函数的一类可测函数. 应用定理 6.1.2 和定理 6.1.3 得知

i) $X(\omega)$ 是随机试验 $(\Omega, \mathcal{F})$ 到 Borel 空间 $(\mathbf{R}, \mathcal{B})$ 中的可测函数. 称 $(\mathbf{R}, \mathcal{B})$ 为 $X(\omega)$ 的取值空间.

ii) $X^{-1}(B)$ 是 $X(\omega)$ 的逆映射, 它是定义在 Borel 域 $\mathcal{B}$ 上取值于 $\mathcal{F}$ 中的函数, 其解析式为

$$X^{-1}(B) = \{\omega | X(\omega) \in B\}, \quad B \in \mathcal{B} \tag{6.2.3}$$

随机变量在现实中到处存在. 从上节背景材料中的例 6.1.1 和例 6.1.2, 以及例 0.5.1 和例 0.5.2 看出, 概率论只对 $X(\omega)$ 蕴含的事件及其概率感兴趣. (6.2.1) 和 (6.2.3) 是用 $X(\omega)$ 列举出的一部分事件, 分别把它们汇集在一起, 形成集合

$$\mathcal{A}_X = \{(X(\omega) \leqslant x) | x \in \mathbf{R}\} \tag{6.2.4}$$

$$\text{ran}X^{-1} = \{(X(\omega) \in B) | B \in \mathcal{B}\} \tag{6.2.5}$$

其中 $\text{ran}X^{-1}$ 是值域; $(X(\omega) \leqslant x)$ 是事件 "$X(\omega)$ 取值小于或等于 x"; $\{X(\omega) \in B\}$ 是事件 "$X(\omega)$ 的取值落在 Borel 集合 B 中".

定理 6.2.1 设 $X(\omega)$ 是概率空间 $(\Omega, \mathcal{F}, P)$ 上的随机变量, 那么 $\text{ran}X^{-1}$ 是 $\mathcal{F}$ 的子事件 σ 域, 它有芽集 $\mathcal{A}_X$, 即

$$\text{ran}X^{-1} = \sigma(\mathcal{A}_X) \tag{6.2.6}$$

证明 设 $\{X(\omega) \in B\}, \{X(\omega) \in B_i\}(i = 1, 2, 3, \cdots)$ 是 $\text{ran}X^{-1}$ 中有限或可列个事件. 应用定理 6.1.1 得出

$$\Omega \backslash \{X(\omega) \in B\} = \{X(\omega) \in \mathbf{R} \backslash B\} \in \text{ran}X^{-1}$$

$$\bigcup_{i \geqslant 1} \{X(\omega) \in B_i\} = \Big\{ X(\omega) \in \bigcup_{i \geqslant 1} B_i \Big\} \in \mathrm{ran}X^{-1}$$

即是说, $\mathrm{ran}X^{-1}$ 关于补和可列并运算封闭, 得证 $\mathrm{ran}X^{-1}$ 是 σ 域. 定理 6.1.2 保证 $\mathrm{ran}X^{-1}$ 是 $\mathcal{F}$ 的子事件 σ 域.

显然 $\mathcal{A}_X \subset \mathrm{ran}X^{-1}$, 故 $\sigma(\mathcal{A}_X) \subset \mathrm{ran}X^{-1}$. 为完成定理证明只需证 $\mathrm{ran}X^{-1} \subset \sigma(\mathcal{A}_X)$.

让我们应用芽集扩张定理 (定理 2.3.1) 考察 Borel 域 $\mathcal{B}$ 的结构. 取实数集 $\mathbf{R}$ 为全集, 在 $\mathbf{R}$ 中引进集系

$$\mathcal{A}_0 = \{(-\infty, x] | x \in \mathbf{R}\} \tag{6.2.7}$$

$$\mathcal{A}_1 = \{(a, b] | -\infty \leqslant a < b < +\infty\} \tag{6.2.8}$$

由于 $(a, b] = (-\infty, b] \backslash (-\infty, a]$ 和 $\mathcal{A}_1$ 是 Borel 域的芽集, 故 $\sigma(\mathcal{A}_0) = \sigma(\mathcal{A}_1) = \mathcal{B}$. 即是说, $\mathcal{A}_0$ 也是 Borel 域 $\mathcal{B}$ 的芽集. 对集系 $\mathcal{A}_0$ 进行定理 2.3.1 中一系列 $**$ 操作, 得到

$$\mathcal{A}_2 = \mathcal{A}_0^{**}, \mathcal{A}_3 = \mathcal{A}_2^{**}, \cdots, \mathcal{A}_{\alpha+1} = \mathcal{A}_\alpha^{**}, \cdots$$

其中 α 是可数序数. 显然有

$$\mathcal{A}_0 \subset \mathcal{A}_1 \subset \mathcal{A}_2 \subset \cdots \subset \mathcal{A}_\alpha \subset \mathcal{A}_{\alpha+1} \subset \cdots$$

最终得到 $\mathcal{B} = \bigcup_{\alpha \geqslant 0} \mathcal{A}_\alpha$.

回到随机试验 $(\Omega, \mathcal{F})$. 应用 (6.2.7) 可以把 (6.2.4) 改写为

$$\mathcal{A}_X = \{(X(\omega) \in B) | B \in \mathcal{A}_0\} \subset \sigma(\mathcal{A}_X)$$

于是, 应用定理 6.1.1 容易推出 $\{(X(\omega) \in B) | B \in \mathcal{A}_1\} \subset \sigma(\mathcal{A}_X)$; 由此又推出 $\{(X(\omega) \in B) | B \in \mathcal{A}_2\} \subset \sigma(\mathcal{A}_X)$; $\cdots$. 由超限归纳法得出, 对一切可数序数 α 成立 $\{(X(\omega) \in B) | B \in \mathcal{A}_\alpha\} \subset \sigma(\mathcal{A}_X)$. 最终得出

$$\mathrm{ran}X^{-1} = \Big\{ (X(\omega) \in B) | B \in \bigcup_{\alpha \geqslant 0} \mathcal{A}_\alpha = \mathcal{B} \Big\} \subset \sigma(\mathcal{A}_\alpha)$$

证明完成. ■

推论　$(\Omega, \sigma(X), P)$ 是 $(\Omega, \mathcal{F}, P)$ 的子概率空间, 其中 $\sigma(X) \overset{\text{def}}{=\!=} \mathrm{ran}X^{-1}$.

我们认定

$$\sigma(X) = \{(X(\omega) \in B) | B \in \mathcal{B}\} \tag{6.2.9}$$

是 $X(\omega)$ 蕴含的全部事件. 于是, 随机变量理论中最基本的任务是, 找出指定的事件 $\{X(\omega) \in B\}$, 并求其概率 $P\{X(\omega) \in B\}$.

定理 6.2.2 设 $X(\omega)$ 是概率空间 $(\Omega, \mathcal{F}, P)$ 上的随机变量, $(\mathbf{R}, \mathcal{B})$ 是它的取值空间. 对任意的 $B \in \mathcal{B}$, 令

$$P_X(B) = P\{X(\omega) \in B\}, \quad B \in \mathcal{B} \tag{6.2.10}$$

那么 $P_X(\mathcal{B})$ 是 $(\mathbf{R}, \mathcal{B})$ 上的概率测度.

证明 显然 $P_X(\mathcal{B})$ 满足定义 3.2.1 中非负性公理; 由 $X^{-1}(\mathbf{R}) = \Omega$, $P_X(\mathbf{R}) = P(\Omega)$ 知, 它也满足规范性公理.

设 $B_i(i = 1, 2, 3, \cdots)$ 是 $\mathcal{B}$ 中有限或可列个互不相交的 Borel 集. 应用定理 6.1.1 得出

$$X^{-1}\left(\bigcup_{i \geqslant 1} B_i\right) = \bigcup_{i \geqslant 1} X^{-1}(B_i)$$

并且右方是 $\mathcal{F}$ 中互不相容的事件之并. 故

$$P_X\left(\bigcup_{i \geqslant 1} B_i\right) = P\left\{X^{-1}\left(\bigcup_{i \geqslant 1} B_i\right)\right\} = P\left\{\bigcup_{i \geqslant 1} X^{-1}(B_i)\right\}$$

$$= \sum_{i \geqslant 1} P\{X^{-1}(B_i)\} = \sum_{i \geqslant 1} P_X(B_i)$$

得证 $P_X(\mathcal{B})$ 满足可列可加性公理. 定理证毕. ∎

推论 $P_X(\mathcal{B})$ 的分布函数是 (6.2.2) 定义的 $F_X(x)$; $(\mathbf{R}, \mathcal{B}, P_X \Leftarrow F_X)$ 是 Kolmogorov 型概率空间, 并且有

$$P_X(B) = \int_B \mathrm{d}F_X(x) \tag{6.2.11}$$

联合 (6.2.10) 和 (6.2.11) 得出下述重要的定理.

定理 6.2.3 (概率值计算公式) 设 $X(\omega)$ 是概率空间 $(\Omega, \mathcal{F}, P)$ 上的随机变量. 如果 $X(\omega)$ 的分布函数 $F_X(x)$ 已知, 那么可以用公式

$$P(X(\omega) \in B) = \int_B \mathrm{d}F_X(x) \quad (B \in \sigma(X)) \tag{6.2.12}$$

计算 $\sigma(X)$ 中任何事件的概率.

以上三个定理涉及三个概率空间. 为了引用方便, 引进如下的定义.

定义 6.2.2 设 $X(\omega)$ 是概率空间 $(\Omega, \mathcal{F}, P)$ 上的随机变量. $F_X(x)$ 是它的分布函数. 那么

i) 称 $(\Omega, \mathcal{F}, P)$ 为 $X(\omega)$ 的基础概率空间;

ii) 称 $(\Omega, \sigma(X), P)$ 为 $X(\omega)$ 的表现 (因果的) 概率空间; 称 $(\Omega, \sigma(X))$ 为 $X(\omega)$ 产生的子随机试验; 称 $\sigma(X)$ 为 $X(\omega)$ 生成的子事件 σ 域 (或划定的子随机局部);

iii) 称 $(\mathbf{R}, \mathcal{B}, P_X \Leftarrow F_X)$ 为 $X(\omega)$ 的值概率空间; 称 $(\mathbf{R}, \mathcal{B})$ 为取值空间; 称 $P_X(\mathcal{B})$ 为 $X(\omega)$ 的概率分布.

6.2.2　独特的研究前提和因果结构图

定义 6.2.1 是建立随机变量理论的出发点. 现在指明这个出发点的三个独特之处. 它们是

i) 基础概率空间 $(\Omega, \mathcal{F}, P)$ 通常是未知的, 但要假定它存在;

ii) $X(\omega)$ 的取值是可观测的量, 分布函数 $F_X(x)$ 反映取值族 $\{X(\omega) \backslash \omega \in \Omega\}$ 在数直线上的分布情况. 但 $X(\omega)$ 的定义域和解析式通常是未知的;

iii) 分布函数 $F_X(x)$ 是已知的, 是建立随机变量理论的出发点.

必须理解 (参看例 6.1.1 和例 6.1.2, 其中例 6.1.2 是主流问题), 我们是在遵守条件 i)—iii) 的假定下建立随机变量的理论. 用这个观点考察定理 6.2.1— 定理 6.2.3, 容易发现它们之间的紧密联系:

已知分布函数 $F_X(x) \Rightarrow$ 得到值概率空间 $(\mathbf{R}, \mathcal{B}, P_X \Leftarrow F_X)$(见定理 6.2.2)$\Rightarrow$ 得到 $\sigma(X)$ 上的概率测度 $P(\sigma(X))$(见定理 6.2.3)$\Rightarrow$ 得到 "半已知的" 表现概率空间 $(\Omega, \sigma(X), P)$(见定理 6.2.1). "半已知" 的含义是, Ω 是未知的; $\sigma(X)$ 中事件可以用式 (6.2.9) ——列举, 其内事件的概率可以用公式 (6.2.12) 算出.

进一步, 定理 6.2.1—定理 6.2.3 是随机变量的基本知识. 为了从这些知识中整理出系统的因果知识和统计规律, 反映知识和规律的来龙去脉, 形成一个知识网, 我们设计出随机变量的 "因果结构图" (图 6.2.1).

例 6.2.1　　用扔硬币实验进行赌博, 并约定在每局中 (即扔硬币一次), 如果出现正面, 则赌客赢 1 元; 出现反面则输 1 元. 用 X_1 表示第 1 局中赌客的赢钱数, 则 X 是随机变量. 试求:

i) X 的基础概率空间和解析式;

ii) X 的分布律和值概率空间;

iii) X 的表现概率空间.

解　　i) X 的基础概率空间是例 3.1.1 中的概率空间 $(\Omega, \mathcal{F}, P)$, 其解析式为

$$X(\omega) = \begin{cases} 1, & \omega = H \\ -1, & \omega = T \end{cases}$$

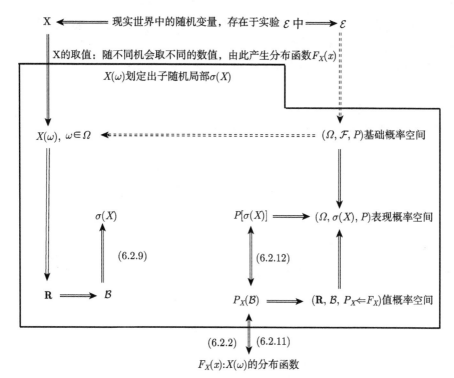

图 6.2.1 X 的因果结构图 $(X(\omega), \sigma(X), F_X(x))$

ii) 显然 $P(X=1) = P(H) = \dfrac{1}{2}, P(X=-1) = P(T) = \dfrac{1}{2}$, 故分布律为

$$p_X: \quad \begin{array}{c|cc|c} X & -1 & 1 & \text{其他 } x \\ \hline p_X & \dfrac{1}{2} & \dfrac{1}{2} & 0 \end{array}$$

值概率空间是 Kolmogorov 型概率空间 $(\mathbf{R}, \mathcal{B}, P_X \Leftarrow p_X)$.

iii) 表现概率空间是 $(\Omega, \sigma(x), P)$, 其中

$$\sigma(X) = \{\varnothing, (x=-1), (X=1), \Omega\}$$

$$P(A) = \begin{cases} 0, & A = \varnothing \\ \dfrac{1}{2}, & A = (X=-1) \text{ 或 } (X=1) \\ 1, & A = \Omega \end{cases}$$

注 显然 $\sigma(X) = \mathcal{F}$, 表现概率空间等同于基础概率空间. 但是, 我们仍然使用 $\sigma(X)$, 因为它赋予 $\mathcal{F}$ 中事件更多的现实内容.

例 6.2.2 用掷骰子实验进行赌博, 并约定在每局中 (即掷骰子一次), 出现 1 点或 2 点时赌客赢 a 元; 出现 3 点或 4 点时赢 b 元; 出现 5 点或 6 点时赢 c 元

$(a, b, c$ 是三个不同的实数$)$. 用 X 表示赌客在第 1 局中的赢钱数, 则 X 是只取三个数值 a, b, c 的随机变量. 试求:

i) X 的基础概率空间和解析式;

ii) X 的分布律和值概率空间;

iii) X 的表现概率空间.

解 i) X 的基础概率空间是例 3.1.2 中的概率空间 $(\Omega, \mathcal{F}, P)$, 其解析式为

$$X(\omega) = \begin{cases} a, & \omega = \omega_1 \text{ 或 } \omega_2 \\ b, & \omega = \omega_3 \text{ 或 } \omega_4 \\ c, & \omega = \omega_5 \text{ 或 } \omega_6 \end{cases}$$

ii) 显然 $P(X = a) = P(\{\omega_1, \omega_2\}) = \dfrac{1}{3}$, $P(X = b) = P(\{\omega_3, \omega_4\}) = \dfrac{1}{3}$; $P(X = c) = P(\{\omega_5, \omega_6\}) = \dfrac{1}{3}$. 故 X 的分布律为

$$p_X: \quad \begin{array}{c|ccc|c} X = x & a & b & c & \text{其他 } x \\ \hline p_X(x) & \dfrac{1}{3} & \dfrac{1}{3} & \dfrac{1}{3} & 0 \end{array}$$

值概率空间是 Kolmogorov 型概率空间 $(\mathbf{R}, \mathcal{B}, P_X \Leftarrow p_X)$.

iii) 表现概率空间是 $(\Omega, \sigma(X), P)$, 其中

$$\sigma(X) = \sigma(\mathcal{A}), \quad \mathcal{A} = \{(X = a), (X = b), (X = c)\}$$

由公式 (3.1.15) 得出, 对任意的 $A \in \sigma(X)$ 有

$$P(A) = \frac{A \text{含样本点个数}}{6}$$

例 6.2.3 在例 6.1.2 的天气预报实验中用 X 表示明天的最高温度, 则 X 是随机变量. 试讨论:

i) X 的基础概率空间和解析式;

ii) X 的值概率空间和分布函数 (分布列或分布密度);

iii) X 的表现概率空间.

解 i) 气象条件千变万化, 多种多样. 我们无法列举出天气预报实验中的样本点 —— "最简单的不能分解的" 基本事件. 为了应用概率论研究天气预报实验, 人们假定它存在因果量化模型 —— 概率空间 $(\Omega, \mathcal{F}, P)$, 并且明天的最高气温 X 是函数 $X(\omega), \omega \in \Omega$.

于是得出, 随机变量 X 的基础概率空间是 $(\Omega, \mathcal{F}, P)$. 它和 X 的解析式皆是未知的, 但承认它们存在.

ii) X 的值概率空间是 $(\mathbf{R}, \mathcal{B}, P_X \Leftarrow F_X)$, 其中只有分布函数 $F_X(x), x \in \mathbf{R}$ 是未知的.

随机变量 X 的取值是可观测的量, 应用大量的实验数据和气象学知识, 人们采用多种方法找到分布函数 $F_X(x)$, 得到完全已知的 $(\mathbf{R}, \mathcal{B}, P_X \Leftarrow F_X)$. 本项工作属于概率论中的赋概工作.

iii) X 的表现概率空间是 $(\Omega, \sigma(X), P)$, 其中 $(\sigma(X), P)$ 是完全已知的.

事实上, 由于值概率空间已知, 我们有

$$\sigma(X) = \{(X(\omega) \in B) | B \in \mathcal{B}\}$$
$$P\{X \in B\} = \int_B \mathrm{d}F_X(x)$$

其中 $\{X(\omega) \in B\}$ 是事件 "最高气温 X 在集合 B 中取值".

6.2.3 小结: 分布函数研究法

应用问题要求人们研究实验 $\mathcal{E}$ (不妨把天气预报视为主流实验的代表), 任务是建立 $\mathcal{E}$ 的因果量化模型 $(\Omega, \mathcal{F}, P)$. 在主流实验中这是无法完成的任务. 我们既得不到 Ω, 也无法得到 $\mathcal{F}$ 和 P; 但是承认 $(\Omega, \mathcal{F}, P)$ 存在.

幸运的是, 应用问题真正感兴趣的是 $\mathcal{E}$ 中的随机变量 (含变量族). 例如, 天气预报中最高温度 X, 最低温度 Y, 湿度 Z, PM2.5 浓度 W 等; 例 6.2.1 和例 6.2.2 中则是赌客的赢钱数, 等等.

因果结构图 $(X(\omega), \sigma(X), F_X(x))$ (图 6.2.1) 展示: 分布函数 $F_X(x)$ 蕴含随机变量 $X(\omega)$ 的全部因果知识和统计规律, 这些知识和规律皆存在于表现概率空间 $(\Omega, \sigma(X), P)$ 中. 事实上, 应用 Borel 域 $\mathcal{B}$ 和分布函数 $F_X(x)$, 可以把子随机局部 $\sigma(X)$ 中事件一一列举, 并求出它们的概率. 方法是

$$\sigma(X) = \{(X(\omega) \in B) | B \in \mathcal{B}\} \tag{6.2.13}$$

$$P\{X(\omega) \in B\} = \int_B \mathrm{d}F_X(x) \tag{6.2.14}$$

显然, 为了掌握因果结构图, 必须学会解答两类习题.

I) 用公式 (6.2.14) 计算事件的概率.

由 3.6 节知, 这类习题又包括两类问题:

1) 已知分布函数, 求出它的分布律或分布密度; 反之, 已知分布律或分布密度, 求出分布函数.

2) 已知分布律或分布密度, 试求指定事件的概率.

II) 如何求分布函数 $F_X(x)$?

这类习题可以分两种情况进行解答:

1) 对非主流实验 $\mathcal{E}$(像例 6.2.1 和例 6.2.2) 中的随机变量 $X(\omega)$, 可以先建立基础概率空间, 然后用公式 (6.2.1) 求出它的分布函数.

2) 对主流实验 $\mathcal{E}$(像例 6.2.3) 中随机变量 $X(\omega)$, 可以通过 $X(\omega)$ 的 "随机取值" 中蕴含的知识和规律 (参看 3.6 节, 以及第 8 章), 结合应用问题所在学科中的知识和规律, 寻找出分布函数 $F_X(x)$.

其实, 我们在 3.6 节中已讨论过这两类习题, 在下节中将用较多的例子再次熟悉它们.

6.3　分布函数和概率值计算 (IV)

因果结构图显示, 分布函数 $F_X(x)$(简记为 $F(x)$) 蕴含随机变量 $X(\omega)$ 的全部因果知识和统计规律. 事实上, 假定 $F(x)$ 已知, 则值概率空间 $(\mathbf{R}, \mathcal{B}, P_X \Leftarrow F)$ 完全已知; 由此推出表现概率空间 $(\Omega, \sigma(X), P)$ "基本上" 已知: 即使 Ω 未知, $\sigma(X)$ 中事件及其概率仍可以用公式

$$\sigma(X) = \{(X \in B) | B \in \mathcal{B}\} \tag{6.3.1}$$

$$P\{X \in B\} = P_X(B) = \int_B \mathrm{d}F(x) \tag{6.3.2}$$

求出.

为了用 (6.3.2) 计算概率值, 由定理 3.6.1 得知, 需要对随机变量进行分类.

定义 6.3.1　称随机变量 $X(\omega)$ 是离散型的 (或连续型的, 或奇异型的, 或混合型的), 如果它的分布函数 $F(x)$ 属于相应的类型.

通常, 称 $F(x)$ 的分布律或分布密度为随机变量 $X(\omega)$ 的分布律或分布密度. 本书只讨论离散型和连续型随机变量.

6.3.1　离散型随机变量

随机变量 $X(\omega)$ 如果只能取有限或可列个数值, 则它是离散型的. 特别, 基础概率空间是离散型的, 那么其上的随机变量皆是离散型的.

定理 6.3.1　设 $X(\omega)$ 是离散型随机变量, 其分布律 $p(x)$ 为

$$p(x): \quad \begin{array}{c|ccccc|c} X(\omega) & x_0 & x_1 & \cdots & x_i & \cdots & \text{其他 } x \\ \hline p(x) & p(x_0) & p(x_1) & \cdots & p(x_i) & \cdots & 0 \end{array} \tag{6.3.3}$$

那么, i) $X(\omega)$ 的分布函数 $F(x)$ 为

$$F(x) = \sum_{i \geqslant 0} p(x_i) \varepsilon(x - x_i), \quad x \in \mathbf{R} \tag{6.3.4}$$

其中 $\varepsilon(x)$ 是单位跳函数.

ii) 对任意的 Borel 集 B, 事件 $\{X(\omega) \in B\}$ 的概率为

$$P(X \in B) = \sum_{i:x_i \in B} p(x_i) \tag{6.3.5}$$

证明　结论由定义 3.6.3、引理 3.6.2 和定理 3.6.1 推出. ∎

例 6.3.1　判别下列栅函数是否为分布律

$$p_1(x):\quad \begin{array}{c|cccc|c} X(\omega) & -2 & -1 & 0 & 1 & \text{其他 } x \\ \hline p_1(x) & 0.7 & 0.2 & 0.2 & -0.1 & 0 \end{array}$$

$$p_2(x):\quad \begin{array}{c|cccc|c} X(\omega) & 1 & 3 & 5 & 7 & \text{其他 } x \\ \hline p_2(x) & 0.5 & 0 & 0.3 & 0.3 & 0 \end{array}$$

$$p_3(x):\quad \begin{array}{c|ccccccc|c} X(\omega) & 1 & 2 & 3 & \cdots & k & \cdots & \text{其他 } x \\ \hline p_3(x) & \dfrac{1}{2} & \dfrac{1}{2}\cdot\dfrac{1}{3} & \dfrac{1}{2}\left(\dfrac{1}{3}\right)^2 & \cdots & \dfrac{1}{2}\left(\dfrac{1}{3}\right)^{k-1} & \cdots & 0 \end{array}$$

解　三个栅函数皆不是分布律. 理由是, $p_1(x)$ 的函数值中出现负数; $p_2(x)$ 中函数值之和 $0.5 + 0 + 0.3 + 0.3 > 1$; $p_3(x)$ 中函数值之和 $\sum\limits_{i=0}^{\infty} \dfrac{1}{2} \cdot \left(\dfrac{1}{3}\right)^i = \dfrac{3}{4} < 1$.

例 6.3.2　设随机变量 $X(\omega)$ 只能取四个数值 1, 2, 3, 4; 并且 $P(X = k)(k = 1, 2, 3, 4)$ 与 k 成正比. 试求 $X(\omega)$ 的分布律和分布函数.

解　由假定条件"成正比", 我们有

$$P(X = k) = ck \quad (k = 1, 2, 3, 4)$$

这里 c 是非负常数. 又由假定条件"只能取四个数值得出"

$$\sum_{k=1}^{4} P(X = k) = \sum_{k=1}^{4} ck = 1$$

由此推出 $c = \dfrac{1}{10}$. 于是 $X(\omega)$ 的分布律 $p(x)$ 为

$$p(x):\quad \begin{array}{c|cccc|c} X(\omega) & 1 & 2 & 3 & 4 & \text{其他 } x \\ \hline p(x) & \dfrac{1}{10} & \dfrac{2}{10} & \dfrac{3}{10} & \dfrac{4}{10} & 0 \end{array}$$

分布函数 $F(x)$ 为

$$F(x) = \begin{cases} 0, & -\infty < x < 1 \\[2mm] \dfrac{1}{10}, & 1 \leqslant x < 2 \\[2mm] \dfrac{3}{10}, & 2 \leqslant x < 3 \\[2mm] \dfrac{6}{10}, & 3 \leqslant x < 4 \\[2mm] 1, & 4 \leqslant x < +\infty \end{cases}$$

例 6.3.3　设随机变量 $X(\omega)$ 的分布律为

$$p(x) = \begin{cases} \dfrac{2}{3}\left(\dfrac{1}{3}\right)^{k-1}, & x = k(k = 1, 2, 3, \cdots) \\[2mm] 0, & \text{其他} \end{cases}$$

试求分布函数 $F(x)$.

解　由定理 6.3.1 得出, $X(\omega)$ 的分布函数为

$$F(x) = \sum_{k=1}^{\infty} \frac{2}{3}\left(\frac{1}{3}\right)^{k-1} \varepsilon(x - k)$$

或用分段函数表示为

$$F(x) = \begin{cases} 0, & -\infty < x < 1 \\[2mm] \dfrac{2}{3}, & 1 \leqslant x < 2 \\[2mm] \dfrac{2}{3} + \dfrac{2}{3} \cdot \dfrac{1}{3}, & 2 \leqslant x < 3 \\[2mm] \cdots & \cdots \\[2mm] \sum_{i=1}^{k} \dfrac{2}{3}\left(\dfrac{1}{3}\right)^{i-1}, & k - 1 \leqslant x < k \\[2mm] \cdots & \cdots \end{cases}$$

例 6.3.4　设随机变量 $X(\omega)$ 的分布律为

$$p\{X(\omega) = x\} = \begin{cases} \dfrac{c}{k(k+1)(k+2)}, & x = k(k = 1, 2, 3, \cdots) \\[2mm] 0, & \text{其他} \end{cases}$$

试求常数 c 和概率值 $P(m - k \leqslant X(\omega) < m + k)$, 其中 $m > k > 0$.

解 应用分布律的规范性条件得出

$$
1 = \sum_{k=1}^{\infty} \frac{c}{k(k+1)(k+2)}
$$

$$
= \lim_{n \to \infty} \sum_{k=1}^{n} \frac{c}{2} \left[\frac{1}{k(k+1)} - \frac{1}{(k+1)(k+2)} \right]
$$

$$
= \lim_{n \to \infty} \frac{c}{2} \left[\frac{1}{l \cdot 2} - \frac{1}{(n+1)(n+2)} \right] = \frac{c}{4}
$$

故 $c = 4$. 应用计算公式 (6.3.5) 得出

$$
P(m - k \leqslant X(\omega) < m + k)
$$

$$
= \sum_{i=m-k}^{m+k-1} P(X(\omega) = i)
$$

$$
= \sum_{i=m-k}^{m+k-1} \frac{c}{2} \left[\frac{1}{i(i+1)} - \frac{1}{(i+1)(i+2)} \right]
$$

$$
= 2 \left[\frac{1}{(m-k)(m-k+1)} - \frac{1}{(m+k)(m+k+1)} \right]
$$

$$
= \frac{4k(2m+1)}{(m^2 - k^2)[(m+1)^2 - k^2]}
$$

例 6.3.5 把三个球随意地放入编号为 $1, 2, 3, 4$ 的四个盒子中. 用 X 表示有球盒子的最大编号, 试求 X 的分布律.

解 显然, 随机变量 X 只能取四个数值 $1, 2, 3, 4$, 任务是求概率值 $P(X = k)(k = 1, 2, 3, 4)$. 用 A_i(或 B_i, 或 C_i) 表示事件 "第 1 个球 (对应地, 第 2 个球, 或第 3 个球) 放入第 i 个盒子中"$(i = 1, 2, 3, 4)$.

显然, 事件族 $\{A_1, A_2, A_3, A_4\}$ 满足条件

$$
\Omega = A_1 \cup A_2 \cup A_3 \cup A_4, \quad A_i A_j = \varnothing (i \neq j, i, j = 1, 2, 3, 4)
$$

其中 Ω 是必然事件. 由于四个事件 A_1, A_2, A_3, A_4 处于对等的地位, 对事件族 $\{A_1, A_2, A_3, A_4\}$ 应用等可解赋概法得出

$$
P(A_1) = P(A_2) = P(A_3) = P(A_4) = \frac{1}{4}
$$

同理可证

$$
P(B_1) = P(B_2) = P(B_3) = P(B_4) = \frac{1}{4}
$$

$$
P(C_1) = P(C_2) = P(C_3) = P(C_4) = \frac{1}{4}
$$

现在, 注意到 $\{A_1, A_2, A_3, A_4\}, \{B_1, B_2, B_3, B_4\}, \{C_1, C_2, C_3, C_4\}$ 是相互独立的三个事件族, 故

$$P(X \leqslant 1) = P(A_1 B_1 C_1) = P(A_1)P(B_1)P(C_1) = \frac{1}{64}$$

$$P(X \leqslant 2) = P\{(A_1 \cup A_2) \cap (B_1 \cup B_2) \cap (C_1 \cup C_2)\}$$

$$= P(A_1 \cup A_2)P(B_1 \cup B_2)P(C_1 \cup C_2)$$

$$= \frac{2}{4} \cdot \frac{2}{4} \cdot \frac{2}{4} = \frac{8}{64}$$

$$P(X \leqslant 3) = P\{(A_1 \cup A_2 \cup A_3) \cap (B_1 \cup B_2 \cup B_3) \cap (C_1 \cup C_2 \cup C_3)\}$$

$$= P(A_1 \cup A_2 \cup A_3)P(B_1 \cup B_2 \cup B_3)P(C_1 \cup C_2 \cup C_3)$$

$$= \frac{3}{4} \cdot \frac{3}{4} \cdot \frac{3}{4} = \frac{27}{64}$$

$$P(X \leqslant 4) = 1$$

应用概率测度的可减性推出

$$P(X = 1) = P(X \leqslant 1) = \frac{1}{64}$$

$$P(X = 2) = P(X \leqslant 2) - P(X < 2) = \frac{8}{64} - \frac{1}{64} = \frac{7}{64}$$

$$P(X = 3) = P(X \leqslant 3) - P(X < 3) = \frac{27}{64} - \frac{8}{64} = \frac{19}{64}$$

$$P(X = 4) = P(X \leqslant 4) - P(X < 4) = 1 - \frac{27}{64} = \frac{37}{64}$$

最终得到 X 的分布律 $p(x)$ 为

$$p(x): \quad \begin{array}{c|cccc|c} X & 1 & 2 & 3 & 4 & 其他\ x \\ \hline p(x) & \dfrac{1}{64} & \dfrac{7}{64} & \dfrac{19}{64} & \dfrac{37}{64} & 0 \end{array}$$

注　本例也可先建立随机变量 X 的基础概率空间, 然后计算 $p(x)$.

例 6.3.6　甲从 1, 2, 3, 4, 5 中任取一数; 若甲取出的是 k, 则乙从 1 至 k 中任取一数. 用 X 表示乙取出的数, 试求 X 的分布律.

解　X 是随不同机会取五个不同数值的变量, 故 X 是随机变量. 任务是求 $P(x = k)(k = 1, 2, \cdots, 5)$. 用 Y 表示甲取出的数, 它也是随机变量. 显然, X 和 Y 都是离散型随机变量, 并且只能取五个不同的数值.

容易看出, 事件组 $\{(Y = i)|i = 1, 2, \cdots, 5\}$ 是样本空间 Ω 的一个划分, 即

$$\bigcup_{i=1}^{5}(Y = i) = \Omega, \quad (Y = i) \cap (Y = j) = \varnothing \quad (i \neq j)$$

而且 5 个事件处于对等的地位. 于是, 应用等可能性原理得出

$$P(Y=i) = \frac{1}{5}, \quad i = 1, 2, \cdots, 5$$

依题意, 对固定的 $i(1 \leqslant i \leqslant 5)$, 事件组 $\{(X=k) \cap (Y=i)|k=1,2,\cdots,i\}$ 含有 i 个事件, 并且是事件 $\{Y=i\}$ 的一个划分. 由于 i 个事件处于对等地位, 应用等可能性原理得出

$$P\{(X=k) \cap (Y=i)\} = \frac{1}{i}P(Y=i), \quad k = 1, 2, \cdots, i$$

由此推出

$$P(X=k|Y=i) = \frac{1}{i} \quad (k, i = 1, 2, \cdots, 5; k \leqslant i)$$

最终, 应用全概率公式得出 X 的分布律为

$$P(X=k) = \sum_{i=k}^{5} P(X=k|Y=i)P(Y=i) = \sum_{i=k}^{5} \frac{1}{5i} \quad (k = 1, 2, \cdots, 5)$$

其表格式为

X	1	2	3	4	5	其他 x
$P(X=x)$	$\frac{137}{300}$	$\frac{72}{300}$	$\frac{47}{300}$	$\frac{27}{300}$	$\frac{12}{300}$	0

例 6.3.7 某射手射一弹时的命中率为 0.8. 假定他有 4 发子弹, 如果命中目标就停止射击; 如果没有命中目标则一直射击, 直到子弹用尽. 用 X 表示停止射击时用掉的子弹数, 试求 X 的分布律.

解 随机变量 X 只能取四个数值 1, 2, 3, 4. 用 A_k 表示事件 "射手第 k 次射击时命中目标" $(k=1,2,3,4)$. 显然, 事件 A_1, A_2, A_3, A_4 相互独立, 并且 $P(A_1) = P(A_2) = P(A_3) = P(A_4) = 0.8$. 依题意

$$P(X=1) = P(A_1) = 0.8$$
$$P(X=2) = P(\overline{A}_1 A_2) = P(\overline{A}_1)P(A_2)$$
$$= 0.2 \times 0.8 = 0.16$$
$$P(X=3) = P(\overline{A}_1 \overline{A}_2 A_3) = P(\overline{A}_1)P(\overline{A}_2)P(A_3)$$
$$= 0.2^2 \times 0.8 = 0.032$$
$$P(X=4) = P(\overline{A}_1 \overline{A}_2 \overline{A}_3 A_4 \cup \overline{A}_1 \overline{A}_2 \overline{A}_3 \overline{A}_4)$$
$$= P(\overline{A}_1 \overline{A}_2 \overline{A}_3) = P(\overline{A}_1)P(\overline{A}_2)P(\overline{A}_3)$$
$$= 0.2^3 = 0.008$$

由此得出 X 的分布律为

$X = x$	1	2	3	4	其他 x
$P(X = x)$	0.8	0.16	0.032	0.008	0

6.3.2　连续型随机变量

设 $X(\omega)$ 是随机变量. 由于排除奇异型随机变量的出现, 故如果对任意的实数 x 成立 $P(X(\omega) = x) = 0$, 那么认定 $X(\omega)$ 是连续型的.

定理 6.3.2　设 $X(\omega)$ 是连续型随机变量, 其分布密度为 $f(x)$. 那么,

i) $X(\omega)$ 的分布函数为

$$F(x) = \int_{-\infty}^{x} f(u)\mathrm{d}u, \quad x \in \mathbf{R} \tag{6.3.6}$$

ii) 对任意的 Borel 集 B, 表现概率空间中事件 $\{\omega|X(\omega) \in B\}$ 的概率为

$$P(X \in B) = \int_{B} f(x)\mathrm{d}x \tag{6.3.7}$$

证明　结论由定义 3.6.4, 引理 3.6.3 和定理 3.6.1 得出.　■

例 6.3.8　设 X 为连续型随机变量, 其分布密度函数为

$$f(x) = \begin{cases} a\cos x, & -\dfrac{\pi}{2} \leqslant x < 0 \\ a(1-x), & 0 \leqslant x \leqslant 1 \\ 0, & \text{其他} \end{cases}$$

试求: i) 常数 a;
　　ii) 概率 $P\left(-\dfrac{\pi}{4} \leqslant X \leqslant 1\right)$;
　　iii) X 的分布函数.

解　i) 由分布密度的非负性推出 $a \geqslant 0$; 由规范性条件得出

$$1 = \int_{-\infty}^{+\infty} f(x)\mathrm{d}x = \int_{-\frac{\pi}{2}}^{0} a\cos x\mathrm{d}x + \int_{0}^{1} a(1-x)\mathrm{d}x = \frac{3}{2}a$$

故 $a = \dfrac{2}{3}$.

ii) 应用计算公式 (6.3.7) 得出

$$P\left(-\frac{\pi}{4} \leqslant x \leqslant \frac{1}{2}\right) = \int_{-\frac{\pi}{4}}^{\frac{1}{2}} f(x)\mathrm{d}x$$

$$= \int_{-\frac{\pi}{4}}^{0} \frac{2}{3}\cos x\mathrm{d}x + \int_{0}^{\frac{1}{2}} \frac{2}{3}(1-x)\mathrm{d}x$$

$$= \frac{\sqrt{2}}{3} + \frac{1}{4}$$

iii) 应用公式 (6.3.6), 对积分

$$F(x) = P(X \leqslant x) = \int_{-\infty}^{x} f(u)\mathrm{d}u$$

进行简单的计算后得出所求的分布函数为

$$F(x) = \begin{cases} 0, & -\infty < x < -\dfrac{\pi}{2} \\[2mm] \dfrac{2}{3}(1 + \sin x), & -\dfrac{\pi}{2} \leqslant x < 0 \\[2mm] \dfrac{2}{3}\left(1 + x - \dfrac{1}{2}x^2\right), & 0 \leqslant x < 1 \\[2mm] 1, & 1 \leqslant x < +\infty \end{cases}$$

例 6.3.9 设随机变量 X 是连续型的, 其分布函数为

$$F(x) = \begin{cases} 0, & x < 0 \\ A + Be^{-\frac{x^2}{2}}, & x \geqslant 0 \end{cases}$$

试求：i) 常数 A 和 B;

ii) 概率 $P(1 \leqslant X \leqslant 2)$;

iii) X 的分布密度.

解 i) 由分布函数 $F(x)$ 的连续性推出

$$0 = F(0-) = F(0+) = A + B$$

由 $F(x)$ 的规范性推出

$$1 = F(+\infty) = \lim_{x \to +\infty} \left(A + Be^{-\frac{x^2}{2}}\right) = A$$

由此得出 $A = 1, B = -1$, 所给的分布函数为

$$F(x) = \begin{cases} 0, & x < 0 \\ 1 - e^{-\frac{x^2}{2}}, & x \geqslant 0 \end{cases}$$

ii) 由分布函数的定义, 有

$$P(1 \leqslant X \leqslant 2) = F(2) - F(1) = e^{-\frac{1}{2}} - e^{-2} \approx 0.4712$$

iii) X 的分布密度 $f(x) = F'(x)$, 它是

$$f(x) = \begin{cases} 0, & x < 0 \\ xe^{-\frac{x^2}{2}}, & x \geqslant 0 \end{cases}$$

例 6.3.10 设 G 是曲线 $y = 1 - x^2$ 与 x 轴围成的区域 (图 6.3.2). 在 G 中随意地取出一个点 A, 用 T 表示 A 到 x 轴的距离, 则 T 是连续型随机变量, 试求 T 的分布密度.

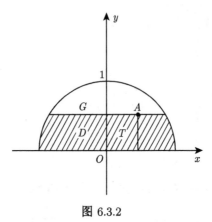

图 6.3.2

解 本例实验是, 在平面区域 G 中随意地取出点 A. 实验的因果量化模型是几何型概率空间 $(G, \mathcal{B}^2[G], P)$, 这里

$$G = \{(x, y) | y \geqslant 0, y + x^2 \leqslant 1\} \tag{6.3.8}$$

$$P(B) = \frac{B\text{的面积}}{G\text{的面积}}, \quad B \in \mathcal{B}^2[G] \tag{6.3.9}$$

依题意, 随机变量 T 是定义在该概率空间上的点函数, 其解析式为

$$T(\omega) = y, \quad \omega = (x, y) \in G$$

现在求分布函数 $F(t) = P(T \leqslant t)$. 设 $t \in (0, 1)$, 那么 $(T \leqslant t)$ 是由三条曲线 $y = 1 - x^2, y = 0, y = t$ 围成的区域 D(图 6.3.2), 其面积为

$$\mu(D) = 2 \int_0^t \sqrt{1 - y} \mathrm{d}y = -\frac{4}{3}(1 - y)^{\frac{3}{2}} \Big|_0^t = \frac{4}{3} - \frac{4}{3}(1 - t)^{\frac{3}{2}}$$

特别, 当 $t = 1$ 时 D 成为 G, 故 $\mu(G) = \dfrac{4}{3}$. 应用计算公式 (6.3.9) 得出

$$P(T \leqslant t) = \frac{\mu(D)}{\mu(G)} = 1 - (1 - t)^{\frac{3}{2}}, \quad 0 < t < 1$$

显然 $t \leqslant 0$ 时 $P(T \leqslant t) = 0$; $t \geqslant 1$ 时 $P(T \leqslant t) = 1$. 于是, 得到 T 的分布函数 $F(t) = P(T \leqslant t)$ 为

$$F(t) = \begin{cases} 0, & t < 0 \\ 1 - (1 - t)^{\frac{3}{2}}, & 0 \leqslant t < 1 \\ 1, & t \geqslant 1 \end{cases}$$

由于 $F(t)$ 是连续函数, 又不是奇异型的, 故 T 的分布密度 $f(t) = F'(t)$, 即

$$f(t) = \begin{cases} \dfrac{3}{2}\sqrt{1-t}, & 0 \leqslant t < 1 \\ 0, & \text{其他} \end{cases}$$

例 6.3.11 设打一次电话所占用的时间是随机变量 X(单位: 分). 假定 X 服从参数为 $\lambda = \dfrac{1}{10}$ 的指数分布. 如果某人刚好在你前面走进公共电话亭, 试求:

i) 你等待的时间不超过 10 分钟的概率;

ii) 等待时间在 10 分钟至 20 分钟的概率.

解 依题意, 你需等待 X 分钟.

i) 等待时间不超过 10 分钟的概率为

$$P(X \leqslant 10) = \int_0^{10} 10\mathrm{e}^{-\frac{x}{10}} \mathrm{d}x = 1 - \frac{1}{\mathrm{e}} \approx 0.632$$

ii) 等待时间在 10 分钟至 20 分钟的概率为

$$P(10 \leqslant X \leqslant 20) = \int_{10}^{20} 10\mathrm{e}^{-\frac{x}{10}} \mathrm{d}x = \mathrm{e}^{-1} - \mathrm{e}^{-2} \approx 0.233$$

例 6.3.12 设某车间生产的零件长度是 "随不同机会取不同数值的" 随机变量 X, 并假定 X 服从正态分布 $\mathcal{N}(a, \sigma^2)(a = 50$ 毫米$)$. 规定长度在 50 ± 1.5 毫米之间的零件是合格品.

i) 若 $\sigma = 0.75$, 求该车间产品的合格率;

ii) 若要求合格率不低于 0.98, 试问 σ 应多大?

解 i) 该车间产品的合格率为

$$\begin{aligned} P(50 - 1.5 \leqslant X \leqslant 50 + 1.5) &= P\left\{ -\frac{1.5}{0.75} \leqslant \frac{X - 50}{0.75} \leqslant \frac{1.5}{0.75} \right\} \\ &= \Phi(2) - \Phi(-2) = 2\Phi(2) - 1 \\ &= 2 \times 0.9772 - 1 \approx 0.9544 \end{aligned}$$

ii) 假定 σ 是待定的数值, 这时该车间产品的合格率为

$$\begin{aligned} P\{50 - 1.5 \leqslant X \leqslant 50 + 1.5\} &= P\left\{ -\frac{1.5}{\sigma} \leqslant \frac{X - 50}{\sigma} \leqslant \frac{1.5}{\sigma} \right\} \\ &= \Phi\left(\frac{1.5}{\sigma}\right) - \Phi\left(-\frac{1.5}{\sigma}\right) \\ &= 2\Phi\left(\frac{1.5}{\sigma}\right) - 1 \end{aligned}$$

依题意, 有 $2\Phi\left(\dfrac{1.5}{\sigma}\right) - 1 \geqslant 0.98$, 故 $\Phi\left(\dfrac{1.5}{\sigma}\right) \geqslant 0.99$. 查正态分布表得 $\Phi(2.33) = 0.99$, 因此推出 $\dfrac{1.5}{\sigma} \geqslant 2.33$ 和 $\sigma < 0.6438$. 于是得出, 为使产品合格率不低于 0.98, 必须要求 σ 小于 0.6438.

例 6.3.13　测量到某一目标的距离所产生的随机误差 X 服从正态分布 $N(20, 40^2)$. 试求:

i) 测量误差的绝对值不超过 30 米的概率;

ii) 在三次测量中至少有一次误差的绝对值不超过 30 米的概率;

iii) 必须进行多少次测量才能使得至少有一次误差的绝对值不超过 30 米的概率大于 0.9.

解　i) 所求的概率为

$$
\begin{aligned}
P(|X| \leqslant 30) &= P\left(\frac{-30 - 20}{40} \leqslant \frac{X - 20}{40} \leqslant \frac{30 - 20}{40}\right) \\
&= \Phi(0.25) - \Phi(-1.25) \\
&= \Phi(0.25) + \Phi(1.25) - 1 \\
&= 0.5987 + 0.8944 - 1 \\
&= 0.4931
\end{aligned}
$$

ii) 三次测量是相互独立的. 若用 $A_i(i = 1, 2, \cdots)$ 表示 "第 i 次测量误差的绝对值不超过 30 米", 则所求概率为

$$
\begin{aligned}
P(A_1 \cup A_2 \cup A_3) &= 1 - P(\overline{A_1}\,\overline{A_2}\,\overline{A_3}) \\
&= 1 - P(\overline{A_1})P(\overline{A_2})P(\overline{A_3}) \\
&= 1 - (1 - 0.4931)^3 = 0.8698
\end{aligned}
$$

iii) 设进行 n 次测量使得至少有一次误差的绝对值不超过 30 米的概率大于 0.9. 此即

$$
P\left(\bigcup_{i=1}^{n} A_i\right) = 1 - P\left(\bigcap_{i=1}^{n} \overline{A_i}\right) = 1 - (1 - 0.4931)^n > 0.9
$$

解得 $n > 3.39$. 于是取 $n = 4$.

例 6.3.14　两路公共汽车经过同一中间站后, 驶向同一终点站. 已知第 1 路车每隔 5 分钟, 第 2 路车每隔 6 分钟经过这个中间站. 求乘客在这个中间站的候车时间不超过 4 分钟的概率.

解　用 X, Y 分别表示乘客乘第 1 路和第 2 路的候车时间. 由等可能性原理,

X 和 Y 分别服从 $[0, 5]$, $[0, 6]$ 上的均匀分布, 其分布密度分别为

$$f_X(x) = \begin{cases} \dfrac{1}{5}, & 0 \leqslant x \leqslant 5 \\ 0, & \text{其他} \end{cases}$$

$$f_Y(y) = \begin{cases} \dfrac{1}{6}, & 0 \leqslant x \leqslant 6 \\ 0, & \text{其他} \end{cases}$$

于是, 乘客乘第 1 路或第 2 路车的等待时间不超过 4 分钟的概率分别为

$$P(X \leqslant 4) = \int_0^4 \frac{1}{5}\mathrm{d}x = \frac{4}{5}$$

$$P(Y \leqslant 4) = \int_0^4 \frac{1}{6}\mathrm{d}y = \frac{2}{3}$$

现在, 用 A 表示事件 "乘客在中间站候车不超过 4 分钟", 则 $A = (X \leqslant 4) \cup (Y \leqslant 4)$. 一般认为两路车到达中间站是独立的, 故事件 $(X \leqslant 4)$ 和 $(Y \leqslant 4)$ 相互独立. 由此得到本例所求概率为

$$P(A) = P(X \leqslant 4) + P(Y \leqslant 4) - P\{(X \leqslant 4) \cap (Y \leqslant 4)\}$$
$$= \frac{4}{5} + \frac{2}{3} - \frac{4}{5} \cdot \frac{2}{3} = \frac{14}{15}$$

最后指出, 例 3.5.8 是用随机变量建立呼叫流数学模型的经典例子. 在解法中引进的大实验 $\mathcal{E}^*$ 存在因果量化模型 $(\Omega, \mathcal{F}, P)$, 它是呼叫流的数学模型 —— 随机变量 (族)$\xi(t) = \xi(t, \omega)$ 的基础概率空间. 虽然 $(\Omega, \mathcal{F}, P)$ 和 $\xi(t, \omega)$ 的解析式皆无法求出, 但是例 6.3.8 仍然求出随机变量 $\xi(t, \omega)$ 的分布律 $p_t(x)$. 于是, 应用 $\xi(t, \omega)$ 的因果结构图可以求出呼叫流中蕴含的因果知识和统计规律.

例 6.3.15 (呼叫流中的等待时间)　在呼叫流 $\xi(t, \omega)$ 中, 用 $\tau_1(\omega)$ 表示首次出现呼叫的时间, 即

$$\tau_1(\omega) = \inf\{t | \xi(t, \omega) \neq 0\}$$

那么 $\tau_1(\omega)$ 服从参数为 λ 的指数分布.

　　解　用 $F(x)$ 表示 τ_1 的分布函数, 显然 $\tau_1(\omega) \geqslant 0$. 设 $t > 0$, 由于

$$\{\omega | \tau_1(\omega) > t\} = \{\omega | \xi(t, \omega) = 0\}$$

应用公式 (3.5.42) 得出

$$F(t) = P(\tau \leqslant t) = 1 - P(\xi(t) = 0) = 1 - \mathrm{e}^{-\lambda t}$$

当 $t \leqslant 0$ 时显然有 $F(t) = 0$. 得证 τ_1 服从参数为 λ 的指数分布.

6.4　随机变量的函数和四则运算

6.4.1　随机变量的函数

在许多问题中需要研究随机变量的函数. 例如, 在无线电接收中, 某时刻收到的信号是随机变量 X, 若把这个信号通过平方检波器, 则输出信号为 $Y = X^2$. 又如, 在统计物理中, 已知分子运动速度 X 是随机变量, 则其动能是随机变量 $\frac{1}{2}mX^2$.

这类问题的一般提法是, 给定概率空间 $(\Omega, \mathcal{F}, P)$, 设 $X(\omega)$ 是其上的随机变量, 即

$$\Omega \ni \omega \xrightarrow{\ x = X(\omega)\ } x \in \mathbf{R} \tag{6.4.1}$$

并且 Borel 可测空间 $(\mathbf{R}, \mathcal{B})$ 是它的值空间. 又设 $\varphi(x)$ 是 Borel 函数, 即定义在 $(\mathbf{R}, \mathcal{B})$ 上取值于 $(\mathbf{R}, \mathcal{B})$ 中的可测函数,

$$\mathbf{R} \ni x \xrightarrow{\ y = \varphi(x)\ } y \in \mathbf{R} \tag{6.4.2}$$

于是, 它们的复合运算

$$Y(\omega) = \varphi[X(\omega)] \tag{6.4.3}$$

是定义在 Ω 上的实值函数. 即

$$\Omega \ni \omega \xrightarrow{\ y = \varphi[X(\omega)]\ } y \in \mathbf{R} \tag{6.4.4}$$

定理 6.4.1　$Y(\omega) = \varphi[X(\omega)]$ 是概率空间 $(\Omega, \mathcal{F}, \mathcal{P})$ 上的随机变量, 并且 $Y(\omega)$ 划定的子随机局部满足包含式

$$\sigma(Y) \subset \sigma(X) \tag{6.4.5}$$

其分布函数为

$$F_Y(y) = P\{X(\omega) \in \varphi^{-1}(-\infty, y]\} \tag{6.4.6}$$

这里 $\varphi^{-1}(-\infty, y] = \{x \mid \varphi(x) \leqslant y\}$.

证明　由于 $\varphi(x)$ 是 Borel 可测空间 $(\mathbf{R}, \mathcal{B})$ 到 $(\mathbf{R}, \mathcal{B})$ 内的可测函数, 对任意的 $B \in \mathcal{B}$ 有

$$\varphi^{-1}(B) = \{x \mid \varphi(x) \in B\} \in \mathcal{B} \tag{6.4.7}$$

于是, 应用原像运算得出

$$\{Y(\omega) \in B\} = \{\varphi[X(\omega)] \in B\} = \{X(\omega) \in \varphi^{-1}(B)\} \in \mathcal{F} \tag{6.4.8}$$

最后一步应用了式 (6.4.7) 和 (6.2.3). 得证 $Y(\omega)$ 是随机变量, 并且由式 (6.4.8) 推出 (6.4.5).

最后证 (6.4.6). 令 $B = (-\infty, y]$, 有

$$F_Y(y) = P\{Y(\omega) \leqslant y\} = P\{\varphi[X(\omega)] \in (-\infty, y]\} = P\{X(\omega) \in \varphi^{-1}(-\infty, y]\}$$

定理得证. ■

推论 $Y(\omega)$ 的表现概率空间 $(\Omega, \sigma(Y), P)$ 是 $(\Omega, \sigma(X), P)$ 的子概率空间.

推论说, 所有的 $\varphi[X(\omega)]$ 都可以在 $X(\omega)$ 的因果结构图中进行研究, 而不必使用自己的因果结构图.

例 6.4.1 设 $X(\omega)$ 的分布函数为 $F_X(x)$, 试求线性函数 $Y(\omega) = \dfrac{X(\omega) - a}{\sigma}$ (a, σ 为实数, $\sigma \neq 0$) 的分布函数.

解 由公式 (6.4.6) 得出, 当 $\sigma > 0$ 时

$$F_Y(y) = P\left(\frac{X - a}{\sigma} \leqslant y\right) = P(X \leqslant \sigma y + a) = F_X(\sigma y + a) \tag{6.4.9}$$

当 $\sigma < 0$ 时

$$\begin{aligned} F_Y(y) &= P\left(\frac{X - a}{\sigma} \leqslant y\right) = P(X \geqslant \sigma y + a) \\ &= 1 - P(X < \sigma y + a) = 1 - F_X(\sigma y + a-) \end{aligned} \tag{6.4.10}$$

其中 $F_X(\sigma y + a-)$ 是 $F_X(x)$ 在 $\sigma y + a$ 处的左极限值.

例 6.4.2 设 X 服从 $[0, \pi]$ 上的均匀分布, 试求 $Y = \sin X$ 的分布密度 $f_Y(y)$.

解 显然, $Y(\omega)$ 只能取 $[0, 1]$ 中的数值. 对任意的 $y \in [0, 1]$ 有

$$\{\omega | \sin X(\omega) \leqslant y\} = \{\omega | 0 \leqslant X(\omega) \leqslant \arcsin y\} \cup \{\omega | \pi - \arcsin y \leqslant X(\omega) \leqslant \pi\}$$

(图 6.4.1). 由于右方两个集合互不相交, 应用公式 (6.4.6) 得出

$$\begin{aligned} F_Y(y) &= P(\sin X \leqslant y) \\ &= P(0 \leqslant X(\omega) \leqslant \arcsin y) + P(\pi - \arcsin y \leqslant X \leqslant \pi) \\ &= \frac{1}{\pi}\arcsin y + \frac{1}{\pi}(\pi - \pi + \arcsin y) = \frac{2}{\pi}\arcsin y \end{aligned}$$

显然, 当 $y < 0$ 时 $F_Y(y) = 0$; $y > 1$ 时 $F_Y(y) = 1$. 故 Y 的分布密度为

$$f_Y(y) = \frac{\mathrm{d}}{\mathrm{d}y}F_Y(y) = \begin{cases} \dfrac{2}{\pi\sqrt{1 - y^2}}, & 0 \leqslant y < 1 \\ 0, & \text{其他} \end{cases}$$

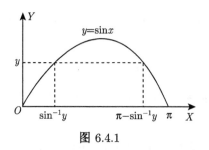

图 6.4.1

例 6.4.3　设随机变量 $X(\omega)$ 的分布函数 $F_X(x)$ 是连续函数. 试证明 $Y(\omega) = F_X[X(\omega)]$ 服从 $[0, 1]$ 上的均匀分布.

解　对任意的实数 y, 令 $A_y = \{\omega | Y(\omega) \leqslant y\}$. 显然, 当 $y < 0$ 时 $A_y = \varnothing$; 当 $y > 1$ 时 $A_y = \Omega$. 对 $0 \leqslant y \leqslant 1$, 记 x_y 为方程 $F_X(x) = y$ 的最大解, 即 $x_y = \sup\{x | F_X(x) = y\}$. 易见

$$F_Y(y) = P(Y(\omega) \leqslant y) = P(F_X[X(\omega)] \leqslant y) = P(X(\omega) \in A_y)$$

$$= \begin{cases} P(X(\omega) \in \varnothing) = 0, & y < 0 \\ P(X(\omega) \leqslant x_y) = F_X(x_y) = y, & 0 \leqslant y \leqslant 1 \\ P(X(\omega) \in \Omega) = 1, & y > 1 \end{cases} \tag{6.4.11}$$

得证 $Y(\omega)$ 服从 $[0, 1]$ 上的均匀分布.

6.4.2　特殊情形 I: $\varphi[X(\omega)]$ 是离散型随机变量

为简化计算, 就两种特殊情形把计算公式 (6.4.6) 具体化.

定理 6.4.2　如果判定 $Y(\omega) = \varphi[X(\omega)]$ 是离散型随机变量, 那么

i) 当 $X(\omega)$ 也是离散型的, 并且分布律为

$$p_X: \quad \begin{array}{c|cccc|c} X(\omega) & x_0 & x_1 & x_2 & \cdots & \text{其他 } x \\ \hline p_X(x) & p_0 & p_1 & p_2 & \cdots & 0 \end{array} \tag{6.4.12}$$

那么 $Y(\omega)$ 的分布律为

$$p_Y: \quad \begin{array}{c|cccc|c} Y(\omega) & \varphi(x_0) & \varphi(x_1) & \varphi(x_2) & \cdots & \text{其他 } x \\ \hline p_Y(y) & p_0 & p_1 & p_2 & \cdots & 0 \end{array} \tag{6.4.13}$$

其中约定, 当 (6.4.13) 第 1 行中 $\varphi(x_i)(i \geqslant 0)$ 出现相同的数值时, 则把它们合并为一个数值, 该数值下方的概率值是合并值下方数值之和.

ii) 当 $X(\omega)$ 是连续型的, 并且分布密度为 $f_X(x)$. 那么先判定 $Y(\omega)$ 只能取至

多可列个数值 $y_i, i = 0, 1, 2, \cdots$. 这时 $Y(\omega)$ 的分布律 $p_Y(y)$ 为

$$p_Y(y) = \begin{cases} P(Y = y_i) = \displaystyle\int\limits_{\{x:\varphi(x)=y_i\}} f_X(x)\mathrm{d}x, & y = y_i, i = 0, 1, 2, \cdots \\ 0, & \text{其他} \end{cases} \tag{6.4.14}$$

结论显然, 证明略.

例 6.4.4　已知 $X(\omega)$ 的分布律为

X	0	1	2	3	4	5	其他 x
p_X	$\dfrac{1}{12}$	$\dfrac{1}{6}$	$\dfrac{1}{3}$	$\dfrac{1}{12}$	$\dfrac{2}{9}$	$\dfrac{1}{9}$	0

试求 $Y = X^2$ 和 $Z = (X - 2)^2$ 的分布律

解　由定理 6.4.2 得出 $Y(\omega)$ 的分布律 $p_Y(y)$ 为

$Y(\omega)$	0	1	4	9	16	25	其他 y
$p_Y(y)$	$\dfrac{1}{21}$	$\dfrac{1}{6}$	$\dfrac{1}{3}$	$\dfrac{1}{12}$	$\dfrac{2}{9}$	$\dfrac{1}{9}$	0

为求 $Z(\omega)$ 的分布律, 我们有

Z	4	1	0	1	4	9
p_Z	$\dfrac{1}{12}$	$\dfrac{1}{6}$	$\dfrac{1}{3}$	$\dfrac{1}{12}$	$\dfrac{2}{9}$	$\dfrac{1}{9}$

应用定理 6.4.2 得出 $Z(\omega)$ 的分布律 $P_Z(z)$ 为

$Z(\omega)$	0	1	4	9
$p_Z(z)$	$\dfrac{1}{3}$	$\dfrac{1}{4}$	$\dfrac{11}{36}$	$\dfrac{1}{9}$

例 6.4.5　设随机变量 $X(\omega)$ 服从几何分布, 其分布律 $p_X(x)$ 为

$X(\omega)$	1	2	$\cdots$	n	$\cdots$	其他 x
$p_X(x)$	$\dfrac{1}{2}$	$\dfrac{1}{4}$	$\cdots$	$\dfrac{1}{2^n}$	$\cdots$	0

试求 $Y(\omega) = \sin\left[\dfrac{\pi}{2}X(\omega)\right]$ 的分布律 $p_Y(y)$.

解　由于

$$\sin\frac{n\pi}{2} = \begin{cases} -1, & n = 4k - 1 \\ 0, & n = 2k \qquad (k = 1, 2, 3, \cdots) \\ 1, & n = 4k - 3 \end{cases}$$

故 $Y(\omega)$ 是只取三个数值 $-1, 0, 1$ 的随机变量. 我们有

$$P(Y(\omega) = -1) = P\left\{ \bigcup_{k=1}^{\infty} \{X(\omega) = 4k - 1\} \right\}$$

$$= \sum_{k=1}^{\infty} P[X(\omega) = 4k - 1]$$

$$= \sum_{k=1}^{\infty} \frac{1}{2^{4k-1}} = \frac{2}{15}$$

类似地得出 $P(Y(\omega) = 0) = \dfrac{1}{3}$; $P(Y(\omega) = 1) = \dfrac{8}{15}$. 故 $Y(\omega)$ 的分布律为

$$p_Y: \quad \begin{array}{c|ccc|c} Y(\omega) & -1 & 0 & 1 & \text{其他 } y \\ \hline p_Y(y) & \dfrac{2}{15} & \dfrac{1}{3} & \dfrac{8}{15} & 0 \end{array}$$

例 6.4.6　设 $X(\omega)$ 服从参数为 λ 的指数分布. 试求随机变量

$$Y(\omega) = \begin{cases} 1, & 0 \leqslant X(\omega) \leqslant \dfrac{1}{\lambda} \\ 0, & \text{其他} \end{cases}$$

的分布律.

解　$Y(\omega)$ 是只取两个值的离散型随机变量. 由定理 6.4.2 得出

$$P(Y = 1) = P\left(0 \leqslant X(\omega) \leqslant \frac{1}{\lambda} \right) = \int_0^{\frac{1}{\lambda}} \lambda \mathrm{e}^{-\lambda x} \mathrm{d}x = 1 - \mathrm{e}^{-1}$$

$$P(Y = 0) = 1 - P(Y = 1) = e^{-1}$$

故 $Y(\omega)$ 的分布律为

$$p_Y: \quad \begin{array}{c|cc|c} Y(\omega) & 0 & 1 & \text{其他 } y \\ \hline p_Y(y) & \mathrm{e}^{-1} & 1 - \mathrm{e}^{-1} & 0 \end{array}$$

例 6.4.7　设 $X(\omega)$ 服从正态分布 $N(0, \sigma^2)$. 试求

$$Y(\omega) = \operatorname{sgn} X(\omega) \stackrel{\text{def}}{=} \begin{cases} 1, & X(\omega) \geqslant 0 \\ -1, & X(\omega) < 0 \end{cases}$$

的分布律.

解　$Y(\omega)$ 是只取两个值 1 和 -1 的随机变量, 我们有

$$P(Y(\omega) = 1) = P(X(\omega) \geqslant 0) = \frac{1}{2}$$

$$P(Y(\omega) = -1) = P(X(\omega) < 0) = \frac{1}{2}$$

故 $Y(\omega)$ 的分布律为

$$
p_Y: \quad
\begin{array}{c|cc|c}
Y(\omega) & -1 & 1 & \text{其他 } y \\
\hline
p_Y(y) & \dfrac{1}{2} & \dfrac{1}{2} & 0
\end{array}
$$

6.4.3 特殊情形 II: $X(\omega)$ 和 $\varphi[X(\omega)]$ 皆是连续型随机变量

定理 6.4.3 设 $X(\omega)$ 是连续型随机变量, 取值于区间 (a,b) 中 $(-\infty \leqslant a < b \leqslant +\infty)$; 又设 $y = \varphi(x)$, $x \in (a,b)$ 是严格单调的连续函数. 那么, 随机变量 $Y(\omega) = \varphi[X(\omega)]$ 是连续型的, 其分布密度 $f_Y(y)$ 为

$$f_Y(y) = \begin{cases} f_X[\psi(y)]|\psi'(y)|, & \alpha < y < \beta \\ 0, & \text{其他} \end{cases} \tag{6.4.15}$$

其中 $\psi(y), \alpha < y < \beta$ 是 $\varphi(x)$ 的反函数, (α, β) 是 $y = \varphi(x)$ 的值域, 即

$$\alpha = \inf\varphi(x), \quad \beta = \sup\varphi(x).$$

证明 由假定的条件知, $y = \varphi(x), x \in (a,b)$ 存在反函数 $x = \psi(y), y \in (\alpha, \beta)$; 并且 $\psi(y)$ 也是连续的严格单调的函数, 因而 $\psi'(y)$ 在 (α, β) 上几乎处处存在.

显然, 当 $y \leqslant \alpha$ 时

$$F_Y(y) = P(Y(\omega) \leqslant y) = 0$$

当 $y \geqslant \beta$ 时

$$F_Y(y) = P(Y(\omega) \leqslant y) = 1$$

当 $\alpha < y < \beta$ 且 $y = \varphi(x)$ 为增函数时, 有

$$F_Y(y) = P\{\varphi[X(\omega)] \leqslant y\} = P\{X(\omega) \leqslant \psi(y)\} = \int_{-\infty}^{\psi(y)} f_X(x)\mathrm{d}x$$

由此得出

$$f_Y(y) = F_Y'(y) = f_X[\psi(y)]\psi'(y) \quad (\psi'(y) \geqslant 0)$$

这种情形下得证 (6.4.15) 成立.

当 $\alpha < y < \beta$ 且 $y = \varphi(x)$ 为减函数时, 有

$$F_Y(y) = P\{\varphi[X(\omega)] \leqslant y\} = P\{X(\omega) \geqslant \varphi(y)\} = \int_{\psi(y)}^{\infty} f_X(x)\mathrm{d}x$$

由此得出

$$f_Y(y) = F'_Y(y) = -f_X[\psi(y)]\psi'(y) = f_X[\psi(y)]|\psi'(y)| \quad (\psi'(y) \leqslant 0)$$

这种情形下 (6.4.15) 也成立. 定理得证. ∎

例 6.4.8　设 $X(\omega)$ 服从 $(0, 2)$ 上的均匀分布. 试求 $Y(\omega) = 1 - X^3(\omega)$ 的分布密度函数.

解　函数 $y = 1 - x^3$ 在 $(0, 2)$ 上连续且单调减, 故满足定理 6.4.3 的条件. 它的反函数 $x = \psi(y) = \sqrt[3]{1-y}$, 而 $\psi'(y) = -\dfrac{1}{3}(1-y)^{-\frac{3}{2}}$; $\alpha = -7, \beta = 1$. 代入公式 (6.4.15) 得到 $Y(\omega)$ 的分布密度为

$$f_Y(y) = \begin{cases} \dfrac{1}{3} f_X(\sqrt[3]{1-y})(1-y)^{-\frac{3}{2}}, & -7 < y < 1 \\ 0, & \text{其他} \end{cases}$$

注意到 $f_X(x) = \begin{cases} \dfrac{1}{2}, & 0 \leqslant x \leqslant 2, \\ 0, & \text{其他}, \end{cases}$ 上式化简为

$$f_Y(y) = \begin{cases} \dfrac{1}{6}(1-y)^{-\frac{3}{2}}, & -7 < y < 1 \\ 0, & \text{其他} \end{cases}$$

例 6.4.9　设随机变量 $X(\omega)$ 的分布函数为

$$F_X(x) = \begin{cases} 1 - \mathrm{e}^{-\frac{4}{3}x^3}, & x > 0 \\ 0, & x \leqslant 0 \end{cases}$$

试求 $Y(\omega) = \dfrac{1}{X^2(\omega)}$ 的分布密度函数.

解　随机变量 $X(\omega)$ 只在 $(0, +\infty)$ 中取值. 而 $y = \dfrac{1}{x^2}, 0 < x < +\infty$ 是严格单调减函数, 其反函数为 $x = \dfrac{1}{\sqrt{y}}, 0 < y < +\infty$, 其导数 $\dfrac{\mathrm{d}x}{\mathrm{d}y} = -\dfrac{1}{2}y^{-\frac{3}{2}}$. 应用定理 6.4.3 得出 $Y(\omega) = \dfrac{1}{X^2(\omega)}$ 的分布密度为

$$f_Y(y) = \begin{cases} F'_X\left(\dfrac{1}{\sqrt{y}}\right) \cdot \dfrac{1}{2y\sqrt{y}}, & y > 0 \\ 0, & y \leqslant 0 \end{cases}$$

注意到 $x > 0$ 时 $F'_X(x) = 4x^2 \mathrm{e}^{-\frac{4}{3}x^3}$, 代入上式即得

$$f_Y(y) = \begin{cases} 2y^{-\frac{5}{2}} \mathrm{e}^{-\frac{4}{3}y^{-\frac{3}{2}}}, & y > 0 \\ 0, & y \leqslant 0 \end{cases}$$

定理 6.4.4 设 $X(\omega)$ 是连续型随机变量, 取值于区间 (a,b) 中 $(-\infty \leqslant a < b \leqslant +\infty)$; 又设 $(a,b]$ 是诸不相交区间 $(a_k, b_k](k=1,2,3,\cdots)$ 的并. 假定在每个小区间 (a_k, b_k) 上 $y = \varphi(x)$ 满足定理 6.4.3 中条件. 那么, $Y(\omega) = \varphi[X(\omega)]$ 的分布密度为

$$f_Y(y) = \sum_{k \geqslant 1} f_k(y), \quad y \in (-\infty, +\infty) \tag{6.4.16}$$

其中

$$f_k(y) = \begin{cases} f_X[\psi_k(y)]|\psi_k'(y)|, & y \in (\alpha_k, \beta_k) \\ 0, & \text{其他} \end{cases} \tag{6.4.17}$$

这里 $x = \psi_k(y), \alpha_k < y < \beta_k$ 是 $y = \varphi(x), x \in (a_k, b_k)$ 的反函数

证明 假定 $y = \varphi(x)$ 在 (a_i, b_i) 上严格单调增, 而在 (a_j, b_j) 上严格单调减. 那么, 有

$$F_Y(y) = P\{Y(\omega) \leqslant y\} = \sum_k P\{a_k < X(\omega) \leqslant b_k, Y(\omega) \leqslant y\}$$

$$= \sum_k P\{a_k < X(\omega) \leqslant b_k, \varphi[X(\omega)] \leqslant y\}$$

$$= \sum_i{}' P\{a_i < X(\omega) \leqslant \psi_i(y)\} + \sum_j{}'' P\{\psi_j(y) \leqslant X(\omega) \leqslant b_j\}$$

$$= \sum_i{}' \int_{a_i}^{\psi_i(y)} f_X(x)\mathrm{d}x + \sum_j{}'' \int_{\psi_j(y)}^{b_j} f_X(x)\mathrm{d}x$$

其中 $\sum_i{}'$ 和 $\sum_j{}''$ 分别表示只对下标 i 或下标 j 求和. 由此逐字重复定理 6.4.3 的证明, 即得公式 (6.4.16). ■

例 6.4.10 设 $X(\omega)$ 服从标准正态分布 $N(0,1)$. 试求 $Y(\omega) = X^2(\omega)$ 的分布密度.

解 函数 $y = x^2$ 在 $(-\infty, 0)$ 上严格单调减, 而在 $(0, +\infty)$ 上严格单调增. 它的反函数分别为

$$x = \psi_1(y) = -\sqrt{y}, \quad 0 < y < +\infty$$

$$x = \psi_2(y) = \sqrt{y}, \quad 0 < y < +\infty$$

显然 $|\psi_1'(y)| = |\psi_2'(y)| = \dfrac{1}{2\sqrt{y}}$, 并且

$$f_1(y) = f_2(y) = \begin{cases} \dfrac{1}{\sqrt{2\pi}}\mathrm{e}^{-\frac{y}{2}} \cdot \dfrac{1}{2\sqrt{y}}, & 0 < y < +\infty \\ 0, & y \leqslant 0 \end{cases}$$

由定理 6.4.4 得出, $Y(\omega) = X^2(\omega)$ 的分布密度为

$$f_Y(y) = f_1(y) + f_2(y) = \begin{cases} \dfrac{1}{\sqrt{2\pi}} y^{-\frac{1}{2}} e^{-\frac{y}{2}}, & y > 0 \\ 0, & y \leqslant 0 \end{cases}$$

例 6.4.11 设随机变量 $X(\omega)$ 的分布密度为 $f_X(x)$. 试求 $Y(\omega) = \cos X(\omega)$ 的分布密度.

解 数直线 $(-\infty, +\infty) = \bigcup\limits_{k=-\infty}^{+\infty} (k\pi, (k+1)\pi]$. 在区间 $(k\pi, (k+1)\pi]$ 中 $y = \cos x$ 是严格单调的 (k 为偶数时严格减; k 为奇数时严格增. 见图 6.4.2)

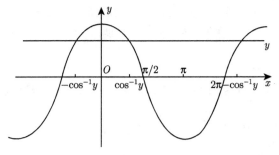

图 6.4.2

i) 当 k 为偶数时 $y = \cos x, x \in (k\pi, (k+1)\pi]$ 的反函数为

$$x = \psi_k(y) = 2l\pi + \arccos y, \quad |y| < 1$$

其中 $l = \dfrac{k}{2} = 0, \pm 1, \pm 2, \cdots$. 由于 $|\psi_k'(y)| = \dfrac{1}{\sqrt{1-y^2}}$, 应用定理 6.4.3 得出

$$f_k(x) = \begin{cases} \dfrac{1}{\sqrt{1-y^2}} f_X(2l\pi + \arccos y), & |y| < 1 \\ 0, & |y| \geqslant 1 \end{cases} \tag{6.4.18}$$

ii) 当 k 为奇数时 $y = \cos x, x \in (k\pi, (k+1)\pi]$ 的反函数为

$$x = \psi_k(y) = 2l\pi + 2\pi - \arccos y, \quad |y| < 1$$

其中 $l = \dfrac{k-1}{2} = 0, \pm 1, \pm 2, \cdots$. 由于 $|\psi_k'(y)| = \dfrac{1}{\sqrt{1-y^2}}$, 应用定理 6.4.3 得出

$$f_k(x) = \begin{cases} \dfrac{1}{\sqrt{1-y^2}} f_X(2l\pi + 2\pi - \arccos y), & |y| < 1 \\ 0, & |y| \geqslant 1 \end{cases} \tag{6.4.19}$$

现在, 联合 (6.4.18) 和 (6.4.19), 应用定理 6.4.4 得出 $Y(\omega) = \cos X(\omega)$ 的分布密度为

$$
\begin{aligned}
f_Y(y) &= \sum_{k=-\infty}^{+\infty} f_k(y) \\
&= \begin{cases}
\displaystyle\sum_{l=-\infty}^{+\infty} \frac{1}{\sqrt{1-y^2}} [f_X(2l\pi + \mathrm{arcos}y) + f_X(2l\pi + 2\pi - \mathrm{arcos}y)], & |y| < 1 \\
0, & |y| \geqslant 1
\end{cases}
\end{aligned}
$$

6.4.4 随机变量的四则运算

在基础概率空间 $(\Omega, \mathcal{F}, P)$ 上存在许许多多的随机变量. 作为定义在 Ω 上的点函数, 它们可以进行加, 减, 乘, 除, 求极限等运算. 试问: 运算的结果是随机变量吗? 能求出它们的分布函数吗?

定理 6.4.5 设 $X(\omega), Y(\omega)$ 是概率空间 $(\Omega, \mathcal{F}, P)$ 上随机变量, 那么,

$$
X(\omega) \pm Y(\omega), \quad X(\omega)Y(\omega), \quad \frac{X(\omega)}{Y(\omega)} \quad (Y(\omega) \neq 0) \tag{6.4.20}
$$

皆是随机变量,

证明 用 $\mathbf{Q}$ 表示全体有理数集. 由于 $X(\omega)$ 和 $Y(\omega)$ 是随机变量, 对任意的实数 c 和有理数 r 成立

$$
\{\omega | X(\omega) \leqslant r\} \cap \{\omega | Y(\omega) \leqslant c - r\} \in \mathcal{F} \tag{6.4.21}
$$

注意到 $\mathbf{Q}$ 是可列集, 由此推出

$$
\{X(\omega) + Y(\omega) \leqslant c\} = \bigcup_{r \in \mathbf{Q}} \left[\{X(\omega) \leqslant r\} \cap \{Y(\omega) \leqslant c - r\} \right] \in \mathcal{F} \tag{6.4.22}
$$

得证 $X(\omega) + Y(\omega)$ 是随机变量.

由定理 6.4.1 知, $-Y(\omega), X^2(\omega), Y^2(\omega), \dfrac{1}{Y(\omega)}$(当 $Y(\omega) \neq 0$ 时) 皆为随机变量. 由此推出 $X(\omega) - Y(\omega)$ 是随机变量,

$$
X(\omega)Y(\omega) = \frac{1}{4}\{[X(\omega) + Y(\omega)]^2 - [X(\omega) - Y(\omega)]^2\}
$$

$$
\frac{X(\omega)}{Y(\omega)} = X(\omega) \cdot \frac{1}{Y(\omega)}
$$

也是随机变量. 定理得证. ∎

与随机变量的函数不同, 四则运算涉及两个不同的随机变量 $X(\omega)$ 和 $Y(\omega)$. 一般情形下, 已知分布函数 $F_X(x)$ 和 $F_Y(y)$, 不能确定 (6.4.21) 中事件的概率, 也不能确定 (6.4.20) 产生的随机变量的分布函数.

克服困难的办法是, 把"孤立的" $X(\omega)$ 和 $Y(\omega)$ 视为一个整体 —— 二维随机向量 $(X(\omega), Y(\omega))$. 在二维随机向量理论中可以求出随机变量和、差、积、商的分布函数 (见 7.4 节).

练　习　6

6.1　给定概率空间 $(\Omega, \mathcal{F}, P)$, 设 $X(\omega)$ 是定义在 Ω 上的实值函数. 试证: $X(\omega)$ 是随机变量当且仅当对任意的实数 x 成立 $\{X(\omega) < x\} \in \mathcal{F}$.

6.2　给定概率空间 $(\Omega, \mathcal{F}, P)$.

i) 如果

$$\mathcal{F} = \Omega \text{ 的全体子集组成的集合}$$

那么 Ω 上的实值函数皆为随机变量;

ii) 如果 $\mathcal{F} = \{\varnothing, \Omega\}$, 那么定义在 Ω 上的实值函数 $X(\omega)$ 是随机变量当且仅当 $X(\omega) = c$ (c 为常数).

6.3　设 $(\Omega, \mathcal{F}, P)$ 是伯努利概率空间, $\mathcal{F} = \{\varnothing, B, \overline{B}, \Omega\}$. 试证: $X(\omega)$ 是随机变量当且仅当存在实数 x_1 和 x_2, 使得

$$X(\omega) = \begin{cases} x_1, & \omega \in B \\ x_2, & \omega \in \overline{B} \end{cases}$$

并且在情形 i) $x_1 = x_2$; ii) $x_1 \neq x_2$ 下求出 $X(\omega)$ 的表现概率空间和值概率空间.

6.4　给定概率空间 $(\Omega, \mathcal{F}, P)$, 设 $A_k(k = 1, 2, \cdots)$ 是有限或可列个互不相容的事件, 并且 $\bigcup_{k \geqslant 1} A_k = \Omega$. 假定 $\{A_k | k \geqslant 1\}$ 是 $\mathcal{F}$ 的芽集, 试证 Ω 上的实值函数 $X(\omega)$ 是随机变量当且仅当存在实数 $x_k(k \geqslant 1)$, 使得

$$X(\omega) = \begin{cases} x_1, & \omega \in A_1 \\ x_2, & \omega \in A_2 \\ x_3, & \omega \in A_3 \\ \cdots & \cdots \end{cases}$$

并在情形 i) 诸 $x_k(k \geqslant 1)$ 皆不相同; ii) 除 $x_1 = x_2$ 外诸 $x_k(k \geqslant 2)$ 皆不相同; 求 $X(\omega)$ 的表现概率空间和值概率空间.

6.5　将一颗骰子连掷两次, 以 X 表示两次所得点数之和. 试求出 X 的基础概率空间和解析式, 表现概率空间, 值概率空间和分布律 p_X, 并画出 X 的因果结构图.

6.6　试求练习第 5.13 题中随机变量 $\nu_n(S)$ 的分布律.

6.7　试求练习第 5.14 题中随机变量 $\tau_r(S)$ 的分布律.

6.8　接连不断地进行射击直到恰好两次命中目标为止. 假设各次射击的命中率都等于 p, 而且各次射击的结果相互独立. 试求射击次数 X 的基础概率空间和解析式, 表现概率空间, 值概率空间和分布律, 并给出 X 的因果结构图.

6.9　通过信道传递 15 个信号, 假定每个信号在传递过程中失真的概率为 0.08, 而且 15 个信号是否失真是相互独立的. 用 X 表示失真信号的个数, 试求 X 的分布律; 并求事件

　　A: 无一信号失真;　　　B: 恰有一个信号失真

　　C: 全部信号失真;　　　D: 两个以上信号失真

的概率.

6.10　假设有 10 台自动机床, 每台机床在任一时刻发生故障的概率为 0.08, 而且故障需要一个值班工人排除. 用 X 表示发生故障的机床台数, 试求 X 的分布律; 并求事件"至少按排几个工人值班, 才能保证有机床发生故障而不能即时排除"的概率不大于 5%.

6.11　一信道传递三种不同信号. 每种信号正确传到接收端的概率为 0.6, 而被错误地接收为另两种信号的概率各为 0.2. 为提高可靠性, 把每种要传递的信号连续重复五次发出; 在接收的五个信号中, 哪种信号最多就译成哪一种; 而若有两个信号各有两个, 则随意译成其中一种. 试求无错传递每种信号的概率.

6.12　一台仪器有 2000 个同型号可靠元件, 每个元件的可靠性 (无故障工作的概率) 为 0.9995. 假如只要有三个元件发生故障就势必引起整台仪器的故障. 试求这台仪器发生故障的概率.

6.13　设随机变量 X 的分布函数为

$$F(x) = A + B\operatorname{arctan}e^{-x}, \quad -\infty < x < +\infty$$

试求: i) 常数 A 和 B;

ii) $P\left(-\dfrac{1}{2}\ln 3 < X < \dfrac{1}{2}\ln 3\right)$;

iii) X 的分布密度函数 $f(x)$.

6.14　设随机变量 X 的分布密度为

$$f(x) = \begin{cases} Ae^x, & x \leqslant 0 \\ Ae^{-(x-1)}, & x > 1 \\ 0, & \text{其他} \end{cases}$$

试求: i) 常数 A;

ii) $P(-\ln 2 < X < \ln 3 - \ln 2 + 1)$;

iii) X 的分布函数 $F(X)$.

6.15　设随机变量 X 的分布密度为

$$f(x) = \begin{cases} ce^{-x^2}, & x > 0 \\ 0, & x \leqslant 0 \end{cases}$$

试求: i) 常数 c;

ii) $P(-\sqrt{2} < X < \sqrt{2})$;

iii) X 的分布函数 $F(x)$.

6.16　一种元件的使用寿命是 X(小时). X 是随机变量, 其分布密度为

$$f(x) = \begin{cases} \dfrac{1000}{x^2}, & x \geqslant 1000 \\ 0, & x < 1000 \end{cases}$$

设某仪器内装有 3 个这种元件. 试求:

i) X 的分布函数 $F(x)$;

ii) 该元件的寿命不超过 1500 小时的概率;

iii) 该仪器的 3 只元件中至少有 2 只寿命大于 1500 小时的概率.

6.17　一工厂生产的电子元件的寿命为 X(小时). X 为服从正态分布 $\mathcal{N}(120, \sigma^2)$ 的随机变量. 试求:

i) 若 $\sigma = 20$, 求 $P(110 < X < 150)$;

ii) 若要求 $P(100 < X < 140) \geqslant 0.9$, 问 σ 最大为多少?

6.18　设 X 为离散型随机变量, 其分布律为

$$p_X : \quad \begin{array}{c|ccccc|c} X(\omega) & -\dfrac{\pi}{2} & -\dfrac{\pi}{4} & 0 & \dfrac{\pi}{4} & \dfrac{\pi}{2} & \text{其他 } x \\ \hline p_X(x) & \dfrac{1}{2} & \dfrac{1}{4} & \dfrac{1}{8} & \dfrac{1}{16} & \dfrac{1}{16} & 0 \end{array}$$

试求: i) $\sin X$; ii) $\dfrac{X^2}{\pi^2}$; iii) $\cos X$ 的分布律.

6.19　设 X 为离散型随机变量, 其分布律为

$$P(X = x) = \begin{cases} pq^{k-1}, & x = k, k = 1, 2, 3, \cdots \\ 0, & \text{其他} \end{cases}$$

$(p > 0, q > 0, p + q = 1)$. 试求 $Y = \cos \dfrac{\pi}{2} X$ 的分布律.

6.20　由统计物理学知, 分子运动速度的绝对值 X 服从麦克斯威尔 (Maxwell) 分布, 其分布密度为

$$f(x) = \begin{cases} \dfrac{4x^2}{\alpha^3 \sqrt{\pi}} \mathrm{e}^{-\frac{x^2}{\alpha^2}}, & x > 0 \\ 0, & x \leqslant 0 \end{cases}$$

其中 $\alpha > 0$ 为常数. 试求分子动能 $Y = \dfrac{1}{2} m X^2$(m 为分子质量) 的分布密度.

6.21　对球的直径进行测量, 预估的直径是随机变量 X(单位: 千米). 假定 X 服从 $[a, b]$ 上的均匀分布, 试求球的体积 $V = \dfrac{\pi}{6} X^3$ 的分布密度函数.

6.22　由点 $(0, a)$ 随意地作一直线与 y 轴相交成角 ξ(即 ξ 是服从 $\left(-\dfrac{\pi}{2}, \dfrac{\pi}{2}\right)$ 上均匀分布的随机变量). 求此直线与 x 轴交点的横坐标 X 的分布密度函数.

6.23　设随机变量 X 服从 $N(0, 1)$ 分布, 试求 $Y = 2X^2 + 1$ 的分布密度.

6.24　设随机变量 X 服从 $N(\mu, \sigma^2)$ 分布, 试求 $Y = \mathrm{e}^X$ 的分布密度.

6.25　设随机变量 X 服从 $(0, 1)$ 上的均匀分布, 试求 $Y = \ln X$ 的分布密度.

6.26　设随机变量 X 的分布密度为

$$f_X(x) = \begin{cases} \dfrac{2x}{\pi^2}, & 0 < x < \pi \\ 0, & 其他 \end{cases}$$

试求 $Y = \sin X$ 的分布密度 $f_Y(y)$.

第 7 章 随机向量 —— 子随机局部 —— 因果结构图 (II)

第 6 章只限于讨论一个随机变量情形. 但在实际问题中, 经常需要同时讨论几个随机变量. 例如, 在天气预报中需要同时讨论温度、湿度、PM2.5 浓度等随机变量; 射击实验中炮弹在地面上命中点位置需要用两个随机变量 (两个坐标) 来确定; 飞机的重心在空中的位置由三个随机变量 (三个坐标) 确定; n 个人参加同一局赌博, 他们的收益是 n 个随机变量; 等等.

称 n 个随机变量 $X_1, X_2, \cdots, X_n$ 组成的总体 $\boldsymbol{X} = (X_1, X_2, \cdots, X_n)$ 为 n 维随机向量. 在随机变量理论中, 一维推广到二维是质变, 产生出许多新的研究对象和研究问题; 而二维推广到 n 维却没有原则性的区别.

今后, 粗体 $\boldsymbol{X}$ 表示随机向量; 它的分量用大写的 $X_1, X_2 \cdots, X_n$ 表示; 诸 X_i 的取值用小写的 x_i 表示. 因此, 随机向量 $\boldsymbol{X}$ 的取值用数值向量 $\boldsymbol{x} = (x_1, x_2, \cdots, x_n)$, 或 $\boldsymbol{x}_k = (x_{k1}, x_{k2}, \cdots, x_{kn})(k = 0, 1, 2, \cdots)$ 表示.

7.1 随机向量、因果结构图和概率值计算 (V)

本节把 6.1—6.3 节中的结论推广到随机向量. 粗略地说, 把 6.1—6.3 节中的 $X(\omega)$(或 $\xi(\omega)$) 换为 $\boldsymbol{X}(\omega)$(或 $\boldsymbol{\xi}(\omega)$), 把 $(\mathbf{R}, \mathcal{B})$ 换为 $(\mathbf{R}^n, \mathcal{B}^n)$ 后所有的讨论和结论仍然成立.

7.1.1 分析学中的向量值函数

设 $\mathbf{R}^n = \{(x_1, x_2, \cdots, x_n) | x_i$ 为实数, $1 \leqslant i \leqslant n\}$ 为 n 维欧氏空间, $\boldsymbol{x} \overset{\text{def}}{=} (x_1, x_2, \cdots, x_n)$ 是 $\mathbf{R}^n$ 中的向量. 在定义 6.2.1 中取 $E = \mathbf{R}^n$, 那么成为如下定义.

定义 7.1.1 设 Ω 是任意的集合. 如果对 Ω 中每个元素 ω, 在某个法则 $\boldsymbol{\xi}$ 的作用下总有 $\mathbf{R}^n$ 中一个且仅有一个元素 $\boldsymbol{x} = (x_1, x_2, \cdots, x_n)$ 与这个 ω 对应, 则称 $\boldsymbol{\xi}$ 是定义在 Ω 上取值于 $\mathbf{R}^n$ 中的一个对应律; 称

$$\boldsymbol{x} = \boldsymbol{\xi}(\omega), \quad \omega \in \Omega \tag{7.1.1}$$

为定义在 Ω 上取值于 $\mathbf{R}^n$ 中的 (n 维向量值) 函数.

向量值函数 $\boldsymbol{\xi}(\omega)$ 的定义域和值域的符号式分别为

$$\mathrm{dom}\boldsymbol{\xi} = \Omega \tag{7.1.2}$$

$$\mathrm{ran}\boldsymbol{\xi} = \{\boldsymbol{x}|\ 存在\ \omega \in \Omega\ 使\ \boldsymbol{x} = \boldsymbol{\xi}(\omega)\} \tag{7.1.3}$$

并称 $\mathbf{R}^n$ 为 $\boldsymbol{\xi}$ 的取值空间.

从映射的观点考察定义 7.1.1, 式 (7.1.1) 又可记为

$$\boldsymbol{\xi} : \Omega \longrightarrow \mathbf{R}^n \tag{7.1.4}$$

或者

$$\Omega \ni \omega \xrightarrow{\ \boldsymbol{\xi}(\omega) = \boldsymbol{x}\ } \boldsymbol{x} \in \mathbf{R}^n \tag{7.1.5}$$

并称 $\boldsymbol{x}$ 是 ω 的像, ω 是 $\boldsymbol{x}$ 的原像.

对 $\mathbf{R}^n$ 的任意子集 B, 令

$$\boldsymbol{\xi}^{-1}(B) = \{\omega|\ 存在\ \boldsymbol{x} \in B\ 使\ \boldsymbol{\xi}(\omega) = \boldsymbol{x}\} \tag{7.1.6}$$

并称 $\boldsymbol{\xi}^{-1}(B)$ 为集合 B 在映射 $\boldsymbol{\xi}$ 作用下的原像. 显然 $\boldsymbol{\xi}^{-1}(\mathbf{R}^n) = \Omega$.

于是, 对函数 $\boldsymbol{\xi}(\omega)$ 成立定理 6.1.1 (只需把其中的 ξ 改为 $\boldsymbol{\xi}$).

最后, 注意到 (7.1.1) 可写为 $(x_1, x_2, \cdots, x_n) = \boldsymbol{\xi}(\omega)$, 我们可以引进 n 个实值函数

$$x_i = \xi_i(\omega), \quad \omega \in \Omega \quad (i = 1, 2, \cdots, n) \tag{7.1.7}$$

因此, n 维向量值函数有等价的符号式

$$\boldsymbol{\xi}(\omega) = (\xi_1(\omega), \xi_2(\omega), \cdots, \xi_n(\omega)) \tag{7.1.8}$$

即是说, n 个一元实值函数组成一个 n 维向量值函数.

7.1.2 分析学中的可测向量值函数

定义 7.1.2 设 $(\Omega, \mathcal{F})$ 是可测空间, $\boldsymbol{\xi}(\omega) = (\xi_1(\omega), \xi_2(\omega), \cdots, \xi_n(\omega))$ 是向量值函数. 如果对 $\mathbf{R}^n$ 中的任意向量 $\boldsymbol{x} = (x_1, x_2, \cdots, x_n)$ 成立

$$\{\omega|\boldsymbol{\xi}(\omega) \leqslant \boldsymbol{x}\} \in \mathcal{F} \tag{7.1.9}$$

则称 $\boldsymbol{\xi}(\omega)$ 是 $(\Omega, \mathcal{F})$ 上的 $(n$ 维$)$ 可测向量值函数, 简称为可测函数, 或 $\mathcal{F}$-可测 (向量值) 函数.

定理 7.1.1 设 $\boldsymbol{\xi}(\omega)$ 是 $(\Omega, \mathcal{F})$ 上 n 维可测向量值函数, 那么对 $\mathbf{R}^n$ 中任意的 Borel 集 B 成立

$$\{\omega|\boldsymbol{\xi}(\omega) \in B\} \in \mathcal{F} \tag{7.1.10}$$

证明　与定理 6.1.2 的证明类似, 从略. ∎

显然, (7.1.10) 表达的集合包含 (7.1.9) 表达的集合. 于是, 人们给出定义 7.1.2 的一个等价定义.

定义 7.1.3　给定可测空间 $(\Omega, \mathcal{F})$ 和 n 维 Borel 空间 $(\mathbf{R}^n, \mathcal{B}^n)$. 设 $\boldsymbol{\xi}(\omega)$ 是定义在 Ω 上取值于 $\mathbf{R}^n$ 中向量值函数. 如果条件 (7.1.10) 成立, 则称 $\boldsymbol{\xi}(\omega)$ 是定义在 $(\Omega, \mathcal{F})$ 上取值于 $(\mathbf{R}^n, \mathcal{B}^n)$ 中的可测向量值函数.

众所周知, (7.1.9) 左方集合有表达式

$$\{\omega | \boldsymbol{\xi}(\omega) \leqslant \boldsymbol{x}\} = \{\omega | \xi_1(\omega) \leqslant x_1, \cdots, \xi_n(\omega) \leqslant x_n\} = \bigcap_{i=1}^{n} \{\omega | \xi_i(\omega) \leqslant x_i\} \qquad (7.1.11)$$

由此推出使用频率极高的结论: $\boldsymbol{\xi}(\omega) = (\xi_1(\omega), \xi_2(\omega), \cdots, \xi_n(\omega))$ 是 n 维可测向量值函数当且仅当 n 个实值函数 $\xi_i(\omega)(i = 1, 2, \cdots, n)$ 是可测函数.

最后介绍逆映射 $\boldsymbol{\xi}^{-1}(B)$ 和原像. 首先把 (7.1.6) 中的子集 B 限定为 Borel 集, 和改记为更简明的符号式

$$\boldsymbol{\xi}^{-1}(B) = \{\omega | \boldsymbol{\xi}(\omega) \in B\}, \quad B \in \mathcal{B}^n \qquad (7.1.12)$$

称 $\boldsymbol{\xi}^{-1}$ 为 $\boldsymbol{\xi}$ 的逆映射. 和一维情形一样, 我们把一个平凡的结论写成定理.

定理 7.1.2　设 $\boldsymbol{\xi}(\omega)$ 是定义在 $(\Omega, \mathcal{F})$ 上取值于 $(\mathbf{R}^n, \mathcal{B}^n)$ 中的可测向量值函数, 那么逆映射

$$\boldsymbol{\xi}^{-1}(B), \quad B \in \mathcal{B}^n$$

是定义在 $\mathcal{B}^n$ 上取值于 $\mathcal{F}$ 中的函数, 即

$$\boldsymbol{\xi}^{-1} : \mathcal{B}^n \ni B \longrightarrow \{\omega | \boldsymbol{\xi}(\omega) \in B\} \in \mathcal{F} \qquad (7.1.13)$$

其值域为

$$\mathrm{ran}\boldsymbol{\xi}^{-1} = \{(\boldsymbol{\xi}(\omega) \in B) | B \in \mathcal{B}^n\} \subset \mathcal{F} \qquad (7.1.14)$$

图 7.1.1 展示出 $\boldsymbol{\xi}^{-1}(B)$ 和 $\boldsymbol{\xi}(\omega)$ 的依存关系.

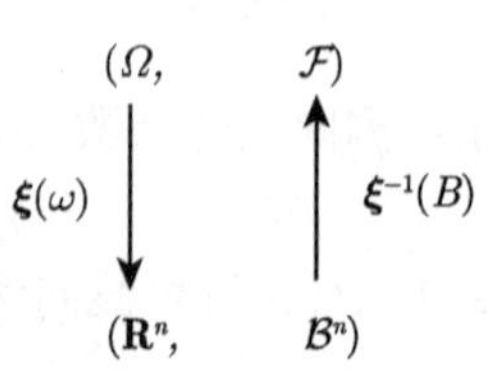

图 7.1.1　$\boldsymbol{\xi}^{-1}(B)$ 和 $\boldsymbol{\xi}(\omega)$ 的依存关系

7.1.3 随机向量和它的分布函数

定义 7.1.4 给定概率空间 $(\Omega, \mathcal{F}, P)$. 设 $X_1(\omega), X_2(\omega), \cdots, X_n(\omega)$ 是其上的随机变量, 即对任意的实数 $x_i (i = 1, 2, \cdots, n)$, 成立

$$\{\omega | X_i(\omega) \leqslant x_i\} \in \mathcal{F} \quad (i = 1, 2, \cdots, n) \tag{7.1.15}$$

则称 $\boldsymbol{X}(\omega) = (X_1(\omega), X_2(\omega), \cdots, X_n(\omega))$ 为 $(\Omega, \mathcal{F}, P)$ 上的 n 维随机向量. 并称 n 元实变量的实值函数

$$F_{\boldsymbol{X}}(x_1, x_2, \cdots, x_n) = P\{X_1(\omega) \leqslant x_1, X_2(\omega) \leqslant x_2, \cdots, X_n(\omega) \leqslant x_n\} \tag{7.1.16}$$

为随机向量 $\boldsymbol{X}(\omega)$ 的 (n 元) 分布函数; 或称为随机变量 $X_1(\omega), X_2(\omega), \cdots, X_n(\omega)$ 的联合分布函数. 简记为 $F_X(\boldsymbol{x})$, 或 $F_X(\mathbf{R}^n)$.

显然, 条件 (7.1.15) 等价于条件 (7.1.9). 由此可见, 随机向量 $\boldsymbol{X}(\omega)$ 是具有 (联合) 分布函数 $F_X(\boldsymbol{x})$ 的可测向量值函数. 应用定理 7.1.1 和 7.1.2 得出:

i) $\boldsymbol{X}(\omega)$ 是随机试验 $(\Omega, \mathcal{F})$ 到 Borel 空间 $(\mathbf{R}^n, \mathcal{B}^n)$ 中的可测函数. 称 $(\mathbf{R}^n, \mathcal{B}^n)$ 为 $\boldsymbol{X}(\omega)$ 的取值空间.

ii) $\boldsymbol{X}^{-1}(B)$ 是 $\boldsymbol{X}(\omega)$ 的逆映射, 它是定义在 Borel 域 $\mathcal{B}^n$ 上取值于 $\mathcal{F}$ 中的函数, 其解析式为

$$\boldsymbol{X}^{-1}(B) = \{\omega | \boldsymbol{X}(\omega) \in B\}, \quad B \in \mathcal{B}^n \tag{7.1.17}$$

n 维随机向量是 n 个随机变量, 它比单个随机变量含有更多的因果知识和统计规律. 式 (6.2.15) 和 (6.2.17) 是用 $\boldsymbol{X}(\omega)$ 列举出的一部分事件, 分别把它们汇集在一起, 形成集合

$$\mathcal{A}_{\boldsymbol{X}} = \{(\boldsymbol{X}(\omega) \leqslant \boldsymbol{x}) | \boldsymbol{x} \in \mathbf{R}^n\} \tag{7.1.18}$$

$$\mathrm{ran} \boldsymbol{X}^{-1} = \{(\boldsymbol{X}(\omega) \in B) | B \in \mathcal{B}^n\} \tag{7.1.19}$$

其中 $\mathrm{ran} \boldsymbol{X}^{-1}$ 是值域; $\{\boldsymbol{X}(\omega) \leqslant \boldsymbol{x}\}$ 是事件 "$\boldsymbol{X}(\omega)$ 的取值落在矩形集合 $(-\infty, x_1] \times (-\infty, x_2] \times \cdots \times (-\infty, x_n]$ 之中"; $\{\boldsymbol{X}(\omega) \in B\}$ 表示事件 "$\boldsymbol{X}(\omega)$ 的取值落在 Borel 集合 B 中".

现在, 一维情形的定理 6.2.1— 定理 6.2.3 可以推广到 n 维情形, 证明也类同, 因此我们直接写出它们.

定理 7.1.3 设 $\boldsymbol{X}(\omega)$ 是概率空间 $(\Omega, \mathcal{F}, P)$ 上的随机向量, 那么 $\mathrm{ran} \boldsymbol{X}^{-1}$ 是 $\mathcal{F}$ 的子事件 σ 域, 它有芽集 $\mathcal{A}_{\boldsymbol{X}}$, 即

$$\mathrm{ran} \boldsymbol{X}^{-1} = \sigma(\mathcal{A}_{\boldsymbol{X}}) \tag{7.1.20}$$

推论 $(\Omega, \sigma(\boldsymbol{X}), P)$ 是 $(\Omega, \mathcal{F}, P)$ 的子概率空间, 其中 $\sigma(\boldsymbol{X}) \overset{\text{def}}{=\!=} \mathrm{ran} \boldsymbol{X}^{-1}$.

我们认定

$$\sigma(\boldsymbol{X}) = \{(\boldsymbol{X}(\omega) \in B) | B \in \mathcal{B}^n\} \tag{7.1.21}$$

是 $\boldsymbol{X}(\omega)$ 蕴含的全部事件, 于是随机向量理论中最基本的任务是, 找到指定的事件 $\{\boldsymbol{X}(\omega) \in B\}$, 并求其概率 $P\{\boldsymbol{X}(\omega) \in B\}$.

定理 7.1.4　设 $\boldsymbol{X}(\omega)$ 是概率空间 $(\Omega, \mathcal{F}, P)$ 上的随机向量, $(\mathbf{R}^n, \mathcal{B}^n)$ 是它的取值空间. 对任意的 $B \in \mathcal{B}^n$, 令

$$P_{\boldsymbol{X}}(B) = P\{\boldsymbol{X}(\omega) \in B\}, \quad B \in \mathcal{B}^n \tag{7.1.22}$$

那么 $P_{\boldsymbol{X}}(\mathcal{B}^n)$ 是 $(\mathbf{R}^n, \mathcal{B}^n)$ 上的概率测度.

推论　$P_{\boldsymbol{X}}(\mathcal{B}^n)$ 的分布函数是 (7.1.16) 规定的 $F_{\boldsymbol{X}}(\boldsymbol{x})$;$(\mathbf{R}^n, \mathcal{B}^n, P_{\boldsymbol{X}} \Leftarrow F_{\boldsymbol{X}})$ 是 n 维 Kolmogorov 型概率空间, 并且对任意的 $B \in \mathcal{B}^n$ 有

$$P_{\boldsymbol{X}}(B) = \int_B \mathrm{d}F_{\boldsymbol{X}}(x) \tag{7.1.23}$$

定理 7.1.5 (概率值计算公式)　设 $\boldsymbol{X}(\omega)$ 是概率空间 $(\Omega, \mathcal{F}, P)$ 上的随机向量. 如果 $\boldsymbol{X}(\omega)$ 的分布函数 $F_{\boldsymbol{X}}(\boldsymbol{x})$ 已知, 那么可以用公式

$$P\{X(\omega) \in B\} = \int_B \mathrm{d}F_{\boldsymbol{X}}(\boldsymbol{x}) \quad (B \in \sigma(\boldsymbol{X})) \tag{7.1.24}$$

算出 $\sigma(\boldsymbol{X})$ 中任何事件的概率.

以上三个定理涉及三个概率空间. 为了引用的方便, 引进如下的定义.

定义 7.1.5　设 $\boldsymbol{X}(\omega)$ 是概率空间 $(\Omega, \mathcal{F}, P)$ 上的随机向量, $F_{\boldsymbol{X}}(\boldsymbol{x})$ 是它的 (联合) 分布函数, 那么,

i) 称 $(\Omega, \mathcal{F}, P)$ 为 $\boldsymbol{X}(\omega)$ 的基础概率空间;

ii) 称 $(\Omega, \sigma(\boldsymbol{X}), P)$ 为 $\boldsymbol{X}(\omega)$ 的表现 (因果的) 概率空间; 称 $(\Omega, \sigma(\boldsymbol{X}))$ 为 $\boldsymbol{X}(\omega)$ 产生的子随机试验; 称 $\sigma(\boldsymbol{X})$ 为 $\boldsymbol{X}(\omega)$ 生成的子事件 σ 域 (或划定的子随机局部);

iii) 称 $(\mathbf{R}^n, \mathcal{B}^n, P_{\boldsymbol{X}} \Leftarrow F_{\boldsymbol{X}})$ 为 $\boldsymbol{X}(\omega)$ 的值概率空间; 称 $(\mathbf{R}^n, \mathcal{B}^n)$ 为取值空间; 称 $P_{\boldsymbol{X}}(\mathcal{B}^n)$ 为概率分布.

7.1.4　独特的研究前提和因果结构图

定义 7.1.4 是建立随机向量理论的出发点. 和一维情形一样, 这个出发点有三个独特之处. 为了强调它的 "独特性", 我们再次写出它们.

i) 基础概率空间 $(\Omega, \mathcal{F}, P)$ 通常是未知的, 但要假定它存在;

ii) $\boldsymbol{X}(\omega)$ 的取值是可观测的量, 分布函数 $F_{\boldsymbol{X}}(\boldsymbol{x})$ 反映取值族 $\{\boldsymbol{X}(\omega) | \omega \in \Omega\}$ 在欧式空间 $\mathbf{R}^n$ 中的分布情况. 但 $\boldsymbol{X}(\omega)$ 的定义域和解析式通常是未知的;

iii) 分布函数 $F_{\boldsymbol{X}}(\boldsymbol{x})$ 是已知的. 它是建立随机向量理论的出发点.

必须理解, 我们是在遵守条件 i)—iii) 的假定下建立随机向量理论. 用这个观点考察定理 7.1.3—定理 7.1.5, 容易发现它们之间的联系是,

$$已知 F_{\boldsymbol{X}}(\boldsymbol{x}) \Rightarrow (\mathbf{R}^n, \mathcal{B}^n, P_{\boldsymbol{X}} \Leftarrow F_{\boldsymbol{X}}) \Rightarrow P(\sigma(\boldsymbol{X})) \Rightarrow (\Omega, \sigma(\boldsymbol{X}), P)$$

进一步, 为了整理出系统的因果知识和统计规律, 反映知识和规律的来龙去脉, 我们把它们组成图 7.1.2 展示的知识网.

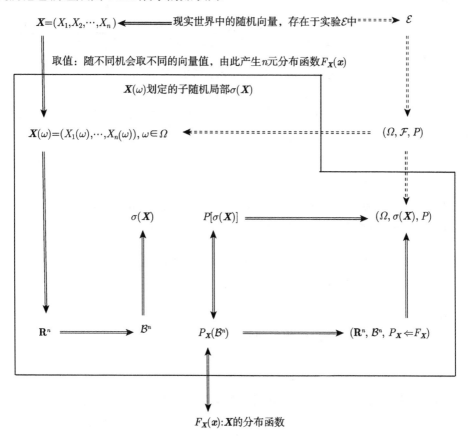

图 7.1.2　$\boldsymbol{X}$ 的因果结构图 $(\boldsymbol{X}(\omega), \sigma(\boldsymbol{X}), F_{\boldsymbol{X}}(\boldsymbol{x}))$

例 7.1.1　在例 6.2.1 的赌博游戏中, 用 $X_i (i = 1, 2, 3)$ 表示第 i 局中赌客的赢钱数, 则赌客在前三局中的输赢情况是随机向量 $\boldsymbol{X} = (X_1, X_2, X_3)$. 试求:

i) $\boldsymbol{X}$ 的基础概率空间和解析式;

ii) $\boldsymbol{X}$ 的分布律和值概率空间;

iii) $\boldsymbol{X}$ 的表现概率空间;

iv) 用 S 表示赌客在前三局中的总赢钱数, 求 S 的解析式和分布律

解　i) X 的基础概率空间是例 3.3.4 中的概率空间 $(\Omega, \mathcal{F}, P)(n = 3)$, 其中

$$\Omega = \{(\alpha_1, \alpha_2, \alpha_3) | \alpha_i = H \text{或} T, i = 1, 2, 3\} \tag{7.1.25}$$

$$\mathcal{F} = \Omega \text{的全体子集组成的集合} \tag{7.1.26}$$

$$P(A) = \frac{A \text{含样本点个数}}{8}, \quad A \in \mathcal{F} \tag{7.1.27}$$

显然, $X(\omega)$ 是只取 8 个值的随机向量, 其表格式为

Ω	(H,H,H)	(H,H,T)	(H,T,H)	(H,T,T)	(T,H,H)	(T,H,T)	(T,T,H)	(T,T,T)
$X(\omega)$	$(1,1,1)$	$(1,1,-1)$	$(1,-1,1)$	$(1,-1,-1)$	$(-1,1,1)$	$(-1,1,-1)$	$(-1,-1,1)$	$(-1,-1,-1)$

ii) 由随机向量 $X(\omega)$ 的表格式和 (7.1.27) 得出 X 的分布律为

$X(\omega)$	$(1,1,1)$	$(1,1,-1)$	$(1,-1,1)$	$(1,-1,-1)$	$(-1,1,1)$	$(-1,1,-1)$	$(-1,-1,1)$	$(-1,-1,-1)$	其他(i,j,k)
$P_X(x)$	$\frac{1}{8}$	$\frac{1}{8}$	$\frac{1}{8}$	$\frac{1}{8}$	$\frac{1}{8}$	$\frac{1}{8}$	$\frac{1}{8}$	$\frac{1}{8}$	0

$$\tag{7.1.28}$$

因此, X 的值概率空间是 Kolmogorov 型的 $(\mathbf{R}^3, \mathcal{B}^3, P_X \Leftarrow p_X)$.

iii) X 的表现概率空间是 $(\Omega, \sigma(X), P)$, 其中

$$\sigma(X) = \sigma(\mathcal{A}_3), \quad \mathcal{A}_3 = \{(X = (i, j, k)) | i, j, k = \pm 1\}$$

$$P\{\sigma(X)\} = P(\mathcal{F}) \upharpoonright \sigma(X)$$

(注: 在本例中 $\sigma(X) = \mathcal{F}$).

iv) 赌客在前三局中总赢钱数是随机变量 S, 它是

$$S(\omega) = X_1(\omega) + X_2(\omega) + X_3(\omega)$$

显然, S 是只取四个值 $-3, -1, 1, 3$ 的随机变量, 其解析式为

$$S(\omega) = \begin{cases} -3, & \omega = (T, T, T) \\ -1, & \omega = (H, T, T), (T, H, T), (T, T, H) \\ 1, & \omega = (H, H, T), (H, T, H), (T, H, H) \\ 3, & \omega = (H, H, H) \end{cases}$$

由式 (7.1.27) 推出 S 的分布律为

$S = s$	-3	-1	1	3	其他 S
$p_S(s)$	$\frac{1}{8}$	$\frac{3}{8}$	$\frac{3}{8}$	$\frac{1}{8}$	0

例 7.1.2 在例 6.2.3 中同时要预报最高温度和最大湿度. 它们组成天气预报实验中的随机向量 $\boldsymbol{Z} = (X, Y)$. 试讨论:

i) $\boldsymbol{Z}$ 的基础概率空间和解析式;

ii) $\boldsymbol{Z}$ 的值概率空间和分布函数 (分布列或分布密度);

iii) $\boldsymbol{Z}$ 的表现概率空间.

解 在例 6.2.3 的解答中, 用 $\boldsymbol{Z}(\omega)$ 代替 $X(\omega)$; 用 $\sigma(\boldsymbol{Z})$ 代替 $\sigma(X)$; 用联合分布函数 $F_{\boldsymbol{Z}}(x, y)$ 代替 $F_X(x)$; 用式

$$\sigma(\boldsymbol{Z}) = \{(\boldsymbol{Z}(\omega) \in B) | B \in \mathcal{B}^2\}$$

$$P(\boldsymbol{Z} \in B) = \int_B \mathrm{d}_x \mathrm{d}_y F_{\boldsymbol{Z}}(x, y)$$

分别代替 (6.2.15) 和 (6.2.16). 工作完成后, 逐字逐句地重复那里的叙述就得这里需要的答案.

7.1.5 小结: 分布函数研究法

在 6.2.3 小节中用 $\boldsymbol{X}(\omega), F_{\boldsymbol{X}}(\boldsymbol{x})$ 分别代替 $X(\omega)$ 和 $F_X(x)$, 逐字逐句地重复后便得到随机向量 $\boldsymbol{X}(\omega)$ 的分布函数研究法.

同样, 为了掌握因果结构图 7.1.2, 必须学会解答 6.2 节中总结出的两类习题 I) 和 II).

特别, 公式 (6.2.13) 和 (6.2.14) 分别成为

$$\sigma(\boldsymbol{X}) = \{(\boldsymbol{X}(\omega) \in B) | B \in \mathcal{B}^n\} \tag{7.1.29}$$

$$P\{\boldsymbol{X}(\omega) \in B\} = \int_B \mathrm{d}F_{\boldsymbol{X}}(\boldsymbol{x}) \tag{7.1.30}$$

由定理 3.7.1 知, 为了用公式 (7.1.30) 计算概率, 需要对随机向量进行分类.

定义 7.1.6 称随机向量 $\boldsymbol{X}(\omega)$ 是离散型的 (或连续型的, 或奇异型的, 或混合型的), 如果它的分布函数 $F_{\boldsymbol{X}}(\boldsymbol{x})$ 属于相应的类型. 并称 $F_{\boldsymbol{X}}(\boldsymbol{x})$ 的分布密度 $f_{\boldsymbol{X}}(\boldsymbol{x})$(或分布律 $p_{\boldsymbol{X}}(\boldsymbol{x})$) 为随机向量 $\boldsymbol{X}(\omega)$ 的分布密度 (或分布律).

本书只讨论离散型和连续型随机向量.

7.1.6 分布函数和概率值计算 (V): 离散型情形

定理 7.1.6 设 $\boldsymbol{X}(\omega) = (X_1(\omega), X_2(\omega), \cdots, X_n(\omega))$ 是 $(\Omega, \mathcal{F}, P)$ 上的离散型随机向量, 其分布律为

$$p(\mathbf{R}^n): \quad \begin{array}{c|cccc|c} \boldsymbol{X} & \boldsymbol{x}_1 & \boldsymbol{x}_2 & \boldsymbol{x}_3 & \cdots & \text{其他 } \boldsymbol{x} \\ \hline p & p(\boldsymbol{x}_1) & p(\boldsymbol{x}_2) & p(\boldsymbol{x}_3) & \cdots & 0 \end{array} \tag{7.1.31}$$

其中 $\boldsymbol{x}_i = (x_{i1}, x_{i2}, \cdots, x_{in}), p(\boldsymbol{x}_i) = P\{\boldsymbol{X}(\omega) = \boldsymbol{x}_i\}(i = 1, 2, 3, \cdots)$. 那么, 随机向量 $\boldsymbol{X}(\omega)$ 的分布函数为

$$F(\boldsymbol{x}) = \sum_{i:\boldsymbol{x}_i \leqslant \boldsymbol{x}} p(\boldsymbol{x}_i)\varepsilon(\boldsymbol{x} - \boldsymbol{x}_i) \tag{7.1.32}$$

时概率公式 (7.1.30) 成为

$$P\{\boldsymbol{X}(\omega) \in B\} = \int_B \mathrm{d}F(\boldsymbol{x}) = \sum_{i:\boldsymbol{x}_i \in B} p(\boldsymbol{x}_i) \tag{7.1.33}$$

这里 $\boldsymbol{x} = (x_1, x_2, \cdots, x_n), \varepsilon(\boldsymbol{x} - \boldsymbol{x}_i) = \varepsilon(x_1 - x_{i1})\varepsilon(x_2 - x_{i2})\cdots\varepsilon(x_n - x_{in})$

证明 联合定理 7.1.5 和定理 3.7.1 即得定理结论. ■

例 7.1.3 在硬币的正面刻数字 1, 反面刻数字 0. 实验 $\mathcal{E}$ 是同时投掷这枚硬币和一颗骰子. 用 X_1 表示硬币出现的数值; X_2 表示骰子出现的点数. 那么 $\boldsymbol{X} = (X_1, X_2)$ 是二维随机向量. 试求 $\boldsymbol{X}$ 的基础概率空间、解析式、分布律、值概率空间和表现概率空间.

解 用 H, T 分别表示硬币的正面和反面, 用 β_j 表示骰子标有 j 点的那个面. 用 $(\alpha, \beta_j)(\alpha = H$ 或 $T; j = 1, 2, \cdots, 6)$ 表示实验 $\mathcal{E}$ 中事件 "硬币出现 α 面, 骰子出现 j 点的那个面". 容易建立实验 $\mathcal{E}$ 的概率模型 ——12 型的古典概率空间 $(\Omega, \mathcal{F}, P \Leftarrow p)$, 其中

$$\Omega = \{(\alpha, \beta_j)|\alpha = H \text{或} T, j = 1, 2, \cdots, 6\}$$

$\mathcal{F} = \Omega$ 的全体子集组成的集

$$p(\Omega): \quad \begin{array}{c|c} \Omega & (\alpha, \beta_j), \quad \alpha = H \text{或} T, j = 1, 2, \cdots, 6 \\ \hline p & \dfrac{1}{12} \end{array}$$

显然, 随机向量 $\boldsymbol{X}$ 的解析式为

$$\boldsymbol{X}(\omega) = \begin{cases} (1, j), & \omega = (H, \beta_j) \\ (0, j), & \omega = (T, \beta_j) \end{cases}$$

其基础概率空间为 $(\Omega, \mathcal{F}, P \Leftarrow p)$, 分布律为

$$p_{\boldsymbol{X}}(\mathbf{R}^2): \quad \begin{array}{c|ccccccc|c} \boldsymbol{X} & (0, 1) & \cdots & (0, 6) & (1, 1) & \cdots & (1, 6) & \text{其他} (x, y) \\ \hline p_{\boldsymbol{X}} & \dfrac{1}{12} & \cdots & \dfrac{1}{12} & \dfrac{1}{12} & \cdots & \dfrac{1}{12} & 0 \end{array}$$

值概率空间是 $(\mathbf{R}^2, \mathcal{B}^2, P_{\boldsymbol{X}} \Leftarrow p_{\boldsymbol{X}})$; 表现概率空间是 $(\Omega, \sigma(\boldsymbol{X}), P)$.

说明: 显然 $\sigma(\boldsymbol{X}) = \mathcal{F}$. 但是我们仍然说表现概率空间是 $(\Omega, \sigma(\boldsymbol{X}), P)$, 而不说是 $(\Omega, \mathcal{F}, P)$. 原因是, 表现概率空间把原先的基本事件赋予 "新内容". 例如,

基本事件 (H, β_j) 成为 "$X_1(\omega) = 1$ 且 $X_2(\omega) = j$" 这一 "新" 事件; (T, β_j) 成为 "$X_1(\omega) = 0$ 且 $X_2(\omega) = j$" 这一 "新" 事件.

例 7.1.4 (多项分布)   设实验 $\mathcal{E}$ 的概率模型是 r 型概率空间 $(\Omega, \mathcal{F}, P \Leftarrow p)$, 分布列为

$$p(\Omega): \quad \begin{array}{c|cccc} \Omega & A_1 & A_2 & \cdots & A_r \\ \hline p & p_1 & p_2 & \cdots & p_r \end{array} \tag{7.1.34}$$

其中 $p_i = p(A_i) = P(A_i)(1 \leqslant i \leqslant r)$. 现在把实验 $\mathcal{E}$ 独立地、重复地进行 n 次, 得到新实验 $\mathcal{E}^n$. 用 ξ_k 表示 $\mathcal{E}$ 中事件 A_k 出现的次数 $(1 \leqslant k \leqslant r)$, 那么

$$\boldsymbol{\xi} = (\xi_1, \xi_2, \cdots, \xi_r)$$

是 r 维随机向量. 试求 $\boldsymbol{\xi}$ 的基础概率空间、解析式、分布律、值概率空间和表现概率空间.

解   由定理 5.4.3 得出, 实验 $\mathcal{E}^n$ 的概率模型是 n 维独立乘积概率空间 $(\Omega^n, \mathcal{F}^n, P^n \Leftarrow p^n)$, 分布列 p^n 为

$$p^n(\Omega^n): \quad \begin{array}{c|c} \Omega^n & (\alpha_1, \alpha_2, \cdots, \alpha_n), \alpha_i = A_1, A_2, \cdots, A_r, 1 \leqslant i \leqslant n \\ \hline p^n & p(\alpha_1)p(\alpha_2)\cdots p(\alpha_n) \end{array} \tag{7.1.35}$$

依题意, $\boldsymbol{\xi}$ 的解析式为

$\xi(\omega) = (m_1, m_2, \cdots, m_r)$, $\omega = (\alpha_1, \cdots, \alpha_n)$, 诸 $\alpha_1, \cdots, \alpha_n$ 中恰有 m_i 个 $A_i(1 \leqslant i \leqslant r)$, 且

$$\sum_{i=1}^{r} m_i = n \tag{7.1.36}$$

其基础概率空间是 $(\Omega^n, \mathcal{F}^n, P^n \Leftarrow p^n)$.

为求随机向量 $\xi(\omega)$ 的分布律, 需求事件 $\{\omega | \xi(\omega) = (m_1, m_2, \cdots, m_r)\}$ 的概率. 由 (7.1.35) 得出, 该事件中的基本事件 ω 有相同的概率值 $p_1^{m_1} p_2^{m_2} \cdots p_r^{m_r}$. 另一方面, 由组合知识得出, 该事件含有 $\dfrac{n!}{m_1! m_2! \cdots m_r!}$ 个样本点. 由此推出 $\xi(\omega)$ 的分布律 $p_{\boldsymbol{\xi}}(\mathbf{R}^r)$ 为

$$p_{\boldsymbol{\xi}}(m_1, \cdots, m_r) = \begin{cases} \dfrac{n!}{m_1! \cdots m_r!} p_1^{m_1} p_2^{m_2} \cdots p_r^{m_r}, & m_i \geqslant 0, \sum_{i=1}^{r} m_i = n \\ 0, & \text{其他} \end{cases} \tag{7.1.37}$$

于是, $\boldsymbol{\xi}(\omega)$ 的值概率空间是 $(\mathbf{R}^r, \mathcal{B}^r, P_{\boldsymbol{\xi}} \Leftarrow p_{\boldsymbol{\xi}})$; 表现概率空间是 $(\Omega^n, \sigma(\boldsymbol{\xi}), P^n)$.

例 7.1.5 (多维超几何分布)   设箱内共有 $N = \sum\limits_{i=1}^{r} N_i$ 个球, 其中 N_i 表示第 i 种颜色球的个数. 现在用 $\mathcal{E}$ 表示 "从箱中随意地取出 n 个球 $(n \leqslant N)$" 这一实验,

并用 ξ_i 表示 n 个球中含第 i 种颜色球的个数 $(1 \leqslant i \leqslant r)$. 那么 ξ_i 是实验 $\mathcal{E}$ 中的随机变量,

$$\boldsymbol{\xi} = (\xi_1, \xi_2, \cdots, \xi_r)$$

是 r 维随机向量. 试求 $\boldsymbol{\xi}$ 的分布律.

解　实验 $\mathcal{E}$ 的概率模型是古典型概率空间 $(\Omega, \mathcal{F}, P)$(容易写出它的具体形式, 但可以省略). 于是, $\boldsymbol{\xi}$ 是定义在 $(\Omega, \mathcal{F}, P)$ 上的 r 维随机向量, 其值空间为 $\mathbf{R}^r$, 值域为

$$\mathrm{ran}\boldsymbol{\xi} = \left\{ (m_1, \cdots, m_r) \middle| \sum_{i=1}^{r} m_i = n, m_i 为非负整数 \right\}$$

由于 $\{\boldsymbol{\xi}(\omega) = (m_1, m_2, \cdots, m_r)\}$ 表示事件"取出的 n 个球中含 m_1 个第 1 种颜色的球, m_2 个第 2 种颜色的球, $\cdots$, m_r 个第 r 种颜色的球 $(m_1+m_2+\cdots+m_r = n)$". 应用古典赋概法和组合知识得出, 该事件的概率为 $\mathrm{C}_{N_1}^{m_1} \mathrm{C}_{N_2}^{m_2} \cdots \mathrm{C}_{N_r}^{m_r} / \mathrm{C}_N^n$. 于是, $\boldsymbol{\xi}(\omega)$ 的分布律为

$$P\{\boldsymbol{\xi}(\omega) = (m_1, m_2, \cdots, m_r)\} = \begin{cases} \dfrac{\mathrm{C}_{N_1}^{m_1} \mathrm{C}_{N_2}^{m_2} \cdots \mathrm{C}_{N_r}^{m_r}}{\mathrm{C}_N^n}, & m_i \geqslant 0 且 \sum_{i=1}^{r} m_i = n \\ 0, & 其他 \end{cases}$$

$$(7.1.38)$$

7.1.7　分布函数和概率值计算 (V): 连续型情形

定理 7.1.7　设 $\boldsymbol{X}(\omega) = (X_1(\omega), X_2(\omega), \cdots, X_n(\omega))$ 是 $(\Omega, \mathcal{F}, P)$ 上的连续型随机向量, 其分布密度为 $f(\boldsymbol{x}) = f(x_1, x_2, \cdots, x_n)$. 那么 $\boldsymbol{X}(\omega)$ 的分布函数 $F(\boldsymbol{x})$ 为

$$F(x_1, x_2, \cdots x_n) = \underset{u_i \leqslant x_i, 1 \leqslant i \leqslant n}{\int \cdots \int} f(u_1, u_2, \cdots, u_n) \mathrm{d}u_1 \mathrm{d}u_2 \cdots \mathrm{d}u_n \qquad (7.1.39)$$

并且概率计算公式 (7.1.24) 成为

$$P\{\boldsymbol{X} \in B\} = \underset{B}{\int \cdots \int} f(x_1, x_2, \cdots, x_n) \mathrm{d}x_1 \mathrm{d}x_2 \cdots \mathrm{d}x_n \qquad (7.1.40)$$

证明　联合定理 7.1.5 和定理 3.7.1 即得结论.　　　　　　　　　　　　　■

例 7.1.6　设随机向量 (X, Y) 的分布密度为

$$f(x, y) = \begin{cases} \dfrac{A}{(1+x+y)^3}, & x > 0 且 y > 0 \\ 0, & 其他 \end{cases}$$

试求: i) 常数 A;

ii) 概率 $P(X + Y \leqslant 1)$;

iii) (X, Y) 的分布函数 $F(x, y)$.

解 i) 我们有

$$\iint_{\mathbf{R}^2} f(x, y)\mathrm{d}x\mathrm{d}y = \iint_{x>0, y>0} \frac{A}{(1+x+y)^3}\mathrm{d}x\mathrm{d}y$$

$$= A\int_0^{+\infty}\left[\int_0^{+\infty}\frac{1}{(1+x+y)^3}\mathrm{d}y\right]\mathrm{d}x$$

$$= A\int_0^{+\infty}\frac{1}{2(1+x)^2}\mathrm{d}x = \frac{A}{2}$$

由分布密度的归范性条件得出 $A = 2$.

ii) 令 $D = \{(x, y)|x > 0, y > 0, x + y \leqslant 1\}$, 则 D 是坐标平面中的一个三角形 (图 7.1.3). 注意到事件 $\{X + Y \leqslant 1\} = \{(X, Y) \in D\}$, 应用公式 (7.1.33) 得出

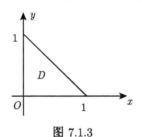

图 7.1.3

$$P(X + Y \leqslant 1) = \iint_D f(x, y)\mathrm{d}x\mathrm{d}y = \iint_{x>0, y>0, x+y\leqslant 1} \frac{2}{(1+x+y)^3}\mathrm{d}x\mathrm{d}y$$

$$= \int_0^1\left[\int_0^{1-x}\frac{2}{(1+x+y)^3}\mathrm{d}y\right]\mathrm{d}x = \int_0^1\left[\frac{1}{(1+x)^2} - \frac{1}{4}\right]\mathrm{d}x = \frac{1}{4}$$

iii) 当 $x > 0$ 且 $y > 0$ 时, 我们有

$$F(x, y) = \iint_{(-\infty, x]\times(-\infty, y]} f(u, v)\mathrm{d}u\mathrm{d}v$$

$$= \iint_{[0, x]\times[0, y]} \frac{2}{(1+u+v)^3}\mathrm{d}u\mathrm{d}v$$

$$= \int_0^x\left[\int_0^y\frac{2}{(1+u+v)^3}\mathrm{d}v\right]\mathrm{d}u$$

$$= \int_0^x\left[\frac{1}{(1+u)^2} - \frac{1}{(1+u+y)^2}\right]\mathrm{d}u$$

$$= 1 - \frac{1}{1+x} - \frac{1}{1+y} + \frac{1}{1+x+y}$$

当 $x > 0, y > 0$ 至少有一个不成立时 $f(x,y) = 0$, 由此得出 $F(x,y) = 0$. 于是随机向量 (X,Y) 的分布函数为

$$F(x,y) = \begin{cases} 1 - \dfrac{1}{1+x} - \dfrac{1}{1+y} + \dfrac{1}{1+x+y}, & x > 0, y > 0 \\ 0, & \text{其他} \end{cases}$$

例 7.1.7　设二维连续型随机向量 (X,Y) 的分布函数为

$$F(x,y) = \begin{cases} 0, & x < 0\text{或}y < 0 \\ \dfrac{1}{3}x^3 y + \dfrac{1}{12}x^2 y^2, & 0 \leqslant x < 1, 0 \leqslant y < 2 \\ \dfrac{2}{3}x^3 + \dfrac{1}{3}x^2, & 0 \leqslant x < 1, y \geqslant 2 \\ \dfrac{1}{3}y + \dfrac{1}{12}y^2, & x \geqslant 1, 0 \leqslant y < 2 \\ 1, & x \geqslant 1, y \geqslant 2 \end{cases}$$

试求:

i) $P\left(\dfrac{1}{2} < X < 1, \dfrac{1}{2} < Y < 1\right)$;

ii) (X,Y) 的分布密度;

iii) $P(X + Y > 1)$.

解　i) 注意到 $F(x,y)$ 是连续函数, 故

$$P\left(\frac{1}{2} < X < 1, \frac{1}{2} < Y < 1\right)$$
$$= F(1,1) - F\left(\frac{1}{2}, 1\right) - F\left(1, \frac{1}{2}\right) + F\left(\frac{1}{2}, \frac{1}{2}\right)$$
$$= \frac{5}{12} - \frac{1}{16} - \frac{3}{16} + \frac{5}{192} = \frac{37}{192}$$

ii) 由公式 (3.7.10) 得出, (X,Y) 的分布密度为

$$f(x,y) = \frac{\partial^2 F(x,y)}{\partial x \partial y} = \begin{cases} x^2 + \dfrac{1}{3}xy, & 0 \leqslant x \leqslant 1, 0 \leqslant y \leqslant 2 \\ 0, & \text{其他} \end{cases}$$

iii) 应用公式 (7.1.40), 有

$$P(X + Y > 1) = \iint\limits_{x+y>1} f(x,y)\mathrm{d}x\mathrm{d}y$$

$$= 1 - \iint\limits_{x+y \leqslant 1} f(x,y)\mathrm{d}x\mathrm{d}y$$

$$= 1 - \int_0^1 \left[\int_0^{1-x} \left(x_2 + \frac{1}{3}xy \right) \mathrm{d}y \right] \mathrm{d}x$$

$$= 1 - \int_0^1 \left(\frac{1}{6}x + \frac{2}{3}x^2 - \frac{5}{6}x^3 \right) \mathrm{d}x = \frac{65}{72}$$

例 7.1.8 给定 $\triangle ABC, AB = BC = 1, \angle B = \dfrac{\pi}{2}$. 在 $\triangle ABC$ 中随意地取点 M, 用 X, Y 分别表示 M 到 AB 和 BC 的距离. 试求

i) (X, Y) 的分布密度;

ii) M 到点 B 的距离小于 $\dfrac{1}{2}$ 的概率;

iii) M 到 BC 的距离大于 $\dfrac{1}{2}$ 的概率.

解 以 B 为坐标原点 O, 取 x 轴, y 轴分别与 $\overrightarrow{BC}, \overrightarrow{BA}$ 同向. 这时 M 点的坐标是 (X, Y)(图 7.1.4).

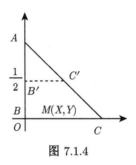

图 7.1.4

i) 依题意, 随机向量 (X, Y) 服从 $\triangle ABC$ 上的均匀分布, 其分布密度为

$$f(x,y) = \begin{cases} 2, & x \geqslant 0, y \geqslant 0, x + y \leqslant 1 \\ 0, & \text{其他} \end{cases}$$

ii) "M 到点 B 的距离小于 $\dfrac{1}{2}$" 是事件 $\left\{ X^2 + Y^2 < \dfrac{1}{4} \right\}$, 其概率为

$$P\left\{ X^2 + Y^2 < \frac{1}{4} \right\} = \iint\limits_{x^2 + y^2 < \frac{1}{4}} f(x,y)\mathrm{d}x\mathrm{d}y$$

$$= \iint\limits_{x>0, y>0, x^2+y^2 < \frac{1}{4}} 2\mathrm{d}x\mathrm{d}y = \frac{\pi}{8}$$

iii) "M 到 BC 的距离大于 $\frac{1}{2}$" 是事件 $\left\{Y > \frac{1}{2}\right\}$, 其概率为 (图 7.1.4)

$$P\left\{Y > \frac{1}{2}\right\} = \iint\limits_{\triangle AB'C'} 2 \ \mathrm{d}x\mathrm{d}y = 2 \cdot \frac{1}{8} = \frac{1}{4}$$

7.2　边沿随机向量; 独立性

7.2.1　边沿随机向量; 边沿子试验和边沿分布函数

在上节中我们视随机向量 $\boldsymbol{X}(\omega) = (X_1(\omega), X_2(\omega), \cdots X_n(\omega))$ 为不能分开的整体, 把单个随机变量的理论知识 —— 因果结构图 $(X(\omega), \sigma(X), F_X(x))$ 推广到 n 维随机向量 $\boldsymbol{X}(\omega)$, 得到 n 维情形时的因果结构图 $(\boldsymbol{X}(\omega), \sigma(\boldsymbol{X}), F_{\boldsymbol{X}}(\boldsymbol{x}))$.

现在, 我们视 $\boldsymbol{X}(\omega)$ 是由 n 个随机变量 $X_1(\omega), X_2(\omega), \cdots, X_n(\omega)$ 产生的随机向量. 在这种观点下, 用 $X_1(\omega), X_2(\omega), \cdots, X_n(\omega)$ 能够产生更多的随机向量. 它们是

一维随机向量 (共 n 个):

$$X_i(\omega) \quad (i = 1, 2, \cdots, n)$$

二维随机向量 (共 C_n^2 个):

$$(X_{i_1}(\omega), X_{i_2}(\omega)) \quad (1 \leqslant i_1 < i_2 \leqslant n)$$

$$\cdots\cdots$$

r 维随机向量 (共 C_n^r 个):

$$(X_{i_1}(\omega), X_{i_2}(\omega), \cdots, X_{i_r}(\omega)) \quad (1 \leqslant i_1 < i_2 < \cdots < i_r \leqslant)$$

$$\cdots\cdots$$

n 维随机向量 (共 C_n^n 个):

$$(X_1(\omega), X_2(\omega), \cdots, X_n(\omega))$$

总共有 $\mathrm{C}_n^1 + \mathrm{C}_n^2 + \cdots + \mathrm{C}_n^n = 2^n - 1$ 个随机向量. 它们是涉及 $\boldsymbol{X}(\omega)$ 的主要研究对象.

现在, 对每个随机向量 $\boldsymbol{X}_{i_1,\cdots,i_r}(\omega) = (X_{i_1}(\omega), X_{i_2}(\omega), \cdots, X_{i_r}(\omega))$ 皆存在因果结构图 $(\boldsymbol{X}_{i_1,\cdots,i_r}(\omega), \sigma(\boldsymbol{X}_{i_1,\cdots,i_r}), F_{i_1,\cdots,i_r}(x_{i_1}, \cdots, x_{i_r}))$[①], 理论要求研究众多结构

---

① 其中 F 的右下标应为 "$\boldsymbol{X}_{i_1,\cdots,i_r}$". 为了不出现繁杂的符号式, 简化为 "$i_1, \cdots, i_r$".

图中各种量之间的相互关系. 定理 7.2.1 和定理 7.2.2 保证这类研究可以在一个因果结构图 $(\boldsymbol{X}(\omega), \sigma(\boldsymbol{X}), F_{\boldsymbol{X}}(\boldsymbol{x}))$ 中进行.

定义 7.2.1 给定概率空间 $(\Omega, \mathcal{F}, P)$ 和其上的 n 维随机向量 $\boldsymbol{X}(\omega) = (X_1(\omega), X_2(\omega), \cdots, X_n(\omega))$. 设 $1 \leqslant i_1 < i_2 < \cdots < i_r \leqslant n$ 是 r 个整数, 则称 $\boldsymbol{X}_{i_1, \cdots, i_r}(\omega) = (X_{i_1}(\omega), X_{i_2}(\omega), \cdots, X_{i_r}(\omega))$ 为 $\boldsymbol{X}(\omega)$ 的截口为 $(i_1, i_2, \cdots, i_r)$ 的 r 维边缘随机向量.

引理 7.2.1 设 $\boldsymbol{X}_{i_1, \cdots, i_r}(\omega)$ 是定义 7.2.1 中的 r 维边沿随机向量, 那么对任意的实数 $x_{i_1}, x_{i_2}, \cdots, x_{i_r}$ 成立

$$\{\omega | \boldsymbol{X}_{i_1, \cdots, i_r} \leqslant (x_{i_1}, x_{i_2}, \cdots, x_{i_r})\} = \{\omega | \boldsymbol{X} \leqslant (x_1, \cdots, x_j, \cdots, x_n)\} \qquad (7.2.1)$$

其中 $x_j = +\infty$, 当 $j \neq i_1, i_2, \cdots, i_r$ 时.

证明 对任意的随机变量 $X_j(\omega)$ 成立 $\{X_j(\omega) < +\infty\} = \Omega$. 应用 (7.1.7), 我们有

$$\begin{aligned} 左方 &= \{\omega | X_{i_1}(\omega) \leqslant x_{i_1}, X_{i_2}(\omega) \leqslant x_{i_2}, \cdots, X_{i_r}(\omega) \leqslant x_{i_r}\} \\ &= \bigcap_{k=1}^{r} \{\omega | X_{i_k}(\omega) \leqslant X_{i_k}\} = \bigcap_{j=1}^{n} \{\omega | X_j(\omega) \leqslant x_j\} \\ &= \{\omega | X_1(\omega) \leqslant x_1, X_2(\omega) \leqslant x_2, \cdots, X_n(\omega) \leqslant x_n\} = 右方 \end{aligned}$$

得证 (7.2.1) 成立. ∎

定理 7.2.1 设 $\boldsymbol{X}_{i_1, \cdots, i_r}(\omega)$ 是定义 7.2.1 中的 r 维边沿随机向量, 那么 $(\Omega, \sigma(\boldsymbol{X}_{i_1, \cdots, i_r}))$ 是 $(\Omega, \sigma(\boldsymbol{X}))$ 的子随机试验, 即

$$\sigma(\boldsymbol{X}_{i_1, \cdots, i_r}) \subset \sigma(\boldsymbol{X}) \qquad (7.2.2)$$

证明 由定理 7.1.1 之 iii) 得知, $\sigma(\boldsymbol{X})$ 有芽集

$$\mathcal{A}_{\boldsymbol{X}} = \{(\boldsymbol{X}(\omega) \leqslant \boldsymbol{x}) | \boldsymbol{x} \in \mathbf{R}^n\}$$

同样, $\sigma(\boldsymbol{X}_{i_1, \cdots, i_r})$ 有芽集,

$$\mathcal{A}_{i_1, \cdots, i_r} = \{(\boldsymbol{X}_{i_1, \cdots, i_r}(\omega) \leqslant (x_{i_1}, x_{i_2}, \cdots, x_{i_r})) | (x_{i_1}, x_{i_2}, \cdots, x_{i_r}) \in \mathbf{R}^r\}$$

由引理 7.2.1 得出 $\mathcal{A}_{i_1, \cdots, i_r} \subset \mathcal{A}_{\boldsymbol{X}}$. 应用芽集扩张定理即得 (7.2.2). ∎

推论 设 $\boldsymbol{X}_{i_1, \cdots, i_r}(\omega)$ 和 $\boldsymbol{X}_{j_1, \cdots, j_s}(\omega)$ 是定义 7.2.1 中的两个边沿随机向量. 如果 $\{i_1, i_2, \cdots, i_r\} \subset \{j_1, j_2, \cdots, j_s\}$, 那么 $(\Omega, \sigma(\boldsymbol{X}_{i_1, \cdots, i_r}))$ 是 $(\Omega, \sigma(\boldsymbol{X}_{j_1, \cdots, j_s}))$ 的子随机试验.

定理 7.2.2　设 $\boldsymbol{X}_{i_1,\cdots,i_r}(\omega)$ 是定义 7.2.1 中的边沿随机向量, 那么它的分布函数为

$$F_{i_1,\cdots,i_r}(x_{i_1}, x_{i_2}, \cdots, x_{i_r}) = F_{\boldsymbol{X}}(x_1, \cdots, x_j, \cdots, x_n)|_{x_j=+\infty, j\neq i,\cdots,i_r} \tag{7.2.3}$$

其中 $F_{\boldsymbol{X}}$ 是 $\boldsymbol{X}(\omega)$ 的 (联合) 分布函数.

证明　应用引理 7.2.1 得出, (7.2.3) 的左方

$$\begin{aligned}
&F_{i_1,\cdots,i_r}(x_{i_1}, x_{i_2}, \cdots, x_{i_r}) \\
&= P\{X_{i_1}(\omega) \leqslant x_{i_1}, X_{i_2}(\omega) \leqslant x_{i_2}, \cdots, X_{i_r}(\omega) \leqslant x_{i_r}\} \\
&= P\{(X_1(\omega) \leqslant x_1, X_2(\omega) \leqslant x_2, \cdots, X_n(\omega) \leqslant x_n)|_{x_j=+\infty, j\neq i_1,\cdots,i_r})\} \\
&= (7.2.3)\text{右方} \qquad\blacksquare
\end{aligned}$$

推论 1　设 $\boldsymbol{X}_{i_1,\cdots,i_r}(\omega)$ 和 $\boldsymbol{X}_{j_1,\cdots,j_s}(\omega)$ 是定义 7.2.1 中的两个边沿随机向量. 如果 $\{i_1, i_2, \cdots, i_r\} \subset \{j_1, j_2, \cdots, j_s\}$, 那么它们的分布函数满足关系式

$$F_{i_1,\cdots,i_r}(x_{i_1}, \cdots, x_{i_r}) = F_{j_1,\cdots,j_s}(x_{j_1}, \cdots, x_{j_s})|_{x_j=+\infty, j\in D} \tag{7.2.4}$$

其中 $D = \{j_1, j_2, \cdots, j_s\} \backslash \{i_1, i_2, \cdots, i_r\}$.

推论 2　设 $\boldsymbol{X}(\omega) = (X_1(\omega), X_2(\omega), \cdots, X_n(\omega))$ 是离散型随机向量, 其分布律为

$$p_{\boldsymbol{X}}(\mathbf{R}^n): \quad \begin{array}{c|c|c} \boldsymbol{X}(\omega) & (x_{\alpha 1}, x_{\alpha 2}, \cdots, x_{\alpha n})(\alpha = 1, 2, 3, \cdots\cdots) & \text{其他 } \boldsymbol{x} \\ \hline p_{\boldsymbol{X}} & p_\alpha & 0 \end{array} \tag{7.2.5}$$

其中 $p_\alpha = p_{\boldsymbol{X}}(x_{\alpha 1}, x_{\alpha 2}, \cdots, x_{\alpha n}) = P\{\boldsymbol{X}(\omega) = (x_{\alpha 1}, x_{\alpha 2}, \cdots, x_{\alpha n})\}$. 那么边沿随机向量 $\boldsymbol{X}_{i_1,\cdots,i_r}(\omega) = (X_{i_1}(\omega), X_{i_2}(\omega), \cdots, X_{i_r}(\omega))$ 也是离散型的, 其分布律为

$$p_{i_1,\cdots,i_r}(\mathbf{R}^r): \quad \begin{array}{c|c|c} \boldsymbol{X}_{i_1,\cdots,i_r} & (x_{\alpha i_1}, x_{\alpha i_2}, \cdots, x_{\alpha i_r})(\alpha = 1, 2, 3, \cdots) & \text{其他 } \boldsymbol{x} \\ \hline p_{i_1,\cdots,i_r} & p_\alpha & 0 \end{array} \tag{7.2.6}$$

但需注意, 如果第一行中出现相同的 r 维向量时应当把它们合并为一个, 合并后第二行的值必须是所有合并项所对应的第二行数值之和.

推论 3　设 $\boldsymbol{X}(\omega) = (X_1(\omega), X_2(\omega), \cdots, X_n(\omega))$ 是连续型随机向量, 其分布密度为 $f_{\boldsymbol{X}}(x_1, x_2, \cdots, x_n)$, 那么边沿随机向量 $\boldsymbol{X}_{i_1,\cdots,i_r}(\omega) = (X_{i_1}(\omega), X_{i_2}(\omega), \cdots, X_{i_r}(\omega))$ 也是连续型的, 其分布密度为

$$f_{i_1,\cdots,i_r}(x_{i_1}, x_{i_2}, \cdots, x_{i_r}) = \int_{-\infty}^{+\infty} \cdots \int_{\infty}^{+\infty} f(x_1, x_2, \cdots, x_n) \mathrm{d}x_{j_1} \mathrm{d}x_{j_2} \cdots \mathrm{d}x_{j_{n-r}} \tag{7.2.7}$$

其中 $\{j_1, j_2, \cdots, j_{n-r}\} = \{1, 2, \cdots, n\} \backslash \{i_1, i_2, \cdots i_r\}$.

注 当 $(i_1, i_2, \cdots, i_r) = (1, 2, \cdots, r)$ 时, (7.2.3), (7.2.6) 和 (7.2.7) 皆有简明的表达式. 它们分别是

$$F_{1,2,\cdots,r}(x_1, x_2, \cdots, x_r) = F_{\boldsymbol{X}}(x_1, x_2, \cdots, x_r, +\infty, \cdots, +\infty) \tag{7.2.8}$$

$$p_{1,2,\cdots,r}(\mathbf{R}^r): \quad \frac{\boldsymbol{X}_{1,2,\cdots,r} \quad (x_{\alpha 1}, x_{\alpha 2}, \cdots, x_{\alpha r})(\alpha = 1, 2, 3, \cdots) \quad \text{其他 } x}{p_{1,2,\cdots,r} \qquad p_\alpha \qquad\qquad\qquad 0} \tag{7.2.9}$$

$$f_{1,2,\cdots,r}(x_1, x_2, \cdots, x_r) = \int_{-\infty}^{+\infty} \cdots \int_{-\infty}^{+\infty} f(x_1, x_2, \cdots, x_n) \mathrm{d}x_{r+1} \mathrm{d}x_{r+2} \cdots \mathrm{d}x_n \tag{7.2.10}$$

定义 7.2.2 设 $\boldsymbol{X}_{i_1,\cdots,i_r}(\omega)$ 是定义 7.2.1 中截口为 $(i_1, i_2, \cdots, i_r)$ 的 r 维边沿随机向量, 那么

i) 称定理 7.2.1 中的 $\sigma(\boldsymbol{X}_{i_1,\cdots,i_r})$ 为 $\sigma(\boldsymbol{X})$ 的截口为 $(i_1, i_2, \cdots, i_r)$ 的 r 维边沿子 (随机) 局部, 或边沿子 (事件)σ 域.

ii) 称 $(\Omega, \sigma(\boldsymbol{X}_{i_1,\cdots,i_r}))$ 为 $(\Omega, \sigma(\boldsymbol{X}))$ 的截口为 $(i_1, i_2, \cdots, i_r)$ 的 r 维边沿子 (随机) 试验.

iii) 称定理 7.2.2 中的 $F_{i_1,\cdots,i_r}(x_{i_1}, x_{i_2}, \cdots, x_{i_r})$ 为 (联合) 分布函数 $F_{\boldsymbol{X}}(\boldsymbol{x})$ 的截口为 $(i_1, i_2, \cdots, i_r)$ 的 r 维边沿分布函数.

特别, 称推论 2 中的 $p_{i_1,\cdots,i_r}(\boldsymbol{x}), \boldsymbol{x} \in \mathbf{R}^r$ 为分布律 $p_{\boldsymbol{X}}(\boldsymbol{x}), \boldsymbol{x} \in \mathbf{R}^n$ 的截口为 $(i_1, i_2, \cdots, i_r)$ 的 r 维边沿分布律; 称推论 3 中的 $f_{i_1,\cdots,i_r}(x_{i_1}, x_{i_2}, \cdots, x_{i_r})$ 为 $f_{\boldsymbol{X}}(\boldsymbol{x}), \boldsymbol{x} \in \mathbf{R}^n$ 的截口为 $(i_1, i_2, \cdots, i_r)$ 的 r 维边沿分布密度.

例 7.2.1 设随机向量 (X, Y) 的分布律为

$$\frac{(X,Y) \quad (0,0) \quad (0,1) \quad (1,0) \quad (1,1) \quad \text{其他}\,(x,y)}{p_{X,Y} \quad \dfrac{1}{2}-\varepsilon \quad \varepsilon \quad \varepsilon \quad \dfrac{1}{2}-\varepsilon \qquad 0} \tag{7.2.11}$$

试问: i) ε 为何值时它才是 2 维分布律;

ii) 求两个边沿分布律;

iii) 边沿分布律是否依赖 ε?

解 i) 显然, 当且仅当 $0 \leqslant \varepsilon \leqslant \dfrac{1}{2}$ 时第二行的四个数值是非负的, 且其和为 1. 故当且仅当 $0 \leqslant \varepsilon \leqslant \dfrac{1}{2}$ 时它才是一个 2 维分布律.

ii) 由定理 7.2.2 的推论 1 得出, 两个边沿分布律分别是

$$\frac{X \quad 0 \quad 1 \quad \text{其他}\ x}{p_X \quad \dfrac{1}{2} \quad \dfrac{1}{2} \qquad 0} \tag{7.2.12}$$

$$
\begin{array}{c|cc|cc}
Y & 0 & 1 & \text{其他} & y \\
\hline
p_X & \dfrac{1}{2} & \dfrac{1}{2} & & 0
\end{array}
\tag{7.2.13}
$$

iii) 两个边沿分布律皆不依赖于 ε.

例 7.2.2　试证: 下列两个不同的分布密度函数

$$
f(x,y) = \begin{cases} x+y, & 0 \leqslant x \leqslant 1 且 0 \leqslant y \leqslant 1 \\ 0, & \text{其他} \end{cases}
\tag{7.2.14}
$$

$$
g(x,y) = \begin{cases} \left(\dfrac{1}{2}+x\right)\left(\dfrac{1}{2}+y\right), & 0 \leqslant x \leqslant 1 且 0 \leqslant y \leqslant 1 \\ 0, & \text{其他} \end{cases}
\tag{7.2.15}
$$

有相同的边沿分布密度函数.

解　由于

$$
\int_{-\infty}^{+\infty} f(x,y)\mathrm{d}y = \int_0^1 (x+y)\mathrm{d}y = \frac{1}{2}+x
$$

$$
\int_{-\infty}^{+\infty} f(x,y)\mathrm{d}x = \int_0^1 (x+y)\mathrm{d}x = \frac{1}{2}+y
$$

$$
\int_{-\infty}^{+\infty} g(x,y)\mathrm{d}y = \int_0^1 \left(\frac{1}{2}+x\right)\left(\frac{1}{2}+y\right)\mathrm{d}y = \frac{1}{2}+x
$$

$$
\int_{-\infty}^{+\infty} g(x,y)\mathrm{d}x = \int_0^1 \left(\frac{1}{2}+x\right)\left(\frac{1}{2}+y\right)\mathrm{d}x = \frac{1}{2}+y
$$

得证

$$
\int_{-\infty}^{+\infty} f(x,y)\mathrm{d}y = \int_{-\infty}^{+\infty} g(x,y)\mathrm{d}y
$$

$$
\int_{-\infty}^{+\infty} f(x,y)\mathrm{d}x = \int_{-\infty}^{+\infty} g(x,y)\mathrm{d}x
$$

此即本例结论.

例 7.2.3　设 (X,Y) 的分布函数为

$$
F(x,y) = \begin{cases} 0, & x < 0 \text{ 或} y < 0 \\ xy, & 0 \leqslant x < 1 且 0 \leqslant y < 1 \\ y, & x \geqslant 1 且 0 \leqslant y < 1 \\ x, & 0 \leqslant x < 1 且 y \geqslant 1 \\ 1, & x \geqslant 1 且 y \geqslant 1 \end{cases}
$$

试求边沿随机变量 X, Y 的分布函数.

解 应用定理 7.2.2 得出, X 的分布函数为

$$F_X(x) = \lim_{y \to +\infty} F(x,y) = \begin{cases} 0, & x < 0 \\ x, & 0 \leqslant x < 1 \\ 1, & 1 \leqslant x \end{cases}$$

Y 的分布函数为

$$F_Y(y) = \lim_{x \to +\infty} F(x,y) = \begin{cases} 0, & y < 0 \\ y, & 0 \leqslant y < 1 \\ 1, & 1 \leqslant y \end{cases}$$

例 7.2.4 设随机向量 (X,Y) 服从椭圆 $\dfrac{x^2}{a^2} + \dfrac{y^2}{b^2} = 1$ 内部的均匀分布. 试求随机变量 X 和 Y 的分布密度函数.

解 依题意, (X,Y) 的联合分布密度为

$$f(x,y) = \begin{cases} \dfrac{1}{\pi ab}, & \dfrac{x^2}{a^2} + \dfrac{y^2}{b^2} \leqslant 1 \\ 0, & \text{其他} \end{cases} \tag{7.2.16}$$

记 $u = b\sqrt{1 - \dfrac{x^2}{a^2}}, v = a\sqrt{1 - \dfrac{y^2}{b^2}}$. 应用定理 7.2.2 的推论 2 得出, X 的分布密度为

$$f_X(x) = \int_{-\infty}^{+\infty} f(x,y)\mathrm{d}y = \begin{cases} \displaystyle\int_{-u}^{u} \dfrac{\mathrm{d}y}{\pi ab} & |x| \leqslant a \\ 0 & \text{其他} \end{cases}$$

$$= \begin{cases} \dfrac{2}{\pi a}\sqrt{1 - \dfrac{x^2}{a^2}}, & |x| \leqslant a \\ 0, & \text{其他} \end{cases} \tag{7.2.17}$$

Y 的分布密度为

$$f_Y(y) = \int_{-\infty}^{+\infty} f(x,y)\mathrm{d}x = \begin{cases} \displaystyle\int_{-v}^{v} \dfrac{\mathrm{d}x}{\pi ab} & |y| \leqslant b \\ 0 & \text{其他} \end{cases}$$

$$= \begin{cases} \dfrac{2}{\pi b}\sqrt{1 - \dfrac{y^2}{b^2}}, & |y| \leqslant b \\ 0, & \text{其他} \end{cases} \tag{7.2.18}$$

例 7.2.5 设 (X,Y) 是离散型随机向量, 其值域为

$$\mathrm{ran}(X,Y) = \{(i,j) \mid i = 0,1,2,3; j = 0,1,2,3,4,5\}$$

表 7.2.1 给出 (X, Y) 的分布律 $p(x, y)$ 和边沿随机变量 X 和 Y 的分布律 $p_X(x)$ 和 $p_Y(y)$.

表 7.2.1

$p(x,y)$ X / Y	0	1	2	3	$p_Y(y) = \sum_i$
0	0.01	0.02	0.00	0.01	0.04
1	0.05	0.00	0.05	0.00	0.10
2	0.12	0.01	0.10	0.02	0.25
3	0.02	0.05	0.00	0.01	0.03
4	0.00	0.02	0.30	0.03	0.35
5	0.01	0.02	0.05	0.10	0.18
$p_X(x) = \sum_j$	0.21	0.12	0.50	0.17	

例 7.2.6 设 (X, Y) 服从参数为 $(\mu_1, \mu_2, \sigma_1^2, \sigma_2^2, r)$ 的二维正态分布, 即分布密度函数为

$$f(x,y) = \frac{1}{2\pi\sigma_1\sigma_2\sqrt{1-\rho^2}} \exp\left\{ -\frac{1}{2(1-\rho^2)} \left[\frac{(x-\mu_1)^2}{\sigma_1^2} \right.\right.$$
$$\left.\left. -\frac{2\rho(x-\mu_1)(y-\mu_2)}{\sigma_1\sigma_2} + \frac{(y-\mu_2)^2}{\sigma_2^2} \right] \right\} \tag{7.2.19}$$

那么, 由定理 3.7.1 得出, 边沿随机变量 X 和 Y 皆服从正态分布, 并且

$$X \sim N(\mu_1, \sigma_1^2), \quad Y \sim N(\mu_2, \sigma_2^2)$$

7.2.2 随机变量的独立性

给定随机向量 $\boldsymbol{X}(\omega) = (X_1(\omega), X_2(\omega), \cdots, X_n(\omega))(n \geqslant 2)$, 那么它产生 $2^n - 2$ 个边沿子随机向量 $\boldsymbol{X}_{i_1, \cdots, i_r}(\omega)(1 \leqslant r \leqslant n-1)$ 和 $2^n - 2$ 个边沿子试验 $(\Omega, \sigma(\boldsymbol{X}_{i_1, \cdots, i_r}))$. 定理 7.2.1 保证, 这些边沿子试验都是表现概率空间 $(\Omega, \sigma(\boldsymbol{X}), P \Leftarrow F_X)$ 中的子试验. 自然地出现问题:

i) 试用分布函数判定哪些子试验是相互独立的.

ii) 试用分布函数求出这些子试验形成的条件概率子捆.

本节讨论问题 i); 下节讨论问题 ii).

定义 7.2.3 给定概率空间 $(\Omega, \mathcal{F}, P)$, 设 $X_1(\omega), X_2(\omega), \cdots, X_n(\omega)$ 是其上的随机变量. 称这 n 个随机变量相互独立, 如果它们产生的 n 个子试验 $(\Omega, \sigma(X_i))(i = 1, 2, \cdots, n)$ 相互独立.

设 $\varphi_i(x), x \in \mathbf{R}$ 是 Borel 函数 $(i = 1, 2, \cdots, n)$. 由定理 6.4.1 知, $\varphi_1[X_1(\omega)]$, $\varphi_2[X_2(\omega)], \cdots, \varphi_n[X_n(\omega)]$ 是 $(\Omega, \mathcal{F}, P)$ 上的 n 个随机变量.

引理 7.2.2 设 $X_1(\omega), X_2(\omega), \cdots, X_n(\omega)$ 是 $(\Omega, \mathcal{F}, P)$ 上相互独立的随机变量, 那么 $\varphi_1(X_1), \varphi_2(X_2), \cdots, \varphi_n(X_n)$ 也是相互独立的随机变量.

证明 由式 (6.4.5) 得出 $\sigma[\varphi_i(X_i)] \subset \sigma(X_i)$. 应用定理 4.4.5 即得引理结论.

定理 7.2.3 给定概率空间 $(\Omega, \mathcal{F}, P)$, 设 $X_1(\omega), X_2(\omega) \cdots, X_n(\omega)$ 是其上随机变量, 它们的分布函数分别为 $F_1(x), F_2(x), \cdots, F_n(x)$. 又设随机向量 $\boldsymbol{X}(\omega) = (X_1(\omega), X_2(\omega), \cdots, X_n(\omega))$ 的分布函数为 $F(x_1, x_2, \cdots, x_n)$. 那么 n 个随机变量 $X_1(\omega), X_2(\omega), \cdots, X_n(\omega)$ 相互独立的必要充分条件是对任意的 $(x_1, x_2, \cdots, x_n) \in \boldsymbol{R}^n$ 成立

$$F(x_1, x_2, \cdots, x_n) = F_1(x_1) F_2(x_2) \cdots F_n(x_n) \tag{7.2.20}$$

证明 必要性: 假定 $X_1, X_2, \cdots, X_n$ 相互独立, 那么对任意的 $A_i \in \sigma(X_i) (1 \leqslant i \leqslant n)$, 在 $\boldsymbol{X}$ 的表现概率空间 $(\Omega, \sigma(\boldsymbol{X}), P \Leftarrow F)$ 中成立

$$P\{X_1 \in A_1, X_2 \in A_2, \cdots, X_n \in A_n\}$$
$$= P(X_1 \in A_1) P(X_2 \in A_2) \cdots P(X_n \in A_n) \tag{7.2.21}$$

于是取 $A_i = (-\infty, x_i]$ 即得 (7.2.20).

充分性: 假定 (7.2.20) 成立. 由定义 7.2.3 和定义 4.4.3 知, 只需证边沿子试验 $(\Omega, \sigma(\boldsymbol{X}_{i_1, \cdots, i_r}))$ 和 $(\Omega, \sigma(\boldsymbol{X}_{j_1, \cdots, j_{n-r}}))$ 相互独立, 其中 $1 \leqslant i_1 < i_2 < \cdots < i_r \leqslant n; 1 \leqslant j_1 < j_2 < \cdots < j_{n-r} \leqslant n$; 并且 $\{i_1, i_2, \cdots, i_r\} \cup \{j_1, j_2, \cdots, j_{n-r}\} = \{1, 2, \cdots, n\}$.

由定理 7.1.1 的 iii) 得出, $\sigma(\boldsymbol{X}_{i_1, \cdots, i_r})$ 有芽集

$$\mathcal{A}_1 = \{(X_{i_1} \leqslant x_{i_1}, X_{i_2} \leqslant x_{i_2}, \cdots, X_{i_r} \leqslant x_{i_r}) | x_{i_1}, x_{i_2}, \cdots, x_{i_r} \in \boldsymbol{R}\}$$

$\sigma(\boldsymbol{X}_{j_1, \cdots, j_{n-r}})$ 有芽集

$$\mathcal{A}_2 = \{(X_{j_1} \leqslant x_{j_1}, X_{j_2} \leqslant x_{j_2}, \cdots, X_{j_{n-r}} \leqslant x_{j_{n-r}}) | x_{j_1}, x_{j_2}, \cdots, x_{j_{n-r}} \in \boldsymbol{R}\}$$

引进简化记号 $M = (X_{i_1} \leqslant x_{i_1}, X_{i_2} \leqslant x_{i_2}, \cdots, X_{i_r} \leqslant i_r)$ 和 $N = (X_{j_1} \leqslant j_1, X_{j_2} \leqslant j_2, \cdots, X_{j_{n-r}} \leqslant j_{n-r})$, 应用式 (7.2.20) 得出

$$P(M \cap N) = P(X_1 \leqslant x_1, X_2 \leqslant x_2, \cdots, X_n \leqslant x_n)$$
$$= F(x_1, x_2, \cdots, x_n) = F_1(x_1) F_2(x_2) \cdots F_n(x_n)$$
$$= F_{i_1}(x_{i_1}) \cdots F_{i_r}(x_{i_r}) F_{j_1}(x_{j_1}) \cdots F_{j_{n-r}}(x_{j_{n-r}})$$
$$= P(M) P(N)$$

注意到 $\mathcal{A}_1$ 和 $\mathcal{A}_2$ 皆为 π 系, 应用定理 4.4.2 即得边沿子试验 $(\Omega, \sigma(\boldsymbol{X}_{i_1, \cdots, i_r}))$ 和 $(\Omega, \sigma(\boldsymbol{X}_{j_1, \cdots, j_{n-r}}))$ 相互独立. 定理证毕. ∎

推论 1　设 $X(\omega) = (X_1(\omega), X_2(\omega), \cdots, X_n(\omega))$ 是离散型随机向量, 其分布律为

$$p(x_1, x_2, \cdots, x_n) = \begin{cases} P(X_1 = x_1, X_2 = x_2, \cdots, X_n = x_n), & (x_1, x_2, \cdots, x_n) \in \mathrm{ran}\boldsymbol{X} \\ 0, & \text{其他} \end{cases}$$

$$(7.2.22)$$

那么 n 个 (离散型) 随机变量 $X_1(\omega), X_2(\omega), \cdots, X_n(\omega)$ 相互独立的必要充分条件是

$$p(x_1, x_2, \cdots, x_n) = p_1(x_1)p_2(x_2) \cdots p_n(x_n), \quad (x_1, x_2, \cdots, x_n) \in \mathbf{R}^n \qquad (7.2.23)$$

其中 $p_i(x_i)$ 是随机变量 $X_i(\omega)$ 的分布律 $(1 \leqslant i \leqslant n)$.

推论 2　设 $X(\omega) = (X_1(\omega), X_2(\omega), \cdots, X_n(\omega))$ 是连续型随机向量, 其分布密度为 $f(x_1, x_2, \cdots, x_n)$, 那么 n 个连续型随机变量 $X_1(\omega), X_2(\omega), \cdots, X_n(\omega)$ 相互独立的必要充分条件是

$$f(x_1, x_2, \cdots, x_n) = f_1(x_1)f_2(x_2) \cdots f_n(x_n), \quad (x_1, x_2, \cdots, x_n) \in \mathbf{R}^n \qquad (7.2.24)$$

其中 $f_i(x), x \in \mathbf{R}$ 是 $X_i(\omega)$ 的分布密度 $(1 \leqslant i \leqslant n)$.

应用这个定理及其推论立即得出: 例 7.2.1 中的随机变量 X 和 Y 相互独立当且仅当 $\varepsilon = \dfrac{1}{4}$; 例 7.2.2 中随机变量 X 和 Y 相互独立当且仅当 (X, Y) 的分布密度是 $g(x, y)$; 例 7.2.3 中的 X 和 Y 相互独立; 例 7.2.6 中 X 和 Y 相互独立当且仅当 $\rho = 0$.

例 7.2.7　设 $X = (X_1, X_2, \cdots, X_n)$ 服从正态分布 $N(\boldsymbol{\mu}, \Sigma)$, 其中

$$\boldsymbol{\mu} = (\mu_1, \mu_2, \cdots, \mu_n)$$

$$\Sigma = \begin{pmatrix} \sigma_1^2 & & & 0 \\ & \sigma_2^2 & & \\ & & \ddots & \\ 0 & & & \sigma_n^2 \end{pmatrix}$$

试证: n 个随机变量 $X_1, X_2, \cdots, X_n$ 相互独立.

解　X 的分布密度函数为

$$f(x_1, x_2, \cdots, x_n) = \frac{1}{(\sqrt{2\pi})^n \sigma_1 \sigma_2 \cdots \sigma_n} \exp\left\{ -\frac{1}{2} \sum_{i=1}^{n} \frac{(x_i - \mu_i)^2}{\sigma_i^2} \right\}$$

用 $f_i(x)$ 表示随机变量 $X_i (1 \leqslant i \leqslant n)$ 的分布密度, 应用定理 7.2.2 的推论 3 得出

$$f_1(x_1) = \int \cdots \int_{\mathbf{R}^{n-1}} f(x_1, x_2, \cdots, x_n) \mathrm{d}x_2 \mathrm{d}x_3 \cdots \mathrm{d}x_n$$

$$= \frac{1}{\sqrt{2\pi}\sigma_1}\mathrm{e}^{-\frac{(x_1-\mu_1)^2}{2\sigma_1^2}}\prod_{i=2}^{n}\frac{1}{\sqrt{2\pi}\sigma_i^2}\int_{-\infty}^{+\infty}\mathrm{e}^{-\frac{(x_i-\mu_i)^2}{2\sigma_i^2}}\mathrm{d}x_i$$

$$= \frac{1}{\sqrt{2\pi}\sigma_1}\mathrm{e}^{-\frac{(x_1-\mu_1)^2}{2\sigma_1^2}}$$

故 X_1 服从正态分布 $N(\mu_1, \sigma_1^2)$. 类似地可证, X_i 服从正态分布 $N(\mu_i, \sigma_i^2)$. 由此得出

$$f(x_1, x_2, \cdots, x_n) = f_1(x_1)f_2(x_2)\cdots f_n(x_n)$$

得证本例结论.

例 7.2.8 设随机向量 $\boldsymbol{X} = (X_1, X_2, \cdots, X_n)$ 服从柱体 $\prod_{i=1}^{n}[a_i, b_i](-\infty < a_i < b_i < +\infty)$ 上的均匀分布. 试证: n 个随机变量 $X_1, X_2, \cdots, X_n$ 相互独立.

解 $\boldsymbol{X}$ 的分布密度函数是

$$f(x_1, x_2, \cdots, x_n) = \begin{cases} \prod_{i=1}^{n}\dfrac{1}{b_i - a_i}, & (x_1, x_2, \cdots, x_n) \in \prod_{i=1}^{n}[a_i, b_i] \\ 0, & \text{其他} \end{cases}$$

用 $f_i(x)$ 表示随机变量 X_i 的分布密度函数, 应用定理 7.2.2 的推论 3 得出: 当 $a_1 \leqslant x_1 \leqslant b_1$ 时有

$$f_1(x_1) = \int_{-\infty}^{+\infty}\cdots\int f(x_1, x_2, \cdots, x_n)\mathrm{d}x_2\mathrm{d}x_3\cdots\mathrm{d}x_n$$

$$= \int_{D}\cdots\int \prod_{i=1}^{n}\frac{1}{b_i - a_i}\mathrm{d}x_2\mathrm{d}x_3\cdots\mathrm{d}x_n$$

$$= \frac{1}{b_1 - a_1}\prod_{i=2}^{n}\int_{a_i}^{b_i}\frac{1}{b_i - a_i}\mathrm{d}x_i = \frac{1}{b_1 - a_1}$$

其中 $D = \prod_{i=2}^{n}[a_i, b_i]$. 显然, 当 $x_1 \notin [a_1, b_1]$ 时 $f_1(x_1) = 0$. 故 X_1 的分布密度函数为

$$f_1(x) = \begin{cases} \dfrac{1}{b_1 - a_1}, & a_1 \leqslant x \leqslant b_1 \\ 0, & \text{其他} \end{cases}$$

类似地可证, X_i 的分布函数为

$$f_i(x) = \begin{cases} \dfrac{1}{b_i - a_i}, & a_i \leqslant x \leqslant b_i \\ 0, & \text{其他} \end{cases}$$

由此推出

$$f(x_1, x_2, \cdots, x_n) = f_1(x_1) f_2(x_2) \cdots f_n(x_n)$$

得证本例结论.

7.2.3   随机向量的独立性

独立性的概念不难推广到随机向量情形. 给定基础概率空间 $(\Omega, \mathcal{F}, P)$, 设 $\boldsymbol{X}(\omega) = (X_1(\omega), X_2(\omega), \cdots, X_r(\omega)), \boldsymbol{Y}(\omega) = (Y_1(\omega), Y_2(\omega), \cdots, Y_s(\omega)), \cdots, \boldsymbol{Z}(\omega) = (Z_1(\omega), Z_2(\omega), \cdots, Z_t(\omega))$ 是其上有限个随机向量.

定义 7.2.4   称上述随机向量 $\boldsymbol{X}(\omega), \boldsymbol{Y}(\omega), \cdots, \boldsymbol{Z}(\omega)$ 相互独立, 如果它们产生的子试验 $(\Omega, \sigma(\boldsymbol{X})), (\Omega, \sigma(\boldsymbol{Y})), \cdots, (\Omega, \sigma(\boldsymbol{Z}))$ 相互独立.

一维情形的引理 7.2.2 和定理 7.2.3 可以推广到目前的场合. 由于证明类似, 我们只把结论写出而不给出证明.

引理 7.2.3   i) 设 $\varphi(x_1, x_2, \cdots, x_r), \psi(y_1, y_2, \cdots, y_s), \cdots, \xi(z_1, z_2, \cdots, z_k)$ 分别是 r 元, s 元, $\cdots, t$ 元 Borel 函数, 那么 $\varphi(\boldsymbol{X}), \psi(\boldsymbol{Y}), \cdots, \xi(\boldsymbol{Z})$ 皆是 $(\Omega, \mathcal{F}, P)$ 上的随机变量.

ii) 如果 $\boldsymbol{X}(\omega), \boldsymbol{Y}(\omega), \cdots, \boldsymbol{Z}(\omega)$ 相互独立, 那么随机变量 $\varphi(\boldsymbol{X}), \psi(\boldsymbol{Y}), \cdots, \xi(\boldsymbol{Z})$ 也相互独立.

现在引进一个高维的随机向量

$$\boldsymbol{W} = (\boldsymbol{X}, \boldsymbol{Y}, \cdots, \boldsymbol{Z}) = (X_1, X_2, \cdots, X_r, Y_1, Y_2, \cdots, Y_s, \cdots, Z_1, Z_2, \cdots, Z_t) \quad (7.2.25)$$

则 $\boldsymbol{W}$ 是 $(\Omega, \mathcal{F}, P)$ 上的 $r + s + \cdots + t$ 维随机向量.

定理 7.2.4   设 $\boldsymbol{X}, \boldsymbol{Y}, \cdots, \boldsymbol{Z}$ 的分布函数分别是 $F_{\boldsymbol{X}}(x_1, x_2, \cdots, x_r), F_{\boldsymbol{Y}}(y_1, y_2, \cdots, y_s), \cdots, F_{\boldsymbol{Z}}(z_1, z_2, \cdots, z_t)$; 又设 $\boldsymbol{W}$ 的分布函数是 $F_{\boldsymbol{W}}(x_1, x_2, \cdots, x_r, y_1, y_2, \cdots, y_s, z_1, z_2, \cdots, z_t)$. 那么有限个随机向量 $\boldsymbol{X}, \boldsymbol{Y}, \cdots, \boldsymbol{Z}$ 相互独立的必要充分条件是

$$F_{\boldsymbol{W}}(x_1, \cdots, x_r, y_1, \cdots, y_s, \cdots, Z_1, \cdots, Z_t)$$
$$= F_{\boldsymbol{X}}(x_1, \cdots, x_r) F_{\boldsymbol{Y}}(y_1, \cdots, y_s) \cdots F_{\boldsymbol{Z}}(z_1, \cdots, z_t) \quad (7.2.26)$$

7.3 $\boldsymbol{X}(\omega)$ 关于 $\boldsymbol{Y}(\omega)$ 的值密度-条件分布函数 $F_{\boldsymbol{X}|\boldsymbol{Y}}(\boldsymbol{x}|\boldsymbol{y})$

给定概率空间 $(\Omega, \mathcal{F}, P)$, 其中概率测度 $P(\mathcal{F})$ 确定 $\mathcal{F}$ 中事件的概率; 条件概率捆 $P(\mathcal{F}|\mathcal{F}^*)$ 确定 $\mathcal{F}$ 中事件之间的条件概率.

4.3 节引进三类条件概率子捆

$$P(\mathcal{F}_1|B) = \{P(A|B)|A \in \mathcal{F}_1\} \quad (7.3.1)$$

$$P(A|\mathcal{F}_2^*) = \{P(A|B)|B \in \mathcal{F}_2^*\} \tag{7.3.2}$$

$$P(\mathcal{F}_1|\mathcal{F}_2^*) = \{P(A|B)|A \in \mathcal{F}_1, B \in \mathcal{F}_2^*\} \tag{7.3.3}$$

其中 $(\Omega, \mathcal{F}_1)$ 和 $(\Omega, \mathcal{F}_2)$ 是 $(\Omega, \mathcal{F})$ 的子试验, $A, B \in \mathcal{F}$ 且 $P(B) > 0$. 在随机变量理论中, 设 $X(\omega)$ 和 $Y(\omega)$ 是 $(\Omega, \mathcal{F}, P)$ 上的随机向量, 令

$$\mathcal{F}_1 = \sigma(X), \quad \mathcal{F}_2 = \sigma(Y) \tag{7.3.4}$$

那么上述三类子捆分别成为

$$P(X|B) \triangleq P[\sigma(X)|B] \tag{7.3.5}$$

$$P(A|Y) \triangleq P[A|\sigma(Y)] \tag{7.3.6}$$

$$P(X|Y) \triangleq P[\sigma(X)|\sigma(Y)] \tag{7.3.7}$$

并分别称为 $X(\omega)$ 并于事件 B 的条件概率子捆, 事件 A 关于 $Y(\omega)$ 的条件概率子捆, 随机向量 $X(\omega)$ 关于 $Y(\omega)$ 的条件概率子捆.

本节论证, $P(X|Y)$ 产生一个自变量为 (x, y) 的实变函数 $F_{X|Y}(x|y)$; $P(X|B)$ 和 $P(A|Y)$ 分别产生一个实变函数 $F_{X|B}(x)$ 和 $p_{A|Y}(y)$. 反之, 这样的实变函数唯一地确定产生它的条件概率子捆. 于是, 子捆之间的关系和运算可以转化为相应的实变函数之间的关系和运算, 为研究带来巨大的方便.

在随机变量理论中, 引进示性函数

$$\chi_A(\omega); \quad \chi_B(\omega)$$

后, 子捆 $P(A|Y)$ 成为子捆 $P(\chi_A|Y)$ 的一部分; $P(X|B)$ 成为 $P(X|\chi_B)$ 的一部分. 因此, 重点的研究对象是随机向量 X 关于 Y 的子捆 $P(X|Y)$.

为了讨论简明和方便初学者, 前三小节只对随机变量 $X(\omega)$ 和 $Y(\omega)$ 进行讨论, 得到 3 个定义和 7 个定理; 然后在 7.3.4 小节推广到随机向量情形.

7.3.1 $X(\omega)$ 关于 $Y(\omega)$ 的值密度-条件分布函数 $F_{X|Y}(x|y)$

给定概率空间 $(\Omega, \mathcal{F}, P)$, 设 $X(\omega), Y(\omega)$ 是其上的随机变量; 又设 $Z(\omega) = (X(\omega), Y(\omega))$ 的联合分布函数是 $F_Z(x, y)$, 简记为 $F(x, y)$.

现在, 对任意的 $(x, y) \in \mathbf{R}^2$, 引进

$$
\begin{aligned}
F_{X|Y}(x|y) &\triangleq \lim_{\Delta y \to 0} P(X \leqslant x|y - \Delta y < Y \leqslant y + \Delta y) \\
&= \lim_{\Delta y \to 0} \frac{P(X \leqslant x, \quad y - \Delta y < Y \leqslant y + \Delta y)}{P(y - \Delta y < Y \leqslant y + \Delta y)} \\
&= \lim_{\Delta y \to 0} \frac{F(x, y + \Delta y) - F(x, y - \Delta y)}{F(+\infty, y + \Delta y) - F(+\infty, y - \Delta y)}
\end{aligned}
\tag{7.3.8}
$$

并约定, 当分母出现零时则令极限值为零 ①.

可以证明, 对所有的 $x \in \mathbf{R}$ 和几乎所有的 y(即从 $\mathbf{R}$ 中除去一个 P_Y-零测度集) 极限 $F_{X|Y}(x|y)$ 存在 ②, 并且对 (存在的) 每个 $y, F_{X|Y}(x|y)$ 关于 x 是分布函数.

定义 7.3.1　称 (7.3.8) 定义的 $F_{X|Y}(x|y)$ 为 $X(\omega)$ 关于 $Y(\omega)$ 的值密度—条件分布函数. 特别,

i) 若 $F_{X|Y}(x|y)$ 是连续型分布函数, 有分布密度 $f_{X|Y}(x|y)$, 则称 $f_{X|Y}(x|y)$ 为 $X(\omega)$ 关于 $Y(\omega)$ 的值密度-条件分布密度 (函数).

ii) 若 $F_{X|Y}(x|y)$ 是离散型分布函数, 有分布律 $p_{X|Y}(x|y)$, 则称 $p_{X|Y}(x|y)$ 为 $X(\omega)$ 关于 $Y(\omega)$ 的值密度—条件分布律.

定理 7.3.1　给定概率空间 $(\Omega, \mathcal{F}, P)$, 设 $(X(\omega), Y(\omega))$ 是其上的随机向量, 那么 $X(\omega)$ 关于 $Y(\omega)$ 的值密度—条件分布函数 $F_{X|Y}(x|y)$ 存在且唯一地确定条件概率子捆 $P(X|Y)$, 并且对任意的 $A, B \in \mathcal{B}, P_Y(B) = P(Y(\omega) \in B) > 0$ 成立

$$P(X \in A | Y \in B) = \frac{1}{P(Y \in B)} \int_B \left[\int_A \mathrm{d}_x F_{X|Y}(x|y) \right] \mathrm{d}y$$

$$= \frac{1}{P(Y \in B)} \int_A \mathrm{d}_x \left[\int_B F_{X|Y}(x|y) \mathrm{d}y \right] \qquad (7.3.9)$$

定理不证明, 因为用到较多的测度论知识. 定理保证, 二元集函数 —— 条件概率子捆 $P(X|Y)$ 的研究可以转化为二元实变函数 $F_{X|Y}(x|y)$. 特别, 当 $(X(\omega), Y(\omega))$ 是连续型或离散型时公式 (7.3.8) 和 (7.3.9) 皆有简明的形式, 成为两套广泛应用的计算公式.

7.3.2　两种特殊情形

1. $(X(\omega), Y(\omega))$ 是连续型随机向量

定理 7.3.2　设 $(X(\omega), Y(\omega))$ 是连续型随机向量, 其联合分布密度为 $f(x, y)$, 那么, $X(\omega)$ 关于 $Y(\omega)$ 的值密度—条件分布密度 $f_{X|Y}(x|y)$ 存在, 并且

$$f_{X|Y}(x|y) = \frac{f(x, y)}{f_Y(y)} \qquad (7.3.10)$$

其中 $f_Y(y) = \displaystyle\int_{-\infty}^{+\infty} f(x, y) \mathrm{d}x$ 是 $f(x, y)$ 的边沿分布密度. 这时公式 (7.3.9) 成为

$$P(X \in A | Y \in B) = \frac{1}{P(Y \in B)} \int_A \int_B f_{X|Y}(x|y) \mathrm{d}x \mathrm{d}y \qquad (7.3.11)$$

---

① 若对某 $y_0 > 0$ 有 $P(y - y_0 < Y \leqslant y + y_0) = 0$, 那么当 $\Delta y < y_0$ 时有

$$P(y - \Delta y \leqslant Y \leqslant y + \Delta y) \equiv 0$$

② 这意味着 (7.3.8) 中使分母为零的 y 皆在除去的 P_Y-零测度集之中.

其中 $P(Y \in B) = \int_B f_Y(y)\mathrm{d}y$.

证明 由式 (7.3.8) 得出

$$
F_{X|Y}(x|y) = \lim_{\Delta y \to 0} \frac{\dfrac{1}{2\Delta y} \displaystyle\int_{-\infty}^{x} \int_{y-\Delta y}^{y+\Delta y} f(u,v)\mathrm{d}u\mathrm{d}v}{\dfrac{1}{2\Delta y} \displaystyle\int_{-\infty}^{+\infty} \int_{y-\Delta y}^{y+\Delta y} f(u,v)\mathrm{d}u\mathrm{d}v}
$$

$$
= \frac{\displaystyle\int_{-\infty}^{x} f(u,y)\mathrm{d}u}{\displaystyle\int_{-\infty}^{+\infty} f(u,y)\mathrm{d}u} = \int_{-\infty}^{x} \frac{f(u,y)}{f_Y(y)}\mathrm{d}u
$$

由此推出 (7.3.10) 成立. 把 $F_{X|Y}(x|y)$ 代入 (7.3.9) 中第 2 个式子即得 (7.3.11). ■

从外形看, 值密度–条件分布密度的公式 (7.3.10) 和条件概率的定义 (4.2.2) 相似. 不仅如此, 它们还有"相似的"性质.

定理 7.3.3 值密度–条件分布密度 $f_{X|Y}(x|y)$ 具有下列性质:

i) 乘法公式

$$
f(x,y) = f_{X|Y}(x|y)f_Y(y) \tag{7.3.12}
$$

ii) 全概率公式

$$
f_X(x) = \int_{-\infty}^{+\infty} f_{X|Y}(x|y)f_Y(y)\mathrm{d}y \tag{7.3.13}
$$

iii) 贝叶斯公式

$$
f_{Y|X}(y|x) = \frac{f_{X|Y}(x|y)f_Y(y)}{\displaystyle\int_{-\infty}^{+\infty} f_{X|Y}(x|y)f_Y(y)\mathrm{d}y} \tag{7.3.14}
$$

证明 i) (7.3.12) 由 (7.3.10) 推出.

ii) 在 (7.3.12) 两边对 y 积分, 即得 (7.3.13).

iii) 注意到 $(X(\omega), Y(\omega))$ 中 $X(\omega)$ 和 $Y(\omega)$ 处于对等的地位. 因此存在 $Y(\omega)$ 关于 $X(\omega)$ 的值密度–条件分布密度 $f_{Y|X}(y|x)$, 并且

$$
f_{Y|X}(y|x) = \frac{f(x,y)}{f_X(x)} \tag{7.3.15}
$$

现在, 对分子使用乘法公式, 对分母使用全概率公式即得 (7.3.14). ■

2. $(X(\omega), Y(\omega))$ 是离散型随机向量

定理 7.3.4　设 $(X(\omega), Y(\omega))$ 是离散型随机向量, 其联合分布律为 $p(x, y)$,

$$p(x, y) = \begin{cases} p_{ij} = P(X = x_i, Y = y_j), & (x, y) = (x_i, y_i), i, j = 0, 1, 2, \cdots \\ 0, & \text{其他} \end{cases} \tag{7.3.16}$$

那么, $X(\omega)$ 关于 $Y(\omega)$ 的值密度–条件分布律存在, 并且

$$p_{X|Y}(x|y) = \frac{p(x, y)}{p_Y(y)} = \begin{cases} \dfrac{p_{ij}}{p_{\cdot j}}, & (x, y) = (x_i, y_j), i, j = 0, 1, 2, \cdots \\ 0, & \text{其他} \end{cases} \tag{7.3.17}$$

其中 $p_{\cdot j} = \displaystyle\sum_{i \geqslant 0} p_{ij}$ 是 $p(x, y)$ 的边沿分布律. 这时公式 (7.3.9) 成为

$$P(X \in A | Y \in B) = \frac{\displaystyle\sum_{i:x_i \in A} \sum_{j:y_j \in B} p_{ij}}{\displaystyle\sum_{j:y_j \in B} p_{\cdot j}} \tag{7.3.18}$$

证明　由 (7.3.8) 得 $F_{X|Y}(x|y) = 0$, 当 $y \neq y_j (j \geqslant 0)$ 时. 对固定的 $y_j (j \geqslant 0)$ 有

$$\begin{aligned} F_{X|Y}(x|y_j) &= \frac{P(X \leqslant x, Y = y_j)}{P(Y = y_j)} \\ &= \sum_{i:x_i \leqslant x} \frac{P(X = x_i, Y = y_j)}{P(Y = y_j)} \\ &= \sum_{i:x_i \leqslant x} \frac{p_{ij}}{p_{\cdot j}} \end{aligned} \tag{7.3.19}$$

由此推出 (7.3.17). 由条件概率的定义 (4.2.2) 和公式 (7.1.26) 推出 (7.3.18).　■

定理 7.3.5　值密度–条件分布律 $p_{X|Y}(x|y)$ 具有下列性质:

i) 乘法公式

$$p(x, y) = p_{X|Y}(x|y)p_Y(y) \tag{7.3.20}$$

ii) 全概率公式

$$p_X(x) = \sum_{j \geqslant 0} p_{X|Y}(x|y_j)p_Y(y_j) \tag{7.3.21}$$

iii) 贝叶斯公式

$$p_{Y|X}(y|x) = \frac{p_{X|Y}(x|y)p_Y(y)}{\displaystyle\sum_{j \geqslant 0} p_{X|Y}(x|y_j)p_Y(y_j)} \tag{7.3.22}$$

证明   i) (7.3.20) 由 (7.3.17) 推出.

ii) 注意到 $p(x,y)$ 和 $p_{X|Y}(x|y)$ 当 $(x,y) \neq (x_i,y_j)(i,j = 0,1,2,\cdots)$ 时等于零. (7.3.20) 两边对 $y_j(j = 0,1,2,\cdots)$ 求和, 即得 (7.3.21).

iii) 注意到 $X(\omega)$ 和 $Y(\omega)$ 处于对等的地位, 故 $Y(\omega)$ 关于 $X(\omega)$ 的值密度–条件分布律 $p_{Y|X}(y|x)$ 存在, 并且

$$p_{Y|X}(y|x) = \frac{p(x,y)}{p_X(x)} \tag{7.3.23}$$

现在, 对分子使用乘法公式, 对分布使用全概率公式即得 (7.3.22).   ■

【说明】   三套乘法公式, 全概率公式和贝叶斯公式 (定理 7.3.3 和定理 7.3.5 中各一套; 4.2 节定理 4.2.1—定理 4.2.3 组成一套) 在外形上非常类似. 事实上, 由联合分布律 (7.3.16) 得出, 定理 7.3.5 的一套和 4.2 节的一套完全等同. 分布密度和分布律的同等地位产生出定理 7.3.3 和定理 7.3.5 中两套公式的类似和差别.

例 7.3.1   设 $Z = (X,Y)$ 在椭圆上有均匀分布. 在例 7.2.4 中给出了联合分布密度 $f(x,y)$ 和两个边沿分布密度 $f_X(x)$ 和 $f_Y(y)$. 因此, 由 (7.3.10) 得出 X 关于 Y 的值密度–条件分布密度为

$$f_{X|Y}(x|y) = \begin{cases} \dfrac{1}{2a\sqrt{1 - \dfrac{y^2}{b^2}}}, & |x| \leqslant a\sqrt{1 - \dfrac{y^2}{b^2}}, y \in (-b,b) \\ 0, & \text{其他} \end{cases} \tag{7.3.24}$$

同理, Y 关于 X 的值密度–条件分布密度为

$$f_{Y|X}(y|x) = \begin{cases} \dfrac{1}{2b\sqrt{1 - \dfrac{x^2}{a^2}}}, & x \in (-a,a), |y| \leqslant b\sqrt{1 - \dfrac{x^2}{a^2}} \\ 0, & \text{其他} \end{cases} \tag{7.3.25}$$

注   对固定的 $y \in (-b,b)$, 值密度–条件分布密度 $f_{X|Y}(x|y)$ 是区间 $\left[-a\sqrt{1 - \dfrac{y^2}{b^2}},\right.$ $\left. a\sqrt{1 - \dfrac{y^2}{b^2}}\right]$ 上的均匀分布密度; 同样, $f_{Y|X}(y|x)$ 有类似的结论.

例 7.3.2   假定 $Z = (X,Y)$ 服从二维正态分布, 其联合分布密度函数为 (7.2.19). 由例 7.2.6 和定理 7.3.2 得出, 两个值密度–条件分布密度为

$$f_{X|Y}(x|y) = \frac{1}{\sqrt{2\pi}\sigma_1\sqrt{1-\rho^2}}\exp\left\{-\frac{\left[x - \left(\mu_1 + \rho\dfrac{\sigma_1}{\sigma_2}(y - \mu_2)\right)\right]^2}{2\sigma_1^2(1-\rho^2)}\right\} \tag{7.3.26}$$

$$f_{Y|X}(y|x) = \frac{1}{\sqrt{2\pi}\sigma_2\sqrt{1-\rho^2}}\exp\left\{-\frac{\left[y - \left(\mu_2 + \rho\dfrac{\sigma_2}{\sigma_1}(x-\mu_1)\right)\right]^2}{2\sigma_2^2(1-\rho^2)}\right\} \tag{7.3.27}$$

由此可见, 对固定的 y, 值密度–条件分布密度 $f_{X|Y}(x|y)$ 是正态分布密度函数. 同样, 对固定的 x, $f_{Y|X}(y|x)$ 也是正态分布密度函数.

特别, 当 $\rho = 0$ 时

$$f_{X|Y}(x|y) = f_X(x)$$
$$f_{Y|X}(y|x) = f_Y(y)$$

它们说明随机变量 X 的分布函数 $f_X(x)$ 不因条件 $Y = y$ 的出现而改变; 对随机变量 Y 亦如此. 因而当 $\rho = 0$ 时 X 和 Y 相互独立 (参看例 7.2.7).

例 7.3.3　设随机变量 $X(\omega)$ 有分布密度

$$f_X(x) = \begin{cases} \lambda^2 x e^{-\lambda x}, & x > 0 \\ 0, & x \leqslant 0 \end{cases}$$

而随机变量 $Y(\omega)$ 在 $(0, X(\omega))$ 上有均匀分布. 试求 $Y(\omega)$ 的分布密度函数.

解　易见, 当 $x \leqslant 0$ 或 $y \leqslant 0$ 时 X 和 Y 的联合分布密度 $f(x,y) = 0$. 以下设 $x > 0, y > 0$. 依题意, 在条件 $(X = x)$ 下, Y 关于 X 的值密度–条件分布密度为

$$f_{Y|X}(y|x) = \begin{cases} \dfrac{1}{x}, & 0 < y < x \\ 0, & \text{其他} \end{cases}$$

应用乘法公式 (7.3.12) 得出 (X, Y) 的联合分布密度为

$$f(x,y) = f_{Y|X}(y|x)f_X(x) = \begin{cases} \lambda^2 e^{-\lambda x}, & 0 < y < x \\ 0, & \text{其他} \end{cases}$$

现在应用全概率公式 (7.3.19) 即得随机变量 Y 的分布密度为

$$f_Y(y) = \int_{-\infty}^{+\infty} f_{Y|X}(y|x)f_X(x)\mathrm{d}x$$

显然, 当 $y \leqslant 0$ 时 $f_Y(y) = 0$; 当 $y > 0$ 时有

$$f_Y(y) = \int_y^{+\infty} \lambda^2 e^{-\lambda x}\mathrm{d}x = \lambda e^{-\lambda y}$$

故随机变量 Y 服从指数分布, 其分布密度为

$$f_Y(y) = \begin{cases} \lambda e^{-\lambda y}, & y > 0 \\ 0, & y \leqslant 0 \end{cases}$$

例 7.3.4　设 $(X(\omega), Y(\omega))$ 是例 7.2.5 中的离散型随机向量, 其联合分布律由表 7.2.1 给出, 即

$$p(x, y) = \begin{cases} p_{xy}, & x = 0, 1, 2, 3; y = 0, 1, 2, 3, 4, 5 \\ 0, & \text{其他} \end{cases}$$

(p_{xy} 的具体数值见表 7.2.1).

于是, 由定理 7.3.4 得出 $X(\omega)$ 关于 $Y(\omega)$ 的值密度-条件分布律为

$$p_{X|Y}(x|y) = \begin{cases} P(X = x | Y = y) = \dfrac{p_{xy}}{p_{\cdot y}}, & x = 0, 1, 2, 3; y = 0, 1, \cdots, 5 \\ 0, & \text{其他} \end{cases}$$

其中 $p_{\cdot y} = \displaystyle\sum_{i=0}^{3} p_{iy}$. 表 7.3.1 给出不为零的值 $\dfrac{p_{xy}}{p_{\cdot y}}$.

类似地可求出 $Y(\omega)$ 关于 $X(\omega)$ 的值密度-条件分布律 $p_{Y|X}(y|x)$.

表 7.3.1

$\dfrac{p_{xy}}{p_{\cdot y}}$ $\quad x$ y	0	1	2	3
0	$\dfrac{1}{4}$	$\dfrac{2}{4}$	0	$\dfrac{1}{4}$
1	$\dfrac{1}{2}$	0	$\dfrac{1}{2}$	0
2	$\dfrac{12}{25}$	$\dfrac{1}{25}$	$\dfrac{10}{25}$	$\dfrac{2}{25}$
3	$\dfrac{2}{8}$	$\dfrac{5}{8}$	0	$\dfrac{1}{8}$
4	0	$\dfrac{2}{35}$	$\dfrac{30}{35}$	$\dfrac{3}{35}$
5	$\dfrac{1}{18}$	$\dfrac{2}{18}$	$\dfrac{5}{18}$	$\dfrac{10}{18}$

现在用随机变量族这个有效工具讨论一个经典的数学模型 —— 例 2.5.4 和例 3.5.8 介绍的呼叫流.

设 $\mathcal{E}^*$ 是例 3.5.8 解答中引进的大实验:"观测某电话交换台在未来时间段 (即时间段 $(a,b], b > a \geqslant 0$) 内来到的呼叫次数 $\xi(a,b]$". 令

$$\xi(t) = \xi(0,t],$$

则 $\xi(a,b] = \xi(b) - \xi(a)$. 称 $\xi(t), t \geqslant 0$ 为呼叫流.

在随机变量理论中 $\mathcal{E}^*$ 存在因果量化模型 $(\Omega, \mathcal{F}, P)$, 呼叫流是随机变量族

$$\xi(t) = \xi(t,\omega), \quad t \geqslant 0$$

虽然无法获得 $(\Omega, \mathcal{F}, P)$ 的具体形式, 例 3.5.8 仍然得出, 对固定的时刻 $t > 0$, 随机变量 $\xi(t,\omega)$ 是离散型的, 其分布律 $p_{\xi(t)}(x)$ 是参数为 λt 的 Poisson 分布, 即

$$p_{\xi(t)}: \quad \begin{array}{c|ccccc|c} \xi(t) & 0 & 1 & \cdots & m & \cdots & \text{其他 } t \\ \hline p_{\xi(t)} & \mathrm{e}^{-\lambda t} & \lambda t \mathrm{e}^{-\lambda t} & \cdots & \dfrac{(\lambda t)^m}{m!}\mathrm{e}^{-\lambda t} & \cdots & 0 \end{array} \tag{7.3.28}$$

例 7.3.5   在呼叫流 $\xi(t), t \geqslant 0$ 中对任意固定的 $t_2 > t_1 > 0$, 试求随机向量 $(\xi(t_1), \xi(t_2))$ 的联合分布律; 值密度–条件分布律 $p_{\xi(t_2)|\xi(t_1)}(y|x)$ 和 $p_{\xi(t_1)|\xi(t_2)}(x|y)$.

解   首先, 应用呼叫流 $\xi(t,\omega), t \geqslant 0$ 满足的三个条件 (平稳性, 独立增量性和普通性) 推出三个等式. 对任意的整数 $m_2 \geqslant m_1 \geqslant 0$, 成立

$$\{\xi(t_1) = m_1, \xi(t_2) = m_2\} = \{\xi(t_1) = m_1 \xi(t_1,t_2] = m_2 - m_1\}$$
$$P\{\xi(t_1) = m_1, \xi(t_1,t_2] = m_2 - m_1\} = P\{\xi(t_1) = m_1\}P\{\xi(t_1,t_2] = m_2 - m_1\}$$
$$P\{\xi(t_1,t_2] = m_2 - m_1\} = P\{\xi(t_2 - t_1) = m_2 - m_1\}$$

事实上, 第 1 个等式由 $\xi(t)$ 和 $\xi(a,b]$ 的定义推出; 第 2 个等式由独立增量性 (见式 (3.5.34)) 推出; 第 3 个等式由平稳性假定推出.

现在, 应用这三个等式推出

$$P\{\xi(t_1) = m_1, \xi(t_2) = m_2\}$$
$$= P\{\xi(t_1) = m_1, \xi(t_1,t_2] = m_2 - m_1\}$$
$$= P\{\xi(t_1) = m_1\}P\{\xi(t_1,t_2] = m_2 - m_1\}$$
$$= P\{\xi(t_1) = m_1\}P\{\xi(t_2 - t_1) = m_2 - m_1\}$$

应用式 (7.3.28) 得出

$$P\{\xi(t_1) = m_1, \xi(t_2) = m_2\} = \lambda^{m_2}\mathrm{e}^{-\lambda t_2}\frac{t_1^{m_1}(t_2 - t_1)^{m_2 - m_1}}{m_1!(m_2 - m_1)!} \tag{7.3.29}$$

显然, 当 $(x, y) \neq (m_1, m_2)(m_2 \geqslant m_1 \geqslant 0)$ 时 $P\{\xi(t_1) = x, \xi(t_2) = y\} = 0$. 故随机向量 $(\xi(t_1), \xi(t_2))(t_2 > t_1 \geqslant 0)$ 的联合分布律 $p_{\xi(t_1), \xi(t_2)}(x, y)$(以下简写为 $p(x, y)$) 为

$$p(x, y) = \begin{cases} \lambda^{m_2} \mathrm{e}^{-\lambda t_2} \dfrac{t_1^{m_1}(t_2 - t_1)^{m_2 - m_1}}{m_1!(m_2 - m_1)!}, & (x, y) = (m_1, m_2), m_2 \geqslant m_1 \geqslant 0 \\ 0, & \text{其他} \end{cases}$$

$$(7.3.30)$$

应用 $p(x, y)$ 和 $p_{\xi(t_1)}(x)$ 的值得出, 当 m_1, m_2 是非负整数且 $m_2 \geqslant m_1$ 时有

$$\frac{p(m_1, m_2)}{p_{\xi(t_1)}(m_1)} = \frac{\lambda^{m_2} \mathrm{e}^{-\lambda t_2}}{\dfrac{(\lambda t_1)^{m_1}}{m_1!} \mathrm{e}^{-\lambda t_1}} \cdot \frac{t_1^{m_1}(t_2 - t_1)^{m_2 - m_1}}{m_1!(m_2 - m_1)!}$$

$$= \frac{[\lambda(t_2 - t_1)]^{m_2 - m_1}}{(m_2 - m_1)!} \mathrm{e}^{-\lambda(t_2 - t_1)}$$

这是参数为 $\lambda(t_2 - t_1)$ 的 Poisson 分布. 于是, 应用定理 7.3.4 得出 $\xi(t_2)$ 关于 $\xi(t_1)$ 的值密度–条件分布律为

$$p_{\xi(t_2)|\xi(t_1)}(y|x) = \begin{cases} \dfrac{[\lambda(t_2 - t_1)]^{m_2 - m_1}}{(m_2 - m_1)!} \mathrm{e}^{-\lambda(t_2 - t_1)}, & (x, y) = (m_1, m_2), m_2 \geqslant m_1 \geqslant 0 \\ 0, & \text{其他} \end{cases}$$

$$(7.3.31)$$

同理, 当 m_1, m_2 是非负整数且 $m_2 \geqslant m_1$ 时有

$$\frac{p(m_1, m_2)}{p_{\xi(t_2)}(m_2)} = \lambda^{m_2} \mathrm{e}^{-\lambda t_2} \cdot \frac{t_1^{m_1}(t_2 - t_1)^{m_2 - m_1}}{m_1!(m_2 - m_1)!} \cdot \frac{m_2!}{(\lambda t_2)^{m_2}} \mathrm{e}^{\lambda t_2}$$

$$= \frac{m_2!}{m_1!(m_2 - m_1)!} \frac{t_1^{m_1}(t_2 - t_1)^{m_2 - m_1}}{t_2^{m_2}}$$

$$= \mathrm{C}_{m_2}^{m_1} \left(\frac{t_1}{t_2}\right)^{m_1} \left(\frac{t_2 - t_1}{t_2}\right)^{m_2 - m_1}$$

这是参数为 $\dfrac{t_1}{t_2}$ 的二项分布 $B\left(m_2, \dfrac{t_1}{t_2}\right)$. 于是, 应用定理 7.3.4 得出 $\xi(t_1)$ 关于 $\xi(t_2)$ 的值密度–条件分布律为

$$p_{\xi(t_1)|\xi(t_2)}(x|y) = \begin{cases} \mathrm{C}_{m_2}^{m_1} \left(\dfrac{t_1}{t_2}\right)^{m_1} \left(1 - \dfrac{t_1}{t_2}\right)^{m_2 - m_1}, & (x, y) = (m_1, m_2), m_2 \geqslant m_1 \geqslant 0 \\ 0, & \text{其他} \end{cases}$$

$$(7.3.32)$$

7.3.3　$X(\omega)$ 关于事件 N 的条件分布函数 $F_{X|N}(x)$

由引理 4.3.1 得知, 子捆 $P(X|N)$ 是子试验 $(\Omega, \sigma(X))$ 上的概率测度. 据此引进如下定义.

定义 7.3.2　给定概率空间 $(\Omega, \mathcal{F}, P)$, 设 $X(\omega)$ 是其上随机变量, $N \in \mathcal{F}, P(N) > 0$. 那么称一元实变函数

$$F_{X|N}(x) = P(X(\omega) \leqslant x | N), \quad x \in \mathbf{R} \tag{7.3.33}$$

为 $X(\omega)$ 关于 N 的条件分布函数. 特别,

i) $F_{X|N}(x)$ 是连续型分布函数, 有分布密度 $f_{X|N}(x)$, 则称 $f_{X|N}(x)$ 为 $X(\omega)$ 关于 N 的条件分布密度 (函数);

ii) $F_{X|N}(x)$ 是离散型分布函数, 有分布律 $p_{X|N}(x)$, 则称 $p_{X|N}(x)$ 为 $X(\omega)$ 关于 N 的条件分布律.

定理 7.3.6　设 $F_{X|N}(x)$ 是随机变量 $X(\omega)$ 关于事件 N 的条件分布函数, 那么 $F_{X|N}(x)$ 唯一地确定条件概率子捆 $P(X|N)$, 并且

$$P(X \in A | N) = \int_A \mathrm{d}F_{X|N}(x), \quad A \in \mathcal{B} \tag{7.3.34}$$

特别,

i) $X(\omega)$ 是连续型随机变量, 则条件分布密度 $f_{X|N}(x)$ 存在, 并且

$$P(X \in A | N) = \int_A f_{X|N}(x)\mathrm{d}x, \quad A \in \mathcal{B} \tag{7.3.35}$$

ii) $X(\omega)$ 是离散型随机变量, 则条件分布律 $p_{X|N}(x)$ 存在, 它是

$$p_{X|N}(x) = \begin{cases} P(X(\omega) = x_i | N), & x = x_i, i = 0, 1, 2, \cdots \\ 0, & \text{其他} \end{cases} \tag{7.3.36}$$

那么

$$P(X \in A | N) = \sum_{i: x_i \in A} p_{X|N}(x_i) \tag{7.3.37}$$

证明类似于定理 3.6.1 和式 (3.6.2), 从略.

公式 (7.3.34), (7.3.35) 和 (7.3.37) 显示, 条件分布函数 $F_{X|N}(x)$, 或条件分布密度 $f_{X|N}(x)$, 或条件分布律 $p_{X|N}(x)$ 唯一地确定条件概率子捆 $P(X|N)$.

7.3.4　事件 M 关于 $Y(\omega)$ 的条件值密度函数

现在讨论条件概率子捆 $P(M|Y)$, 即集函数

$$P(M|Y \in B), \quad (Y \in B) \in \sigma(Y)$$

其中 M 是事件, B 是 Borel 集.

为了用集函数产生点函数, 对任意的实数 y, 令

$$p_{M|Y}(y) \stackrel{\text{def}}{=} \lim_{\Delta y \to 0} P(M|y - \Delta y < Y \leqslant y + \Delta y)$$

$$= \lim_{\Delta y \to 0} \frac{P(M, \ y - \Delta y < Y \leqslant y + \Delta y)}{P(y - \Delta y < Y \leqslant y + \Delta y)} \quad (7.3.38)$$

其中约定, 当分母出现零时令极限值为零. 可以证明, 对几乎所有的 y(即从 $\mathbf{R}$ 中除去一个 P_Y-零测度集) 极限 $p_{M|Y}(y)$ 存在 [1].

定义 7.3.3 称 $p_{M|Y}(y), y \in \mathbf{R}$ 为事件 M 关于 $Y(\omega)$ 的条件值密度函数, 简称为条件值密度. 又称为事件 M 关于 $Y(\omega)$ 的条件密度 (Kolmogorov 形式).

定理 7.3.7 给定概率空间 $(\Omega, \mathcal{F}, P)$, 设 $M \in \mathcal{F}, Y(\omega)$ 是随机变量, 那么 M 关于 Y 的条件值密度 $p_{M|Y}(y)$ 唯一地确定条件概率子捆 $P(M|Y)$, 并且

$$P(M|Y \in B) = \frac{1}{P(Y \in B)} \int_B p_{M|Y}(y) \mathrm{d}F_Y(y) \quad (7.3.39)$$

这里 B 是 Borel 集, $P(Y \in B) > 0, F_Y(y)$ 是 $Y(\omega)$ 的分布函数.

证明 设 $B = (a, b](-\infty < a < b < +\infty)$, 引进划分

$$a = r_1 < r_2 < \cdots < r_{s+1} = b$$

则有

$$P(M|Y \in B)P(Y \in B) = P(M, Y \in B)$$

$$= \sum_{i=1}^{s} P(M, r_i < Y \leqslant r_{i+1})$$

$$= \sum_{i=1}^{s} \frac{P(M, r_i < Y \leqslant r_{i+1})}{P(r_i < Y \leqslant r_{i+1})} \cdot [P(Y \leqslant r_{i+1}) - P(Y \leqslant r_i)]$$

$$= \sum_{i=1}^{s} P(M|r_i < Y \leqslant r_{i+1})[F_Y(r_{i+1}) - F_Y(r_i)]$$

令 $\max\limits_{1 \leqslant i \leqslant s} (r_{i+1} - r_i) \to 0$, 由积分的定义得出

$$P(M|Y \in (a, b))P(Y \in (a, b)) = \int_a^b p_{M|Y}(y) \mathrm{d}F_Y(y)$$

得证 $B = (a, b]$ 时 (7.3.39) 成立. 把 (7.3.39) 由区间推广到 Borel 集 B 时用到测度论和 L-S 积分的知识, 从略. ∎

---

[1] 参看定义 7.3.1 前的两个脚注.

【说明】　　条件值密度 $p_{M|Y}(y)$ 比子捆 $P(M|Y)$ 更便于运算, 在概率论后续发展中起着重要的作用. 在原先的概率论中没有引进条件概率捆和子捆的概念, 把这里的 $p_{M|Y}(y)$ 称为事件 M 关于 $Y(\omega)$ 的条件概率 (Kolmogorov 形式), 并记为 $P(M|Y)(y)$ 或 $P(M|Y=y)$. 参考书目 [2] 中已指明使用的名称和符号皆不妥, 并建议使用定义 7.3.3 引进的名称和符号.

7.3.5　随机向量情形

让我们指出, 上述关于随机变量 $X(\omega), Y(\omega)$ 的全部讨论和结果 (指三个定义和七个定理) 皆可推广到随机向量 $\boldsymbol{X}(\omega)$ 和 $\boldsymbol{Y}(\omega)$ 情形.

设 $\boldsymbol{Z}(\omega) = (\boldsymbol{X}(\omega), \boldsymbol{Y}(\omega))$ 是随机向量. 在前三小节的讨论中用 $\boldsymbol{X}(\omega), \boldsymbol{Y}(\omega), \boldsymbol{x}, \boldsymbol{y}, \boldsymbol{x}_i, \boldsymbol{y}_j$ 分别代替 $X(\omega), Y(\omega), x, y, x_i, y_j$, 逐句地重复讨论便达到目的, 获得概率论需要的三组概念:

i) $\boldsymbol{X}(\omega)$ 关于 $\boldsymbol{Y}(\omega)$ 的值密度–条件分布函数 $F_{\boldsymbol{X}|\boldsymbol{Y}}(\boldsymbol{x}|\boldsymbol{y})$(对应地, 值密度–条件分布密度 $f_{\boldsymbol{X}|\boldsymbol{Y}}(\boldsymbol{x}|\boldsymbol{y})$; 值密度–条件分布律 $p_{\boldsymbol{X}|\boldsymbol{Y}}(\boldsymbol{x}|\boldsymbol{y})$).

ii) $\boldsymbol{X}(\omega)$ 关于事件 N 的条件分布函数 $F_{\boldsymbol{X}|N}(\boldsymbol{x})$(对应地, 条件分布密度 $f_{\boldsymbol{X}|N}(\boldsymbol{x})$; 条件分布律 $p_{\boldsymbol{X}|N}(\boldsymbol{x})$).

iii) 事件 M 关于 $\boldsymbol{Y}(\omega)$ 的条件值密度 $p_{M|\boldsymbol{Y}}(\boldsymbol{y})$.

并且推广形式的定理 7.3.1— 定理 7.3.7 成立.

定理 7.3.8 (随机向量情形)　　设 $(\boldsymbol{X}(\omega), \boldsymbol{Y}(\omega))$ 是连续型随机向量, 其联合分布密度为 $f(\boldsymbol{x}, \boldsymbol{y})$. 那么, $\boldsymbol{X}(\omega)$ 关于 $\boldsymbol{Y}(\omega)$ 的值密度–条件分布密度 $f_{\boldsymbol{X}|\boldsymbol{Y}}(\boldsymbol{x}|\boldsymbol{y})$ 存在, 并且

$$f_{\boldsymbol{X}|\boldsymbol{Y}}(\boldsymbol{x}|\boldsymbol{y}) = \frac{f(\boldsymbol{x}, \boldsymbol{y})}{f_{\boldsymbol{Y}}(\boldsymbol{y})} \tag{7.3.40}$$

其中 $f_{\boldsymbol{Y}}(\boldsymbol{y}) = \displaystyle\int_{-\infty}^{+\infty} f(\boldsymbol{x}, \boldsymbol{y})\mathrm{d}\boldsymbol{x}$ 是 $f(\boldsymbol{x}, \boldsymbol{y})$ 的截口为 $\boldsymbol{y}$ 的边沿分布密度. 这时公式 (7.3.11) 推广为

$$P(\boldsymbol{X} \in A|\boldsymbol{Y} \in B) = \frac{1}{P(\boldsymbol{Y} \in B)} \int_A \int_B f_{\boldsymbol{X}|\boldsymbol{Y}}(\boldsymbol{x}|\boldsymbol{y})\mathrm{d}\boldsymbol{x}\mathrm{d}\boldsymbol{y} \tag{7.3.41}$$

其中 $P(\boldsymbol{Y} \in B) = \displaystyle\int_B f_{\boldsymbol{Y}}(\boldsymbol{y})\mathrm{d}\boldsymbol{y}$.

其他定理的推广工作留给读者.

7.4　随机向量的变换和随机变量的四则运算

给定概率空间 $(\Omega, \mathcal{F}, P)$ 和其上的 m 维随机向量 $\boldsymbol{X}(\omega) = (X_1(\omega), X_2(\omega), \cdots, X_m(\omega))$. 设 $\varphi_i(x_1, x_2, \cdots, x_m)$ 是 m 元 Borel 函数 $(i = 1, 2, \cdots, n)$, 令

$$\begin{cases} Y_1(\omega) = \varphi_1[X_1(\omega), X_2(\omega), \cdots, X_m(\omega)] \\ \cdots\cdots \\ Y_n(\omega) = \varphi_n[X_1(\omega), X_2(\omega), \cdots, X_m(\omega)] \end{cases} \tag{7.4.1}$$

那么 $\boldsymbol{Y}(\omega) = (Y_1(\omega), Y_2(\omega), \cdots, Y_n(\omega))$ 是 $(\Omega, \mathcal{F}, P)$ 上的 n 维随机向量.

本节的基本问题是: 已知 $\boldsymbol{X}$ 的分布函数 (或分布密度, 或分布律), 试求 $\boldsymbol{Y}$ 的分布函数 (或分布密度, 或分布律).

$m = n = 1$ 的情形已在 6.4 节讨论. 那里遗留的四则运算问题将在本节中给出解答.

7.4.1 一般情形

定理 7.4.1　设 $\boldsymbol{X}(\omega) = (X_1(\omega), X_2(\omega), \cdots, X_m(\omega))$ 是概率空间 $(\Omega, \mathcal{F}, P)$ 上的随机向量, 其分布函数为 $F_{\boldsymbol{X}}(x_1, x_2, \cdots, x_m)$, 又设 $\boldsymbol{Y}(\omega)$ 由 (7.4.1) 规定, 那么对任意的 $B \in \mathcal{B}^n$ 成立

$$\begin{aligned} P\{(Y_1, Y_2, \cdots, Y_n) \in B\} &= P\{(X_1, X_2, \cdots, X_m) \in D_B\} \\ &= \int \cdots \int_{D_B} \mathrm{d}_{x_1} \mathrm{d}_{x_2} \cdots \mathrm{d}_{x_m} F_{\boldsymbol{X}}(x_1, x_2, \cdots, x_m) \end{aligned} \tag{7.4.2}$$

其中 $D_B \in \mathcal{B}^m$,

$$D_B = \{(x_1, x_2, \cdots, x_m) | \big(\varphi_1(x_1, \cdots, x_m), \cdots, \varphi_n(x_1, \cdots, x_m)\big) \in B\} \tag{7.4.3}$$

特别, $\boldsymbol{Y}(\omega)$ 的分布函数为

$$F_{\boldsymbol{Y}}(y_1, y_2, \cdots, y_n) = \int \cdots \int_{D_{(y_1, \cdots, y_n)}} \mathrm{d}_{x_1} \mathrm{d}_{x_2} \cdots \mathrm{d}_{x_m} F_{\boldsymbol{X}}(x_1, x_2, \cdots, x_m) \tag{7.4.4}$$

其中

$$D_{(y_1, \cdots, y_n)} = \{(x_1, x_2, \cdots, x_m) | \varphi_j(x_1, \cdots, x_m) \leqslant y_j, \; j = 1, \cdots, n\} \tag{7.4.5}$$

证明　由 (7.4.1) 和 (7.4.3) 得出, 对任意的 $B \in \mathcal{B}^n$ 成立

$$\begin{aligned} &\{\omega | (Y_1(\omega), Y_2(\omega), \cdots, Y_n(\omega)) \in B\} \\ =&\{\omega | (\varphi_1[X_1(\omega), \cdots, X_m(\omega)], \cdots, \varphi_n[X_1(\omega), \cdots, X_m(\omega)]) \in B\} \\ =&\{\omega | (X_1(\omega), X_2(\omega), \cdots, X_m(\omega)) \in D_B\} \end{aligned}$$

得证 (7.4.2) 的第 1 个等式. 注意到 $\boldsymbol{X}(\omega)$ 的因果结构图中的

$$P_{\boldsymbol{X}}(D_B) = P(\boldsymbol{X} \in D_B)$$

在值概率空间 $(\mathbf{R}^m, \mathcal{B}^m, P_{\boldsymbol{X}} \Leftarrow F_{\boldsymbol{X}})$ 中应用定理 3.7.3 即得 (7.4.2) 中第 2 个等式.

特别, 取 $B = (-\infty, y_1] \times (-\infty, y_2] \times \cdots \times (-\infty, y_n]$, 那么 (7.4.2) 和 (7.4.3) 分别成为 (7.4.4) 和 (7.4.5). ■

推论 1　设 $\boldsymbol{X}(\omega) = (X_1(\omega), X_2(\omega), \cdots, X_m(\omega))$ 是连续型随机向量, 其分布密度为 $f_{\boldsymbol{X}}(x_1, x_2, \cdots, x_m)$, 那么 $\boldsymbol{Y}(\omega)$ 的分布函数为

$$F_{\boldsymbol{Y}}(y_1, y_2, \cdots, y_n) = \int \cdots \int_{D_{(y_1, \cdots, y_n)}} f_{\boldsymbol{X}}(x_1, x_2, \cdots, x_m) \mathrm{d}x_1 \mathrm{d}x_2 \cdots \mathrm{d}x_m \qquad (7.4.6)$$

推论 2　设 $\boldsymbol{X}(\omega) = (X_1(\omega), X_2(\omega), \cdots, X_m(\omega))$ 是离散型随机向量, 其联合分布律 $p_{\boldsymbol{X}}(x_1, x_2, \cdots, x_m)$ 为

$$
\begin{array}{c|cccc|c}
\boldsymbol{X} & \boldsymbol{x}_0 & \boldsymbol{x}_1 & \boldsymbol{x}_2 & \cdots & \text{其他 } \boldsymbol{x} \in \mathbf{R}^m \\
\hline
p_{\boldsymbol{X}} & p_0 & p_1 & p_2 & \cdots & 0
\end{array}
\qquad (7.4.7)
$$

其中 $\boldsymbol{x}_i = (x_{i1}, x_{i2}, \cdots, x_{im})(i = 0, 1, 2, \cdots)$. 那么 $\boldsymbol{Y}(\omega)$ 是 n 维离散型随机向量, 其联合分布律 $p_{\boldsymbol{Y}}(y_1, y_2, \cdots, y_n)$ 为

$$
\begin{array}{c|ccc|c}
\boldsymbol{Y} & (\varphi_1(\boldsymbol{x}_0), \cdots, \varphi_n(\boldsymbol{x}_0)) & (\varphi_1(\boldsymbol{x}_1), \cdots, \varphi_n(\boldsymbol{x}_1)) & \cdots & \text{其他 } \boldsymbol{y} \in \mathbf{R}^n \\
\hline
p_{\boldsymbol{Y}} & p_0 & p_1 & \cdots & 0
\end{array}
\qquad (7.4.8)
$$

其中约定, 如果 (7.4.8) 中第一行的 n 维向量 $(\varphi_1(\boldsymbol{x}_\alpha), \cdots, \varphi_n(\boldsymbol{x}_\alpha))(\alpha = 0, 1, 2, \cdots)$ 中出现相同的向量时应当把它们合并为一个, 这时下方的数值是所有合并向量的下方数值之和.

从概率的角度看, 定理 7.4.1 是简明的. 其难点在于寻找积分域 D_B 和 $D_{(y_1, y_2, \cdots, y_n)}$, 以及多重积分计算. 容易看出, 推论 2 和定理 6.4.2 在形式上完全一样. 因此, 离散型随机向量函数的概率计算和一维情形 (见定理 6.4.2 及其后的例题) 完全相同. 于是, 本节只讨论连续型随机向量的函数.

例 7.4.1　假定 $X_1, X_2, \cdots, X_m$ 是独立同分布的随机变量, 分布函数皆为 $F(x)$. 试求

i) $Y_1 = \min(X_1, X_2, \cdots, X_m)$ 的分布函数;

ii) $Y_2 = \max(X_1, X_2, \cdots, X_m)$ 的分布函数;

iii) 随机向量 (Y_1, Y_2) 的分布函数.

解　i) 对任意的实数 y, 应用独立同分布条件得出, Y_1 的分布函数为

$$
\begin{aligned}
F_{Y_1}(y) &= P(Y_1 \leqslant y) = 1 - P(Y_1 > y) \\
&= 1 - P(X_1 > y, X_2 > y, \cdots, X_m > y) \\
&= 1 - \prod_{i=1}^m P(X_i > y) = 1 - [1 - F(y)]^m
\end{aligned}
$$

ii) 对任意的实数 y, 应用独立同分布条件得出, Y_2 的分布函数为

$$\begin{aligned}
F_{Y_2}(y) &= P(Y_2 \leqslant y) = P(X_1 \leqslant y, X_2 \leqslant y, \cdots, X_m \leqslant y) \\
&= P(X_1 \leqslant y) P(X_2 \leqslant y) \cdots p(X_m \leqslant y) \\
&= [F(y)]^n
\end{aligned}$$

iii) 对任意的实数 y_1, y_2, 应用独立同分布假定计算如下的概率

$$\begin{aligned}
P(Y_1 > y_1, Y_2 \leqslant y_2) &= P\left\{ \left[\bigcap_{i=1}^{m}(X_i > y_1) \right] \bigcap \left[\bigcap_{i=1}^{m}(X_i \leqslant y_2) \right] \right\} \\
&= P\left\{ \bigcap_{i=1}^{m}(y_1 < X_i \leqslant y_2) \right\} \\
&= \prod_{i=1}^{m} P(y_1 < X_i \leqslant y_2) \\
&= \begin{cases} [F(y_2) - F(y_1)]^n, & y_1 < y_2 \\ 0, & y_1 \geqslant y_2 \end{cases}
\end{aligned}$$

由此得出 (Y_1, Y_2) 的联合分布函数为

$$\begin{aligned}
F_{(Y_1, Y_2)}(y_1, y_2) &= P(Y_1 \leqslant y_1, Y_2 \leqslant y_2) \\
&= P(Y_2 \leqslant y_2) - P(Y_1 > y_1, Y_2 \leqslant y_2) \\
&= \begin{cases} [F(y_2)]^n - [F(y_2) - F(y_1)]^n, & y_1 < y_2 \\ [F(y_2)]^n, & y_1 \geqslant y_2 \end{cases}
\end{aligned}$$

7.4.2　随机变量的四则运算

【和的分布】　　已知 (X, Y) 的分布函数为 $F_{(X,Y)}(x, y)$, 那么随机变量 $Z = X + Y$ 的分布函数为

$$F_Z(z) = P(X + Y \leqslant z) = \iint\limits_{x+y \leqslant z} \mathrm{d}_x \mathrm{d}_y F_{(X,Y)}(x, y) \tag{7.4.9}$$

特别, 当 (X, Y) 是连续型随机向量, 其分布密度为 $f_{(X,Y)}(x, y)$ 时, 那么 $Z = X + Y$ 是连续型随机变量, 其分布密度为

$$f_Z(z) = \int_{-\infty}^{+\infty} f_{(X,Y)}(x, z - x) \mathrm{d}x = \int_{-\infty}^{+\infty} f_{(X,Y)}(z - y, y) \mathrm{d}y \tag{7.4.10}$$

事实上, 应用定理 7.4.1 即得 (7.4.9); 再应用推论 1 得出 (图 7.4.1)

$$F_Z(z) = \iint\limits_{x+y \leqslant z} f_{(X,Y)}(x, y) \mathrm{d}x \mathrm{d}y$$

$$= \int_{-\infty}^{+\infty} \left[\int_{-\infty}^{z-x} f_{(X,Y)}(x,y)\mathrm{d}y \right] \mathrm{d}x$$

$$= \int_{-\infty}^{+\infty} \left[\int_{-\infty}^{z-y} f_{(X,Y)}(x,y)\mathrm{d}x \right] \mathrm{d}y$$

两边对 z 求导即得 (7.4.10).

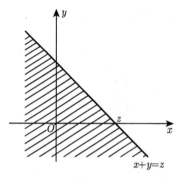

图 7.4.1

一种很重要的特殊情形是, 随机变量 X 和 Y 相互独立. 这时 $f_{(X,Y)}(x,y) = f_X(x)f_Y(y)$ 和 (7.4.10) 成为

$$f_Z(z) = \int_{-\infty}^{+\infty} f_X(x)f_Y(z-x)\mathrm{d}x = \int_{-\infty}^{+\infty} f_X(z-y)f_Y(y)\mathrm{d}y \tag{7.4.11}$$

例 7.4.2　设 ξ, η 是相互独立的随机变量, 并且都服从 $[a,b]$ 上的均匀分布. 试求 $\zeta = \xi + \eta$ 的分布密度函数.

解　ξ, η 的分布密度为

$$f_\xi(x) = f_\eta(x) = \begin{cases} \dfrac{1}{b-a}, & a \leqslant x \leqslant b \\ 0, & \text{其他} \end{cases} \tag{7.4.12}$$

由独立性假定得出 (ξ, η) 的分布密度 $f_{(\xi,\eta)}(x,y) = f_\xi(x)f_\eta(y)$. 于是应用 (7.4.11) 得出 $\xi + \eta$ 的分布密度为

$$f_\zeta(z) = \int_{-\infty}^{+\infty} f_\xi(x)f_\eta(z-x)\mathrm{d}x = \frac{1}{b-a}\int_a^b f_\eta(z-x)\mathrm{d}x$$

现在计算右边的积分, 并注意 x 在 $[a,b]$ 中变化.

由于 $z < 2a$ 时 $z-x < 2a-x < a$, 故 $f_\eta(z-x) = 0$; 而 $z > 2b$ 时 $z-x > 2b-x > b$, 故 $f_\eta(z-x) = 0$. 于是

$$f_\zeta(z) = \frac{1}{b-a}\int_a^b 0\mathrm{d}x = 0, \quad z < 2a \text{或} z > 2b$$

现在设 $z \in [2a, 2b]$, 由 (7.4.12) 得出

$$f_\eta(z - x) = \begin{cases} \dfrac{1}{b-a}, & z - b < x < z - a \\ 0, & \text{其他} \end{cases}$$

于是, 当 $2a \leqslant z \leqslant a + b$ 时有 $a \leqslant z - a \leqslant b$, 故

$$f_\zeta(z) = \frac{1}{b-a} \int_a^{z-a} \frac{1}{b-a} \mathrm{d}x = \frac{z - 2a}{(b-a)^2}$$

而当 $a + b \leqslant z \leqslant 2b$ 时有 $a \leqslant z - b \leqslant b$, 故

$$f_\zeta(z) = \frac{1}{b-a} \int_{z-b}^b \frac{1}{b-a} \mathrm{d}x = \frac{2b - z}{(b-a)^2}$$

联合以上所得结果, 我们有

$$f_\zeta(z) = \begin{cases} 0, & z \leqslant 2a \text{或} z > 2b \\[2mm] \dfrac{z - 2a}{(b-a)^2} & 2a < z \leqslant a + b \\[2mm] \dfrac{2b - z}{(b-a)^2} & a + b < z \leqslant 2b \end{cases} \tag{7.4.13}$$

称 $f_\zeta(z)$ 为辛普森 (Simpson) 分布密度或三角分布密度. 图 7.4.2 是它的图形.

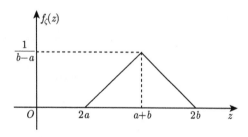

图 7.4.2

例 7.4.3 设随机向量 (ξ, η) 服从正态分布, 其分布密度函数为

$$f_{(\xi,\eta)}(x, y) = \frac{1}{2\pi\sigma_1\sigma_2\sqrt{1-\rho^2}} \exp\left\{ -\frac{1}{2(1-\rho^2)} \left[\frac{(x-\mu_1)^2}{\sigma_1^2} \right.\right.$$
$$\left.\left. - 2\rho \frac{(x-\mu_1)(y-\mu_2)}{\sigma_1\sigma_2} + \frac{(y-\mu_2)^2}{\sigma_2^2} \right] \right\} \tag{7.4.14}$$

试求 $\zeta = \xi + \eta$ 的分布密度函数.

解 应用公式 (7.4.10) 得出所求分布密度为

$$f_\zeta(z) = \frac{1}{2\pi\sigma_1\sigma_2\sqrt{1-\rho^2}} \int_{-\infty}^{+\infty} \exp\left\{ -\frac{1}{2(1-\rho^2)} \left[\frac{(x-\mu_1)^2}{\sigma_1^2} \right.\right.$$

$$-2\rho\frac{(x-\mu_1)(z-x-\mu_2)}{\sigma_1\sigma_2}+\frac{(z-x-\mu_2)^2}{\sigma_1^2}\Big]\Big\}\mathrm{d}x$$

记 $v=z-\mu_1-\mu_2$. 用 $u=x-\mu_1$ 进行变量代换后得出

$$f_\zeta(z)=\frac{1}{2\pi\sigma_1\sigma_2\sqrt{1-\rho^2}}\int_{-\infty}^{+\infty}\exp\Big\{-\frac{1}{2(1-\rho^2)}\Big[\frac{u^2}{\sigma_1^2}-2\rho\frac{u(v-u)}{\sigma_1\sigma_2}+\frac{(v-u)^2}{\sigma_2^2}\Big]\Big\}\mathrm{d}u$$
(7.4.15)

由于

$$\frac{u^2}{\sigma_1^2}-2\rho\frac{u(v-u)}{\sigma_1\sigma_2}+\frac{(v-u)^2}{\sigma_2^2}=u^2\frac{\sigma_1^2+2\rho\sigma_1\sigma_2+\sigma_2^2}{\sigma_1^2\sigma_2^2}-2uv\frac{\sigma_1+\rho\sigma_2}{\sigma_1\sigma_2^2}+\frac{v^2}{\sigma_2^2}$$

$$=\Big[u\frac{\sqrt{\sigma_1^2+2\rho\sigma_1\sigma_2+\sigma_2^2}}{\sigma_1\sigma_2}-\frac{v}{\sigma_2}\frac{\sigma_1+\rho\sigma_2}{\sqrt{\sigma_1^2+2\rho\sigma_1\sigma_2+\sigma_2^2}}\Big]^2+\frac{v^2(1-\rho^2)}{\sigma_1^2+2\rho\sigma_1\sigma_2+\sigma_2^2}$$

故采用

$$t=\frac{1}{\sqrt{1-\rho^2}}\Big[u\frac{\sqrt{\sigma_1^2+2\rho\sigma_1\sigma_2+\sigma_2^2}}{\sigma_1\sigma_2}-\frac{v}{\sigma_2}\frac{\sigma_1+\rho\sigma_2}{\sqrt{\sigma_1^2+2\rho\sigma_1\sigma_2+\sigma_2^2}}\Big]$$

对 (7.4.15) 中积分进行变量代换, 得到

$$f_\zeta(z)=\frac{1}{2\pi\sqrt{\sigma_1^2+2\rho\sigma_1\sigma_2+\sigma_2^2}}\exp\Big\{-\frac{v^2}{2(\sigma_1^2+2\rho\sigma_1\sigma_2+\sigma_2^2)}\Big\}\int_{-\infty}^{+\infty}\mathrm{e}^{-\frac{t^2}{2}}\mathrm{d}t$$

既然 $v=z-\mu_1-\mu_2$, $\displaystyle\int_{-\infty}^{+\infty}\mathrm{e}^{-\frac{t^2}{2}}\mathrm{d}t=\sqrt{2\pi}$, 代入后得出

$$f_\zeta(z)=\frac{1}{\sqrt{2\pi(\sigma_1^2+2\rho\sigma_1\sigma_2+\sigma_2^2)}}\exp\Big\{-\frac{(z-\mu_1-\mu_2)^2}{2(\sigma_1^2+2\rho\sigma_1\sigma_2+\sigma_2^2)}\Big\}$$
(7.4.16)

这是正态分布 $N(\mu_1+\mu_2,\sigma_1^2+2\rho\sigma_1\sigma_2+\sigma_2^2)$.

　　【差的分布】　　已知 (X,Y) 的分布函数为 $F_{(X,Y)}(x,y)$, 那么差 $Z=X-Y$ 的分布函数为

$$F_Z(z)=P(X-Y\leqslant z)=\iint\limits_{x-y\leqslant z}\mathrm{d}_x\mathrm{d}_y F_{(X,Y)}(x,y)$$
(7.4.17)

特别, 当 (X,Y) 是连续型随机向量, 其分布密度为 $f_{(X,Y)}(x,y)$, 那么 $Z=X-Y$ 是连续型随机变量, 其分布密度为

$$f_Z(z)=\int_{-\infty}^{+\infty}f_{(X,Y)}(z+y,y)\mathrm{d}y$$
(7.4.18)

事实上, 仿 (7.4.9), (7.4.10) 可直接证明 (7.4.17) 和 (7.4.18). 亦可利用 $Z = X + (-Y)$ 化为求和的分布, 这时已知的是 $(X, -Y)$ 的联合分布函数

$$
\begin{aligned}
F_{(X,-Y)}(x,y) &= P(X \leqslant x, -Y \leqslant y) \\
&= P(X \leqslant x) - P(X \leqslant x, Y < -y) \\
&= F_X(x) - F_{(X,Y)}(x, -y - 0) \qquad (7.1.19)
\end{aligned}
$$

若 $(X, -Y)$ 是连续型随机向量, 则它的联合分布密度函数是

$$
f_{(X,-Y)}(x,y) = \frac{\partial^2}{\partial x \partial y} F_{(X,-Y)}(x,y) = -\frac{\partial^2}{\partial x \partial y} F_{(X,Y)}(x, -y) = f_{(X,Y)}(x, -y)
$$

$$(7.4.20)$$

【商的分布】 已知 (X, Y) 的分布函数为 $F_{(X,Y)}(x,y)$, 那么随机变量 $Z = \frac{X}{Y}$(假定 $P(Y = 0) = 0$) 的分布函数为

$$
F_Z(z) = P\left(\frac{X}{Y} \leqslant z\right) = \iint\limits_{x \leqslant zy} \mathrm{d}_x \mathrm{d}_y F_{(X,Y)}(x,y) \qquad (7.4.21)
$$

特别, 当 (X, Y) 是连续型随机向量, 其分布密度为 $f_{(X,Y)}(x,y)$, 那么 $Z = \frac{X}{Y}$ 是连续型随机变量, 其分布密度函数为

$$
f_Z(z) = \int_{-\infty}^{+\infty} f_{(X,Y)}(zu, u)|u|\mathrm{d}u \qquad (7.4.22)
$$

事实上, 应用定理 7.4.1 即得 (7.4.21); 再应用推论 1 得出 (图 7.4.3)

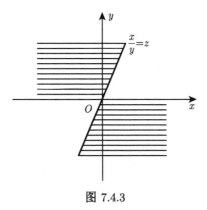

图 7.4.3

$$
F_Z(z) = \iint\limits_{x \leqslant zy} f_{(X,Y)}(x,y)\mathrm{d}x\mathrm{d}y
$$

$$= \int_0^{+\infty} \int_{-\infty}^{zy} f_{(X,Y)}(x,y)\mathrm{d}x\mathrm{d}y + \int_{-\infty}^0 \int_{zy}^{+\infty} f_{(X,Y)}(x,y)\mathrm{d}x\mathrm{d}y$$

两边对 z 求导, 即得 (7.4.22).

例 7.4.4 设随机向量 (ξ, η) 服从正态分布, 其联合分布密度为

$$f_{(\xi,\eta)}(x,y) = \frac{1}{2\pi\sigma_1\sigma_2\sqrt{1-\rho^2}}\exp\left\{-\frac{1}{2(1-\rho^2)}\left[\frac{x^2}{\sigma_1^2} - 2\rho\frac{xy}{\sigma_1\sigma_2} + \frac{y^2}{\sigma_2^2}\right]\right\} \quad (7.4.23)$$

试求 $\zeta = \dfrac{\xi}{\eta}$ 的分布密度函数.

解 按公式 (7.4.22), ζ 的分布密度为

$$f_\zeta(z) = \frac{1}{2\pi\sigma_1\sigma_2\sqrt{1-\rho^2}}\int_{-\infty}^{+\infty}|u|\exp\left\{-\frac{u^2}{2(1-\rho^2)}\left[\frac{\sigma_2^2z^2 - 2\rho\sigma_1\sigma_2 z + \sigma_1^2}{\sigma_1^2\sigma_2^2}\right]\right\}\mathrm{d}u$$

$$= \frac{1}{\pi\sigma_1\sigma_2\sqrt{1-\rho^2}}\int_0^{+\infty}u\exp\left\{-\frac{u^2}{2(1-\rho^2)}\cdot\frac{\sigma_2^2z^2 - 2\rho\sigma_1\sigma_2 z + \sigma_1^2}{\sigma_1^2\sigma_2^2}\right\}\mathrm{d}u$$

在右端积分中作变量代换

$$v = \frac{u^2}{2(1-\rho^2)}\cdot\frac{\sigma_2^2z^2 - 2\rho\sigma_1\sigma_2 z + \sigma_1^2}{\sigma_1^2\sigma_2^2}$$

于是

$$f_\zeta(z) = \frac{\sigma_1\sigma_2\sqrt{1-\rho^2}}{\pi(\sigma_2^2z^2 - 2\rho\sigma_1\sigma_2 z + \sigma_1^2)}\int_0^{+\infty}\mathrm{e}^{-v}\mathrm{d}v = \frac{\sigma_1\sigma_2\sqrt{1-\rho^2}}{\pi(\sigma_2^2z^2 - 2\rho\sigma_1\sigma_2 z + \sigma_1^2)} \quad (7.4.24)$$

本例的 $f_\zeta(z)$ 是柯西分布密度.

【积的分布】 已知 (X,Y) 的分布函数为 $F_{(X,Y)}(x,y)$, 那么随机变量 $Z = XY$ 的分布函数为

$$F_Z(z) = P(XY \leqslant z) = \iint\limits_{xy\leqslant z}\mathrm{d}_x\mathrm{d}_y F_{(X,Y)}(x,y) \quad (7.4.25)$$

特别, 当 (X,Y) 是连续型随机向量, 其分布密度为 $f_{(X,Y)}(x,y)$, 那么 $Z = XY$ 是连续型随机变量, 其分布密度为

$$f_Z(z) = \int_{-\infty}^{+\infty}f_{(X,Y)}\left(u, \frac{z}{u}\right)\frac{\mathrm{d}u}{|u|} = \int_{-\infty}^{+\infty}f_{(X,Y)}\left(\frac{z}{u}, u\right)\frac{\mathrm{d}u}{|u|} \quad (7.4.26)$$

验证工作类似于商的分布, 留给读者完成.

7.4.3 随机向量的变换

现在证明一个非常有用的定理, 它是定理 6.4.4 和 6.4.5 的推广.

定理 7.4.2 在式 (7.4.1) 中假定 $m = n$, $\boldsymbol{X} = (X_1, X_2, \cdots, X_n)$ 是连续型随机向量, 其分布密度为 $f_{\boldsymbol{X}}(x_1, x_2, \cdots, x_n)$. 又设 n 元 Borel 函数 $\varphi_i(x_1, x_2, \cdots, x_n)$ $(i = 1, 2, \cdots, n)$ 满足条件:

i) 存在唯一的反函数 $x_i = \psi_i(y_1, y_2, \cdots, y_n)$ $(i = 1, 2, \cdots, n)$, 即方程组

$$\begin{cases} y_1 = \varphi_1(x_1, x_2, \cdots, x_n) \\ \cdots\cdots \\ y_n = \varphi_n(x_1, x_2, \cdots, x_n) \end{cases} \tag{7.4.27}$$

存在唯一解

$$\begin{cases} x_1 = \psi_1(y_1, y_2, \cdots, y_n) \\ \cdots\cdots \\ x_n = \psi_n(y_1, y_2, \cdots, y_n) \end{cases} \tag{7.4.28}$$

ii) $\varphi_i(x_1, x_2, \cdots, x_n)$ 和 $\psi_i(y_1, y_2, \cdots, y_n)$ $(i = 1, 2, \cdots, n)$ 皆连续;

iii) 存在连续的偏导数 $\dfrac{\partial x_i}{\partial y_j}, \dfrac{\partial y_j}{\partial x_i}$ $(i, j = 1, 2, \cdots, n)$. 以 J 表雅可比行列式

$$J = \begin{vmatrix} \dfrac{\partial x_1}{\partial y_1} & \cdots & \dfrac{\partial x_1}{\partial y_n} \\ \vdots & & \vdots \\ \dfrac{\partial x_n}{\partial y_1} & \cdots & \dfrac{\partial x_n}{\partial y_n} \end{vmatrix} \tag{7.4.29}$$

那么 (7.4.1) 规定的随机向量 $\boldsymbol{Y} = (Y_1, Y_2, \cdots, Y_n)$ 是连续型的, 其密度函数为

$$\begin{aligned} & f_{\boldsymbol{Y}}(y_1, \cdots, y_n) \\ = & \begin{cases} f_{\boldsymbol{X}}[\psi_1(y_1, \cdots, y_n), \cdots, \psi_n(y_1, \cdots, y_n)] \cdot |J|, & (y_1, \cdots, y_n) \text{ 使 } (7.4.27) \text{ 有解} \\ 0, & \text{其他} \end{cases} \end{aligned} \tag{7.4.30}$$

证明 记 $H = (-\infty, y_1] \times \cdots \times (-\infty, y_n]$, 由定理 7.4.1 的推论 1 得出

$$F_{\boldsymbol{Y}}(y_1, \cdots, y_n) = P\{\boldsymbol{Y} \in H\} = \underset{D_{(y_1, \cdots, y_n)}}{\int \cdots \int} f_{\boldsymbol{X}}(x_1, \cdots, x_n) \mathrm{d}x_1 \cdots \mathrm{d}x_n$$

这里 $D_{(y_1, \cdots, y_n)}$ 用 (7.4.5) 规定. 对右方积分用 (7.4.28) 进行积分变量代换后, 此积分化为

$$\int_{-\infty}^{y_1} \cdots \int_{-\infty}^{y_n} f_{\boldsymbol{X}}[\psi_1(y_1, \cdots, y_n), \cdots, \psi_n(y_1, \cdots, y_n)]|J| \mathrm{d}y_1 \cdots \mathrm{d}y_n$$

对 $y_1, y_2, \cdots, y_n$ 求导后得证 (7.4.30) 中的第一个等式. 其次, 如对某 $(y_1, \cdots, y_n)$,

(7.4.27) 无解, 这表示 $Y = (Y_1, \cdots, Y_n)$ 不能取这个值. 故在此 $(y_1, \cdots, y_n)$ 上 Y 的分布密度的值应为零. 定理得证. ∎

注 1　如果反函数不唯一, 即方程组 (7.4.27) 有多个解 $(x_1^{(l)}, \cdots, x_n^{(l)})(l = 1, 2, 3, \cdots)$ 这时 y-空间中一个点对应 x- 空间中多个点. 于是将 x-空间分成若干部分, 使 y-空间与每一部分成一一对应. 故随机向量 Y 取值 y-空间某集的概率就等于 X 取值 x-空间中每部分对应集的概率之和. 由此得出, 应对每个反函数运用 (7.4.30), 然后将所得结果相加, 这样便求得 Y 的分布密度为

$$
\begin{aligned}
&f_{\boldsymbol{Y}}(y_1, \cdots, y_n) \\
&= \begin{cases} \sum_l f_{\boldsymbol{X}}[x_1^{(l)}(y_1, \cdots, y_n), \cdots, x_n^{(l)}(y_1, \cdots, y_n)]|J^{(l)}|, & (y_1, \cdots, y_n) \text{使 (7.4.27) 有解} \\ 0, & \text{其他} \end{cases}
\end{aligned}
$$
$$(7.4.31)$$

注 2　如果只给定 $m(< n)$ 个连续函数 $y_j = \varphi_j(x_1, x_2, \cdots, x_n)(j = 1, 2, \cdots, m)$, 那么可补定义

$$y_j = \varphi_j(x_1, x_2, \cdots, x_n) \stackrel{\text{def}}{=\!=} x_j \quad (j = m + 1, \cdots, n) \tag{7.4.32}$$

应用上述定理得到 $Y = (Y_1, Y_2, \cdots, Y_n)$ 的分布密度 $f_{\boldsymbol{Y}}(y_1, \cdots, y_m, y_{m+1}, \cdots, y_n)$. 于是, 应用定理 7.2.2 的推论 3 得出 $(Y_1, Y_2, \cdots, Y_m)$ 的分布密度为

$$f_{(Y_1, \cdots, Y_m)}(y_1, y_2, \cdots, y_m) = \int_{-\infty}^{+\infty} \cdots \int_{-\infty}^{+\infty} f_{\boldsymbol{Y}}(y_1, \cdots, y_m, y_{m+1}, \cdots, y_n) \mathrm{d}y_{m+1} \cdots \mathrm{d}y_n \tag{7.4.33}$$

例 7.4.5　已知 $\boldsymbol{Z} = (X, Y)$ 的分布密度为 $f_{\boldsymbol{Z}}(x, y)$. 引进

$$\begin{cases} R = \sqrt{X^2 + Y^2}, & R \geqslant 0 \\ \Theta = \arctan \dfrac{Y}{X}, & 0 \leqslant \Theta < 2\pi \end{cases}$$

试求随机向量 (R, Θ) 的分布密度 $f_{(R, \Theta)}(r, \theta)$. 即已知随机点直角坐标的联合分布密度, 求它的极坐标的联合分布 (图 7.4.4).

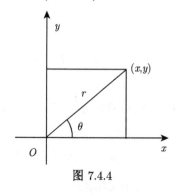

图 7.4.4

解　易见, 方程组

$$\begin{cases} r = \sqrt{x^2 + y^2}, & r \geqslant 0 \\ \theta = \arctan \dfrac{y}{x}, & 0 \leqslant \theta < 2\pi \end{cases}$$

存在唯一解

$$\begin{cases} x = r\cos\theta \\ y = r\sin\theta \end{cases}$$

其雅可比行列式

$$J = \frac{D(x, y)}{D(r, \theta)} = \begin{vmatrix} \cos\theta & -r\sin\theta \\ \sin\theta & r\cos\theta \end{vmatrix} = r$$

于是, 应用定理 7.4.2 得出 (R, Θ) 的分布密度为

$$f_{(R,\Theta)}(r, \theta) = \begin{cases} r f_{\boldsymbol{z}}(r\cos\theta, y\sin\theta), & r \geqslant 0, 0 \leqslant \theta < 2\pi \\ 0, & \text{其他} \end{cases}$$

在本例中进一步假定随机变量 X 和 Y 独立同正态分布 $N(0, \sigma^2)$. 这时 (X, Y) 的联合分布密度为

$$f_{(X,Y)}(x, y) = \frac{1}{2\pi\sigma^2} \mathrm{e}^{-\frac{x^2+y^2}{2\sigma^2}}$$

因此 (R, Θ) 的联合分布密度为

$$f_{(R,\Theta)}(r, \theta) = \begin{cases} \dfrac{r}{2\pi\sigma^2} \mathrm{e}^{-\frac{r^2}{2\sigma^2}}, & r \geqslant 0, 0 \leqslant \theta < 2\pi \\ 0, & \text{其他} \end{cases}$$

由于 Θ 的分布密度为 (定理 7.2.2 的推论 3)

$$f_\Theta(\theta) = \int_{-\infty}^{+\infty} f_{(R,\Theta)}(r, \theta)\mathrm{d}r$$

$$= \begin{cases} \displaystyle\int_0^\infty \dfrac{r}{2\pi\sigma^2} \mathrm{e}^{-\frac{r^2}{2\sigma^2}} \mathrm{d}r = 2\pi, & 0 \leqslant \theta < 2\pi \\ 0, & \text{其他} \end{cases}$$

可见 Θ 服从 $(0, 2\pi)$ 上的均匀分布. 而 R 的分布密度为

$$f_R(r) = \begin{cases} \dfrac{r}{\sigma^2} \mathrm{e}^{-\frac{r^2}{2\sigma^2}}, & r \geqslant 0 \\ 0, & r < 0 \end{cases} \tag{7.4.34}$$

显然 $f_{(R,\Theta)}(r, \theta) = f_R(r) f_\Theta(\theta)$, 故 R 和 Θ 相互独立.

如果随机变量 R 的分布密度是 (7.4.34), 就说它有瑞利 (Rayleigh) 分布. 这样, 我们证明了下述事实: 如果 X, Y 独立同正态分布 $\mathcal{N}(0, \sigma^2)$, 则 $\sqrt{X^2 + Y^2}$ 服从瑞利分布.

例 7.4.6　设随机向量 $\boldsymbol{X} = (X_1, X_2)$ 是连续型的, 其分布密度为 $f_{(X_1, X_2)}(x_1, x_2)$. 试求随机变量 $Y_1 = \sqrt{X_1^2 + X_2^2}$ 和 $Y_2 = \dfrac{X_1}{X_2}$ 的联合分布函数.

解　应用定理 7.4.2 时方程组 (7.4.27) 是

$$
\begin{cases}
y_1 = \sqrt{x_1^2 + x_2^2} \\
y_2 = \dfrac{x_1}{x_2}
\end{cases}
$$

它有两个解

$$
\begin{cases}
x_1^{(1)} = \dfrac{y_1 y_2}{\sqrt{1 + y_2^2}} \\
x_2^{(1)} = \dfrac{y_1}{\sqrt{1 + y_2^2}}
\end{cases}
\quad \text{和} \quad
\begin{cases}
x_1^{(2)} = -x_1^{(1)} \\
x_2^{(2)} = -x_2^{(1)}
\end{cases}
$$

容易算出

$$
|J^{(2)}| = |J^{(1)}| =
\begin{vmatrix}
\dfrac{\partial x_1^{(1)}}{\partial y_1} & \dfrac{\partial x_1^{(1)}}{\partial y_2} \\
\dfrac{\partial x_2^{(1)}}{\partial y_1} & \dfrac{\partial x_2^{(1)}}{\partial y_2}
\end{vmatrix}
= \dfrac{|y_1|}{1 + y_2^2}
$$

于是, 由定理 7.4.2 和注 1 得出

$$
f_{(Y_1, Y_2)}(y_1, y_2) =
\begin{cases}
\dfrac{y_1}{1 + y_2^2}\left[f_{(X_1, X_2)}\left(\dfrac{y_1 y_2}{\sqrt{1 + y_2^2}}, \dfrac{y_1}{\sqrt{1 + y_2^2}} \right) \right. & y_1 \geqslant 0, -\infty < y_2 < +\infty \\
\left. + f_{(X_1, X_2)}\left(\dfrac{-y_1 y_2}{\sqrt{1 + y_2^2}}, \dfrac{-y_1}{\sqrt{1 + y_2^2}} \right) \right], & \\
0, & \text{其他}
\end{cases}
$$

在本例中, 如果进一步假定 X_1 和 X_2 相互独立, 服从同一正态分布 $\mathcal{N}(0, \sigma^2)$, 则 (X_1, X_2) 的联合分布为

$$
f_{(X_1, X_2)}(x_1, x_2) = \frac{1}{2\pi\sigma^2} e^{-\frac{x_1^2 + x_2^2}{\sigma^2}}
$$

代入刚才所得结果, 我们有

$$
f_{(Y_1, Y_2)}(y_1, y_2) =
\begin{cases}
\dfrac{y_1}{\sigma^2} e^{-\frac{y_1^2}{2\sigma^2}} \dfrac{1}{\pi(1 + y_2^2)}, & y_1 \geqslant 0, -\infty < y_2 < +\infty \\
0, & \text{其他}
\end{cases}
$$

应用定理 6.2.2 的推论 3 得出 Y_1 服从瑞利分布 (7.4.34)(改其中的 r 为 y_1); 而 Y_2 服从柯西分布

$$f_{Y_2}(y) = \frac{1}{\pi(1 + y_2^2)}, \quad -\infty < y < +\infty$$

显然, $f_{(Y_1, Y_2)}(y_1, y_2) = f_{Y_1}(y_1) \cdot f_{Y_2}(y_2)$, 故随机变量 Y_1 和 Y_2 相互独立.

7.4.4 三类重要的分布

χ^2-分布, t-分布和 F-分布是三类连续型分布, 它们在数理统计中起着重要的作用.

【χ^2-分布】 称随机变量 ξ 有自由度为 n 的 χ^2-分布, 如果 ξ 的分布密度为

$$f_\xi(x) = \begin{cases} \dfrac{1}{2^{\frac{n}{2}} \Gamma\left(\dfrac{n}{2}\right)} x^{\frac{n}{2}-1} \mathrm{e}^{-\frac{x}{2}}, & x > 0 \\ 0, & x \leqslant 0 \end{cases} \tag{7.4.35}$$

(图 7.4.5). 实际上是参数为 $\alpha = \dfrac{n}{2}, \lambda = \dfrac{1}{2}$ 的 Γ-分布 (见式 (3.6.23)).

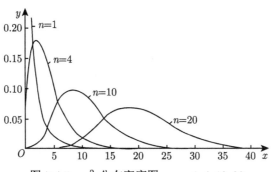

图 7.4.5 χ^2-分布密度图: $n = 1, 4, 10, 20$

定理 7.4.3 设随机变量 $\xi_1, \xi_2, \cdots, \xi_n$ 相互独立, 有同样的正态分布 $\mathcal{N}(0, 1)$. 令

$$\chi^2 = \xi_1^2 + \xi_2^2 + \cdots + \xi_n^2 \tag{7.4.36}$$

那么随机变量 χ^2 服从自由度为 n 的 χ^2-分布.

证明 用 $F(x)$ 表示 χ^2 的分布函数. 因为 χ^2 不能取负值, 故当 $x < 0$ 时 $F(x) = 0$. 下设 $x \geqslant 0$, 我们有

$$F(x) = P(\chi^2 \leqslant x) = P(\xi_1^2 + \xi_2^2 + \cdots + \xi_n^2 \leqslant x)$$

即 $F(x)$ 是随机向量 $(\xi_1, \xi_2, \cdots, \xi_n)$ 的取值落入以原点为中心, $\sqrt{x}$ 为半径的球

$$\sum_{i=1}^{n} x_i^2 \leqslant x \tag{7.4.37}$$

内的概率. 由 "独立同分布" 假定得出 $(\xi_1, \xi_2, \cdots, \xi_n)$ 的联合分布密度为

$$\left(\frac{1}{\sqrt{2\pi}}\right)^n \mathrm{e}^{-\frac{1}{2}\sum\limits_{i=1}^{n} x_i^2}$$

于是

$$F(x) = \int \cdots \int\limits_{x_1^2+\cdots+x_n^2 \leqslant x} \left(\frac{1}{\sqrt{2\pi}}\right)^n \mathrm{e}^{-\frac{1}{2}\sum\limits_{i=1}^{n} x_i^2} \mathrm{d}x_1 \cdots \mathrm{d}x_n \qquad (7.4.38)$$

为计算这个积分, 作坐标变换

$$\begin{cases} x_1 = \rho\cos\theta_1\cos\theta_2\cdots\cos\theta_{n-2}\cos\theta_{n-1} \\ x_2 = \rho\cos\theta_1\cos\theta_2\cdots\cos\theta_{n-2}\sin\theta_{n-1} \\ x_3 = \rho\cos\theta_1\cos\theta_2\cdots\sin\theta_{n-2} \\ \cdots\cdots \\ x_n = \rho\sin\theta_1 \end{cases}$$

($n=3$ 时 $(\rho, \theta_1, \theta_2)$ 的几何意义见图 7.4.6). 变换的雅可比行列式为

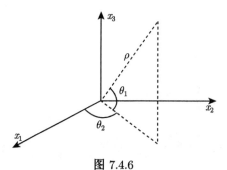

图 7.4.6

$$J = \begin{vmatrix} \dfrac{\partial x_1}{\partial \rho} & \dfrac{\partial x_1}{\partial \theta_1} & \cdots & \dfrac{\partial x_1}{\partial \theta_{n-1}} \\ \dfrac{\partial x_2}{\partial \rho} & \dfrac{\partial x_2}{\partial \theta_1} & \cdots & \dfrac{\partial x_2}{\partial \theta_{n-1}} \\ \vdots & \vdots & & \vdots \\ \dfrac{\partial x_n}{\partial \rho} & \dfrac{\partial x_n}{\partial \theta_1} & \cdots & \dfrac{\partial x_n}{\partial \theta_{n-1}} \end{vmatrix} = \rho^{n-1}\varphi(\theta_1, \cdots, \theta_{n-1})$$

其中 φ 是由 $\sin\theta_i, \cos\theta_i (i = 1, 2, \cdots, n-1)$ 组成的一个行列式之值. 对多重积分 (7.4.38) 作变量代换后得到

$$F(x) = \int_{-\pi}^{\pi}\int_{-\frac{\pi}{2}}^{\frac{\pi}{2}}\cdots\int_{-\frac{\pi}{2}}^{\frac{\pi}{2}}\int_{0}^{\sqrt{x}} \left(\frac{1}{\sqrt{2\pi}}\right)^n \mathrm{e}^{-\frac{\rho^2}{2}}\rho^{n-1}|\varphi(\theta_1, \cdots, \theta_{n-1})|\mathrm{d}\rho\,\mathrm{d}\theta_1\cdots\mathrm{d}\theta_{n-1}$$

$$= C_n \int_0^{\sqrt{x}} e^{-\frac{1}{2}\rho^2} \rho^{n-1} d\rho \tag{7.4.39}$$

其中

$$C_n = \int_{-\pi}^{\pi} \int_{-\frac{\pi}{2}}^{\frac{\pi}{2}} \cdots \int_{-\frac{\pi}{2}}^{\frac{\pi}{2}} \left(\frac{1}{\sqrt{2\pi}}\right)^n |\varphi(\theta_1, \cdots, \theta_{n-1})| d\theta_1 d\theta_2 \cdots d\theta_{n-1}$$

为求 C_n 只需在 (7.4.39) 中令 $x \to +\infty$, 得到

$$1 = C_n \int_0^{+\infty} e^{-\frac{1}{2}\rho^2} \rho^{n-1} d\rho$$

令 $t = \dfrac{\rho^2}{2}$, 用它作定积分的变量代换后得到

$$1 = C_n 2^{\frac{n}{2}-1} \int_0^{+\infty} e^{-t} t^{\frac{n}{2}-1} dt = C_n 2^{\frac{n}{2}-1} \Gamma\left(\frac{n}{2}\right)$$

其中 $\Gamma\left(\dfrac{n}{2}\right)$ 是 Gamma 函数 $\Gamma(x)$ 在 $\dfrac{n}{2}$ 处的值. 于是

$$C_n = \frac{1}{2^{\frac{n}{2}-1} \Gamma\left(\frac{n}{2}\right)} \tag{7.4.40}$$

代入 (7.4.39), 并注意到证明开始的讨论得出

$$F(x) = \begin{cases} \dfrac{1}{2^{\frac{n}{2}-1} \Gamma\left(\frac{n}{2}\right)} \displaystyle\int_0^{\sqrt{x}} e^{-\frac{\rho^2}{2}} \rho^{n-1} d\rho, & x \geqslant 0 \\ 0, & x < 0 \end{cases} \tag{7.4.41}$$

两边对 x 求导即得 (7.4.35). 定理得证. ■

推论 设 $\xi_1, \xi_2, \cdots, \xi_n$ 相互独立, 服从同一正态分布 $\mathcal{N}(\mu, \sigma^2)$, 那么随机变量

$$\chi^2 = \sum_{i=1}^n \left(\frac{\xi_i - \mu}{\sigma}\right)^2 = \frac{1}{\sigma^2} \sum_{i=1}^n (\xi_i - \mu)^2 \tag{7.4.42}$$

服从自由度为 n 的 χ^2-分布.

定理 7.4.4(χ^2-分布的可加性) 假定 l 个随机变量 $\chi_1^2, \chi_2^2, \cdots, \chi_l^2$ 相互独立, 并且 χ_i^2 服从参数为 n_i 的 χ^2-分布 ($i = 1, 2, \cdots, l$). 那么随机变量

$$\chi^2 = \chi_1^2 + \chi_2^2 + \cdots + \chi_l^2 \tag{7.4.43}$$

服从参数为 $n_1 + n_2 + \cdots + n_l$ 的 χ^2-分布.

证明　设 $l = 2$. 由独立性得出随机向量 (χ_1^2, χ_2^2) 的联合分布密度为

$$f(x,y) = \begin{cases} \dfrac{1}{2^{\frac{n_1+n_2}{2}}\Gamma\left(\dfrac{n_1}{2}\right)\Gamma\left(\dfrac{n_2}{2}\right)} x^{\frac{n_1}{2}-1} y^{\frac{n_2}{2}-1} \mathrm{e}^{-\frac{x+y}{2}}, & x > 0, y > 0 \\ 0, & \text{其他} \end{cases}$$

注意到 $\Gamma\left(\dfrac{n_1}{2}\right)\Gamma\left(\dfrac{n_2}{2}\right) = \Gamma\left(\dfrac{n_1+n_2}{2}\right)$, 对任意的实数 z 有

$$f(x,z-x) = \begin{cases} \dfrac{1}{2^{\frac{n_1+n_2}{2}}\Gamma\left(\dfrac{n_1}{2}\right)\Gamma\left(\dfrac{n_2}{2}\right)} x^{\frac{n_1}{2}-1} (z-x)^{\frac{n_2}{2}-1} \mathrm{e}^{-\frac{z}{2}}, & x > 0, z > x \\ 0, & \text{其他} \end{cases}$$

用 $f_{\chi^2}(z)$ 表示 $\chi^2 = \chi_1^2 + \chi_2^2$ 的分布密度. 由于 $P(\chi^2 \geqslant 0) = 1$, 故当 $z < 0$ 时 $f_{\chi^2}(z) = 0$. 当 $z \geqslant 0$ 时应用和的计算公式 (7.4.10) 得出

$$\begin{aligned} f_{\chi^2}(z) &= \int_{-\infty}^{+\infty} f(x,z-x)\mathrm{d}x \\ &= \frac{1}{2^{\frac{n_1+n_2}{2}}\Gamma\left(\dfrac{n_1}{2}\right)\Gamma\left(\dfrac{n_2}{2}\right)} \mathrm{e}^{-\frac{z}{2}} \int_0^z x^{\frac{n_1}{2}-1} (z-x)^{\frac{n_2}{2}-1}\mathrm{d}x \end{aligned}$$

令 $x = zu$, 对右端积分作变量代换得出

$$\begin{aligned} \int_0^z x^{\frac{n_1}{2}-1}(z-x)^{\frac{n_2}{2}-1}\mathrm{d}x &= z^{\frac{n_1+n_2}{2}-1} \int_0^1 (1-u)^{\frac{n_1}{2}-1} u^{\frac{n_2}{2}-1}\mathrm{d}u \\ &= B\left(\frac{n_1}{2}, \frac{n_2}{2}\right) z^{\frac{n_1+n_2}{2}-1} \end{aligned}$$

这里 $B(\alpha_1, \alpha_2)$ 是 Beta 函数. 由于 $B(\alpha_1, \alpha_2) = \dfrac{\Gamma(\alpha_1)\Gamma(\alpha_2)}{\Gamma(\alpha_1+\alpha_2)}$, 代入上式得出, 当 $z \geqslant 0$ 时成立

$$f_{\chi^2}(z) = \frac{1}{2^{\frac{n_1+n_2}{2}}\Gamma\left(\dfrac{n_1+n_2}{2}\right)} z^{\frac{n_1+n_2}{2}-1} \mathrm{e}^{-z}$$

得证 $\chi_1^2 + \chi_2^2$ 服从参数为 $n_1 + n_2$ 的 χ^2-分布. 现在, 应用数学归纳法即得定理结论. ■

【χ-分布】　称随机变量 ξ 服从自由度为 n 的 χ-分布, 如果 ξ 有分布密度函数 (图 7.4.7)

$$f_\xi(x) = \begin{cases} \dfrac{1}{2^{\frac{n}{2}-1}\Gamma\left(\dfrac{n}{2}\right)} x^{n-1} \mathrm{e}^{-\frac{x^2}{2}}, & x > 0 \\ 0, & x \leqslant 0 \end{cases} \tag{7.4.44}$$

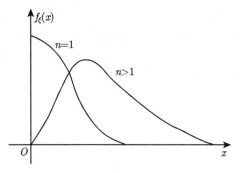

图 7.4.7 χ-分布密度函数图

定理 7.4.5 设 η 服从参数为 n 的 χ^2-分布, 那么 $\xi = \sqrt{\eta}$ 服从参数为 n 的 χ-分布.

证明 用 $F_\xi(x)$ 表示 ξ 的分布函数. 当 $x > 0$ 时有

$$F_\xi(x) = P(\xi \leqslant x) = \int_{-\infty}^{x^2} f_\eta(u)\mathrm{d}u$$

$$= \int_0^{x^2} \frac{1}{2^{\frac{n}{2}} \Gamma\left(\dfrac{n}{2}\right)} u^{\frac{n}{2}-1} \mathrm{e}^{-\frac{u}{2}} \mathrm{d}u$$

两边对 x 求导, 即得 ξ 的分布密度

$$f_\xi(x) = 2x \cdot \frac{1}{2^{\frac{n}{2}} \Gamma\left(\dfrac{n}{2}\right)} (x^2)^{\frac{n}{2}-1} \mathrm{e}^{-\frac{x^2}{2}}$$

$$= \frac{1}{2^{\frac{n}{2}-1} \Gamma\left(\dfrac{n}{2}\right)} x^{n-1} \mathrm{e}^{-\frac{x^2}{2}}$$

显然, 当 $x \leqslant 0$ 时 $f_\xi(x) = 0$. 得证定理结论. ∎

特别, 当 $n = 1$ 时 χ-分布的分布密度为

$$f_\xi(x) = \begin{cases} \sqrt{\dfrac{2}{\pi}} \mathrm{e}^{-\frac{1}{2}x^2}, & x > 0 \\ 0, & x \leqslant 0 \end{cases} \tag{7.4.45}$$

称之为反射正态分布. 易见, η 有标准正态分布, 则 $\xi = \sqrt{\eta^2} = |\eta|$ 有反射正态分布. 它用于误差分析理论.

当 $n = 2$ 时 χ-分布是瑞利分布 (见例 7.4.5 的 (7.4.34)). 它用于随机噪声理论. 称分布密度

$$f(x) = \begin{cases} \sqrt{\dfrac{2}{\pi}} \dfrac{x^2}{\sigma^3} \mathrm{e}^{-\frac{x^2}{2\sigma^2}}, & x \geqslant 0 \\ 0, & x < 0 \end{cases} \tag{7.4.46}$$

为麦克斯威尔分布. 当 $n = 3$ 时 χ-分布是 $\sigma = 1$ 时的麦克斯威尔分布. 在统计物理中, 在直角坐标系中分子运动的三个分速度 v_x, v_y, v_z 相互独立都服从正态分布 $\mathcal{N}(0, \sigma^2)$, 那么分子的绝对速度 $v = \sqrt{v_x^2 + v_y^2 + v_z^2}$ 服从麦克斯尔分布 (7.4.46).

【t-分布】 称随机变量 ξ 有自由度为 n 的 t-分布 (或学生分布), 如果 ξ 的分布密度为

$$f_\xi(x) = \frac{\Gamma\left(\dfrac{n+1}{2}\right)}{\sqrt{2\pi}\,\Gamma\left(\dfrac{n}{2}\right)} \left(1 + \frac{x^2}{n}\right)^{-\frac{n+1}{2}}, \quad -\infty < x < +\infty \tag{7.4.47}$$

从图 7.4.8 可见, t 分布密度曲线很接近标准正态分布密度曲线. 事实上可以证明, 当自由度 $n \to \infty$ 时 t 分布的极限分布是标准正态分布. 实际上, 当 $n \geqslant 30$ 时 t-分布和标准正态分布的差别已很小. 此外, 当 $n = 1$ 时 t 分布是柯西分布.

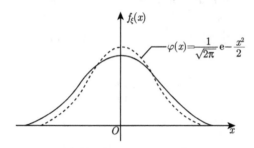

图 7.4.8　t-分布密度函数图

定理 7.4.6　假设 ξ 服从标准正态分布, η 服从 χ^2-分布, 自由度为 n; 而且 ξ 和 η 相互独立. 那么随机变量

$$t = \frac{\xi}{\sqrt{\dfrac{\eta}{n}}} \tag{7.4.48}$$

服从 t-分布, 自由度为 n.

证明　先求 $\zeta = \sqrt{\dfrac{\eta}{n}}$ 的分布密度 $f_\zeta(z)$. 显然, 当 $z \leqslant 0$ 时 $f_\zeta(z) = 0$; 当 $z > 0$ 时应用定理 6.4.4 得出

$$f_\zeta(z) = f_\eta(nz^2)(nz^2)' = 2nz f_\eta(nz^2)$$

故

$$f_\zeta(z) = \begin{cases} \dfrac{\sqrt{2n}}{\Gamma\left(\dfrac{n}{2}\right)} \left(\dfrac{nz^2}{2}\right)^{\frac{n-1}{2}} \mathrm{e}^{-\frac{nz^2}{2}}, & z > 0 \\ 0, & z \leqslant 0 \end{cases} \tag{7.4.49}$$

依题设, ξ 服从标准正态分布, 即

$$f_\xi(x) = \frac{1}{\sqrt{2\pi}} \mathrm{e}^{-\frac{x^2}{2}}, \quad x \in \mathbf{R}$$

于是, 应用商的计算公式 (7.4.22) 得出, 对任意的 $x \in \mathbf{R}$ 有

$$f_t(x) = \int_{-\infty}^{+\infty} f_\xi(zx) f_\zeta(z)|z|\mathrm{d}z$$

$$= \frac{1}{\sqrt{n\pi}\,\Gamma\left(\frac{n}{2}\right)} \int_0^{+\infty} \left(\frac{nz^2}{2}\right)^{\frac{n-1}{2}} \mathrm{e}^{-\frac{nz^2}{2}(1+\frac{x^2}{n})} nz\,\mathrm{d}z$$

对定积分作变量代换: 令 $y = \dfrac{nz^2}{2}\left(1 + \dfrac{x^2}{n}\right)$, 则 $\mathrm{d}y = nz\left(1 + \dfrac{x^2}{n}\right)\mathrm{d}z, \dfrac{nz^2}{2} = y\left(1 + \dfrac{x^2}{n}\right)^{-1}$, 代入定积分得出

$$f_t(x) = \frac{\left(1 + \dfrac{x^2}{n}\right)^{-\frac{n+1}{2}}}{\sqrt{n\pi}\,\Gamma\left(\dfrac{n}{2}\right)} \int_0^{+\infty} y^{\frac{n-1}{2}} \mathrm{e}^{-y}\,\mathrm{d}y$$

注意到右方的定积分等于 $\Gamma\left(\dfrac{n+1}{2}\right)$, 得证 $f_t(x)$ 是自由度为 n 的 t-分布. ■

【F-分布】 称随机变量 ξ 服从自由度为 (m,n) 的 F-分布 (或称斯奈迪克分布), 如果 ξ 的分布密度为 (图 7.4.9)

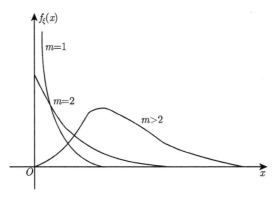

图 7.4.9 F-分布密度函数图

$$f_\xi(x) = \begin{cases} \dfrac{\Gamma\left(\dfrac{m+n}{2}\right)}{\Gamma\left(\dfrac{m}{2}\right)\Gamma\left(\dfrac{n}{2}\right)} m^{\frac{m}{2}} n^{\frac{n}{2}} x^{\frac{m}{2}-1} (n+mx)^{-\frac{m+n}{2}}, & x > 0 \\ 0, & x \leqslant 0 \end{cases} \tag{7.4.50}$$

定理 7.4.7　设随机变量 χ_m^2 和 χ_n^2 相互独立, 分别服从自由度为 m 和 n 的 χ^2 分布, 那么随机变量

$$\xi = \frac{\chi_m^2/m}{\chi_n^2/n} \tag{7.4.51}$$

服从 F-分布, 其自由度为 (m, n).

证明　用 $f_1(x)$ 和 $f_2(x)$ 分别表示随机变量 $\dfrac{\chi_m^2}{m}$ 和 $\dfrac{\chi_n^2}{n}$ 的分布密度函数. 由 (7.4.35) 推出

$$f_1(x) = \begin{cases} \dfrac{m^{\frac{m}{2}}}{2^{\frac{m}{2}}\Gamma\left(\dfrac{m}{2}\right)} x^{\frac{m}{2}-1}\mathrm{e}^{-\frac{mx}{2}}, & x > 0 \\ 0, & x \leqslant 0 \end{cases}$$

$$f_2(x) = \begin{cases} \dfrac{n^{\frac{n}{2}}}{2^{\frac{n}{2}}\Gamma\left(\dfrac{n}{2}\right)} x^{\frac{n}{2}-1}\mathrm{e}^{-\frac{nx}{2}}, & x > 0 \\ 0, & x \leqslant 0 \end{cases}$$

于是, 应用商的分布计算公式得出, ξ 的分布密度为

$$\begin{aligned}
f_\xi(x) &= \int_{-\infty}^{+\infty} f_1(zx) f_2(z)|z|\mathrm{d}z \\
&= c \int_0^{+\infty} (zx)^{\frac{m}{2}-1}\mathrm{e}^{-\frac{mzx}{2}} z^{\frac{n}{2}-1}\mathrm{e}^{-\frac{nz}{2}} z\,\mathrm{d}z \\
&= cx^{\frac{m}{2}-1} \int_0^{+\infty} z^{\frac{m+n}{2}-1}\mathrm{e}^{-\frac{1}{2}z(mx+n)}\mathrm{d}z \quad (x > 0)
\end{aligned}$$

其中

$$c = \frac{m^{\frac{m}{2}} \cdot n^{\frac{n}{2}}}{2^{\frac{m+n}{2}}\Gamma\left(\dfrac{m}{2}\right)\Gamma\left(\dfrac{n}{2}\right)} \tag{7.4.52}$$

令 $u = z(mx + n)$, 对定积分作变量代换后得出

$$\begin{aligned}
f_\xi(x) &= cx^{\frac{m}{2}-1}(n+mx)^{-\frac{m+n}{2}} \int_0^{+\infty} u^{\frac{m+n}{2}}\mathrm{e}^{-\frac{u}{2}}\mathrm{d}u \\
&= cx^{\frac{m}{2}-1}(n+mx)^{-\frac{m+n}{2}} \cdot 2^{\frac{m+n}{2}}\Gamma\left(\frac{m+n}{2}\right)
\end{aligned}$$

由此和 (7.4.52) 得 (7.4.50). ∎

7.5　宽随机过程 — 子随机局部 — 因果结构图 (III)

设 T 是任意的无限指标集. 对每个 $t \in T$, 假定 $X_t(\omega)$ 是概率空间 $(\Omega, \mathcal{F}, P)$ 上的随机变量. 于是,

$$\boldsymbol{X}_T(\omega) = \{X_t(\omega)|t \in T\} \tag{7.5.1}$$

是 $(\Omega, \mathcal{F}, P)$ 上的 T 维随机变量族. 本节论证, 因果结构图是研究 $\boldsymbol{X}_T(\omega)$ 的基本工具.

今后, 把指定的族 (7.5.1) 称为宽随机过程, 简称为宽过程. 特别, 当 $T = \boldsymbol{R} = (-\infty, +\infty)$ 或 $\boldsymbol{R}$ 的无限子集时, $\boldsymbol{X}_t(\omega), t \in \boldsymbol{R}$ 是人们熟悉的随机过程. 为降低抽象性, 读者不访把宽过程中的 T 认为是时间轴 $(-\infty, +\infty)$.

7.5.1 截口为 $J = \{t_1, t_2, \cdots, t_n\}$ 的边沿随机向量

设 $J = \{t_1, t_2, \cdots, t_n\}$ 是 T 的任意子集 (不妨把 J 想象为时间轴上的 n 个瞬间). 称

$$\boldsymbol{X}_J(\omega) = (X_{t_1}(\omega), X_{t_2}(\omega), \cdots, X_{t_n}(\omega)) \tag{7.5.2}$$

为宽过程 $\boldsymbol{X}_T(\omega)$ 的截口为 J 的 n 维边沿随机向量. 由 7.1 节得出, $\boldsymbol{X}_J(\omega)$ 存在因果结构图 $(\boldsymbol{X}_J(\omega), \sigma(\boldsymbol{X}_J), P \Leftarrow F_J)$ (图 7.5.1), 称之为宽过程 $\boldsymbol{X}_T(\omega)$ 的截口为 J 的边沿因果结构图.

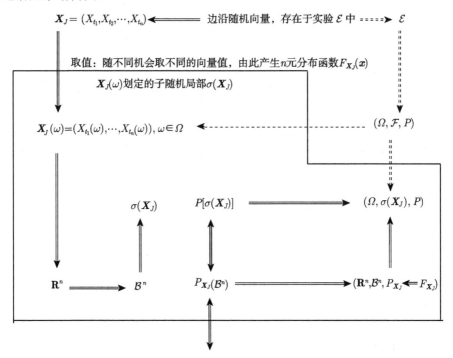

$$F_{\boldsymbol{X}_J}(\boldsymbol{x}) : \boldsymbol{X}_J\text{的分布函数}$$

图 7.5.1　边沿随机向量 $\boldsymbol{X}_J$ 的因果结构图

对宽过程 $\boldsymbol{X}_T(\omega)$ 而言, 存在无数的边沿因果结构图. 我们的目的是, 用它们构造宽过程 $\boldsymbol{X}_T(\omega)$ 的因果结构图. 为此需要对边沿结构图进行一些说明:

i) 众多的边沿因果结构图有共同的基础概率空间 $(\Omega, \mathcal{F}, P)$.

ii) 称 $\sigma(\boldsymbol{X}_J)$ 为宽过程 $\boldsymbol{X}_T(\omega)$ 的截口为 J 的边沿子随机局部. 它是 $\mathcal{F}$ 的子事件 σ 域, 其芽集为

$$\mathcal{A}_J = \{(\boldsymbol{X}_J(\omega) \leqslant \boldsymbol{x}_J) | \boldsymbol{x}_J = (x_{t_1}, x_{t_2}, \cdots, x_{t_n}) \in \mathbf{R}^n\} \tag{7.5.3}$$

称 $(\Omega, \sigma(\boldsymbol{X}_J), P)$ 为宽过程 $\boldsymbol{X}_T(\omega)$ 的截口为 J 的边沿表现概率空间, 它蕴含子随机局部 $\sigma(\boldsymbol{X}_J)$ 的全部因果知识和统计规律.

iii) 称随机向量 $\boldsymbol{X}_J(\omega)$ 的分布函数

$$F_J(\boldsymbol{x}_J) \triangleq F_J(x_{t_1}, x_{t_2}, \cdots, x_{t_n}) = P(\boldsymbol{X}_J(\omega) \leqslant \boldsymbol{x}_J) \tag{7.5.4}$$

为宽过程 $\boldsymbol{X}_T(\omega)$ 的截口为 J 的 n 维边沿分布函数. 它在 n 维 Borel 空间 $(\mathbf{R}^J, \mathcal{B}^J)$ 上产生概率测度

$$P_{\boldsymbol{X}_J}(B) = \int_{\mathcal{B}} \mathrm{d}F_J(\boldsymbol{x}_J), \quad B \in \mathcal{B}^J \tag{7.5.5}$$

从而产生一个 n 维 Kolmogorov 型概率空间 $(\mathbf{R}^J, \mathcal{B}^J, P_{\boldsymbol{X}_J} \Leftarrow F_J)$.

今后, 称 $P_{\boldsymbol{X}_J}(B), B \in \mathcal{B}^J$ 为宽过程 $\boldsymbol{X}_T(\omega)$ 的截口为 J 的边沿概率分布; 称 $(\mathbf{R}^J, \mathcal{B}^J, P_{\boldsymbol{X}_J} \Leftarrow F_J)$ 为截口为 J 的边沿值概率空间.

iv) 在理论和应用中, $\boldsymbol{X}_J(\omega)$ 的解析式和定义域 Ω 皆是未知的, 但应用 $\boldsymbol{X}_J(\omega)$ 的取值情况往往可以获得边沿分布函数 $F_J(\boldsymbol{x}_J)$, 从而得到完全已知的边沿值概率空间 $(\mathbf{R}^J, \mathcal{B}^J, P_{\boldsymbol{X}_J} \Leftarrow F_J)$. 于是, 应用 $\mathcal{B}^J$ 和公式

$$\sigma(\boldsymbol{X}_J) = \{(\boldsymbol{X}_J(\omega) \in B) | B \in \mathcal{B}^J\} \tag{7.5.6}$$

可以把子随机局部 $\sigma(\boldsymbol{X}_J)$ 中事件一一列举; 应用公式

$$P(\boldsymbol{X}_J(\omega) \in B) = P_{\boldsymbol{X}_J}(B) \tag{7.5.7}$$

可以求出列举事件的概率. 最终完成边沿随机向量 $\boldsymbol{X}_J(\omega)$ 的研究任务, 获得它的表现概率空间 $(\Omega, \sigma(\boldsymbol{X}_J), P)$.

7.5.2　宽过程的因果结构图

已经论证宽过程 $\boldsymbol{X}_T(\omega)$ 存在大量的边沿因果结构图. 现在应用上述剖析的步骤 i)—iv) 建立 $\boldsymbol{X}_T(\omega)$ 的 "大" 因果结构图.

i) 称 $(\Omega, \mathcal{F}, P)$ 为宽过程 $\boldsymbol{X}_T(\omega)$ 的基础概率空间.

ii) 建立宽过程 $\boldsymbol{X}_T(\omega)$ 划定的子随机局部. 为此, 令

$$\mathcal{A}_T = \bigcup_{J \subset T} \mathcal{A}_J$$
$$= \{(\boldsymbol{X}_J(\omega) \leqslant \boldsymbol{x}_J) | \boldsymbol{x}_J = (x_{t_1}, \cdots, x_{t_n}) \in \mathbf{R}^n, n \geqslant 1, J = (t_1, \cdots, t_n) \subset T\}$$

$$(7.5.8)$$

选 $\mathcal{A}_T$ 为芽集, 那么 $\sigma(\mathcal{A}_T)$ 是宽过程 $\boldsymbol{X}_T(\omega)$ 划定的子随机局部, 并称 $(\Omega, \sigma(\mathcal{A}_T), P)$ 是 $\boldsymbol{X}_T(\omega)$ 的表现概率空间.

iii) 引进映射 $\boldsymbol{X}_T(\omega)$ 和 $\boldsymbol{X}_T^{-1}(B)$.

设 $(\mathbf{R}^T, \mathcal{B}^T)$ 是 T 维 Borel 可测空间. 现在视 $\boldsymbol{X}_T(\omega)$ 为一个整体, 那么它是一个从 Ω 到 $\mathbf{R}^T$ 的映射

$$\boldsymbol{X}_T : \Omega \ni \omega \xrightarrow{\boldsymbol{X}_T(\omega) = \boldsymbol{x}_T} \boldsymbol{x}_T \in \mathbf{R}^T \tag{7.5.9}$$

容易证明, 逆映射

$$\boldsymbol{X}_T^{-1}(B) = \{\omega | \boldsymbol{X}_T(\omega) \in B\}, \quad B \in \mathcal{B}^T \tag{7.5.10}$$

是定义在 $\mathcal{B}^T$ 上取值于 $\mathcal{F}$ 中的函数, 其映射形式为

$$\boldsymbol{X}_T^{-1} : \mathcal{B}^T \ni B \xrightarrow{\hspace{1.5cm}} \{\boldsymbol{X}_T(\omega) \in B\} \in \mathcal{F} \tag{7.5.11}$$

图 7.5.2 表达出映射 $\boldsymbol{X}_T$ 和 $\boldsymbol{X}_T^{-1}$ 的依赖关系.

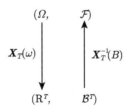

图 7.5.2　$\boldsymbol{X}_T^{-1}(B)$ 与 $\boldsymbol{X}_T(\omega)$ 的依存关系

显然, 逆映射 $\boldsymbol{X}_T^{-1}$ 的取值空间是 $\mathcal{F}$, 值域是 $\mathcal{F}$ 的子事件 σ 域 $\sigma(\boldsymbol{X}_T)$, 即

$$\sigma(\boldsymbol{X}_T) = \operatorname{ran} X_T^{-1} = \{(\boldsymbol{X}_T(\omega) \in B) | B \in \mathcal{B}^T\} \tag{7.5.12}$$

(参看定理 7.1.1).

iv) 引进宽过程的有限维分布函数族.

把 (7.5.4) 中的边沿分布函数收集在一起, 得到

$$F_T = \{F_J(\boldsymbol{x}_J), \boldsymbol{x}_J \in \mathbf{R}^J | J = \{t_1, t_2, \cdots, t_n\} \subset T, n \geqslant 1\} \tag{7.5.13}$$

容易验证 F_T 是 T 维 Borel 可测空间 $(\mathbf{R}^T, \mathcal{B}^T)$ 上相容的分布函数族. 应用定理 5.5.6 得出 F_T 在 $(\mathbf{R}^T, \mathcal{B}^T)$ 上产生一个概率测度 $P_{\boldsymbol{X}_T}(\mathcal{B}^T)$ 和一个 T 维 Kolmogorov 型概率空间 $(\mathbf{R}^T, \mathcal{B}^T, P_{\boldsymbol{X}_T} \Leftarrow F_J)$.

今后, 称 $P_{\boldsymbol{X}_T}(\mathcal{B}^T)$ 为宽过程 $\boldsymbol{X}_T(\omega)$ 的概率分布; 称 $(\mathbf{R}^T, \mathcal{B}^T, P_{\boldsymbol{X}_T} \Leftarrow F_J)$ 为 $\boldsymbol{X}_T(\omega)$ 的值概率空间.

v) 在理论和应用中 $\boldsymbol{X}_T(\omega)$ 的解析式和定义域 Ω 皆是未知的, 但依据 $\boldsymbol{X}_T(\omega)$ 的取值情况往往可以获得有限维分布函数族 F_T, 从而得到完全已知的值概率空间 $(\mathbf{R}^T, \mathcal{B}^T, P_{\boldsymbol{X}_T} \Leftarrow F_T)$. 于是, 应用 $\mathcal{B}^T$ 和公式

$$\sigma(\boldsymbol{X}_T) = \{(\boldsymbol{X}_T \in B) | B \in \mathcal{B}^T\}$$

可以把子随机局部 $\sigma(\boldsymbol{X}_T)$ 中事件一一列举; 应用公式

$$P(\boldsymbol{X}_T(\omega) \in B) = P_{\boldsymbol{X}_J}(B)$$

可以求出列举事件的概率. 于是, 有限维分布函数族 F_T 是研究宽过程 $\boldsymbol{X}(\omega)$ 的基本工具.

为了显示上述概念的来龙去脉, 我们把它们组织为下面的因果结构图, 并结束讨论.

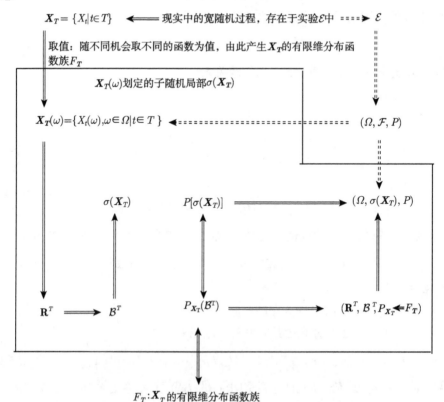

图 7.5.3　$\boldsymbol{X}_T$ 的因果结构图 $(\boldsymbol{X}_T(\omega), \sigma(\boldsymbol{X}_T), F_T)$

练 习 7

7.1 箱子里装有 12 只开关, 其中 2 只是次品. 在箱中随机地取两次, 每次取一只. 考虑两种实验: ①放回抽样; ②不放回抽样. 我们规定

$$X = \begin{cases} 0, & \text{第 1 次取出正品时} \\ 1, & \text{第 1 次取出次品时} \end{cases}$$

$$Y = \begin{cases} 0, & \text{第 2 次取出正品时} \\ 1, & \text{第 2 次取出次品时} \end{cases}$$

试分别①, ②两种情形, 求出随机向量 (X, Y) 的基础概率空间和解析式、表现概论空间、值概率空间和分布律; 并给出它的因果结构图.

7.2 接连不断地掷一颗骰子直到出现小于或等于 4 的点为止. 用 X 表示最后一次出现的点数, Y 为掷骰子的总次数. 试求随机向量 (X, Y) 的基础概率空间和解析式、表现概率空间、值概率空间和分布律; 并给出它的因果结构图.

7.3 在例 6.2.2 的赌博游戏中, 用 $X_i(i = 1, 2)$ 表示第 i 局中赌客赢钱数, 则赌客在前两局中输赢情况是随机向量 $\boldsymbol{X} = (X_1, X_2)$. 试求:

i) $\boldsymbol{X}$ 的基础概率空间和解析式;

ii) $\boldsymbol{X}$ 的分布律和值概率空间;

iii) $\boldsymbol{X}$ 的表现概率空间.

iv) 用 S 表示赌客在前两局中总赢钱数, 求随机变量 S 的解析式和分布律.

7.4 试给出例 7.1.2 的详细解答 (参看例 6.2.3).

7.5 炮弹对地面目标进行射击 (实验 $\mathcal{E}$), 假定地面建有坐标系 $O\text{-}xy$, 目标是坐标原点. 由于受到种种随机因素 (例如, 不同的气象条件, 弹药重量的偏差, 成份的不均, 炮筒位置的偏差等) 的影响, 弹着点是 "随不同机会取不同数值的" 随机点 (X, Y). 于是, (X, Y) 是实验 $\mathcal{E}$ 中随机向量. 试仿例 6.2.3 讨论:

i) (X, Y) 的基础概率空间和解析式;

ii) 假定例 3.7.9 中条件满足, 试求 (X, Y) 的联合分布密度和值概率空间.

iii) (X, Y) 的表现概率空间.

7.6 甲从 1, 2, 3, 4 中任取一数 —— 随机变量 X, 乙从 $1, 2, \cdots, X$ 中任取一数 —— 随机变量 Y. 试求随机向量 (X, Y) 的分布律和分布函数.

7.7 设随机向量 (X, Y) 的分布密度为

$$f(x, y) = \begin{cases} ae^{-(3x+4y)}, & x > 0, y > 0 \\ 0, & \text{其他} \end{cases}$$

i) 确定常数 a;

ii) 求 (X, Y) 的分布函数;

iii) 计算概率 $P\{(X, Y) \in [0, 1] \times [0, 2]\}$.

7.8　设 (X, Y) 服从正态分布, 其分布密度为

$$f(x, y) = \frac{1}{2\pi \times 10^2} \mathrm{e}^{-\frac{1}{2}\left(\frac{x^2}{100} + \frac{y^2}{100}\right)}$$

试求 $P(X < Y)$.

7.9　设随机向量 (X, Y) 的分布密度为

$$f(x, y) = \begin{cases} x^2 + \dfrac{1}{3}xy, & 0 \leqslant x \leqslant 1, 0 \leqslant y \leqslant 2 \\ 0, & \text{其他} \end{cases}$$

试求 $P\{X + Y \geqslant 1\}$.

7.10　假设随机向量 (X, Y) 的分布函数为

$$F(x, y) = \begin{cases} 0, & \min(x, y) < 0 \\ \min(x, y), & 0 \leqslant \min(x, y) < 1 \\ 1, & \min(x, y) \geqslant 1 \end{cases}$$

i) 试求边沿分布函数 $F_X(x)$ 和 $F_Y(y)$;

ii) 证明 $P(X = Y) = 1$;

iii) 说明 (X, Y) 既不是离散型的, 也不是连续型随机向量.

7.11　已知随机向量 (X, Y) 的联合分布律为

(X, Y)	$(-1, 1)$	$(-1, 0)$	$(-1, 1)$	$(1, -1)$	$(1, 0)$	$(1, 1)$	其他 (x, y)
$p_{(X, Y)}$	$\dfrac{1}{8}$	$\dfrac{1}{12}$	$\dfrac{7}{24}$	$\dfrac{5}{24}$	$\dfrac{1}{6}$	$\dfrac{1}{8}$	0

i) 试求边沿分布律 p_X 和 p_Y;

ii) 试求随机变量 $Z_1 = X + Y$ 和 $Z_2 = XY$ 的分布率;

iii) 试求 (Z_1, Z_2) 的联合分布律;

iv) 试问 Z_1 和 Z_2 是否独立.

7.12　设随机向量 (X, Y) 服从区域 G 上的均匀分布, G 是由 $y = x$ 和 $y = x^2$ 围成的区域. 试求 (X, Y) 的分布密度和两个边沿分布密度.

7.13　设 (X, Y) 的分布密度为

$$f(x, y) = \begin{cases} 4.8y(2 - x), & 0 \leqslant x \leqslant 1, 0 \leqslant y \leqslant x \\ 0, & \text{其他} \end{cases}$$

试求边沿分布密度 $f_X(x)$ 和 $f_Y(y)$, 并判定 X 和 Y 是否相互独立.

7.14　假设随机向量 (X, Y, Z) 服从球 $x^2 + y^2 + z^2 \leqslant 1$ 上的均匀分布. 试求它在平面 $O\text{-}xy$ 上的射影 (X, Y) 及在 Ox 轴上射影 X 的分布密度.

7.15　假设随机向量 (X, Y) 的分布密度为

$$f_{(X, Y)}(x, y) = \begin{cases} [(1 + ax)(1 + ay) - a]\mathrm{e}^{-x - y - axy}, & x > 0 \text{且} y > 0 \\ 0, & \text{其他} \end{cases}$$

其中 $0 < a < 1$.

i) 求 X 和 Y 的分布密度 $f_X(x)$ 和 $f_Y(y)$;

ii) 求 (X,Y) 的分布函数 $F_{(X,Y)}(x,y)$.

7.16 设随机向量 (X,Y,Z) 的联合分布密度为

$$p_{(X,Y,Z)}(x,y,z) = \begin{cases} \dfrac{1}{8\pi^3}(1 - \sin x \sin y \sin z), & 0 \leqslant x,y,z \leqslant 2\pi \\ 0, & \text{其他} \end{cases}$$

试证 (X,Y,Z) 两两独立, 但不相互独立.

7.17 一电子器件包含两部分, 分别以 X,Y 记这两部分的寿命 (单位: 小时). 设 (X,Y) 的分布函数为

$$F(x,y) = \begin{cases} 1 - \mathrm{e}^{-0.01x} - \mathrm{e}^{-0.01y} + \mathrm{e}^{-0.01(x+y)}, & x > 0, y > 0 \\ 0, & \text{其他} \end{cases}$$

i) 试问 X 和 Y 是否相互独立?

ii) 求 $P\{X > 120, Y > 120\}$.

7.18 设 X 和 Y 是两个相互独立的随机变量, X 服从 $(0, 0.2)$ 上的均匀分布, Y 的分布密度为

$$f_Y(y) = \begin{cases} 5\mathrm{e}^{-5y}, & y > 0 \\ 0, & \text{其他} \end{cases}$$

i) 求 X 和 Y 的联合分布密度函数;

ii) 求 $P(X < Y)$.

7.19 设 X 和 Y 分别表示两个元件的寿命 (单位: 小时). 又设 X 和 Y 相互独立且同分布, 其分布密度为

$$f_X(x) = \begin{cases} \mathrm{e}^{-x}, & x > 0, \\ 0, & x \leqslant 0; \end{cases} \qquad f_Y(y) = \begin{cases} \mathrm{e}^{-y}, & y > 0 \\ 0, & y \leqslant 0 \end{cases}$$

试求:

i) X 和 Y 的联合分布密度 $f_{(X,Y)}(x,y)$;

ii) 值密度—条件分布密度 $f_{X|Y}(x|y)$ 和 $f_{Y|X}(y|x)$.

7.20 以 X 记一医院一天诞生的婴儿的个数, 以 Y 记其中男婴的个数. 设随机向量 (X,Y) 的分布律为

$$p_{(X,Y)}(n,m) = \begin{cases} \dfrac{\mathrm{e}^{-14}(7.14)^m(6.86)^{n-m}}{m!(n-m)!}, & m = 0,1,\cdots,n; n = 0,1,2,\cdots \\ 0, & \text{其他} \end{cases}$$

i) 试求边沿分布律 $p_X(n)$ 和 $p_Y(m)$;

ii) 试求 X 关于 Y 的值密度—条件分布律 $p_{X|Y}(n|m)$;

iii) 试求 Y 关于 X 的值密度—条件分布律 $p_{Y|X}(m|n)$.

7.21　求 7.1 题的值密度–条件分布律 $p_{X|Y}(x|y)$ 和 $p_{Y|X}(y|x)$, 并判定 X 与 Y 是否相互独立.

7.22　求 7.11 题的值密度–条件分布律 $p_{X|Y}(x|y)$ 和 $p_{Y|X}(y|x)$.

7.23　设随机向量 (X, Y) 的分布密度为

$$f(x, y) = \begin{cases} 1, & |y| < x, 0 < x < 1 \\ 0, & \text{其他} \end{cases}$$

试求值密度–条件分布密度 $f_{X|Y}(x|y)$ 和 $f_{Y|X}(y|x)$.

7.24　已知随机向量 (X, Y) 的分布密度为

$$f(x, y) = \begin{cases} 6xy(2 - x - y), & 0 \leqslant x \leqslant 1, 0 \leqslant y \leqslant 1 \\ 0, & \text{其他} \end{cases}$$

试求值密度–条件分布密度函数 $f_{X|Y}(x|y)$ 和 $f_{Y|X}(y|x)$.

7.25　设随机向量 (X, Y) 的联合分布密度为

$$f(x, y) = \begin{cases} \dfrac{1}{8}(x^2 - y^2)\mathrm{e}^{-x}, & 0 \leqslant x < +\infty, |y| \leqslant x \\ 0, & \text{其他} \end{cases}$$

试求值密度–条件分布密度 $f_{X|Y}(x|y)$ 和 $f_{Y|X}(y|x)$, 并判定 X 和 Y 是否相互独立.

7.26　设随机向量 (X, Y) 的分布密度函数为

$$f(x, y) = \begin{cases} \dfrac{1}{2}x^3\mathrm{e}^{-x(y+1)}, & x > 0, y > 0 \\ 0, & \text{其他} \end{cases}$$

试求值密度–条件分布密度 $f_{X|Y}(x|y)$ 和 $f_{Y|X}(y|x)$.

7.27　设随机变量 X 的分布密度为

$$f_X(x) = \begin{cases} \dfrac{1}{x^2}\ln x, & x \geqslant 1 \\ 0, & x < 1 \end{cases}$$

又设 Y 关于 X 的值密度–条件分布密度为

$$f_{Y|X}(y|x) = \begin{cases} \dfrac{1}{2y}\ln x, & \dfrac{1}{x} < y < x \\ 0, & \text{其他} \end{cases}$$

试求:

i) Y 的分布密度 $f_Y(y)$;

ii) X 关于 Y 的值密度–条件分布密度 $f_{X|Y}(x|y)$.

7.28　设随机向量 $(X(\omega), Y(\omega))$ 的分布律为

$$p(x, y) = \begin{cases} p_{ij}, & x = i, y = j; i = 0, 1, \cdots, 5, j = 0, 1, 2, 3 \\ 0, & \text{其他} \end{cases}$$

其中数值 p_{ij} 为

p_{ij} i j	0	1	2	3	4	5
0	0	0.01	0.03	0.05	0.07	0.09
1	0.01	0.02	0.04	0.05	0.06	0.08
2	0.01	0.03	0.05	0.05	0.05	0.06
3	0.01	0.02	0.04	0.06	0.06	0.05

i) 求 $U(\omega) = \max\{X(\omega), Y(\omega)\}$ 的分布律;

ii) 求 $V(\omega) = \min\{X(\omega), Y(\omega)\}$ 的分布律;

iii) 求 $W(\omega) = X(\omega) + Y(\omega)$ 的分布律.

7.29 设 $X(\omega)$ 和 $Y(\omega)$ 相互独立, 且分别服从参数为 λ_1, λ_2 的指数分布. 试求:

i) $U(\omega) = \max\{X(\omega), Y(\omega)\}$ 的分布密度;

ii) $V(\omega) = \min\{X(\omega), Y(\omega)\}$ 的分布密度;

iii) $W(\omega) = X(\omega) + Y(\omega)$ 的分布密度.

7.30 设气体分子的速度是随机向量 (X, Y, Z), 并且各分量相互独立, 且均服从正态分布 $N(0, \sigma^2)$. 试证绝对速度 $V = \sqrt{X^2 + Y^2 + Z^2}$ 服从麦克斯威尔分布

$$f(v) = \begin{cases} \sqrt{\dfrac{2}{\pi}} \dfrac{v^2}{\sigma^3} \exp\left\{-\dfrac{v^2}{2\sigma^2}\right\}, & v > 0 \\ 0, & v \leqslant 0 \end{cases}$$

7.31 设随机向量 (X, Y, Z) 的分布密度为

$$f(x, y, z) = \begin{cases} 6(1 + x + y + z)^{-4}, & x, y, z > 0 \\ 0, & \text{其他} \end{cases}$$

试求 $U = X + Y + Z$ 的分布密度

7.32 设随机变量 X 和 Y 相互独立, 皆服从 $[0, a]$ 上的均匀分布. 试求随机变量 $X - Y$ 的分布密度.

7.33 设 X 和 Y 为随机变量, 试求乘积 $U = XY$ 的分布密度 $f_U(u)$. 假定

i) X 和 Y 相互独立, 分布密度分别为

$$f_X(x) = \begin{cases} \dfrac{1}{\pi\sqrt{1 - x^2}}, & |x| < 1 \\ 0, & |x| \geqslant 1 \end{cases}$$

$$f_Y(y) = \begin{cases} 0, & x \leqslant 0 \\ x\mathrm{e}^{-\frac{x^2}{2}}, & x > 0 \end{cases}$$

ii) X 和 Y 的联合分布密度为

$$f_{(X,Y)}(x,y) = \begin{cases} x\mathrm{e}^{-x(1+y)}, & x > 0, y > 0 \\ 0, & \text{其他} \end{cases}$$

7.34　设随机变量 X, Y 相互独立, 都服从正态分布 $N(0,1)$. 试证 $U = X^2 + Y^2, V = \dfrac{X}{Y}$ 也相互独立.

7.35　设随机变量 X, Y, Z 相互独立, 都服从正态分布 $N(0,1)$. 试证 $U = \dfrac{1}{\sqrt{2}}(X - Y)$, $V = \dfrac{1}{\sqrt{6}}(X + Y - 2Z), W = \dfrac{1}{\sqrt{3}}(X + Y + Z)$ 也相互独立, 并且都服从正态分布 $\mathcal{N}(0,1)$.

7.36　设随机变量 X, Y 的联合分布密度为

$$f_{(X,Y)}(x,y) = \begin{cases} \dfrac{2}{\pi}(1 - x^2 - y^2), & x^2 + y^2 \leqslant 1 \\ 0, & \text{其他} \end{cases}$$

又设 $X = R\cos\varPhi, Y = R\sin\varPhi$, 试证 R 与 $\varPhi$ 相互独立.

7.37　设随机变量 X 和 Y 相互独立, 有相同的分布密度

$$f(x) = \begin{cases} \mathrm{e}^{-x}, & x > 0 \\ 0, & \text{其他} \end{cases}$$

试问随机变量 $X + Y$ 和 $\dfrac{X}{X + Y}$ 是否独立.

7.38　设随机向量 (X, Y) 的分布密度为

$$f(x,y) = \begin{cases} \dfrac{1 + xy}{4}, & |x| < 1, |y| < 1 \\ 0, & \text{其他} \end{cases}$$

试证 X 和 Y 不独立, 但 X^2 和 Y^2 相互独立.

第 8 章 数字特征 —— 随机变量统计性质的数值指标

随机变量 $X(\omega)$ 的因果结构图 $(X, \sigma(X), P \Leftarrow F_x)$(图 6.2.1) 展示出子随机局部 $\sigma(X)$ 的全部因果知识和统计规律, 其中分布函数 $F_X(x)$ 蕴含所有的统计规律; "取值"——$X(\omega)$ 随不同机会取不同的数值 —— 是外界认识随机局部 $\sigma(X)$ 的重要途径.

"取值" 中蕴含丰富的统计性质. 一些重要的统计性质往往只需一个或几个数值就能清楚地表达. 主要包括以下三个方面.

1. $X(\omega)$ 取值的集中位置

对不同的 ω, $X(\omega)$ 的值可能不同, 因而希望知道数值族 $\{X(\omega)|\omega \in \Omega\}$ 中大多数的数值集中在哪里. 能够粗略地 (未必精确地) 满足这一要求的量是 $X(\omega)$ 的平均值, 也称为数学期望; 另一个数字特征是中位数.

2. $X(\omega)$ 取值的集中程度

除了知道集中的位置外, 往往还要知道数值族 $\{X(\omega)|\omega \in \Omega\}$ 的集中程度. 是高度地集中在平均值 (或中位数) 附近, 还是高度地分散? 反映这个统计性质的数字特征是方差和内极差等.

3. 两个随机变量的相关程度

设 $X(\omega)$ 和 $Y(\omega)$ 是两个随机变量. 希望知道数值族 $\{X(\omega)|\omega \in \Omega\}$ 和 $\{Y(\omega)|\omega \in \Omega\}$ 之间的联系是否紧密? 例如, 它们形成的二维数值族 $\{(X(\omega), Y(\omega))|\omega \in \Omega\}$ 是否在某条直线 (或曲线) 附近? 反映相关程度的数字特征有协方差和相关系数.

通常, 把反映重要统计性质的数值称为数字特征. $X(\omega)$ 的分布函数 $F_X(x)$ 蕴含全部的统计知识, 因此数字特征是用 $F_X(x)$ 产生的一些数值.

数字特征的重要性在于: ①数字特征比分布函数更直观地表达出某类统计性质; ②在许多场合, 特别是在应用中, 很难求出分布函数, 因而不得不退而求其次 —— 求有关的数字特征; ③应用多个数字特征能够得到分布函数的近似曲线, 可以估计表现概率空间中事件的概率; ④许多重要的分布函数 (如正态分布, Poisson 分布, 二项分布等) 由一个或几个参数值 (参数值是数字特征) 确定. 于是, 如果能够判定分布函数所属的类型, 求分布函数的工作便简化为求一个或几个数字特征.

8.1 随机变量的数学期望

8.1.1 期望和方差的直观背景

例 8.1.1　用 $\mathcal{E}$ 表示掷一颗均匀骰子的实验. 甲, 乙, 丙, 丁四人用实验 $\mathcal{E}$ 进行赌博. 丁是庄家, 他和甲, 乙, 丙约定的输赢规则分别为

规则 1	骰子出现的点数	1	2	3	4	5	6
	甲赢钱数 (元)	1	−1	1	−1	1	−1
规则 2	骰子出现的点数	1	2	3	4	5	6
	乙赢钱数 (元)	100	100	100	100	−200	−200
规则 3	骰子出现的点数	1	2	3	4	5	6
	丙赢钱数 (元)	−2	−2	−2	1	0	2

【直观知识】　几乎所有的人, 包括从来不赌博的人, 都会得出下列的答案:

i) 因为三个规则中 6 个 "赢钱数" 的平均值分别为

$$\alpha_1 = \frac{1 - 1 + 1 - 1 + 1 - 1}{6} = 0(元)$$

$$\alpha_2 = \frac{100 + 100 + 100 + 100 - 200 - 200}{6} = 0(元)$$

$$\alpha_3 = \frac{-2 - 2 - 2 + 1 + 0 + 2}{6} = -0.5(元)$$

所以赌一局时甲、乙期待赢 0 元 (即不输不赢), 规则 1 和规则 2 是公平的; 但是丙期待赢 −0.5 元 (即输 0.5 元), 规则 3 不公平, 并且对丙不利.

ii) 直觉上认为规则 1 和规则 3 的取值比较集中; 规则 2 的取值比较分散. 细心的读者会引进 "取值" 与平均值的偏差的平方来衡量分散的程度, 即引进数值

$$\beta_1 = \frac{(1-0)^2 + (-1-0)^2 + (1-0)^2 + (-1-0)^2 + (1-0)^2 + (-1-0)^2}{6} = 1(元^2)$$

$$\beta_2 = \frac{(100-0)^2 + (100-0)^2 + (100-0)^2 + (100-0)^2 + (-200-0)^2 + (-200-0)^2}{6}$$

$$= 20000(元^2)$$

$$\beta_3 = \frac{(-2+0.5)^2 + (-2+0.5)^2 + (-2+0.5)^2 + (1+0.5)^2 + (0+0.5)^2 + (2+0.5)^2}{6}$$

$$= \frac{15.5}{6}(元^2)$$

并说, 由于 $\beta_2 \gg \beta_1$, $\beta_2 \gg \beta_3$, 所以规则 2 的取值的分散程度远大于规则 1 和规则 3; 而 $\beta_3 > \beta_1$ 说明规则 3 的分散程度稍大于规则 1. 在本例中, 取值越分散表明 "输赢的钱数" 越大.

注意, 为了保持单位一致, 也可用 $\sqrt{\beta_i}\,(i = 1, 2, 3)$ 表达 "取值" 的分散程度. 但从计算的角度考虑, 使用 β_i 比 $\sqrt{\beta_i}$ 更方便.

【概率论的解答】 首先建立实验 $\mathcal{E}$ 的概率模型 $(\Omega, \mathcal{F}, P)$(例 3.1.2), 这里

$$\Omega = \{\omega_1, \omega_2, \cdots, \omega_6\}$$

$$P\{\omega_i\} = \frac{1}{6}, \quad i = 1, 2, \cdots, 6$$

其中 ω_i 表示骰子出现 i 点的那个面.

其次, 把三个规则分别抽象为三个随机变量 $\xi(\omega), \eta(\omega)$ 和 $\zeta(\omega)$. 它们是

$$\xi(\omega_i) = \begin{cases} 1, & i = 1, 3, 5 \\ -1, & i = 2, 4, 6 \end{cases}$$

$$\eta(\omega_i) = \begin{cases} 100, & i = 1, 2, 3, 4 \\ -200, & i = 5, 6 \end{cases}$$

$$\zeta(\omega_i) = \begin{cases} -2, & i = 1, 2, 3 \\ 0, & i = 5 \\ 1, & i = 4 \\ 2, & i = 6 \end{cases}$$

并求出它们的分布律. 它们是

$$p_\xi : \quad \begin{array}{c|cc|c} \xi & -1 & 1 & \text{其他 } x \\ \hline p_\xi & \dfrac{1}{2} & \dfrac{1}{2} & 0 \end{array}$$

$$p_\eta : \quad \begin{array}{c|cc|c} \eta & -200 & 100 & \text{其他 } x \\ \hline p_\eta & \dfrac{1}{3} & \dfrac{2}{3} & 0 \end{array}$$

$$p_\zeta : \quad \begin{array}{c|cccc|c} \zeta & -2 & 0 & 1 & 2 & \text{其他 } x \\ \hline p_\zeta & \dfrac{1}{2} & \dfrac{1}{6} & \dfrac{1}{6} & \dfrac{1}{6} & 0 \end{array}$$

然后, 把平均值 α 和数值 β 抽象成用分布律确定的数学期望和方差, 并使用专属符号 E 和 D. 本例的三个数学期望是

$$E\xi = \alpha_1 = -1 \times \frac{1}{2} + 1 \times \frac{1}{2} = 0$$

$$E\eta = \alpha_2 = -200 \times \frac{1}{3} + 100 \times \frac{2}{3} = 0$$

$$E\zeta = \alpha_3 = -2 \times \frac{1}{2} + 0 \times \frac{1}{6} + 1 \times \frac{1}{6} + 2 \times \frac{1}{6} = -0.5$$

注意, 直观知识的 α_i 是 "真的" 平均值, 这里的 α_i 则是 "按概率的加权平均值".

同样, 三个方差分别是 $(X - EX)^2 (X = \xi, \eta, \zeta)$ 按概率的加权平均值. 它们是

$$D\xi = \beta_1 = E(\xi - E\xi)^2 = (-1 - 0)^2 \times \frac{1}{2} + (1 - 0)^2 \times \frac{1}{2} = 1$$

$$D\eta = \beta_2 = E(\eta - E\eta)^2 = (-200 - 0)^2 \times \frac{1}{3} + (100 - 0)^2 \times \frac{2}{3} = 20000$$

$$D\zeta = \beta_3 = E(\zeta - E\zeta)^2$$
$$= (-2 + 0.5)^2 \times \frac{1}{2} + (0 + 0.5)^2 \times \frac{1}{6} + (1 + 0.5)^2 \times \frac{1}{6} + (2 + 0.5)^2 \times \frac{1}{6} = \frac{15.5}{6}$$

于是, 数学期望是表达随机变量取值集中位置的数字特征; 方差是表达取值分散程度的数字特征. 本章在上述背景材料下建立随机变量数字特征的理论.

8.1.2　数学期望的定义

定义 8.1.1 (离散型情形)　设 $X(\omega)$ 是离散型随机变量, 其分布律为

$$p_X : \quad \begin{array}{c|cccc|c} X & x_0 & x_1 & x_2 & \cdots & 其他 x \\ \hline p_X & p_0 & p_1 & p_2 & \cdots & 0 \end{array} \tag{8.1.1}$$

如果级数 $\sum\limits_{i \geqslant 0} |x_i| p_i$ 收敛, 则称 $\sum\limits_{i \geqslant 0} x_i p_i$ 为 $\mathrm{X}(\omega)$ 的数学期望 (简称为期望), 或均值; 记为 EX, 即

$$EX = \sum_{i \geqslant 0} x_i p_i = \sum_{i \geqslant 0} x_i P(X(\omega) = x_i) \tag{8.1.2}$$

注　由于 (8.1.1) 中第 1 行中 $x_0, x_1, \cdots$ 可以按任意的次序排列, 所以以级数 $\sum\limits_{i \geqslant 0} x_i p_i$ 满足交换律和结合律. 由高等数学知 $\sum\limits_{i \geqslant 0} x_i p_i$ 满足交换律和结合律的必要充分条件是级数 $\sum\limits_{i \geqslant 0} |x_i| p_i$ 收敛. 这时称 $\sum\limits_{i \geqslant 0} x_i p_i$ 是绝对收敛的级数.

定理 8.1.1 (离散型情形)　设随机变量 $X(\omega)$ 的分布律为 (8.1.1). 又设 $\varphi(x)$, $x \in \mathbf{R}$ 是任意的 Borel 函数. 那么, 当 $\sum\limits_{i \geqslant 0} \varphi(x_i) p_i$ 绝对收敛时随机变量 $\varphi[X(\omega)]$ 存在数学期望, 并且

$$E\varphi(X) = \sum_{i \geqslant 0} \varphi(x_i) p_i \tag{8.1.3}$$

证明　由定理 6.4.2 知, $\varphi(X)$ 是离散型随机变量, 并且分布律为

$$\begin{array}{c|cccc|c} \varphi(X) & \varphi(x_0) & \varphi(x_1) & \varphi(x_2) & \cdots & 其他 x \\ \hline p_{\varphi}(x) & p_0 & p_1 & p_2 & \cdots & 0 \end{array} \tag{8.1.4}$$

如果诸 $\varphi(x_i)(i \geqslant 0)$ 皆不相同, 那么它是 "标准形式" 的分布律. 由定义 8.1.1 即得结论 (8.1.3).

如果诸 $\varphi(x_i)(i \geqslant 0)$ 出现相同的数值, 用 $y_j(j = 0, 1, 2, \cdots)$ 表示诸 $\varphi(x_i)$ 中不相同的数值. 令

$$\Lambda_j = \{x_i | \varphi(x_i) = y_j\}, \quad j = 0, 1, 2, \cdots$$

$$p_j^* = \sum_{i : x_i \in \Lambda j} p_i, \quad j = 0, 1, 2, \cdots$$

容易验证诸集合 $\Lambda_j(j = 0, 1, 2, \cdots)$ 互不相交, 并且

$$\bigcup_{j \geqslant 0} \Lambda_j = \{x_0, x_1, x_2, \cdots\}$$

$$\sum_{j \geqslant 0} p_j^* = \sum_{i \geqslant 0} p_i = 1$$

由定理 6.4.2 知, 随机变量 $\varphi(X)$ 的分布律为

$\varphi(X)$	y_0	y_1	y_2	$\cdots$	其他 x
$p_{\varphi(x)}$	p_0^*	p_1^*	p_2^*	$\cdots$	0

于是由定义 8.1.1 得出

$$E\varphi(X) = \sum_{j \geqslant 0} y_i p_j^* = \sum_{i \geqslant 0} \varphi(x_i) p_i$$

定理得证. ∎

例 8.1.2 给定概率空间 $(\Omega, \mathcal{F}, P)$ 和 $A \in \mathcal{F}$. 试求示性函数

$$\chi_A(\omega) = \begin{cases} 1, & \omega \in A \\ 0, & \omega \notin A \end{cases}$$

的数学期望.

解 用 $p(x)$ 表示随机变量 χ_A 的分布律, 则

χ_A	0	1	其他 x
p	$1 - P(A)$	$P(A)$	0

由此得出 $E\chi_A = P(A)$.

注 本例表明, 求事件 A 的概率等价于求随机变量 χ_A 的数学期望.

例 8.1.3 设 $X(\omega)$ 服从参数为 (n, p) 的二项分布, 试求 EX 和 EX^2.

解

$$EX = \sum_{k=0}^{n} kP(X = k) = \sum_{k=1}^{n} k \cdot \frac{n!}{k!(n-k)!} p^k q^{n-k}$$

$$= np \sum_{k=1}^{n} \frac{(n-1)!}{(k-1)!(n-\kappa)!} p^{k-1} q^{n-k}$$

$$= np \sum_{j=0}^{n-1} \frac{(n-1)!}{j!(n-1-j)!} p^j q^{n-1-j}$$

$$= np(p+q)^{n-1} = np$$

应用定理 8.1.1, 我们有

$$EX^2 = \sum_{k=0}^{n} k^2 P(x=k) = \sum_{k=1}^{n} k^2 \frac{n!}{k!(n-k)!} p^k q^{n-k}$$

$$= np \left[\sum_{k=1}^{n} (k-1) \frac{(n-1)!}{(k-1)!(n-k)!} p^{k-1} q^{n-k} + \sum_{k=1}^{n} \frac{(n-1)!}{(k-1)!(n-k)!} p^{k-1} q^{n-k} \right]$$

$$= np \left[\sum_{j=0}^{n-1} j \frac{(n-1)!}{j!(n-1-j)!} p^j q^{n-1-j} + \sum_{j=0}^{n-1} \frac{(n-1)!}{j!(n-1-j)!} p^j q^{n-1-j} \right]$$

注意到方括号中第 1 个和式是参数为 $(n-1, p)$ 的二项分布的数学期望, 上面已算出其值为 $(n-1)p$; 由牛顿二项式定理知第 2 个和式的值为 $(p+q)^{n-1} = 1$. 故

$$EX^2 = np[(n-1)p + 1] = n^2 p^2 + np(1-p)$$

例 8.1.4　设 $X(\omega)$ 服从参数为 p 的几何分布, 试求 EX 和 Ee^{-X}.

解　设 $q = 1 - p$, 我们有

$$EX = \sum_{k=0}^{\infty} kP(x=k) = \sum_{k=1}^{\infty} kpq^{k-1}$$

$$= \frac{\mathrm{d}}{\mathrm{d}q} \left(\sum_{k=1}^{\infty} pq^k \right)$$

$$= P \frac{\mathrm{d}}{\mathrm{d}q} \left(\frac{q}{1-q} \right) = \frac{1}{p}$$

$$Ee^{-X} = \sum_{k=0}^{\infty} e^{-k} pq^{k-1} = \frac{p}{q} \sum_{k=0}^{\infty} \left(\frac{q}{e} \right)^k = \frac{ep}{q(e-q)}$$

例 8.1.5　设 $X(\omega)$ 服从参数为 λ 的 Poisson 分布, 试求 EX 和 EX^2.

解

$$EX = \sum_{k=0}^{\infty} kP(X=k) = \sum_{k=0}^{\infty} k \frac{\lambda^k}{k!} e^{-\lambda}$$

$$= \lambda e^{-\lambda} \sum_{k=1}^{\infty} \frac{\lambda^{k-1}}{(k-1)!} = \lambda e^{-\lambda} \sum_{j=0}^{\infty} \frac{\lambda^j}{j!} = \lambda$$

$$EX^2 = \sum_{k=0}^{\infty} k^2 P(x=k) = \sum_{k=1}^{\infty} k^2 \frac{\lambda^k}{k!} e^{-\lambda}$$

$$= \sum_{k=1}^{\infty} k(k-1) \frac{\lambda^k}{k!} e^{-\lambda} + \sum_{k=1}^{\infty} k \frac{\lambda^k}{k!} e^{-\lambda}$$

$$= \lambda^2 e^{-\lambda} \sum_{k=2}^{\infty} \frac{\lambda^{k-2}}{(k-2)!} + EX$$

$$= \lambda^2 e^{-\lambda} \sum_{j=0}^{\infty} \frac{\lambda^j}{j!} + \lambda = \lambda^2 + \lambda$$

定义 8.1.1′ (一般情形) 给定概率空间 $(\Omega, \mathcal{F}, P)$, 设 $X(\omega)$ 是其上的随机变量, 其分布函数为 $F(x)$. 如果 L-S 积分 $\int_{-\infty}^{+\infty} |x| \mathrm{d}F(x)$ 存在, 则称

$$EX = \int_{-\infty}^{+\infty} x \mathrm{d}F(x) \triangleq \lim_{n \to \infty} \sum_k \frac{k}{2^n} \left[F\left(\frac{k+1}{2^n}\right) - F\left(\frac{k}{2^n}\right) \right] \tag{8.1.5}$$

为 $X(\omega)$ 的数学期望, 或均值. 两种重要的特殊情形是

i) 若 $X(\omega)$ 是离散型的, 有分布律 (8.1.1), 则 (8.1.5) 成为 (8.1.2).

ii) 若 $X(\omega)$ 是连续型的, 有分布密度 $f(x)$, 则 (8.1.5) 成为

$$EX = \int_{-\infty}^{+\infty} x f(x) \mathrm{d}x \triangleq \lim_{n \to \infty} \sum_k \frac{k}{2^n} f\left(\frac{k}{2^n}\right) \left(\frac{k+1}{2^n} - \frac{k}{2^n}\right) \tag{8.1.6}$$

定理 8.1.1′ (一般情形) 给定概率空间 $(\Omega, \mathcal{F}, P)$, 设 $X(\omega)$ 是其上随机变量, 有分布函数 $F(x)$. 又设 $\varphi(x)$, $x \in \mathbf{R}$ 是任意的 Borel 函数. 如果 L-S 积分 $\int_{-\infty}^{+\infty} |\varphi(x)| \mathrm{d}F(x)$ 存在, 那么复合随机变量 $\varphi[X(\omega)]$ 存在数学期望, 并且

$$E\varphi(X) = \int_{-\infty}^{+\infty} \varphi(x) \mathrm{d}F(x) \tag{8.1.7}$$

特别,

i) 如果 $X(\omega)$ 是连续型的, 有分布密度 $f(x)$, 那么 (8.1.7) 成为

$$E\varphi(X) = \int_{-\infty}^{+\infty} \varphi(x) f(x) \mathrm{d}x \tag{8.1.8}$$

ii) 如果 $X(\omega)$ 是离散型的, 有分布律 (8.1.1), 那么 (8.1.7) 成为

$$E\varphi(X) = \sum_{i \geqslant 0} \varphi(x_i)p_i \tag{8.1.9}$$

证明　令 $Y(\omega) = \varphi[X(\omega)]$, 设 $Y(\omega)$ 的分布函数为 $F_Y(y)$. 于是

$$EY = \int_{-\infty}^{+\infty} y\mathrm{d}F_Y(y) = \lim_{n \to \infty} \sum_k \frac{k}{2^n}\left[F_Y\left(\frac{k+1}{2^n}\right) - F_Y\left(\frac{k}{2^n}\right)\right]$$

$$= \lim_{n \to \infty} \sum_k \frac{k}{2^n}P\left\{\omega\left|\frac{k}{2^n} < Y(\omega) \leqslant \frac{k+1}{2^n}\right.\right\} \tag{8.1.10}$$

另一方面, 由 L-S 积分的定义, 有

$$\int_{-\infty}^{+\infty} \varphi(x)\mathrm{d}F(x) = \lim_{n \to \infty} \sum_k \frac{k}{2^n}P_X\left\{x\left|\frac{k}{2^n} < \varphi(x) \leqslant \frac{k+1}{2^n}\right.\right\}$$

其中 $F(x), P_X(\mathcal{B})$ 分别是 $X(\omega)$ 的分布函数和概率分布. 应用 (6.2.10) 得出

$$\int_{-\infty}^{+\infty} \varphi(x)\mathrm{d}F(x) = \lim_{n \to \infty} \sum_k \frac{k}{2^n}P\left\{\omega\left|\frac{k}{2^n} < \varphi[X(\omega)] \leqslant \frac{k+1}{2^n}\right.\right\} \tag{8.1.11}$$

于是, 联合 (8.1.10) 和 (8.1.11) 推出 (8.1.7). 由此又得 (8.1.8) 和 (8.1.9). ■

例 8.1.6　设 $X(\omega)$ 服从 $[a,b]$ 上的均匀分布, 试求 EX 和 EX^2.

解　应用定义 8.1.1 和定理 8.1.1 得出

$$EX = \int_{-\infty}^{+\infty} xf_X(x)\mathrm{d}x = \int_a^b \frac{x}{b-a}\mathrm{d}x = \frac{1}{2}(a+b)$$

$$EX^2 = \int_{-\infty}^{+\infty} x^2f_X(x)\mathrm{d}x = \int_a^b \frac{x^2}{b-a}\mathrm{d}x = \frac{1}{3}(a^2+ab+b^2)$$

例 8.1.7　i) 设 $X(\omega)$ 服从正态分布 $\mathcal{N}(\mu, \sigma^2)$, 试求 EX.
ii) 设 $X(\omega)$ 服从参数为 λ 的指数分布, 试求 EX 和 EX^2.

解　i)

$$EX = \int_{-\infty}^{+\infty} \frac{x}{\sqrt{2\pi}\sigma}\mathrm{e}^{-\frac{(x-\mu)^2}{2\sigma^2}}\mathrm{d}x$$

$$= \frac{1}{\sqrt{2\pi}\sigma}\int_{-\infty}^{+\infty}(x-\mu)\mathrm{e}^{-\frac{(x-\mu)^2}{2\sigma^2}}\mathrm{d}x + \frac{\mu}{\sqrt{2\pi}\sigma}\int_{-\infty}^{+\infty}\mathrm{e}^{-\frac{(x-\mu)^2}{2\sigma^2}}\mathrm{d}x$$

$$= \mu$$

ii)

$$EX = \int_{-\infty}^{+\infty} xf_X(x)\mathrm{d}x = \int_0^{+\infty} \lambda x\mathrm{e}^{-\lambda x}\mathrm{d}x = \frac{1}{\lambda}$$

$$EX^2 = \int_{-\infty}^{+\infty} x^2 f_X(x)\mathrm{d}x = \int_0^{+\infty} \lambda x^2 \mathrm{e}^{-\lambda x}\mathrm{d}x = \frac{2}{\lambda^2}$$

例 8.1.8　设 $X(\omega)$ 服从参数为 (μ, λ) 的柯西分布, 即分布密度为

$$f_X(x) = \frac{\lambda}{\pi[\lambda^2 + (x-\mu)^2]} \quad -\infty < x < +\infty$$

试证数学期望 EX 不存在.

证明　由于

$$\int_{-\infty}^{+\infty} |x| f_X(x)\mathrm{d}x = \frac{\lambda}{\pi}\int_{-\infty}^{+\infty} \frac{|x|\mathrm{d}x}{\lambda^2 + (x-\mu)^2} = +\infty,$$

故 EX 不存在.

8.1.3　数学期望的基本性质

为了对基本性质给出证明, 需要把定理 8.1.1 推广到随机向量情形.

定理 8.1.2　给定概率空间 $(\Omega, \mathcal{F}, P)$, 设 $X_1(\omega), X_2(\omega), \cdots, X_n(\omega)$ 是其上的 n 个随机变量, 它们的联合分布函数为 $F_{\boldsymbol{X}}(x_1, x_2, \cdots, x_n)$. 又设 $\varphi(x_1, x_2, \cdots, x_n)$, $(x_1, x_2, \cdots, x_n) \in R^n$ 是任意的 n 元 Borel 函数. 如果 L-S 积分

$$\int_{\mathbf{R}^n}\cdots\int |\varphi(x_1, x_2, \cdots, x_n)|\mathrm{d}_{x_1}\mathrm{d}_{x_2}\cdots d_{x_n}F_{\boldsymbol{X}}(x_1, x_2, \cdots, x_n)$$

存在, 那么复合随机变量 $\varphi[X_1(\omega), X_n(\omega), \cdots, X_n(\omega)]$ 存在数学期望, 并且

$$E\varphi(X_1, \cdots, X_n) = \int_{\mathbf{R}^n}\cdots\int \varphi(x_1, \cdots, x_n)\mathrm{d}_{x_1}\cdots \mathrm{d}_{x_n}F_{\boldsymbol{X}}(x_1, \cdots, x_n) \tag{8.1.12}$$

特别,

i) 如果 $\boldsymbol{X} = (X_1, X_2, \cdots, X_n)$ 是连续型随机向量, 其分布密度为 $f_{\boldsymbol{X}}(x_1, x_2, \cdots, x_n)$, 那么 (8.1.12) 成为

$$E\varphi(X_1, \cdots, X_n) = \int_{\mathbf{R}^n}\cdots\int \varphi(x_1, \cdots, x_n)f_{\boldsymbol{X}}(x_1, \cdots, x_n)\mathrm{d}x_1\cdots \mathrm{d}x_n \tag{8.1.13}$$

ii) 如果 $\boldsymbol{X}$ 是离散型的, 其分布律为

$\boldsymbol{X}$	$\boldsymbol{x}_0$	$\boldsymbol{x}_1$	$\boldsymbol{x}_2$	$\cdots$	其他 $\boldsymbol{x} \in \mathbf{R}^n$
$p_{\boldsymbol{X}}$	p_0	p_1	p_2	$\cdots$	0

其中 $\boldsymbol{x}_\alpha = (x_{\alpha_1}, x_{\alpha_2}, \cdots, x_{\alpha_n})(\alpha = 0, 1, 2, \cdots)$，那么 (8.1.13) 成为

$$E\varphi(X_1, \cdots, X_n) = \sum_{\alpha \geqslant 0} \varphi(\boldsymbol{x}_\alpha)p_\alpha$$

证明类似于定理 8.1.1, 从略.

数学期望是用积分 (8.1.5) 定义的量, 因此它具有积分的性质.

定理 8.1.3　假定 $X(\omega), X_1(\omega), X_2(\omega), \cdots, X_n(\omega)$ 是概率空间 $(\Omega, \mathcal{F}, P)$ 上的随机变量. 如果 $EX, EX_i(i = 1, 2, \cdots, n)$ 存在, 那么

i) 设 c 为常数. 若 $P(X = c) = 1$, 则 $EX = c$.

ii) 线性: 对任意的常数 $c_1, c_2, \cdots, c_n$ 有

$$E\left(\sum_{i=1}^n c_i X_i\right) = \sum_{i=1}^n c_i E X_i \qquad (8.1.14)$$

iii) 如果 n 个随机变量 $X_1, X_2, \cdots, X_n$ 相互独立, 则

$$E(X_1 X_2 \cdots X_n) = \prod_{i=1}^n E X_i \qquad (8.1.15)$$

iv) $|EX| \leqslant E|X|$.

v) 若 $X_1 \leqslant X_2$, 则 $EX_1 \leqslant EX_2$.

证明　i) 这时 X 服从单点分布, 由 (8.1.2) 即得结论.

ii) 在定理 8.1.2 中取 $\varphi(x_1, x_2, \cdots, x_n) = \sum_{i=1}^n c_i x_i$, 并以 $F(x_1, x_2, \cdots, x_n)$ 表示随机向量 $(X_1, X_2, \cdots, X_n)$ 的分布函数, $F_i(x_i)$ 表示截口为 i 的一维边沿分布函数, 它是 $X_i(\omega)$ 的分布函数. 应用定理 8.1.2 得出

$$
\begin{aligned}
&E\left(\sum_{i=1}^n X_i\right) \\
&= \int_{-\infty}^{+\infty} \cdots \int_{-\infty}^{+\infty} (c_1 x_1 + \cdots + c_n x_n) \mathrm{d}_{x_1} \cdots \mathrm{d}_{x_n} F(x_1, \cdots, x_n) \\
&= \sum_{i=1}^n c_i \int_{-\infty}^{+\infty} \cdots \int_{-\infty}^{+\infty} x_i \mathrm{d}_{x_1} \cdots \mathrm{d}_{x_n} F(x_1, \cdots, x_n) \\
&= \sum_{i=1}^n c_i \int_{-\infty}^{+\infty} x_i \mathrm{d}_{x_i} \left[\int_{-\infty}^{+\infty} \cdots \int_{-\infty}^{+\infty} \mathrm{d}_{x_1} \cdots \mathrm{d}_{x_{i-1}} \mathrm{d}_{x_{i+1}} \cdots \mathrm{d}_{x_n} F(x_1, \cdots, x_n)\right] \\
&= \sum_{i=1}^n c_i \int_{-\infty}^{+\infty} x_i \mathrm{d} F_i(x_i) = \sum_{i=1}^n c_i E X_i
\end{aligned}
$$

iii) 由独立性假定得出

$$F(x_1, x_2, \cdots, x_n) = F_1(x_1)F_2(x_2) \cdots F_n(x_n)$$

令 $\varphi(x_1, x_2, \cdots, x_n) = x_1 x_2 \cdots x_n$, 应用定理 8.1.2 得出

$$
\begin{aligned}
E(X_1 X_2 \cdots X_n) &= \int_{-\infty}^{+\infty} \cdots \int_{-\infty}^{+\infty} x_1 x_2 \cdots x_n \mathrm{d}_{x_1} \mathrm{d}_{x_2} \cdots \mathrm{d}_{x_n} F(x_1, x_2, \cdots, x_n) \\
&= \int_{-\infty}^{+\infty} \cdots \int_{-\infty}^{+\infty} x_1 x_2 \cdots x_n \mathrm{d}F_1(x_1) \mathrm{d}F_2(x_2) \cdots \mathrm{d}F_n(x_n) \\
&= \prod_{i=1}^{n} \int_{-\infty}^{+\infty} x_i \mathrm{d}F_i(x_i) = \prod_{i=1}^{n} EX_i
\end{aligned}
$$

iv) 由积分性质得出

$$|EX| = \left| \int_{-\infty}^{+\infty} x \mathrm{d}F_X(x) \right| \leqslant \int_{-\infty}^{+\infty} |x| \mathrm{d}F_X(x) = E|X|$$

v) 由积分性质得出, 若 $X \geqslant 0$ 则 $EX \geqslant 0$. 于是

$$EX_2 - EX_1 = E(X_2 - X_1) \geqslant 0$$

定理证毕. ■

现在给出切比雪夫的一个重要不等式, 它给出随机变量在一定范围取值的概率的估计式.

引理 8.1.1 设 $X(\omega)$ 是概率空间 $(\Omega, \mathcal{F}, P)$ 上的随机变量, $\varphi(x)$ 是非负函数, 并且在 $(0, +\infty)$ 上单调不减. 那么, 对任意 $\varepsilon > 0$ 有

$$P(X \geqslant \varepsilon) \leqslant \frac{E\varphi(X)}{\varphi(\varepsilon)} \tag{8.1.16}$$

证明 由引理的条件知, 当 $X \geqslant \varepsilon(> 0)$ 时有 $\varphi(x) \geqslant \varphi(\varepsilon)$. 由例 8.1.2 和定理 8.1.3 之 v) 得出

$$P(X \geqslant \varepsilon) = E\chi_{(X \geqslant \varepsilon)} \leqslant E\left[\frac{\varphi(X)}{\varphi(\varepsilon)} \chi_{(X \geqslant \varepsilon)}\right] \leqslant E\left[\frac{\varphi(X)}{\varphi(\varepsilon)}\right] = \frac{E\varphi(X)}{\varphi(\varepsilon)}$$

■

例 8.1.9 假定某公司的某种产品在国际市场上每年的需求量是 $\xi(\omega)$(单位: 吨). 根据过去的经验, $\xi(\omega)$ 是随机变量, 服从区间 $[2000, 4000]$ 上的均匀分布. 年初市场显示, 每售出 1 吨商品, 公司获利 3 万美元; 但如果销售不出去, 公司亏损 1 万美元. 试问: 今年应生产多少吨商品才能使期待的赢利最大?

解　用 a 表示公司今年生产该商品的数量, 则 $2000 \leqslant a \leqslant 4000$; 用 H_a 表示今年的获利 (单位: 万元). 显然, H_a 依赖于需求量 $\xi(\omega)$. 换言之, 获利也是随机变量. 它是 $H_a[\xi(\omega)]$, 其分析式为

$$H_a[\xi(\omega)] = \begin{cases} 3a, & \xi(\omega) \geqslant a \\ 3\xi(\omega) - [a - \xi(\omega)], & \xi(\omega) < a \end{cases}$$

公司期待的赢利是指平均收益, 它是数学期望 $EH_a(\xi)$. 应用定理 8.1.1 得出

$$\begin{aligned} EH_a(\xi) &= \int_{-\infty}^{+\infty} H_a(x) f_\xi(x) \mathrm{d}x \\ &= \frac{1}{2000} \int_{2000}^{a} (4x - a) \mathrm{d}x + \frac{1}{2000} \int_{a}^{4000} 3a \, \mathrm{d}x \\ &= \frac{1}{1000} (-a^2 + 7000a + 4 \times 10^6) \end{aligned}$$

由 $\dfrac{\mathrm{d}}{\mathrm{d}a} EH_a(\xi) = -2a + 7000 = 0$ 得出, 函数 $EH_a(\xi)$ 在 $a = 3500$ 处取最大值, 其值为

$$\max_a EH_a(\xi) = \frac{1}{1000} (-3500^2 + 7000 \times 3500 - 4 \times 10^6) = 8250$$

于是, 我们得出结论: 今年公司生产 3500 吨商品时期待的赢利最大, 并且期待值为 8250 万美元.

8.2　随机变量的方差和矩

8.2.1　方差

随机变量 $X(\omega)$ 的数学期望 EX—— 数值族 $\{X(\omega)|\omega \in \Omega\}$ 按概率的加权平均值 —— 表达该数值族的集中位置 (参看例 8.1.1 中 $\alpha_1, \alpha_2, \alpha_3$).

容易看出, 随机变量 $[X(\omega)-EX]^2$ 的数学期望 $E[X-EX]^2$—— 数值族 $\{[X(\omega)-EX]^2|\omega \in \Omega\}$ 按概率的加权平均值 —— 表达数值族 $\{X(\omega)|\omega \in \Omega\}$ 偏离集中位置 EX 的程度 (参看例 8.1.1 中 $\beta_1, \beta_2, \beta_3$). 显然, 数值 $E(X - EX)^2$ 越大, 数值族 $\{X(\omega)|\omega \in \Omega\}$ 越分散. 由此产生出方差的概念.

定义 8.2.1　给定概率空间 $(\Omega, \mathcal{F}, P)$, 设 $X(\omega)$ 是其上的随机变量, 并且数学期望 EX 存在. 那么称

$$DX = E(X - EX)^2 \tag{8.2.1}$$

为随机变量 $X(\omega)$ 的均方差, 简称为方差; 称 $\sigma_X = \sqrt{DX}$ 为标准差, 或根方差.

【方差的分析表达式】　应用定理 8.1.2, 可以给出方差的三种分析表达式:

i) 设 $X(\omega)$ 是任意的随机变量, 其分布函数为 $F_X(x)$, 那么

$$DX = \int_{-\infty}^{+\infty} (x - EX)^2 \mathrm{d}F_X(x) \qquad (8.2.2)$$

ii) 设 $X(\omega)$ 是连续型随机变量, 其分布密度为 $f_X(x)$, 那么

$$DX = \int_{-\infty}^{+\infty} (x - EX)^2 f_X(x)\mathrm{d}x \qquad (8.2.3)$$

iii) 设 $X(\omega)$ 是离散型随机变量, 其分布律为 (8.1.1), 那么

$$DX = \sum_{i \geqslant 0} (x_i - EX)^2 p_i = \sum_{i \geqslant n} (x_i - EX)^2 P[X(\omega) = i] \qquad (8.2.4)$$

定理 8.2.1 随机变量的方差具有下列基本性质:

i) 对任意的 $X(\omega), DX \geqslant 0; DX = 0$ 当且仅当存在常数 c 使得 $P(X = c) = 1$, 并且 $c = EX$.

ii) 对任意的 $X(\omega)$ 成立

$$DX = EX^2 - (EX)^2 \qquad (8.2.5)$$

特别, $EX^2 = 0$ 推出 $DX = EX = 0$.

iii) 对任意的常数 c 成立

$$D(cX) = c^2 DX \qquad (8.2.6)$$

iv) 如果 n 个随机变量 $X_1(\omega), X_2(\omega), \cdots, X_n(\omega)$ 两两独立, 则

$$D(X_1 + X_2 + \cdots + X_n) = DX_1 + DX_2 + \cdots + DX_n \qquad (8.2.7)$$

v) 函数 $g(x) = E(X - x)^2$ 在 $x = EX$ 处取最小值, 其值为 DX. 即对任意的实数 x 成立

$$E(X - x)^2 \geqslant E(X - EX)^2 = DX \qquad (8.2.8)$$

证明 i) 由于 $[X(\omega) - EX]^2 \geqslant 0$, 应用定理 8.1.3 v) 得出 $DX \geqslant 0$.

如果存在常数 c 使得 $P(X = c) = 1$, 那么 $EX = c$(定理 8.1.3 之 i). 于是, 从 $P(X - c = 0) = P(X - EX = 0) = 1$ 和 (8.2.1) 即得 $DX = 0$. 反之, 假定 $DX = 0$. 对任意的 $n \geqslant 1$, 在 (8.1.18) 中取 $\varepsilon = \dfrac{1}{n}, \varphi(x) = x^2$, 并用随机变量 $|X - EX|$ 代替 X 后得到

$$P\left(|X - EX| \geqslant \frac{1}{n}\right) \leqslant n^2 DX = 0$$

现在应用概率的连续性定理得出

$$P(X \neq EX) = P(|X - EX| > 0)$$
$$= P\left(\bigcup_{n=1}^{\infty} \left\{|X - EX| \geqslant \frac{1}{n}\right\}\right)$$
$$= \lim_{n \to \infty} P\left(|X - EX| \geqslant \frac{1}{n}\right) = 0$$

得证 $P(X = c) = 1$, 这里 $c = EX$.

ii) 由定理 8.1.3 之 ii) 得出

$$DX = E|X - EX|^2 = E\{X^2 - 2XEX + (EX)^2\}$$
$$= EX^2 - 2EX \cdot EX + (EX)^2 = EX^2 - (EX)^2$$

得证 (8.2.5). 特别, $EX^2 = 0$ 等价于 $DX = -(EX)^2$. 由此推出 $DX = EX = 0$.

iii) 设 c 是任意常数, 由定理 8.1.3 之 ii) 得出

$$D(cX) = E[(cX) - E(cX)]^2 = c^2 E[X - EX]^2 = c^2 DX$$

iv) 应用定理 8.1.3 之 ii) 得出

$$D(X_1 + X_2 + \cdots + X_n) = E[(X_1 + X_2 + \cdots + X_n) - E(X_1 + X_2 + \cdots + X_n)]^2$$
$$= E[(X_1 - EX_1) + (X_2 - EX_2) + \cdots + (X_n - EX_n)]^2$$
$$= E\left[\sum_{i=1}^{n}(X_i - EX_i)^2 + 2\sum_{i<j}(X_i - EX_i)(X_j - EX_j)\right]$$
$$= \sum_{i=1}^{n} E(X_i - EX_i)^2 + 2\sum_{i<j} E[(X_i - EX_i)(X_j - EX_j)]$$

按假定条件, $X_i - EX_i$ 和 $Y_j - EY_j$ 相互独立, 应用定理 8.1.3 iii) 得出

$$E[(X_i - EX_i)(X_j - EX_j)] = E(X_i - EX_i) \cdot E(X_j - EX_j) = 0$$

代入上式即得 (8.2.7).

v) 由数学期望的线性得出

$$g(x) = EX^2 - 2xEX + x^2, \quad g'(x) = 2x - 2EX$$

$g'(x) = 0$ 的根为 EX. 既然 $g''(x) = 2 > 0$, 故 $g(x)$ 在 $x = EX$ 处取最小值

$$E(X - EX)^2 = DX.$$

■

例 8.2.1 给定概率空间 $(\Omega, \mathcal{F}, P)$ 和 $A \in \mathcal{F}$. 试求示性函数 $\chi_A(\omega)$ 的期望和方差.

解 例 8.1.2 已求出 $E\chi_A = P(A)$. 注意到 $\chi_A^2(\omega) = \chi_A(\omega)$, 故 $E\chi_A^2 = P(A)$. 由式 (8.2.5) 得出

$$D\chi_A = E\chi_A^2 - (E\chi_A)^2 = P(A) - [P(A)]^2 = P(A)P(\overline{A})$$

例 8.2.2 设 X 服从参数为 (n, p) 的二项分布, 试求期望和方差.

解 由例 8.1.3 得出

$$EX = np$$

$$DX = EX^2 - (EX)^2 = np(1-p) = npq \quad (q = 1-p)$$

例 8.2.3 设 $X(\omega)$ 服从参数为 p 的几何分布, 试求 X 的期望和方差.

解 例 8.1.4 已求 $EX = \dfrac{1}{p}$. 由于

$$EX^2 = \sum_{k=0}^{\infty} k^2 P(X=k) = \sum_{k=1}^{\infty} k(k-1)P(X=k) + \sum_{k=1}^{\infty} kP(X=k)$$

其中右方第 2 项等于 $EX = \dfrac{1}{p}$; 第 1 项等于

$$
\begin{aligned}
\sum_{i=0}^{\infty}(i+1)iP(X=i+1) &= \sum_{i=0}^{\infty}(i+1) \cdot i \cdot pq^i \\
&= pq \sum_{i=0}^{\infty} i(i+1)q^{i-1} = pq \frac{\mathrm{d}^2}{\mathrm{d}q^2}\left(\sum_{i=0}^{\infty} q^{i+1}\right) \\
&= pq \frac{\mathrm{d}^2}{\mathrm{d}q^2}\left(\frac{q}{1-q}\right) = \frac{1+q}{p^2} \quad (q = 1-p)
\end{aligned}
$$

故所求方差为

$$DX = EX^2 - (EX)^2 = \frac{1+q}{p^2} - \frac{1}{p^2} = \frac{q}{p^2}$$

例 8.2.4 设 $X(\omega)$ 服从参数为 λ 的 Poisson 分布. 试证 $EX = DX = \lambda$.

解 例 8.1.5 已证 $EX = \lambda$ 和 $EX^2 = \lambda^2 + \lambda$. 故

$$DX = EX^2 - (EX)^2 = \lambda$$

例 8.2.5 设 $X(\omega)$ 服从 $[a, b]$ 上的均匀分布. 试求 EX 和 DX.

解　例 8.1.7 已求得 $EX = \frac{1}{2}(a+b)$ 和 $EX^2 = \frac{1}{3}(a^2+ab+b^2)$, 故所求方差为

$$DX = \frac{1}{3}(a^2+ab+b^2) - \frac{1}{4}(a+b)^2 = \frac{1}{12}(b-a)^2$$

例 8.2.6　设 $X(\omega)$ 服从正态分布 $\mathcal{N}(\mu, \sigma^2)$, 试证 $EX = \mu, DX = \sigma^2$.

解　例 8.1.7 已证 $EX = \mu$. 应用式 (8.2.3) 得出

$$DX = E(X - EX)^2 = \int_{-\infty}^{+\infty} (x-\mu)^2 \frac{1}{\sqrt{2\pi}\sigma} e^{-\frac{(x-\mu)^2}{2\sigma^2}} \mathrm{d}x$$

$$= \frac{\sigma^2}{\sqrt{2\pi}} \int_{-\infty}^{+\infty} u^2 e^{\frac{-\mu^2}{2}} \mathrm{d}u$$

$$= \frac{\sigma^2}{\sqrt{2\pi}} \left(-u e^{-\frac{u^2}{2}} \Big|_{-\infty}^{+\infty} + \int_{-\infty}^{+\infty} e^{-\frac{u^2}{2}} \mathrm{d}u \right) = \sigma^2$$

注　由 (8.2.5) 得出 $EX^2 = \sigma^2 + \mu^2$.

例 8.2.7　设 $X(\omega)$ 服从参数为 λ 的指数分布, 试证 $EX = \frac{1}{\lambda}, DX = \frac{1}{\lambda^2}$.

解　例 8.1.8 已证 $EX = \frac{1}{\lambda}$ 和 $EX^2 = \frac{2}{\lambda^2}$. 故

$$DX = EX^2 - (EX)^2 = \frac{2}{\lambda^2} - \frac{1}{\lambda^2} = \frac{1}{\lambda^2}$$

例 8.2.8　设 $X(\omega)$ 服从参数为 (α, λ) 的 Γ 分布, 试证 $EX = \frac{\alpha}{\lambda}, DX = \frac{\alpha}{\lambda^2}$.

解　由于 $X(\omega)$ 的分布密度为 (3.6.20). 应用定理 8.1.1 得出

$$EX = \int_{-\infty}^{+\infty} x f_X(x) \mathrm{d}x = \frac{\lambda^\alpha}{\Gamma(\alpha)} \int_0^\infty x^\alpha e^{-\lambda x} \mathrm{d}x = \frac{\lambda^\alpha}{\Gamma(\alpha)} \cdot \frac{\Gamma(\alpha+1)}{\lambda^{\alpha+1}} = \frac{\alpha}{\lambda}$$

$$EX^2 = \frac{\lambda^\alpha}{\Gamma(\alpha)} \int_0^\infty x^{\alpha+1} e^{-\lambda x} \mathrm{d}x = \frac{\lambda^\alpha}{\Gamma(\alpha)} \cdot \frac{\Gamma(\alpha+2)}{\lambda^{\alpha+2}} = \frac{\alpha(\alpha+1)}{\lambda^2}$$

$$DX = EX^2 - (EX)^2 = \frac{\alpha}{\lambda^2}$$

注　当 $\alpha = 1$ 时 Γ 分布成为指数分布, 例 8.2.7 是例 8.2.8 的特例. 当 $\alpha = \frac{n}{2}, \lambda = \frac{1}{2}$ 时 Γ 分布是自由度为 n 的 χ^2-分布. 于是, 如果 $X(\omega)$ 服从参数为 n 的 χ^2-分布, 则 $EX = n, DX = 2n$.

8.2.2　切比雪夫不等式

著名的切比雪夫不等式用均值和方差刻画随机变量取值 —— 数集 $\{X(\omega)|\omega \in \Omega\}$ 在数直线上的分布情况. 把随机变量的研究提升到一个新阶段.

定理 8.2.2 (切比雪夫不等式)　设 $X(\omega)$ 是随机变量, 方差 DX 存在, 那么对任意的 $\varepsilon > 0$ 成立

$$P(|X - EX| \geqslant \varepsilon) \leqslant \frac{DX}{\varepsilon^2} \tag{8.2.9}$$

证明 在引理 8.1.1 中用 $|X - EX|$ 代替 X, 并取 $\varphi(x) = x^2$, 那么 (8.1.18) 成为 (8.2.9). ∎

切比雪夫不等式 (8.2.9) 也可写为

$$P(|X - EX| < \varepsilon) \geqslant 1 - \frac{DX}{\varepsilon^2} \tag{8.2.10}$$

【随机变量取值的分布情况】 在 (8.2.10) 中用 $\varepsilon\sqrt{DX}$ 代替 ε 后得到

$$P(EX - \varepsilon\sqrt{DX} < X(\omega) < EX + \varepsilon\sqrt{DX}) \geqslant 1 - \frac{1}{\varepsilon^2} \tag{8.2.11}$$

这里 $\sigma_X = \sqrt{DX}$ 是标准差. 取 $\varepsilon = 2, 5, 10$ 得到

$$P(EX - 2\sigma_X < X(\omega) < EX + 2\sigma_X) \geqslant 0.75 \tag{8.2.12}$$

$$P(EX - 5\sigma_X < X(\omega) < EX + 5\sigma_X) \geqslant 0.96 \tag{8.2.13}$$

$$P(EX - 10\sigma_X < X(\omega) < EX + 10\sigma_X) \geqslant 0.99 \tag{8.2.14}$$

由此看出, 只需两个数字特征 EX 和 DX 就能知道任意的随机变量 (它存在均值和方差) 的取值 $\{X(\omega)|\omega \in \Omega\}$ 是如何分布在直线上的.

当然, 如果知道 $X(\omega)$ 的精确分布, 那么估计式 (8.2.11)—(8.2.14) 可以改进, 得到更精确的估计式. 例如, 设 $X(\omega)$ 服从正态分布 $\mathcal{N}(\mu, \sigma^2)$, 那么查正态分布表后得到

$$P(\mu - \sigma < X(\omega) < \mu + \sigma) \doteq 0.6816 \tag{8.2.15}$$

$$P(\mu - 2\sigma < X(\omega) < \mu + 2\sigma) \doteq 0.9546 \tag{8.2.16}$$

$$P(\mu - 3\sigma < X(\omega) < \mu + 3\sigma) \doteq 0.9974 \tag{8.2.17}$$

由于 $0.9974 \approx 1$, 因此应用中认为正态随机变量的取值皆落入区间 $[\mu - 3\sigma, \mu + 3\sigma]$ 之中. 这就是所谓的 3σ 准则.

8.2.3 矩

随机变量的矩是一类常用的数字特征. 常用的矩有两种: 原点矩和中心矩.

定义 8.2.2 设 $X(\omega)$ 是概率空间 $(\Omega, \mathcal{F}, P)$ 上的随机变量, $k \geqslant 0$ 为任意实数. 那么

i) 称 EX^k 为 $X(\omega)$ 的 k 阶原点矩; 称 $E|X|^k$ 为 k 阶原点绝对矩.

ii) 称 $E(X - EX)^k$ 为 $X(\omega)$ 的 k 阶中心矩; 称 $E|X - EX|^k$ 为 k 阶中心绝对矩.

显然, 数学期望是一阶原点矩; 方差是二阶中心矩.

【矩的分析表达式】　　应用定理 8.1.1 容易得出各阶矩的积分表达式. 它们是

i) 设 $X(\omega)$ 的分布函数为 $F_X(x)$, 那么

$$EX^k = \int_{-\infty}^{+\infty} x^k \mathrm{d}F_X(x) \tag{8.2.18}$$

$$E|X|^k = \int_{-\infty}^{+\infty} |x|^k \mathrm{d}F_X(x) \tag{8.2.19}$$

$$E|X - EX|^k = \int_{-\infty}^{+\infty} (x - EX)^k \mathrm{d}F_X(x) \tag{8.2.20}$$

$$E|X - EX|^k = \int_{-\infty}^{+\infty} |x - EX|^k \mathrm{d}F_X(x) \tag{8.2.21}$$

ii) 如果 $X(\omega)$ 是连续型的, 其分布密度为 $f_X(x)$, 则

$$EX^k = \int_{-\infty}^{+\infty} x^k f_X(x) \mathrm{d}x \tag{8.2.22}$$

$$E|X|^k = \int_{-\infty}^{+\infty} |x|^k f_X(x) \mathrm{d}x \tag{8.2.23}$$

$$E(X - EX)^k = \int_{-\infty}^{+\infty} (x - EX)^k f_X(x) \mathrm{d}x \tag{8.2.24}$$

$$E|X - EX|^k = \int_{-\infty}^{+\infty} |x - EX|^k f_X(x) \mathrm{d}x \tag{8.2.25}$$

iii) 如果 $X(\omega)$ 是离散型的, 其分布律为 (8.1.1), 则

$$EX^k = \sum_{i \geqslant 0} x_i^k p_i = \sum_{i \geqslant 0} x_i^k P[X(\omega) = x_i] \tag{8.2.26}$$

$$E|X|^k = \sum_{i \geqslant 0} |x_i|^k p_i = \sum_{i \geqslant 0} |x_i|^k P[X(\omega) = x_i] \tag{8.2.27}$$

$$E(X - EX)^k = \sum_{i \geqslant 0} (x_i - EX)^k p_i = \sum_{i \geqslant 0} (x_i - EX)^k P[X(\omega) = x_i] \tag{8.2.28}$$

$$E|X - EX|^k = \sum_{i \geqslant 0} |x_i - EX|^k p_i = \sum_{i \geqslant 0} |x_i - EX|^k P[X(\omega) = x_i] \tag{8.2.29}$$

【原点矩和中心矩的换算公式】　　对任意的随机变量 $X(\omega)$, 记 $\alpha_k = EX^k, \mu_k = E(X - EX)^k$, 那么对任意的 $k = 1, 2, 3, \cdots$ 成立

$$\alpha_k = \sum_{r=0}^{k} \mathrm{C}_k^r \mu_{k-r} \alpha_1^r \tag{8.2.30}$$

$$\mu_k = \sum_{r=0}^{k} C_k^r (-\alpha_1)^{k-r} \alpha_r \qquad (8.2.31)$$

事实上, 对任意的 $k \geqslant 1$ 有

$$\alpha_k = E[(X - \alpha_1) + \alpha_1]^k = E\left[\sum_{r=0}^{k} C_k^r (X - \alpha_1)^{k-r} \alpha_1^r\right] = \sum_{k=0}^{r} C_k^r \mu_{k-r} \alpha_1^r$$

得证 (8.2.30). 类似地可证 (8.2.31).

例 8.2.9 假定随机变量 $X(\omega)$ 服从正态分布 $\mathcal{N}(\mu, \sigma^2)$. 试证 k 阶中心矩 $\mu_k(k = 1, 2, 3, \cdots)$ 的值为

$$\mu_k = \begin{cases} \sigma^k (k-1)(k-3)\cdots 3 \cdot 1), & k\text{为偶数} \\ 0, & k\text{为奇数} \end{cases} \qquad (8.2.32)$$

解 对任意的正整数 k, 应用 (8.2.24) 得

$$\mu_k = E(X - \mu)^k = \frac{1}{\sqrt{2\pi}\sigma} \int_{-\infty}^{+\infty} (x - \mu)^k e^{-\frac{(x-\mu)^2}{2\sigma^2}} \mathrm{d}x$$

$$= \frac{\sigma^k}{\sqrt{2\pi}} \int_{-\infty}^{+\infty} u^k e^{-\frac{u^2}{2}} \mathrm{d}u \quad \left(u = \frac{x - \mu}{\sigma}\right)$$

如果 k 为奇数, 则被积函数是奇函数, 故 $\mu_k = 0$. 下设 k 为偶数, 并令 $k = 2r, u^2 = 2t$. 由于被积函数是偶函数, 我们有

$$\mu_k = \frac{2\sigma^k}{\sqrt{2\pi}} \int_0^\infty u^k e^{-\frac{u^2}{2}} \mathrm{d}u$$

$$= \frac{2^r \sigma^{2r}}{\sqrt{\pi}} \int_0^\infty t^{r-\frac{1}{2}} e^{-t} \mathrm{d}t$$

$$= \frac{2^r \sigma^{2r}}{\sqrt{\pi}} \Gamma\left(r + \frac{1}{2}\right)$$

$$= \frac{2^r \sigma^{2r}}{\sqrt{\pi}} \left(r - \frac{1}{2}\right)\left(r - \frac{3}{2}\right) \cdots 3 \cdot 1 \frac{3}{2} \cdot \frac{1}{2} \cdot \Gamma\left(\frac{1}{2}\right)$$

$$= \sigma^{2r}(2r-1)(2r-3) \cdots 3 \cdot 1$$

得证 (8.2.32).

例 8.2.10 设随机变量 $X(\omega)$ 服从参数为 (n, p) 的二项分布. 试求

$$E(X - EX)^k \quad (k = 1, 2, 3, 4)$$

解　由例 6.3.6(把其中的 $\nu_n[s]$ 改记为 $X(\omega)$, 把 $\chi_{B_i}(\omega)$ 改记为 $X_i(\omega)$) 得出

$$X(\omega) = X_1(\omega) + X_2(\omega) + \cdots + X_n(\omega)$$

其中 $X_1, X_2, \cdots, X_n$ 相互独立, 有相同的分布律

X_i	0	1	其他 x
p_{X_i}	q	p	0

显然 $EX_i = p, DX_i = E[X_i - EX_i]^2 = pq$

$$E[X_i - p]^3 = (0-p)^3 q + (1-p)^3 p = pq(-p^2 + q^2) = pq(1-2p)$$

$$E[X_i - p]^4 = (0-p)^4 q + (1-p)^4 p = pq(p^3 + q^3)$$

现在求 $E(X - EX)^k (k = 1, 2, 3, 4)$. 显然 $E(X - EX) = 0$ 对所有随机变量皆成立; 应用 $X_1, X_2, \cdots, X_n$ 的相互独立性得出

$$E(X - EX)^2 = DX = \sum_{i=1}^{n} DX_i = npq$$

$$E(X - EX)^3 = E(X - np)^3 = E\left(\sum_{i=1}^{n}(X_i - p)\right)^3$$

$$= E\left(\sum_{i=1}^{n}\sum_{j=1}^{n}\sum_{k=1}^{n}(X_i - p)(X_j - p)(X_r - p)\right)$$

$$= \sum_{i=1}^{n} E(X_i - p)^3$$

$$= \sum_{i=1}^{n} pq(1-2p) = npq(1-2p)$$

$$E(X - EX)^4 = E\left(\sum_{i=1}^{n}(X_i - p)\right)^4$$

$$= E\left(\sum_{i=1}^{n}\sum_{j=1}^{n}\sum_{k=1}^{n}\sum_{l=1}^{n}(X_i - p)(X_j - p)(X_k - p)(X_l - p)\right)$$

$$= \sum_{i=1}^{n} E(X_i - p)^4 + 3\sum_{i \neq j} E[(X_i - p)^2(X_j - p)^2]$$

$$= npq(p^3 + q^3) + 3\sum_{i \neq j} E(X_i - p)^2 \cdot E(X_j - p)^2$$

$$= npq(p^3 + q^3) + 3n(n-1)p^2q^2$$

$$= npq(p^3 + q^3 + 3(n-1)pq)$$

$$= npq[(p+q)^3 + 3(n-2)pq] = npq[1 + 3(n-2)pq]$$

8.2.4 关于矩的一些重要不等式

除切比雪夫不等式外常见的不等式如下.

i) 马尔可夫不等式: 设 $X(\omega)$ 是随机变量, $r > 0$ 是任意实数. 如果 $E|x|^r$ 存在, 那么对任意的 $\varepsilon > 0$ 成立

$$P(|X(\omega)| > \varepsilon) \geqslant \frac{E|X|^r}{\varepsilon^r} \tag{8.2.33}$$

证明 将引理 8.1.1 应用于 $|X|$, 并令 $\varphi(x) = x^r$ 即得马尔可夫不等式 (8.2.33).

ii) 施瓦茨不等式: 设 $X(\omega)$ 和 $Y(\omega)$ 是随机变量, 并且 EX^2 和 EY^2 存在, 那么

$$[E(XY)]^2 \leqslant EX^2 \cdot EY^2 \tag{8.2.34}$$

其中等号成立当且仅当存在常数 c, 使得 $P[Y(\omega) = cX(\omega)] = 1$.

证明 由于 $X^2 + Y^2 - 2|X||Y| = (|X| - |Y|)^2 \geqslant 0$, 故 $|XY| \leqslant \frac{1}{2}(X^2 + Y^2)$. 由此推出 $E|XY| \leqslant \frac{1}{2}(EX^2 + EY^2)$ 和数学期望 $E(XY)$ 存在. 由于

$$0 \leqslant E(Y + tX)^2 = EY^2 + 2tE(XY) + t^2 EX^2$$

故右侧是 t 的二次式, 并且不可能有两个不同的实根. 于是判别式

$$\Delta = 4[E(XY)^2] - 4EX^2 \cdot EY^2 \leqslant 0$$

得证 (8.2.34). 现在假定 $\Delta = 0$, 则存在唯一实数 (记为 $-c$) 使得 $E(Y - cX)^2 = 0$. 应用定理 8.2.1 之 i) 推出 $P[Y(\omega) = cX(\omega)] = 1$. 反之, 如果存在 c 使 $P[Y(\omega) = cX(\omega)] = 1$, 则 $\Delta = 0$ 和 (8.2.34) 成为等式.

iii) 赫尔德 (Hölder) 不等式: 设 $X(\omega), Y(\omega)$ 是随机变量, $E|X|^\alpha$ 和 $E|Y|^\beta$ 存在, 其中 $\alpha > 1, \beta > 1, \frac{1}{\alpha} + \frac{1}{\beta} = 1$, 那么 $E|XY|$ 存在, 并且

$$E|XY| \leqslant (E|X|^\alpha)^{\frac{1}{\alpha}} (E|Y|^\beta)^{\frac{1}{\beta}} \tag{8.2.35}$$

引理 8.2.1 设 $\alpha > 1, \beta > 1, \frac{1}{\alpha} + \frac{1}{\beta} = 1$, 那么对任意的 $a \geqslant 0, b \geqslant 0$ 成立

$$ab \leqslant \frac{a^\alpha}{\alpha} + \frac{b^\beta}{\beta} \tag{8.2.36}$$

证明 引进辅助函数

$$\varphi(t) = \frac{t^{\alpha}}{\alpha} + \frac{t^{-\beta}}{\beta}, \quad t > 0$$

我们有 $\varphi'(t) = t^{\alpha-1} - t^{-\beta-1}$. 容易看出, 仅当 $t = 1$ 时 $\varphi'(t)$ 才能为零. 由于 $\lim\limits_{t \to 0} \varphi(t) = \lim\limits_{t \to \infty} \varphi(t) = 0$, 所以 $\varphi(t)$ 在 $t = 1$ 处取最小值. 从而有

$$\frac{t^{\alpha}}{\alpha} + \frac{t^{\beta}}{\beta} \geqslant \phi(1) = 1$$

设 a, b 是两个正数, 令 $t = a^{\frac{1}{\beta}}/b^{\frac{1}{\alpha}}$, 代入后得出

$$\frac{a^{\alpha-1}}{b\alpha} + \frac{b^{\beta-1}}{a\beta} \geqslant 1$$

用 ab 乘不等式, 即得 (8.2.36).

赫尔德不等式的证明: 在 (8.2.36) 中令

$$a = \frac{|X|}{(E|X|^{\alpha})^{1/\alpha}}, \quad b = \frac{|Y|}{(E|Y|^{\beta})^{1/\beta}}$$

然后在不等式两边取数学期望, 得出

$$\frac{E|XY|}{(E|X^{\alpha}|)^{1/\alpha}(E|Y^{\beta}|)^{1/\beta}} \leqslant \frac{1}{\alpha} + \frac{1}{\beta} = 1$$

得证 (8.2.35).

iv) 闵可夫斯基不等式: 设 $X(\omega)$ 和 $Y(\omega)$ 是随机变量; $r \geqslant 1$ 是任意的实数, $E|X|^r, E|Y|^r$ 存在, 那么

$$(E|X+Y|^r)^{\frac{1}{r}} \leqslant (E|X|^r)^{\frac{1}{r}} + (E|Y|^r)^{\frac{1}{r}} \tag{8.2.37}$$

证明　当 $r = 1$ 时有 $|X+Y| \leqslant |X| + |Y|$, 由此推出 (8.2.37) 成立. 下设 $r > 1$ 且 $E|X+Y|^r \neq 0$. 我们有

$$|X+Y|^r \leqslant |X| \cdot |X+Y|^{r-1} + |Y||X+Y|^{r-1}$$

两边取数学期望, 然后应用赫尔德不等式得出

$$E|X+Y|^r \leqslant E(|X| \cdot |X+Y|^{r-1}) + E(|Y| \cdot |X+Y|^{r-1})$$
$$\leqslant (E|X|^r)^{\frac{1}{r}}(E|X+Y|^{s(r-1)})^{\frac{1}{s}} + (E|Y|^r)^{\frac{1}{r}}(E|X+Y|^{s(r-1)})^{\frac{1}{s}}$$

其中 s 满足 $\dfrac{1}{s} + \dfrac{1}{r} = 1$. 注意到 $s(r-1) = r$, 两边除以 $(E|X+Y|^{s(r-1)})^{\frac{1}{s}}$ 即得 (8.2.37). 显然, 当 $r > 1$ 且 $E|X+Y|^r = 0$ 时 (8.2.37) 成立. 闵可夫斯基不等式 (8.2.37) 得证.

补充: 当 $0 < r < 1$ 时由明显的不等式 $|X+Y|^r \leqslant |X|^r + |Y|^r$ 推出

$$E|X+Y|^r \leqslant E|X|^r + E|Y|^r \tag{8.2.38}$$

于是, 由 (8.2.37) 和 (8.2.38) 得出: 对任意的实数 $r > 0$, 如果 r 阶绝对矩 $E|X|^r$ 和 $E|Y|^r$ 存在, 则 $E|X + Y|^r$ 也存在.

v) 詹森 (Jensen) 不等式: 设 $X(\omega)$ 是随机变量, 取值于区间 (a, b), $-\infty \leqslant a < b \leqslant +\infty$; 又设 $y = \varphi(x), x \in (a, b)$ 是连续的凹函数. 那么, 如果 EX 和 $E\varphi(X)$ 存在, 则

$$E\varphi(X) \geqslant \varphi(EX) \tag{8.2.39}$$

证明 称 $\varphi(x)$ 在 (a, b) 上为凹的 (或向下凸的, 见图 8.2.1), 如果对于任意的 $x_1, x_2 \in (a, b)$, 有

$$\frac{1}{2}[\varphi(x_1) + \varphi(x_2)] \geqslant \varphi\left(\frac{x_1 + x_2}{2}\right)$$

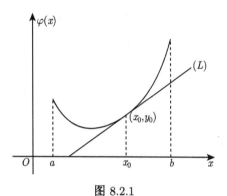

图 8.2.1

几何上易见, 如果 $y = \varphi(x)$ 是凹的, 而 $(x_0, \varphi(x_0))$ 是它图形上任意的点, 则过该点至少可以画出一条直线[1], 使曲线 $y = \varphi(x)$ 的一切点都位于此直线上方 (或在此直线上). 假设此直线的斜率为 $k(x_0)$, 那么, 若以 (x, Y) 表示直线上的点, 则直线方程为

$$Y = k(x_0)(x - x_0) + \varphi(x_0)$$

现在, 由 $\varphi(x)$ 的凹性可见, 对于每个 $x_0 \in (a, b)$ 和一切 $x \in (a, b)$, 成立 $\varphi(x) \geqslant Y$, 即

$$\varphi(x) \geqslant k(x_0)(x - x_0) + \varphi(x_0)$$

取 $x_0 = EX$, 并用 $X(\omega)$ 代替 x, 则上式成为

$$\varphi[X(\omega)] \geqslant k(EX)(X(\omega) - EX) + \varphi(EX)$$

两边取数学期望, 并注意到 $E[X(\omega) - EX] = 0$, 得证 $E\varphi(X) \geqslant \varphi(EX)$.

---

[1] 如果 $\varphi'(x_0)$ 存在, 则此直线为曲线 $y = \varphi(x)$ 在 $(x_0, \varphi(x_0))$ 处的切线.

vi) 李亚普诺夫不等式: 对于任意的实数 $0 < r < s$, 如果 $E|X|^s$ 存在, 则

$$(E|X|^r)^{\frac{1}{r}} \leqslant (E|X|^s)^{\frac{1}{s}} \tag{8.2.40}$$

证明　令 $\varphi(x) = |x|^t$. 当 $t \geqslant 1$ 时 $\varphi(x)$ 是凹函数. 设 $t = \dfrac{s}{r} > 1$, 应用 (8.2.39) 得出

$$(E|X|^r)^{\frac{s}{r}} = \varphi(E|X|^r) \leqslant E\varphi(|X|^r) = E|X|^s$$

由此即得 (8.2.40). ■

8.2.5　中位数和内极差

数学期望、方差和矩是最重要的一类数字特征. 数学期望和方差服从简单的加法和乘法运算规则 (见定理 8.1.3 和定理 8.2.1), 这是它们的优点; 缺点是它们并不对一切随机变量皆有定义, 而且即使有意义也未必能轻易地求出其值.

现在引进一些新的数字特征, 它们能避免这些缺点, 但却没有上述优点.

定义 8.2.3　设 $X(\omega)$ 是随机变量, 有分布函数 $F(x)$; 又设 r 是 $(0, 1)$ 中的任意实数. 那么称满足不等式

$$F(x-) \leqslant r, \quad F(x) \geqslant r$$

的实数 x 称为 $X(\omega)$ 的 r-位数, 记为 x_r. 特别

i) 称 $x_{\frac{1}{2}}$ 为中位数;

ii) 称 $x_{\frac{3}{4}} - x_{\frac{1}{4}}$ 为内极差.

在坐标平面 O-xy 上画出分布函数 $F(x)$ 和直线 $y = r$ 的图形, 它们的"交点"的 x 坐标就是中位数 x_r(图 8.2.2).

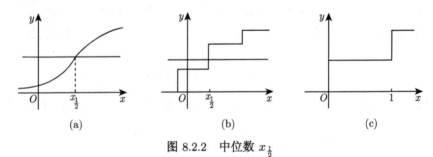

(a) 　　　　　(b) 　　　　　(c)

图 8.2.2　中位数 $x_{\frac{1}{2}}$

直观上, 中位数 $x_{\frac{1}{2}}$ 是反映数值族 $\{X(\omega) | \omega \in \Omega\}$ 集中位置的一个数字特征; 内极差 $x_{\frac{3}{4}} - x_{\frac{1}{4}}$ 是反映数值族 $\{X(\omega) | \omega \in \Omega\}$ 中"一半"数值集中程度的数字特征. 显然, 内极差越小, 数值族中"一半"的数值越集中.

容易得出:

i) 若 $X(\omega)$ 有分布律

$$\begin{array}{c|cc|cc} X(\omega) & 0 & 1 & \text{其他} & x \\ \hline p_X & \dfrac{1}{2} & \dfrac{1}{2} & & 0 \end{array}$$

那么中位数充满区间 $(0,1)$.

ii) 若 $X(\omega)$ 服从正态分布 $\mathcal{N}(\mu,\sigma^2)$, 那么它的中位数 $x_{\frac{1}{2}} = \mu$.

iii) 若 $X(\omega)$ 有柯西分布密度 $f(x) = \dfrac{1}{\pi} \cdot \dfrac{1}{1+x^2}$, 那么它的分布函数为

$$F(x) = \frac{1}{\pi} \int_{-\infty}^{x} \frac{\mathrm{d}u}{1+u^2} = \frac{1}{2} + \frac{1}{\pi}\arctan x$$

由于 $F(-1) = \dfrac{1}{4}, F(0) = \dfrac{1}{2}, F(1) = \dfrac{3}{4}$, 故 $X(\omega)$ 的中位数 $x_{\frac{1}{2}} = 0$; 内极差

$$x_{\frac{3}{4}} - x_{\frac{1}{4}} = 1 - (-1) = 2.$$

8.3 随机向量的数字特征

随机向量的数字特征包括各分量的数字特征, 主要是各个分量的数学期望和方差. 除此之外, 随机向量的数字特征还包括表达各分量之间相互关系的数字特征, 主要是协方差和相关系数.

8.3.1 两个随机变量的协方差和相关系数

设 $X(\omega)$ 和 $Y(\omega)$ 是概率空间 $(\Omega, \mathcal{F}, P)$ 上的随机变量, 并且 DX 和 DY 存在. 由施瓦茨不等式得出 $E[(X-EX)(Y-EX)]$ 存在, 并且

$$E|(X-EX)(Y-EX)| \leqslant \sqrt{DX} \cdot \sqrt{DY} \tag{8.3.1}$$

定义 8.3.1 设 $X(\omega)$ 和 $Y(\omega)$ 是随机变量, 则称

$$\mathrm{cov}(X,Y) = E[(X-EX)(Y-EY)] \tag{8.3.2}$$

为 X 和 Y 的协方差; 称 "标准化" 的协方差

$$r_{X,Y} = \frac{\mathrm{cov}(X,Y)}{\sqrt{DX} \cdot \sqrt{DX}} \tag{8.3.3}$$

为 X 和 Y 的相关系数. 特别, $r_{X,Y} = 0$ 时称 X 和 Y 是不相关的.

【协方差的分析表达式】 应用定理 8.1.2, 我们有

i) 设 $(X(\omega), Y(\omega))$ 是随机向量, 有分布函数 $F_{(X,Y)}(x,y)$, 那么

$$\mathrm{cov}(X,Y) = \int_{-\infty}^{+\infty} \int_{-\infty}^{+\infty} (x-EX)(y-EY)\mathrm{d}_x \mathrm{d}_y F_{(X,Y)}(x,y) \tag{8.3.4}$$

ii) 设 $(X(\omega), Y(\omega))$ 是连续型随机向量, 有分布密度 $f_{(X,Y)}(x,y)$, 那么

$$\text{cov}(X,Y) = \int_{-\infty}^{+\infty} \int_{-\infty}^{+\infty} (x - EX)(y - EY) f_{(X,Y)}(x,y) \mathrm{d}x \mathrm{d}y \qquad (8.3.5)$$

iii) 设 $(X(\omega), Y(\omega))$ 是离散型随机向量, 有分布律 $p_{(X,Y)}(x,y)$, 即

$$p_{(X,Y)}(x,y) = \begin{cases} p_{ij}, & \text{当}(x,y) = (x_i, y_j), i,j = 0,1,2,\cdots \\ 0, & \text{其他} \end{cases} \qquad (8.3.6)$$

那么

$$\begin{aligned}
\text{cov}(X,Y) &= \sum_{i,j \geqslant 0} (x_i - EX)(y_i - EY) p_{ij} \\
&= \sum_{i,j \geqslant 0} (x_i - EX)(y_j - EY) P(X = x_i, Y = y_j)
\end{aligned} \qquad (8.3.7)$$

例 8.3.1　设 $(X(\omega), Y(\omega))$ 服从二维正态分布, 其分布密度为

$$\begin{aligned}
f(x,y) = {} & \frac{1}{2\pi\sigma_1\sigma_2\sqrt{1-\rho^2}} \exp\bigg\{ -\frac{1}{2(1-\rho^2)} \bigg[\frac{(x-\mu_1)^2}{\sigma_1^2} \\
& -\frac{2\rho(x-\mu_1)(y-\mu_2)}{\sigma_1\sigma_2} + \frac{(y-\mu_2)^2}{\sigma_2^2} \bigg] \bigg\}
\end{aligned} \qquad (8.3.8)$$

试求协方差 $\text{cov}(X,Y)$ 和相关系数 $r_{X,Y}$.

解　众所周知,

$$EX = \mu_1, \quad EY = \mu_2; \quad DX = \sigma_1^2, \quad DY = \sigma_2^2$$

应用公式 (8.3.5) 得出

$$\begin{aligned}
\text{cov}(X,Y) = {} & \frac{1}{2\pi\sigma_1\sigma_2\sqrt{1-\rho^2}} \int_{-\infty}^{+\infty} \int_{-\infty}^{+\infty} (x-\mu_1)(y-\mu_2) \\
& \cdot \exp\bigg\{ -\frac{1}{2(1-\rho^2)} \bigg[\frac{(x-\mu_1)^2}{\sigma_1^2} - \frac{2\rho(x-\mu_1)(y-\mu_2)}{\sigma_1\sigma_2} + \frac{(y-\mu_2)^2}{\sigma_2^2} \bigg] \bigg\} \mathrm{d}x \mathrm{d}y
\end{aligned}$$

对积分作变量代换

$$\begin{cases} u = \dfrac{x-\mu_1}{\sigma_1} \\ v = \dfrac{y-\mu_2}{\sigma_2} \end{cases}$$

其雅可比行列式 $\dfrac{D(x,y)}{D(u,v)} = \sigma_1\sigma_2$. 我们有

$$\text{cov}(X,Y) = \frac{\sigma_1\sigma_2}{2\pi\sqrt{1-\rho^2}} \int_{-\infty}^{+\infty} \int_{-\infty}^{+\infty} uv e^{-\frac{1}{2(1-\rho^2)}(u^2 - 2\rho uv + v^2)} \mathrm{d}u \mathrm{d}v$$

$$= \frac{\sigma_1\sigma_2}{2\pi\sqrt{1-\rho^2}} \int_{-\infty}^{+\infty} \int_{-\infty}^{+\infty} uve^{\frac{v^2}{2} - \frac{(u-\rho v)^2}{2(1-\rho^2)}} dudv$$

对右端积分再作变量代换

$$\begin{cases} s = \dfrac{u - \rho v}{\sqrt{1-\rho^2}} \\ t = v \end{cases}$$

其雅可比行列式 $\dfrac{D(u,v)}{D(s,t)} = \sqrt{1-\rho^2}$. 我们有

$$\mathrm{cov}(X,Y) = \frac{\sigma_1\sigma_2}{2\pi} \int_{-\infty}^{+\infty} \int_{-\infty}^{+\infty} (s\sqrt{1-\rho^2} + \rho t)te^{-\frac{s^2+t^2}{2}} dsdt$$

$$= \sqrt{1-\rho^2}\sigma_1\sigma_2 \int_{-\infty}^{+\infty} \frac{s}{\sqrt{2\pi}} e^{-\frac{s^2}{2}} ds \cdot \int_{-\infty}^{+\infty} \frac{t}{\sqrt{2\pi}} e^{-\frac{t^2}{2}} dt$$

$$+ \rho\sigma_1\sigma_2 \int_{-\infty}^{+\infty} \frac{1}{\sqrt{2\pi}} e^{-\frac{s^2}{2}} ds \cdot \int_{-\infty}^{+\infty} \frac{t^2}{\sqrt{2\pi}} e^{-\frac{t^2}{2}} dt = \rho\sigma_1\sigma_2$$

最终得出 $\mathrm{cov}(X,Y) = \rho\sigma_1\sigma_2$. 由此又得 $r_{X,Y} = \rho$.

例 8.3.2 假定随机向量 $(X(\omega), Y(\omega))$ 服从椭圆 $\dfrac{x^2}{a^2} + \dfrac{y^2}{b^2} \leqslant 1$ 上的均匀分布. 试求 $X(\omega)$ 和 $Y(\omega)$ 的期望、方差、协方差和相关系数.

解 例 7.2.4 已给出 $(X(\omega), Y(\omega))$ 的分布密度 $f(x,y)$(见式 (7.2.16)) 和它的两个边沿分布密度 $f_X(x)$ 和 $f_Y(y)$(见式 (7.2.17) 和 (7.2.18)). 于是得出期望分别为

$$EX = \int_{-\infty}^{+\infty} xf_X(x)dx = \frac{2}{\pi a} \int_{-a}^{a} x\sqrt{1 - \frac{x^2}{a^2}} dx = 0$$

$$EY = \int_{-\infty}^{+\infty} yf_Y(y)dy = \frac{1}{\pi b} \int_{-b}^{b} y\sqrt{1 - \frac{y^2}{b^2}} dy = 0$$

方差分别为

$$DX = \int_{-\infty}^{+\infty} (x - EX)^2 f_X(x)dx = \frac{2}{\pi a} \int_{-a}^{a} x^2\sqrt{1 - \frac{x^2}{a^2}} dx$$

$$= \frac{4}{\pi a^2} \int_0^a x^2\sqrt{a^2 - x^2} dx$$

$$= \frac{4}{\pi a^2} \left(-\frac{x}{4}\sqrt{(a^2-x^2)^3} + \frac{a^2 x}{8}\sqrt{a^2-x^2} \right)\bigg|_0^a + \frac{4}{\pi a^2}\frac{a^4}{8}\arcsin\cdot\frac{x}{a}\bigg|_0^a$$

$$= \frac{a^2}{4}$$

类似地计算可得 $DY = \dfrac{b^2}{4}$. 现在, 应用公式 (8.3.5) 得出

$$\text{cov}(X, Y) = \iint\limits_{\frac{x^2}{a^2} + \frac{y^2}{b^2} \leqslant 1} \frac{xy}{\pi ab} \mathrm{d}x\mathrm{d}y = \frac{1}{\pi ab} \int_{-a}^{a} x \left(\int_{-\sqrt{a^2 - x^2}}^{\sqrt{a^2 - x^2}} y\mathrm{d}y \right) \mathrm{d}x = 0$$

由此又推出相关系数 $r_{X,Y} = 0$.

注　在本例中 $f(x, y) \neq f_X(x) f_Y(y)$, 所以 X 和 Y 不相互独立. 但是, X 和 Y 是不相关的.

8.3.2　协方差和相关系数的基本性质

定理 8.3.1　假定 $X(\omega), Y(\omega), X_i(\omega), Y_i(\omega)(i = 1, 2)$ 是概率空间 $(\Omega, \mathcal{F}, P)$ 上的随机变量, 它们的方差皆存在. 那么协方差具有下列性质:

i) 如果 $X(\omega)$ 和 $Y(\omega)$ 相互独立, 那么

$$\text{cov}(X, Y) = 0 \tag{8.3.9}$$

但反之不对.

ii) 对称性

$$\text{cov}(X, Y) = \text{cov}(Y, X) \tag{8.3.10}$$

iii) 对任意的实数 c_1 和 c_2, 成立

$$\text{cov}(c_1 X, c_2 Y) = c_1 c_2 \text{cov}(X, Y) \tag{8.3.11}$$

iv) 可加性

$$\left.\begin{array}{l} \text{cov}(X_1 + X_2, Y) = \text{cov}(X_1, Y) + \text{cov}(X_2, Y) \\ \text{cov}(X, Y_1 + Y_2) = \text{cov}(X, Y_1) + \text{cov}(X, Y_2) \end{array}\right\} \tag{8.3.12}$$

v) $|\text{cov}(X, Y)| \leqslant \sqrt{DX}\sqrt{DY}$

证明　i) 若 $X(\omega)$ 和 $Y(\omega)$ 相互独立, 则 $X(\omega) - EX$ 和 $Y(\omega) - EY$ 也相互独立. 应用定理 8.1.3 之 iii) 得出

$$\text{cov}(X, Y) = E[(X - EX)(Y - EY)] = E(X - EX) \cdot E(Y - EY) = 0$$

反之不对由例 8.3.2 得出.

现在应用协方差定义 (8.3.2) 和定理 8.1.3 容易证明性质 ii)—iv); 而 v) 是已证的 (8.3.1). 定理论毕.　　■

定理 8.3.2 设 $X(\omega), Y(\omega)$ 是概率空间 $(\Omega, \mathcal{F}, P)$ 上的随机变量, 并且 DX, DY 存在, 不为零. 那么相关系数具有性质:

i) $$|r_{X,Y}| \leqslant 1 \tag{8.3.13}$$

ii) 如果 X 和 Y 相互独立, 那么 X 和 Y 不相关, 即

$$r_{X,Y} = 0 \tag{8.3.14}$$

但反之不对.

iii) $|r_{X,Y}| = 1$ 当且仅当 $X(\omega)$ 和 $Y(\omega)$ 之间是线性函数. 详言之, $r_{X,Y} = 1$ 当且仅当

$$P\left\{Y(\omega) = \sqrt{\frac{DY}{DX}}[X(\omega) - EX] + EY\right\} = 1 \tag{8.3.15}$$

$r_{X,Y} = -1$ 当且仅当

$$P\left\{Y(\omega) = -\sqrt{\frac{DY}{DX}}[X(\omega) - EX] + EY\right\} = 1 \tag{8.3.16}$$

证明 i) 和 ii) 分别由定理 8.3.1 的 v) 和 i) 推出. 下证 iii).

先设 $X(\omega)$ 和 $Y(\omega)$ 之间是线性函数, 即 $P\{Y(\omega) = aX(\omega) + b\} = 1$, 这里 a, b 是常数. 应用定理 8.3.1 的 iii), iv) 得出

$$\begin{aligned}
\mathrm{cov}(X, Y) &= \mathrm{cov}(X, aX + b) = \mathrm{cov}(X, aX) + \mathrm{cov}(X, b) \\
&= a\mathrm{cov}(X, X) + \mathrm{cov}(X, b)
\end{aligned}$$

注意到 $\mathrm{cov}(X, X) = DX$; $\mathrm{cov}(X, b) = 0$. 我们有 $\mathrm{cov}(X, Y) = aDX$. 于是, 应用 $DY = a^2 DX$ 得出

$$r_{X,Y} = \frac{\mathrm{cov}(X, Y)}{\sqrt{DX}\sqrt{DY}} = \frac{a}{\sqrt{a^2}} = \pm 1$$

反之, 假定 $|r_{X,Y}| = 1$. 容易验证

$$D\left(\frac{X}{\sqrt{DX}} \pm \frac{Y}{\sqrt{DY}}\right) = 2(1 \pm r_{X,Y})$$

由此可见, 当 $r = 1$ 时有 $D\left(\dfrac{X}{\sqrt{DX}} - \dfrac{Y}{\sqrt{DY}}\right) = 0$. 应用定理 8.2.1 之 i) 得出

$$P\left\{\frac{X}{\sqrt{DX}} - \frac{Y}{\sqrt{DY}} = \frac{EX}{\sqrt{DX}} - \frac{EY}{\sqrt{DY}}\right\} = 1$$

把等式整理后即得 (8.3.15). 同样可以证明 $r = -1$ 的情形, 定理证毕. ■

【相关系数的直观解释】　　相关系数 $r_{X,Y}$ 是反映随机变量 X 和 Y 的取值 $\{X(\omega)|\omega \in \Omega\}$ 和 $\{Y(\omega)|\omega \in \Omega\}$ 之间相互依赖的一个数字特征. 数值 $|r_{X,Y}|$ 越大两组数值之间的依赖程度越高. 当 $|r_{X,Y}| = 1$ 时两组数值呈现出线性函数关系 (8.3.15) 或 (8.3.16), 当 $|r_{X,Y}|$ 变小时两组数值之间的关系越来越松散 (指不仅不呈现线性函数关系, 也很难呈现出非线性函数关系), 当 $r_{X,Y} = 0$ 时两组数值之间不相关. X 和 Y 互不相关不是最松散的关系, 比不相关更松散的关系是 "完全" 不相关, 即 $X(\omega)$ 和 $Y(\omega)$ 相互独立.

8.3.3　随机向量的期望和方差

1. 记号和定义

用拉丁字母斜体大写 $A, B, C, \cdots$ 表示矩阵. 若矩阵的元素是随机变量, 则称为随机矩阵. 对于 $m \times n$ 阶矩阵, 记

$$A = (a_{ij})_n^m = \begin{pmatrix} a_{11} & a_{12} & \cdots & a_{1n} \\ a_{21} & a_{22} & \cdots & a_{2n} \\ \vdots & \vdots & & \vdots \\ a_{m1} & a_{m2} & \cdots & a_{mn} \end{pmatrix}$$

其中 $a_{ij}(i = 1, \cdots, m; j = 1, \cdots, n)$ 是 A 的第 i 行第 j 列的元素. 以

$$A^\tau = (a'_{ij})_m^n = \begin{pmatrix} a_{11} & a_{21} & \cdots & a_{m1} \\ a_{12} & a_{22} & \cdots & a_{m2} \\ \vdots & \vdots & & \vdots \\ a_{1n} & a_{2n} & \cdots & a_{mn} \end{pmatrix}$$

表示 A 的转置, 其中 $a'_{ij} = a_{ji}$.

对于 $n \times n$ 阶方阵 $A = (a_{ij})_n$, 用 $A^{-1} = (a_{ij}^{-1})_n$ 表示 A 的逆矩阵, 而 $|A|$ 表示它的行列式. $I_n = (\delta_{ij})$ 表示 $n \times n$ 单位矩阵 (亦简记为 I), 这里

$$\delta_{ij} = \begin{cases} 1, & i = j \\ 0, & i \neq j \end{cases}$$

在运算中 $\boldsymbol{a}, \boldsymbol{x}, \boldsymbol{X}$ 表示列向量, 即 $n \times 1$ 阶矩阵

$$\boldsymbol{a} = \begin{pmatrix} a_1 \\ \vdots \\ a_n \end{pmatrix}, \quad \boldsymbol{x} = \begin{pmatrix} x_1 \\ \vdots \\ x_n \end{pmatrix}, \quad \boldsymbol{X} = \begin{pmatrix} X_1 \\ \vdots \\ X_n \end{pmatrix}$$

而 $\boldsymbol{a}^\tau, \boldsymbol{x}^\tau, \boldsymbol{X}^\tau$ 都表示行向量, 即 $1 \times n$ 阶矩阵. 因此

$$\boldsymbol{x}^\tau = (x_1, \cdots, x_n); \quad \boldsymbol{a} = (x_1, \cdots, x_n)^\tau$$

其余类似.

矩阵和向量参与统一的矩阵运算. 例如, 设 A 是 $n \times n$ 阶矩阵, $\boldsymbol{x}$ 是 n 维列向量. 那么

$$\boldsymbol{x}^\tau \boldsymbol{x} = x_1^2 + x_2^2 + \cdots + x_n^2 (\text{平方和})$$
$$\boldsymbol{x}\boldsymbol{x}^\tau = (x_i x_j)_n^n \quad (n \times n \text{ 阶矩阵})$$
$$\boldsymbol{x}^\tau A \boldsymbol{x} = \sum_{i=1}^n \sum_{j=1}^n a_{ij} x_i x_j (\text{二次型})$$

定义 8.3.2 给定概率空间 $(\Omega, \mathcal{F}, P)$, 设 $\boldsymbol{X}(\omega) = (X_1(\omega), X_2(\omega), \cdots, X_n(\omega))^\tau$ 是其上的随机向量; $Z(\omega) = (Z_{ij}(\omega))_n^m$ 为其上的 $m \times n$ 随机矩阵. 那么,

i) 称 n 维常向量 $E\boldsymbol{X} = (EX_1, EX_2, \cdots, EX_n)^\tau$ 为随机向量 $\boldsymbol{X}(\omega)$ 的数学期望.

ii) 称 $m \times n$ 矩阵 $EZ = (EZ_{ij})_n^m$ 为随机矩阵 $Z(\omega)$ 的数学期望.

iii) 称 $n \times n$ 矩阵

$$\begin{aligned}
D\boldsymbol{X} &= E(\boldsymbol{X} - E\boldsymbol{X})(\boldsymbol{X} - E\boldsymbol{X})^\tau \\
&= \begin{pmatrix}
DX_1 & \text{cov}(X_1, X_2) & \cdots & \text{cov}(X_1, X_n) \\
\text{cov}(X_2, X_1) & DX_2 & \cdots & \text{cov}(X_2, X_n) \\
\vdots & \vdots & & \vdots \\
\text{cov}(X_n, X_1) & \text{cov}(X_n, X_2) & \cdots & DX_n
\end{pmatrix}
\end{aligned} \tag{8.3.17}$$

为随机向量 $\boldsymbol{X}(\omega)$ 的方差矩阵, 简称为方差.

2. 期望和方差的基本性质

给定概率空间 $(\Omega, \mathcal{F}, P)$, 设 $\boldsymbol{X}(\omega), \boldsymbol{Y}(\omega)$ 是随机向量, $Z(\omega) = (Z_{ij}(\omega))_n^m$ 是 $m \times n$ 阶随机矩阵.

定理 8.3.3 数学期望具有下列性质:

i) 对于任意的 n 维常向量 $\boldsymbol{c}$, 如果 $P\{\boldsymbol{X}(\omega) = \boldsymbol{c}\} = 1$, 则 $E\boldsymbol{X} = \boldsymbol{c}$.

ii) 对于任意的实数 λ 成立

$$E(\lambda \boldsymbol{X}) = \lambda E\boldsymbol{X} \tag{8.3.18}$$

对于任意的 $m \times n$ 数值矩阵 A 成立

$$E(A\boldsymbol{X}) = A(E\boldsymbol{X}) \tag{8.3.19}$$

对于任意的数值矩阵 A, B, C 成立 (只要相应的运算有意义)

$$E(AZB + C) = A(EZ)B + C \tag{8.3.20}$$

iii) $$E(\boldsymbol{X} + \boldsymbol{Y}) = E\boldsymbol{X} + E\boldsymbol{Y}. \tag{8.3.21}$$

iv) 如果 $\boldsymbol{X}(\omega)$ 和 $\boldsymbol{Y}(\omega)$ 相互独立, 则

$$E(\boldsymbol{X}\boldsymbol{Y}^{\tau}) = (E\boldsymbol{X})(E\boldsymbol{Y})^{\tau} \tag{8.3.22}$$

$$E(\boldsymbol{X}^{\tau}\boldsymbol{Y}) = (E\boldsymbol{X})^{\tau}(E\boldsymbol{Y}) \tag{8.3.23}$$

证明　由定理 8.1.3, 定义 8.3.2, 并应用矩阵运算即可证明 i)—iv). 作为例子, 我们证明 (8.3.19) 和 (8.3.22).

假设 $A = (a_{ij})_n^m$ 是 $m \times n$ 矩阵, 那么

$$A\boldsymbol{X}(\omega) = \begin{pmatrix} \sum_{j=1}^{n} a_{1j} X_j(\omega) \\ \vdots \\ \sum_{j=1}^{n} a_{mj} X_j(\omega) \end{pmatrix}$$

$$E(A\boldsymbol{X}) = \begin{pmatrix} E\left(\sum_{j=1}^{n} a_{1j} X_j\right) \\ \vdots \\ E\left(\sum_{j=1}^{n} a_{mj} X_j\right) \end{pmatrix} = \begin{pmatrix} \sum_{j=1}^{n} a_{1j} E X_j \\ \vdots \\ \sum_{j=1}^{n} a_{mj} E X_j \end{pmatrix} = A(EX)$$

得证 (8.3.19). 现在证 (8.3.22), 有

$$\boldsymbol{X}\boldsymbol{Y}^{\tau} = \begin{pmatrix} X_1 \\ \vdots \\ X_n \end{pmatrix} (Y_1, \cdots Y_n) = \begin{pmatrix} X_1 Y_1 & X_1 Y_2 & \cdots & X_1 Y_n \\ X_2 Y_1 & X_2 Y_2 & \cdots & X_2 Y_n \\ \vdots & \vdots & & \vdots \\ X_n Y_1 & X_n Y_2 & \cdots & X_n Y_n \end{pmatrix}$$

由独立性假定得出 $E(X_i Y_j) = E X_i \cdot E Y_j (1 \leqslant i, j \leqslant n)$, 于是

$$E(\boldsymbol{X}\boldsymbol{Y}^{\tau}) = \begin{pmatrix} E(X_1 Y_1) & E(X_1 Y_2) & \cdots & E(X_1 Y_n) \\ E(X_2 Y_1) & E(X_2 Y_2) & \cdots & E(X_2 Y_n) \\ \vdots & \vdots & & \vdots \\ E(X_n Y_1) & E(X_n Y_2) & \cdots & E(X_n Y_n) \end{pmatrix}$$

$$= \begin{pmatrix} EX_1 \cdot EY_1 & EX_1 \cdot EY_2 & \cdots & EX_1 \cdot EY_n \\ EX_2 \cdot EY_1 & EX_2 \cdot EY_2 & \cdots & EX_2 \cdot EY_n \\ \vdots & \vdots & & \vdots \\ EX_n \cdot EY_1 & EX_n \cdot EY_2 & \cdots & EX_n \cdot EY_n \end{pmatrix} = (E\boldsymbol{X})(E\boldsymbol{Y})^{\tau}$$

得证 (8.3.22). ∎

定理 8.3.4 方差具有下列性质:

i) 对任意的常向量 $\boldsymbol{c}$ 成立 $D\boldsymbol{c} = 0$ (0 是零向量).

ii) 对任意的实数 λ 成立

$$D(\lambda\boldsymbol{X}) = \lambda^2 D\boldsymbol{X} \tag{8.3.24}$$

对于任意的 $m \times n$ 数值矩阵 A 成立

$$D(A\boldsymbol{X}) = A(D\boldsymbol{X})A^{\tau} \tag{8.3.25}$$

iii) 如果 $\boldsymbol{X}(\omega)$ 和 $\boldsymbol{Y}(\omega)$ 独立, 那么

$$D(\boldsymbol{X} + \boldsymbol{Y}) = D\boldsymbol{X} + D\boldsymbol{Y} \tag{8.3.26}$$

iv) $D\boldsymbol{X}$ 是非负定矩阵. 即 $(D\boldsymbol{X})^{\tau} = D\boldsymbol{X}$(对称性), 并且对任意 n 维列向量 $\boldsymbol{a} = (a_1, a_2, \cdots, a_n)^{\tau} \in \mathbf{R}^n$ 有

$$\boldsymbol{a}^{\tau}(D\boldsymbol{X})\boldsymbol{a} \geqslant 0 \quad (\text{非负定性}) \tag{8.3.27}$$

(注意, 当 $n = 1$ 时 (8.3.27) 等价于 $D\boldsymbol{X} \geqslant 0$).

证明 由定理 8.2.1、定义 8.3.2、数学期望的性质和矩阵运算易证性质 i)—iv). 作为例子, 我们证明 (8.3.25) 和 (8.3.27).

假定 A 是 $m \times n$ 数值矩阵. 由 (8.3.17), (8.3.19) 和 (8.3.20) 得出

$$D(A\boldsymbol{X}) = E[A\boldsymbol{X} - E(A\boldsymbol{X})][A\boldsymbol{X} - E(A\boldsymbol{X})]^{\tau}$$
$$= A\{E[(\boldsymbol{X} - E\boldsymbol{X})(\boldsymbol{X} - E\boldsymbol{X})^{\tau}]\}A^{\tau}$$

得证 (8.3.25).

现在证 iv). 由 (8.3.17) 和 (8.3.10) 立即推出 $D\boldsymbol{X}$ 是对称矩阵. 易见, 对任意的数值列向量 $\boldsymbol{a} = (a_1, a_2, \cdots, a_n)^{\tau}$,

$$\boldsymbol{a}^{\tau}\boldsymbol{X}(\omega) = a_1 X_1(\omega) + a_2 X_2(\omega) + \cdots + a_n X_n(\omega)$$

是一维随机变量, 故 $D(\boldsymbol{a}^\tau \boldsymbol{X}) \geqslant 0$. 于是, 应用 (8.3.25)(令 $A = \boldsymbol{a}^\tau$) 得出

$$\boldsymbol{a}^\tau(D\boldsymbol{X})\boldsymbol{a} = D(\boldsymbol{a}^\tau \boldsymbol{X}) \geqslant 0$$

得证 (8.3.27). ■

例 8.3.3 设随机向量 $\boldsymbol{X}(\omega) = (X_1(\omega), X_2(\omega), \cdots, X_n(\omega))$ 服从 n 维正态分布 $N(\boldsymbol{\mu}, C)$, 其分布密度为

$$f_{\boldsymbol{X}}(\boldsymbol{x}) = (2\pi)^{-\frac{n}{2}} |C|^{-\frac{1}{2}} \exp\left\{-\frac{1}{2}(\boldsymbol{x} - \boldsymbol{\mu})^\tau C^{-1}(\boldsymbol{x} - \boldsymbol{\mu})\right\} \tag{8.3.28}$$

其中 $\boldsymbol{\mu} = (\mu_1, \mu_2, \cdots, \mu_n)^\tau$ 是列向量, $C = (C_{ij})_n$ 是 n 阶正定矩阵. 试证

$$E\boldsymbol{X} = \boldsymbol{\mu}, \quad D\boldsymbol{X} = C \tag{8.3.29}$$

先证一个引理, 它在其他场合中也常被引用.

引理 8.3.1 假定 $\boldsymbol{X}(\omega)$ 服从正态分布 $N(\boldsymbol{\mu}, C)$, 那么存在正交矩阵 T, 使得

$$\boldsymbol{Y} = T^\tau(\boldsymbol{X} - \boldsymbol{\mu}) \triangleq (Y_1, Y_2, \cdots, Y_n)$$

的 n 个分量相互独立, 而且 Y_j 服从 $N(0, \lambda_j)$ 分布 $(j = 1, 2, \cdots, n)$, 这里 $\lambda_j(j = 1, 2, \cdots, n)$ 是矩阵 C 的 n 个特征根.

证明 由引理 3.7.5 证明得知, 存在正交矩阵 T, 使得对任意的 $\boldsymbol{y} = (y_1, y_2, \cdots, y_n)$ 成立

$$f_{\boldsymbol{X}}(T\boldsymbol{y} + \boldsymbol{\mu}) = (2\pi)^{-\frac{n}{2}}(\lambda_1 \cdots \lambda_n)^{-\frac{1}{2}} \exp\left\{-\frac{1}{2}\sum_{j=1}^{n} \frac{y_j^2}{\lambda_j}\right\} \tag{8.3.30}$$

其中 $\lambda_1, \lambda_2, \cdots, \lambda_n$ 是矩阵 C 的特征根, 正定性得出 $\lambda_j > 0 (1 \leqslant j \leqslant n)$.

讨论随机向量 $\boldsymbol{Y}(\omega) = T^\tau[\boldsymbol{X}(\omega) - \boldsymbol{\mu}]$ 的分布函数. 令

$$B_{\boldsymbol{y}} = \prod_{j=1}^{n} (-\infty, y_j], \quad A_{\boldsymbol{y}} = \{\boldsymbol{x} \in \mathbf{R}^n | T^\tau(\boldsymbol{x} - \boldsymbol{\mu}) \in B_{\boldsymbol{y}}\}$$

那么 $\boldsymbol{Y}$ 的分布函数为

$$F_{\boldsymbol{Y}}(\boldsymbol{y}) = P(\boldsymbol{Y} \in B_{\boldsymbol{y}}) = P\{\boldsymbol{X}(\omega) \in A_{\boldsymbol{y}}\} = \int_{A_{\boldsymbol{y}}} f_{\boldsymbol{X}}(\boldsymbol{x}) \mathrm{d}\boldsymbol{x}$$

在右端积分中作变量代换: $\boldsymbol{x} = T\boldsymbol{v} + \boldsymbol{\mu}$. 变换的雅可比行列式 $\dfrac{\mathrm{d}\boldsymbol{x}}{\mathrm{d}\boldsymbol{v}} = |T| = \pm 1$. 我们有

$$F_{\boldsymbol{Y}}(\boldsymbol{y}) = \int_{A_{\boldsymbol{y}}} f_{\boldsymbol{X}}(\boldsymbol{x}) \mathrm{d}\boldsymbol{x} = \int_{B_{\boldsymbol{y}}} f_{\boldsymbol{X}}(T\boldsymbol{v} + \boldsymbol{\mu}) \mathrm{d}\boldsymbol{v}$$

从而 Y 的分布密度为

$$f_Y(y) = f_X(Ty + \mu), \quad y \in \mathbf{R}^n$$

于是, (8.3.30) 证实, $Y(\omega)$ 服从正态分布, 具有引理所述性质 (参看例 7.2.7). 引理得证.

现在证明 (8.3.29). 由引理 8.3.1 易见

$$EY = 0 = \begin{pmatrix} 0 \\ \vdots \\ 0 \end{pmatrix}, \quad DY = \Lambda = \begin{pmatrix} \lambda_1 & & 0 \\ & \ddots & \\ 0 & & \lambda_n \end{pmatrix}$$

由 (3.7.43) 知 $\Lambda = T^\tau CT$. 注意到 $Y = T^\tau(X - \mu)$ 等价于 $X = TY + \mu$. 应用定理 8.3.3 之 iii) 和 iv) 得出

$$EX = E(TY + \mu) = T(EY) + \mu = \mu$$

应用 T 是正交矩阵和定理 8.3.4 之 iii) 和 iv) 得出

$$DX = D(TY + \mu) = T(DY)T^\tau + D\mu = T\Lambda T^\tau = TT^\tau CTT^\tau = C$$

得证结论 (8.3.29). ■

8.3.4 两个随机向量的协方差

给定概率空间 $(\Omega, \mathcal{F}, P)$. 设 $X(\omega) = (X_1(\omega), \cdots, X_m(\omega))$ 和 $Y(\omega) = (Y_1(\omega), \cdots, Y_n(\omega))$ 分别是其上的 m 维和 n 维随机向量.

定义 8.3.3 称 $\mathrm{cov}(X, Y) = E(X - EX)(Y - EY)^\tau$, 即

$$\mathrm{cov}(X, Y) = \begin{pmatrix} \mathrm{cov}(X_1, Y_1) & \mathrm{cov}(X_1, Y_2) & \cdots & \mathrm{cov}(X_1, Y_n) \\ \mathrm{cov}(X_2, Y_1) & \mathrm{cov}(X_2, Y_2) & \cdots & \mathrm{cov}(X_2, Y_n) \\ \vdots & \vdots & & \vdots \\ \mathrm{cov}(X_m, Y_1) & \mathrm{cov}(X_m, Y_2) & \cdots & \mathrm{cov}(X_m, X_n) \end{pmatrix} \tag{8.3.31}$$

为随机向量 X 和 Y 的协方差矩阵, 简称为协方差.

显然成立

$$DX = \mathrm{cov}(X, X) \tag{8.3.32}$$

$$\mathrm{cov}(X, Y) = EXY^\tau - (EX)(EY)^\tau \tag{8.3.33}$$

应用数学期望的性质易证协方差矩阵具有下列性质:

i) 如果 $\boldsymbol{X}$ 和 $\boldsymbol{Y}$ 独立, 则 $\text{cov}(\boldsymbol{X}, \boldsymbol{Y}) = 0$; 但反之不对.

ii) 对任意实数 λ_1 和 λ_2, 有

$$\text{cov}(\lambda_1 \boldsymbol{X}, \lambda_2 \boldsymbol{Y}) = \lambda_1 \lambda_2 \text{cov}(\boldsymbol{X}, \boldsymbol{Y})$$

对任意 $l \times m$ 矩阵 A 和 $k \times n$ 矩阵 B, 成立

$$\text{cov}(A\boldsymbol{X}, B\boldsymbol{Y}) = A\text{cov}(\boldsymbol{X}, \boldsymbol{Y})B^{\tau}$$

iii) 对任意的 m 维列向量 $\boldsymbol{X}_1(\omega), \boldsymbol{X}_2(\omega)$, 以及任意的 n 维列向量 $\boldsymbol{Y}(\omega)$, 成立

$$\text{cov}(\boldsymbol{X}_1 + \boldsymbol{X}_2, \boldsymbol{Y}) = \text{cov}(\boldsymbol{X}_1, \boldsymbol{Y}) + \text{cov}(\boldsymbol{X}_2, \boldsymbol{Y})$$

iv) 协方差矩阵具有对称性

$$\text{cov}(\boldsymbol{X}, \boldsymbol{Y}) = [\text{cov}(\boldsymbol{Y}, \boldsymbol{X})]^{\tau}$$

结束本节时依据性质 i) 引进不相关的概念.

定义 8.3.4　称随机向量 $\boldsymbol{X}(\omega)$ 和 $\boldsymbol{Y}(\omega)$ 为不相关的, 如果 $\text{cov}(\boldsymbol{X}, \boldsymbol{Y}) = 0$.

8.4　两类条件数学期望

给定概率空间 $(\Omega, \mathcal{F}, P)$. 设 $X(\omega)$ 是其上的随机变量, 有分布函数 $F_X(x)$. 人们应用分布函数 $F_X(x)$ 引进数学期望、方差等一系列数字特征.

类似地, 应用 $X(\omega)$ 的两类条件分布函数 (7.3 节) 可以引进两类条件数学期望.

8.4.1　随机变量关于事件的条件数学期望

定义 8.4.1　给定概率空间 $(\Omega, \mathcal{F}, P)$ 和事件 $N \in \mathcal{F}, P(N) > 0$. 设 $X(\omega)$ 是随机变量, 它关于事件 N 的条件分布函数为 $F_{X|N}(x)$. 如果 L-S 积分 $\int_{-\infty}^{+\infty} |x| \mathrm{d}F_{X|N}(x)$ 存在, 那么称

$$
\begin{aligned}
E(X|N) &= \int_{-\infty}^{+\infty} x \mathrm{d}F_{X|N}(x) \\
&\triangleq \lim_{n \to \infty} \sum_k \frac{k}{2^n} \left[F_{X|N}\left(\frac{k}{2^n}\right) - F_{X|N}\left(\frac{k-1}{2^n}\right) \right] \\
&= \lim_{n \to \infty} \sum_k \frac{k}{2^n} P\left(\frac{k-1}{2^n} < X \leqslant \frac{k}{2^n} \bigg| N\right)
\end{aligned}
\tag{8.4.1}
$$

为 $X(\omega)$ 关于事件 N 的条件数学期望, 简称为条件期望. 两种重要的特殊情形是:

i) $F_{X|N}(x)$ 是连续型分布函数, 有关于事件 N 的条件分布密度 $f_{X|N}(x)$, 那么

$$E(X|N) = \int_{-\infty}^{+\infty} x f_{X|N}(x) \mathrm{d}x \tag{8.4.2}$$

ii) $F_{X|N}(x)$ 是离散型分布函数, 有分布律

$$p_{X|N}(x) = \begin{cases} p_{i|N} = P\{X(\omega) = x_i|N\}, & x = x_i, i = 0, 1, 2, \cdots \\ 0, & \text{其他} \end{cases} \tag{8.4.3}$$

那么

$$E(X|N) = \sum_{i \geqslant 0} x_i p_{i|N} = \sum_{i \geqslant 0} x_i P\{X(\omega) = x_i|N\} \tag{8.4.4}$$

例 8.4.1 给定概率空间 $(\Omega, \mathcal{F}, P)$, 设 $M, N \in \mathcal{F}, P(N) > 0$. χ_M 是事件 M 的示性函数, 试求条件数学期望 $E(\chi_M|N)$.

解 χ_M 是只取数值 0 和 1 的离散型随机变量. 显然, χ_M 关于事件 N 的条件分布律为

$$p_{\chi_M|N}(x) = \begin{cases} P(M|N), & x = 1 \\ P(\overline{M}|N), & x = 0 \\ 0, & \text{其他} \end{cases} \tag{8.4.5}$$

应用公式 (8.4.4) 得出 $E(\chi_M|N) = P(M|N)$.

由本例得出, 事件的条件概率等于该事件示性函数的条件数学期望.

例 8.4.2 给定概率空间 $(\Omega, \mathcal{F}, P)$, 设 $X(\omega)$ 是随机度量, $F_X(x)$ 是它的分布函数. 取 $N = \{a < X(\omega) \leqslant b\}$, 并且 $P(N) = F_X(b) - F_X(a) > 0$. 试求 $E(X|N)$.

解 显然, $X(\omega)$ 关于 N 的条件分布函数为

$$F_{X|N}(x) = \begin{cases} 0, & x < a \\ \dfrac{F_X(x) - F_X(a)}{F_X(b) - F_X(a)}, & a \leqslant x < b \\ 1, & b \leqslant x \end{cases} \tag{8.4.6}$$

应用公式 (8.4.1) 得出

$$E(X|a < X \leqslant b) = \int_{-\infty}^{+\infty} x \mathrm{d}F_{X|N}(x) = \frac{1}{F_X(b) - F_X(a)} \int_a^b x \mathrm{d}F_X(x) \tag{8.4.7}$$

特别, 假定 $X(\omega)$ 是连续型的, 其分布密度函数为 $f_X(x)$, 那么 $X(\omega)$ 关于事件

N 的条件分布密度为

$$f_{X|N}(x) = \begin{cases} \dfrac{\displaystyle\int_a^x f_X(x)\mathrm{d}x}{\displaystyle\int_a^b f_X(x)\mathrm{d}x}, & a < x \leqslant b \\[4mm] 0, & \text{其他} \end{cases} \tag{8.4.8}$$

$X(\omega)$ 关于事件 N 的条件数学期望为

$$E(X|a < X \leqslant b) = \frac{\displaystyle\int_a^b x f_X(x)\mathrm{d}x}{\displaystyle\int_a^b f_X(x)\mathrm{d}x} \tag{8.4.9}$$

容易得出 $E(X|\Omega) = EX$. 在讨论条件数学期望的性质之前, 先证明一个引理. 我们知道, $P(M|N) = \dfrac{P(MN)}{P(N)}$. 下面的引理证明, 对条件数学期望有类似的关系式.

引理 8.4.1　假设 $X(\omega)$ 的数学期望存在. 那么对任意事件 N, $P(N) > 0$, 成立

$$E(X|N) = \frac{E(X\chi_N)}{E\chi_N} \tag{8.4.10}$$

其中 $\chi_N(\omega)$ 是 N 的示性函数. 特别, 如果 $X(\omega)$ 和 N 相互独立, 那么

$$E(X|N) = EX \tag{8.4.11}$$

证明　由公式 (8.4.1) 推出

$$E(X|N) = \lim_{n\to\infty} \sum_{k\neq -1} \frac{k}{2^n} P\left(\frac{k}{2^n} < X \leqslant \frac{k+1}{2^n} \Big| N \right) \tag{8.4.12}$$

显然, $k \neq -1$ 时事件 $\left\{ \chi_N = 0, \dfrac{k}{2^n} < X\chi_N \leqslant \dfrac{k+1}{2^n} \right\} = \varnothing$, 并且

$$\begin{aligned} &N \cap \left\{ \frac{k}{2^n} < X \leqslant \frac{k+1}{2^n} \right\} \\ &= \left\{ \chi_N = 1, \frac{k}{2^n} < X \leqslant \frac{k+1}{2^n} \right\} \\ &= \left\{ \chi_N = 1, \frac{k}{2^n} < X\chi_N \leqslant \frac{k+1}{2^n} \right\} \cup \left\{ \chi_N = 0, \frac{k}{2^n} < X\chi_N \leqslant \frac{k+1}{2^n} \right\} \\ &= \left\{ \frac{k}{2^n} < X\chi_N \leqslant \frac{k+1}{2^n} \right\} \end{aligned}$$

于是, 应用 (8.4.12) 和 (8.1.6) 得出

$$E(X|N) = \lim_{n\to\infty} \sum_{k\neq -1} \frac{k}{2^n} \cdot \frac{1}{P(N)} P\left(N \cap \left\{\frac{k}{2^n} < X \leqslant \frac{k+1}{2^n}\right\}\right)$$

$$= \frac{1}{P(N)} \lim_{n\to\infty} \sum_{k\neq -1} \frac{k}{2^n} P\left\{\frac{k}{2^n} < X\chi_N \leqslant \frac{k+1}{2^n}\right\}$$

$$= \frac{1}{P(N)} E(X\chi_N)$$

应用例 8.4.1 即得式 (8.4.10). 如果 $X(\omega)$ 和 N 相互独立, 则 $E(X\chi_N) = EX \cdot E\chi_N$, 得证 (8.4.11). ■

从这个引理容易得出, 对固定的 "条件" 事件 N, $X(\omega)$ 关于 N 的条件数学期望具有 "无条件" 数学期望的一切性质 (例如, 定理 8.1.3 中的性质). 下面的定理给出, 对固定的 $X(\omega)$, $X(\omega)$ 关于 (不同事件)N 的条件数学期望之间的联系.

定理 8.4.1 (全数学期望公式) 给定概率空间 $(\Omega, \mathcal{F}, P)$, 设 $H_i \in \mathcal{F}$, $P(H_i) > 0 (i = 1, 2, \cdots)$ 是有限个或可数个互不相容的事件, 那么对数学期望存在的任意随机变量 $X(\omega)$ 成立

i) 令 $N = \bigcup_{i \geqslant 1} H_i$, 则有

$$E(X|N) = \frac{1}{P(N)} \sum_{i\geqslant 1} E(X|H_i)P(H_i) \tag{8.4.13}$$

ii) 如果 $\bigcup_{i\geqslant 1} H_i = \Omega$, 则

$$EX = \sum_{i\geqslant 1} E(X|H_i)P(H_i) \tag{8.4.14}$$

证明 由于 (8.4.14) 是 (8.4.13) 的特殊情形, 故只需证 (8.4.13). 应用 (8.4.10) 得出

$$P(N)E(X|N) = E\chi_N E(X|N) = E(X\chi_N)$$

$$= E\left(\sum_{i\geqslant 1} X\chi_{H_i}\right) = \sum_{i\geqslant 1} E(X\chi_{H_i})$$

$$= \sum_{i\geqslant 1} E(X|H_i)P(H_i)$$

得证 (8.4.13) 成立. ■

例 8.1.3 设 $\nu(\omega), X_1(\omega), X_2(\omega), \cdots$ 是有限个或可列个相互独立的随机变量, 并且 $\nu(\omega)$ 只取自然数为值, 诸 $X_i(\omega)(i \geqslant 1)$ 有相同的分布函数. 令 $Y(\omega) = X_1(\omega) + X_2(\omega) + \cdots + X_{\nu(\omega)}(\omega)$. 假定 $E\nu$ 和 EX_i 皆存在, 试求 EY.

解　记 $E\nu = \alpha, EX_i = \mu\ (i \geqslant 1)$; 令 $H_n = \{\nu(\omega) = n\}$. 显然, 诸事件 $H_1, H_2, \cdots$ 互不相容, $\bigcup\limits_{n=1}^{\infty} H_n = \Omega$. 应用 $\nu(\omega)$ 与 $X_i(\omega)$ 相互独立和 (8.4.11) 得出

$$E(X_i|H_n) = E(X_i|\nu = n) = EX_i = \mu$$

因而对 $n \geqslant 1$ 有

$$
\begin{aligned}
E(Y|H_n) &= E\left(\sum_{i=1}^{\nu} X_i|\nu = n\right) \\
&= E\left(\sum_{i=1}^{n} X_i|\nu = n\right) \\
&= \sum_{i=1}^{n} E(X_i|\nu = n) = n\mu
\end{aligned}
$$

最后, 应用全数学期望公式 (8.4.14) 得到

$$EY = \sum_{n=1}^{\infty} E(Y|H_n)P(H_n) = \sum_{n=1}^{\infty} \mu n P(\nu = n) = \alpha\mu$$

8.4.2　关于随机变量的值密度–条件数学期望

定义 8.4.2　给定概率空间 $(\Omega, \mathcal{F}, P)$. 设 $X(\omega), Y(\omega)$ 是其上的随机变量, $F_{X|Y}(x|y)$ 是 $X(\omega)$ 关于 $Y(\omega)$ 的值密度–条件分布函数. 如果 L-S 积分 $\int_{-\infty}^{+\infty} |x| \cdot \mathrm{d}_x F_{X|Y}(x|y)$ 存在, 那么称

$$
\begin{aligned}
E(X|Y = y) &\overset{\text{def}}{=\!=} E(X|Y)(y) = \int_{-\infty}^{+\infty} x \mathrm{d}_x F_{X|Y}(x|y) \\
&= \lim_{n\to\infty} \sum_k \frac{k}{2^n}\left[F_{X|Y}\left(\frac{k}{2^n}|y\right) - F_{X|Y}\left(\frac{k-1}{2^n}|y\right)\right]　(8.4.15)
\end{aligned}
$$

为 $X(\omega)$ 关于 $Y(\omega)$ 的值密度–条件数学期望, 或条件数学期望 (Kolmogorov 形式). 两种重要的特殊情形是:

i) $\boldsymbol{Z}(\omega) = (X(\omega), Y(\omega))$ 是连续型随机向量, $f(x, y)$ 是分布密度; $f_{X|Y}(x|y)$ 是值密度–条件分布密度, 那么 (8.4.15) 成为

$$
\begin{aligned}
E(X|Y = y) &= \int_{-\infty}^{+\infty} x f_{X|Y}(x|y)\mathrm{d}x \\
&= \frac{1}{f_Y(y)} \int_{-\infty}^{+\infty} x f(x, y)\mathrm{d}x　(8.4.16)
\end{aligned}
$$

其中 $f_Y(y)$ 是 $f(x, y)$ 的边沿分布密度.

ii)$Z(\omega) = (X(\omega), Y(\omega))$ 是离散型随机向量, 其分布律为

$$p(x, y) = \begin{cases} p_{ij} = P(X = x_i, Y = y_j), & (x, y) = (x_i, y_j), i, j = 0, 1, 2, \cdots \\ 0, & \text{其他} \end{cases} \tag{8.4.17}$$

$p_{X|Y}(x|y)$ 是值密度–条件分布律. 那么

$$E(X|Y = y) = \sum_{i \geqslant 0} x_i p_{X|Y}(x_i|y_j) = \frac{1}{p_{\cdot j}} \sum_{i \geqslant 0} x_i p_{ij}, \quad y = y_j (j \geqslant 0) \tag{8.4.18}$$

其中 $p_{\cdot j}$ 是 $p(x, y)$ 的边沿分布律.

例 8.4.4 给定概率空间 $(\Omega, \mathcal{F}, P)$ 和 $N \in \mathcal{F}, 0 < P(N) < 1$, 那么, 对任意的随机度量 $X(\omega)$, 如果 EX 存在, 则 $X(\omega)$ 关于 $\chi_B(\omega)$ 的值密度–条件数学期望为

$$E(X|\chi_B = y) = \begin{cases} E(X|B), & y = 1 \\ E(X|\overline{B}), & y = 0 \end{cases} \tag{8.4.19}$$

解 由定义 7.3.3 中式 (7.3.10) 看出 $F_{X|Y}(x|y)$ 仅当 $y = 0$ 和 1 时不为零. 当 $y = 1$ 时有

$$F_{X|Y}(x|1) = \frac{P(X \leqslant x, \chi_B = 1)}{P(\chi_B = 1)} = \frac{P((X \leqslant x) \cap B)}{P(B)} = P(X \leqslant x|B) = F_{X|B}(x)$$

当 $y = 0$ 时 $F_{X|Y}(x|0) = F_{X|\overline{B}}(x)$. 于是, 应用定义 8.4.1 即得式 (8.4.19).

例 8.4.5 给定概率空间 $(\Omega, \mathcal{F}, P)$ 和事件 $H_j \in \mathcal{F}, P(H_j) > 0(j = 0, 1, 2, \cdots)$, 并且 $\{H_i|i \geqslant 0\}$ 是 Ω 的一个划分. 令

$$Y(\omega) = y_0 \chi_{H_0}(\omega) + y_1 \chi_{H_1}(\omega) + y_2 \chi_{H_2}(\omega) + \cdots$$

$$(y_0, y_1, y_2 \cdots \text{是任意的实数})$$

又设 $X(\omega)$ 是存在数学期望的任意随机变量, 试求 $X(\omega)$ 关于 $Y(\omega)$ 的值密度–条件数学期望.

解 显然 $Y(\omega)$ 是取值 $\{y_0, y_1, y_2, \cdots\}$ 的离散型随机度量. 由式 (7.3.10) 得出 $F_{X|Y}(x|y)$ 仅当 $y = y_j (j \geqslant 0)$ 时不为零. 当 $y = y_j$ 时有 $H_j = \{Y(\omega) = y_j\}$ 和

$$F_{X|Y}(x|y_j) = \frac{P(X \leqslant x, Y = y_j)}{P(Y = y_j)}$$

$$= \frac{P(X \leqslant x, H_j)}{P(H_j)} = F_{X|H_j}(x) \quad (j = 0, 1, 2, \cdots)$$

即

$$
F_{X|Y}(x|y) = \begin{cases} F_{X|H_0}(x), & x \in \mathbf{R}, y = y_0 \\ F_{X|H_1}(x), & x \in \mathbf{R}, y = y_1 \\ \quad\cdots\cdots \\ F_{X|H_j}(x), & x \in \mathbf{R}, y = y_j \\ \quad\cdots\cdots \end{cases}
$$

现在, 由定义 8.4.2 中式 (8.4.15) 得出

$$
E(X|Y = y) = E(X|H_j), \quad y = y_j (j = 0, 1, \cdots)
$$

或写为

$$
E(X|Y = y) = \begin{cases} E(X|H_0), & y = y_0 \\ E(X|H_1), & y = y_1 \\ \quad\cdots\cdots \\ E(X|H_j), & y = y_j \\ \quad\cdots\cdots \end{cases}
$$

例 8.4.6　给定概率空间 $(\Omega, \mathcal{F}, P)$, 设 $X_1(\omega), X_2(\omega), \cdots, X_n(\omega)$ 是相互独立的随机变量, $X_i(\omega)$ 服从参数为 λ_i 的 Poisson 分布. 令

$$
Y_k = X_1 + X_2 + \cdots + X_k \quad (1 \leqslant k \leqslant n),
$$

试求 $Y_k(\omega)$ 关于 $Y_n(\omega)$ 的值密度–条件分布律

$$
p_{Y_k|Y_n}(M|N) = P(Y_k = M|Y_n = N) \quad (M \leqslant N, M, N = 0, 1, 2, \cdots)
$$

和值密度–条件数学期望

$$
E(Y_k|Y_n = N) \quad (N = 0, 1, 2, \cdots).
$$

解　由于 $X_1, X_2, \cdots, X_n$ 的独立性和 Poisson 分布的可加性得出, $Y_k(\omega)$ 服从参数为 $\lambda_1 + \lambda_2 + \cdots + \lambda_k$ 的 Poisson 分布. 故 $M \leqslant N$ 时有

$$
\begin{aligned}
P(Y_k = M|Y_n = N) &= \frac{P(Y_k = M, Y_n = N)}{P(Y_n = N)} \\
&= \frac{P(X_1 + \cdots + X_k = M, X_{k+1} + \cdots + X_n = N - M)}{P(X_1 + \cdots + X_n = N)} \\
&= \frac{P(X_1 + \cdots + X_k = M) P(X_{k+1} + \cdots + X_n = N - M)}{P(X_1 + \cdots + X_n = N)}
\end{aligned}
$$

$$= C_N^M \left(\frac{\lambda_1 + \cdots + \lambda_k}{\lambda_1 + \cdots + \lambda_n} \right)^M \left(\frac{\lambda_{k+1} + \cdots + \lambda_n}{\lambda_1 + \cdots + \lambda_n} \right)^{N-M}$$

下面求值密度–条件数学期望. 由定义得出

$$E(Y_k|Y_n = N) = \sum_{M=0}^{N} M C_N^M \left(\frac{\lambda_1 + \cdots + \lambda_k}{\lambda_1 + \cdots + \lambda_n} \right)^M \left(\frac{\lambda_{k+1} + \cdots + \lambda_n}{\lambda_1 + \cdots + \lambda_n} \right)^{N-M}$$

$$= \sum_{M=0}^{N} M P(Y_k = M|Y_n = N)$$

右方是二项分布的数学期望, 由此得出

$$E(Y_k|Y_n = N) = \frac{N(\lambda_1 + \cdots + \lambda_k)}{\lambda_1 + \cdots + \lambda_N}$$

例 8.4.7 设随机变量 $Y(\omega)$ 在 $(0, a)$ 上有均匀分布; 又设随机变量 $X(\omega)$ 在 (Y, a) 上有均匀分布. 试求值密度–条件数学期望 $E(X|Y = y), 0 < y < a$.

解 由题设知, $X(\omega)$ 关于 $Y(\omega)$ 的值密度–条件分布密度为

$$f_{X|Y}(x|y) = \begin{cases} \dfrac{1}{a-y}, & 0 < y < x < a \\ 0, & \text{其他} \end{cases}$$

由定义得出, 对任意的 $0 < y < a$ 有

$$E(X|Y = y) = \int_{-\infty}^{+\infty} x f_{X|Y}(x|y)\mathrm{d}x = \int_{y}^{a} \frac{x\mathrm{d}x}{a-y} = \frac{a+y}{2}$$

让我们指出, 数学期望 EX 和值密度–条件数学期望 $E(X|Y = y)$ 是用"同样的"积分定义的两个概念. 因此, 对固定的 $y, E(X|Y = y)$ 具有 EX 的所有性质. 例如, 具有定理 8.1.3 所述的性质.

8.4.3 随机向量情形

把前两小节中的概念和结论推广到随机向量情形是平凡的. 事实上, 在前面的讨论中, 用 $\boldsymbol{X}(\omega), \boldsymbol{Y}(\omega), \boldsymbol{x}, \boldsymbol{y}, \boldsymbol{x}_i, \boldsymbol{y}_j$ 分别代替 $X(\omega), Y(\omega), x, y, x_i, y_j$ 后逐句地重复讨论即可达到目的. 这里只给出定义 8.4.1 和定义 8.4.2 的推广形式.

定义 8.4.3 给定概率空间 $(\Omega, \mathcal{F}, P)$ 和事件 $N \in \mathcal{F}, P(N) > 0$. 设 $\boldsymbol{X}(\omega)$ 是随机向量, 它关于事件 N 的条件分布函数为 $F_{\boldsymbol{X}|N}(\boldsymbol{x})$. 那么称 (如果右方积分存在)

$$E(\boldsymbol{X}|N) = \int_{-\infty}^{+\infty} \boldsymbol{x}\mathrm{d}F_{\boldsymbol{X}|N}(\boldsymbol{x}) \tag{8.4.20}$$

为 $\boldsymbol{X}(\omega)$ 关于事件 N 的条件数学期望 (向量). 两种重要的特殊情形是:

i) $F_{\boldsymbol{X}|N}(\boldsymbol{x})$ 是连续型分布函数, 有关于事件 N 的条件分布密度 $f_{\boldsymbol{X}|N}(\boldsymbol{x})$, 那么

$$E(\boldsymbol{X}|N) = \int_{-\infty}^{+\infty} \boldsymbol{x} f_{\boldsymbol{X}|N}(\boldsymbol{x})\mathrm{d}\boldsymbol{x} \tag{8.4.21}$$

ii) $F_{\boldsymbol{X}|N}(\boldsymbol{x})$ 是离散型分布函数, 有关于事件 N 的条件分布律

$$p_{\boldsymbol{X}|N}(\boldsymbol{x}) = \begin{cases} p_{i|N} = P\{\boldsymbol{X}(\omega) = \boldsymbol{x}_i|N\}, & \boldsymbol{x} = \boldsymbol{x}_i(i \geqslant 0) \\ 0, & \text{其他} \end{cases} \tag{8.4.22}$$

那么

$$E(\boldsymbol{X}|N) = \sum_{i \geqslant 0} \boldsymbol{x}_i p_{i|N} = \sum_{i \geqslant 0} \boldsymbol{x}_i P\{\boldsymbol{X}(\omega) = \boldsymbol{x}_i|N\} \tag{8.4.23}$$

定义 8.4.4　给定概率空间 $(\Omega, \mathcal{F}, P)$. 设 $\boldsymbol{X}(\omega), \boldsymbol{Y}(\omega)$ 是其上的随机向量, $F_{\boldsymbol{X}\cdot|\boldsymbol{Y}}(\boldsymbol{x}|\boldsymbol{y})$ 是 $\boldsymbol{X}(\omega)$ 关于 $\boldsymbol{Y}(\omega)$ 的值密度-条件分布函数, 那么称

$$E(\boldsymbol{X}|\boldsymbol{Y} = \boldsymbol{y}) \stackrel{\text{def}}{=\!=} E(\boldsymbol{X}|\boldsymbol{Y})(\boldsymbol{y}) = \int_{-\infty}^{+\infty} \boldsymbol{x}\mathrm{d}_{\boldsymbol{x}} F_{\boldsymbol{X}|\boldsymbol{Y}}(\boldsymbol{x}|\boldsymbol{y}) \tag{8.4.24}$$

(只要右方存在) 为 $\boldsymbol{X}(\omega)$ 关于 $\boldsymbol{Y}(\omega)$ 的值密度-条件数学期望, 又称为 Kolmogorov 形式的条件数学期望. 两种重要的特殊情形是:

i) $\boldsymbol{Z}(\omega) = (\boldsymbol{X}(\omega), \boldsymbol{Y}(\omega))$ 是连续型随机向量, 有联合分布密度 $f(\boldsymbol{x}, \boldsymbol{y})$. 又设 $f_{\boldsymbol{X}|\boldsymbol{Y}}(\boldsymbol{x}|\boldsymbol{y})$ 是 $\boldsymbol{X}(\omega)$ 关于 $\boldsymbol{Y}(\omega)$ 的值密度-条件分布密度. 那么 (8.4.24) 成为

$$E(\boldsymbol{X}|\boldsymbol{Y}) = \int_{-\infty}^{+\infty} \boldsymbol{x} f_{\boldsymbol{X}|\boldsymbol{Y}}(\boldsymbol{x}|\boldsymbol{y})\mathrm{d}\boldsymbol{x} = \frac{1}{f_{\boldsymbol{Y}}(\boldsymbol{y})} \int_{-\infty}^{+\infty} x f(x, y)dx \tag{8.4.25}$$

其中 $f_{\boldsymbol{Y}}(\boldsymbol{y})$ 是 $f(\boldsymbol{x}, \boldsymbol{y})$ 的截口为 $\boldsymbol{y}$ 的边沿分布密度.

ii) $\boldsymbol{Z}(\omega) = (\boldsymbol{X}(\omega), \boldsymbol{Y}(\omega))$ 是离散型随机向量, 有联合分布律

$$p(\boldsymbol{x}, \boldsymbol{y}) = \begin{cases} p_{ij} = P(\boldsymbol{X} = \boldsymbol{x}_i, \boldsymbol{Y} = \boldsymbol{y}_j), & (\boldsymbol{x}, \boldsymbol{y}) = (\boldsymbol{x}_i, \boldsymbol{y}_j)(i, j \geqslant 0) \\ 0, & \text{其他} \end{cases} \tag{8.4.26}$$

又设 $p_{\boldsymbol{X}|\boldsymbol{Y}}(\boldsymbol{x}|\boldsymbol{y})$ 是 $\boldsymbol{X}(\omega)$ 关于 $\boldsymbol{Y}(\omega)$ 的值密度-条件分布律. 那么 (8.4.24) 成为

$$E(\boldsymbol{X}|\boldsymbol{Y} = \boldsymbol{y}) = \sum_{i \geqslant 0} \boldsymbol{x}_i p_{\boldsymbol{X}|\boldsymbol{Y}}(\boldsymbol{x}_i|\boldsymbol{y}_j) = \frac{1}{p_{\cdot j}} \sum_{i \geqslant 0} \boldsymbol{x}_i p_{ij}, \quad \boldsymbol{y} = \boldsymbol{y}_j(j \geqslant 0) \tag{8.4.27}$$

其中 $p_{\cdot j}$ 是 $p(\boldsymbol{x}, \boldsymbol{y})$ 的截口为 $\boldsymbol{y}_j$ 的边沿分布律.

练 习 8

8.1 已知随机变量 $X(\omega)$ 的分布律为

$$p(x): \quad \begin{array}{c|cccc|c} X & -1 & 0 & 1 & 2 & \text{其他 } x \\ \hline p & 0.2 & 0.1 & 0.3 & 0.4 & 0 \end{array}$$

试求 $EX, DX, EX^4, DX^4, E2^X, D2^X$.

8.2 进行实验"从 $1, 2, \cdots, 10$ 中随意地取出一个数". 用 X 表示除得尽这个整数的正整数的个数. 试求 EX.

8.3 有 3 只球, 4 只盒子, 盒子编号为 $1, 2, 3, 4$. 将球逐个独立地、随机地放入 4 只盒子中, 设 X 为在其中至少有一只球的盒子的最小号码 (例如, $X = 3$ 表示 1 号、2 号盒子是空的, 3 号盒子至少有一只球). 试求 EX.

8.4 设随机变量 X 的分布律为

$$p_X(x) = \begin{cases} \dfrac{2}{3^j}, & x = (-1)^{j+1}\dfrac{3^j}{j}, j = 1, 2, 3, \cdots \\ 0, & \text{其他} \end{cases}$$

试证 EX 不存在.

8.5 在第 5.12 题和 5.13 题的可列重伯努利实验中, ν_n 是前 n 次实施 $\mathcal{E}$ 时成功 S 出现的次数. 令

$$X(\omega) = \begin{cases} 1, & \nu_n(\omega) \text{为偶数} \\ 0, & \nu_n(\omega) \text{为奇数} \end{cases}$$

试求 EX 和 DX.

8.6 假设随机度量 X 服从二项分布 $B(n, p)$. 已知 $EX = 12, DX = 4$, 求 n 和 p.

8.7 设在某一规定的时间段内, 某电器设备用于最大负荷的时间是 X 分钟, 则 X 是连续型随机度量, 设其分布密度为

$$f(x) = \begin{cases} \dfrac{1}{(1500)^2}x, & 0 \leqslant x \leqslant 1500 \\ \dfrac{-1}{(1500)^2}(x - 3000), & 1500 < x \leqslant 3000 \\ 0, & \text{其他} \end{cases}$$

试求 EX.

8.8 圆半径 X 是近似地测得的. 假定 X 服从 $[a, b]$ 上的均匀分布, 试求圆面积 S 的数学期望和方差.

8.9 设连续型随机度量 X 的分布密度为

$$f(x) = \frac{1}{2}|x - \mu|\mathrm{e}^{-|x-\mu|}$$

其中 μ 为常数. 试求 EX 和 DX.

8.10　设随机变量 X 的数学期望为 EX, 方差 $DX > 0$. 引入新的随机度量 X^*,

$$X^* = \frac{X - EX}{\sqrt{DX}}$$

试证 $EX^* = 0, DX^* = 1$. (称 X^* 为标准化的随机变量)

8.11　将 n 只球放入 M 只盒子中, 设每只球落入各个盒子是等可能的. 试求有球的盒子数 X 的数学期望.

(提示: 引入随机变量 $X = \sum_{i=1}^{M} X_i, X_i = \begin{cases} 1, & \text{第} i \text{只盒子中有球}, \\ 0, & \text{第} i \text{只盒子中无球}, \end{cases}$ 先求 EX_i.)

8.12　将 n 只球 (编号为 1 至 n) 放入 n 只盒 (编号为 1 至 n) 中, 假定一只盒子只能装一只球. 当装入的球与盒子有相同的编号时称为一个配对. 用 X 表示配对的个数, 试求 EX.

8.13　共有 n 把样子相同的钥匙, 其中只有一把能打开门上的锁. 每次独立地等可能地取出一把钥匙去开锁, 并且用后不放回. 用 X 表锁打开时开锁的次数, 试求 EX.

8.14　在统计物理学中分子运动的绝对速度 V 服从麦克斯韦分布, 其分布密度为 (在练习第 7.30 题中令 $\alpha = \frac{1}{2\sigma^2}$)

$$f(v) = \begin{cases} 4\sqrt{\dfrac{\alpha^3}{\pi}} v^2 \mathrm{e}^{-\alpha v^2}, & v > 0 \\[2mm] 0, & v \leqslant 0 \end{cases}$$

($\alpha = \dfrac{m}{2kT}$, m 是分子的质量, T 是气体的绝对温度, k 是波尔兹曼常数). 试求:

i) 分子在单位时间经过的平均路程 (所谓分子的 "期望飞行距离");

ii) 求分子的平均动能 (所谓分子的 "平均能量").

8.15　设离散型随机向量 (X, Y) 的分布律为

$$p(x, y) = P(X = x, Y = y) = \begin{cases} p_{ij}, & (x, y) = (i, j), i, j = -1, 0, 1 \\ 0, & \text{其他} \end{cases}$$

其中 p_{ij} 的值见下面的表格. 试证 X 和 Y 不相关, 但 X 和 Y 不是相互独立的.

p_{ij} ＼ x ／ y	-1	0	1
-1	$\frac{1}{8}$	$\frac{1}{8}$	$\frac{1}{8}$
0	$\frac{1}{8}$	0	$\frac{1}{8}$
1	$\frac{1}{8}$	$\frac{1}{8}$	$\frac{1}{8}$

8.16　设连续型随机向量 (X, Y) 的分布密度为

$$f(x, y) = \begin{cases} \dfrac{1}{\pi}, & x^2 + y^2 \leqslant 1 \\ 0, & \text{其他} \end{cases}$$

试验证 X 和 Y 不相关, 但 X 和 Y 不是相互独立的.

8.17 给定概率空间 $(\Omega, \mathcal{F}, P)$. 设 $A, B \in \mathcal{F}$ 且 $P(A) > 0, P(B) > 0$. 定义随机变量 X, Y 如下:

$$X(\omega) = \begin{cases} 1, & \omega \in A \\ 0, & \omega \bar{\in} A \end{cases} \qquad Y(\omega) = \begin{cases} 1, & \omega \in B \\ 0, & \omega \bar{\in} B \end{cases}$$

试证: 如果 X 和 Y 不相关, 则 X 和 Y 必定相互独立.

8.18 设随机向量 (X, Y) 的分布密度为

$$f(x, y) = \begin{cases} 1, & |y| < x, 0 < x < 1 \\ 0, & \text{其他} \end{cases}$$

试求 $EX, EY, \mathrm{cov}(X, Y)$.

8.19 设随机向量 (X, Y) 的分布密度为

$$f(x, y) = \begin{cases} \dfrac{1}{8}(x + y), & 0 \leqslant x \leqslant 2, \quad 0 \leqslant y \leqslant 2 \\ 0 & \text{其他} \end{cases}$$

试求 $EX, EY, \mathrm{cov}(X, Y), r_{X,Y}$.

8.20 设随机变量 X, Y 的方差分别为 25 和 36, 相关系数为 0.4. 试求 $D(X + Y)$ 和 $D(X - Y)$.

8.21 已知三个随机变量 X, Y, Z 中, $EX = EY = 1, EZ = -1; DX = DY = DZ = 1, r_{X,Y} = 0, r_{X,Z} = \dfrac{1}{2}, r_{Y,Z} = -\dfrac{1}{2}$. 设 $W = X + Y + Z$, 试求 EW 和 DW.

8.22 假设 X 和 $Y_i(i = 1, 2, \cdots, n)$ 不相关. 试证对任意的实数 $\alpha_i(i = 1, 2, \cdots, n)$, X 与 $Y = \sum\limits_{i=1}^{n} \alpha_i Y_i$ 不相关.

8.23 假设随机向量 $\boldsymbol{X} = (X_1, X_2, \cdots, X_n)$ 的分量满足条件: $DX_1 = \cdots = DX_n = \sigma^2, X_{i+1} = aX_i + b(i = 2, \cdots, n-1)$, 这里 a, b 为常数. 试求 $\boldsymbol{X}$ 的方差 (矩阵) $D\boldsymbol{X}$.

8.24 已知随机向量 $\boldsymbol{X} = (X_1, X_2, X_3)$ 的方差 (矩阵) 为

$$D\boldsymbol{X} = \begin{pmatrix} 5 & 2 & 3 \\ 2 & 3 & 0 \\ 3 & 0 & 2 \end{pmatrix}$$

i) 求 $D(X_1 - 2X_2 + X_3)$;

ii) 求 $\boldsymbol{Y} = (Y_1, Y_2)^\tau$ 的方差 (矩阵)$D\boldsymbol{Y}$, 其中 $Y_1 = X_1 + X_2, Y_2 = X_1 + X_2 + X_3$.

8.25 设随机变量 X 和 Y 相互独立, 并且

i) X 和 Y 分别服从参数为 λ 和 μ 的 Poisson 分布;

ii) X 和 Y 都服从参数为 (n, p) 的二项分布;

iii) X 和 Y 都服从参数为 p 的几何分布.

试就三种情形求关于事件 $\{X + Y = m\}$(m 为非负整数, 或 $0 \leqslant m \leqslant n$) 的条件概率 $P(X = k | X + Y = m)$ 和条件数学期望 $E(X | X + Y = m)$.

8.26　设 X 和 Y 独立同分布, 试求值密度–条件数学期望 $E(X|X+Y=z)$. 已知:

i) X 和 Y 是离散型随机变量;

ii) X 和 Y 是连续型随机变量.

8.27　设 X 是连续型随机变量, 并且分布密度 $f(x)>0, E|X|<\infty$. 试求关于事件的条件数学期望 $E(X|X>0)$ 和 $E(X|a\leqslant X\leqslant b)$.

8.28　设 X 和 Y 为连续型随机变量, 并且联合分布密度为

i)

$$f(x,y)=\begin{cases} \dfrac{1}{y}\mathrm{e}^{-y-\frac{x}{y}}, & x>0,y>0 \\ 0, & \text{其他} \end{cases}$$

ii)

$$f(x,y)=\begin{cases} \lambda^2\mathrm{e}^{-\lambda x}, & 0<y<x \\ 0, & \text{其他} \end{cases}$$

试求值密度–条件数学期望 $E(X|Y=y)$.

第9章 特征函数：分布函数的 Fourier-Stieltjes 变换

分布函数和数字特征是研究随机变量的主要工具. 本章介绍另一件重要的研究工具 —— 特征函数. 对每个随机变量, 都存在分布函数和特征函数. 并且它们相互唯一确定. 因此, 特征函数也蕴含随机变量的全部因果知识和统计规律.

特征函数主要应用于研究独立随机变量族和正态随机变量族. 这是两类理论丰富应用广泛的族. 由于特征函数是分布函数的 Fourier-Stieljes 变换, 是有界一致连续 (复值) 函数, 因此它比分布函数更便于使用分析工具. 缺点是概率意义不如分布函数清晰.

类似的工具有母函数和 Laplace 变换. 前者主要用于研究取整数值的离散型随机变量; 后者主要用于研究非负随机变量. 它们具有特征函数类似的特点和性质. 本书只介绍特征函数.

9.1 随机变量的特征函数

设 $i = \sqrt{-1}$ 是虚数单位, $X(\omega)$ 和 $Y(\omega)$ 是概率空间 $(\Omega, \mathcal{F}, P)$ 上的 (实值) 随机变量, 那么称

$$Z(\omega) = X(\omega) + iY(\omega) \tag{9.1.1}$$

是 $(\Omega, \mathcal{F}, P)$ 上的复 (值) 随机变量. 应用欧拉公式有

$$e^{iX(\omega)} = \cos X(\omega) + i \sin X(\omega) \tag{9.1.2}$$

对于复随机变量, 可以像实随机变量那样建立相同的结果. 特别, $Z(\omega)$ 的数学期望是

$$EZ(\omega) = EX(\omega) + iEY(\omega) \tag{9.1.3}$$

若 $g(x)$ 是实数集 $\mathbf{R}$ 上的 Borel 函数, $Y(\omega) = g[X(\omega)]$, 则

$$Ee^{itY} = Ee^{itg(X)} = \int_{-\infty}^{+\infty} e^{itg(x)} dF_X(x) \tag{9.1.4}$$

其中 $F_X(x)$ 是 $X(\omega)$ 的分布函数 (定理 8.1.1).

注意, 在没有特别声明时, 今后的随机变量皆是实值的, 而复随机变量则通过 $i = \sqrt{-1}$ 产生.

9.1.1　定义和常见的特征函数

定义 9.1.1　给定随机变量 $X(\omega)$, 设 $F_X(x)$ 是它的分布函数, 那么称

$$\varphi_X(t) = Ee^{itX} = \int_{-\infty}^{+\infty} e^{itx} dF_X(x) \tag{9.1.5}$$

为随机变量 $X(\omega)$[或分布函数 $F_X(x)$] 的特征函数. 特别,

i) 若 $X(\omega)$ 是连续型随机变量, 有分布密度 $f_X(x)$, 那么 (9.1.5) 成为

$$\varphi_X(t) = Ee^{itX} = \int_{-\infty}^{+\infty} e^{itx} f_X(x) dx \tag{9.1.6}$$

ii) 若 $X(\omega)$ 是离散型随机变量, 有分布律

$$p_X(x): \quad \begin{array}{c|cccc|c} X & x_0 & x_1 & x_2 & \cdots & \text{其他 } x \\ \hline p_X & p_0 & p_1 & p_2 & & 0 \end{array} \tag{9.1.7}$$

那么 (9.1.5) 成为

$$\varphi_X(t) = Ee^{itX} = \sum_{k \geqslant 0} e^{itx_k} \cdot p_k \tag{9.1.8}$$

注　在分析学中称 (9.1.5) 定义的 $\varphi_X(t)$ 为 $F_X(x)$ 的 Fourier-Stieltjes 变换; 称 (9.1.6) 定义的 $\varphi_X(t)$ 为 $f_X(x)$ 的 Fourier 变换.

由于 $|e^{itx}| = 1$,

$$\left| \int_{-\infty}^{+\infty} e^{itx} dF(x) \right| \leqslant \int_{-\infty}^{+\infty} |e^{itx}| dF(x) = 1 \tag{9.1.9}$$

所以随机变量必定存在特征函数. 下面给出常见分布函数的特征函数.

【退化公布】　设 $X(\omega)$ 服从退化分布, 分布律为

$$p_X(x): \quad \begin{array}{c|c|c} X(\omega) & a & \text{其他 } x \\ \hline p_X & 1 & 0 \end{array} \tag{9.1.10}$$

应用公式 (9.1.8) 得出, $X(\omega)$ 的特征函数为

$$\varphi_X(t) = e^{iat} \tag{9.1.11}$$

【伯努利分布】　设 $X(\omega)$ 服从伯努利分布, 分布律为

$$p_X(x): \quad \begin{array}{c|cc|c} X(\omega) & 0 & 1 & \text{其他 } x \\ \hline p_X & q & p & 0 \end{array} \quad (p+q=1) \tag{9.1.12}$$

应用公式 (9.1.8) 得出, $X(\omega)$ 的特征函数为

$$\varphi_X(t) = pe^{it} + q \tag{9.1.13}$$

【二项分布】 设 $X(\omega)$ 服从二项分布, 分布律为

$$p_X(x): \quad \begin{array}{c|ccccc|c} X(\omega) & 0 & 1 & 2 & \cdots & n & \text{其他} x \\ \hline p_X & q^n & \mathrm{C}_n^1 pq^{n-1} & \mathrm{C}_n^2 p^2 q^{n-2} & \cdots & p^n & 0 \end{array} \quad (p+q=1) \tag{9.1.14}$$

应用公式 (9.1.8) 得出, $X(\omega)$ 的特征函数为

$$\varphi_X(t) = \sum_{k=0}^{n} e^{itk} \mathrm{C}_n^k p^k q^{n-k} = \sum_{k=0}^{n} \mathrm{C}_n^k (pe^{it})^k q^{n-k} = (pe^{it} + q)^n \tag{9.1.15}$$

【Poisson 分布】 设 $X(\omega)$ 服从参数为 λ 的 Poisson 分布, 分布律为

$$p_X(x): \quad \begin{array}{c|cccc|c} X(\omega) & 0 & 1 & 2 & \cdots & \text{其他} x \\ \hline p & e^{-\lambda} & \lambda e^{-\lambda} & \dfrac{\lambda^2}{2!} e^{-\lambda} & \cdots & 0 \end{array} \quad (\lambda > 0) \tag{9.1.16}$$

应用公式 (9.1.8) 得出, $X(\omega)$ 的特征函数为

$$\begin{aligned} \varphi_X(t) &= \sum_{k=0}^{\infty} e^{itk} \frac{\lambda^k}{k!} e^{-\lambda} = e^{-\lambda} \sum_{k=0}^{\infty} \frac{1}{k!} (\lambda e^{it})^k \\ &= e^{-\lambda} \exp(\lambda e^{it}) = \exp[\lambda(e^{it} - 1)] \end{aligned} \tag{9.1.17}$$

【几何分布】 设 $X(\omega)$ 服从几分布, 分布律为

$$p_X(x): \quad \begin{array}{c|cccc|c} X(\omega) & 1 & 2 & 3 & \cdots & \text{其他} x \\ \hline p_X & p & pq & pq^2 & \cdots & 0 \end{array} \quad (p+q=1) \tag{9.1.18}$$

应用公式 (9.1.8) 得出, $X(\omega)$ 的特征函数为

$$\varphi_X(t) = \sum_{k=1}^{\infty} e^{itk} pq^{k-1} = \frac{p}{q} \sum_{k=1}^{\infty} (qe^{it})^k = \frac{pe^{it}}{1 - qe^{it}} \tag{9.1.19}$$

【均匀分布】 设 $X(\omega)$ 服从区间 $[a,b]$ 上的均匀分布. 应用公式 (9.1.6) 得出, $X(\omega)$ 的特征函数是

$$\varphi_X(t) = \int_a^b e^{itx} \frac{1}{b-a} \mathrm{d}x = \frac{e^{itb} - e^{ita}}{it(b-a)} \tag{9.1.20}$$

【指数分布】　　设 $X(\omega)$ 服从参数为 λ 的指数分布, 分布密度为

$$f(x) = \begin{cases} \lambda \mathrm{e}^{-\lambda x}, & x \geqslant 0 \\ 0, & \text{其他} \end{cases} \tag{9.1.21}$$

应用公式 (9.1.6) 得出, $X(\omega)$ 的特征函数为

$$\varphi_X(t) = \int_0^\infty \mathrm{e}^{\mathrm{i}tx} \cdot \lambda \mathrm{e}^{-\lambda x} \mathrm{d}x = \lambda \int_0^\infty \mathrm{e}^{-(\lambda - \mathrm{i}t)x} \mathrm{d}x = \frac{\lambda}{\lambda - \mathrm{i}t} \tag{9.1.22}$$

【标准正态分布】　　设 $X(\omega)$ 服从标准正态分布 $N(0,1)$, 分布密度为 $f_X(x) = \frac{1}{\sqrt{2\pi}} \mathrm{e}^{-\frac{x^2}{2}}$. 应用公式 (9.1.6) 得出, $X(\omega)$ 的特征函数为

$$\varphi_X(t) = \int_{-\infty}^{+\infty} \mathrm{e}^{\mathrm{i}tx} \frac{1}{\sqrt{2\pi}} \mathrm{e}^{-\frac{x^2}{2}} \mathrm{d}x = \frac{1}{\sqrt{2\pi}} \int_{-\infty}^{+\infty} \mathrm{e}^{\mathrm{i}tx - \frac{x^2}{2}} \mathrm{d}x$$

下面求右方的积分, 注意到 $|\mathrm{i}x\mathrm{e}^{\mathrm{i}tx - \frac{x^2}{2}}| = |x|\mathrm{e}^{-\frac{x^2}{2}}$, 而且 $\frac{1}{\sqrt{2\pi}} \int_{-\infty}^{+\infty} |x|\mathrm{e}^{-\frac{x^2}{2}} \mathrm{d}x < \infty$, 故可以对右方积分号下对 t 求导数, 得到

$$\varphi_X'(t) = \frac{1}{\sqrt{2\pi}} \int_{-\infty}^{+\infty} \mathrm{i}x\mathrm{e}^{\mathrm{i}tx - \frac{x^2}{2}} \mathrm{d}x \tag{9.1.23}$$

现在对右方积分进行分部积分: 令 $u = \mathrm{e}^{\mathrm{i}tx}, v = -\mathrm{e}^{-\frac{x^2}{2}}, \mathrm{d}u = \mathrm{i}t\mathrm{e}^{\mathrm{i}tx}\mathrm{d}x, \mathrm{d}v = x\mathrm{e}^{-\frac{x^2}{2}} \mathrm{d}x$, 有

$$\varphi_X'(t) = \frac{\mathrm{i}}{\sqrt{2\pi}} uv \Big|_{-\infty}^{+\infty} - \frac{\mathrm{i}}{\sqrt{2\pi}} \int_{-\infty}^{+\infty} v\mathrm{d}u$$

$$= -\frac{t}{\sqrt{2\pi}} \int_{-\infty}^{+\infty} \mathrm{e}^{\mathrm{i}tx - \frac{x^2}{2}} \mathrm{d}x = -t\varphi_X(t)$$

由此得出 $\varphi_X(t)$ 满足微分方程 $\varphi_X'(t) + t\varphi_X(t) = 0$. 方程的通解为

$$\varphi_X(t) = c\,\mathrm{e}^{-\frac{t^2}{2}}$$

注意到 $\varphi_X(0) = 1$, 故 $c = 1$. 最终得出 $X(\omega)$ 的特征函数为

$$\varphi_X(t) = \mathrm{e}^{-\frac{t^2}{2}} \tag{9.1.24}$$

【正态分布 $N(\mu, \sigma^2)$】　　设 $X(\omega)$ 服从一般的正态分布, 其分布密度为 $\frac{1}{\sqrt{2\pi}\sigma} \mathrm{e}^{-\frac{(x-\mu)^2}{\sigma^2}}$. 注意到标准化随机变量

$$X^*(\omega) = \frac{X(\omega) - \mu}{\sigma} \tag{9.1.25}$$

服从标准正态分布 $N(0,1)$, 有特征函数 $\varphi_{X^*}(t) = \mathrm{e}^{-\frac{t^2}{2}}$. 应用定理 9.1.1 之 iv) 得出 $X(\omega)$ 的特征函数为

$$\varphi_X(t) = \varphi_{X^*}(\sigma t)\mathrm{e}^{\mathrm{i}\mu t} = \mathrm{e}^{\mathrm{i}\mu t - \frac{\sigma^2 t^2}{2}} \tag{9.1.26}$$

【柯西分布】　设 $X(\omega)$ 服从柯西分布, 其分布密度为

$$f(x) = \frac{1}{\pi} \frac{\lambda}{\lambda^2 + (x-a)^2} \quad (\lambda > 0).$$

应用公式 (9.1.6) 得出, $X(\omega)$ 的特征函数为

$$\begin{aligned}
\varphi_X(t) &= \int_{-\infty}^{+\infty} \mathrm{e}^{\mathrm{i}tx} \frac{\lambda}{\pi[\lambda^2 + (x-a)^2]} \mathrm{d}x \quad (\diamondsuit\, u = x - a) \\
&= \frac{\lambda}{\pi}\mathrm{e}^{\mathrm{i}ta} \int_{-\infty}^{+\infty} \mathrm{e}^{\mathrm{i}tu} \frac{1}{\lambda^2 + u^2} \mathrm{d}u \\
&= \frac{2\lambda}{\pi}\mathrm{e}^{\mathrm{i}ta} \int_{0}^{+\infty} \frac{\cos tu}{\lambda^2 + u^2} \mathrm{d}u
\end{aligned}$$

利用数学分析中拉普拉斯积分的如下结果 ([21, 习题 1.1 中第 11 题]; 在菲赫金哥尔茨《微积分学教程》第二卷第三分册中有多种推导):

$$\int_{0}^{+\infty} \frac{\cos tu}{\lambda^2 + u^2} \mathrm{d}u = \frac{\pi}{2\lambda}\mathrm{e}^{-\lambda t}, \quad \lambda > 0, \quad t > 0 \tag{9.1.27}$$

由此得出, 当 $t > 0$ 时

$$\varphi_X(t) = \frac{2\lambda}{\pi}\mathrm{e}^{\mathrm{i}ta} \cdot \frac{\pi}{2\lambda}\mathrm{e}^{-\lambda t} = \mathrm{e}^{\mathrm{i}ta - \lambda t}$$

当 $t < 0$ 时应用下面的定理 9.1.1 之 i) 得出

$$\varphi_X(t) = \overline{\varphi_X(-t)} = \mathrm{e}^{\mathrm{i}ta + \lambda t}$$

最终得出 $X(\omega)$ 的特征函数为

$$\varphi_X(t) = \mathrm{e}^{\mathrm{i}ta - \lambda|t|} \tag{9.1.28}$$

9.1.2　特征函数的基本性质

定理 9.1.1 (基本性质)　给定随机变量 $X(\omega)$, 那么 $X(\omega)$ 的特征函数 $\varphi_X(t)$ 必定存在, 并且具有如下性质:

i) $\varphi_X(t)$ 是 $\mathbf{R}$ 上一致连续的函数, 并且

$$|\varphi_X(t)| \leqslant \varphi_X(0) = 1 \tag{9.1.29}$$

$$\varphi_X(-t) = \overline{\varphi_X(t)} \tag{9.1.30}$$

ii) $\varphi_X(t)$ 是非负定函数, 即对任意的 $n \geqslant 1$, 任意的实数 $t_1, t_2, \cdots, t_n$ 和任意的复数 $z_1, z_2, \cdots, z_n$, 成立

$$\sum_{j=1}^{n} \sum_{k=1}^{n} \varphi_X(t_j - t_k) z_j \overline{z}_k \geqslant 0 \tag{9.1.31}$$

iii) 设 $Y(\omega) = aX(\omega) + b$, 其中 a, b 为常数, 那么 $Y(\omega)$ 的特征函数为

$$\varphi_Y(t) = \mathrm{e}^{\mathrm{i}tb} \varphi_X(at) \tag{9.1.32}$$

iv) 设 $X_1(\omega), X_2(\omega), \cdots, X_n(\omega)$ 是相互独立的随机变量, 那么 $Y(\omega) = \sum\limits_{k=1}^{n} X_k(\omega)$ 的特征函数为

$$\varphi_Y(t) = \varphi_{X_1}(t) \varphi_{X_2}(t) \cdots \varphi_{X_n}(t) \tag{9.1.33}$$

v) 如果 $X(\omega)$ 存在 n 阶原点矩, 则它的特征函数 $\varphi_X(t)$ 存在 n 阶导数, 并且

$$EX^k = (-\mathrm{i})^k \frac{\mathrm{d}^k}{\mathrm{d}t^k} \varphi_X(0) \quad (k = 1, 2, \cdots, n) \tag{9.1.34}$$

证明　i) 由 (9.1.9) 得出 $\varphi_X(t)$ 存在, 和式 (9.1.29) 成立.

$$\varphi_X(-t) = E\mathrm{e}^{-\mathrm{i}tX} = E(\cos tX - i\sin tX)$$
$$= \overline{E(\cos tX + i\sin tX)} = \overline{E\mathrm{e}^{\mathrm{i}tX}} = \overline{\varphi_X(t)}$$

得证 (9.1.30).

下证一致连续性. 对任意的 Δt, 我们有

$$|\varphi_X(t + \Delta t) - \varphi_X(t)| = \left| \int_{-\infty}^{+\infty} \mathrm{e}^{\mathrm{i}tx} (\mathrm{e}^{\mathrm{i}\Delta tx} - 1) \mathrm{d}F_X(x) \right|$$
$$\leqslant \int_{-\infty}^{+\infty} |\mathrm{e}^{\mathrm{i}tx}| \cdot |\mathrm{e}^{\mathrm{i}\Delta tx} - 1| \mathrm{d}F_X(x)$$
$$= 2 \int_{-\infty}^{+\infty} \left| \sin \frac{\Delta t}{2} x \right| \mathrm{d}F_X(x)$$
$$\leqslant 2 \int_{|x| \leqslant b} \left| \sin \frac{\Delta t}{2} x \right| \mathrm{d}F_X(x) + 2 \int_{|x| > b} \mathrm{d}F_X(x)$$

于是, 对任意的 $\varepsilon > 0$, 先选 b 充分大, 使得

$$\int_{|x| > b} \mathrm{d}F_X(x) = P(|X| > b) < \frac{\varepsilon}{4}$$

然后, 由于 $\sin u$ 在 $u = 0$ 处连续, 故存在 $\delta > 0$, 使得当 $\left|\dfrac{\Delta t}{2}x\right| \leqslant \left|\dfrac{\Delta t}{2}b\right| < \delta$ 时关于 $x \in [-b, b]$ 一致地有 $\left|\sin\dfrac{\Delta t}{2}x\right| < \dfrac{\varepsilon}{4}$. 最后得出, 对任意的 $\varepsilon > 0$, 存在 δ 使得, 当 $|\Delta t| < \dfrac{2\delta}{b}$ 时关于 $t \in (-\infty, +\infty)$ 一致地有

$$|\varphi_X(t + \Delta t) - \varphi_X(t)| \leqslant 2 \int_{|x| \leqslant b} \left|\sin\dfrac{\Delta t}{2}x\right| \mathrm{d}F_X(x) + 2 \int_{|x| > b} \mathrm{d}F_X(x)$$

$$\leqslant 2 \int_{|x| \leqslant b} \frac{\varepsilon}{4}\mathrm{d}F_X(x) + \frac{\varepsilon}{2} \leqslant \varepsilon$$

得证 $\varphi_X(t)$ 在 $(-\infty, +\infty)$ 上一致连续的结论.

ii) 证非负定性. 事实上,

$$\sum_{j=1}^{n}\sum_{k=1}^{n} \varphi_X(t_j - t_k) z_j \overline{z}_k = \sum_{j=1}^{n}\sum_{k=1}^{n} E[\mathrm{e}^{\mathrm{i}(t_j - t_k)X} z_j \overline{z}_k]$$

$$= E\left[\sum_{j=1}^{n}\sum_{k=1}^{n} \mathrm{e}^{\mathrm{i}t_j X} \cdot z_j \cdot \overline{\mathrm{e}^{\mathrm{i}t_k X} \cdot z_k}\right]$$

$$= E\left|\sum_{r=1}^{n} \mathrm{e}^{\mathrm{i}t_r X} \cdot z_r\right|^2 \geqslant 0$$

iii) 设 $Y(\omega) = aX(\omega) + b$. 应用数学期望的性质得出

$$\varphi_Y(t) = E\mathrm{e}^{\mathrm{i}t(aX + b)} = \mathrm{e}^{\mathrm{i}tb} E\mathrm{e}^{\mathrm{i}(at)X} = \mathrm{e}^{\mathrm{i}tb}\varphi_X(at)$$

iv) 先证 $n = 2$ 的情形. 应用定理 7.1.2 之 iv) 得出 (以下把 $X_1(\omega)$ 和 $X_2(\omega)$ 改记为 $X(\omega)$ 和 $Y(\omega)$),

$$\varphi_{X+Y}(t) = E\mathrm{e}^{\mathrm{i}t(X + Y)} = E[\cos t(X + Y) + \mathrm{i}\sin t(X + Y)]$$

$$= E(\cos tX \cos tY - \sin tX \sin tY + \mathrm{i}\sin tX \cos tY + \mathrm{i}\cos tX \sin tY)$$

$$= E\cos tX \cdot E\cos tY - E\sin tX \cdot E\sin tY$$

$$+ \mathrm{i}E\sin tX \cdot E\cos tY + \mathrm{i}E\cos tX \cdot E\sin tY$$

$$= E\cos tX \cdot (E\cos tY + \mathrm{i}E\sin tY)$$

$$+ \mathrm{i}E\sin tX \cdot (E\cos tY + \mathrm{i}E\cos tY)$$

$$= (E\cos tX + \mathrm{i}E\sin tX) \cdot (E\cos tY + \mathrm{i}E\sin tY)$$

$$= E\mathrm{e}^{\mathrm{i}tX} \cdot E\mathrm{e}^{\mathrm{i}tY} = \varphi_X(t) \cdot \varphi_Y(t)$$

得证 $n = 2$ 时 (9.1.33) 成立. 用归纳法易证一般情形下的结论.

　　v) 假定 $X(\omega)$ 存在 k 阶矩 EX^k, 即假定

$$\int_{-\infty}^{+\infty} |x|^k \mathrm{d}F_X(x) = E|X|^k < +\infty \quad (1 \leqslant k \leqslant n).$$

我们有

$$\left| \frac{\partial^k}{\partial t^k} \mathrm{e}^{\mathrm{i}tx} \right| = |\mathrm{i}^k x^k \mathrm{e}^{\mathrm{i}tx}| \leqslant |x|^k \quad (1 \leqslant k \leqslant n)$$

$$\int_{-\infty}^{+\infty} \left| \frac{\partial^k}{\partial t^k} \mathrm{e}^{\mathrm{i}tx} \right| \mathrm{d}F_X(x) \leqslant \int_{-\infty}^{+\infty} |x|^k \mathrm{d}F_X(x) \quad (1 \leqslant k \leqslant n)$$

由此得出, 积分 $\displaystyle\int_{-\infty}^{+\infty} \frac{\partial^k}{\partial t^k} \mathrm{e}^{\mathrm{i}tx} \mathrm{d}F_X(x)$ 关于 $t \in (-\infty, +\infty)$ 上一致收敛, 从而对积分 $\displaystyle\int_{-\infty}^{+\infty} \mathrm{e}^{\mathrm{i}tx} \mathrm{d}F_X(x)$ 可以在积分号下求 k 阶导数. 故

$$\frac{\mathrm{d}^k}{\mathrm{d}t^k} \varphi_X(t) = \int_{-\infty}^{+\infty} \frac{\partial^k}{\partial t^k} \mathrm{e}^{\mathrm{i}tx} \mathrm{d}F_X(x) = \mathrm{i}^k \int_{-\infty}^{+\infty} x^k \mathrm{e}^{\mathrm{i}tx} \mathrm{d}F_X(x)$$

最终得出

$$\frac{\mathrm{d}^k}{\mathrm{d}t^k} \varphi_X(0) = \mathrm{i}^k \int_{-\infty}^{+\infty} x^k \mathrm{d}F_X(x) = \mathrm{i}^k EX^k$$

式 (9.1.34) 得证. ■

　　定理 9.1.2 (波赫纳–辛钦定理)　　复值函数 $\varphi(t), t \in (-\infty, +\infty)$ 是 (某分布函数的) 特征函数的必要和充分条件是, $\varphi(0) = 1, \varphi(t)$ 在整个实数轴上连续并且满足非负定性.

　　证明　见参考书目 [1] 第 174—176 页.

　　例 9.1.1　应用特征函数 $\varphi_X(t)$, 求随机变量 $X(\omega)$ 的期望和方差.

　　i) 设 $X(\omega)$ 服从二项分布 (9.1.15). 这时特征函数为 $(p\mathrm{e}^{\mathrm{i}t} + q)^n$. 应用 (9.1.34) 得到

$$EX = -\mathrm{i} \frac{\mathrm{d}}{\mathrm{d}t} (p\mathrm{e}^{\mathrm{i}t} + q)^n \big|_{t=0} = np$$

$$EX^2 = (-\mathrm{i})^2 \frac{\mathrm{d}^2}{\mathrm{d}t^2} (p\mathrm{e}^{\mathrm{i}t} + q)^n \big|_{t=0} = npq + n^2 p^2$$

$$DX = EX^2 - (EX)^2 = npq$$

　　ii) 设 $X(\omega)$ 服从 Poisson 分布 (9.1.16), 其特征函数为 $\exp[\lambda(\mathrm{e}^{\mathrm{i}t} - 1)]$. 应用公式 (9.1.34) 得到

$$EX = -\mathrm{i} \frac{\mathrm{d}}{\mathrm{d}t} \exp[\lambda(\mathrm{e}^{\mathrm{i}t} - 1)] \big|_{t=0} = \lambda$$

$$EX^2 = (-\mathrm{i})^2 \frac{\mathrm{d}^2}{\mathrm{d}t^2} \exp[\lambda \mathrm{e}^{\mathrm{i}t} - 1)]\big|_{t=0} = \lambda + \lambda^2$$
$$DX = EX^2 - (EX)^2 = \lambda$$

iii) 设 $X(\omega)$ 服从正态分布 $N(\mu, \sigma^2)$, 其特征函数为 $\mathrm{e}^{\mathrm{i}\mu t - \frac{\sigma^2 t^2}{2}}$. 应用公式 (9.1.34) 得到

$$EX(\omega) = -\mathrm{i}\frac{\mathrm{d}}{\mathrm{d}t}\mathrm{e}^{\mathrm{i}\mu t - \frac{\sigma^2 t^2}{2}}\big|_{t=0} = \mu$$
$$EX^2(\omega) = (-\mathrm{i})^2 \frac{\mathrm{d}^2}{\mathrm{d}t^2}\mathrm{e}^{\mathrm{i}\mu t - \frac{\sigma^2 t^2}{2}}\big|_{t=0} = \mu^2 + \sigma^2$$
$$DX(\omega) = EX^2(\omega) - (EX(\omega))^2 = \sigma^2$$

iv) 设 $X(\omega)$ 服从柯西分布, 其分布密度为

$$f(x) = \frac{1}{\pi} \cdot \frac{\lambda}{\lambda^2 + (x-a)^2} \quad (\lambda > 0)$$

特征函数为

$$\varphi_X(t) = \mathrm{e}^{\mathrm{i}at - \lambda|t|}$$

由于 $\varphi_X(t)$ 在 $t = 0$ 处不存在导数, 所以 $X(\omega)$ 不存在期望和方差.

9.1.3 分布函数和特征函数的一一对应性

定理 9.1.3 (逆转公式) 设 $\varphi(t)$ 是分布函数 $F(x)$ 的特征函数, 那么对任意的实数 x_1, x_2 成立

$$\frac{F(x_2 + 0) - F(x_2 - 0)}{2} - \frac{F(x_1 + 0) - F(x_1 - 0)}{2}$$
$$= \frac{1}{2\pi} \lim_{T \to +\infty} \int_{-T}^{T} \frac{\mathrm{e}^{-\mathrm{i}tx_1} - \mathrm{e}^{-\mathrm{i}tx_2}}{\mathrm{i}t} \varphi(t)\mathrm{d}t \qquad (9.1.35)$$

特别, 当 x_1, x_2 是 $F(x)$ 的连续点时成为

$$F(x_2) - F(x_1) = \frac{1}{2\pi} \lim_{T \to +\infty} \int_{-T}^{T} \frac{\mathrm{e}^{-\mathrm{i}tx_1} - \mathrm{e}^{-\mathrm{i}tx_2}}{\mathrm{i}t} \varphi(t)\mathrm{d}t \qquad (9.1.36)$$

注 当 $t = 0$ 时被积函数中 $\dfrac{\mathrm{e}^{-\mathrm{i}tx_1} - \mathrm{e}^{-\mathrm{i}tx_2}}{\mathrm{i}t}$ 按连续性定义其值为 $x_2 - x_1$.

证明 先给出两个分析学中的结果. 第 1 个是著名的狄利克雷积分,

$$\int_0^\infty \frac{\sin\alpha t}{t}\mathrm{d}t = \begin{cases} \dfrac{\pi}{2}, & \alpha > 0 \\ 0, & \alpha = 0 \\ -\dfrac{\pi}{2}, & \alpha < 0 \end{cases} \qquad (9.1.37)$$

证明可在一般的数学分析教材中找到 (见 [21,§1.1 例 9]); 第 2 个是不等式: 对任意的实数 α 有

$$|\mathrm{e}^{\mathrm{i}\alpha} - 1| \leqslant |\alpha| \tag{9.1.38}$$

事实上, 当 $\alpha \geqslant 0$ 时有

$$|\mathrm{e}^{\mathrm{i}\alpha} - 1| = \left| \int_0^\alpha \mathrm{e}^{\mathrm{i}x}\mathrm{d}x \right| \leqslant \int_0^\alpha |\mathrm{e}^{\mathrm{i}x}|\mathrm{d}x = \alpha$$

当 $\alpha < 0$ 时有

$$|\mathrm{e}^{\mathrm{i}\alpha} - 1| = |\mathrm{e}^{\mathrm{i}\alpha}(1 - \mathrm{e}^{-\mathrm{i}\alpha})| = |\mathrm{e}^{\mathrm{i}(-\alpha)} - 1| \leqslant -\alpha$$

联合两个不等式即得 (9.1.38).

现在证明公式 (9.1.35). 由特征函数的定义, 对任意的 $T > 0$ 有

$$\begin{aligned}
I_T &= \frac{1}{2\pi} \int_{-T}^T \frac{\mathrm{e}^{-\mathrm{i}tx_1} - \mathrm{e}^{-\mathrm{i}tx_2}}{\mathrm{i}t} \varphi(t)\mathrm{d}t \\
&= \frac{1}{2\pi} \int_{-T}^T \int_{-\infty}^{+\infty} \frac{\mathrm{e}^{-\mathrm{i}tx_1} - \mathrm{e}^{-\mathrm{i}tx_2}}{\mathrm{i}t} \mathrm{e}^{\mathrm{i}tx}\mathrm{d}F(x)\mathrm{d}t
\end{aligned} \tag{9.1.39}$$

应用 (9.1.38), 我们有

$$\begin{aligned}
\left| \frac{\mathrm{e}^{-\mathrm{i}tx_1} - \mathrm{e}^{-\mathrm{i}tx_2}}{\mathrm{i}t} \mathrm{e}^{\mathrm{i}tx} \right| &= \left| \frac{\mathrm{e}^{\mathrm{i}t(x_2 - x_1)} - 1}{\mathrm{i}t} \mathrm{e}^{\mathrm{i}t(x - x_2)} \right| \\
&\leqslant \left| \frac{\mathrm{e}^{\mathrm{i}t(x_2 - x_1)} - 1}{t} \right| \leqslant \frac{|t||x_2 - x_1|}{|t|} = |x_2 - x_1|
\end{aligned}$$

而且 $\displaystyle\int_{-T}^T \int_{-\infty}^{+\infty} |x_2 - x_1|\mathrm{d}F(x)\mathrm{d}t < \infty$, 故可在 (9.1.39) 中使用富比尼 (Fubini) 定理, 变更积分顺序后得到

$$I_T = \frac{1}{2\pi} \int_{-\infty}^{+\infty} \left[\int_{-T}^T \frac{\mathrm{e}^{\mathrm{i}t(x - x_1)} - \mathrm{e}^{\mathrm{i}t(x - x_2)}}{\mathrm{i}t}\mathrm{d}t \right] \mathrm{d}F(x)$$

对于方括号中积分, 有

$$\begin{aligned}
\int_{-T}^T \frac{\mathrm{e}^{\mathrm{i}t(x - x_1)} - \mathrm{e}^{\mathrm{i}t(x - x_2)}}{\mathrm{i}t}\mathrm{d}t &= \int_{-T}^0 \frac{\mathrm{e}^{\mathrm{i}t(x - x_1)} - \mathrm{e}^{\mathrm{i}t(x - x_2)}}{\mathrm{i}t}\mathrm{d}t + \int_0^T \frac{\mathrm{e}^{\mathrm{i}t(x - x_1)} - \mathrm{e}^{\mathrm{i}t(x - x_2)}}{\mathrm{i}t}\mathrm{d}t \\
&= \int_0^T \frac{\mathrm{e}^{\mathrm{i}t(x - x_1)} - \mathrm{e}^{-\mathrm{i}t(x - x_1)}}{\mathrm{i}t}\mathrm{d}t - \int_0^T \frac{\mathrm{e}^{-\mathrm{i}t(x - x_2)} - \mathrm{e}^{-\mathrm{i}t(x - x_2)}}{\mathrm{i}t}\mathrm{d}t \\
&= \int_0^T \left[\frac{2\sin t(x - x_1)}{t} - \frac{2\sin t(x - x_2)}{t} \right] \mathrm{d}t
\end{aligned}$$

推导中用到公式 $e^{ix} - e^{-ix} = 2i\sin x$. 代入 (8.1.39) 得出

$$I_T = \frac{1}{\pi} \int_{-\infty}^{+\infty} \int_0^T \left[\frac{\sin t(x - x_1)}{t} - \frac{\sin t(x - x_2)}{t} \right] dt dF(x)$$

$$= \int_{-\infty}^{+\infty} g_T(x; x_1, x_2) dF(x)$$

$$= \sum_{k=1}^5 \int_{D_k} g_T(x; x_1, x_2) dF(x) \tag{9.1.40}$$

其中 $D_1 = (-\infty, x_1), D_2 = \{x_1\}, D_3 = (x_1, x_2), D_4 = \{x_2\}, D_5 = (x_2, +\infty)$, 以及

$$g_T(x; x_1, x_2) = \frac{1}{\pi} \int_0^T \left[\frac{\sin(x - x_1)}{t} - \frac{\sin(x - x_2)}{t} \right] dt$$

由式 (9.1.37) 得出 $g_T(x; x_1, x_2)$ 有界, 故可应用 Lebesgue 控制收敛定理对 (8.1.40) 中各积分号下取极限, 得出

$$\lim_{T \to +\infty} \frac{1}{2\pi} \int_{-T}^T \frac{e^{-itx_1} - e^{-itx_2}}{it} \varphi(t) dt = \lim_{T \to +\infty} I_T$$

$$= \int_{-\infty}^{+\infty} \lim_{T \to +\infty} g(x; x_1, x_2) dF(x)$$

$$= \sum_{k=1}^5 \int_{D_k} \lim_{T \to +\infty} g_T(x; x_1, x_2) dF(x)$$

但由 (9.1.37) 得出

$$\lim_{T \to +\infty} g_T(x; x_1, x_2) = \begin{cases} 0, & x \in D_1 \text{或} D_5 \\ \dfrac{1}{2}, & x \in D_2 \text{或} D_4 \\ 1, & x \in D_3 \end{cases}$$

代入上式即得

$$\lim_{T \to +\infty} I_T = 0 + \frac{1}{2}[F(x_1 + 0) - F(x_1 - 0)] + [F(x_2 - 0) - F(x_1 + 0)]$$

$$+ \frac{1}{2}[F(x_2 + 0) - F(x_2 - 0)] + 0$$

$$= \frac{1}{2}[F(x_2 + 0) - F(x_2 - 0)] - \frac{1}{2}[F(x_1 + 0) - F(x_1 - 0)]$$

得证逆转公式 (9.1.35). ∎

推论　设 x 是分布函数 $F(x)$ 的连续点, 那么当 y 沿 $F(x)$ 的连续点趋于 $-\infty$ 时, (9.1.36) 成为

$$F(x) = \frac{1}{2\pi} \lim_{y \to -\infty} \lim_{T \to +\infty} \int_{-T}^{T} \frac{\mathrm{e}^{-\mathrm{i}ty} - \mathrm{e}^{-\mathrm{i}tx}}{\mathrm{i}t} \varphi(t)\mathrm{d}t \qquad (9.1.41)$$

注意到分布函数 $F(x)$ 右连续, 至多有可列个间断点, 特征函数 $\varphi(x)$ 用公式 (8.1.41) 唯一地确定分布函数 $F(x)$. 于是证明了如下定理.

定理 9.1.4 (一一对应定理)　给定随机变量 $X(\omega)$, 那么 $X(\omega)$ 的分布函数 $F(x)$ 和特征函数 $\varphi(t)$ 用公式 (9.1.5) 和 (9.1.41) 相互唯一确定.

推论　如果分布函数 $F_1(x)$ 和 $F_2(x)$ 有相同的特征函数, 那么

$$F_1(x) = F_2(x) \quad (x \in \mathbf{R}).$$

例 9.1.2　假定 $X_1(\omega)$ 和 $X_2(\omega)$ 是相互独立的随机变量, 分别服从参数为 λ_1 和 λ_2 的Poisson分布. 试证 $X_1(\omega) + X_2(\omega)$ 服从参数为 $\lambda_1 + \lambda_2$ 的 Poisson 分布.

解　由 (9.1.17) 知, 随机变量 X_1 和 X_2 的特征函数为

$$\varphi_{X_1}(t) = \exp[\lambda_1(\mathrm{e}^{\mathrm{i}t} - 1)] \qquad (9.1.42)$$

$$\varphi_{X_2}(t) = \exp[\lambda_2(\mathrm{e}^{\mathrm{i}t} - 1)] \qquad (9.1.43)$$

应用定理 9.1.1 之 iv) 得出, $X_1 + X_2$ 的特征函数为

$$\varphi_{X_1+X_2}(t) = \varphi_{X_1}(t)\varphi_{X_2}(t) = \exp[(\lambda_1 + \lambda_2)(\mathrm{e}^{\mathrm{i}t} - 1)] \qquad (9.1.44)$$

由定理 9.1.3 知, 它对应的分布函数是参数为 $\lambda_1 + \lambda_2$ 的 Poisson 分布. 结论得证.

例 9.1.3　假定 $X_k(\omega)(k = 1, 2, \cdots, n)$ 是 n 个相互独立的随机变量, 分别服从正态分布 $N(\mu_k, \sigma_k^2)$. 又设 $\lambda_1, \lambda_2, \cdots, \lambda_k$ 是不全为零的实数. 试证

$$Y(\omega) = \lambda_1 X_1(\omega) + \lambda_2 X_2(\omega) + \cdots + \lambda_n X_n(\omega)$$

服从正态分布 $N(\mu, \sigma^2)$, 其中

$$\mu = \lambda_1\mu_1 + \lambda_2\mu_2 + \cdots + \lambda_n\mu_n$$

$$\sigma^2 = \lambda_1^2\sigma_1^2 + \lambda_2^2\sigma_2^2 + \cdots + \lambda_n^2\sigma_n^2$$

解　由 (9.1.26) 得知, $X_k(\omega)$ 的特征函数为

$$\varphi_{X_k}(t) = \exp\left\{ \mathrm{i}t\mu_k - \frac{1}{2}\sigma_k^2 t^2 \right\} \quad (k = 1, 2, \cdots, n) \qquad (9.1.45)$$

应用定理 9.1.1 之 iii) 得出 $\lambda_k X_k(\omega)$ 的特征函数为

$$\varphi_{\lambda_k X_k}(t) = \varphi_{X_k}(\lambda_k t) = \exp\left\{ it\lambda_k \mu_k - \frac{1}{2}\lambda_k^2 \sigma_k^2 t^2 \right\} \quad (k = 1, 2, \cdots, n) \tag{9.1.46}$$

再应用定理 9.1.1 之 iv) 得出 $Y(\omega)$ 的特征函数为

$$\varphi_Y(t) = \varphi_{\lambda_1 X_1}(t)\varphi_{\lambda_2 X_2}(t)\cdots\varphi_{\lambda_n X_n}(t)$$
$$= \exp\left\{ it \sum_{k=1}^{n}(\lambda_k \mu_k) - \frac{1}{2}\left(\sum_{k=1}^{n} \lambda_k^2 \sigma_k^2 \right)t^2 \right\} \tag{9.1.47}$$

于是, 应用定理 9.1.3 得出, $Y(\omega)$ 服从正态分布 $N(\lambda_1\mu_1 + \cdots + \lambda_n\mu_n, \lambda_1^2\sigma_1^2 + \cdots + \lambda_n^2\sigma_n^2)$.

结束本节时给出用特征函数判定随机变量为连续型的一个充分条件, 并给出用这个特征函数求分布密度的公式.

定理 9.1.5 设 $X(\omega)$ 的特征函数为 $\varphi(t)$. 如果 $\varphi(t)$ 绝对可积, 那么随机变量 $X(\omega)$ 是连续型的, 其分布密度函数为

$$f(x) = \frac{1}{2\pi}\int_{-\infty}^{+\infty} e^{-itx}\varphi(t)dt \tag{9.1.48}$$

证明 用 $F(x)$ 表示 $X(\omega)$ 的分布函数. 令

$$G(x) = \frac{1}{2}[F(x) + F(x-0)]$$

i) 证明 $G'(x)$ 存在.

对于任意的 $x \in (-\infty + \infty)$ 和 $\Delta x > 0$, 应用逆转公式 (9.1.35) 得出

$$\frac{G(x+2\Delta x) - G(x)}{2\Delta x} = \frac{F(x+2\Delta x) + F(x+2\Delta x - 0)}{4\Delta x} - \frac{F(x) + F(x-0)}{4\Delta x}$$
$$= \frac{1}{2\pi}\lim_{T\to+\infty}\int_{-T}^{T} \frac{e^{-itx} - e^{-it(x+2\Delta x)}}{2\Delta x \cdot it}\varphi(t)dt$$
$$= \frac{1}{2\pi}\lim_{T\to+\infty}\int_{-T}^{T} e^{-it(x+\Delta x)} \cdot \frac{e^{it\Delta x} - e^{-it\Delta x}}{t\Delta x \cdot 2i}\varphi(t)dt$$
$$= \frac{1}{2\pi}\lim_{T\to+\infty}\int_{-T}^{T} e^{-it(x+\Delta x)}\frac{\sin t\Delta x}{t\Delta x}\varphi(t)dt$$
$$= \frac{1}{2\pi}\int_{-\infty}^{+\infty} e^{-it(x+\Delta x)} \cdot \frac{\sin t\Delta x}{t\Delta x}\varphi(t)dt \tag{9.1.49}$$

其中最后一个等号之所以成立, 是因为被积函数绝对可积

$$\int_{-\infty}^{+\infty} |e^{-it(x+\Delta x)} \cdot \frac{\sin t\Delta x}{t\Delta x}\varphi(t)|dt \leqslant \int_{-\infty}^{+\infty} |\varphi(t)|d(t) < +\infty$$

于是, 应用 Lebesgue 控制收敛定理, 由 (9.1.49) 得出 $G(x)$ 存在右导数 $G'_+(x)$. 它是

$$G'_+(x) = \lim_{\Delta x \to 0} \frac{G(x + 2\Delta x) - G(x)}{2\Delta x} = \frac{1}{2\pi} \int_{-\infty}^{+\infty} e^{-itx} \varphi(t) dt \tag{9.1.50}$$

对 $\Delta x < 0$, 考虑 $\dfrac{G(x) - G(x + 2\Delta x)}{-2\Delta x}$, 同样可证左导数 $G'_-(x)$ 存在, 并等于 (9.1.50) 的右方. 这样便证明了, 对一切 $x \in (-\infty, +\infty)$, 导数 $G'(x)$ 存在且

$$G'(x) = \frac{1}{2\pi} \int_{-\infty}^{+\infty} e^{-itx} \varphi(t) dt \tag{9.1.51}$$

ii) 证明 $G'(x)$ 是有界连续函数.

事实上, 对任意的 $x \in (-\infty, +\infty), |e^{itx} \varphi(t)| = |\varphi(t)|$. 应用 (9.1.51) 和 $\varphi(t)$ 绝对可积的假定条件, 有

$$|G'(x)| = \frac{1}{2\pi} \int_{-\infty}^{+\infty} |\varphi(t)| dt < +\infty$$

得证 $G'(x)$ 是有界函数. 对任意的 $x_0 \in (-\infty, +\infty)$, 由 Lebesgue 控制收敛定理得出

$$\lim_{x \to x_0} G'(x) = \frac{1}{2\pi} \int_{-\infty}^{+\infty} \lim_{x \to x_0} e^{-itx} \varphi(t) dt = \frac{1}{2\pi} \int_{-\infty}^{+\infty} e^{-itx_0} \varphi(t) dt = G'(x_0)$$

得证 $G'(x)$ 是连续函数.

iii) 证明 $F(x) = G(x)$.

令 D 是 $F(x)$ 的所有连续点组成的集合. 由 $G(x)$ 的定义得出, 当 $x \in D$ 时 $G(x) = F(x)$. 由于 $G(x)$ 是连续函数, 可见对一切 $x \in (-\infty, +\infty)$ 时有

$$F(x - 0) = \lim_{u \to x-0} F(u) = \lim_{u \to x-0} G(u) = G(x)$$
$$= \lim_{u \to x+0} G(u) = \lim_{u \to x+0} F(u) = F(x + 0)$$

其中极限是对一切 $u \in D$ 进行. 得证 $F(x) = G(x)$.

总之, 对一切 $x \in (-\infty, +\infty)$ 成立

$$F'(x) = G'(x) = \frac{1}{2\pi} \int_{-\infty}^{+\infty} e^{-itx} \varphi(t) dt \tag{9.1.52}$$

此外, 由 $G'(x)$ 的连续性知 $f(x) \triangleq F'(x)$ 在 $(-\infty, +\infty)$ 上连续. 由此得出

$$F(x) = \int_{-\infty}^{x} F'(u) du = \int_{-\infty}^{x} f(u) du, \quad x \in (-\infty, +\infty)$$

得证 $X(\omega)$ 是连续型随机变量, 其分布密度函数为

$$f(x) = \frac{1}{2\pi} \int_{-\infty}^{+\infty} \mathrm{e}^{-\mathrm{i}tx} \varphi(t) \mathrm{d}t \qquad \blacksquare$$

9.2 随机向量的特征函数; 多维正态分布

随机向量的特征函数与随机变量情形类似. 本节采用 7.3.3 小节中的符号, 即是说, 用粗体字母表示的向量皆为列向量, 它的转置是行向量. 例如

$$\boldsymbol{X} = \begin{pmatrix} X_1 \\ \vdots \\ X_n \end{pmatrix}, \quad \boldsymbol{x} = \begin{pmatrix} x_1 \\ \vdots \\ x_n \end{pmatrix}, \quad \boldsymbol{t} = \begin{pmatrix} t_1 \\ \vdots \\ t_n \end{pmatrix} \qquad (9.2.1)$$

它们的转置是

$$\boldsymbol{X}^\tau = (X_1, \cdots, X_n)$$
$$\boldsymbol{x}^\tau = (x_1, \cdots, x_n)$$
$$\boldsymbol{t}^\tau = (t_1, \cdots, t_n)$$

于是

$$\boldsymbol{t}^\tau \boldsymbol{X} = \sum_{k=1}^n t_k X_k \qquad (9.2.2)$$

$$\boldsymbol{t}^\tau \boldsymbol{x} = \sum_{k=1}^n t_k x_k \qquad (9.2.3)$$

是向量的数积.

9.2.1 定义和基本性质

定义 9.2.1 给定随机向量 $\boldsymbol{X}^\tau(\omega) = (X_1(\omega), X_2(\omega), \cdots, X_n(\omega))$, 设 $F(\boldsymbol{x}) = F(x_1, x_2, \cdots, x_n)$[①]是它的分布函数. 定义 n 元实变量的复值函数

$$\varphi(t_1, t_2, \cdots, t_n) = E\mathrm{e}^{\mathrm{i}\boldsymbol{t}^\tau \boldsymbol{X}} = \int_{\mathbf{R}^n} \mathrm{e}^{\mathrm{i}\boldsymbol{t}^\tau \boldsymbol{x}} \mathrm{d}F(\boldsymbol{x})$$

$$= \int \cdots \int_{\mathbf{R}^n} \mathrm{e}^{\mathrm{i}(t_1 x_1 + t_2 x_2 + \cdots + t_n x_n)} \mathrm{d}_{x_1} \cdots \mathrm{d}_{x_n} F(x_1, x_2, \cdots, x_n) \quad (9.2.4)$$

那么称 $\varphi(t_1, t_2, \cdots, t_n)$ 为 $\boldsymbol{X}^\tau(\omega)$ 的特征函数, 也称为分布函数 $F(x_1, x_2, \cdots, x_n)$ 的特征函数. 特别,

---

① n 元函数 $g(x_1, x_2, \cdots, x_n)$ 本应简记为 $g(\boldsymbol{x}^\tau)$, 但习惯上我们仍记为 $g(\boldsymbol{x})$. 例如, $F(\boldsymbol{x}) = F(x_1, x_2, \cdots, x_n), \varphi(\boldsymbol{t}) = \varphi(t_1, t_2, \cdots, t_n)$, 等等.

i) 设 $\boldsymbol{X}^{\tau}(\omega)$ 是离散型的, 其分布律为

$$p(\boldsymbol{x}):\quad \begin{array}{c|ccccc} \boldsymbol{X}^{\tau} & \boldsymbol{x}_1^{\tau} & \cdots & \boldsymbol{x}_2^{\tau} & \cdots & \text{其他 } \boldsymbol{x}^{\tau} \\ \hline p & p_1 & \cdots & p_k & \cdots & 0 \end{array}$$

其中 $\boldsymbol{x}_k^{\tau} = (x_{k1}, \cdots, x_{kn})$, 那么 (9.2.4) 成为

$$\varphi(t_1, t_2, \cdots, t_n) = \sum_{k \geqslant 1} \mathrm{e}^{\mathrm{i}(t_1 x_{k1} + t_2 x_{k2} + \cdots + t_n x_{kn})} p_k \tag{9.2.5}$$

ii) 设 $\boldsymbol{X}^{\tau}(\omega)$ 是连续型的, 其分布密度函数为 $f(x_1, x_2, \cdots, x_n)$, 那么 (9.2.4) 成为

$$\varphi(t_1, t_2, \cdots, t_n) = \int \cdots \int_{\mathbf{R}^n} \mathrm{e}^{\mathrm{i}(t_1 x_1 + t_2 x_2 + \cdots + t_n x_n)} f(x_1, x_2, \cdots, x_n) \mathrm{d}x_1 \mathrm{d}x_2 \cdots \mathrm{d}x_n. \tag{9.2.6}$$

经常研究多个特征函数. 因此用 $\varphi_{\boldsymbol{X}}(\boldsymbol{t})$, 或 $\varphi_{X_1, \cdots, X_n}(t_1, t_2, \cdots, t_n)$ 表示随机向量 $\boldsymbol{X}(\omega) = (X_1(\omega), X_2(\omega), \cdots, X_n(\omega))$ 的特征函数. 也称为 n 个随机变量 $X_1(\omega), \cdots, X_n(\omega)$ 的联合特征函数.

【边沿特征函数】　设 $\boldsymbol{X}(\omega) = (X_1(\omega), \cdots, X_n(\omega))$ 是随机向量; $(X_{k_1}(\omega), X_{k_2}(\omega), \cdots, X_{k_r}(\omega))(1 \leqslant k_1 < k_2 < \cdots < k_r \leqslant n)$ 是 $\boldsymbol{X}(\omega)$ 的截口为 $\{k_1, k_2, \cdots, k_r\}$ 的 r 维边沿随机向量, 那么称 $\varphi_{X_{k_1}, \cdots, X_{k_r}}(t_{k_1}, t_{k_2}, \cdots, t_{k_r})$ 为 $\boldsymbol{X}(\omega)$(或 $\varphi_{\boldsymbol{X}}(\boldsymbol{t})$) 的截口为 $\{k_1, k_2, \cdots, k_r\}$ 的 r 维边沿特征函数. 应用公式 (9.2.4) 容易推出

$$\varphi_{X_{k_1}, \cdots, X_{k_r}}(t_{k_1}, t_{k_2}, \cdots, t_{k_r}) = \varphi_{X_1, \cdots, X_n}(t_1, t_2, \cdots, t_n)\Big|_{\substack{t_j = 0 \\ j \neq k_1, \cdots, k_r}} \tag{9.2.7}$$

特别, n 个一维边沿特征函数是

$$\begin{cases} \varphi_{X_1}(t_1) = \varphi_{\boldsymbol{X}}(t_1, 0, 0, \cdots, 0) \\ \varphi_{X_2}(t_2) = \varphi_{\boldsymbol{X}}(0, t_2, 0, \cdots, 0) \\ \cdots\cdots \\ \varphi_{X_n}(t_n) = \varphi_{\boldsymbol{X}}(0, 0, \cdots, 0, t_n) \end{cases} \tag{9.2.8}$$

定理 9.2.1 (基本性质)　给定随机向量 $\boldsymbol{X}(\omega) = (X_1(\omega), X_2(\omega), \cdots, X_n(\omega))$, 那么它的特征函数 $\varphi_{\boldsymbol{X}}(\boldsymbol{t})$ 必定存在, 并且具有下列性质

i) $\varphi_{\boldsymbol{X}}(t_1, t_2, \cdots, t_n)$ 是 $\mathbf{R}^n$ 上的一致连续函数, 并且

$$|\varphi_{\boldsymbol{X}}(\boldsymbol{t})| \leqslant \varphi_{\boldsymbol{X}}(\boldsymbol{0}) = 1 \tag{9.2.9}$$

$$\varphi_{\boldsymbol{X}}(-\boldsymbol{t}) = \overline{\varphi_{\boldsymbol{X}}(\boldsymbol{t})} \tag{9.2.10}$$

ii) $\varphi_{\boldsymbol{X}}(\boldsymbol{t})$ 是非负定函数, 即对任意的 $m \geqslant 1$ 和任意 m 个 n 维数值向量 $\boldsymbol{t}_k = (t_{k1}, t_{k2}, \cdots, t_{kn})(k = 1, 2, \cdots, m)$, 以及任意 m 个复数 $z_1, z_2, \cdots, z_m$ 成立

$$\sum_{j=1}^{m} \sum_{k=1}^{m} \varphi_{\boldsymbol{X}}(\boldsymbol{t}_j - \boldsymbol{t}_k) z_j \bar{z}_k \geqslant 0 \qquad (9.2.11)$$

iii) 设 $\boldsymbol{Y}(\omega) = A\boldsymbol{X}(\omega) + \boldsymbol{b}$, 其中 A 是 $r \times n$ 矩阵, $\boldsymbol{b}$ 是 r 维列向量, 那么

$$\varphi_{\boldsymbol{Y}}(\boldsymbol{s}) = \mathrm{e}^{\mathrm{i}\boldsymbol{s}^{\tau}\boldsymbol{b}} \varphi_{\boldsymbol{X}}(A^{\tau}\boldsymbol{s}), \quad \boldsymbol{s} = (s_1, s_2, \cdots, s_r)^{\tau} \in \mathbf{R}^r \qquad (9.2.12)$$

特殊情形 1): 设 A 是 $n \times n$ 对角矩阵, 而 $\boldsymbol{b}$ 是 n 维列向量:

$$A = \begin{pmatrix} a_1 & & 0 \\ & \ddots & \\ 0 & & a_n \end{pmatrix}, \quad \boldsymbol{b} = \begin{pmatrix} b_1 \\ \vdots \\ b_n \end{pmatrix}, \quad A\boldsymbol{X}(\omega) = \begin{pmatrix} a_1 X_1(\omega) \\ \vdots \\ a_n X_n(\omega) \end{pmatrix} \qquad (9.2.13)$$

则 $\boldsymbol{Y}(\omega) = A\boldsymbol{X}(\omega) + \boldsymbol{b} = (a_1 X_1(\omega) + b_1, \cdots, a_n X_n(\omega) + b_n)^{\tau}$ 的特征函数为

$$\varphi_{\boldsymbol{Y}}(\boldsymbol{t}) = \mathrm{e}^{\mathrm{i}\boldsymbol{t}^{\tau}\boldsymbol{b}} \varphi_{\boldsymbol{X}}(A^{\tau}\boldsymbol{t}) = \exp\left\{\mathrm{i}\sum_{k=1}^{n} t_k b_k\right\} \varphi_{\boldsymbol{X}}(a_1 t_1, a_2 t_2, \cdots, a_n t_n) \qquad (9.2.14)$$

特殊情形 2): 设 $A = (a_1, a_2, \cdots, a_n)$ 是 $1 \times n$ 矩阵 (n 维行向量), 而 b 是常数, 则 $Y(\omega) = A\boldsymbol{X}(\omega) + \boldsymbol{b} = a_1 X_1(\omega) + a_2 X_2(\omega) + \cdots + a_n X_n(\omega) + b$ 是一维随机变量, 其特征函数为

$$\varphi_Y(t) = \mathrm{e}^{\mathrm{i}tb} \varphi_{\boldsymbol{X}}(A^{\tau}t) = \mathrm{e}^{\mathrm{i}tb} \varphi_{\boldsymbol{X}}(a_1 t, a_2 t, \cdots, a_n t) \qquad (9.2.15)$$

iv) 假定两个 n 维随机向量 $\boldsymbol{X}(\omega)$ 和 $\boldsymbol{Y}(\omega)$ 相互独立, 则 $\boldsymbol{Z}(\omega) = \boldsymbol{X}(\omega) + \boldsymbol{Y}(\omega)$ 的特征函数为

$$\varphi_{\boldsymbol{Z}}(\boldsymbol{t}) = \varphi_{\boldsymbol{X}}(\boldsymbol{t}) \varphi_{\boldsymbol{Y}}(\boldsymbol{t}), \quad \boldsymbol{t} \in \mathbf{R}^n \qquad (9.2.16)$$

此式可推广到任意 $r(r \geqslant 2)$ 个 n 维随机向量情形.

v) 如果矩 $E(X_1^{k_1} \cdots X_n^{k_n})$ 存在, 则

$$E(X_1^{k_1} \cdots X_n^{k_n}) = (-\mathrm{i})^{k_1 + \cdots + k_n} \frac{\partial^{k_1 + \cdots + k_n}}{\partial t_1^{k_1} \cdots \partial t_n^{k_n}} \varphi_{\boldsymbol{X}}(t_1, \cdots, t_n)\big|_{t_1 = \cdots = t_n = 0} \qquad (9.2.17)$$

证明 对任意的 $\boldsymbol{t} \in \mathbf{R}^n$,

$$\int_{\mathbf{R}^n} |\mathrm{e}^{\mathrm{i}\boldsymbol{t}^{\tau}\boldsymbol{x}}| \mathrm{d}F_{\boldsymbol{X}}(\boldsymbol{x}) = \int_{\mathbf{R}^n} \mathrm{d}F_{\boldsymbol{X}}(\boldsymbol{x}) = 1$$

故 $\varphi_{\boldsymbol{X}}(\boldsymbol{t})$ 存在.

i) 由定义和 $|\mathrm{e}^{\mathrm{i}t^\tau x}| = 1$ 得出 $\varphi_X(0) = \int_{\mathbf{R}^n} \mathrm{d}F_X(x)$, 并且

$$|\varphi_X(t)| = |\int_{\mathbf{R}^n} \mathrm{e}^{\mathrm{i}t^\tau x}\mathrm{d}F_X(x) \leqslant \int_{\mathbf{R}^n} |\mathrm{e}^{\mathrm{i}t^\tau x}|\mathrm{d}F_X(x) = \varphi_X(0) = 1$$

$$\varphi_X(-t) = \int_{\mathbf{R}^n} \mathrm{e}^{\mathrm{i}(-t^\tau)x}\mathrm{d}F_X(x) = \int_{\mathbf{R}^n} \overline{\mathrm{e}^{\mathrm{i}t^\tau x}}\mathrm{d}F_X(x)$$

$$= \overline{\int_{\mathbf{R}^n} \mathrm{e}^{\mathrm{i}t^\tau x}\mathrm{d}F_X(x)} = \overline{\varphi_X(t)}$$

下证一致连续性. 对任意的 $t \in \mathbf{R}^n$ 和 $\Delta t = (\Delta t_1, \Delta t_2, \cdots, \Delta t_n)^\tau \in \mathbf{R}^n$, 应用施瓦茨不等式 (8.2.32) 得出

$$|\varphi_X(t + \Delta t) - \varphi_X(t)| = |E[\mathrm{e}^{\mathrm{i}(t+\Delta t)^\tau X} - \mathrm{e}^{\mathrm{i}t^\tau X}]| \leqslant E|\mathrm{e}^{\mathrm{i}\Delta t^\tau X} - 1|$$

$$\leqslant \sqrt{E|\mathrm{e}^{\mathrm{i}\Delta t^\tau X} - 1|^2} = \sqrt{2E(1 - \cos\Delta t^\tau X)}$$

其中最后的等式用到结论: 对任意的实数 α 有

$$|1 - \mathrm{e}^{\mathrm{i}\alpha}| = 2(1 - \cos\alpha)$$

现在令 $|\Delta t| \to 0$, 显然 $E(1 - \cos\Delta t^\tau X) \to 0$. 故

$$\lim_{|\Delta t| \to 0} |\varphi_X(t + \Delta t) - \varphi_X(t)| \leqslant \lim_{|\Delta t| \to 0} \sqrt{2E(1 - \cos\Delta t^\tau X)} = 0$$

注意到右方不依赖于 $t \in \mathbf{R}^n$, 得证左方收敛关于 $t \in \mathbf{R}^n$ 是一致的.

ii) 非负定性的证明与一维情形完全类似.

iii) 对任意的 $s \in \mathbf{R}^r$, 我们有

$$\varphi_Y(s) = E\mathrm{e}^{\mathrm{i}s^\tau Y} = E(\mathrm{e}^{\mathrm{i}s^\tau AX + \mathrm{i}S^\tau b})$$

$$= \mathrm{e}^{\mathrm{i}s^\tau b} \cdot E\mathrm{e}^{\mathrm{i}(A^\tau s)^\tau X} = \mathrm{e}^{\mathrm{i}s^\tau b}\varphi_X(A^\tau s)$$

iv) 设随机向量 $X = (X_1, X_2, \cdots, X_n)^\tau$ 和 $Y = (Y_1, Y_2, \cdots, Y_n)^\tau$ 相互独立. 对于任意的 $t = (t_1, t_2, \cdots, t_n)^\tau \in \mathbf{R}^n$, 令

$$\xi(t) = t^\tau X = t_1 X_1 + t_2 X_2 + \cdots + t_n X_n$$

$$\eta(t) = t^\tau Y = t_1 Y_1 + t_2 Y_2 + \cdots + t_n Y_n$$

则 $\xi(t)$ 和 $\eta(t)$ 是两个一维随机变量. 应用定理 9.1.1 之 iv) 得到

$$E\mathrm{e}^{\mathrm{i}[\xi(t)+\eta(t)]} = E\mathrm{e}^{\mathrm{i}\xi(t)} \cdot E\mathrm{e}^{\mathrm{i}\eta(t)}$$

从而

$$\varphi_{\boldsymbol{X}+\boldsymbol{Y}}(\boldsymbol{t}) = E\mathrm{e}^{\mathrm{i}\boldsymbol{t}^\tau(\boldsymbol{X}+\boldsymbol{Y})} = E\mathrm{e}^{\mathrm{i}[\boldsymbol{\xi}(\boldsymbol{t})+\boldsymbol{\eta}(\boldsymbol{t})]} = E\mathrm{e}^{\mathrm{i}\boldsymbol{\xi}(\boldsymbol{t})} \cdot E\mathrm{e}^{\mathrm{i}\boldsymbol{\eta}(\boldsymbol{t})}$$
$$= E\mathrm{e}^{\mathrm{i}\boldsymbol{t}^\tau\boldsymbol{X}} \cdot E\mathrm{e}^{\mathrm{i}\boldsymbol{t}^\tau\boldsymbol{Y}} = \varphi_{\boldsymbol{X}}(\boldsymbol{t}) \cdot \varphi_{\boldsymbol{Y}}(\boldsymbol{t})$$

v) 依定义,

$$\varphi_{\boldsymbol{X}}(\boldsymbol{t}) = \int \cdots \int_{\mathbf{R}^n} \mathrm{e}^{\mathrm{i}(t_1 x_1 + \cdots + t_n x_n)} \mathrm{d}_{x_1} \cdots \mathrm{d}_{x_n} F_{\boldsymbol{X}}(x_1, \cdots, x_n)$$

现在对 $t_1, \cdots, t_n$ 求导数, 估且形式上应用积分号下求导数方法, 得到

$$\frac{\partial^{k_1+\cdots+k_n}}{\partial t_1^{k_1} \cdots \partial t_n^{k_n}} \varphi_{\boldsymbol{X}}(\boldsymbol{t})$$
$$= \int \cdots \int_{\mathbf{R}^n} \mathrm{i}^{k_1+\cdots+k_n} x_1^{k_1} \cdots x_n^{k_n} \mathrm{e}^{\mathrm{i}(t_1 x_1 + \cdots + t_n x_n)} \mathrm{d}_{x_1} \cdots \mathrm{d}_{x_n} F_{\boldsymbol{X}}(x_1, \cdots, x_n) \quad (9.2.18)$$

由于假定矩 $E[X_1^{k_1} \cdots X_n^{k_n}]$ 存在, 故右方积分绝对收敛, 从而上述积分号下求导数方法是允许的. 即 (9.2.18) 成立. 于是, 令 $t_1 = t_2 = \cdots = t_n = 0$ 得到

$$\frac{\partial^{k_1+\cdots+k_n}}{\partial t_1^{k_1} \cdots \partial t_n^{k_n}} \varphi_{\boldsymbol{X}}(0, \cdots, 0)$$
$$= \mathrm{i}^{k_1+\cdots+k_n} \int \cdots \int_{\mathbf{R}^n} x_1^{k_1} \cdots x_n^{k_n} \mathrm{d}x_1 \cdot \mathrm{d}x_n F_{\boldsymbol{X}}(x_1, \cdots, x_n)$$
$$= \mathrm{i}^{k_1+\cdots+k_n} E(X_1^{k_1} \cdots X_n^{k_n})$$

得证 (9.2.17) 成立. ■

9.2.2 分布函数和特征函数的一一对应性

把逆转公式 (9.1.35) 推广到多元特征函数, 需要介绍 "连续柱体" 的概念.

给定 n 元分布函数 $F(x_1, x_2, \cdots, x_n), (x_1, x_2, \cdots, x_n) \in \mathbf{R}^n$, 引进 Borel 空间 $(\mathbf{R}^n, \mathcal{B}^n)$. 那么应用 F 可以在 $(\mathbf{R}^n, \mathcal{B}^n)$ 上产生概率分布 $P(A), A \in \mathcal{B}^n$ (定理 3.7.3). 考虑 n 维柱体

$$\prod_{k=1}^{n} (a_k, b_k] = \{(x_1, x_2, \cdots, x_n) | a_k < x_k \leqslant b_k, k = 1, 2, \cdots, n\} \quad (9.2.19)$$
$$\prod_{k=1}^{n} [a_k, b_k] = \{(x_1, x_2, \cdots, x_n) | a_k \leqslant x_k \leqslant b_k, k = 1, 2, \cdots, n\}$$
$$\prod_{k=1}^{n} (a_k, b_k) = \{(x_1, x_2, \cdots, x_n) | a_k < x_k < b_k, k = 1, 2, \cdots, n\}$$

称左开右闭柱体 $\prod\limits_{k=1}^{n}(a_k, b_k]$ 为分布函数 F 的连续柱体, 如果 F 在边界

$$\prod_{k=1}^{n}[a_k, b_k] \Big\backslash \prod_{k=1}^{n}(a_k, b_k)$$

上是连续函数. 显然, 对连续柱体 $\prod\limits_{k=1}^{n}(a_k, b_k]$ 成立

$$P\left(\prod_{k=1}^{n}[a_k, b_k] \Big\backslash \prod_{k=1}^{n}(a_k, b_k)\right) = 0 \tag{9.2.20}$$

定理 9.2.2 (逆转公式)　设 $\varphi(t_1, t_2, \cdots, t_n)$ 是分布函数 $F(x_1, x_2, \cdots, x_n)$ 的特征函数, $P(A), A \in \mathcal{B}^n$ 是 F 在 $(\mathbf{R}^n, \mathcal{B}^n)$ 上产生的概率测度. 那么, 对任意的连续柱体 $\prod\limits_{k=1}^{n}(a_k, b_k]$ 成立

$$F(b_1, \cdots, b_n) = \lim_{a_k \to -\infty, 1 \leqslant k \leqslant n} P\left(\prod_{k=1}^{n}(a_k, b_k]\right) \tag{9.2.21}$$

$$P\left(\prod_{k=1}^{n}(a_k, b_k]\right)$$
$$= \frac{1}{(2\pi)^n} \lim_{\substack{T_k \to +\infty \\ 1 \leqslant k \leqslant n}} \int_{-T_1}^{T_1} \cdots \int_{-T_n}^{T_n} \cdot \frac{\mathrm{e}^{-\mathrm{i}t_1 a_1} - \mathrm{e}^{-\mathrm{i}t_1 b_1}}{\mathrm{i}t_1} \cdots \frac{\mathrm{e}^{-\mathrm{i}t_n a_n} - \mathrm{e}^{-\mathrm{i}t_n b_n}}{\mathrm{i}t_n} \varphi(t_1, \cdots, t_n) \mathrm{d}t_1 \cdots \mathrm{d}t_n \tag{9.2.22}$$

证明　只需证 (9.2.22). 把 (9.2.4) 定义的特征函数代入 (9.2.22) 的右端, 则右端积分先是对 $x_1, \cdots, x_n$, 再是对 $t_1, \cdots, t_n$ 进行积分. 注意到被积函数绝对可积, 故应用傅比尼定理, 可改变积分顺序. 于是, 右端积分等于

$$\int_{-\infty}^{+\infty} \cdots \int_{-\infty}^{+\infty} \left[\prod_{k=1}^{n} \int_{-T_k}^{T_k} \frac{\mathrm{e}^{\mathrm{i}t_k(x_k - a_k)} - \mathrm{e}^{\mathrm{i}t_k(x_k - b_k)}}{\mathrm{i}t_k} \mathrm{d}t_k\right] \mathrm{d}_{x_1} \cdots \mathrm{d}_{x_n} F(x_1, \cdots, x_n) \tag{9.2.23}$$

我们有

$$I_{T_k}(x_k) \triangleq \int_{-T_k}^{T_k} \frac{\mathrm{e}^{\mathrm{i}t_k(x_k - a_k)} - \mathrm{e}^{\mathrm{i}t_k(x_k - b_k)}}{\mathrm{i}t_k} \mathrm{d}t_k$$
$$= 2 \int_{0}^{T_k} \frac{\sin t_k(x_k - a_k)}{t_k} \mathrm{d}t_k - 2 \int_{0}^{T_k} \frac{\sin t_k(x_k - b_k)}{t_k} \mathrm{d}t_k \tag{9.2.24}$$

应用 (9.1.37) 得出

$$\lim_{T_k \to +\infty} I_{T_k}(x_k) = \begin{cases} 2\pi, & a_k < x_k < b_k \\ 0, & x_k < a_k \ \text{或} \ x_k > b_k \end{cases} \tag{9.2.25}$$

从而

$$\frac{1}{(2\pi)^n} \lim_{\substack{T_k \to +\infty \\ 1 \leqslant k \leqslant n}} I_{T_1}(x_1) \cdots I_{T_n}(x_n) = \begin{cases} 1, & (x_1, \cdots, x_n) \in \prod_{k=1}^n (a_k, b_k) \\ 0, & (x_1, \cdots, x_n) \in \left(\prod_{k=1}^n [a_k, b_k] \right)^c \end{cases} \quad (9.2.26)$$

其中,

$$\left(\prod_{k=1}^n [a_k, b_k] \right)^c = \mathbf{R}^n \backslash \prod_{k=1}^n [a_k, b_k]$$

应用 (9.2.23) 和 (9.2.24) 得出 (9.2.22) 右端积分等于

$$\frac{1}{(2\pi)^n} \lim_{\substack{T_k \to +\infty \\ 1 \leqslant k \leqslant n}} \int_{-\infty}^{+\infty} \cdots \int_{-\infty}^{+\infty} I_{T_1}(x_1) \cdots I_{T_n}(x_n) \mathrm{d}_{x_1} \cdots \mathrm{d}_{x_n} F(x_1, \cdots, x_n) \quad (9.2.27)$$

令

$$D_1 = \prod_{k=1}^n (a_k, b_k), \quad D_2 = \left(\prod_{k=1}^n [a_k, b_k] \right)^c, \quad D_3 = \prod_{k=1}^n [a_k, b_k] \backslash \prod_{k=1}^n (a_k, b_k)$$

则 $\mathbf{R}^n = D_1 \cap D_2 \cap D_3$ 和

$$(9.2.22)\text{右方值}$$
$$= \frac{1}{(2\pi)^n} \lim_{\substack{T_k \to +\infty \\ 1 \leqslant k \leqslant n}} \left[\int \cdots \int_{D_1} + \int \cdots \int_{D_2} + \int \cdots \int_{D_3} \right] I_{T_1}(x_1) \cdots$$
$$I_{T_n(x_n)} \mathrm{d}_{x_1} \cdots \mathrm{d}_{x_n} F(x_1, \cdots, x_n) \quad (9.2.28)$$

由 (9.2.25) 和 (9.2.26) 知 $|I_{T_1}(x_1) \cdots I_{T_n}(x_n)| < M$, M 为某正常数. 应用 Lebesgue 控制收敛定理, 可在积分号下取极限. 于是, (9.2.28) 右端的第 1 个积分成为

$$\int \cdots \int_{D_1} \mathrm{d}_{x_1} \cdots \mathrm{d}_{x_n} F(x_1, \cdots, x_2)$$

它等于 (9.2.22) 的左端值; 由 (9.2.26) 得出 (9.2.28) 右端第 2 个积分值为零; 第 3 个积分的绝对值不超过 $M \cdot P(D_3)$. 由连续柱体的假定知 $P(D_3) = 0$, 得证公式 (9.2.22) 成立. ∎

推论 (一一对应性) 给定随机向量 $\boldsymbol{X}(\omega) = (X_1(\omega), X_2(\omega), \cdots, X_n(\omega))$, 那么它的分布函数 $F_{\boldsymbol{X}}(x_1, x_2, \cdots, x_n)$ 和特征函数 $\varphi_{\boldsymbol{X}}(t_1, t_2, \cdots, t_n)$ 必定存在, 并且 $F_{\boldsymbol{X}}$ 和 $\varphi_{\boldsymbol{X}}$ 相互唯一确定.

【随机向量的独立性】　　设 $\boldsymbol{X}(\omega), \boldsymbol{Y}(\omega), \cdots, \boldsymbol{Z}(\omega)$ 是 r 个随机列向量, 维数分别为 $m_1, m_2, \cdots, m_r$. 引进一个 $m_1 + m_2 \cdots + m_r$ 维随机列向量 $\boldsymbol{W}(\omega)$,

$$\boldsymbol{W}(\omega)^\tau = (\boldsymbol{X}(\omega)^\tau, \boldsymbol{Y}(\omega)^\tau, \cdots, \boldsymbol{Z}(\omega)^\tau) \tag{9.2.29}$$

用 $\varphi_{\boldsymbol{W}}(\boldsymbol{s}), \varphi_{\boldsymbol{X}}(\boldsymbol{t}), \varphi_{\boldsymbol{Y}}(\boldsymbol{u}), \cdots, \varphi_{\boldsymbol{Z}}(\boldsymbol{v})$ 表示它们的特征函数, 这里

$$\boldsymbol{s}^\tau = (\boldsymbol{t}^\tau, \boldsymbol{u}^\tau, \cdots, \boldsymbol{v}^\tau) \tag{9.2.30}$$

是 $m_1 + m_2 + \cdots + m_r$ 维行向量.

定理 9.2.3　　r 个随机向量 $\boldsymbol{X}(\omega), \boldsymbol{Y}(\omega), \cdots, \boldsymbol{Z}(\omega)$ 相互独立的必要充分条件是它们的特征函数满足关系式

$$\varphi_{\boldsymbol{W}}(\boldsymbol{s}) = \varphi_{\boldsymbol{X}}(\boldsymbol{t}) \varphi_{\boldsymbol{Y}}(\boldsymbol{u}) \cdots \varphi_{\boldsymbol{Z}}(\boldsymbol{v}) \tag{9.2.31}$$

这里 $\boldsymbol{W}(\omega)$ 用 (9.2.29) 定义, $\varphi_{\boldsymbol{W}}(\boldsymbol{s})$ 是它的特征函数, $\boldsymbol{s}$ 由 (9.2.30) 规定.

证明　　必要性: 假定 $\boldsymbol{X}(\omega), \boldsymbol{Y}(\omega), \cdots, \boldsymbol{Z}(\omega)$ 相互独立. 先设 $r = 2$, 往证

$$\varphi_{\boldsymbol{W}}(\boldsymbol{s}) \triangleq \varphi_{\boldsymbol{X},\boldsymbol{Y}}(\boldsymbol{t}, \boldsymbol{u}) = \varphi_{\boldsymbol{X}}(\boldsymbol{t}) \varphi_{\boldsymbol{Y}}(\boldsymbol{u})$$

令

$$\xi(\omega) = \boldsymbol{t}^\tau \boldsymbol{X}(\omega) = t_1 X_1(\omega) + t_2 X_2(\omega) + \cdots + t_{m_1} X_{m_1}(\omega)$$

$$\eta(\omega) = \boldsymbol{u}^\tau \boldsymbol{Y}(\omega) = u_1 Y_1(\omega) + u_2 Y_2(\omega) + \cdots + u_{m_2} Y_{m_2}(\omega)$$

则 $\xi(\omega)$ 和 $\eta(\omega)$ 是两个随机变量. 由 $\boldsymbol{X}(\omega)$ 和 $\boldsymbol{\eta}(\omega)$ 的相互独立得出 $\xi(\omega)$ 和 $\eta(\omega)$ 相互独立. 那么, 应用定理 9.1.1 之 iv)(它容易推广到复值随机变量) 得出

$$E\mathrm{e}^{\mathrm{i}(\xi+\eta)} = E\mathrm{e}^{\mathrm{i}\xi} \cdot E\mathrm{e}^{\mathrm{i}\eta} \tag{9.2.32}$$

从而得出

$$\varphi_{\boldsymbol{W}}(\boldsymbol{s}) = E\mathrm{e}^{\mathrm{i}\boldsymbol{s}^\tau \boldsymbol{W}} = E\mathrm{e}^{\mathrm{i}(\boldsymbol{t}^\tau \boldsymbol{X} + \boldsymbol{u}^\tau \boldsymbol{Y})} = E\mathrm{e}^{\mathrm{i}(\xi+\eta)}$$

$$= E\mathrm{e}^{\mathrm{i}\xi} \cdot E\mathrm{e}^{\mathrm{i}\eta} = E\mathrm{e}^{\mathrm{i}\boldsymbol{t}^\tau \boldsymbol{X}} \cdot E\mathrm{e}^{\mathrm{i}\boldsymbol{u}^\tau \boldsymbol{Y}} = \varphi_{\boldsymbol{X}}(\boldsymbol{t}) \varphi_{\boldsymbol{Y}}(\boldsymbol{u})$$

得证 $r = 2$ 时 (9.2.31) 成立. 对于任意的 $r \geqslant 3$ 用数学归纳法证明之.

充分性: 假定 (9.2.31) 成立. 先设 $r = 2$, 用 $F_{\boldsymbol{X}}(\boldsymbol{x}), F_{\boldsymbol{Y}}(\boldsymbol{y}), F_{\boldsymbol{W}}(\boldsymbol{x}, \boldsymbol{y}), \boldsymbol{x} \in \mathbf{R}^{m_1}, \boldsymbol{y} \in \mathbf{R}^{m_2}, (\boldsymbol{x}, \boldsymbol{y}) \in \mathbf{R}^{m_1+m_2}$ 分别表示 $\boldsymbol{X}(\omega), \boldsymbol{Y}(\omega), \boldsymbol{W}(\omega)$ 的分布函数. 应用定理 9.2.2 得到

$$P\left(\boldsymbol{W} \in \prod_{k=1}^{m_1+m_2} (a_k, b_k]\right)$$

$$=\frac{1}{(2\pi)^{m_1+m_2}}\lim_{\substack{T_k\to+\infty\\1\leqslant k\leqslant m_1+m_2}}\int_{-T_1}^{T_1}\cdots\int_{-T_{m_1+m_2}}^{T_{m_1+m_2}}\frac{\mathrm{e}^{-\mathrm{i}t_1a_1}-\mathrm{e}^{-\mathrm{i}t_1b_1}}{\mathrm{i}t_1}\cdots$$

$$\frac{\mathrm{e}^{-\mathrm{i}t_{m_1+m_2}a_{m_1+m_2}}-\mathrm{e}^{-\mathrm{i}t_{m_1+m_2}b_{m_1+m_2}}}{\mathrm{i}t_{m_1+m_2}}\varphi_{\boldsymbol{W}}(t_1,\cdots,t_{m_1+m_2})\mathrm{d}t_1\cdots\mathrm{d}t_{m_1+m_2}$$

把假定条件 $\varphi_{\boldsymbol{W}}(\boldsymbol{s})=\varphi_{\boldsymbol{X}}(\boldsymbol{t})\varphi_{\boldsymbol{Y}}(\boldsymbol{u})$ 代入后得到

$$P\left(\boldsymbol{W}\in\prod_{k=1}^{m_1+m_2}(a_k,b_k]\right)$$

$$=\frac{1}{(2\pi)^{m_1}}\lim_{\substack{T_k\to+\infty\\1\leqslant k\leqslant m_1}}\int_{-T_1}^{T_1}\cdots\int_{-T_{m_1}}^{T_{m_1}}\frac{\mathrm{e}^{-\mathrm{i}t_1a_1}-\mathrm{e}^{-\mathrm{i}t_1b_1}}{\mathrm{i}t_1}$$

$$\cdots\frac{\mathrm{e}^{-\mathrm{i}t_{m_1}a_{m_1}}-\mathrm{e}^{-\mathrm{i}t_{m_1}b_{m_1}}}{\mathrm{i}t_{m_1}}\varphi_{\boldsymbol{X}}(t_1,\cdots,t_{m_1})\mathrm{d}t_1\cdots\mathrm{d}t_{m_1}$$

$$\times\frac{1}{(2\pi)^{m_2}}\lim_{\substack{T_k\to+\infty\\m_1+1\leqslant k\leqslant m_1+m_2}}\int_{-T_{m_1+1}}^{T_{m_1+1}}\cdots\int_{-T_{m_1+m_2}}^{T_{m_1+m_2}}\frac{\mathrm{e}^{-\mathrm{i}t_{m_1+1}a_{m_1+1}}-\mathrm{e}^{-\mathrm{i}t_{m_1+1}b_{m_1+1}}}{\mathrm{i}t_{m_1+1}}$$

$$\cdots\frac{\mathrm{e}^{-\mathrm{i}t_{m_1+m_2}a_{m_1+m_2}}-\mathrm{e}^{-\mathrm{i}t_{m_1+m_2}b_{m_1+m_2}}}{\mathrm{i}t_{m_1+m_2}}\varphi_{\boldsymbol{Y}}(t_{m_1+1},\cdots,t_{m_1+m_2})\mathrm{d}t_{m_1+1}\cdots\mathrm{d}t_{m_1+m_2}$$

$$=P\left(\boldsymbol{X}\in\prod_{k=1}^{m_1}(a_k,b_k]\right)\times P\left(\boldsymbol{Y}\in\prod_{k=m_1+1}^{m_1+m_2}(a_k,b_k]\right)$$

由此推出

$$F_{\boldsymbol{W}}(\boldsymbol{x},\boldsymbol{y})=F_{\boldsymbol{X}}(\boldsymbol{x})F_{\boldsymbol{Y}}(\boldsymbol{y}) \tag{9.2.33}$$

于是, 由定理 7.2.4 知随机向量 $\boldsymbol{X}(\omega)$ 和 $\boldsymbol{Y}(\omega)$ 相互独立, 得证 $r=2$ 时的结论. $r\geqslant 3$ 时用归纳法证明之. ■

推论 设 $X(\omega),Y(\omega),\cdots,Z(\omega)$ 是 r 个随机变量, 其特征函数分别为 $\varphi_X(t)$, $\varphi_Y(u),\cdots,\varphi_Z(v)$, 那么诸 $X,Y,\cdots,Z$ 相互独立的必要充分条件是

$$\varphi_{\boldsymbol{W}}(t,u,\cdots,v)=\varphi_X(t)\varphi_Y(u)\cdots\varphi_Z(v) \tag{9.2.34}$$

其中 $\boldsymbol{W}(\omega)=(X(\omega),Y(\omega),\cdots,Z(\omega))$ 是 r 维随机向量, $\varphi_{\boldsymbol{W}}(t,u,\cdots,v)$ 是它的特征函数.

例 9.2.1 设 $\boldsymbol{\xi}=(\xi_1,\xi_2,\cdots,\xi_r)^\tau$ 服从多项分布, 其分布律为 (7.1.30), 即

$$p(\boldsymbol{\zeta}):$$

$\boldsymbol{\xi}$	$(m_1,m_2,\cdots,m_r),\quad 0\leqslant m_r\leqslant n,\sum_{k=1}^{r}m_r=n$	其他 $(x_1,x_2,\cdots,x_r)$
$p_{\boldsymbol{\xi}}$	$\dfrac{n!}{m_1!m_2!\cdots m_r!}p_1^{m_1}p_2^{m_2}\cdots p_r^{m_r}$	0

$$\tag{9.2.35}$$

其中 $\sum\limits_{i=1}^{r} p_i = 1$. 由定义 9.2.1 中公式 (9.2.5) 得出, $\boldsymbol{\xi}$ 的特征函数为

$$
\begin{aligned}
&\varphi_{\boldsymbol{\xi}}(t_1, t_2, \cdots, t_r) \\
&= \sum_{m_1+\cdots+m_r=n} \frac{n!}{m_1! m_2! \cdots m_r!} p_1^{m_1} p_2^{m_2} \cdots p_r^{m_r} \mathrm{e}^{\mathrm{i}(t_1 m_1 + t_2 m_2 + \cdots + t_r m_r)} \\
&= \sum_{m_1+\cdots+m_r=n} \frac{n!}{m_1! m_2! \cdots m_r!} \prod_{k=1}^{r} (p_k \mathrm{e}^{\mathrm{i}t_k})^{m_k} \\
&= (p_1 \mathrm{e}^{\mathrm{i}t_1} + p_2 \mathrm{e}^{\mathrm{i}t_2} + \cdots + p_r \mathrm{e}^{\mathrm{i}t_r})^n
\end{aligned} \tag{9.2.36}
$$

现在, 应用 (9.2.8) 得出, 随机变量 ξ_k 的特征函数为

$$
\varphi_{\xi_k}(t_k) = \varphi_{\boldsymbol{\xi}}(0, \cdots, 0, t_k, 0, \cdots, 0) = (p_k \mathrm{e}^{\mathrm{i}t_k} + q_k)^n \quad (k = 1, 2, \cdots, r) \tag{9.2.37}
$$

其中 $q_k = 1 - p_k$. 由此得出, ξ_k 服从参数为 (n, p_k) 的二项分布.

例 9.2.2　设 $\boldsymbol{X}(\omega) = (X_1(\omega), \cdots, X_m(\omega))$ 在 m 维长方体 $\prod\limits_{k=1}^{m} [a_k, b_k]$ 上有均匀分布, 其分布密度函数为

$$
f_{\boldsymbol{X}}(x_1, \cdots, x_m) = \begin{cases} \dfrac{1}{(b_1 - a_1) \cdots (b_m - a_m)}, & (x_1, \cdots, x_m) \in \prod\limits_{k=1}^{m} [a_k, b_k] \\ 0, & 其他 \end{cases} \tag{9.2.38}
$$

于是, 应用 (9.2.6) 得出 $\boldsymbol{X}(\omega)$ 的特征函数为

$$
\begin{aligned}
\varphi_{\boldsymbol{X}}(t_1, \cdots, t_m) &= \int_{a_1}^{b_1} \cdots \int_{a_m}^{b_m} \mathrm{e}^{\mathrm{i}(t_1 x_1 + \cdots + t_m x_m)} \frac{\mathrm{d}x_1 \cdots \mathrm{d}x_m}{(b_1 - a_1) \cdots (b_m - a_m)} \\
&= \prod_{k=1}^{m} \int_{a_k}^{b_k} \mathrm{e}^{\mathrm{i}t_k x_k} \frac{\mathrm{d}x_k}{b_k - a_k} = \prod_{k=1}^{m} \frac{\mathrm{e}^{\mathrm{i}t_k b_k} - \mathrm{e}^{\mathrm{i}t_k a_k}}{\mathrm{i}t_k (b_k - a_k)}
\end{aligned} \tag{9.2.39}
$$

特别, 若 $\boldsymbol{X}(\omega)$ 在 $\prod\limits_{k=1}^{m} [-a_k, a_k]$ 上有均匀分布, 则 $\boldsymbol{X}(\omega)$ 的特征函数为

$$
\varphi_{\boldsymbol{X}}(t_1, \cdots, t_m) = \prod_{k=1}^{m} \frac{\sin a_k t_k}{a_k t_k} \tag{9.2.40}
$$

例 9.2.3　假定 $\boldsymbol{W}(\omega) = (X_1(\omega), X_2(\omega))^{\tau}$ 有二维正态分布, 其分布密度为

$$
f_{\boldsymbol{W}}(x_1, x_2) = \frac{1}{2\pi\sigma_1\sigma_2\sqrt{1-r^2}} \exp\left\{ -\frac{1}{2(1-r^2)} \right.
$$

$$\cdot \left[\frac{(x_1-\mu_1)^2}{\sigma_1^2} - \frac{2r(x_1-\mu_1)(x_2-\mu_2)}{\sigma_1\sigma_2} + \frac{(x_2-\mu_2)^2}{\sigma_2^2}\right]\right\} \tag{9.2.41}$$

试求 $\boldsymbol{W}(\omega)$ 的特征函数 $\varphi_{\boldsymbol{W}}(\boldsymbol{t})$.

解 令

$$\boldsymbol{W}^*(\omega) = (X_1^*(\omega), X_2^*(\omega))^\tau = \left(\frac{X_1-\mu_1}{\sigma_1}, \frac{X_2-\mu_2}{\sigma_2}\right)$$

并求 $\boldsymbol{W}^*(\omega)$ 的特征函数. 我们有

$$\begin{aligned}
\varphi_{\boldsymbol{W}^*}(\boldsymbol{t}) &\triangleq \varphi_{X_1^*,X_2^*}(t_1,t_2) \\
&= \frac{1}{2\pi\sqrt{1-r^2}} \int_{-\infty}^{+\infty} \int_{-\infty}^{+\infty} e^{i(t_1x_1+t_2x_2)} \\
&\quad \cdot \exp\left\{-\frac{1}{2(1-r^2)}[x_1^2 - 2rx_1x_2 + x_2^2]\right\} dx_1 dx_2
\end{aligned}$$

作积分变量代换: 令 $u = \dfrac{x_1-rx_2}{\sqrt{1-r^2}}, v = x_2$. 这时 $x_1 = \sqrt{1-r^2}u + rv, x_2 = v$. 变换的雅可比行列式 $J = \dfrac{D(x_1,x_2)}{D(u,v)} = \sqrt{1-r^2}$. 换元后得到

$$\begin{aligned}
\varphi_{X_1^*,X_2^*}(t_1,t_2) &= \frac{1}{2\pi} \int_{-\infty}^{+\infty} \int_{-\infty}^{+\infty} e^{it_1\sqrt{1-r^2}u + i(t_1r+t_2)v} \cdot e^{-\frac{1}{2}(u^2+v^2)} du dv \\
&= \frac{1}{\sqrt{2\pi}} \int_{-\infty}^{+\infty} e^{i(t_1\sqrt{1-r^2})u} \cdot e^{-\frac{u^2}{2}} du \cdot \int_{-\infty}^{+\infty} \frac{1}{\sqrt{2\pi}} e^{i(t_1r+t_2)v} \cdot e^{-\frac{v^2}{2}} dv \\
&= \varphi(t_1\sqrt{1-r^2})\varphi(rt_1+t_2)
\end{aligned}$$

其中 $\varphi(s) = e^{-\frac{1}{2}s^2}$ 是标准正态分布 $N(0,1)$ 的特征函数. 于是, 上式成为

$$\begin{aligned}
\varphi_{X_1^*,X_2^*}(t_1,t_2) &= \exp\left\{-\frac{1}{2}(t_1\sqrt{1-r^2})^2\right\} \cdot \exp\left\{-\frac{1}{2}(rt_1+t_2)^2\right\} \\
&= \exp\left\{-\frac{1}{2}(t_1^2 + 2rt_1t_2 + t_2^2)\right\} \tag{9.2.42}
\end{aligned}$$

现在求 $\varphi_{\boldsymbol{W}}(\boldsymbol{t}) = \varphi_{X_1,X_2}(t_1,t_2)$. 由于

$$X_1(\omega) = \sigma_1 X_1^*(\omega) + \mu_1, \quad X_2(\omega) = \sigma_2 X_2^*(\omega) + \mu_2.$$

应用定理 7.2.1 之 iii) 得到

$$\varphi_{\boldsymbol{W}}(\boldsymbol{t}) = e^{i\boldsymbol{t}^\tau\boldsymbol{\mu}}\varphi_{\boldsymbol{W}^*}(A^\tau\boldsymbol{t}) \tag{9.2.43}$$

其中

$$\boldsymbol{W}(\omega) = A\boldsymbol{W}^*(\omega) + \boldsymbol{\mu}$$

$$\boldsymbol{t} = \begin{pmatrix} t_1 \\ t_2 \end{pmatrix}, \quad \boldsymbol{\mu} = \begin{pmatrix} \mu_1 \\ \mu_2 \end{pmatrix}, \quad A = \begin{pmatrix} \sigma_1 & 0 \\ 0 & \sigma_2 \end{pmatrix}, \quad A^\tau \boldsymbol{t} = \begin{pmatrix} \sigma_1 t_1 \\ \sigma_2 t_2 \end{pmatrix}$$

由此得出 $\boldsymbol{W}(\omega) = (X_1(\omega), X_2(\omega))^\tau$ 的特征函数为

$$
\begin{aligned}
\varphi_{\boldsymbol{W}}(\boldsymbol{t}) &\triangleq \varphi_{X_1, X_2}(t_1, t_2) \\
&= \mathrm{e}^{\mathrm{i}(t_1\mu_1 + t_2\mu_2)} \varphi_{X_1^*, X_2^*}(\sigma_1 t_1, \sigma_2 t_2) \\
&= \exp\{\mathrm{i}(t_1\mu_1 + t_2\mu_2) - \frac{1}{2}(\sigma_1^2 t_1^2 + 2r\sigma_1\sigma_2 t_1 t_2 + \sigma_2^2 t_2^2)\} \\
&= \exp\left\{\mathrm{i}\boldsymbol{t}^\tau \boldsymbol{\mu} - \frac{1}{2}\boldsymbol{t}^\tau C \boldsymbol{t}\right\}
\end{aligned}
\tag{9.2.44}
$$

其中

$$\mu = E\boldsymbol{W}; \quad C = D\boldsymbol{W} = \begin{pmatrix} \sigma_1^2 & r\sigma_1\sigma_2 \\ r\sigma_1\sigma_2 & \sigma_2^2 \end{pmatrix} \tag{9.2.45}$$

例 9.2.4　设 $\boldsymbol{W}(\omega) = (X_1(\omega), X_2(\omega))^\tau$ 有二维正态分布 (9.2.41), 那么, 应用定理 9.2.1 之 iii) 中特殊情形 2) 和例 9.2.3 得出随机变量 $X_1(\omega) + X_2(\omega)$ 的特征函数为

$$\varphi_{X_1+X_2}(t) = \exp\left\{\mathrm{i}t(\mu_1 + \mu_2) - \frac{t^2}{2}(\sigma_1^2 + 2r\sigma_1\sigma_2 + \sigma_2^2)\right\} \tag{9.2.46}$$

因此, 应用定理 9.2.2 推论得出 $X_1(\omega) + X_2(\omega)$ 服从正态分布, 其数学期望为 $\mu_1 + \mu_2$, 方差为 $\sigma_1^2 + 2r\sigma_1\sigma_2 + \sigma_2^2$. 这样, 只要 $X_1(\omega)$ 和 $X_2(\omega)$ 的联合分布是正态的 (它们未必独立), 则 $X_1(\omega) + X_2(\omega)$ 也有正态分布.

例 9.2.5　设 $\boldsymbol{X}(\omega) = (X_1(\omega), X_2(\omega), \cdots, X_n(\omega))^\tau$ 服从 n 维正态, 其分布密度为

$$
\begin{aligned}
f_{\boldsymbol{X}}(\boldsymbol{x}) &= f_{\boldsymbol{X}}(x_1, x_2, \cdots, x_n) \\
&= (2\pi)^{-\frac{n}{2}} |C|^{-\frac{1}{2}} \exp\left\{-\frac{1}{2}(\boldsymbol{x} - \boldsymbol{\mu})^\tau C^{-1}(\boldsymbol{x} - \boldsymbol{\mu})\right\}
\end{aligned}
\tag{9.2.47}
$$

其中 $E\boldsymbol{X} = \boldsymbol{\mu} = (\mu_1, \mu_2, \cdots, \mu_n)^\tau$ 是 $\boldsymbol{X}(\omega)$ 的数学期望, $D\boldsymbol{X} = C$ 是 $\boldsymbol{X}(\omega)$ 的方差矩阵. 试求 $\boldsymbol{X}(\omega)$ 的特征函数 $\varphi_{\boldsymbol{X}}(\boldsymbol{t})$.

解　由定理 3.7.2 证明中的结论知, 存在正交矩阵 T, 使得

$$\boldsymbol{Y}(\omega) = T^\tau(\boldsymbol{X}(\omega) - \boldsymbol{\mu}) = (Y_1(\omega), Y_2(\omega) \cdots, Y_n(\omega))^\tau$$

的 n 个分量 $Y_1(\omega), Y_2(\omega), \cdots, Y_n(\omega)$ 相互独立, 且 $Y_k(\omega)$ 服从正态分布 $N(0, \lambda_k)(k = 1, 2, \cdots, n)$, 其中 $\lambda_1, \lambda_2 \cdots, \lambda_n$ 是矩阵 C 的特征根. 那么, 由 (9.2.6) 得出 $\boldsymbol{Y}(\omega)$ 的特征函数为

$$\varphi_{\boldsymbol{Y}}(\boldsymbol{t}) = (2\pi)^{-\frac{n}{2}}(\lambda_1 \cdots \lambda_n)^{-\frac{1}{2}} \int_{-\infty}^{+\infty} \cdots \int_{-\infty}^{+\infty} \exp\left\{\mathrm{i}\sum_{k=1}^n t_k x_k - \frac{1}{2}\sum_{k=1}^n \frac{x_k^2}{\lambda_k}\right\} \mathrm{d}x_1 \cdots \mathrm{d}x_n$$

$$= \prod_{k=1}^{n} \frac{1}{\sqrt{2\pi\lambda_k}} \int_{-\infty}^{+\infty} e^{it_k x_k} \cdot e^{-\frac{x_k^2}{2\lambda_k}} dx_k = \prod_{k=1}^{n} e^{-\frac{1}{2}\lambda_k t_k^2}$$

$$= \exp\left\{ -\frac{1}{2} \sum_{k=1}^{n} \lambda_k t_k^2 \right\} = \exp\left\{ -\frac{1}{2} \boldsymbol{t}^\tau \Lambda \boldsymbol{t} \right\} \tag{9.2.48}$$

其中 $\lambda_1, \lambda_2, \cdots, \lambda_n$ 是方差矩阵 $D\boldsymbol{X} = C$ 的特征根 (特征方程 $|C - \lambda I_n| = 0$ 的根), 而

$$\Lambda = T^\tau C T = \begin{pmatrix} \lambda_1 & & 0 \\ & \ddots & \\ 0 & & \lambda_n \end{pmatrix} \tag{9.2.49}$$

(见 (3.7.34)).

现在, 由 $\boldsymbol{Y}(\omega) = T^\tau(\boldsymbol{X}(\omega) - \boldsymbol{\mu})$ 知 $\boldsymbol{X}(\omega) = T\boldsymbol{Y}(\omega) + \boldsymbol{\mu}$. 于是, 应用定理 9.2.1 之 iii) 中特殊情形 1) 得出

$$\varphi_{\boldsymbol{X}}(\boldsymbol{t}) = e^{it^\tau \boldsymbol{\mu}} \varphi_{\boldsymbol{Y}}(T^\tau \boldsymbol{t}) = e^{it^\tau \boldsymbol{\mu}} \exp\left\{ -\frac{1}{2} \boldsymbol{t}^\tau T \Lambda T^\tau \boldsymbol{t} \right\}$$

因为 $\Lambda = T^\tau C T$ 推出 $T\Lambda T^\tau = C$, 故 n 维正态随机变量 $\boldsymbol{X}(\omega)$ 的特征函数为

$$\varphi_{\boldsymbol{X}}(\boldsymbol{t}) = \exp\left\{ it^\tau \boldsymbol{\mu} - \frac{1}{2} \boldsymbol{t}^\tau C \boldsymbol{t} \right\} \tag{9.2.50}$$

其中 $\boldsymbol{\mu} = E\boldsymbol{X}, C = D\boldsymbol{X}$.

9.2.3 多维正态分布

正态随机向量在应用中占有重要的地位. 本小节用特征函数证明正态随机向量的基本性质. 二维情形的场合已直接推导过这些结果.

设 $\boldsymbol{X}(\omega) = (X_1(\omega), X_2(\omega), \cdots, X_n(\omega))$ 服从 n 维正态分布 $N(\boldsymbol{\mu}, C)$, 其分布密度函数为 (见式 (3.7.24) 和定理 3.7.2)

$$f_{\boldsymbol{X}}(\boldsymbol{x}) = (2\pi)^{-\frac{n}{2}} |C|^{-\frac{1}{2}} \exp\left\{ -\frac{1}{2}(\boldsymbol{x} - \boldsymbol{\mu})^\tau C^{-1}(\boldsymbol{x} - \boldsymbol{\mu}) \right\} \tag{9.2.51}$$

其特征函数为 (见例 9.2.5)

$$\varphi_{\boldsymbol{X}}(\boldsymbol{t}) = \exp\left\{ it^\tau \boldsymbol{\mu} - \frac{1}{2} \boldsymbol{t}^\tau C \boldsymbol{t} \right\} \tag{9.2.52}$$

其中

$$\boldsymbol{\mu} = \begin{pmatrix} \mu_1 \\ \mu_2 \\ \vdots \\ \mu_n \end{pmatrix}, \quad C = \begin{pmatrix} C_{11} & C_{12} & \cdots & C_{1n} \\ C_{21} & C_{22} & \cdots & C_{2n} \\ \vdots & \vdots & & \vdots \\ C_{n1} & C_{n2} & \cdots & C_{nn} \end{pmatrix} \tag{9.2.53}$$

1. 数学期望向量和方差矩阵

定理 9.2.4 设随机向量 $\boldsymbol{X}(\omega) = (X_1(\omega), X_2(\omega), \cdots, X_n(\omega))$ 服从 n 维正态分布 $N(\boldsymbol{\mu}, C)$，那么分量 $X_k(\omega)(1 \leqslant k \leqslant n)$ 服从一维正态分布 $N(\mu_k, C_{kk})$，并且期望向量和方差矩阵为

$$E\boldsymbol{X} = \boldsymbol{\mu}, \quad D\boldsymbol{X} = C \tag{9.2.54}$$

证明 应用 (9.2.8) 得出，$X_k(\omega)$ 的特征函数为

$$\varphi_{X_k}(x_k) = \varphi_{\boldsymbol{X}}(\boldsymbol{t})\big|_{(0,\cdots,t_k,\cdots,0)} = \mathrm{e}^{\mathrm{i}\mu_k t_k - \frac{1}{2}C_{kk}t_k^2}$$

得证 $X_k(\omega)$ 服从一维正态分布 $N(\mu_k, C_{kk})$.

应用定理 9.2.1 之 v)，我们有

$$
\begin{aligned}
EX_k &= \frac{1}{\mathrm{i}}\frac{\partial}{\partial t_k}\exp\left\{\mathrm{i}\boldsymbol{t}^\tau\boldsymbol{\mu} - \frac{1}{2}\boldsymbol{t}^\tau C\boldsymbol{t}\right\}\Big|_{t_1=\cdots=t_n=0} \\
&= \frac{1}{\mathrm{i}}\frac{\partial}{\partial t_k}\exp\left\{\mathrm{i}\sum_{r=1}^n t_r\mu_r - \frac{1}{2}\sum_{r=1}^n\sum_{s=1}^n C_{rs}t_r t_s\right\}\Big|_{t_1=\cdots=t_n=0} \\
&= \mu_k \quad (k = 1, 2, \cdots, n) \\
EX_jX_k &= \frac{1}{\mathrm{i}^2}\frac{\partial}{\partial t_j\partial t_k}\exp\left\{\mathrm{i}\boldsymbol{t}^\tau\boldsymbol{\mu} - \frac{1}{2}\boldsymbol{t}^\tau C\boldsymbol{t}\right\}\Big|_{t_1=\cdots=t_n=0} \\
&= C_{jk} + \mu_j\mu_k \quad (j, k = 1, 2, \cdots, n)
\end{aligned}
$$

$$E[(X_j - EX_j)(X_k - EX_k)] = EX_jX_k - \mu_j\mu_k = C_{jk} \quad (j, k = 1, 2, \cdots, n)$$

得证 (9.2.54) 成立. ∎

与例 8.3.3 比较，这里的证明更简明. 定理证实，n 维正态分布密度 (9.2.51) 和正态特征函数 (9.2.52) 由一阶矩和二阶矩完全确定.

2. 边沿分布密度函数

定理 9.2.5 设 $\boldsymbol{X}_K(\omega) = (X_{k_1}(\omega), X_{k_2}(\omega), \cdots, X_{k_m}(\omega))$ 是 $\boldsymbol{X}(\omega)$ 的截口为 $K = \{k_1, k_2, \cdots, k_m\}(m \leqslant n, 1 \leqslant k_1 < k_2 < \cdots < k_m)$ 的 m 维边沿随机向量，那么，$\boldsymbol{X}_K(\omega)$ 服从 m 维正态分布 $N(\boldsymbol{\mu}_K, C_K)$，其中

$$
\boldsymbol{\mu}_K = \begin{pmatrix} \mu_{k_1} \\ \mu_{k_2} \\ \vdots \\ \mu_{k_m} \end{pmatrix}, \quad C_K = \begin{pmatrix} C_{k_1k_1} & C_{k_1k_2} & \cdots & C_{k_1k_m} \\ C_{k_2k_1} & C_{k_2k_2} & \cdots & C_{k_2k_m} \\ \vdots & \vdots & & \vdots \\ C_{k_mk_1} & C_{k_mk_2} & \cdots & C_{k_mk_m} \end{pmatrix} \tag{9.2.55}
$$

证明 应用 (9.2.7) 得出 $\boldsymbol{X}_K(\omega)$ 的特征函数为

$$\varphi_{\boldsymbol{X}_K}(t_{k_1}, t_{k_2}, \cdots, t_{k_m}) = \varphi_{\boldsymbol{X}}(t_1, t_2, \cdots, t_n)\big|_{\substack{t_j=0 \\ j \neq k_1, k_2, \cdots, k_m}}$$

$$\begin{aligned}
&=\exp\left\{\mathrm{i}\sum_{r=1}^{n}t_r\mu_r-\frac{1}{2}\sum_{r=1}^{n}\sum_{s=1}^{n}C_{rs}t_rt_s\right\}\Bigg|_{\substack{t_j=0\\ j\neq k_1,k_2,\cdots,k_m}}\\
&=\exp\left\{\mathrm{i}\sum_{r=1}^{m}t_{k_r}\mu_{k_r}-\frac{1}{2}\sum_{r=1}^{m}\sum_{s=1}^{m}C_{k_rk_s}t_{k_r}t_{k_s}\right\}\\
&=\exp\left\{\mathrm{i}\boldsymbol{t}_K^{\tau}\boldsymbol{\mu}_K-\frac{1}{2}\boldsymbol{t}_K^{\tau}C_K\boldsymbol{t}_K\right\}
\end{aligned}\tag{9.2.56}$$

其中 $\boldsymbol{t}_k^{\tau}=(t_{k_1},t_{k_2},\cdots,t_{k_m})$. 由于 C 是正定对称矩阵, 故 C_K 也是正定对称矩阵. 由定理 9.1.3 得出 $\boldsymbol{X}_K(\omega)$ 服从 m 维正态分布 $\mathcal{N}(\boldsymbol{\mu}_k,C_K)$, 其密度函数为

$$f_{\boldsymbol{X}_K}(\boldsymbol{x}_K)=(2\pi)^{-\frac{m}{2}}|C_K|^{-\frac{1}{2}}\exp\left\{-\frac{1}{2}(\boldsymbol{x}_K-\boldsymbol{\mu}_K)^{\tau}C_K^{-1}(\boldsymbol{x}_K-\boldsymbol{\mu}_K)\right\}\tag{9.2.57}$$

其中 $\boldsymbol{x}_K=(x_{k_1},x_{k_2},\cdots,x_{k_m})$. ■

定理 9.2.6 设 $\boldsymbol{X}(\omega),\boldsymbol{Y}(\omega),\cdots,\boldsymbol{Z}(\omega)$ 是 r 个相互独立的随机列向量, 分别服从 $m_1,m_2,\cdots,m_r$ 维正态分布 $N(\boldsymbol{\mu},C),N(\boldsymbol{\nu},D),\cdots,N(\boldsymbol{\lambda},E)$. 令 $n=m_1+m_2+\cdots+m_r$,

$$\boldsymbol{W}^{\tau}(\omega)=(\boldsymbol{X}^{\tau}(\omega),\boldsymbol{Y}^{\tau}(\omega),\cdots,\boldsymbol{Z}^{\tau}(\omega))\tag{9.2.58}$$

那么随机向量 $\boldsymbol{W}(\omega)$ 服从 n 维正态分布 $N(\boldsymbol{\theta},G)$, 其中

$$\boldsymbol{\theta}=\begin{pmatrix}\boldsymbol{\mu}\\\boldsymbol{\nu}\\\vdots\\\boldsymbol{\lambda}\end{pmatrix},\quad G=\begin{pmatrix}C&&&0\\&D&&\\&&\ddots&\\0&&&E\end{pmatrix}\tag{9.2.59}$$

证明 先设 $r=2$. 因为 $\boldsymbol{X}$ 和 $\boldsymbol{Y}$ 独立, 应用定理 9.2.3 得出

$$\begin{aligned}
\varphi_{\boldsymbol{W}}(\boldsymbol{s})&\triangleq\varphi_{X,Y}(\boldsymbol{t},\boldsymbol{u})=\varphi_{\boldsymbol{X}}(\boldsymbol{t})\varphi_{\boldsymbol{Y}}(\boldsymbol{u})\\
&=\exp\left\{\mathrm{i}(\boldsymbol{t}^{\tau}\boldsymbol{\mu}+\boldsymbol{u}^{\tau}\boldsymbol{\nu})-\frac{1}{2}(\boldsymbol{t}^{\tau}C\boldsymbol{t}+\boldsymbol{u}^{\tau}D\boldsymbol{u})\right\}\\
&=\exp\left\{\mathrm{i}\boldsymbol{s}^{\tau}\boldsymbol{\theta}-\frac{1}{2}\boldsymbol{s}^{\tau}G\boldsymbol{s}\right\}
\end{aligned}$$

于是, 由定理 9.2.2 的推论得证 $\boldsymbol{W}(\omega)$ 服从 n 维正态分布 $N(\boldsymbol{\theta},G)$. 对 $r\geqslant 3$ 的情形用数学归纳法证明之.

3. 独立性

定理 9.2.7 设 $\boldsymbol{X}(\omega)=(X_1(\omega),X_2(\omega),\cdots,X_n(\omega))$ 服从正态分布 $N(\boldsymbol{\mu},C)$, 那么 n 个随机变量 $X_1,X_2,\cdots,X_n$ 相互独立的必要充分条件是它们两两不相关.

证明　必要性由定理 8.3.1 之 i) 推出. 下证充分性. 如果 $X_1, X_2, \cdots, X_n$ 两两不相关, 则对一切 $j \neq k$ 有 (定义 8.3.1)

$$C_{jk} = \mathrm{cov}(X_j, X_k) = E[(X_j - EX_j)(X_k - EX_k)] = 0$$

即是说, 方差矩阵 C 是对角矩阵. 故 $\boldsymbol{X}$ 的特征函数为

$$\varphi_{\boldsymbol{X}}(\boldsymbol{t}) = \exp\left\{ \mathrm{i}\boldsymbol{t}^\tau \boldsymbol{\mu} - \frac{1}{2}\boldsymbol{t}^\tau C \boldsymbol{t} \right\} = \mathrm{e}^{\mathrm{i}\sum\limits_{k=1}^{n}\mu_k t_k - \frac{1}{2}\sum\limits_{k=1}^{n} C_{kk} t_k^2}$$

$$= \prod_{k=1}^{n} \mathrm{e}^{\mathrm{i}\mu_k t_k - \frac{1}{2}C_{kk}t_k^2} = \prod_{k=1}^{n} \varphi_{X_k}(t_k)$$

由定理 9.2.3 得出随机变量 $X_1, X_2 \cdots, X_n$ 相互独立. ∎

定理 9.2.8　设 $\boldsymbol{X}(\omega), \boldsymbol{Y}(\omega), \cdots, \boldsymbol{Z}(\omega)$ 是 r 个随机列向量. 令

$$\boldsymbol{W}^\tau(\omega) = (\boldsymbol{X}^\tau(\omega), \boldsymbol{Y}^\tau(\omega), \cdots, \boldsymbol{Z}(\omega)^\tau) \tag{9.2.60}$$

如果 $\boldsymbol{W}(\omega)$ 服从正态分布, 那么 r 个随机向量 $\boldsymbol{X}(\omega), \boldsymbol{Y}(\omega), \cdots, \boldsymbol{Z}(\omega)$ 相互独立的必要充分条件是 r 个随机向量两两不相关.

证明与定理 9.2.7 类似, 从略.

4. 线性变换

服从正态分布的随即向量在线性变换下具有许多特殊的性质, 这些性质有很大的理论和实用价值, 这里只讨论几个最基本的性质.

定理 9.2.9　给定随机向量 $\boldsymbol{X}(\omega) = (X_1(\omega), \cdots, X_n(\omega))$, 令

$$\boldsymbol{Y}(\omega) = A\boldsymbol{X}(\omega) + \boldsymbol{b} \tag{9.2.61}$$

其中 A 是秩为 m 的 $m \times n$ 矩阵, $\boldsymbol{b} = (b_1, \cdots, b_m)^\tau$. 如果 $\boldsymbol{X}(\omega)$ 服从 n 维正态分布 $N(\boldsymbol{\mu}, C)$, 那么 $\boldsymbol{Y}(\omega)$ 是 m 维随机向量, 服从 m 维正态分布 $N(A\boldsymbol{\mu} + \boldsymbol{b}, ACA^\tau)$.

证明　易见 ACA^τ 是 $m \times m$ 正定矩阵. 由于 $\boldsymbol{X}(\omega)$ 有特征函数 (9.2.52), 应用定理 9.2.1 之 iii) 得出随机向量 $\boldsymbol{Y}(\omega)$ 的特征函数为

$$\varphi_{\boldsymbol{Y}}(\boldsymbol{s}) = \mathrm{e}^{\mathrm{i}\boldsymbol{s}^\tau \boldsymbol{b}} \varphi_{\boldsymbol{X}}(A^\tau \boldsymbol{s}) = \exp\left\{ \mathrm{i}\boldsymbol{s}^\tau \boldsymbol{b} + \mathrm{i}(A^\tau \boldsymbol{s})^\tau \boldsymbol{\mu} - \frac{1}{2}\boldsymbol{s}^\tau ACA^\tau \boldsymbol{s} \right\}$$

$$= \exp\left\{ \mathrm{i}\boldsymbol{s}^\tau (A\boldsymbol{\mu} + \boldsymbol{b}) - \frac{1}{2}\boldsymbol{s}^\tau ACA^\tau \boldsymbol{s} \right\}$$

得证 $\boldsymbol{Y}(\omega)$ 服从 m 维正态分布 $N(A\boldsymbol{\mu} + \boldsymbol{b}, ACA^\tau)$. ∎

推论 若 $\boldsymbol{X}(\omega) = (X_1(\omega), X_2(\omega), \cdots, X_n(\omega))^\tau$ 服从 n 维正态分布 $N(\boldsymbol{\mu}, C)$, 则存在一个正交矩阵 U, 使得 $\boldsymbol{Y}(\omega) = U\boldsymbol{X}(\omega)$ 是一个具有独立正态分布分量的随机向量, 它的数学期望为 $U\boldsymbol{\mu}$, 而它的方差分量是 C 的特征值.

证明 从矩阵论知道, 对实对称矩阵 C, 存在正交矩阵 U 使得 $UCU^\tau = D$, 这里

$$D = \begin{pmatrix} d_1 & 0 & \cdots & 0 \\ 0 & d_2 & \cdots & 0 \\ \vdots & \vdots & & \vdots \\ 0 & 0 & \cdots & d_n \end{pmatrix}$$

其中 $d_1, d_2, \cdots, d_n$ 是 C 的特征值. 把这里的 U 作为定理中的 A 即得推论的结论. ∎

定理 9.2.10 随机向量 $\boldsymbol{X}(\omega) = (X_1(\omega), X_2(\omega), \cdots, X_n(\omega))$ 服从 n 维正态分布的必要充分条件是, 对任意的实值向量 $\boldsymbol{a} = (a_1, a_2, \cdots, a_n)^\tau (\boldsymbol{a} \neq \boldsymbol{0})$, 随机变量

$$Y(\omega) = a_1 X_1(\omega) + a_2 X_2(\omega) + \cdots + a_n X_n(\omega) = \boldsymbol{a}^\tau \boldsymbol{X}(\omega) \tag{9.2.62}$$

服从一维正态分布.

证明 记 $E\boldsymbol{X} = \boldsymbol{\mu}, D\boldsymbol{X} = C$, 这里 $\boldsymbol{\mu}$ 是 n 维列向量, C 是 $n \times n$ 矩阵.

充分性: 假定 $Y(\omega)$ 有一维正态分布. 我们有

$$EY = E(\boldsymbol{a}^\tau \boldsymbol{X}) = \boldsymbol{a}^\tau E\boldsymbol{X} = \boldsymbol{a}^\tau \boldsymbol{\mu} = a_1\mu_1 + a_2\mu_2 + \cdots + a_n\mu_n$$

$$DY = D(\boldsymbol{a}^\tau \boldsymbol{X}) = \boldsymbol{a}^\tau D\boldsymbol{X}\boldsymbol{a} = \boldsymbol{a}^\tau C\boldsymbol{a}$$

因此, $Y(\omega)$ 的特征函数为

$$\varphi_Y(t) = \exp\left\{ \mathrm{i}t\boldsymbol{a}^\tau \boldsymbol{\mu} - \frac{1}{2}t^2 \boldsymbol{a}^\tau C\boldsymbol{a} \right\}$$

令 $t = 1$, 则对任意的 n 维向量 $\boldsymbol{a} = (a_1, a_2, \cdots, a_n)^\tau$ 有

$$\varphi_Y(1) = \exp\left\{ \mathrm{i}\boldsymbol{a}^\tau \boldsymbol{\mu} - \frac{1}{2}\boldsymbol{a}^\tau C\boldsymbol{a} \right\}$$

另一方面,

$$\varphi_Y(1) = E\mathrm{e}^{\mathrm{i}Y} = E\mathrm{e}^{\mathrm{i}\boldsymbol{a}^\tau \boldsymbol{X}} = \varphi_{\boldsymbol{X}}(\boldsymbol{a})$$

得证 $\boldsymbol{X}(\omega)$ 服从 n 维正态分布 $N(\boldsymbol{\mu}, C)$.

必要性: 假定 $\boldsymbol{X}(\omega)$ 服从 n 维正态分布 $N(\boldsymbol{\mu}, C)$. 由 (9.2.15) 得出, $Y(\omega)$ 的特征函数为

$$\varphi_Y(t) = \varphi_{\boldsymbol{X}}(a_1 t, a_2 t, \cdots, a_n t) = \varphi_{\boldsymbol{X}}(t\boldsymbol{a}) = \exp\left\{ \mathrm{i}t(\boldsymbol{a}^\tau \boldsymbol{\mu}) - \frac{1}{2}t^2 \boldsymbol{a}^\tau C\boldsymbol{a} \right\}$$

由此可见, $Y(\omega)$ 服从一维正态分布 $N(a^\tau \mu, a^\tau C a)$. ■

利用定理 9.2.10, 可以通过正态随机变量研究多维正态随机向量, 在有些场合下带来很大的方便.

5. 值密度–条件分布密度

设 $\mathbf{X}^\tau(\omega) = (\mathbf{X}_1^\tau(\omega), \mathbf{X}_2^\tau(\omega))$ 是 n 维随机向量, 服从 n 维正态分布 $N(\boldsymbol{\mu}, C)$; 又设 $\mathbf{X}_1(\omega), \mathbf{X}_2(\omega)$ 分别是 m_1 维, m_2 维 $(m_1 + m_2 = n)$ 边沿子随机向量. 定理 9.2.5 保证, $\mathbf{X}_1(\omega)$ 和 $\mathbf{X}_2(\omega)$ 分别服从正态分布 $N(\boldsymbol{\mu}_1, C_{11})$ 和 $N(\boldsymbol{\mu}_2, C_{22})$. 其中

$$\boldsymbol{\mu}_1 = E\mathbf{X}_1, \quad C_{11} = D\mathbf{X}_1 \tag{9.2.63}$$

$$\boldsymbol{\mu}_2 = E\mathbf{X}_2, \quad C_{22} = D\mathbf{X}_2 \tag{9.2.64}$$

$$\boldsymbol{\mu} = \begin{pmatrix} \boldsymbol{\mu}_1 \\ \boldsymbol{\mu}_2 \end{pmatrix}, \quad C = \begin{pmatrix} C_{11} & C_{12} \\ C_{21} & C_{22} \end{pmatrix} \tag{9.2.65}$$

$$C_{12} = \mathrm{cov}(\mathbf{X}_1, \mathbf{X}_2), \quad C_{21} = \mathrm{cov}(\mathbf{X}_2, \mathbf{X}_1) \tag{9.2.66}$$

7.3 节引进, 在给定 $\mathbf{X}_2(\omega) = \boldsymbol{x}_2$ 的条件下随机向量 $\mathbf{X}_1(\omega)$ 的值密度–条件分布密度 $f_{\mathbf{X}_1|\mathbf{X}_2}(\boldsymbol{x}_1|\boldsymbol{x}_2)$, 并得到其解析式为 (定理 7.3.2(随机向量情形))

$$f_{\mathbf{X}_1|\mathbf{X}_2}(\boldsymbol{x}_1|\boldsymbol{x}_2) = \frac{f_{\mathbf{X}}(\boldsymbol{x}_1, \boldsymbol{x}_2)}{f_{\mathbf{X}_2}(\boldsymbol{x}_2)} \tag{9.2.67}$$

对于正态情形, 我们有如下定理.

定理 9.2.11　在上述假定下, $f_{\mathbf{X}_1|\mathbf{X}_2}(\boldsymbol{x}_1|\boldsymbol{x}_2)$ 是 m_1 维正态分布, 它是

$$N(\boldsymbol{\mu}_1 + C_{12}C_{22}^{-1}(\boldsymbol{x}_2 - \boldsymbol{\mu}_2), C_{11} - C_{12}C_{22}^{-1}C_{21}) \tag{9.2.68}$$

证明　首先找一个线性变换

$$\begin{cases} \mathbf{Y}_1(\omega) = \mathbf{X}_1(\omega) + T\mathbf{X}_2(\omega) \\ \mathbf{Y}_2(\omega) = \mathbf{X}_2(\omega) \end{cases} \tag{9.2.69}$$

使得 $\mathbf{Y}_1(\omega)$ 和 $\mathbf{Y}_2(\omega)$ 相互独立, 试选择合适的 T. 依据定理 9.2.9, $\mathbf{Y}(\omega) = \begin{pmatrix} \mathbf{Y}_1(\omega) \\ \mathbf{Y}_2(\omega) \end{pmatrix}$ 服从正态分布. 依据定理 9.2.8, 为使 $\mathbf{Y}_1(\omega)$ 和 $\mathbf{Y}_2(\omega)$ 独立, 只需它们的协方差矩阵是零阵. 我们有

$$E(\mathbf{Y}_1 - E\mathbf{Y}_1)(\mathbf{Y}_2 - E\mathbf{Y}_2)^\tau$$
$$= E[(\mathbf{X}_1 + T\mathbf{X}_2 - E\mathbf{X}_1 - TE\mathbf{X}_2)(\mathbf{X}_2 - E\mathbf{X}_2)^\tau]$$

$$=C_{12} + TC_{22}$$

故选取 $T = -C_{12}C_{22}^{-1}$. 采用的线性变换是

$$
\begin{cases}
\boldsymbol{Y}_1(\omega) = \boldsymbol{X}_1(\omega) - C_{12}C_{22}^{-1}\boldsymbol{X}_2(\omega) \\
\boldsymbol{Y}_2(\omega) = \boldsymbol{X}_2(\omega)
\end{cases}
\tag{9.2.70}
$$

这时 $\boldsymbol{Y}_1(\omega)$ 和 $\boldsymbol{Y}_2(\omega)$ 是相互独立的正态随机变量. 令 $\boldsymbol{Y}(\omega) = (\boldsymbol{Y}_1(\omega), Y_2(\omega))$, 用 $f_{\boldsymbol{Y}}(\boldsymbol{y}_1, \boldsymbol{y}_2)$ 表示它的联合分布密度. 定理 9.2.9 保证 $f_{\boldsymbol{Y}}$ 是正态分布密度. 注意到线性变换 (9.2.70) 的雅可比行列式的值为 1, 我们有 (定理 7.4.2)

$$
f_{\boldsymbol{X}}(\boldsymbol{x}_1, \boldsymbol{x}_2) = f_{\boldsymbol{Y}}(\boldsymbol{y}_1, \boldsymbol{y}_2) = f_{\boldsymbol{Y}_1}(\boldsymbol{y}_1)f_{\boldsymbol{Y}_2}(\boldsymbol{y}_2)
\tag{9.2.71}
$$

这里 $\boldsymbol{y}_1 = \boldsymbol{x}_1 - C_{12}C_{22}^{-1}\boldsymbol{x}_2, \boldsymbol{y}_2 = \boldsymbol{x}_2$. 显然 $f_{\boldsymbol{X}_2}(\boldsymbol{x}_2) = f_{\boldsymbol{Y}_2}(\boldsymbol{y}_2)$, 代入 (9.2.67) 后得到

$$
f_{\boldsymbol{X}_1|\boldsymbol{X}_2}(\boldsymbol{x}_1|\boldsymbol{x}_2) = f_{\boldsymbol{Y}_1}(\boldsymbol{y}_1) = f_{\boldsymbol{Y}_1}(\boldsymbol{x}_1 - C_{12}C_{22}^{-1}\boldsymbol{x}_2)
\tag{9.2.72}
$$

为求正态分布 $f_{\boldsymbol{Y}_1}(\boldsymbol{y}_1)$, 先计算它的均值向量和方差矩阵. 我们有

$$
E\boldsymbol{Y}_1 = E\boldsymbol{X}_1 - C_{12}C_{22}^{-1}E\boldsymbol{X}_2 = \boldsymbol{\mu}_1 - C_{12}C_{22}^{-1}\boldsymbol{\mu}_2
\tag{9.2.73}
$$

$$
\begin{aligned}
D\boldsymbol{Y}_1 &= E[(\boldsymbol{X}_1 - \boldsymbol{\mu}_1) - C_{12}C_{22}^{-1}(\boldsymbol{X}_2 - \boldsymbol{\mu}_2)] \cdot [(\boldsymbol{X}_1 - \boldsymbol{\mu}_1) - C_{12}C_{22}^{-1}(\boldsymbol{X}_2 - \boldsymbol{\mu}_2)]^{\tau} \\
&= C_{11} - C_{12}C_{22}^{-1}C_{21}
\end{aligned}
\tag{9.2.74}
$$

由此推出正态分布 $f_{\boldsymbol{Y}_1}(\boldsymbol{y}_1)$ 是

$$
N(\boldsymbol{\mu}_1 - C_{12}C_{22}^{-1}\boldsymbol{\mu}_2, C_{11} - C_{12}C_{22}^{-1}C_{21})
\tag{9.2.75}
$$

最后求正态分布 $f_{\boldsymbol{X}_1|\boldsymbol{X}_2}(\boldsymbol{x}_1|\boldsymbol{x}_2)$. 为此需计算它的数学期望向量 $E(\boldsymbol{X}_1|\boldsymbol{X}_2 = \boldsymbol{x}_2)$ 和方差矩阵 $D(\boldsymbol{X}_1|\boldsymbol{X}_2 = \boldsymbol{x}_2)$. 我们有

$$
\begin{aligned}
&E(\boldsymbol{X}_1|\boldsymbol{X}_2 = \boldsymbol{x}_2) \\
&= \int_{-\infty}^{+\infty} \boldsymbol{x}_1 f_{\boldsymbol{X}_1|\boldsymbol{X}_2}(\boldsymbol{x}_1|\boldsymbol{x}_2)\mathrm{d}\boldsymbol{x}_1 \\
&= \int_{-\infty}^{+\infty} (\boldsymbol{x}_1 - C_{12}C_{22}^{-1}\boldsymbol{x}_2) f_{\boldsymbol{X}_1|\boldsymbol{X}_2}(\boldsymbol{x}_1|\boldsymbol{x}_2)\mathrm{d}\boldsymbol{x}_1 + C_{12}C_{22}^{-1}\boldsymbol{x}_2 \int_{-\infty}^{+\infty} f_{\boldsymbol{X}_1|\boldsymbol{X}_2}(\boldsymbol{x}_1|\boldsymbol{x}_2)\mathrm{d}\boldsymbol{x}_1
\end{aligned}
$$

应用 (7.2.70) 和 (7.2.75) 得到

$$
E(\boldsymbol{X}_1|\boldsymbol{X}_2 = \boldsymbol{x}_2) = \int_{-\infty}^{+\infty} \boldsymbol{y}_1 f_{\boldsymbol{Y}_1}(\boldsymbol{y}_1)\mathrm{d}\boldsymbol{y}_1 + C_{12}C_{22}^{-1}\boldsymbol{x}_2 = \boldsymbol{\mu}_1 + C_{12}C_{22}^{-1}(\boldsymbol{x}_2 - \boldsymbol{\mu}_2)
$$

类似地得出

$$D(\boldsymbol{X}_1|\boldsymbol{X}_2 = \boldsymbol{x}_2)$$
$$= \int_{-\infty}^{+\infty} [\boldsymbol{x}_1 - E(\boldsymbol{X}_1|\boldsymbol{X}_2 = \boldsymbol{x}_2)][\boldsymbol{x}_1 - E(\boldsymbol{X}_1|\boldsymbol{X}_2 = \boldsymbol{x}_2)]^\tau f_{\boldsymbol{X}_1|\boldsymbol{X}_2}(\boldsymbol{x}_1|\boldsymbol{x}_2)\mathrm{d}\boldsymbol{x}_1$$
$$= \int_{-\infty}^{+\infty} [\boldsymbol{y}_1 - E\boldsymbol{Y}_1][\boldsymbol{y}_2 - E\boldsymbol{Y}_2]^\tau f_{\boldsymbol{Y}_1}(\boldsymbol{y}_1)\mathrm{d}\boldsymbol{y}_1 = C_{11} - C_{12}C_{22}^{-1}C_{21}$$

得证 $f_{\boldsymbol{X}_1|\boldsymbol{X}_2}(\boldsymbol{x}_1|\boldsymbol{x}_2)$ 是正态分布 (9.2.68). ∎

推论 在给定义 $\boldsymbol{X}_2 = \boldsymbol{x}_2$ 的条件下, 随机向量 $\boldsymbol{X}_1(\omega)$ 的值密度–条件数学期望为

$$E(\boldsymbol{X}_1|\boldsymbol{X}_2 = \boldsymbol{x}_2) = \boldsymbol{\mu}_1 + C_{12}C_{22}^{-1}(\boldsymbol{x}_2 - \boldsymbol{\mu}_2) \tag{9.2.76}$$

其值密度–条件方差矩阵为

$$D(\boldsymbol{X}_1|\boldsymbol{X}_2 = \boldsymbol{x}_2) = C_{11} - C_{12}C_{22}^{-1}C_{21} \tag{9.2.77}$$

注意, (9.2.76) 是 $\boldsymbol{x}_2$ 的线性函数; (9.2.77) 不依赖于 $\boldsymbol{x}_2$.

9.3 分布函数列的弱收敛

本节从分析的角度讨论分布函数的弱收敛.

9.3.1 弱收敛的定义和基本结论

定义 9.3.1 给定分布函数列 $F_n(x), n \geqslant 1$,

i) 如果存在一个单调不减函数 $F(x)$, 当用 D 表示 $F(x)$ 的连续点组成的集合时成立

$$\lim_{n \to \infty} F_n(x) = F(x), \quad x \in D \tag{9.3.1}$$

则称 $F_n(x)$ 淡收敛到 $F(x)$, 记为 $F_n(x) \xrightarrow{v} F(x)$, 或

$$(v) \lim_{n \to \infty} F_n(x) = F(x) \tag{9.3.2}$$

ii) 如果 i) 中的 $F(x)$ 是分布函数时, 则称 $F_n(x)$ 弱收敛到 $F(x)$, 记为 $F_n(x) \xrightarrow{w} F(x)$, 或

$$(w) \lim_{n \to \infty} F_n(x) = F(x) \tag{9.3.3}$$

显然, 如果 $F_n(x)$ 弱收敛到 $F(x)$, 那么极限函数是唯一的. 因为两个分布函数在连续点处相等, 则它们恒等.

例 9.3.1 给定分布函数列

$$F_n(x) = \begin{cases} 0, & x < n \\ 1, & x \geqslant n \end{cases}$$

取 $F(x) \equiv 0$. 显然, $F_n(x)$ 淡收敛到 $F(x)$, 并且极限是唯一的; 但是 $F_n(x)$ 不弱收敛于 $F(x)$.

例 9.3.2 任取一列常数 $c_1 > c_2 > \cdots, \lim\limits_{n \to \infty} c_n(x) = c \in \mathbf{R}$. 定义分布函数

$$F_n(x) = \begin{cases} 0, & x < c_n \\ 1, & x \geqslant c_n \end{cases}$$

$$F(x) = \begin{cases} 0, & x < c \\ 1, & x \geqslant c \end{cases}$$

容易验证 $F_n(x) \xrightarrow{v} F(x)$, 并且 $F_n(x) \xrightarrow{w} F(x)$.

从例 9.3.2 看出, $F_n(c) = 0, F(c) = 1$, 因此

$$\lim_{n \to \infty} F_n(c) \neq F(c)$$

即是说, 弱收敛不必是处处收敛的.

另外, 设 $0 \leqslant a \leqslant 1$, 令

$$F^*(x) = \begin{cases} 0, & x < c \\ a, & x = c \\ 1, & x > c \end{cases}$$

那么例 9.3.2 中 $F_n(x)$ 淡收敛到 $F^*(x)$. 由此得知淡收敛的极限不必是唯一的.

定理 9.3.1 假定分布函数列 $F_n(x) \xrightarrow{w} F(x)$. 如果 $F(x)$ 是连续的分布函数, 那么

$$\lim_{n \to \infty} F_n(x) = F(x) \quad (x \in \mathbf{R}) \tag{9.3.4}$$

并且在整个数轴 $\mathbf{R}$ 上关于 x 是一致收敛.

证明 由于 $F(x)$ 是连续的, 式 (9.3.3) 自动地成为 (9.3.4). 下证一致收敛的结论.

由于 $F(-\infty) = 0, F(+\infty) = 1$, 可见对任意的 $\varepsilon > 0$, 存在 T 使得

$$F(-T) < \frac{\varepsilon}{2}, \quad 1 - F(T) < \frac{\varepsilon}{2} \tag{9.3.5}$$

因为 $F(x)$ 是连续函数, 所以它在任意闭区间上一致连续. 于是, 对上述的 $\varepsilon > 0$ 和 $T > 0$, 存在 $[-T, T]$ 的分割 $-T = x_1 < x_2 < \cdots < x_m = T$ 和 $\delta > 0$, 使得当 $x_k - x_{k-1} < \delta(k = 2, 3, \cdots, m)$ 时有

$$F(x_k) - F(x_{k-1}) < \frac{\varepsilon}{2} \tag{9.3.6}$$

若记 $x_0 = -\infty, x_{m+1} = +\infty$, 则由 (9.3.5) 得出, 对所有的 $k = 1, 2, \cdots, m+1$, 皆成立 (9.3.6).

　　另一方面, 由 (9.3.4) 得出, 对给定的 $\varepsilon > 0$ 存在正整数 N, 使得当 $n \geqslant N$ 时对所有的 $k = 0, 1, \cdots, m+1$ 成立

$$-\frac{\varepsilon}{2} < F_n(x_k) - F(x_k) < \frac{\varepsilon}{2} \tag{9.3.7}$$

于是, 如果 $x_{k-1} < x < x_k (k = 1, 2, \cdots, m)$ 或 $x_m \leqslant x < +\infty$, 则当 $n \geqslant N$ 时由 (9.3.6) 和 (9.3.7) 得出

$$F_n(x) - F(x) \leqslant F_n(x_k) - F(x_{k-1}) = [F_n(x_k) - F(x_k)] + [F(x_k) - F(x_{k-1})] < \varepsilon$$

$$F_n(x) - F(x) \geqslant F_n(x_{k-1}) - F(x_k) = [F_n(x_{k-1}) - F(x_{k-1})] + [F(x_{k-1}) - F(x_k)] > -\varepsilon$$

由此可见, 对一切 $x \in \mathbf{R}$, 当 $n > N$ 时成立

$$|F_n(x) - F(x)| < \varepsilon$$

得证关于 x 的一致收敛的结论.　　　　　　　　　　　　　　　　　■

　　推论　如果分布函数列 $F_n(x), n \geqslant 1$ 弱收敛到正态分布 $N(\mu, \sigma^2)$, 则此收敛在 $\mathbf{R}$ 上关于 x 是一致的.

9.3.2　有关淡收敛的几个结论

　　引理 9.3.1　给定分布函数列 $F_n(x), n \geqslant 1$, 设 S 是实数轴 $\mathbf{R}$ 上的可列稠密子集. 如果 $\lim\limits_{n \to \infty} F_n(x)$ 对任意的 $x \in S$ 存在, 那么存在单调不减右连续函数 $F(x)$, 使得

$$(v) \lim_{n \to \infty} F_n(x) = F(x) \tag{9.3.8}$$

　　证明　引进定义在 S 上的函数

$$G(x) = \lim_{n \to \infty} F_n(x), \quad x \in S$$

显然, $G(x)$ 在 S 上单调不减, $0 \leqslant G(x) \leqslant 1$. 现在对任意 $x \in \mathbf{R}$, 定义

$$F(x) = \lim_{\substack{y \to x+0 \\ y \in S}} G(y), \quad x \in \mathbf{R} \tag{9.3.9}$$

易证 $F(x)$ 是单调不减右连续函数, 并且 $0 \leqslant F(x) \leqslant 1$.

对任意的 $x \in \mathbf{R}$, 选 $x', x'' \in S$ 使得 $x' \leqslant x \leqslant x''$. 由分布函数的单调不减性知

$$F_n(x') \leqslant F_n(x) \leqslant F_n(x'')$$

因此

$$F(x') \leqslant \varliminf_{n \to \infty} F_n(x) \leqslant \varlimsup_{n \to \infty} F_n(x) \leqslant F(x'')$$

因为 S 在 $\mathbf{R}$ 上稠密, 故

$$F(x-0) \leqslant \varliminf_{n \to \infty} F_n(x) \leqslant \varlimsup_{n \to \infty} F_n(x) \leqslant F(x+0)$$

所以对于 $F(x)$ 的连续点成立 $\lim\limits_{n \to \infty} F_n(x) = F(x)$, 得证式 (9.3.8). ■

引理 9.3.2 (Helly 第一定理) 任意的分布函数列 $F_n(x), n \geqslant 1$ 中必存在子序列 $F_{n_k}(x)(k = 1, 2, \cdots)$ 淡收敛到某单调不减右连续函数 $F(x)$, 并且 $0 \leqslant F(x) \leqslant 1$.

证明 任取 $\mathbf{R}$ 上到处稠密的可数集 $S = \{r_1, r_2, r_3 \cdots\}$(例如, S 可选为有理数集). 对于数值序列 $\{F_n(r_1), n \geqslant 1\}$, 由于它是有界实数序列, 故必包含某个收敛的子序列 $F_{1,n}(r_1)$ 使得 $\lim\limits_{n \to \infty} F_{1,n}(r_1)$ 存在. 用 $G(r_1)$ 表示该极限值, 则

$$\lim_{n \to \infty} F_{1,n}(r_1) = G(r_1)$$

现在考虑序列 $\{F_{1,n}(r_2), n \geqslant 1\}$. 同样的议论得出, 其中存在子序列 $F_{2,n}(r_2)$ 使得 $\lim\limits_{n \to \infty} F_{2,n}(r_2)$ 存在. 用 $G(r_2)$ 表示该极限值, 则

$$\lim_{n \to \infty} F_{2,n}(r_1) = G(r_1), \quad \lim_{n \to \infty} F_{2,n}(r_2) = G(r_2)$$

继续这样做, 可得到序列 $F_{m,n}(x)(n \geqslant 1)$ 使得

$$\lim_{n \to \infty} F_{m,n}(r_k) = G(r_k), \quad k = 1, 2, \cdots, m \tag{9.3.10}$$

同时成立. 这样, 我们从 $\{F_n(x), n \geqslant 1\}$ 中得到如下的子序列

$$F_{11}(x), F_{12}(x), F_{13}(x), \cdots, F_{1n}(x), \cdots$$
$$F_{21}(x), F_{22}(x), F_{23}(x), \cdots, F_{2n}(x), \cdots$$
$$\cdots\cdots$$
$$F_{m1}(x), F_{m2}(x), F_{m3}(x), \cdots, F_{mn}(x),$$
$$\cdots\cdots$$

这里, 每一行都是前一行的子序列, 而且具有性质 (9.3.10).

现在, 选取这个阵列的对角线元素 $F_{nn}(x)$, 构成一个新子序列 $\{F_{nn}(x), n \geqslant 1\}$. 由于 $F_{nn}(x), n \geqslant 1$ 是 $F_{1n}(x), n \geqslant 1$ 的子序列, 故 $\lim\limits_{n\to\infty} F_{nn}(r_1) = G(r_1)$; 由于它除第一项外, 是 $F_{2n}(x), n \geqslant 1$ 的子序列, 故 $\lim\limits_{n\to\infty} F_{nn}(r_2) = G(r_2)$. 一般地, 对任意的正整数 k, 皆有 $\lim\limits_{n\to\infty} F_{nn}(r_k) = G(r_k)$. 于是得出, 对任意的 $r \in S$ 成立

$$\lim_{n\to\infty} F_{nn}(r) = G(r)$$

最后, 应用 $G(r), r \in S$ 和 (9.3.9) 定义函数 $F(x), x \in \mathbf{R}$, 并应用引理 9.3.1 得出 $F_{nn}(x) \xrightarrow{v} F(x)$. 引理得证.

引理 9.3.3 (Hell 第二定理)　　假定分布函数列 $F_n(x) \xrightarrow{v} F(x), g(x)$ 是区间 $[a, b]$ 上的有界连续函数. 那么, 当 a, b 是 $F(x)$ 的连续点时成立

$$\lim_{n\to\infty} \int_a^b g(x)\mathrm{d}F_n(x) = \int_a^b g(x)\mathrm{d}F(x) \tag{9.3.11}$$

证明　　$g(x)$ 在 $[a, b]$ 上连续, 则它一致连续. 因此, 对任意的 $\varepsilon > 0$, 必存在 $[a, b]$ 的一种分割

$$a = x_0 < x_1 < \cdots < x_N = b$$

使得当 $x \in [x_{k-1}, x_k]$ 时成立

$$|g(x) - g(x_k)| < \varepsilon \quad (k = 1, 2, \cdots, N) \tag{9.3.12}$$

应用这个结论, 我们引进一个辅助函数 $g_\varepsilon(x)$. 它只取有限个值, 并且

$$g_\varepsilon(x) = g(x_k), \quad x_{k-1} < x \leqslant x_k \quad (k = 1, a, \cdots, N) \tag{9.3.13}$$

显然, 对一切 $x \in [a, b]$ 成立不等式

$$|g(x) - g_\varepsilon(x)| < \varepsilon \tag{9.3.14}$$

现在, 我们预先选取分点 $x_1, x_2, \cdots, x_N$, 使得它们是函数 $F(x)$ 的连续点. 因为 $F_n(x) \xrightarrow{v} F(x)$, 故当 n 充分大时在此 $N - 1$ 个分点和 x_0, x_N 处成立不等式

$$|F_n(x_k) - F(x_k)| < \frac{\varepsilon}{MN} \quad (k = 0, 1, \cdots, N) \tag{9.3.15}$$

其中 M 是 $|g(x)|$ 在区间 $[a, b]$ 上的最大值. 显然,

$$\left| \int_a^b g(x)\mathrm{d}F_n(x) - \int_a^b g(x)\mathrm{d}F(x) \right|$$

$$\leqslant \left| \int_a^b g(x)\mathrm{d}F_n(x) - \int_a^b g_\varepsilon(x)\mathrm{d}F_n(x) \right|$$

$$+ \left| \int_a^b g_\varepsilon(x) \mathrm{d}F_n(x) - \int_a^b g_\varepsilon(x) \mathrm{d}F(x) \right|$$

$$+ \left| \int_a^b g_\varepsilon(x) \mathrm{d}F(x) - \int_a^b g(x) \mathrm{d}F(x) \right| \tag{9.3.16}$$

应用 (9.3.12) 得出

$$\left| \int_a^b g(x)\mathrm{d}F_n(x) - \int_a^b g_\varepsilon(x)\mathrm{d}F_n(x) \right| \leqslant \int_a^b |g(x) - g_\varepsilon(x)|\mathrm{d}F_n(x) \leqslant \varepsilon[F_n(b) - F_n(a)]$$

$$\left| \int_a^b g_\varepsilon(x)\mathrm{d}F(x) - \int_a^b g(x)\mathrm{d}F(x) \right| \leqslant \int_a^b |g_\varepsilon(x) - g(x)|\mathrm{d}F(x) \leqslant \varepsilon[F(b) - F(a)]$$

而由 (9.3.14) 和 (9.3.15) 得出

$$\left| \int_a^b g_\varepsilon(x)\mathrm{d}F_n(x) - \int_a^b g_\varepsilon(x)\mathrm{d}F(x) \right|$$

$$= \left| \sum_{k=1}^n g(x_k)[F_n(x_k) - F_n(x_{k-1})] - \sum_{k=1}^n g(x_k)[F(x_k) - F(x_{k-1})] \right|$$

$$= \left| \sum_{k=1}^n g(x_k)[F_n(x_k) - F(x_k)] - \sum_{k=1}^n g(x_k)[F_n(x_{k-1}) - F(x_{k-1})] \right|$$

$$\leqslant N \cdot \left[M \cdot \frac{\varepsilon}{MN} + M \cdot \frac{\varepsilon}{MN} \right] = 2\varepsilon$$

把以上三个估计式代入 (9.3.16), 得到

$$\left| \int_a^b g(x)\mathrm{d}F_n(x) - \int_a^b g(x)\mathrm{d}F(x) \right| \leqslant \varepsilon[F_n(b) - F_n(a)] + \varepsilon[F(b) - F(a)] + 2\varepsilon$$

注意 $0 \leqslant F_n(x) \leqslant 1, 0 \leqslant F(x) \leqslant 1$, 因此当 n 充分大时右方可以任意地小, 得证 (9.3.11) 成立. ∎

推论 在引理的条件下, 对任意的 $t \in \mathbf{R}$ 成立

$$\lim_{n \to \infty} \int_a^b \mathrm{e}^{\mathrm{i}tx}\mathrm{d}F_n(x) = \int_a^b \mathrm{e}^{\mathrm{i}tx}\mathrm{d}F(x) \tag{9.3.17}$$

并且此收敛关于 $t \in [-T, T]$ 是一致收敛, 这里 T 是任意的正实数.

证明 因为 $|\mathrm{e}^{\mathrm{i}tx}| \leqslant 1$, 故取 $g(x) = \mathrm{e}^{\mathrm{i}tx}$ 后 (9.3.11) 成为 (9.3.17). 现在设 $t \in [-T, T]$, 这时 (9.3.12) 的左方值为

$$|\mathrm{e}^{\mathrm{i}tx} - \mathrm{e}^{\mathrm{i}tx_k}| = |\mathrm{e}^{\mathrm{i}t(x-x_k)}| \leqslant |t(x - x_k)| \leqslant T \cdot (x - x_k)$$

它不依赖于 t, 得证关于 t 一致收敛的结论. ∎

9.3.3 弱收敛的必要充分条件

定理 9.3.2 (正极限定理) 设分布函数 $F(x), F_n(x)$ 的特征函数分别是 $\varphi(t)$, $\varphi_n(t)(n \geqslant 1)$, 那么, 当 $(w) \lim\limits_{n \to \infty} F_n(x) = F(x)$ 时对任意的 $t \in \mathbf{R}$ 成立

$$\lim_{n \to \infty} \varphi_n(t) = \varphi(t) \tag{9.3.18}$$

并且关于 t 在每个有限区间内是一致收敛的.

证明 设 $a < 0, b > 0, a, b$ 是 $F(x)$ 的连续点. 令

$$J_1 = \left| \int_{-\infty}^{a} \mathrm{e}^{\mathrm{i}tx} \mathrm{d}F_n(x) - \int_{-\infty}^{a} \mathrm{e}^{\mathrm{i}tx} \mathrm{d}F(x) \right|$$

$$J_2 = \left| \int_{a}^{b} \mathrm{e}^{\mathrm{i}tx} \mathrm{d}F_n(x) - \int_{a}^{b} \mathrm{e}^{\mathrm{i}tx} \mathrm{d}F(x) \right|$$

$$J_3 = \left| \int_{b}^{+\infty} \mathrm{e}^{\mathrm{i}tx} \mathrm{d}F_n(x) - \int_{b}^{+\infty} \mathrm{e}^{\mathrm{i}tx} \mathrm{d}F(x) \right|$$

显然有

$$|\varphi_n(t) - \varphi(t)| = \left| \int_{-\infty}^{+\infty} \mathrm{e}^{\mathrm{i}tx} \mathrm{d}F_n(x) - \int_{-\infty}^{+\infty} \mathrm{e}^{\mathrm{i}tx} \mathrm{d}F(x) \right| \leqslant J_1 + J_2 + J_3 \tag{9.3.19}$$

$$J_1 \leqslant \int_{-\infty}^{a} |\mathrm{e}^{\mathrm{i}tx}| \mathrm{d}F_n(x) + \int_{-\infty}^{a} |\mathrm{e}^{\mathrm{i}tx}| \mathrm{d}F(x) = F_n(a) + F(a)$$

注意到 $F(x)$ 是分布函数和弱收敛的假定, 我们有

$$\lim_{a \to -\infty} F(a) = 0, \quad \lim_{n \to \infty} F_n(a) = F(a) \tag{9.3.20}$$

于是, 对任意的 $\varepsilon > 0$, 可选足够大的 a, 使得 $F(a) < \varepsilon$; 然后选取足够大的 n, 使得 $|F_n(a) - F(a)| < \varepsilon$. 由此得出 $J_1 \leqslant 3\varepsilon$.

同理可证 $J_3 \leqslant 3\varepsilon$. 现在, 应用引理 9.3.3 得知, 当 n 足够大时有 $J_2 < \varepsilon$. 于是, 当 n 足够大时

$$|\varphi_n(t) - \varphi(t)| \leqslant 7\varepsilon$$

式 (9.3.18) 得证. 由引理 9.3.3 推论得出, 在每个有限区间内关于 t 是一致收敛的. ■

定理 9.3.3 (逆极限定理) 给定特征函数列 $\varphi_n(t)(n \geqslant 1)$, 设 $\varphi_n(t)$ 对应的分布函数为 $F_n(x)$. 如果对任意的 $t \in \mathbf{R}$ 成立

$$\lim_{n \to \infty} \varphi_n(t) = \varphi(t) \tag{9.3.21}$$

并且极限函数 $\varphi(t)$ 在 $t = 0$ 处连续, 那么存在分布函数 $F(x)$ 使得

$$(w) \lim_{n \to \infty} F_n(x) = F(x) \tag{9.3.22}$$

并且 $\varphi(t)$ 是 $F(x)$ 的特征函数.

证明 由 Helly 第一定理推出, 分布函数列 $\{F_n(x), n \geqslant 1\}$ 存在子序列 $\{F_{n_k}(x), k \geqslant 1\}$ 和某个单调不减函数 $F(x), 0 \leqslant F(x) \leqslant 1$, 使得

$$F_{n_k}(x) \xrightarrow{v} F(x) \tag{9.3.23}$$

下面证明 $(w) \lim_{k \to \infty} F_{n_k}(x) = F(x)$, 即证明 $F(x)$ 是分布函数. 用反证法, 若 $F(x)$ 不是分布函数, 则

$$\delta \triangleq F(+\infty) - F(-\infty) < 1 \tag{9.3.24}$$

由于 $\varphi(0) = \lim_{n \to \infty} \varphi_n(0) = 1$ 和 $\varphi(t)$ 在 $t = 0$ 处连续, 故对任意的正数 $\varepsilon < 1 - \delta$, 存在充分小的正数 t, 使得

$$\frac{1}{2\tau} \left| \int_{-\tau}^{\tau} \varphi(t) \mathrm{d}t \right| > 1 - \frac{\varepsilon}{2} > \delta + \frac{\varepsilon}{2} \tag{9.3.25}$$

应用 (9.3.23) 和 (9.3.24) 推出, 可取 $b > \dfrac{1}{\tau \varepsilon}$, 使得 $-b$ 和 b 是 $F(x)$ 的连续点; 还可取正整数 M, 使得对一切 $k > M$ 成立

$$\delta_k \triangleq F_{n_k}(b) - F_{n_k}(-b) < \delta + \frac{\varepsilon}{4}$$

又因为 $\varphi_{n_k}(t)$ 是 $F_{n_k}(x)$ 的特征函数, 故

$$\left| \int_{-\tau}^{\tau} \varphi_{n_k}(t) \mathrm{d}t \right| = \left| \int_{-\infty}^{+\infty} \left(\int_{-\tau}^{\tau} \mathrm{e}^{\mathrm{i}tx} \mathrm{d}t \right) \mathrm{d}F_{n_k}(x) \right|$$

$$\leqslant \left| \int_{-b}^{b} \left(\int_{-\tau}^{\tau} \mathrm{e}^{\mathrm{i}tx} \mathrm{d}t \right) \mathrm{d}F_{n_k}(x) \right| + \left| \int_{\mathbf{R} \backslash (-b, b]} \left(\int_{-\tau}^{\tau} \mathrm{e}^{\mathrm{i}tx} \mathrm{d}t \right) \mathrm{d}F_{n_k}(x) \right|$$

显然有 $\left| \int_{-\tau}^{\tau} \mathrm{e}^{\mathrm{i}tx} \mathrm{d}t \right| \leqslant 2\tau$; $|x| > b$ 时有 $\left| \int_{\tau}^{\tau} \mathrm{e}^{\mathrm{i}tx} \mathrm{d}t \right| = \left| \dfrac{2}{x} \sin \tau x \right| \leqslant \dfrac{2}{b}$. 代入上式后得出

$$\left| \int_{-\tau}^{\tau} \varphi_{n_k}(t) \mathrm{d}t \right| \leqslant \int_{-b}^{b} 2\tau \mathrm{d}F_{n_k}(x) + \frac{2}{b} \int_{-\infty}^{+\infty} \mathrm{d}F_{n_k}(x) = 2\tau \delta_k + \frac{2}{b}$$

$$\frac{1}{2\tau} \left| \int_{-\tau}^{\tau} \varphi_{n_k}(t) \mathrm{d}t \right| \leqslant \delta_k + \frac{1}{b\tau} \leqslant \delta_k + \frac{\varepsilon}{4} < \delta + \frac{\varepsilon}{2}$$

令 $k \to +\infty$, 应用积分的控制收敛定理得出

$$\frac{1}{2\tau} \left| \int_{-\tau}^{\tau} \varphi(t) \mathrm{d}t \right| < \delta + \frac{\varepsilon}{2}$$

与 (9.3.25) 矛盾. 得证 $F(x)$ 是分布函数和 $F_{n_k}(x) \xrightarrow{w} F(x)(k \to +\infty)$.

最后证明 $F_n(x) \xrightarrow{w} F(x)(n \to +\infty)$. 如其不然, 一定存在 $F(x)$ 的一个连续点 x_0, 使得

$$\lim_{n \to \infty} F_n(x_0) \neq F(x_0)$$

这时可以从数列 $\{F_n(x_0), n \geqslant 1\}$ 中选取一个收敛的子序列 $\{F_{m_k}(x_0), k \geqslant 1\}$ 使得

$$\lim_{k \to \infty} F_{m_k}(x_0) \triangleq F^*(x_0) \neq F(x_0)$$

根据 Helly 第一定理, $\{F_{m_k}(x), k \geqslant 1\}$ 中存在子序列 $\{F_{m_{k,j}}(x), j \geqslant 1\}$ 淡收敛于某有界不减右连续函数 $F^*(x)$, 这个函数至少在 x_0 处不等于 $F(x)$. 但是, 重复前面的论证可知 $F^*(x)$ 也是分布函数, 其特征函数也是 $\varphi(t)$. 于是, 应用分布函数和特征函数的一一对应性 (定理 9.1.3) 得出 $F^*(x) = F(x)$, 引出矛盾. 得证

$$F_n(x) \xrightarrow{w} F(x)(n \to \infty). \qquad \blacksquare$$

【弱收敛的各种等价条件】　　设分布函数列 $\{F_n(x)\}$ 对应的特征函数列为 $\{\varphi_n(t)\}$, 则下列四个条件等价:

i) $\{F_n(x)\}$ 弱收敛于某分布函数 $F(x)$.

ii) $\{\varphi_n(t)\}$ 收敛到某函数 $\varphi(t), \varphi(t)$ 在 $t = 0$ 处连续.

iii) $\{\varphi_n(t)\}$ 收敛到某连续函数 $\varphi(t)$.

iv) $\{\varphi_n(t)\}$ 收敛到某函数 $\varphi(t)$, 并且在任意的有限区间中关于 t 是一致收敛. 当任一条件满足时 $\varphi(t)$ 是 $F(x)$ 的特征函数.

证明　　显然 iv) 推出 iii), iii) 推出 ii). 应用逆极限定理知, ii) 可推出 i); 应用正极限定理知 i) 可推出 iv). 结论得证. 　　　　　　　　　　　■

通常, 把正极限定理和逆极限定理合称为连续性定理.

例 9.3.3　　假定 $X_n(\omega)$ 服从参数为 λ_n 的 Poisson 分布 (9.1.16)$(\lambda_n > 0)$. 试证 $\lambda_n \to +\infty(n \to \infty)$ 时 $Y_n(\omega) = \dfrac{X_n(\omega) - \lambda_n}{\sqrt{\lambda_n}}$ 的极限分布是标准正态分布 $N(0,1)$.

解　　应用 (9.1.17) 得出 $X_n(\omega)$ 的特征函数为

$$\varphi_n(t) = \exp\{\lambda_n(e^{it} - 1)\}$$

由定理 9.1.1 之 iii) 得出 $Y_n(\omega)$ 的特征函数 $\psi_n(t)$ 为

$$\psi_n(t) = e^{-it\sqrt{\lambda_n}} \varphi\left(\frac{t}{\sqrt{\lambda_n}}\right)$$

$$= \exp\left\{-it\sqrt{\lambda_n} + \lambda_n\left(e^{i\frac{t}{\sqrt{\lambda_n}}} - 1\right)\right\}$$

$$= \exp \left\{ -\mathrm{it}\sqrt{\lambda_n} + \lambda_n \left[\frac{\mathrm{it}}{\sqrt{\lambda_n}} - \frac{t^2}{2\lambda_n} + o\left(\frac{1}{\lambda_n}\right) \right] \right\}$$
$$= \mathrm{e}^{-\frac{t^2}{2}+o(1)}$$

于是, 令 $\lambda_n \to +\infty$ 时由

$$\psi_n(t) \to \mathrm{e}^{-\frac{t^2}{2}}$$

由于右方是正态分布 $N(0,1)$ 的特征函数, 应用逆极限定理得出, 当 $\lambda_n \to +\infty$ 时 $Y_n(\omega)$ 的极限分布函数是标准正态分布.

例 9.3.4 假定 $X_n(\omega)$ 服从参数为 p_n 的几何分布律 (9.1.18), 而且 $\lim\limits_{n\to\infty} p_n = 0.$ 试证: 当 $n \to \infty$ 时随机变量 $Y_n(\omega) = p_n X_n(\omega)$ 的极限分布是参数为 1 的指数分布密度 (9.1.21)

解 由式 (9.1.19) 得出 $X_n(\omega)$ 的特征函数为

$$\varphi_n(t) = \frac{p_n \mathrm{e}^{\mathrm{it}}}{1 - q_n \mathrm{e}^{\mathrm{it}}}$$

其中 $q_n = 1 - p_n$; 由式 (9.1.23) 知参数为 1 的指数分布 (9.1.21) 的特征函数为

$$\varphi(t) = \frac{1}{1 - \mathrm{it}}.$$

现在, 依据定理 9.1.1 之 iii) 得 $Y_n(\omega)$ 的特征函数 $\psi_n(t)$ 为

$$\psi_n(t) = \varphi_n(p_n t) = \frac{p_n \mathrm{e}^{\mathrm{i}p_n t}}{1 - q_n \mathrm{e}^{\mathrm{i}p_n t}}$$
$$= \frac{p_n}{\mathrm{e}^{-\mathrm{i}p_n t} - q_n} = \frac{p_n}{p_n + (\mathrm{e}^{-\mathrm{i}p_n t} - 1)}$$

于是

$$\lim_{n\to\infty} \psi_n(t) = \frac{1}{1 - \mathrm{it}} = \varphi(t)$$

应用逆极限定理得证, $Y_n(\omega)$ 的极限分布是参数为 1 的指数分布.

练 习 9

9.1 试求下列分布函数的特征函数:

i) $F(x) = \begin{cases} 0, & -\infty < x \leqslant a, \\ p, & a < x \leqslant b, \\ 1, & b < x < +\infty; \end{cases}$

ii) $F(x) = \begin{cases} 0, & x < -a, \\ \dfrac{x+a}{2a}, & -a \leqslant x < a, \\ 1, & x \geqslant a; \end{cases}$

iii) $F(x) = \begin{cases} 0, & x \leqslant a, \\ 1 - \mathrm{e}^{-k^2(x-a)}, & x > a. \end{cases}$

9.2　试求下列分布密度的特征函数：

i) $f(x) = \dfrac{a}{2}\mathrm{e}^{-a|x|} \quad (a > 0)$;

ii) $f(x) = \begin{cases} 0, & |x| \geqslant a, \\ \dfrac{a - |x|}{a^2}, & |x| < a; \end{cases}$

iii) $f(x) = \dfrac{1}{\pi} \cdot \dfrac{\lambda}{\lambda^2 + (x - \mu)^2} \quad (\lambda, \mu \text{为常数且} \lambda > 0).$

9.3　设随机变量 X 服从参数为 (r, p) 的负二项分布. 试求特征函数 $\varphi_X(x)$, 并应用 $\varphi_X(x)$ 求 EX 和 DX.

9.4　设随机变量 X 的特征函数为 $\dfrac{1}{1+t^2}$, 试证 X 的分布密度为 $\dfrac{1}{2}\mathrm{e}^{-|x|}$.

9.5　设随机变量 X 的特征函数为

$$\varphi_X = \frac{\mathrm{e}^{\mathrm{i}t}(1 - \mathrm{e}^{\mathrm{i}nt})}{n(1 - \mathrm{e}^{\mathrm{i}t})}$$

试证 X 的分布律为

$$p_X(x): \begin{array}{c|ccccc|c} X & 1 & 2 & \cdots & n & \text{其他 } x \\ \hline p_X & \dfrac{1}{n} & \dfrac{1}{n} & \cdots & \dfrac{1}{n} & 0 \end{array}$$

9.6　如果特征函数满足 $\varphi(t) = 1 + o(t^2), t \to 0$, 试证 $\varphi(t) \equiv 1$.

9.7　试证：特征函数 $\varphi(t)$ 是实值函数的必要充分条件是对应的分布函数 $F(x)$ 是对称的 ($F(x)$ 满足 $F(x) = 1 - F(-x - 0), x > 0$).

9.8　假设随机变量 X 的特征函数 $\varphi(t)$ 是实值函数, 试证明下列不等式：

$$1 - \varphi(2t) \leqslant 4[1 - \varphi(t)]$$
$$1 + \varphi(2t) \geqslant 2\varphi^2(t)$$

9.9　假设 $\varphi(t)$ 是随机变量的特征函数, 试证明下列不等式：

$$|\varphi(t + h) - \varphi(t)| \leqslant \sqrt{2\mathrm{Re}[1 - \varphi(h)]}$$

$$1 - \mathrm{Re}\varphi(2t) \leqslant 4[1 - \mathrm{Re}\varphi(t)]$$

其中 $\mathrm{Re}\varphi(t)$ 表示 $\varphi(t)$ 的实部.

9.10　假设随机变量 X 和 Y 相互独立, 试应用特征函数证明：

i) 如果 X 和 Y 皆服从二项分布, 参数分别为 (m, p) 和 (n, p), 则 $X + Y$ 服从参数为 $(m + n, p)$ 的二项分布;

ii) 如果 X 和 Y 服从 Γ–分布, 参数分别为 (α_1, λ) 和 (α_2, λ), 则 $X + Y$ 服从参数为 $(\alpha_1 + \alpha_2, \lambda)$ 的 Γ–分布.

9.11　设 $\varphi_1(t), \varphi_2(t), \cdots, \varphi_n(t)$ 是 n 个特征函数, 又 $\alpha_1, \alpha_2, \cdots, \alpha_n$ 是一组满足 $\sum\limits_{k=1}^{n} \alpha_k = 1$ 的实数. 试证 $\varphi(t) = \sum\limits_{k=1}^{n} \alpha_k \varphi_k(t)$ 也是特征函数.

9.12　设分布函数 $F(x)$ 的特征函数为 $\varphi(t)$. 试证

$$G(x) = \frac{1}{2h} \int_{x-h}^{x+h} F(u)\mathrm{d}\mu \quad (h > 0)$$

也是分布函数, 并且 $G(x)$ 的特征函数为

$$\psi(t) = \frac{\sin ht}{ht} \varphi(t)$$

9.13　假设随机向量 $\boldsymbol{X} = (X_1, X_2)$ 服从二维柯西分布, 其分布密度为

$$f_{\boldsymbol{X}}(\boldsymbol{x}) = f(x_1, x_2) = \frac{\lambda}{2\pi\sqrt{(\lambda^2 + x_1^2 + x_2^2)^3}}, \quad \boldsymbol{x} = (x_1, x_2) \in \mathbf{R}^2$$

其中 $\lambda > 0$. 试求 $\boldsymbol{X}$ 的特征函数.

9.14　假设 X_1, X_2, X_3 相互独立, 都服从标准正态分布 $N(0,1)$. 试求随机变量 $Y_1 = X_1 + X_2$ 和 $Y_2 = X_1 + X_3$ 的联合特征函数.

9.15　假设随机向量 $\boldsymbol{X} = (X_1, X_2, \cdots, X_n)$ 存在 r 阶混合矩 $E(X_1^{k_1} \cdots X_n^{k_n})$, 其中 $\sum\limits_{j=1}^{n} k_j = r, k_j \geqslant 0$. 试证明

$$E(X_1^{k_1} \cdots X_n^{k_n}) = (-\mathrm{i})^r \frac{\partial^r \varphi(t_1 \cdots, t_n)}{\partial t_1^{k_1} \cdots \partial t_n^{k_n}}\Big|_{t_1 = \cdots = t_n = 0}$$

其中 $\varphi(t_1, \cdots, t_n)$ 是 $\boldsymbol{X}$ 的特征函数.

9.16　假定随机向量 $\boldsymbol{X} = (X_1, X_2, X_3, X_4)$ 服从正态分布 $\mathcal{N}(\boldsymbol{0}, C)$ 其中 $C = (r_{ij})_{4 \times 4}$. 试求: i)$E(X_1 X_2 X_3 X_4)$; ii)$E(X_1 X_2 X_3)$; iii) $E(X_1 X_2 X_3)^2$.

9.17　设 (X, Y) 服从二维正态分布, $EX = EY = 0, DX = DY = 1, r_{XY} = r$. 试证

$$E\max(X, Y) = \sqrt{\frac{1-r}{\pi}}$$

9.18　设

$$\boldsymbol{\mu} = \boldsymbol{0}, \quad C^{-1} = \begin{pmatrix} 7 & 3 & 2 \\ 3 & 4 & 1 \\ 2 & 1 & 2 \end{pmatrix}$$

试写出三维正态随机向量 (X, Y, Z) 的联合分布密度, 并求出截口为 (X, Y) 的边沿分布密度.

9.19　设 $X_1, X_2, \cdots, X_n$ 相互独立, 服从相同的分布 $\mathcal{N}(\mu, \sigma)$. 试求随机向量 $\boldsymbol{X} = (X_1, X_2, \cdots, X_n)$ 的分布密度, 并写出期望向量 $E\boldsymbol{X}$ 和方差矩阵 $D\boldsymbol{X}$; 再求 $\overline{X} = \frac{1}{n} \sum\limits_{j=1}^{n} X_j$ 的分布密度函数.

9.20　设 X_1 和 X_2 相互独立, 皆服从标准正态分布 $N(0,1)$. 令

$$Y_1 = aX_1 + bX_2, \quad Y_2 = cX_1 + dX_2$$

其中 a, b, c, d 为实常数.

i) 试求 (Y_1, Y_2) 的分布密度函数;

ii) 在何种情形下, (Y_1, Y_2) 退化为一维分布? 在何种情形下, Y_1 和 Y_2 相互独立.

9.21　设 $F_n(x)$ 是正态分布函数 $N(a_n, \sigma_n^2)$. 试证: $n \to \infty$ 时分布函数列 $F_n(x)$ 弱收敛的必要充分条件是

$$\lim_{n \to \infty} a_n = a, \quad \lim_{n \to \infty} \sigma_n^2 = \sigma^2$$

此时极限函数 $F(x)$ 为正态分布 $N(a, \sigma^2)$, 若 $\sigma^2 \neq 0$; 为退化分布, 若 $\sigma^2 = 0$.

9.22　设随机变量 $X_1, X_2, \cdots$ 独立同分布, 有相同的分布律

$$P(X_n = x) = \begin{cases} \dfrac{1}{2}, & x = 0\text{或}1 \\ 0, & \text{其他} \end{cases}$$

令 $Y_n = \displaystyle\sum_{k=1}^{n} \dfrac{X_k}{2^k}$ 试证: $n \to \infty$ 时 Y_n 的分布函数 $F_{Y_n}(x)$ 弱收敛于 $[0,1]$ 上的均匀分布.

9.23　设随机变量 X 有分布密度

$$f(x) = \begin{cases} \dfrac{\beta^\alpha}{\Gamma(\alpha)} x^{\alpha-1} \mathrm{e}^{-\beta x}, & x > 0 \\ 0, & x \leqslant 0 \end{cases}$$

试证: 当 $\alpha \to \infty$ 时 $Y = \dfrac{\beta X - \alpha}{\sqrt{\alpha}}$ 的分布函数趋于标准正态分布 $N(0,1)$.

第 10 章　大数定理和中心极限定理

人们发现, 大量的随机现象中蕴含丰富的统计规律. 究其原因, 是因为大量的随机现象中各自的偶然性在一定程度上可以相互抵消, 相互补偿, 导致 "平均结果" 有可能显示出必然性的结果. 例如, 独立重复实验中事件出现的频率具有稳定性; 容器中气体的主要特征 —— 压力, 温度, 粘度等是常数; 用天平测量质量为 m 的物体, 以 $\xi_1, \xi_2, \cdots, \xi_n$ 表示 n 次重复测量的结果. 那么它们的算术平均值 $\frac{1}{n}\sum_{i=1}^{n}\xi_i$ 与 m 的偏差很小, 并且当 $n \to \infty$ 时偏差趋近于 0. 等等. 我们把上述的结果称为 "平均值具有稳定性", 它是事件的出现频率具有稳定性的推广, 也是随机变量的主要统计性质.

为了研究大量的随机现象, 常常采用极限的表达形式 (10.1 节). 这就导致极限定理的研究. 极限定理的内容很广泛, 其中最重要的有两种: 大数定理 (10.2 节) 和中心极限定理 (10.3 节).

10.1　四种收敛性

给定实验 $\mathcal{E}$. 设 $\mathcal{E}$ 的概率模型是 $(\Omega, \mathcal{F}, P), X_n(\omega)(n = 1, 2, 3, \cdots)$ 是其上的随机变量, 那么, 随机变量序列

$$X_1(\omega), X_2(\omega), \cdots, X_n(\omega), \cdots$$

是随机向量的扩充, 它产生出极为重要的研究任务: 讨论 $n \to \infty$ 时序列 $X_n(\omega)$, $n \geqslant 1$ 的极限性质. "极限性质" 是实验 $\mathcal{E}$ 中深刻的因果知识和统计规律. 最著名的是各种形式的大数定理和中心极限定理.

由于 $X_n(\omega)$ 是定义在 Ω 上的实值函数, 因此可以仿照分析学引进如下的收敛性概念.

【处处收敛】　称随机变量序列 $X_n(\omega), n \geqslant 1$ 处处收敛到随机变量 $X(\omega)$, 如果对任意的 $\omega \in \Omega$ 成立

$$\lim_{n\to\infty} X_n(\omega) = X(\omega), \quad \omega \in \Omega \tag{10.1.1}$$

于是, 随机序列 $X_n(\omega), n \geqslant 1$ 的 "极限性质" 就是 $X(\omega)$ 的因果知识和统计规律.

注意, 在概率论中处处收敛是不合理的收敛. 因为 Ω 中的一个零概率集 (譬如 D) 是可忽略不计的, 所以在 D 上 (10.1.1) 可以不成立.

10.1.1　几乎处处收敛

定义 10.1.1　给定概率空间 $(\Omega, \mathcal{F}, P)$, 设 $X(\omega), X_n(\omega)(n \geqslant 1)$ 是其上的随机变量. 如果

$$P\left\{\omega \middle| \lim_{n\to\infty} X_n(\omega) = X(\omega)\right\} = 1 \tag{10.1.2}$$

则称随机变量序列 $X_n(\omega), n \geqslant 1$ 几乎处处收敛到 $X(\omega)$, 记为

$$\lim_{n\to\infty} X_n(\omega) = X(\omega), \quad \text{a.e. (或 } P\text{-a.e.)} \tag{10.1.3}$$

几乎处处收敛又称为以概率 1 收敛, 也记为 $X_n(\omega) \xrightarrow{\text{a.e.}} X(\omega)$. 令 $D = \left\{\omega \middle| \lim_{n\to\infty} X_n(\omega) \neq X(\omega)\right\}$, 则 $P(D) = 0$. 即是说, 几乎处处收敛可直观地理解为, 除去一个零测集 D 外 $X_n(\omega)$ 在 $\Omega \backslash D$ 上处处收敛到 $X(\omega)$.

引理 10.1.1　设 $X_n(\omega), n \geqslant 1$ 是 $(\Omega, \mathcal{F}, P)$ 上任意的随机变量序列. 令

$$A = \left\{\omega \middle| \lim_{n\to\infty} X_n(\omega) \text{ 存在}\right\} \tag{10.1.4}$$

那么 $A \in \mathcal{F}$, 并且

$$A = \bigcap_{k=1}^{\infty} \bigcup_{N=1}^{\infty} \bigcap_{n,m=N}^{\infty} \left\{\omega \middle| |X_n(\omega) - X_m(\omega)| < \frac{1}{k}\right\} \tag{10.1.5}$$

证明　应用实数序列收敛性的柯西判别准则, 我们有

$\omega \in A \Leftrightarrow$对任意的正整数 k, 存在正整数 N, 使得

当 $n, m > N$ 时成立 $|X_n(\omega) - X_m(\omega)| < \dfrac{1}{k}$

$\Leftrightarrow$对任意的正整数 k, 存在正整数 N,

使得 $\omega \in \displaystyle\bigcap_{n,m=N}^{\infty} \left\{\omega \middle| |X_n(\omega) - X_m(\omega)| < \frac{1}{k}\right\}$

$\Leftrightarrow$对任意的正整数 k成立

$\omega \in \displaystyle\bigcup_{N=1}^{\infty} \bigcap_{n,m=N}^{\infty} \left\{\omega \middle| |X_n(\omega) - X_m(\omega)| < \frac{1}{k}\right\}$

$\Leftrightarrow \omega \in \displaystyle\bigcap_{k=1}^{\infty} \bigcup_{N=1}^{\infty} \bigcap_{n,m=N}^{\infty} \left\{\omega \middle| |X_n(\omega) - X_m(\omega)| < \frac{1}{k}\right\}$

得证 (10.1.5) 成立. 由此推出 $A \in \mathcal{F}$. ∎

推论 1　$\overline{A} = \displaystyle\bigcup_{k=1}^{\infty} \bigcap_{N=1}^{\infty} \bigcup_{n,m=N}^{\infty} \left\{\omega \middle| |X_n(\omega) - X_m(\omega)| \geqslant \frac{1}{k}\right\}$

证明 对式 (10.1.5) 应用 de Morgan 律即得所证. ∎

推论 2 令

$$X(\omega) = \begin{cases} \lim_{n \to \infty} X_n(\omega), & \omega \in A \\ 0, & \omega \in \overline{A} \end{cases} \tag{10.1.6}$$

那么 $X(\omega)$ 是 $(\Omega, \mathcal{F}, P)$ 上的随机变量, 并且

$$A = \bigcap_{k=1}^{\infty} \bigcup_{N=1}^{\infty} \bigcap_{n=N}^{\infty} \left\{ \omega \Big| |X_n(\omega) - X(\omega)| < \frac{1}{k} \right\} \tag{10.1.7}$$

引理 10.1.2 设 $A_n(n \geqslant 1)$ 是 $(\Omega, \mathcal{F}, P)$ 中任意可列个事件, 那么 $P\left(\bigcap_{n=1}^{\infty} A_n\right) = 1$ 的充分必要条件是, 对所有的 $n \geqslant 1$ 成立 $P(A_n) = 1$.

证明 对任意的 $k \geqslant 1$, 由不等式 $P(A_k) \geqslant P\left(\bigcap_{k=1}^{\infty} A_n\right) = 1$ 推出条件是必要的. 反之, 设对所有 $n \geqslant 1$ 成立 $P(A_n) = 1$. 由于 $P(\overline{A_n}) = 0$, 我们有

$$P\left(\bigcap_{n=1}^{\infty} A_n\right) = 1 - P\left(\bigcup_{n=1}^{\infty} \overline{A_n}\right) \geqslant 1 - \sum_{n=1}^{\infty} P(\overline{A_n}) = 1$$

得证 $P\left(\bigcap_{n=1}^{\infty} A_n\right) = 1$, 故条件是充分的. ∎

定理 10.1.1 给定概率空间 $(\Omega, \mathcal{F}, P)$, 设 $X(\omega), X_n(\omega)(n \geqslant 1)$ 是其上随机变量, 那么

$$\lim_{n \to \infty} X_n(\omega) = X(\omega) \quad \text{a.e.} \tag{10.1.8}$$

成立的必要充分条件是下列三个条件中有一个成立

i) $P\left(\bigcap_{k=1}^{\infty} \bigcup_{N=1}^{\infty} \bigcap_{n=N}^{\infty} \left\{ \omega \Big| |X_n(\omega) - X(\omega)| < \frac{1}{k} \right\} \right) = 1$ \hfill (10.1.9)

ii) 对任意的 $\varepsilon > 0$ 成立

$$P\left(\bigcup_{N=1}^{\infty} \bigcap_{n=N}^{\infty} \{|X_n(\omega) - X(\omega)| < \varepsilon\}\right) = 1 \tag{10.1.10}$$

iii) 对任意的 $\varepsilon > 0$ 成立

$$\lim_{N \to \infty} P\left(\bigcup_{n=N}^{\infty} \{|X_n(\omega) - X(\omega)| \geqslant \varepsilon\}\right) = 0 \tag{10.1.11}$$

证明 由引理 10.1.1 的推论 2 得出, 条件 i) 是 (10.1.8) 成立的必要充分条件.

ii)⇔i) 令

$$A_k = \bigcup_{N=1}^{\infty} \bigcap_{n=N}^{\infty} \{\omega | |X_n(\omega) - X(\omega)| < \frac{1}{k}\},$$

则 (10.1.9) 可写出为 $P\left(\bigcap_{k=1}^{\infty} A_k\right) = 1$. 由引理 10.1.2 推出, 条件 i) 等价于: 对任意的 $k \geqslant 1$ 成立 $P(A_k) = 1$.

现在, 对任意的 $\varepsilon > 0$, 存在正整数 k 使 $\dfrac{1}{k+1} \leqslant \varepsilon < \dfrac{1}{k}$. 于是, 有不等式

$$P(A_{k+1}) \leqslant P\left(\bigcup_{N=1}^{\infty} \bigcap_{n=N}^{\infty} \{|X_n(\omega) - X(\omega)| < \varepsilon\}\right) \leqslant P(A_k)$$

由此推出条件 i) 和 ii) 等价.

iii)⇔ii)　由于 $\bigcup_{N=1}^{\infty} \bigcap_{n=N}^{\infty} \{|X_n(\omega) - X(\omega)| < \varepsilon\}$ 的补事件是 $\bigcap_{N=1}^{\infty} \bigcup_{n=N}^{\infty} \{|X_n(\omega) - X(\omega)| \geqslant \varepsilon\}$, 因此条件 ii) 等价于: 对任意的 $\varepsilon > 0$ 成立

$$P\left(\bigcup_{N=1}^{\infty} \bigcap_{n=N}^{\infty} \{|X_n(\omega) - X(\omega)| \geqslant \varepsilon\}\right) = 0 \tag{10.1.12}$$

现在令 $B_N^\varepsilon = \bigcup_{n=N}^{\infty} \{|X_n(\omega) - X(\omega)| \geqslant \varepsilon\}$. 显然, 对固定的 ε 成立 $B_N^\varepsilon \supset B_{N+1}^\varepsilon$. 应用概率测度的连续性定理得出

$$\lim_{N \to \infty} P(B_N^\varepsilon) = P\left(\bigcap_{N=1}^{\infty} B_N^\varepsilon\right) = P\left(\bigcap_{N=1}^{\infty} \bigcup_{n=N}^{\infty} \{|X_n(\omega) - X(\omega)| \geqslant \varepsilon\}\right)$$

注意到此式左方是 (10.1.11) 的左方, 它的右方是 (10.1.12) 的左方, 故条件 ii) 和 iii) 相互等价.　■

推论　如果对任意的 $\varepsilon > 0$, 成立

$$\sum_{n=1}^{\infty} P\{|X_n(\omega) - X(\omega)| \geqslant \varepsilon\} < \infty \tag{10.1.13}$$

那么随机变量序列 $X_n(\omega), n \geqslant 1$ 以概率 1 收敛到随机变量 $X(\omega)$.

证明　由概率测度的半可性 (定理 3.2.2) 得出

$$P\left(\bigcup_{n=N}^{\infty} \{|X_n(\omega) - X(\omega)| \geqslant \varepsilon\}\right) \leqslant \sum_{n=N}^{\infty} P\{|X_n(\omega) - X(\omega)| \geqslant \varepsilon\}$$

于是, 应用 (10.1.13) 推出 (10.1.11) 成立. 得证 $X_n(\omega), n \geqslant 1$ 以概率 1 收敛到 $X(\omega)$.

10.1.2　依概率收敛

与实变函数论中依测度收敛类似, 概率论中引进依概率测度收敛的概念.

定义 10.1.2　给定概率空间 $(\Omega, \mathcal{F}, P)$, 设 $X_n(\omega), n \geqslant 1$ 是其上的随机变量序列. 如果对任意的 $\varepsilon > 0$, 存在随机变量 $X(\omega)$ 使得

$$\lim_{n \to \infty} P(\omega \,|\, |X_n(\omega) - X(\omega)| \geqslant \varepsilon) = 0 \tag{10.1.14}$$

则称 $X_n(\omega), n \geqslant 1$ 依概率收敛到 $X(\omega)$, 记为 $X_n(\omega) \xrightarrow{P} X(\omega)$, 或

$$(P) \lim_{n \to \infty} X_n(\omega) = X(\omega) \tag{10.1.15}$$

定理 10.1.2 设随机变量序列 $X_n(\omega), n \geqslant 1$ 几乎处处收敛到 $X(\omega)$, 那么 $X_n(\omega), n \geqslant 1$ 依概率收敛到 $X(\omega)$.

证明 假设 $X_n(\omega) \xrightarrow{\text{a.e.}} X(\omega)$. 对任意的 $\varepsilon > 0$, 有

$$\lim_{n \to \infty} P\big(\omega \big| |X_n(\omega) - X(\omega)| \geqslant \varepsilon\big)$$

$$\leqslant \lim_{n \to \infty} P\left(\bigcup_{m=n}^{\infty} \{|X_m(\omega) - X(\omega)| \geqslant \varepsilon\}\right)$$

于是, 应用定理 10.1.1 之 iii) 得出右方 $=0$. 得证 $X_n(\omega) \xrightarrow{P} X(\omega)$.

定理的逆命题一般不成立. 换言之, 由 $X_n \xrightarrow{P} X$ 推不出 $X_n \xrightarrow{\text{a.e.}} X$.

例 10.1.1 取概率空间 $(\Omega, \mathcal{F}, P)$, 这里 $\Omega = (0,1]$, $\mathcal{F} = \mathcal{B}(0,1]$ 是由 $(0,1]$ 上一切 Borel 集组成的 σ-域, P 是 $(0,1]$ 上的 Lebesgue 测度. 令 $\xi_{11}(\omega) \equiv 1$,

$$\xi_{21}(\omega) = \begin{cases} 1, & \omega \in \left(0, \dfrac{1}{2}\right], \\ 0, & \omega \in \left(\dfrac{1}{2}, 1\right], \end{cases} \quad \xi_{22}(\omega) = \begin{cases} 0, & \omega \in \left(0, \dfrac{1}{2}\right] \\ 1, & \omega \in \left(\dfrac{1}{2}, 1\right] \end{cases}$$

一般情形, 将 $[0,1]$ 分为 k 个等长区间, 而令

$$\xi_{ki}(\omega) = \begin{cases} 1, & \omega \in \left(\dfrac{i-1}{k}, \dfrac{i}{k}\right], \\ 0, & \text{其他} \end{cases} \quad (i = 1, 2, \cdots, k; k = 1, 2, 3, \cdots)$$

现在, 考虑随机变量序列

$$\xi_{11}(\omega), \xi_{21}(\omega), \xi_{22}(\omega), \xi_{31}(\omega), \xi_{32}(\omega), \xi_{33}(\omega), \xi_{41}(\omega), \cdots$$

并依次记为

$$X_1(\omega), X_2(\omega), X_3(\omega), X_4(\omega), X_5(\omega), X_6(\omega), X_7(\omega), \cdots \tag{10.1.16}$$

显然, 对任意的 $\varepsilon > 0$, 由于

$$P\{\omega \big| |\xi_{ki}(\omega)| \geqslant \varepsilon\} \leqslant \frac{1}{k}$$

可见 $\lim_{n \to \infty} P\{\omega \big| |X_n(\omega)| \geqslant \varepsilon\} = 0$, 得证 $(P) \lim_{n \to \infty} X_n(\omega) = 0$.

然而, 对于任意固定的 $\omega \in \Omega$, 数列 (10.1.16) 中含有无穷多个 1 和无穷多个 0, 故它不收敛. 得证 $X_n(\omega), n \geqslant 1$ 处处不收敛.

定理 10.1.3   设随机变量序列 $X_n(\omega), n \geqslant 1$ 依概率收敛到 $X(\omega)$, 那么存在子随机序列

$$X_{n_1}(\omega), X_{n_2}(\omega), \cdots, X_{n_k}(\omega), \cdots \tag{10.1.17}$$

使得 $X_{n_k}(\omega) \xrightarrow{\text{a.e.}} X(\omega)(k \to \infty)$.

证明   由于 $X_n(\omega) \xrightarrow{P} X(\omega)$, 故对任意的 $\varepsilon = \dfrac{1}{2^k}(k$ 为自然数), 存在正整数 n_k, 使得

$$P\left\{|X_{n_k}(\omega) - X(\omega)| > \frac{1}{2^k}\right\} \leqslant \frac{1}{2^k} \tag{10.1.18}$$

并且在逐个取 k 时不妨把 n_k 取得足够的大, 使得 $n_1 < n_2 < n_3 < \cdots$. 下证子序列

$$X_{n_1}(\omega), X_{n_2}(\omega), \cdots, X_{n_k}(\omega), \cdots \tag{10.1.19}$$

几乎处处收敛到 $X(\omega)$.

记 $A_{n_k} = \left\{\omega \bigm| |X_{n_k}(\omega) - X(\omega)| > \dfrac{1}{2^k}\right\}$, 则 (10.1.18) 简化为 $P(A_{n_k}) \leqslant \dfrac{1}{2^k}$. 令

$$B_k = \bigcap_{j=k}^{\infty} \overline{A}_{n_j}, \quad B = \bigcup_{k=1}^{\infty} B_k$$

注意到 $\overline{A}_{n_j} = \left\{\omega \bigm| |X_{n_j}(\omega) - X(\omega)| \leqslant \dfrac{1}{2^j}\right\}$, 故对任意的 k, 当 $\omega \in B_k$ 时子序列 (10.1.19) 是收敛的数列. 得证子随机变量序列 $X_{n_k}(\omega), k \geqslant 1$ 在 B 上处处收敛.

为完成证明, 只需证 $P(B) = 1$ 或 $P(\overline{B}) = 0$. 由于 $\overline{B}_k = \bigcup\limits_{j=k}^{\infty} A_{n_j}$, 故

$$\overline{B} = \bigcap_{k=1}^{\infty} \overline{B}_k = \bigcap_{k=1}^{\infty} \bigcup_{j=k}^{\infty} A_{n_j}$$

现在应用概率测度的上连续性 (定理 3.2.4) 得出

$$P(\overline{B}) = \lim_{k \to \infty} P\left(\bigcup_{j=k}^{\infty} A_{n_j}\right) \leqslant \lim_{k \to \infty} \sum_{j=k}^{\infty} P(A_{n_j}) \leqslant \lim_{k \to \infty} \sum_{j=k}^{\infty} \frac{1}{2^j} = 0 \qquad \blacksquare$$

推论   在几乎处处相等的意义下, 依概率收敛的极限随机变量是唯一的.

显然, 在例 10.1.1 中随机序列 $X_n(\omega), n \geqslant 0$ 存在子序列

$$\xi_{11}(\omega), \xi_{21}(\omega), \cdots, \xi_{k1}(\omega), \cdots$$

成立 $\lim\limits_{k \to \infty} \xi_{k1}(\omega) = 0$, a.e.

10.1.3 依分布收敛

定义 10.1.3 给定概率空间 $(\Omega, \mathcal{F}, P)$. 称其上随机变量序列 $X_n(\omega), n \geqslant 1$ 依分布收敛到随机变量 $X(\omega)$, 如果相应的分布函数列 $F_{X_n}(x), n \geqslant 1$ 弱收敛到 $X(\omega)$ 的分布函数 $F_X(x)$. 记为

$$(w)\text{-} \lim_{n \to \infty} X_n(\omega) = X(\omega) \tag{10.1.20}$$

(有时记为 $X_n \xrightarrow{w} X$, 或 $X_n \Rightarrow X$).

【直观解释】 随机变量 $X_n(\omega)$ 的分布函数 $F_{X_n}(x)$ 蕴含 $X_n(\omega)$ 的全部统计知识. 直观上, 如果 $F_{X_n}(x) \xrightarrow{w} F(x)$, 那么分布函数 $F(x)$ 蕴含随机变量序列 $X_n(\omega), n \geqslant 1$ 的全部 "极限性质". 于是, 只要随机变量 $X(\omega)$ 的分布函数 $F_X(x) = F(x)$, 则称 $X_n(\omega) \xrightarrow{w} X(\omega)$. 由此可见, ①依分布收敛与逐点收敛 (10.1.3) 的联系很松散, 极限函数不必是唯一的. ②随机变量序列的其他收敛有存在价值, 那么该收敛必须能推出依分布收敛.

定理 10.1.4 给定概率空间 $(\Omega, \mathcal{F}, P)$. 设其上随机变量序列 $X_n(\omega) \xrightarrow{P} X(\omega)$, 那么 $X_n(\omega) \xrightarrow{w} X(\omega)$.

证明 假定 $X_n(\omega) \xrightarrow{P} X(\omega)$. 首先, 对任意的 $x, y \in \mathbf{R}, y < x$, 我们有

$$\{X(\omega) \leqslant y\} = \{X_n(\omega) \leqslant x, X(\omega) \leqslant y\} \cup \{X_n(\omega) > x, X(\omega) \leqslant y\}$$
$$\subset \{X_n(\omega) \leqslant x\} \cup \{|X_n(\omega) - X(\omega)| \geqslant x - y\}$$

由此得出, 它们的概率成立不等式

$$F_X(y) \leqslant F_{X_n}(x) + P\{|X_n(\omega) - X(\omega)| \geqslant x - y\}$$

由于 $x - y > 0$, 应用 $X_n(\omega)$ 依概率收敛到 $X(\omega)$ 的假定, 得出 $n \to \infty$ 进上式右端第二项的极限值为零. 于是

$$F_X(y) \leqslant \varliminf_{n \to \infty} F_{X_n}(x) \tag{10.1.21}$$

其次, 对任意的 $x, z \in \mathbf{R}, x < z$, 类似地

$$\{X_n(\omega) \leqslant x\} = \{X_n(\omega) \leqslant x, X(\omega) \leqslant z\} \cup \{X_n(\omega) \leqslant x, X(\omega) > z\}$$
$$\subset \{X(\omega) \leqslant z\} \cup \{|X_n(\omega) - X(\omega)| > z - x\}$$

由此得出

$$F_{X_n}(x) \leqslant F_X(z) + P\{|X_n(\omega) - X(\omega)| > z - x\}$$

由于 $z - x > 0$, 应用 $X_n(\omega) \xrightarrow{P} X(\omega)$ 的假定得出

$$\varlimsup_{n \to \infty} F_{X_n}(x) \leqslant F_X(z) \tag{10.1.22}$$

最后, 对任意的 $x, y, z \in \mathbf{R}$, $y < x < z$, 联合 (10.1.21) 和 (10.1.22) 得出

$$F_X(y) \leqslant \varliminf_{n \to \infty} F_{X_n}(x) \leqslant \varlimsup_{n \to \infty} F_{X_n}(x) \leqslant F_X(z)$$

现在, 如果 x 是分布函数 $F_X(x)$ 的连续点, 在上式中令 $y \uparrow x$, $z \downarrow x$ 得出

$$F_X(x) \leqslant \varliminf_{n \to \infty} F_{X_n}(x) \leqslant \varlimsup_{n \to \infty} F_{X_n}(x) \leqslant F_X(x)$$

得证, 在 $F_X(x)$ 的连续点 x 处成立 $\lim\limits_{n \to \infty} F_{X_n}(x) = F_X(x)$, 即 $X_n(\omega) \overset{w}{\longrightarrow} X(\omega)$.　　■
下面的例子显示, 定理 10.1.4 的逆命题不成立.

例 10.1.2　设 $X_0(\omega), X_1(\omega), X_2(\omega), \cdots$ 是相互独立的随机变量族, 它们有相同的分布函数

$$F_{X_n}(x) = \begin{cases} 0, & x < 0 \\ \dfrac{1}{2}, & 0 \leqslant x < 1 \quad (n = 0, 1, 2, \cdots) \\ 1, & x \geqslant 1 \end{cases}$$

试证 $X_n(\omega) \overset{w}{\longrightarrow} X_0(\omega)$, 但是 $X_n(\omega) \overset{P}{\longrightarrow} X_0(\omega)$ 不成立.

解　由于 $F_{X_n}(x) = F_{X_0}(x)$(对一切 $x \in \mathbf{R}$), 故 $X_n(\omega) \overset{w}{\longrightarrow} X_0(\omega)$. 现在, 对任意的 $\varepsilon, 0 < \varepsilon < 1$, 应用独立性假定得出, 当 $n \geqslant 1$ 时有

$$\begin{aligned}
& P\{|X_n(\omega) - X_0(\omega)| \geqslant \varepsilon\} \\
&= P\{X_n(\omega) = 1, X_0(\omega) = 0\} + P\{X_n(\omega) = 0, X_0(\omega) = 1\} \\
&= P\{X_n(\omega) = 1\}P\{X_0(\omega) = 0\} + P\{X_n(\omega) = 0\}P\{X_0(\omega) = 1\} \\
&= \frac{1}{2} \cdot \frac{1}{2} + \frac{1}{2} \cdot \frac{1}{2} = \frac{1}{2}
\end{aligned}$$

从而 $\lim\limits_{n \to \infty} P\{|X_n(\omega) - X_0(\omega)| \geqslant \varepsilon\} \neq 0$, 得证 $X_n(\omega), n \geqslant 1$ 不依概率收敛到 $X(\omega)$.

例 10.1.3　设随机变量序列 $X_n(\omega) \overset{w}{\longrightarrow} X(\omega)$, 并且 $F_X(\omega)$ 是退化分布, 那么

$$X_n(\omega) \overset{P}{\longrightarrow} X(\omega)$$

注　$X(\omega)$ 为退化分布意味着, 存在常数 c 使得 $P(X(\omega) = c) = 1$. 于是例 10.1.3 可叙述为: 如果随机变量序列 $X_n(\omega) \overset{w}{\longrightarrow} c$, 那么 $X_n(\omega) \overset{P}{\longrightarrow} c$.

解　设 c 为注中的常数. 对任意的 $\varepsilon > 0$, 有

$$\{|X_n(\omega) - c| \geqslant \varepsilon\} = \{X_n(\omega) \geqslant c + \varepsilon\} \cup \{X_n(\omega) \leqslant c - \varepsilon\}$$

注意到右方的两个事件互不相容, 故

$$P\{|X_n(\omega) - c| \geqslant \varepsilon\} = P\{X_n(\omega) \geqslant c + \varepsilon\} + P\{X_n(\omega) \leqslant c - \varepsilon\}$$

$$= 1 - F_{X_n}(c + \varepsilon) + F_{X_n}(c - \varepsilon)$$

由于常数随机变量 $X(\omega) \equiv c$ 的分布函数为 $F(x) = \begin{cases} 0, & x < c, \\ 1, & x \geqslant c, \end{cases}$ 应用 $X_n(\omega) \overset{w}{\longrightarrow} c$ 的假定得出

$$\lim_{n \to \infty} P\{|X_n(\omega) - c| \geqslant \varepsilon\} = 1 - 1 + 0 = 0$$

得证 $X_n(\omega) \overset{P}{\longrightarrow} c$.

10.1.4 r 阶收敛

随机变量的矩是比较容易得到的数字特征 (假定它存在), 应用这个数字指标可以引进一类重要的收敛.

定义 10.1.4 给定的概率空间 $(\Omega, \mathcal{F}, P)$. 设 $X(\omega), X_n(\omega)(n \geqslant 1)$ 是其上的随机变量; 假定对实数 $r > 0, E|X|^r$ 和 $E|X_n|^r(n \geqslant 1)$ 皆存在. 如果成立

$$\lim_{n \to \infty} E|X_n - X|^r = 0 \tag{10.1.23}$$

那么称随机变量序列 $X_n(\omega), n \geqslant 1$ 依 r 阶收敛到 $X(\omega)$, 记为 $X_n(\omega) \overset{r}{\longrightarrow} X(\omega)$.

特别, 1 阶收敛称为平均收敛; 2 阶收敛称为均方收敛. 由于均方收敛的重要性, 通常把 $X_n(\omega) \overset{2}{\longrightarrow} X(\omega)$ 记为 $\underset{n \to \infty}{\mathrm{l.i.m.}} X_n(\omega) = X(\omega)$.

注 i) 由闵可夫斯基不等式 (8.2.35) 和 (8.2.36) 得出, 定义 10.1.4 中 $E|X_n - X|^r$ 必定存在;

ii) 由李亚普诺夫不等式得出, 当 $r < s$ 时, 如果 $X_n \overset{s}{\longrightarrow} X$, 那么 $X_n \overset{r}{\longrightarrow} X$;

iii) 由 (8.2.35) 和 (8.2.36) 得出, 对任意的 $r > 0$, 如果 $X_n(\omega) \overset{r}{\longrightarrow} X(\omega)$, 那么

$$\lim_{n \to \infty} E|X_n|^r = E|X|^r$$

定理 10.1.5 假定对某 $r > 0$, 随机变量序列 $X_n(\omega) \overset{r}{\longrightarrow} X(\omega)$, 那么成立

$$X_n(\omega) \overset{P}{\longrightarrow} X(\omega)$$

证明 在定理假定的条件下成立马尔可夫不等式

$$P\{|X_n - X| > \varepsilon\} \leqslant \frac{E|X_n - X|^r}{\varepsilon^r}$$

令 $n \to \infty$, 应用 (10.1.23) 即得

$$\lim_{n \to \infty} P\{|X_n - X| > \varepsilon\} \leqslant \frac{1}{\varepsilon^r} \lim_{n \to \infty} E|X_n - X|^r = 0$$

得证 $X_n(\omega), n \geqslant 1$ 依概率收敛. ∎

下面的例子显示, 定理 10.1.5 的逆命题不成立.

例 10.1.4　取例 10.1.1 中的概率空间. 对任意的 $r > 0$, 令

$$X_n(\omega) = \begin{cases} n^{\frac{1}{r}}, & \omega \in \left(0, \dfrac{1}{n}\right] \\ 0, & \omega \in \left(\dfrac{1}{n}, 1\right] \end{cases}$$

$$X(\omega) = 0, \quad \omega \in (0, 1]$$

显然, 对一切 $\omega \in (0, 1]$ 成立 $\lim\limits_{n \to \infty} X_n(\omega) = X(\omega)$, 因此成立 $X_n(\omega) \xrightarrow{P} X(\omega)$. 但是 $X_n(\omega) \xrightarrow{r} X(\omega)$ 不成立. 事实上, 我们有

$$E|X_n - X|^r = E|X_n|^r = (n^{\frac{1}{r}})^r \cdot P\{X_n(\omega) = n^{\frac{1}{r}}\}$$
$$+ 0^r \cdot P\{X_n(\omega) = 0\} = n \cdot \frac{1}{n} + 0 \cdot \left(1 - \frac{1}{n}\right) = 1$$

得证 $X_n(\omega) \xrightarrow{r} X(\omega)$ 不成立.

例 10.1.4 也表明, 在一般情形下, 由随机变量序列几乎处处收敛推不出 r 阶收敛; 同样, 例 10.1.1 表明, 由 r 阶收敛推不出几乎处处收敛. 事实上, 对任意的 $r > 0$, 对例 10.1.1 中的 $\xi_{k_i}(\omega)$ 有 $E|\xi_{k_i} - 0|^r = \dfrac{1}{k}$, 故 $\lim\limits_{n \to \infty} E|X_n - 0|^r = 0$. 由此得出 (10.1.16) 规定的 $X_n(\omega), n \geqslant 1$ 是 r 阶收敛, 但不是几乎处处收敛.

下面是本节讨论的四种收敛之间关系.

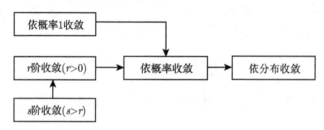

给出的例题表明, 其中 "$\longrightarrow$" 的逆命题是不成立的, 以概率 1 收敛和 r 阶收敛之间既无正命题 "$\longrightarrow$", 也不存在逆命题 "$\longleftarrow$".

10.2　大 数 定 理

10.2.1　问题的一般提法

我们知道, 大型实验中存在大量的随机现象; 大量的随机现象中蕴含丰富的统计规律. 可列次独立重复试验中 "事件出现的频率具有稳定性" 是最重要最深刻的

一类统计规律. 这个规律启迪人们引进 "概率" 这个概念 (3.1 节); 随后, 伯努利把这个规律变成为一个数学定理. 著名的伯努利大数定理 (定理 5.3.5) 是概率论发展史中的一个里程碑.

在公理化概率论中我们用事件的语言陈述了伯努利定理 (见定理 5.3.5). 现在, 用随机变量的语言叙述这个定理. 采用定理 5.3.5 使用的记号, 并引进随机变量族 $\mu_i(\omega)(i = 1, 2, 3, \cdots)$,

$$\mu_i(\omega) = \begin{cases} 1, & \omega \in \underbrace{\Omega \times \cdots \times \Omega}_{i-1\uparrow} \times B \times \Omega \times \Omega \times \cdots \\ 0, & \omega \in \underbrace{\Omega \times \cdots \times \Omega}_{i-1\uparrow} \times \overline{B} \times \Omega \times \Omega \times \cdots \end{cases} \tag{10.2.1}$$

直观上, 当第 i 次实施实验 $\mathcal{E}$ 时若事件 B 出现, 则 $\mu_i(\omega) = 1$, 否则 $\mu_i(\omega) = 0$. 显然, 随机变量族 $\mu_i(\omega), i \geqslant 1$ 是相互独立的[①], 并且

$$E\mu_i = P(B), \quad i = 1, 2, 3, \cdots \tag{10.2.2}$$

$$\nu_n(\omega) = \mu_1(\omega) + \mu_2(\omega) + \cdots + \mu_n(\omega) \tag{10.2.3}$$

于是, 式 (5.3.29) 可以写为

$$\lim_{n \to \infty} P^\infty \left\{ \left| \frac{1}{n} \sum_{i=1}^{n} \mu_i(\omega) - \frac{1}{n} \sum_{i=1}^{n} E\mu_i \right| < \varepsilon \right\} = 1 \tag{10.2.4}$$

应用上节引进的依概率收敛, 我们有

$$\frac{1}{n} \sum_{i=1}^{n} \mu_i(\omega) \xrightarrow{P^\infty} \frac{1}{n} \sum_{i=1}^{n} E\mu_i \tag{10.2.5}$$

理论研究表明, 对更一般的独立随机变量序列 $\mu_i(\omega), i \geqslant 1$, 式 (10.2.5) 仍然成立; 从而 (10.2.5) 是本章开篇语中 "平均值具有稳定性" 的一种表达形式.

现在, 我们提出一般性的问题: 给定随机变量序列 $X_k(\omega)$ 和两个实数序列 C_k 和 $D_k(k = 1, 2, 3, \cdots)$, 并且 $D_k > 0(k \geqslant 1)$. 试研究随机变量序列 $Y_n(\omega), n \geqslant 1$ 的收敛性, 这里

$$Y_n(\omega) = \frac{1}{D_n} \sum_{k=1}^{n} (X_k(\omega) - C_k) \tag{10.2.6}$$

容易想象, 这问题决定于三个因素:

[①] 称随机变量的无限族 $\{X_j(\omega) | j \in J, J$ 为无限指标集$\}$ 是相互独立的, 如果其中任忌有限个随机变量相互独立.

i) $X_k(\omega), k \geqslant 1$ 有什么性质?

ii) 什么样的 C_k 和 $D_k(k \geqslant 1)$?

iii) 用哪种收敛性?

关于 i), 我们假定 $X_k(\omega), k \geqslant 1$ 是相互独立的随机变量序列 (非独立情形至今还研究得不完善).

当取 $C_k = EX_k, D_k = n$, 并且 $Y_n(\omega), n \geqslant 1$ 依概率 (或几乎处处) 收敛到 0 时, 我们说, 对 $X_k(\omega), k \geqslant 1$ 成立弱大数定理 (或强大数定理); 有时也说, $x_k(\omega), k \geqslant 1$ 服从弱大数定理 (或强大数定理).

显然, 如果强大数定理成立, 那么弱大数定理必成立 (定理 10.1.2). 习惯上, 人们把弱大数定理简称为大数定理.

当取 $C_k = EX_k, D_n = \sqrt{\sum_{k=1}^{n} DX_k}$, 并且 $Y_n(\omega), n \geqslant 1$ 依分布收敛到具有标准正态分布 $N(0,1)$ 的随机变量时, 我们得到中心极限定理, 留待下节详述.

10.2.2　大数定理

现在讨论各种形式的大数定理, 主要给出马尔可夫定理和辛钦定理的证明, 其他几种形式的大数定理则作为它们的推论.

定理 10.2.1 (马尔可夫大数定理)　给定概率空间 $(\Omega, \mathcal{F}, P)$, 设 $X_n(\omega), n \geqslant 1$ 是其上的随机变量序列. 如果对任意的 $n \geqslant 1, E|X_n| < \infty, D\left(\sum_{k=1}^{n} X_k\right) < \infty$, 并且满足条件

$$\lim_{n \to \infty} \frac{1}{n^2} D\left(\sum_{k=1}^{n} X_k\right) = 0 \tag{10.2.7}$$

那么 $X_n(\omega), n \geqslant 1$ 服从大数定理, 即

$$(P) \lim_{n \to \infty} \left(\frac{1}{n} \sum_{k=1}^{n} X_k(\omega) - \frac{1}{n} \sum_{k=1}^{n} EX_k\right) = 0 \tag{10.2.8}$$

证明　对任意的 $\varepsilon > 0$, 由切比雪夫不等式 (定理 8.2.2) 得出,

$$P\left\{\left|\frac{1}{n} \sum_{k=1}^{n} X_k(\omega) - \frac{1}{n} \sum_{k=1}^{n} EX_k\right| \geqslant \varepsilon\right\}$$

$$= P\left\{\left|\sum_{k=1}^{n} X_k(\omega) - E\left(\sum_{k=1}^{n} X_k\right)\right| \geqslant n\varepsilon\right\} \leqslant \frac{1}{n^2 \varepsilon^2} D\left(\sum_{k=1}^{n} X_k\right)$$

令 $n \to \infty$, 应用 (10.2.7) 即得 (10.2.8). ∎

今后, 称 (10.2.7) 为马尔可夫条件. 如果随机变量 $X_1(\omega), X_2(\omega), X_3(\omega), \cdots$ 两两独立 (或两两不相关), 这时马尔可夫条件简化为

$$\lim_{n \to \infty} \frac{1}{n^2} \sum_{k=1}^{n} DX_k \qquad (10.2.9)$$

推论 1 (切比雪夫大数定理) 假定随机变量 $X_1(\omega), X_2(\omega), X_3(\omega), \cdots$ 两两独立, $DX_k(k \geqslant 1)$ 存在, 并且 $DX_n \leqslant c \ (n \geqslant 1, c$ 为常数), 那么随机变量序列 $X_n(\omega), n \geqslant 1$ 服从大数定理, 即

$$(P) \lim_{n \to \infty} \left(\frac{1}{n} \sum_{k=1}^{n} X_k(\omega) - \frac{1}{n} \sum_{k=1}^{n} EX_k \right) = 0 \qquad (10.2.10)$$

证明 由于随机变量 $X_1(\omega), X_2(\omega), \cdots$ 两两独立, 并且 $DX_n \leqslant c(n \geqslant 1)$, 故

$$\lim_{n \to \infty} \frac{1}{n^2} D \left(\sum_{k=1}^{n} X_k \right) = \lim_{n \to \infty} \frac{1}{n^2} \sum_{k=1}^{n} DX_k \leqslant \lim_{n \to \infty} \frac{c}{n} = 0$$

得证 $X_n(\omega), n \geqslant 1$ 满足马尔可夫条件 (10.2.7) 和式 (10.2.10) 成立. ∎

不停地、独立地实施实验 $\mathcal{E}_1, \mathcal{E}_2, \mathcal{E}_3, \cdots$, 得到大实验 —— 独立实验序列 $\mathcal{E}_k, k \geqslant 1$. 假定 $\mathcal{E}_k$ 的概率模型是 $(\Omega, \mathcal{F}, P_k)$, 则实验序列 $\mathcal{E}_k, k \geqslant 1$ 的数学模型是可列维独立乘积概率空间 $\left(\Omega^{\infty}, \mathcal{F}^{\infty}, \prod_{k=1}^{\infty} P_k \right)$. 现在设 $B \in \mathcal{F}$, 用 (10.2.1) 定义 $\mu_k(\omega)(k \geqslant 1)$ 和用 (10.2.3) 定义 $\nu_n(\omega)$. 那么, $E\mu_k = P_k(B)$; $\nu_n(\omega)$ 是前 n 次实施 $\mathcal{E}_1, \mathcal{E}_2, \cdots, \mathcal{E}_n$ 时事件 B 出现次数; $\frac{\nu_n(\omega)}{n}$ 是事件 B 出现的频率; 并且 $\mu_1(\omega), \mu_2(\omega), \cdots$ 是独立随机变量序列.

推论 2 (Poisson 大数定理) 在独立实验序列 $\mathcal{E}_k, k \geqslant 1$ 的概率模型 $\left(\Omega^{\infty}, \mathcal{F}^{\infty}, \prod_{k=1}^{\infty} P_k \right)$ 中独立随机变量序列 $\mu_n(\omega), n \geqslant 1$ 服从大数定理, 即

$$\left(\prod_{k=1}^{\infty} P_k \right) - \lim_{n \to \infty} \left[\frac{\nu_n(\omega)}{n} - \frac{1}{n} \sum_{k=1}^{n} P_k(B) \right] = 0 \qquad (10.2.11)$$

证明 应用 (10.2.1) 容易得出 $E\mu_k = P_k(B)$, $D\mu_k = P_k(B) \cdot [1 - P_k(B)] \leqslant \frac{1}{4}$. 于是, 由推论 1 推出 (10.2.11) 成立. ∎

设实验 $\mathcal{E}$ 的概率模型是 $(\Omega, \mathcal{F}, P)$. 不停地、独立地、重复地实施实验 $\mathcal{E}$, 得到重复实验序列 $\mathcal{E}, \mathcal{E}, \mathcal{E}, \cdots$ (记为 $\mathcal{E}^{\infty}$), 则 $\mathcal{E}^{\infty}$ 的概率模型是可列维独立乘积概率空间 $(\Omega^{\infty}, \mathcal{F}^{\infty}, P^{\infty})$. 现在设 $B \in \mathcal{F}$, 用 (10.2.1) 定义 $\mu_k(\omega)(k \geqslant 1)$ 和用 (10.2.3) 定

义 $\nu_n(\omega)$, 那么 $E\mu_k = P(B)$; $\nu_n(\omega)$ 是前 n 次实施 $\mathcal{E}$ 时事件 B 出现的次数; $\dfrac{\nu_n(\omega)}{n}$ 是事件 B 出现的频率; 并且 $\mu_k(\omega), k \geqslant 1$ 是独立随机变量序列.

推论 3 (伯努利大数定理)　　在重复实验序列 $\mathcal{E}^\infty$ 的概率模型 $(\Omega^\infty, \mathcal{F}^\infty, P^\infty)$ 中独立随机变量序列 $\mu_k(\omega), k \geqslant 1$ 服从大数定理, 即

$$(P^\infty) \lim_{n\to\infty} \frac{\nu_n(B)}{n} = P(B) \tag{10.2.12}$$

上述四种形式的大数定理都要求随机变量 $X_n(\omega)(n \geqslant 1)$ 的方差存在, 并需满足一定的条件. 但是, 对独立同分布随机变量序列, 只要数学期望存在就够了.

定理 10.2.2 (辛钦大数定理)　　设 $X_1(\omega), X_2(\omega), \cdots$ 是相互独立同分布的随机变量, 并且 $EX_n = a(n \geqslant 1)$. 那么随机变量序列 $X_n(\omega), n \geqslant 1$ 服从大数定理, 即

$$(P) \lim_{n\to\infty} \frac{1}{n} \sum_{k=1}^n X_k(\omega) = a \tag{10.2.13}$$

证明　　由于 $X_1(\omega), X_2(\omega), \cdots$ 有相同的分布函数, 故它们有相同的特征函数, 记为 $\varphi(t)$. 令

$$Y_n(\omega) = \frac{1}{n} \sum_{k=1}^n X_k(\omega)$$

应用独立性假定, $Y_n(\omega)$ 的特征函数

$$
\begin{aligned}
\varphi_{Y_n}(t) = E\mathrm{e}^{\mathrm{i}tY_n} &= E\mathrm{e}^{\mathrm{i}\frac{t}{n}(X_1+X_2+\cdots+X_n)} \\
&= \prod_{k=1}^n E\mathrm{e}^{\mathrm{i}\frac{t}{n}X_k} = \left[\varphi\left(\frac{t}{n}\right)\right]^n \\
&= \left[\varphi(0) + \varphi'(0)\frac{t}{n} + o\left(\frac{t}{n}\right)\right]^n \\
&= \left[1 + \mathrm{i}a\frac{t}{n} + o\left(\frac{t}{n}\right)\right]^n
\end{aligned}
$$

对于任意的 $t \in (-\infty, +\infty)$, 有

$$\lim_{n\to\infty} \varphi_{Y_n}(t) = \lim_{n\to\infty}\left[1 + \frac{\mathrm{i}at + o(1)}{n}\right] = \mathrm{e}^{\mathrm{i}at}$$

于是 $Y_n(\omega)$ 的特征函数 $\varphi_{Y_n}(t)$ 收敛到退化分布

$$F(x) = \begin{cases} 0, & x < a \\ 1, & x \geqslant a \end{cases}$$

的特征函数 $\mathrm{e}^{\mathrm{i}at}$. 由定理 9.3.3 知, $Y_n(\omega)$ 的分布函数 $F_{Y_n}(x)$ 弱收敛于退化分布 $F(x)$. 于是, 应用例 10.1.3 得出 $Y_n(\omega)$ 依概率收敛到常数 a. 式 (10.2.13) 得证. ∎

10.2.3 强大数定理

现在介绍强大数定理的基本内容. 强大数定理和 (弱) 大数定理都是讨论和式 (10.2.6) 的极限, 只是采用的收敛性不同, 而且, 强大数定理成立则 (弱) 大数定理也成立. 本小节把马尔可夫大数定理和辛钦大数定理推广到强大数定理, 它们是 Kolmogorov 的两个著名定理. 此外, 切比雪夫大数定理, Poisson 大数定理和伯努利大数定理皆可以推广到强大数定理.

Borel 强大数定理是概率论中第一个强大数定理, 它是伯努利大数定理的推广. 它既可以作为 Kolmogorov 定理的推论, 也可以应用定理 10.1.1 的推论直接证明. 由于它的历史地位, 我们给出两种证明.

定理 10.2.3 (Borel 强大数定理) 在定理 10.1.1 的推论 3 的概率模型 $(\Omega^\infty, \mathcal{F}^\infty, P^\infty)$ 中, $\mathcal{F}$ 内事件 B 出现的频率 $\dfrac{\nu_n(\omega)}{n}$ 几乎处处收敛到概率 $P(B)$, 即

$$\lim_{n\to\infty} \frac{\nu_n(\omega)}{n} = P(B), \quad P^\infty\text{-a.e.} \tag{10.2.14}$$

证明 由定理 10.1.1 的推论得出, 为证 (10.2.14) 成立, 只需证: 对任意的 $\varepsilon > 0$, 级数

$$\sum_{n=1}^\infty P^\infty\left\{\left|\frac{\nu_n(\omega)}{n} - P(B)\right| \geqslant \varepsilon\right\} = \sum_{n=1}^\infty P^\infty\{|\nu_n(\omega) - nP(B)| \geqslant n\varepsilon\} \tag{10.2.15}$$

是收敛的.

记 $p = P(B), q = 1 - p$. 由例 8.2.10 得出

$$E(\nu_n - np)^4 = npq[1 + 3(n - 2)pq] \leqslant n^2 pq(1 + 3pq) \leqslant \frac{7n^2}{16}$$

于是, 应用马尔可夫不等式 (8.2.31), 有

$$\sum_{n=1}^\infty P\{|\nu_n(\omega) - nP(B)| \geqslant n\varepsilon\} \leqslant \sum_{n=1}^\infty \frac{1}{(n\varepsilon)^4} E(\nu_n - np)^4 \leqslant \frac{7}{16\varepsilon^4} \sum_{n=1}^\infty \frac{1}{n^2} < \infty$$

得证定理结论. ∎

为了得到 Kolmogorov 强大数定理, 需要把切比雪夫不等式推广为下面的 Kolmogorov 不等式.

引理 10.2.1 (Kolmogorov 不等式) 设 $X_1(\omega), X_2(\omega), \cdots, X_n(\omega)$ 是概率空间 $(\Omega, \mathcal{F}, P)$ 上相互独立的随机变量, 并且 $DX_i(1 \leqslant i \leqslant n)$ 存在, 那么对任意的 $\varepsilon > 0$ 成立

$$P\left\{\max_{1\leqslant i\leqslant n}\left|\sum_{i=1}^n (X_i - EX_i)\right| \geqslant \varepsilon\right\} \leqslant \frac{1}{\varepsilon^2} \sum_{i=1}^n DX_i \tag{10.2.16}$$

注　$n = 1$ 时 (10.2.16) 是切比雪夫不等式 (8.2.9).

证明　记 $S_k(\omega) = \sum\limits_{i=1}^{k}[X_i(\omega) - EX_i](k = 1, 2, \cdots, n)$, 对任意的 $\varepsilon > 0$, 令

$$A_1 = \{\omega | |S_1(\omega)| \geqslant \varepsilon\}$$

$$A_k = \{\omega | |S_1(\omega)| < \varepsilon, \cdots |S_{k-1}(\omega)| < \varepsilon, |S_k(\omega)| \geqslant \varepsilon\} \quad (k = 2, \cdots, n)$$

显然, $A_i \cap A_j = \varnothing (i \neq j)$. 设 $\chi_k(\omega) \triangleq \chi_{A_k}(\omega)$ 是事件 A_k 的示性函数 $(1 \leqslant k \leqslant n)$, 则 $E\chi_k = P(A_k)$. 因为

$$P\left\{\max_{1 \leqslant k \leqslant n} |S_k| \geqslant \varepsilon\right\} = P\left(\bigcup_{k=1}^{n} A_k\right) = \sum_{k=1}^{n} P(A_k) = \sum_{k=1}^{n} E\chi_k$$

$$ES_n^2 = E\left[\sum_{i=1}^{n}(X_i - EX_i)\right]^2$$

$$= E\left[\sum_{i=1}^{n}(X_i - EX_i)^2 + \sum_{i \neq j}(X_i - EX_i)(X_j - EX_j)\right] = \sum_{i=1}^{n} DX_i$$

所以可以把不等式 (10.2.16) 写成

$$\sum_{k=1}^{n} E\chi_k \leqslant \frac{1}{\varepsilon^2} ES_n^2 \tag{10.2.17}$$

现在证 (10.2.17). 由于事件 $A_1, A_2, \cdots, A_n$ 两两不相容, 故 $\sum\limits_{k=1}^{n} \chi_k \leqslant 1$. 因此, 有

$$S_n^2 \geqslant \sum_{k=1}^{n} S_n^2 \chi_k = \sum_{k=1}^{n} [S_k + (S_n - S_k)]^2 \chi_k$$

$$= \sum_{k=1}^{n} [S_k^2 + 2(S_n - S_k)S_k + (S_n - S_k)^2] \chi_k$$

$$\geqslant \sum_{k=1}^{n} S_k^2 \chi_k + 2 \sum_{k=1}^{n} (S_n - S_k)S_k \chi_k \tag{10.2.18}$$

由于 $S_n - S_k = X_{k+1} + \cdots + X_n$ 只依赖于 $X_{k+1}, \cdots, X_n$, 而 $S_k \chi_k$ 只依赖于 $X_1, \cdots, X_k$, 由此推出 $(S_n - S_k)$ 与 $S_k \chi_k$ 是相互独立的随机变量. 注意到 $ES_n = ES_k = 0$, 有

$$E[(S_n - S_k)S_k \chi_k] = E(S_n - S_k)ES_k \chi_k = 0$$

从而, 由 (10.2.18) 推出

$$ES_n^2 \geqslant \sum_{k=1}^{n} E(S_k^2 \chi_k)$$

由于 $\chi_k(\omega) = 1$ 时有 $S_k(\omega) \geqslant \varepsilon$, 故右方 $\geqslant \varepsilon^2 \sum_{k=1}^{n} E\chi_k$, 得证式 (10.2.17). 引理证毕. ∎

定理 10.2.4 (Kolmogorov 强大数定理) 给定概率空间 $(\Omega, \mathcal{F}, P)$, 设 $X_n(\omega)$, $n \geqslant 1$ 是其上的独立随机变量序列, 并且 $DX_n < \infty (n \geqslant 1)$. 那么, 如果

$$\sum_{n=1}^{\infty} \frac{DX_n}{n^2} < \infty \tag{10.2.19}$$

则 $X_n(\omega), n \geqslant 1$ 服从强大数定理, 即

$$P\left\{ \lim_{n \to \infty} \frac{1}{n} \sum_{k=1}^{n} [X_k(\omega) - EX_k] = 0 \right\} = 1 \tag{10.2.20}$$

证明 令 $a_k = EX_k$. 对任意的 $m \geqslant 1$, 记

$$S_m(\omega) = \left| \max_{n \leqslant 2^{m+1}} \sum_{k=1}^{n} [X_k(\omega) - a_k] \right|$$

由于对任意的 n, 存在 $m \geqslant 1$ 使得 $2^m \leqslant n < 2^{m+1}$, 而且这时成立

$$\left| \frac{1}{n} \sum_{k=1}^{n} [X_k(\omega) - a_k] \right| \leqslant 2^{-m} S_m(\omega)$$

故为证明 (10.2.20), 只需证明

$$P\left\{ \lim_{m \to \infty} 2^{-m} S_m(\omega) = 0 \right\} = 1 \tag{10.2.21}$$

应用 Kolmogorov 不等式 (10.2.16) 得出, 对任意的 $\varepsilon > 0$ 和 $m \geqslant 1$, 有

$$P\{2^{-m} S_m(\omega) \geqslant \varepsilon\} \leqslant (\varepsilon 2^m)^{-2} \sum_{n=1}^{2^{m+1}} DX_n$$

由此得出

$$\sum_{m=1}^{\infty} P\{2^{-m} S_m(\omega) \geqslant \varepsilon\} \leqslant \frac{1}{\varepsilon^2} \sum_{m=1}^{\infty} 4^{-m} \cdot \sum_{n=1}^{2^{m+1}} DX_n$$

$$= \frac{1}{\varepsilon^2} \sum_{n=1}^{\infty} DX_n \cdot \sum_{\{m: 2^{m+1} \geqslant n\}} 4^{-m}$$

注意到右方第 2 个和式中首项对应于 $2^{m+1} = n$, 故 $m = \log_2 \frac{n}{2}$ 和首项值为 $4^{-m} = \frac{4}{n^2}$. 于是

$$\sum_{m=1}^{\infty} P\{2^{-m} S_m(\omega) \geqslant \varepsilon\} \leqslant \frac{1}{\varepsilon^2} \sum_{n=1}^{\infty} DX_n \cdot \frac{4}{n^2} \cdot \frac{1}{1 - \frac{1}{4}} = \frac{16}{3\varepsilon^2} \sum_{n=1}^{\infty} \frac{DX_n}{n^2}$$

最终得出, 如果条件 (10.2.19) 成立, 那么上述级数收敛. 应用定理 10.1.1 推论得出 (10.2.21) 成立, 定理得证. ∎

推论 1　定理 10.2.1 的推论 1 中的独立随机变量序列 $X_n(\omega), n \geqslant 1$ 服从强大数定理, 即

$$P\left\{ \lim_{n \to \infty} \frac{1}{n} \sum_{k=1}^{n} [X_k(\omega) - EX_k] = 0 \right\} = 1 \tag{10.2.22}$$

推论 2　定理 10.2.2 的推论 2 中的独立随机序列 $\mu_n(\omega), n \geqslant 1$ 服从强大数定理, 即

$$P\left\{ \lim_{n \to \infty} \left[\frac{\nu_n(\omega)}{n} - \frac{1}{n} \sum_{k=1}^{n} P_k(B) \right] = 0 \right\} = 1 \tag{10.2.23}$$

此处 $P = \prod_{k=1}^{\infty} P_k$.

推论 3　定理 10.2.1 的推论 3 中的频率序列 $\frac{\nu_n(\omega)}{n}$ 几乎处处收敛到概率 $P(B)$, 即

$$P^{\infty}\left\{ \lim_{n \to \infty} \frac{\nu_n(\omega)}{n} = P(B) \right\} = 1 \tag{10.2.24}$$

三个推论的证明只需验证条件 (10.2.19) 成立, 留给读者完成.

根据辛钦大数定理, 具有有穷数学期望的独立同分布随机变量序列服从 (弱) 大数定理. Kolmogorov 在完全相同的条件下证明这样的序列服从强大数定理.

定理 10.2.5 (Kolmogorov)　对于独立同分布的随机变量序列 $X_n(\omega), n \geqslant 1$, 如果数学期望 $EX_n = a(n \geqslant 1)$, 那么 $X_n(\omega), n \geqslant 1$ 服从强大数定理, 即

$$P\left\{ \lim_{n \to \infty} \frac{1}{n} \sum_{k=1}^{n} X_k(\omega) = a \right\} = 1 \tag{10.2.25}$$

证明(截尾法)　假设 $X_1(\omega), X_2(\omega), \cdots$ 独立同分布, 并且 $E|X_1| < \infty$. 令

$$X_n^*(\omega) = \begin{cases} X_n(\omega), & |X_n(\omega)| \leqslant n \\ 0, & |X_n(\omega)| > n \end{cases} \tag{10.2.26}$$

i) 先证

$$P\left[\bigcup_{N=1}^{\infty}\bigcap_{n=N}^{\infty}\{X_n(\omega)=X_n^*(\omega)\}\right]=1 \tag{10.2.27}$$

事实上, 因为 $E|X_1|<\infty$, 故由 (8.1.5) 得知, 对于任意的 $n\geqslant 0$, 有

$$\sum_{k=0}^{\infty}\frac{k}{2^n}P\left\{\frac{k}{2^n}<|X_1(\omega)|\leqslant\frac{k+1}{2^n}\right\}<\infty.$$

特别, 当 $n=0$ 时它是

$$\sum_{k=1}^{\infty}kP\{k<|X_1(\omega)|\leqslant k+1\}<\infty \tag{10.2.28}$$

因此

$$\begin{aligned}
\sum_{n=1}^{\infty}P\{|X_n(\omega)|>n\}&=\sum_{n=1}^{\infty}P\{|X_1(\omega)|>n\}\\
&=\sum_{n=1}^{\infty}\sum_{r=n}^{\infty}P\{r<|X_1(\omega)|\leqslant r+1\}\\
&=\sum_{r=1}^{\infty}\sum_{n=1}^{r}P\{r<|X_1(\omega)|\leqslant r+1\}\\
&=\sum_{r=1}^{\infty}rP\{r<|X_1(\omega)|\leqslant r+1\}<\infty \tag{10.2.29}
\end{aligned}$$

应用概率测度的连续性, 有

$$\begin{aligned}
P\left(\bigcap_{N=1}^{\infty}\bigcup_{n=N}^{\infty}\{X_n^*(\omega)\neq X_n(\omega)\}\right)&=\lim_{N\to\infty}P\left(\bigcup_{n=N}^{\infty}\{X_n^*(\omega)\neq X_n(\omega)\}\right)\\
&\leqslant\lim_{N\to\infty}\sum_{n=N}^{\infty}P\{X_n^*(\omega)\neq X(\omega)\}\\
&=\lim_{N\to\infty}\sum_{n=N}^{\infty}P\{|X_n(\omega)|>n\}=0
\end{aligned}$$

因为右方极限是收敛级数 (10.2.29) 的尾项和. 得证 (10.2.27).

ii) 其次, 证 $X_n^*(\omega), n\geqslant 1$ 满足条件 $\displaystyle\sum_{n=1}^{\infty}\frac{DX_n^*}{n^2}<\infty$, 从而服从强大数定理. 事实上, 有

$$DX_n^*\leqslant E(X_n^*)^2=E(X_n^2\chi_{\{|X_n|\leqslant n\}})$$

$$= \sum_{k=0}^{n-1} E(X_n^2 \chi_{\{k < |X_n| \leqslant k+1\}})$$

$$\leqslant \sum_{k=1}^{n} k^2 P\{k < |X_1| \leqslant k+1\}$$

此外, 对任意的 $k \geqslant 1$, 有

$$\sum_{n=k}^{\infty} \frac{1}{n^2} = \frac{1}{k^2} + \sum_{n=k}^{\infty} \frac{1}{(n+1)^2} \leqslant \frac{1}{k^2} + \sum_{n=k}^{\infty} \int_n^{n+1} \frac{\mathrm{d}x}{x^2}$$

$$= \frac{1}{k^2} + \int_k^{\infty} \frac{\mathrm{d}x}{x^2} = \frac{1}{k^2} + \frac{1}{k} < \frac{2}{k}$$

由以上两个估计式和 (10.2.28) 得出

$$\sum_{n=1}^{\infty} \frac{DX_n^*}{n^2} \leqslant \sum_{n=1}^{\infty} \frac{1}{n^2} \left[\sum_{k=1}^{n} k^2 P\{k < |X_1(\omega)| \leqslant k+1\} \right]$$

$$= \sum_{k=1}^{\infty} \left[k^2 P\{k < |X_1(\omega)| \leqslant k+1\} \sum_{n=k}^{\infty} \frac{1}{n^2} \right]$$

$$\leqslant 2 \sum_{k=1}^{\infty} k P\{k < |X_1(\omega)| \leqslant k+1\} < \infty \qquad (10.2.30)$$

得证所需结论.

iii) 最后证明 $X_n(\omega), n \geqslant 1$ 服从强大数定理, 即式 (10.2.25) 成立. 记 $a_k^* = EX_k^*$, 我们有

$$\left| \frac{1}{n} \sum_{k=1}^{n} X_k(\omega) - a \right| = \frac{1}{n} \left| \sum_{k=1}^{n} [X_k(\omega) - a] \right|$$

$$\leqslant \frac{1}{n} \left| \sum_{k=1}^{n} [X_k(\omega) - X_k^*(\omega)] \right| + \frac{1}{n} \left| \sum_{k=1}^{n} [X_k^*(\omega) - a_k^*] \right|$$

$$+ \frac{1}{n} \left| \sum_{k=1}^{n} (a_k^* - a) \right| \qquad (10.2.31)$$

下证 $n \to \infty$ 时右方三项趋于零. 事实上,

a) 因为

$$\left\{ \omega \,\middle|\, \lim_{n\to\infty} \frac{1}{n} \left| \sum_{k=1}^{n} [X_k(\omega) - X_k^*(\omega)] \right| = 0 \right\} \supset \bigcup_{N=1}^{\infty} \bigcap_{n=N}^{\infty} \{X_k^*(\omega) = X_k(\omega)\}$$

所以由 (10.2.27) 得出

$$\lim_{n\to\infty} \frac{1}{n} \left| \sum_{k=1}^{n} [X_k(\omega) - X_k^*(\omega)] \right| = 0, \quad P\text{-a.e.} \qquad (10.2.32)$$

b) 由于 $X_n^*(\omega), n \geqslant 1$ 服从强大数定理, 故

$$\lim_{n \to \infty} \frac{1}{n} \left| \sum_{k=1}^{n} [X_k^*(\omega) - a_k^*] \right| = 0, \quad P\text{-a.e.} \tag{10.2.33}$$

c) 证 $\lim\limits_{n \to \infty} \dfrac{1}{n} \left| \sum\limits_{k=1}^{n} (a_k^* - a) \right| = 0.$ $\tag{10.2.34}$

对任意的 $k \geqslant 1$, 令 $u_k = |a_k^* - a|$. 由 $E|X_1| < \infty$ 得出

$$u_k = |a_k^* - a| \leqslant E|X_k^* - X_k| = E|X_k|\chi_{\{|X_k|>k\}}$$
$$= E|X_1|\chi_{\{|X_1|>k\}} \leqslant \sum_{n=k}^{\infty} nP\{n < |X_1| \leqslant n+1\}$$
$$\to 0 \quad (k \to \infty \text{时})$$

因此, 对于任意的 $\varepsilon > 0$, 存在正整数 N, 使当 $k > N$ 时有 $u_k < \dfrac{\varepsilon}{2}$; 另一方面, 存在正整数 $M > N$, 使当 $n \geqslant M$ 时有 $\dfrac{1}{n} \sum\limits_{k=1}^{N} u_k < \dfrac{\varepsilon}{2}$. 于是, 当 $n \geqslant M$ 时有

$$\frac{1}{n} \sum_{k=1}^{n} u_k = \frac{1}{n} \sum_{k=1}^{N} u_k + \frac{1}{n} \sum_{k=N+1}^{n} u_k < \frac{\varepsilon}{2} + \frac{\varepsilon}{2} = \varepsilon$$

即 $\lim\limits_{n \to \infty} \dfrac{1}{n} \sum\limits_{k=1}^{n} u_k = 0.$ 由此得出

$$\lim_{n \to \infty} \frac{1}{n} \left| \sum_{k=1}^{n} (a_k^* - a) \right| \leqslant \lim_{n \to \infty} \frac{1}{n} \sum_{k=1}^{n} |a_k^* - a| = \lim_{n \to \infty} \frac{1}{n} \sum_{k=1}^{n} u_k = 0$$

得证 (10.2.34).

最后, 在 (10.2.31) 中令 $n \to \infty$, 应用 a), b), c) 得出

$$\lim_{n \to \infty} \left| \frac{1}{n} \sum_{k=1}^{n} X_k(\omega) - a \right| = 0, \quad P\text{-a.e.} \tag{10.2.35}$$

得证 (10.2.25) 成立. ■

10.2.4 应用大数定理的例

大数定理以严格的数学形式表达大量随机现象中蕴含的基本定律 —— 平均结果具有稳定性. 它是非常深刻的统计规律, 在理论和应用中有广泛的应用.

例 10.2.1 (在近似计算中的应用) 大数定理是统计试验法 [又叫蒙特卡罗 (Monte-Carlo) 方法] 进行计算的理论基础. 统计试验法在多重积分的计算中以及

在解某些微分方程的边值问题时得到广泛应用. 为说明这种方法的基本思想, 我们考虑定积分的计算问题.

假设需要计算定积分 $\int_a^b g(x)\mathrm{d}x$, 其中 $g(x)$ 是连续函数. 现在, 向区间 $[a,b]$ 均匀地接连地投掷 n 个质点. 那么, 它们的坐标 $\xi_1, \xi_2, \cdots, \xi_n$ 是 n 个相互独立的随机变量, 并且有相同的分布函数 ——$[a,b]$ 上的均匀分布.

显然, $g(\xi_k), k = 1, 2, \cdots$ 是独立同分布的随机变量序列, 并且 $g(\xi_1)$ 存在数学期望, 它是

$$Eg(\xi_1) = \frac{1}{b-a} \int_a^b g(x)\mathrm{d}x \tag{10.2.36}$$

由辛钦大数定理 (或 Kolmogorov 大数定理) 得出

$$(P) \lim_{n \to \infty} \frac{1}{n} \sum_{k=1}^n g(\xi_k) = \frac{1}{b-a} \int_a^b g(x)\mathrm{d}x \tag{10.2.37}$$

于是, 当 n 充分大时得到近似计算公式

$$\int_a^b g(x)\mathrm{d}x = \frac{b-a}{n} \sum_{k=1}^n g(\xi_k) \tag{10.2.38}$$

注意, 这里的 $\xi_1, \xi_2, \cdots, \xi_n$ 是在 $[a,b]$ 上均匀分布的独立随机变量, 可以在计算机上用随机模拟方法选取它们的值.

例 10.2.2　设 $G_n = \left\{ (x_1, \cdots, x_n) | x_1^2 + \cdots + x_n^2 \leqslant \frac{n}{2}, 0 \leqslant x_1, \cdots, x_n \leqslant 1 \right\}$, 试求极限:

$$\lim_{n \to \infty} \int \cdots \int_{G_n} \mathrm{d}x_1 \cdots \mathrm{d}x_n$$

解　设 $\xi_n, n \geqslant 1$ 是独立随机变量序列, 并且有相同的分布函数 ——$[0, 1]$ 上的均匀分布. 显然, $E\xi_1 = \frac{1}{2}, E\xi_1^2 = \frac{1}{3}$,

$$\int \cdots \int_{G_n} \mathrm{d}x_1 \cdots \mathrm{d}x_n = P\{(\xi_1, \cdots, \xi_n) \in G\}$$

$$= P\left\{ \xi_1^2 + \cdots + \xi_n^2 \leqslant \frac{n}{2} \right\}$$

$$= P\left\{ \frac{1}{n}(\xi_1^2 \cdots + \xi_n^2) \leqslant \frac{1}{2} \right\}$$

$$= P\left\{ \frac{1}{n}(\xi_1^2 + \cdots + \xi_n^2) - E\xi_1^2 \leqslant \frac{1}{6} \right\}$$

$$\geqslant P\left\{ \left| \frac{1}{n} \sum_{k=1}^n \xi_k^2 - E\xi_1^2 \right| \leqslant \frac{1}{6} \right\}$$

由于 $\xi_1, \cdots, \xi_n, \cdots$ 独立同分布, 故 $\xi_1^2, \cdots, \xi_n^2, \cdots$ 也独立同分布, 应用辛钦大数定理知

$$\lim_{n\to\infty} P\left\{ \left| \frac{1}{n} \sum_{k=1}^{n} \xi_k^2 - E\xi_1^2 \right| \leqslant \frac{1}{6} \right\} = 1$$

由此推出

$$\lim_{n\to\infty} \int \cdots \int_{G_n} \mathrm{d}x_1 \cdots \mathrm{d}x_n = 1 \qquad (10.2.39)$$

例 10.2.3 (魏尔斯特拉斯 (Weierstrass) 定理)   用大数定理可以证明数学分析中著名的魏尔斯特拉斯定理: 设 $f(x)$ 是闭区间 $[a,b]$ 上的连续函数, 那么存在一列多项式 $Q_1(x), Q_2(x), \cdots,$ 使得

$$\lim_{n\to\infty} Q_n(x) = f(x), \quad x \in [a,b] \qquad (10.2.40)$$

并且关于 x 是一致收敛.

解   不妨设 $a=0, b=1$. 否则可以引进新的自变量 $z: x=(b-a)z+a$ 后, 可将 x 轴上的区间 $[a,b]$ 变为 z 轴上的区间 $[0,1]$.

这样, 假定 $f(x)$ 是 $[0,1]$ 上的连续函数, 那么 $f(x)$ 在 $[0,1]$ 上一致连续并且有界, 故对任意的 $\varepsilon > 0$, 任意的 $0 \leqslant x_1, x_2 \leqslant 1$, 存在 $\delta > 0$ 使得

$$|f(x_1) - f(x_2)| < \frac{\varepsilon}{2}, \quad \text{当} |x_1 - x_2| < \delta \qquad (10.2.41)$$

此外, 对 $0 \leqslant x \leqslant 1$ 有 $|f(x)| \leqslant K$(常数).

设 $\xi_n(n \geqslant 1)$ 是随机变量, 服从二项分布 $B(n,x)$. 由伯努利大数定理得出

$$(P) \lim_{n\to\infty} \frac{\xi_n}{n} = x, \quad x \in [0,1] \qquad (10.2.42)$$

现在, 引进一列多项式

$$Q_n(x) = Ef\left(\frac{\xi_n}{n}\right) = \sum_{m=0}^{n} f\left(\frac{m}{n}\right) \mathrm{C}_n^m x^m (1-x)^{n-m} \quad (n \geqslant 1) \qquad (10.2.43)$$

显然 $Q_n(0) = f(0), Q_n(1) = f(1)$. 下证 $Q_n(x) = Ef\left(\dfrac{\xi_n}{n}\right)$ 一致收敛于 $f(x), x \in [0,1]$. 由于

$$\sum_{m=0}^{n} \mathrm{C}_n^m x^m (1-x)^{n-m} = 1$$

故

$$Q_n(x) - f(x) = \sum_{m=0}^{n} \left[f\left(\frac{m}{n}\right) - f(x) \right] \mathrm{C}_n^m x^m (1-x)^{n-m}$$

由引推出

$$
\begin{aligned}
|Q_n(x) - f(x)| &\leqslant \sum_{m=0}^{n} \left| f\left(\frac{m}{n}\right) - f(x) \right| \mathrm{C}_n^m x^m (1-x)^{n-m} \\
&= \sum_{\left|\frac{m}{n}-x\right|<\delta} \left| f\left(\frac{m}{n}\right) - f(x) \right| \mathrm{C}_n^m x^m (1-x)^{n-m} \\
&\quad + \sum_{\left|\frac{m}{n}-x\right|\geqslant\delta} \left| f\left(\frac{m}{n}\right) - f(x) \right| \mathrm{C}_n^m x^m (1-x)^{n-m} \\
&< \frac{\varepsilon}{2} + 2K \sum_{\left|\frac{m}{n}-x\right|\geqslant\delta} \mathrm{C}_n^m x^m (1-x)^{n-m} \\
&= \frac{\varepsilon}{2} + 2KP\left\{ \left| \frac{\xi_n}{n} - x \right| \geqslant \delta \right\}
\end{aligned}
$$

由于 (10.2.42), 故对任意的 $x \in [0,1]$, 存在 N 使用 $n \geqslant N$ 时有

$$
P\left\{ \left| \frac{\xi_n}{n} - x \right| \geqslant \delta \right\} \leqslant \frac{\varepsilon}{4K}
$$

从而当 $n \geqslant N$ 时, 对一切 $x \in [0,1]$ 有

$$
|Q_n(x) - f(x)| < \frac{\varepsilon}{2} + 2K \cdot \frac{\varepsilon}{4K} = \varepsilon
$$

得证 $Q_n(x)$ 关于 $x \in [0,1]$ 一致收敛于 $f(x)$.

10.3　中心极限定理

　　无论是在概率论的发展史上还是在现代概率论中, 极限定理的研究都占特别重要的地位. 而中心极限定理是最重要最出色的成果之一. 在概率论中, 凡是在一定条件下断定随机变量之和的极限分布是正态分布的定理, 统称为中心极限定理. 具体一点说, 中心极限定理的任务是找到上述的 "一定条件".

　　中心极限定理揭示出产生正态分布的源泉, 是应用正态分布解答各种实际问题的理论基础, 其意义远远超出了概率论的范围.

10.3.1　中心极限定理的提出

　　现实世界中大量的随机变量服从或近似地服从正态分布 $N(\mu, \sigma^2)$. 为什么正态分布在众多的分布函数中占据特殊的地位? 起着中心的作用?

　　究其原因是, 当我们量测某个量 (譬如长度, 重量, 温度, 弹着点的坐标, 容器中气体对器壁的压力, 等等) 的数值时, 由于量测处于随机环境中, 因此受到大量的 (乃至无穷的)、相互独立的、微不足道的随机因素的干扰. 大量的随机干扰相互抵

消相互补偿后的总影响使得测量值不是真值 μ, 而是随机变量 $X(\omega)$. 这里 $\mu = EX$; 测量产生的误差 $Y(\omega) = X(\omega) - \mu$ 是"总影响".

我们把测量工具, 量测者和随机环境组成一个大局部. 假定大局部的概率模型是 $(\Omega, \mathcal{F}, P)$(它存在而无法具体表达), 则"总影响"是其上的随机变量 $Y(\omega)$——随不同机会 (样本点 ω) 取不同数值的变量. 同样, "大量的相互独立的微不足道的"随机因素的干扰是随机变量 $X_1(\omega), X_2(\omega), X_3(\omega), \cdots$, 并且诸 $X_i(\omega), i \geqslant 1$ 是相互独立的. 于是总影响 $Y(\omega)$ 是独立随机变量序列之和

$$Y(\omega) = X_1(\omega) + X_2(\omega) + \cdots + X_k(\omega) + \cdots \tag{10.3.1}$$

或者写为部分和形式

$$Y_n(\omega) = X_1(\omega) + X_2(\omega) + \cdots + X_n(\omega) \quad (n \geqslant 1) \tag{10.3.2}$$

为了便于比较部分和两端, 引进它们的规范随机变量

$$Z_n(\omega) = \frac{Y_n(\omega) - EY_n}{\sqrt{DY_n}} = \frac{\sum\limits_{k=1}^{n}[X_k(\omega) - EX_k]}{\sqrt{D\left(\sum\limits_{k=1}^{n} X_k\right)}} \tag{10.3.3}$$

$EZ_n = 0, DZ_n = 1$. 理论研究发现, 大量随机现象 [即概率空间 $(\Omega, \mathcal{F}, P)$] 中蕴含一个非常隐蔽非常深刻的统计规律: 在相当宽松的条件下 $Z_n(\omega)(n \to \infty)$ 服从标准正态分布 $N(0,1)$, 即

$$F_{Z_n}(x) \xrightarrow{w} \frac{1}{\sqrt{2\pi}} \int_{-\infty}^{x} e^{-\frac{u^2}{2}} du = \Phi(x) \tag{10.3.4}$$

其中 $F_{Z_n}(x)$ 是 $Z_n(\omega)$ 的分布函数. 这就是中心极限定理, 它揭示出产生正态分布的源泉.

现在, 我们用严格的数学语言和符号式表达上述直观的讨论.

【独立随机变量的规范和】 给定概率空间 $(\Omega, \mathcal{F}, P)$ 和其上独立随机变量序列 $X_n(\omega), n \geqslant 1$, 并假定 $DX_k(k \geqslant 1)$ 存在, 且不为 0. 令

$$\mu_k = EX_k, \quad \sigma_k^2 = DX_k \quad (k \geqslant 1) \tag{10.3.5}$$

$$B_n^2 = D\left(\sum_{k=1}^{n} X_k\right) = \sum_{k=1}^{n} DX_k = \sum_{k=1}^{n} \sigma_k^2 \tag{10.3.6}$$

称

$$Y_n(\omega) = X_1(\omega) + X_2(\omega) + \cdots + X_n(\omega) \quad (n \to \infty) \tag{10.3.7}$$

为序列 $X_n(\omega), n \geqslant 1$ 的独立随机变量和, 称

$$Z_n(\omega) = \frac{Y_n(\omega) - EY_n}{\sqrt{DY_n}} = \frac{1}{B_n} \sum_{k=1}^{n} [X_k(\omega) - EX_k] \qquad (10.3.8)$$

为独立随机变量规范和.

定义 10.3.1　称独立随机变量序列 $X_n(\omega), n \geqslant 1$ 服从中心极限定理, 如果它的规范和序列 $Z_n(\omega), n \geqslant 1$ 有渐近标准正态分布 $N(0,1)$, 即

$$\lim_{n \to \infty} F_{Z_n}(x) = \varPhi(x) = \frac{1}{\sqrt{2\pi}} \int_{-\infty}^{x} e^{-\frac{u^2}{2}} du \qquad (10.3.9)$$

其中 $F_{z_n}(x)$ 是 $Z_n(\omega)$ 的分布函数. 它有等价的表达方法: 对任意的 $x \in (-\infty, +\infty)$, 关于 x 一致地成立

$$\lim_{n \to \infty} P\left\{ \frac{1}{B_n} \sum_{k=1}^{n} [X_k(\omega) - \mu_k] \leqslant x \right\} = \frac{1}{\sqrt{2\pi}} \int_{-\infty}^{x} e^{-\frac{u^2}{2}} du \qquad (10.3.10)$$

10.3.2　独立同分布情形

独立同分布情形的中心极限定理是最简单最常用 (特别是在数理统计中) 的一种形式, 因此给出直接的证明.

定理 10.3.1 (列维–林德伯格中心极限定理)　给定概率空间 $(\Omega, \mathcal{F}, P)$, 设 $X_n(\omega), n \geqslant 1$ 是其上的独立同分布随机变量序列. 如果 DX_n 存在且大于 0, 那么关于 $x \in (-\infty, +\infty)$ 一致地有

$$\lim_{n \to \infty} P\left\{ \frac{1}{\sqrt{n}\sigma} \sum_{k=1}^{n} [X_k(\omega) - \mu] \leqslant x \right\} = \frac{1}{\sqrt{2\pi}} \int_{-\infty}^{x} e^{-\frac{u^2}{2}} du \qquad (10.3.11)$$

其中 $\mu = EX_n, \sigma^2 = DX_n (n \geqslant 1)$.

注　在同分布情况下 $B_n = \dfrac{1}{\sqrt{n}\sigma}$, 故 (10.3.10) 简化为 (10.3.11).

证明　用 $\varphi(t)$ 表示 $X_k(\omega) - \mu (k = 1, 2, \cdots)$ 的特征函数 (因诸 $X_k(\omega) - \mu$ 是同分布的). 那么, 规范和 $Z_n(\omega)$ 的特征函数为

$$\varphi_{Z_n}(t) = \left[\varphi\left(\frac{t}{\sqrt{n}\sigma} \right) \right]^n$$

由假定 $DX_n < \infty$ 知 $E|X_n| < \infty$. 因此, $\varphi(t)$ 有一阶和二阶导数, 并且

$$\varphi'(0) = iE(X_k - \mu) = 0, \quad \varphi''(0) = i^2 DX_k = -\sigma^2$$

于是, 由泰勒公式知, 对任意的 $t \in (-\infty, +\infty)$ 有

$$\varphi\left(\frac{t}{\sqrt{n}\sigma} \right) = \varphi(0) + \varphi'(0) \frac{t}{\sqrt{n}\sigma} + \frac{\varphi''(0)}{2!} \frac{t^2}{n\sigma^2} + o\left(\frac{1}{n} \right) = 1 - \frac{t^2}{2n} + o\left(\frac{1}{n} \right)$$

从而, 对任意的 $t \in (-\infty, +\infty)$ 成立

$$\lim_{n \to \infty} \varphi_{Z_n}(t) = \lim_{n \to \infty} \left[1 - \frac{t^2}{2n} + o\left(\frac{1}{n}\right) \right]^n = e^{-\frac{t^2}{2}}$$

得证 $Z_n(\omega)$ 的特征函数收敛于标准正态分布的特征函数. 由定理 9.3.3 知 $Z_n(\omega)$ 的分布函数 $F_{Z_n}(x) = P\{Z_n(\omega) \leqslant x\}$ 弱收敛于标准正态分布函数 $\Phi(x)$. 应用定理 9.3.1 得出, (10.3.11) 关于 $x \in (-\infty, \infty)$ 是一致收敛. ■

设实验 $\mathcal{E}$ 的概率模型是 $(\Omega, \mathcal{F}, P), B \in \mathcal{F}, p = P(B)$. 把实验 $\mathcal{E}$ 独立地、重复地实施可列多次, 得到独立重复实验序列 $\mathcal{E}, \mathcal{E}, \cdots$ (记为 $\mathcal{E}^\infty$). 那么 $\mathcal{E}^\infty$ 的概率模型是可列维独立乘积概率空间 $(\Omega^\infty, \mathcal{F}^\infty, P^\infty)$. 用 $X_n(\omega)(\omega \in \Omega^\infty)$ 表示 $\mathcal{F}^\infty$ 中柱事件 $\underbrace{\Omega \times \cdots \times \Omega}_{n-1\text{个}} \times B \times \Omega \times \cdots$ 的特征函数, 即

$$X_n(\omega) = \begin{cases} 1, & \omega \in \underbrace{\Omega \times \cdots \times \Omega}_{n-1\text{个}} \times B \times \Omega \times \cdots \\ 0, & \omega \in \underbrace{\Omega \times \cdots \times \Omega}_{n-1\text{个}} \times \overline{B} \times \Omega \times \cdots \end{cases} \tag{10.3.12}$$

那么 $\nu_n(\omega) = X_1(\omega) + X_2(\omega) + \cdots + X_n(\omega)$ 是前 n 次实施 $\mathcal{E}$ 时事件 B 出现的次数; $\dfrac{\nu_n(\omega)}{n}$ 是出现的频率.

推论 (棣莫弗–拉普拉斯中心极限定理)   在上述概率空间 $(\Omega^\infty, \mathcal{F}^\infty, P^\infty)$ 中, 独立随机变量序列 $X_n(\omega), n \geqslant 1$ 服从中心极限定理. 即关于 $x \in (-\infty, +\infty)$ 一致地成立

$$\lim_{n \to \infty} P^\infty \left\{ \frac{\nu_n(\omega) - np}{\sqrt{np(1-p)}} \leqslant x \right\} = \frac{1}{\sqrt{2\pi}} \int_{-\infty}^{x} e^{-\frac{u^2}{2}} du \tag{10.3.13}$$

证明   由于 $X_n(\omega)(n \geqslant 1)$ 独立同分布, 并且

$$EX_n = p, \quad DX_n = np(1-p)$$

于是 (10.3.11) 中的 $\mu = p, \sigma = \sqrt{p(1-p)}$, 以及

$$\frac{1}{\sqrt{n}\sigma} \sum_{k=1}^{n} [X_k(\omega) - \mu] = \frac{\nu_n(\omega) - np}{\sqrt{np(1-p)}}$$

故 (10.3.11) 成为 (10.3.13), 结论得证. ■

【大数定理与中心极限定理的关系】   当 $X_n(\omega), n \geqslant 1$ 独立同分布, 方差有穷且大于零时容易讨论, 因为这时两定理都成立. 事实上, 辛钦大数定理断定, 对任意 $\varepsilon > 0$ 有

$$\lim_{n \to \infty} P \left\{ \frac{1}{n} \left(\sum_{k=1}^{n} [X_k(\omega) - EX_k] \right) < \varepsilon \right\} = 1 \tag{10.3.14}$$

然而大括号中事件的概率有多大? 此定理并未回答, 但中心极限定理却给出一个近似解答:

$$P\left\{\frac{1}{n}\left(\sum_{k=1}^{n}[X_k(\omega) - EX_k]\right) \leqslant \varepsilon\right\}$$

$$=P\left\{\frac{1}{\sigma\sqrt{n}}\left(\sum_{k=1}^{n}[X_k(\omega) - EX_k]\right) \leqslant \frac{\varepsilon\sqrt{n}}{\sigma}\right\}$$

$$\approx\frac{1}{\sqrt{2\pi}}\int_{|x|<\frac{\varepsilon\sqrt{n}}{\sigma}} e^{-\frac{u^2}{2}}\mathrm{d}u \tag{10.3.15}$$

其中 $\sigma^2 = DX_k(k \geqslant 1)$. 因而在所假定条件下, 中心极限定理比大数定理更精确. 注意, 由 (10.3.15) 能推出 (10.3.14) 并不意味: 用列维–村德伯格中心极限定理能推出辛钦大数定理, 因为后者不要求 $\sigma^2 = DX_k$ 存在, 只要求 EX_k 存在.

例 10.3.1　对推论中的独立重复序列 $\mathcal{E}^\infty$, 其概率模型是 $(\Omega^\infty, \mathcal{F}^\infty, P^\infty)$. $\nu_n(\omega)$ 是前 n 次实施 $\mathcal{E}$ 时事件 B 出现的次数. 试求概率值

$$P^\infty\{a < \nu_n(\omega) \leqslant b\}\ (a < b)$$

解　记 $p = P(B), q = 1 - p$. 由于 $\nu_n(\omega)$ 服从二项分布 $B(n,p)$, 故

$$P^\infty\{a < \nu_n(\omega) \leqslant b\} = \sum_{a<k\leqslant b} \mathrm{C}_n^k p^k q^{n-k}$$

当 n 很大时右方的计算很繁. 因此, 应用 (10.3.13) 计算 $P^\infty\{a < \nu_n \leqslant b\}$ 的近似值.

$$P^\infty\{a < \nu_n(\omega) \leqslant b\}$$

$$=P\left\{\frac{a - np}{\sqrt{npq}} < \frac{\nu_n(\omega) - np}{\sqrt{npq}} \leqslant \frac{b - np}{\sqrt{npq}}\right\}$$

$$\approx\frac{1}{\sqrt{2\pi}}\int_{\frac{a-np}{\sqrt{npq}}}^{\frac{b-np}{\sqrt{npq}}} e^{-\frac{u^2}{2}}\mathrm{d}u = \varPhi\left(\frac{b - np}{\sqrt{npq}}\right) - \varPhi\left(\frac{a - np}{\sqrt{npq}}\right) \tag{10.3.16}$$

其中 $\varPhi(x)$ 是标准正态分布函数. 查表即可求出右方的值.

例 10.3.2　射击不断地独立进行, 设每次命中目标的概率为 $p_1 = \dfrac{1}{10}$. 试问:

i) 500 次射击中, 命中目标的次数在区间 $(49, 55]$ 之中的概率 r_1.

ii) 最少要射击多少次, 才能使命中目标的次数多于 50 次的概率大于给定的 r_2?

解　用 $\mathcal{E}$ 表示实验 "进行一次射击", 其概率模型是 2-型概率空间 $(\Omega, \mathcal{F}, P \Leftarrow p)$, 其分布列为

$$p(\omega): \quad \begin{array}{c|cc} \Omega & \omega_1 & \omega_2 \\ \hline p & p_1 & 1-p_1 \end{array}$$

这里 ω_1 表示事件 "命中目标"; ω_2 表示 ω_1 的补事件. 于是, "射击不断地独立进行" 是独立重复实验序列 $\mathcal{E}^\infty$, 其概率模型是可列维独立乘积概率空间 $(\Omega^\infty, \mathcal{F}^\infty, P^\infty)$. 用 $\nu_n(\omega)(\omega \in \Omega^\infty)$ 表示前 n 次实验中 "命中目标" 的次数, 并使用例 10.3.1 的结果得出解答.

i) 此时 $n = 500, np_1 = 50, np_1q_1 = 45$. 由 (10.3.16) 得出

$$\begin{aligned} r_1 &= P^\infty\{49 < \nu_n(\omega) \leqslant 55\} \\ &\approx \Phi\left(\frac{55-50}{\sqrt{45}}\right) - \Phi\left(\frac{49-50}{\sqrt{45}}\right) \\ &= \Phi\left(\frac{5}{\sqrt{45}}\right) - \Phi\left(\frac{-1}{\sqrt{45}}\right) = 0.323 \end{aligned}$$

ii) 用 n 表示所需最少的射击次数, 则 n 应满足不等式

$$P^\infty\{50 < \nu_n(\omega)\} > r_2$$

在 (10.3.16) 中令 $a = 50, b \to \infty$, 得到

$$P^\infty\{50 < \nu_n(\omega)\} \approx 1 - \Phi\left(\frac{50 - \dfrac{n}{10}}{\sqrt{n \cdot \dfrac{1}{10} \cdot \dfrac{9}{10}}}\right) = 1 - \Phi\left(\frac{500-n}{3\sqrt{n}}\right)$$

故自 $1 - \Phi\left(\dfrac{500-n}{3\sqrt{n}}\right) > r_2$ 中解出的最小正整数即为所求次数的近似值.

例 10.3.3 (Galton 钉板实验) 图 10.3.1 中每一黑点代表钉在板上的一颗钉子, 它们间的距离相等, 上面一颗恰巧在下面两颗的正中间. 从入口 A 处放进一个小圆球, 它的直径略小于二钉间的距离. 由于板是倾斜放着的, 球每碰到一次钉子, 就以概率 $\frac{1}{2}$ 滚向左下边 (或右下边), 于是又碰到下一个钉子, 如此继续, 直到滚入板底的一个格子内为止. 把许多小球从 A 放下去, 它们在板底所堆成的曲线就近似于正态分布 $N(0, n)$ 的分布密度函数, 只要球的个数充分地大, 这里 n 是钉子的横排排数.

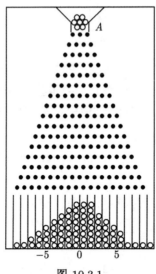

图 10.3.1

现在用定理 10.3.1 来解释这个现象. 设这个实验的概率模型是 $(\Omega, \mathcal{F}, P)$(这里不具体写出 $\Omega, \mathcal{F}$ 和 P). 定义其上的随机变量

$$X_k(\omega) = \begin{cases} 1, & \text{如第 } k \text{ 次碰钉后小球向右} \\ -1, & \text{如第 } k \text{ 次碰钉后小球向左} \end{cases} \quad (k \geqslant 1)$$

其分布律为

$X_k(\omega)$	-1	1	其他 $\quad x$
p_k	$\dfrac{1}{2}$	$\dfrac{1}{2}$	0

于是

$$Y_n(\omega) = \sum_{k=1}^{n} X_k(\omega)$$

表示第 n 次碰钉后球的位置[①]. 显然 $\mu = EX_k = 0, \sigma^2 = DX_k = 1 (k \geqslant 1)$. 应用定理 10.3.1 得出

$$\lim_{n \to \infty} P\left\{ \frac{Y_n(\omega)}{\sqrt{n}} \leqslant x \right\} = \frac{1}{\sqrt{2\pi}} \int_{-\infty}^{x} e^{-\frac{u^2}{2}} du$$

这表示 $\dfrac{Y_n(\omega)}{\sqrt{n}}$ 的分布当 n 充分大时近似于 $N(0,1)$, 亦即 $Y_n(\omega)$ 的分布近似于

---

① 容易看出, 这问题与下列随机徘徊问题等价: 设质点 A 在整数点上运动, 如果它于时刻 k 位于点 j, 则下一时刻转移到点 $j+1$ 或 $j-1$, 概率皆为 $\dfrac{1}{2}$, 而且与以前的运动情况独立. 试研究自 0 点出发, 经过 n 次转移后质点所在位置 $Y_n(\omega)$ 的分布律. 这是一种马尔可夫链的特例.

$N(0, n)$. 由上式得出

$$P\{-s \leqslant Y_n(\omega) \leqslant s\} = P\left\{\frac{-s}{\sqrt{n}} \leqslant \frac{Y_n(\omega)}{\sqrt{n}} \leqslant \frac{s}{\sqrt{n}}\right\} \approx \frac{1}{\sqrt{2\pi}} \int_{-\frac{s}{\sqrt{n}}}^{\frac{s}{\sqrt{n}}} \mathrm{e}^{-\frac{u^2}{2}} \mathrm{d}u$$

右方值可由正态表查出. 例如, 设 $n = 16$, 则

$$P\{-s \leqslant Y_{16}(\omega) \leqslant s\} \approx \frac{1}{\sqrt{2\pi}} \int_{-\frac{s}{4}}^{\frac{s}{4}} \mathrm{e}^{-\frac{u^2}{2}} \mathrm{d}u$$

令 $s = 1$ 得

$$P\{-1 \leqslant Y_{16}(\omega) \leqslant 1\} \approx \frac{1}{\sqrt{2\pi}} \int_{-0.25}^{0.25} \mathrm{e}^{-\frac{u^2}{2}} \mathrm{d}u = 0.1974$$

现在独立地投入 60 个小球, 则大约有 $60 \times 0.1974 \approx 12$ 个球落入 $[-1, 1]$ 中. 见表 10.3.1.

表 10.3.1

区间	近似概率	近似球数	区间	近似概率	近似球数
$[-1, 1]$	0.1974	12	$[-6, 6]$	0.8664	52
$[-2, 2]$	0.3829	23	$[-7, 7]$	0.9199	55
$[-3, 3]$	0.5467	33	$[-8, 8]$	0.9545	57
$[-4, 4]$	0.6827	41	$[-9, 9]$	0.9756	59
$[-5, 5]$	0.7887	47	$[-10, 10]$	0.9876	60

表中数据说明: 一个球在碰过 16 次钉子后落于 $[-2, 2]$ 中的概率为 0.3829; 如果用 60 个球做这实验, 则约有 $60 \times 0.3829 \approx 23$ 个球落入 $[-2, 2]$ 之中. 其余的区间可类似地讨论.

10.3.3 一般情形: 林德伯格中心极限定理

设 $X_n(\omega), n \geqslant 1$ 是概率空间 $(\Omega, \mathcal{F}, P)$ 上的独立随机变量序列, 并且 $DX_n(n \geqslant 1)$ 存在且不为 0. 称

$$Y_n(\omega) = \sum_{k=1}^{n} X_k(\omega), \quad n \geqslant 1 \tag{10.3.17}$$

$$Z_n(\omega) = \frac{1}{B_n} \sum_{k=1}^{n} [X_k(\omega) - \mu_k], \quad n \geqslant 1 \tag{10.3.18}$$

为 $X_n(\omega), n \geqslant 1$ 的部分和序列与规范和序列. 其中

$$\mu_k = EX_k; \quad \sigma_k^2 = DX_k; \quad B_n = \sum_{k=1}^{n} \sigma_k^2 \tag{10.3.19}$$

[参看 (10.3.5)—(10.3.8)].

　　【林德伯格条件】　　称独立随机变量序列 $X_n(\omega),\ n \geqslant 1$ 满足林德伯格条件, 如果对于任意的 $\tau > 0$, 成立

$$\lim_{n \to \infty} \frac{1}{B_n^2} \sum_{k=1}^n \int_{|x-\mu_k|>\tau B_n} (x-\mu_k)^2 \mathrm{d}F_{X_k}(x) = 0 \tag{10.3.20}$$

其中 μ_k, B_n 由 (10.3.19) 规定, $F_{X_k}(x)$ 是 $X_k(\omega)$ 的分布函数.

　　为了更好地理解条件 (10.3.20), 我们给出

　　i) 林德伯格条件的规范形式.

　　引进随机变量

$$X_{nk}(\omega) = \frac{X_k(\omega) - EX_k}{\sqrt{DY_n}} = \frac{X_k(\omega) - \mu_k}{B_n} \tag{10.3.21}$$

那么 (10.3.18) 成为

$$Z_n(\omega) = \sum_{k=1}^n X_{nk}(\omega) \tag{10.3.22}$$

　　又引进事件

$$\{|X_{nk}(\omega)| > \tau\} = \{|X_k(\omega) - \mu_k| > \tau B_n\}$$

并用 $\chi_{nk}(\omega)$ 表示该事件的示性函数, 则林德伯格条件成为如下规范形式: 对任意的 $\tau > 0$, 有

$$\lim_{n \to \infty} \sum_{k=1}^n E(X_{nk}\chi_{nk})^2 = \lim_{n \to \infty} \sum_{k=1}^n \int_{|x|>\tau} x^2 \mathrm{d}F_{nk}(x) = 0 \tag{10.3.23}$$

其中 $F_{nk}(x)$ 是 $X_{nk}(\omega)$ 的分布函数. 事实上, 有

$$\frac{1}{B_n^2} \sum_{k=1}^n \int_{|x-\mu_k|>\tau B_n} (x-\mu_k)^2 \mathrm{d}F_{X_k}(x)$$

$$= \frac{1}{B_n^2} \sum_{k=1}^n \int_{-\infty}^{+\infty} (x-\mu_k)^2 \chi_{\{x||x-\mu_k|>\tau B_n\}}(x) \mathrm{d}F_{X_k}(x)$$

$$= \frac{1}{B_n^2} \sum_{k=1}^n E[(X_k-\mu_k)^2 \chi_{nk}] = \sum_{k=1}^n E\left[\left(\frac{X_k-\mu_k}{B_n^2}\right)^2 \chi_{nk}\right]$$

$$= \sum_{k=1}^n E[X_{nk}^2 \chi_{nk}] = \sum_{k=1}^n E(X_{nk}\chi_{nk})^2$$

由此得出 (10.3.23) 和 (10.3.20) 等价.

ii) 林德伯格条件的概率意义.

我们有如下结论: 如果独立随机变量序列 $X_n(\omega), n \geqslant 1$ 满足林德伯格条件, $X_{nk}(\omega)$ 由 (10.3.21) 规定, 那么对任意的 $\varepsilon > 0$, 成立

$$\lim_{n \to \infty} P\left\{ \max_{1 \leqslant k \leqslant n} |X_{nk}(\omega)| \geqslant \varepsilon \right\} = 0 \tag{10.3.24}$$

事实上, 若令 $A_{nk} = \{\omega | |X_{nk}(\omega)| \geqslant \varepsilon\}, \chi_{nk}(\omega)$ 是事件 A_{nk} 的示性函数, 我们有

$$P\{ \max_{1 \leqslant k \leqslant n} |X_{nk}(\omega)| \geqslant \varepsilon \} = P\left(\bigcup_{k=1}^{n} A_{nk} \right) \leqslant \sum_{k=1}^{n} P(A_{nk}) = \sum_{k=1}^{n} E\chi_{nk}$$

$$= \sum_{k=1}^{n} E\chi_{nk}^2 \leqslant \frac{1}{\varepsilon^2} \sum_{k=1}^{n} E(X_{nk}\chi_{nk})^2$$

由林德伯格条件 (10.3.23) 得证 (10.3.24) 成立.

应用 (10.3.24) 得出: 如果 $X_n(\omega), n \geqslant 1$ 满足林德伯格条件 (10.3.20), 则当 n 充分大时, 规范和 $Z_n(\omega) = \sum_{k=1}^{n} X_{nk}(\omega)$ 中各项 $X_{n1}(\omega), X_{n2}(\omega), \cdots, X_{nn}(\omega)$ 均匀地小. 这正是本节开始时所说的 "当我们量测某个量的数值时, 由于量测处于随机环境中, 受到大量的 (乃至无穷的)、相互独立的、微不足道的随机因素的干扰, 它们产生的总影响是随机变量" 的严格的数学表达形式. 下述定理证实, $Z_n(\omega), n \geqslant 1$ 有渐近正态分布. 换言之, $X_n(\omega), n \geqslant 1$ 服从中心极限定理 (定义 10.3.1).

定理 10.3.2 (林德伯格中心极限定理) 给定概率空间 $(\Omega, \mathcal{F}, P)$, 设 $X_n(\omega), n \geqslant 1$ 是其上的独立随机变量序列. 如果 $X_n(\omega), n \geqslant 1$ 满足林德伯格条件 (10.3.20) 或 (10.3.23), 那么它服从中心极限定理, 即 (10.3.10) 成立.

先用引理形式给出几个要用到的不等式.

引理 10.3.1 对任意的实数 α, 成立

$$|e^{i\alpha} - 1| \leqslant |\alpha| \tag{10.3.25}$$

$$|e^{i\alpha} - 1 - i\alpha| \leqslant \frac{\alpha^2}{2} \tag{10.3.26}$$

$$\left| e^{i\alpha} - 1 - i\alpha + \frac{\alpha^2}{2} \right| \leqslant \frac{|\alpha|^3}{6} \tag{10.3.27}$$

证明 当 $\alpha = 0$ 时 (10.3.25)—(10.3.27) 显然成立. 对于 $\alpha > 0$, 我们有

$$|e^{i\alpha} - 1| = \left| \int_0^{\alpha} e^{ix}dx \right| \leqslant \alpha$$

$$|e^{i\alpha} - 1 - i\alpha| = \left|\int_0^\alpha (e^{ix} - 1)dx\right| \leqslant \int_0^\alpha x dx = \frac{\alpha^2}{2}$$

$$\left|e^{i\alpha} - 1 - i\alpha + \frac{\alpha^2}{2}\right| = \left|\int_0^\alpha (e^{ix} - 1 - ix)dx\right|$$

$$\leqslant \int_0^\alpha |e^{ix} - 1 - ix|dx \leqslant \int_0^\alpha \frac{x^2}{2}dx = \frac{\alpha^3}{6}$$

得证 $\alpha \geqslant 0$ 时 (10.3.25)—(10.3.27) 成立. 注意到 (10.3.25)—(10.3.27) 两边都是 α 的偶函数, 可见当 $\alpha < 0$ 时它们也成立. ■

定理的证明　首先明确证明中用到的一系列符号式. 用 $F_n(x)$ 表示 $X_n(\omega)$ 的分布函数; 用 (10.3.17)—(10.3.19) 定义 $X_n(\omega), n \geqslant 1$ 的独立随机变量和 $Y_n(\omega)$, 规范和 $Z_n(\omega)$. 它们是

$$Y_n(\omega) = X_1(\omega) + X_2(\omega) + \cdots + X_n(\omega) \tag{10.3.28}$$

$$Z_n(\omega) = \frac{Y_n(\omega) - EY_n}{\sqrt{DY_n}} = \frac{1}{B_n} \sum_{k=1}^n [X_k(\omega) - \mu_k] \tag{10.3.29}$$

并且 $\varphi_{Z_n}(t)$ 是规范和 $Z_n(\omega)$ 的特征函数. 引进

$$X_{nk}(\omega) = \frac{1}{B_n}[X_k(\omega) - \mu_k] \tag{10.3.30}$$

用 $F_{nk}(x), \varphi_{nk}(t)$ 分别表示 $X_{nk}(\omega)$ 的分布函数和特征函数. 我们有

$$F_{nk}(x) = P(X_k \leqslant B_n x + \mu_k) = F_k(B_n x + \mu_k) \tag{10.3.31}$$

$$EX_{nk} = \int_{-\infty}^{+\infty} x dF_{nk}(x) = 0, \quad DX_{nk} = \frac{\sigma_k^2}{B_n^2} \tag{10.3.32}$$

$$\sum_{k=1}^n D_{nk} = \sum_{k=1}^n \int_{-\infty}^{+\infty} x^2 dF_{nk}(x)$$

$$= \frac{1}{B_n^2} \sum_{k=1}^n \int_{-\infty}^{+\infty} (x - \mu_k)^2 dF_k(x) = \frac{1}{B_n^2} \sum_{k=1}^n \sigma_k^2 = 1 \tag{10.3.33}$$

在上述记号下有

$$\frac{1}{B_n^2} \int_{|x - \mu_k| > \tau B_n} (x - \mu_k)^2 dF_k(x)$$

$$= \int_{\left|\frac{x - \mu_k}{B_n}\right| > \tau} \left(\frac{x - \mu_k}{B_n}\right)^2 dF_k(x)$$

$$= \int_{|y|>\tau} y^2 \mathrm{d}F_{nk}(y) \tag{10.3.34}$$

于是, 林德伯格条件 (10.3.20) 成为: 对任意的 $\tau > 0$, 成立

$$\lim_{n\to\infty} \sum_{k=1}^{n} \int_{|x|>\tau} x^2 \mathrm{d}F_{nk}(x) = 0 \tag{10.3.35}$$

而中心极限定理成立的公式 (10.3.9) 成为

$$\lim_{n\to\infty} P\left\{ \sum_{k=1}^{n} X_{nk}(\omega) \leqslant x \right\} = \frac{1}{\sqrt{2\pi}} \int_{-\infty}^{x} \mathrm{e}^{-\frac{u^2}{2}} \mathrm{d}u \tag{10.3.36}$$

定理的任务成为: 在条件 (10.3.35) 成立的假定下证明 (10.3.36) 成立.

用 $\varphi_{nk}(t), \psi_n(t)$ 分别表示 $X_{nk}(\omega), Z_n(\omega) = \sum_{k=1}^{n} X_{nk}(\omega)$ 的特征函数. 应用定理 9.3.2 和定理 9.3.3 得出, (10.3.36) 等价于

$$\lim_{n\to\infty} \psi_n(t) = \lim_{n\to\infty} \prod_{k=1}^{n} \varphi_{nk}(t) = \mathrm{e}^{-\frac{t^2}{2}}$$

其中 $\mathrm{e}^{-\frac{t^2}{2}}$ 是标准正态分布 $N(0,1)$ 的特征函数, 此即

$$\log \psi_n(t) = \sum_{k=1}^{n} \log \varphi_{nk}(t) \longrightarrow -\frac{t^2}{2} \quad (n\to\infty) \tag{10.3.37}$$

(对数取主值).

为完成定理证明, 只需证 (10.3.37). 把证明分为两步进行:

i) 先证 $\log \psi_n(t)$ 可展开为

$$\log \psi_n(t) = \sum_{k=1}^{n} [\varphi_{nk}(t) - 1] + R_n(t) \tag{10.3.38}$$

其中 $R_n(t)$ 在任意有穷 t 区间内一致地趋于 0. 事实上, 由于

$$\varphi_{nk}(t) = E\mathrm{e}^{\mathrm{i}t X_{nk}} = \int_{-\infty}^{+\infty} \mathrm{e}^{\mathrm{i}tx} \mathrm{d}F_{nk}(x)$$

$$0 = EX_{nk} = \int_{-\infty}^{+\infty} x\mathrm{d}F_{nk}(x) = \int_{-\infty}^{+\infty} \mathrm{i}tx\mathrm{d}F_{nk}(x)$$

$$1 = \int_{-\infty}^{+\infty} \mathrm{d}F_{nk}(x)$$

故

$$\varphi_{nk}(t) - 1 = \int_{-\infty}^{+\infty} (\mathrm{e}^{\mathrm{i}tx} - 1 - \mathrm{i}tx)\mathrm{d}F_{nk}(x) \qquad (10.3.39)$$

应用 (10.3.26) 得出

$$
\begin{aligned}
|\varphi_{nk}(t) - 1| &\leqslant \int_{-\infty}^{+\infty} |\mathrm{e}^{\mathrm{i}tx} - 1 - \mathrm{i}tx|\mathrm{d}F_{nk}(x) \leqslant \int_{-\infty}^{+\infty} \frac{t^2 x^2}{2}\mathrm{d}F_{nk}(x) \\
&\leqslant \frac{t^2}{2}\left[\int_{|x|\leqslant\varepsilon} x^2\mathrm{d}F_{nk}(x) + \int_{|x|>\varepsilon} x^2\mathrm{d}F_{nk}(x)\right] \\
&\leqslant \frac{t^2}{2}\left[\varepsilon^2 + \int_{|x|>\varepsilon} x^2\mathrm{d}F_{nk}(x)\right] \qquad (10.3.40)
\end{aligned}
$$

其中 $\varepsilon > 0$. 由林德伯格条件 (10.3.35) 得出, 对一切充分大的 n 有

$$\int_{|x|>\varepsilon} x^2\mathrm{d}F_{nk}(x) < \varepsilon^2 \quad (1 \leqslant k \leqslant n)$$

从而关于 $k(1 \leqslant k \leqslant n)$ 及任意有限区间 $[-T, T]$ 中的 t, 同时有

$$|\varphi_{nk}(t) - 1| \leqslant \varepsilon^2 T^2; \quad \max_{1\leqslant k\leqslant n} |\varphi_{nk}(t) - 1| \leqslant \varepsilon^2 T^2$$

因而对 $t \in [-T, T]$, 一致地有

$$\lim_{n\to\infty} \max_{1\leqslant k\leqslant n} |\varphi_{nk}(t) - 1| = 0 \qquad (10.3.41)$$

特别, 当 $t \in [-T, T]$ 时, 对一切充分大的 n, 成立

$$|\varphi_{nk}(t) - 1| < \frac{1}{2} \qquad (10.3.42)$$

因此, 在 $[-T, T]$ 中有展开式

$$\log\psi_n(t) = \sum_{k=1}^{n} \log\varphi_{nk}(t) = \sum_{k=1}^{n} \log[1 + (\varphi_{nk}(t) - 1)] = \sum_{k=1}^{n}[\varphi_{nk}(t) - 1] + R_n(t)$$

$$\qquad (10.3.43)$$

其中

$$R_n(t) = \sum_{k=1}^{n}\sum_{s=2}^{\infty} \frac{(-1)^{s-1}}{s}[\varphi_{nk}(t) - 1]^s$$

应用 (10.3.42) 得出

$$|R_n(t)| \leqslant \sum_{k=1}^{n}\sum_{s=2}^{\infty} \frac{1}{2}|\varphi_{nk}(t) - 1|^s = \frac{1}{2}\sum_{k=1}^{n} \frac{|\varphi_{nk}(t) - 1|^2}{1 - |\varphi_{nk}(t) - 1|}$$

$$\leqslant \sum_{k=1}^{n} |\varphi_{nk}(t) - 1|^2 \leqslant \max_{1 \leqslant k \leqslant n} |\varphi_{nk}(t) - 1| \sum_{k=1}^{n} |\varphi_{nk}(t) - 1|$$

但由 (10.3.40) 中前两个不等式和 (10.3.33), 有

$$\sum_{k=1}^{n} |\varphi_{nk}(t) - 1| \leqslant \frac{t^2}{2} \sum_{k=1}^{n} \int_{-\infty}^{+\infty} x^2 \mathrm{d}F_{nk}(x) = \frac{t^2}{2}$$

代入上式得出

$$|R_n(t)| \leqslant \frac{t^2}{2} \max_{1 \leqslant k \leqslant n} |\varphi_{nk}(t) - 1|$$

由 (10.3.41) 可见, 关于任意的有穷区间 $[-T, T]$ 中的 t, 一致地有

$$\lim_{n \to \infty} R_n(t) = 0 \tag{10.3.44}$$

代入 (10.3.43), 得证 (10.3.38) 成立.

ii) 随后令

$$\rho_n(t) = \frac{t^2}{2} + \sum_{k=1}^{n} \int_{-\infty}^{+\infty} (\mathrm{e}^{\mathrm{i}tx} - 1 - \mathrm{i}tx) \mathrm{d}F_{nk}(x) \tag{10.3.45}$$

应用 (10.3.39) 得到

$$\sum_{k=1}^{n} [\varphi_{nk}(t) - 1] = -\frac{t^2}{2} + \rho_n(t) \tag{10.3.46}$$

于是, 如果能证明, 对任意区间 $[-T, T]$ 中的 t 一致地成立

$$\lim_{n \to \infty} \rho_n(t) = 0 \tag{10.3.47}$$

那么把 (10.3.46) 代入 (10.3.38), 并应用 (10.3.44) 即可推出 (10.3.37), 而且 (10.3.37) 中收敛对任意区间 $[-T, T]$ 中的 t 是一致收敛, 从而完成定理的证明.

今证 (10.3.47) 的确成立. 注意到 (10.3.33) 两边乘 $\frac{t^2}{2}$ 后有

$$\frac{t^2}{2} = -\sum_{k=1}^{n} \int_{-\infty}^{+\infty} \frac{(\mathrm{i}tx)^2}{2} \mathrm{d}F_{nk}(x)$$

于是 (10.3.45) 中的 $\rho_n(t)$ 成为

$$\rho_n(t) = \sum_{k=1}^{n} \int_{-\infty}^{+\infty} \left[\mathrm{e}^{\mathrm{i}tx} - 1 - \mathrm{i}tx - \frac{(\mathrm{i}tx)^2}{2} \right] \mathrm{d}F_{nk}(x)$$

$$= \sum_{k=1}^{n} \int_{|x| \leqslant \varepsilon} \left[\mathrm{e}^{\mathrm{i}tx} - 1 - \mathrm{i}tx - \frac{(\mathrm{i}tx)^2}{2} \right] \mathrm{d}F_{nk}(x)$$

$$+ \sum_{k=1}^{n} \int_{|x|>\varepsilon} \left[\mathrm{e}^{\mathrm{i}tx} - 1 - \mathrm{i}tx + \frac{t^2 x^2}{2} \right] \mathrm{d}F_{nk}(x)$$

其中 ε 是任意的正数. 应用 (10.3.27) 和 (10.3.26) 得出

$$|\rho_n(t)| \leqslant \frac{|t|^3}{6} \sum_{k=1}^{n} \int_{|x|\leqslant\varepsilon} |x|^3 \mathrm{d}F_{nk}(x) + t^2 \sum_{k=1}^{n} \int_{|x|>\varepsilon} x^2 \mathrm{d}F_{nk}(x)$$

$$\leqslant \frac{|t|^3 \varepsilon}{6} \sum_{k=1}^{n} \int_{|x|\leqslant\varepsilon} x^2 \mathrm{d}F_{nk}(x) + t^2 \sum_{k=1}^{n} \int_{|x|>\varepsilon} x^2 \mathrm{d}F_{nk}(x)$$

由 (10.3.33) 可见, 对 $|t| \leqslant T$ 有

$$|\rho_n(t)| \leqslant \frac{|T|^3}{6} \varepsilon + T^2 \sum_{k=1}^{n} \int_{|x|>\varepsilon} x^2 \mathrm{d}F_{nk}(x) \tag{10.3.48}$$

现在, 对任意的 $\delta > 0$, 可选 $\varepsilon > 0$ 使得

$$\frac{\varepsilon|T|^3}{6} < \frac{\delta}{2}$$

又由定理假定的条件 (10.3.35) 知, 存在正整数 $N = N(T, \delta, \varepsilon)$, 使得对此 ε 和 $n \geqslant N$ 有

$$\sum_{k=1}^{n} \int_{|x|>\varepsilon} x^2 \mathrm{d}F_{nk}(x) < \frac{\delta}{2T^2}$$

于是, 当 $n \geqslant N$ 时对一切 $t \in [-T, T]$ 成立

$$|\rho_n(t)| < \delta$$

得证 (10.3.47) 成立. ∎

推论 1 (Poisson 中心极限定理)　设 $\mu_n(\omega), n \geqslant 1$ 是定理 10.2.1 的推论 2 中的独立随机变量序列, 记

$$E\mu_n = P_n(B) \triangleq p_n, \quad D\mu_n = p_n(1 - p_n) \tag{10.3.49}$$

如果级数 $\sum\limits_{n=1}^{\infty} p_n(1 - p_n)$ 发散, 那么 $\mu_n(\omega), n \geqslant 1$ 服从中心极限定理, 即关于 $x \in (-\infty, +\infty)$ 一致地有

$$\lim_{n \to \infty} P\left\{ \frac{\nu_n(\omega) - (p_1 + p_2 + \cdots + p_n)}{B_n} \leqslant x \right\} = \frac{1}{\sqrt{2\pi}} \int_{-\infty}^{x} \mathrm{e}^{-\frac{u^2}{2}} \mathrm{d}u \tag{10.3.50}$$

这里 P 是概率测度 $\prod\limits_{n=1}^{\infty} P_n$ 的简写, $\nu_n(\omega) = \mu_1(\omega) + \mu_2(\omega) + \cdots + \mu_n(\omega)$ 是前 n 次实验中事件 B 出现的次数, $B_n^2 = D\nu_n = \sum\limits_{k=1}^{n} D\mu_k = \sum\limits_{k=1}^{n} p_k(1 - p_k)$.

证明   由于 $B_n^2 \to \infty$, 而 $|\mu_k(\omega) - p_k|$ 只取两个数值 $|1 - p_k|$ 和 $|0 - p_k|$, 故当 n 充分大时 (只要 $\tau B_n > 1$), 对于一切 $k = 1, 2, 3, \cdots$ 成立

$$\int_{|x-p_k| \geqslant \tau B_n} (x - p_k)^2 \mathrm{d}F_k(x) \leqslant \int_{|x-p_k| \geqslant \tau B_n} \mathrm{d}F_k(x) = P\{|\mu_k(\omega) - p_k| \geqslant \tau B_n\} = 0$$

由此可见, 当 n 充分大时 (只要 $\tau B_n > 1$) 有

$$\frac{1}{B_n^2} \sum_{k=1}^{n} \int_{|x-p_k| \geqslant \tau B_n} (x - p_k)^2 \mathrm{d}F_k(x) = 0$$

得证 $\mu_n(\omega), n \geqslant 1$ 满足林德伯格条件, 推论得证.

推论 2 (棣莫弗–拉普拉斯中心极限定理)   定理 10.3.1 的推论可用林德伯格中心定理推出.

证明   令 $p = p_k (k = 1, 2, \cdots)$, 容易把推论 1 的证明改造为这里的证明.

推论 3 (列维–林德伯格中心极限定理)   定理 10.3.1 是林德伯格中心极限定理的推论.

证明   采用定理 10.3.1 中的记号, 只需证 $X_n(\omega), n \geqslant 1$ 满足林德伯格条件.

事实上, 用 $F(x)$ 表示 $X_1(\omega), X_2(\omega), \cdots$ 公共的分布函数, 由于

$$DX_k = \int_{-\infty}^{+\infty} (x - \mu)^2 \mathrm{d}F(x) = \sigma^2 > 0$$

可见对于任意的 $\tau > 0$, 有

$$\lim_{n \to \infty} \int_{|x-\mu| > \tau \sqrt{n}\sigma} (x - \mu)^2 \mathrm{d}F(x) = 0$$

其中 $n\sigma^2 = \sum_{k=1}^{n} DX_k = B_n^2$. 因而有

$$\frac{1}{B_n^2} \sum_{k=1}^{n} \int_{|x-\mu| > \tau B_n} (x - \mu)^2 \mathrm{d}F(x)$$

$$= \frac{1}{n\sigma^2} \sum_{k=1}^{n} \int_{|x-\mu| > \tau \sqrt{n}\sigma} (x - \mu)^2 \mathrm{d}F(x)$$

$$= \frac{1}{\sigma^2} \int_{|x-\mu| > \tau \sqrt{n}\sigma} (x - \mu)^2 \mathrm{d}F(x) \to 0$$

得证林德伯格条件成立.

推论 4 (李亚普诺夫中心极限定理)   设 $X_n(\omega), n \geqslant 1$ 是独立随机变量序列. 如果存在常数 $\delta > 0$, 使得 $n \to \infty$ 时有

$$\frac{1}{B_n^{2+\delta}} \sum_{k=1}^{n} E|X_k - \mu_k|^{2+\delta} \to 0 \tag{10.3.51}$$

那么 $X_n(\omega), n \geqslant 1$ 服从中心极限定理, 即 (10.3.10) 对 x 一致地成立.

证明　只需验证林德伯格条件满足. 事实上,

$$\frac{1}{B_n^2} \sum_{k=1}^n \int_{|x-\mu_k|>\tau B_n} (x-\mu_k)^2 \mathrm{d}F_k(x)$$

$$\leqslant \frac{1}{B_n^2 (\tau B_n)^\delta} \sum_{k=1}^n \int_{|x-\mu_k|>\tau B_n} |x-\mu_k|^{2+\delta} \mathrm{d}F_k(x)$$

$$\leqslant \frac{1}{\tau^\delta} \cdot \frac{1}{B_n^{2+\delta}} \sum_{k=1}^n E|X_k-\mu_k|^{2+\delta} \to 0 \quad (n \to \infty) \qquad ∎$$

例 10.3.4　设 $X_n(\omega), n \geqslant 1$ 是独立随机变量序列, $X_k(\omega)$ 的分布律 p_k 为 $(k \geqslant 1)$

$$p_k: \quad \begin{array}{c|cc} X_k & -k & k \\ \hline p_k & \dfrac{1}{2} & \dfrac{1}{2} \end{array}$$

试证明 $X_n(\omega), n \geqslant 1$ 服从中心极限定理.

解　我们验证 $X_n(\omega), n \geqslant 1$ 满足李亚普诺夫条件 (10.3.51). 事实上, 对 $k \geqslant 1$ 我们有

$$EX_k = 0, \quad DX_k = k^2, \quad E|X_k|^3 = k^3$$

故

$$B_n^2 = \sum_{k=1}^n DX_k = \sum_{k=1}^n k^2 = \frac{n(n+1)(2n+1)}{6}$$

$$\sum_{k=1}^n E|X_k|^3 = \sum_{k=1}^n k^3 = \frac{n^2(n+1)^2}{4}$$

由此可见

$$\lim_{n \to \infty} \frac{1}{B_n^3} \sum_{k=1}^n E|X_k|^3 = \lim_{n \to \infty} \frac{n^2(n+1)^2}{4} \cdot \left[\frac{6}{n(n+1)(2n+1)} \right]^{\frac{3}{2}}$$

$$= \lim_{n \to \infty} \frac{3\sqrt{6}}{2} \sqrt{\frac{n(n+1)}{(2n+1)^3}} = 0$$

得证李亚普诺夫条件满足. 根据李亚普诺夫中心极限定理, 对任意的 $x \in (-\infty, +\infty)$ 一致地成立

$$\lim_{n \to \infty} P \left\{ \sum_{k=1}^n X_k(\omega) \leqslant x\sqrt{n(n+1)(2n+1)/6} \right\}$$

$$= \lim_{n \to \infty} P \left\{ \frac{1}{B_n} \sum_{k=1}^{n} X_k(\omega) \leqslant x \right\} = \frac{1}{\sqrt{2\pi}} \int_{-\infty}^{x} e^{-\frac{u^2}{2}} du \qquad (10.3.52)$$

例 10.3.5 设 $X_n(\omega), n \geqslant 1$ 是独立随机变量序列, 其中 $X_k(\omega)$ 的分布律为 $p_k(k \geqslant 1)$:

$$p_k: \quad \begin{array}{c|cccc} X_k(\omega) & -k & 0 & k & \text{其他 } x \\ \hline p_k & \dfrac{1}{2\sqrt{k}} & 1 - \dfrac{1}{\sqrt{k}} & \dfrac{1}{2\sqrt{k}} & 0 \end{array}$$

试证 $X_n(\omega), n \geqslant 1$ 服从中心极限定理.

解 容易求出 $X_k(\omega)$ 的期望和方差为

$$EX_k = 0, \quad DX_k = EX_k^2 = k^{\frac{3}{2}}$$

对任意的 $\delta > 0$, 我们有

$$E|X_k|^{2+\delta} = |-k|^{2+\delta} \cdot \frac{1}{2\sqrt{k}} + k^{2+\delta} \cdot \frac{1}{2\sqrt{k}} = k^{\frac{3}{2}+\delta}$$

$$B_n^2 = \sum_{k=1}^{n} k^{\frac{3}{2}}; \quad B_n^{2+\delta} = \left(\sum_{k=1}^{n} k^{\frac{3}{2}} \right)^{\frac{2+\delta}{2}}$$

由于对任意的 $\alpha > 0$, 有

$$\frac{n^{\alpha+1}}{\alpha+1} = \int_0^n x^\alpha dx \leqslant \sum_{k=1}^{n} k^\alpha \leqslant \int_0^{n+1} x^\alpha dx = \frac{(n+1)^{\alpha+1}}{\alpha+1}$$

由此可见, 当 $n \to \infty$ 时 $\sum_{k=1}^{n} k^\alpha = O(n^{\alpha+1})$. 因此, $\sum_{k=1}^{n} k^{\frac{3}{2}} = O(n^{\frac{5}{2}})$, 而

$$B_n^{2+\delta} = O(n^{\frac{5}{2} \cdot \frac{2+\delta}{2}}) = O(n^{\frac{5}{4}(2+\delta)})$$

$$\sum_{k=1}^{n} E|X_k|^{2+\delta} = O(n^{\frac{3}{2}+\delta+1}) = O(n^{\frac{5}{2}+\delta})$$

据此推出, 对于任意的 $\delta > 0$, 当 $n \to \infty$ 时有

$$\frac{1}{B_n^{2+\delta}} \cdot \sum_{k=1}^{n} E|X_k|^{2+\delta} = O(n^{-\frac{\delta}{4}}) \to 0$$

得证 $X_n(\omega), n \geqslant 1$ 满足李亚普诺夫条件, 和服从中心极限定理.

10.3.4　林德伯格–费勒中心极限定理

最后论证, 在一定的条件下林德伯格条件是中心极限定理成立的必要充分条件, 从而使中心极限定理取完美的形式.

引理 10.3.2　如果林德伯格条件满足, 那么

$$\lim_{n \to \infty} B_n = \infty \tag{10.3.53}$$

$$\lim_{n \to \infty} \frac{\sigma_n}{B_n} = 0 \tag{10.3.54}$$

证明　如果 (10.3.53) 不成立, 则必存在常数 B, 使得 $B_n \leqslant B(n \geqslant 1)$. 因为 $\sigma_1^2 = \int_{-\infty}^{+\infty} (x - \mu_1)^2 \mathrm{d}F_1(x)$, 故存在 $\tau > 0$ 使得

$$\int_{|x-\mu_1| > \tau B} (x - \mu_1)^2 \mathrm{d}F_1(x) > \frac{\sigma_1^2}{2}$$

从而

$$\frac{1}{B_n} \sum_{k=1}^{n} \int_{|x-\mu_k| > \tau B_n} (x - \mu_k)^2 \mathrm{d}F_k(x) \geqslant \frac{1}{B} \int_{|x-\mu_1| > \tau B} (x - \mu_1)^2 \mathrm{d}F_1(x) > \frac{\sigma_1^2}{2B} > 0$$

由此推出林德伯格条件不成立. 所得矛盾推出 (10.3.53) 成立.

下证 (10.3.54) 成立. 任取 τ, 使 $\frac{1}{2} > \tau > 0$. 当 n 充分大时由林德伯格条件 (10.3.20) 得出

$$\int_{|x-\mu_n| > \tau B_n} (x - \mu_n)^2 \mathrm{d}F_{X_n}(x) \leqslant \frac{\tau}{2} B_n^2$$

故

$$\begin{aligned}
\sigma_n^2 &= \int_{-\infty}^{+\infty} (x - \mu_n)^2 \mathrm{d}F_{X_n}(x) \\
&= \int_{|x-\mu_n| \leqslant \tau B_n} (x - \mu_n)^2 \mathrm{d}F_{X_n}(x) + \int_{|x-\mu_n| > \tau B_n} (x - \mu_n)^2 \mathrm{d}F_{X_n}(\pi) \\
&\leqslant \tau^2 B_n^2 + \frac{\tau}{2} B_n^2 \leqslant \tau B_n^2
\end{aligned}$$

于是 $\frac{\sigma_n^2}{B_n^2} < \tau$. 得证 (10.3.54) 成立.　　　　　　　　　　　　　■

引理 10.3.3　式 (10.3.53) 和 (10.3.54) 成立的必要充分布条件是

$$\lim_{n \to \infty} \max_{k \leqslant n} \frac{\sigma_k}{B_n} = 0 \tag{10.3.55}$$

证明　设 (10.3.55) 成立. 由 $\dfrac{\sigma_n}{B_n} \leqslant \max_{k\leqslant n}\dfrac{\sigma_k}{B_n}$ 推出 (10.3.54) 成立. 下证 (10.3.53) 成立. 若不能, 则有 $B_n \to B(<\infty)$, 那么有 $\max_{k\leqslant n}\dfrac{\sigma_k}{B_n} \geqslant \dfrac{\sigma_1}{B_n}$. 由此推出 (10.3.55) 不成立, 矛盾.

反之, 设 (10.3.53) 和 (10.3.54) 成立. 式 (10.3.54) 保证, 对任意的 $\varepsilon > 0$, 存在正整数 M 使得 $\dfrac{\sigma_n}{B_n} < \varepsilon$ 对一切 $n > M$ 成立. 应用 (10.3.53) 得出, 存在正整数 $N \geqslant M$, 使得 $\max_{k\leqslant M}\dfrac{\sigma_k}{B_N} < \varepsilon$. 于是, 对一切 $n \geqslant N$ 有

$$\max_{k\leqslant M}\frac{\sigma_k}{B_n} \leqslant \max_{k\leqslant M}\frac{\sigma_k}{B_N} < \varepsilon$$

并且对 $k, M < k \leqslant n$ 成立

$$\frac{\sigma_k}{B_n} \leqslant \frac{\sigma_k}{B_k} < \varepsilon$$

上述二式产生 (10.3.55). ∎

定理 10.3.3　(林德伯格–费勒中心极限定理)　给定概率空间 $(\Omega, \mathcal{F}, P)$, 设 $X_n(\omega), n \geqslant 1$ 是其上的独立随机变量序列. 那么 $X_n(\omega), n \geqslant 1$ 服从中心极限定理且 (10.3.53), (10.3.54) 成立的必要充分条件是它满足林德伯格条件.

证明　充分性由定理 10.3.2 和引理 10.3.2 推出, 下证必要性.

仍以 $\varphi_{nk}(t)$ 和 $F_{nk}(x)$ 分别表示

$$X_{nk}(\omega) = \frac{X_k(\omega) - \mu_k}{B_n}$$

的特征函数与分布函数. 因为中心极限定理成立, 故

$$\prod_{k=1}^{n} \varphi_{nk}(t) \to \mathrm{e}^{-\frac{t^2}{2}} \quad (n \to \infty) \tag{10.3.56}$$

以 θ 表示某复数, $|\theta| \leqslant 1$, 它的精确值每次出现时可不同, 但不必明确指出. 我们有

$$\varphi_{nk}(t) = \int_{-\infty}^{+\infty} \left(1 + \mathrm{i}tx + \frac{1}{2}\theta t^2 x^2\right) \mathrm{d}F_{nk}(x) = 1 + \frac{1}{2}\theta t^2 \frac{\sigma_k^2}{B_n^2} \tag{10.3.57}$$

应用引理 10.3.3 得出

$$\lim_{k\leqslant n} |\varphi_{nk}(t) - 1| \to 0 \quad (n \to \infty) \tag{10.3.58}$$

由此及 (10.3.53) 得出

$$\sum_{k\leqslant n} |\varphi_{nk}(t) - 1|^2 \leqslant \max_{k\leqslant n} |\varphi_{nk}(t) - 1| \cdot \sum_{k=1}^{n} |\varphi_{nk}(t) - 1|$$

$$= \max_{k \leqslant n} |\varphi_{nk}(t) - 1| \cdot \frac{1}{2} \theta t^2 \to 0 \quad (n \to \infty) \qquad (10.3.59)$$

故当 n 充分大时 $\log \varphi_{nk}(t)$ 存在, 而 (10.3.56) 化为

$$\sum_{k=1}^{n} \log \varphi_{nk}(t) \to -\frac{t^2}{2} \quad (n \to \infty) \qquad (10.3.60)$$

应用 $\log z = z - 1 + \theta |z - 1|^2$ 得出

$$\log \varphi_{nk}(t) = \varphi_{nk}(t) - 1 + \theta |\varphi_{nk}(t) - 1|^2$$

代入 (10.3.60), 并注意 (10.3.59), 可见对任意的 $t \in (-\infty, +\infty)$ 成立

$$\left| \frac{t^2}{2} - \sum_{k=1}^{n} [1 - \varphi_{nk}(t)] \right| \to 0 \quad (n \to \infty)$$

取此式的实部, 对任意的 $\tau > 0$, 我们有

$$\frac{t^2}{2} - \sum_{k=1}^{n} \int_{|x| \leqslant \tau} (1 - \cos tx) \mathrm{d}F_{nk}(x) = \sum_{k=1}^{n} \int_{|x| > \tau} (1 - \cos tx) \mathrm{d}F_{nk}(x) + o(1) \quad (10.3.61)$$

由于 $1 - \cos y \leqslant \dfrac{y^2}{2}$, 以及式 (10.3.33), 上式左端中的积分为

$$\sum_{k=1}^{n} \int_{|x| \leqslant \tau} (1 - \cos tx) \mathrm{d}F_{nk}(x) \leqslant \frac{t^2}{2} \sum_{k=1}^{n} \int_{|x| \leqslant \tau} x^2 \mathrm{d}F_{nk}(x)$$

$$= \frac{t^2}{2} \left[1 - \sum_{k=1}^{n} \int_{|x| > \tau} x^2 \mathrm{d}F_{nk}(x) \right]$$

而右端中的积分为

$$\sum_{k=1}^{n} \int_{|x| > \tau} (1 - \cos tx) \mathrm{d}F_{nk}(x) \leqslant 2 \sum_{k=1}^{n} \int_{|x| > \tau} \mathrm{d}F_{nk}(x)$$

$$\leqslant \frac{2}{\tau^2} \sum_{k=1}^{n} \int_{|x| > \tau} x^2 \mathrm{d}F_{nk}(x) \leqslant \frac{2}{\tau^2}$$

把以上两个积分代入 (10.3.61), 得出

$$\frac{t^2}{2} \sum_{k=1}^{n} \int_{|x| > \tau} x^2 \mathrm{d}F_{nk}(x) \leqslant \frac{2}{\tau^2} + o(1)$$

或写为

$$0 \leqslant \sum_{k=1}^{n} \int_{|x| > \tau} x^2 \mathrm{d}F_{nk}(x) \leqslant \frac{2}{t^2} \left[\frac{2}{\tau^2} + o(1) \right]$$

先令 $n \to \infty$, 再令 $t \to \infty$, 即得 (10.3.23). 从而林德伯格条件 (10.3.20) 成立, 定理得证. ∎

推论 对独立随机变量序列 $X_n(\omega), n \geqslant 1$, 如果它满足条件 (10.3.53) 和 (10.3.54), 那么 $X_n(\omega), n \geqslant 1$ 服从中心极限定理当且仅当它满足林德伯格条件.

例 10.3.6 设 $X_n(\omega), n \geqslant 1$ 是独立随机变量序列, $X_k(\omega)$ 有分布密度 $p_k(x)$,

$$p_k(x): \quad \begin{array}{c|cccc} X_k & -k^\alpha & 0 & k^\alpha & \text{其他 } x \\ \hline p_k & \dfrac{1}{2k^{2\alpha}} & 1 - \dfrac{1}{k^{2\alpha}} & \dfrac{1}{2k^{2\alpha}} & 0 \end{array}$$

$(k \geqslant 1)$. 显然

$$EX_k = 0, \quad DX_k = 1, \quad B_n^2 = \sum_{k=1}^n DX_k = n$$

由此可见, 条件 (10.3.53) 和 (10.3.54) 满足. 由定理 10.3.3 的推论得出, $X_n(\omega), n \geqslant 1$ 服从中心极限定理当且仅当, 对任意的 $\tau > 0$ 成立

$$\lim_{n \to \infty} \frac{1}{n} \sum_{\substack{1 \leqslant k \leqslant n \\ k^\alpha > \tau\sqrt{n}}} I(k) = 0 \tag{10.3.62}$$

其中 $I(k) \equiv 1$, 而求和对一切同时满足 $1 \leqslant k \leqslant n$, $k^\alpha > \tau\sqrt{n}$ 的进行. 容易看出, 当 $\alpha < \dfrac{1}{2}$ 时 (10.3.62) 成立; 当 $\alpha \geqslant \dfrac{1}{2}$ 时它不成立.

最终得出, 当 $\alpha < \dfrac{1}{2}$ 时 $X_n(\omega), n \geqslant 1$ 服从中心极限定理; 当 $\alpha \geqslant \dfrac{1}{2}$ 时中心极限定理不成立.

例 10.3.7 设 $X_n(\omega), n \geqslant 1$ 是独立正态随机变量序列, 假定

$$X_k(\omega) \sim N(\mu_k, \sigma_k^2)$$

那么 $X_n(\omega), n \geqslant 1$ 服从中心极限定理.

解 应用独立性假定和例 9.1.3 得出

$$X_1(\omega) + X_2(\omega) + \cdots + X_n(\omega)$$

服从正态分布 $N(\mu_1 + \cdots + \mu_n, \sigma_1^2 + \cdots + \sigma_n^2)$. 因此 $X_n(\omega), n \geqslant 1$ 的规范和

$$\frac{1}{B_n} \sum_{k=1}^n [X_k(\omega) - \mu_k] \sim N(0, 1)$$

由此推出, $X_n(\omega), n \geqslant 1$ 服从中心极限定理, 其中 $B_n^2 = \sum_{k=1}^n DX_k = \sum_{k=1}^n \sigma_k^2$.

在例 10.3.7 中如果假定 $\displaystyle\sum_{k=1}^{\infty}\sigma_k^2 < \infty$, 这时 (10.3.53) 不成立, 由此得出 $X_n(\omega)$, $n \geqslant 1$ 不满足林德伯格条件. 因此, 林德伯格条件不满足时中心极限定理仍可能成立.

练 习 10

10.1 试证: 如果 $X_n(\omega) \xrightarrow{\text{a.e.}} X(\omega), X_n(\omega) \xrightarrow{\text{a.e.}} X^*(\omega)$, 则 $P\{\omega|X(\omega) = X^*(\omega)\} = 1$.

10.2 试证: 如果 $X_n(\omega) \xrightarrow{P} X(\omega), X_n(\omega) \xrightarrow{P} X^*(\omega)$, 那么 $P\{\omega|X(\omega) = X^*(\omega)\} = 1$.

10.3 假设 $X_n \xrightarrow{P} X, Y_n \xrightarrow{P} Y$. 试证 $X_n \pm Y_n, X_nY_n$ 分别依概率收敛到 $X \pm Y$ 和 XY; 如果 $P\{Y \neq 0\} = 1$, 则 $\dfrac{X_n}{Y_n}$ 依概率收敛到 $\dfrac{X}{Y}$.

10.4 假设 $X_n \xrightarrow{P} X$, 而 $g(x)$ 是连续函数. 试证 $g(X_n) \xrightarrow{P} g(X)$.

10.5 假设 $X_n^{(k)} \xrightarrow{P} X^{(k)}(k = 1, 2, \cdots, m)$, 而 $g(x_1, x_2, \cdots, x_m)$ 是连续函数. 试证

$$g(X_n^{(1)}, X_n^{(2)}, \cdots, X_n^{(m)}) \xrightarrow{P} g(X^{(1)}, X^{(2)}, \cdots, X^{(m)})$$

10.6 在第 10.2—10.5 题中, 用几乎处处收敛代替依概率收敛时结论仍然成立 (注: 应用本题结论和定理 10.1.3 也可证第 10.2—10.5 题的结论).

10.7 若 $X_n, n \geqslant 0$ 是单调下降的正随机变量序列, 并且 $X_n \xrightarrow{P} 0$. 试证 $X_n \xrightarrow{\text{a.e.}} X$.

10.8 假设 $X_n \xrightarrow{w} X, Y_n \xrightarrow{P} a(a$ 为常数$)$. 试证 $X_n \pm Y_n, X_nY_n$ 依分布收敛到 $X \pm a$ 和 aX. 如果 $a \neq 0$, 则 $\dfrac{X_n}{Y_n}$ 依分布收敛到 $\dfrac{X}{a}$.

10.9 假设 $X_n(n = 1, 2, 3, \cdots)$ 有分布律

$$P(X_n = x) = \begin{cases} 1 - \dfrac{1}{n^2}, & x = 0 \\ \dfrac{1}{2n^2}, & x = n^2 \text{ 或 } -n^2 \\ 0, & \text{其他} \end{cases}$$

随机变量 X 有分布律

$$P(X = x) = \begin{cases} 1, & x = 0 \\ 0, & \text{其他} \end{cases}$$

试证: $X_n \xrightarrow{P} X, X_n \xrightarrow{\text{a.e.}} X, EX_n \to EX$, 但 $\lim\limits_{n\to\infty} E|X_n - X| \neq 0$.

10.10 假设 $\text{l.i.m} X_n = X; \text{l.i.m} Y_n = Y$. 试证:

i) $EX_n \to EX; EX_n^2 \to EX^2$;

ii) $\text{l.i.m}(X_n \pm Y_n) = X \pm Y$;

iii) $EX_nY_n \to EXY$.

10.11 试证: $\text{l.i.m} X_n = \mu(\mu$为常数$)$ 当且仅当 $\lim\limits_{n\to\infty} EX_n = \mu, \lim\limits_{n\to\infty} DX_n \to 0$.

10.12 设 $X_n, n \geqslant 2$ 是独立随机变量序列, X_n 的分布律为

$$P\{X_n = x\} = \begin{cases} \dfrac{1}{n}, & x = -\sqrt{n} \text{ 或 } \sqrt{n} \\ 1 - \dfrac{2}{n}, & n = 0 \\ 0, & \text{其他} \end{cases}$$

试证 $X_n, n \geqslant 2$ 服从大数定律.

10.13 设 $X_n, n \geqslant 1$ 是独立随机变量序列, X_n 的分布律为

$$P\{X_n = x\} = \begin{cases} \dfrac{1}{2}, & x = \pm\sqrt{\ln n} \\ 0, & \text{其他} \end{cases}$$

试证 $X_n, n \geqslant 1$ 服从大数定理.

10.14 设 $X_n, n \geqslant 1$ 是独立同分布随机序列, X_n 的分布律为

$$P\{X_n = x\} = \begin{cases} \dfrac{c}{k^2 \ln^2 k}, & x = k, k = 2, 3, 4, \cdots \\ 0, & \text{其他} \end{cases}$$

其中 $c^{-1} = \sum\limits_{k=2}^{\infty} \dfrac{1}{k^2 \ln^2 k}$. 试证 $X_n, n \geqslant 1$ 服从大数定理.

10.15 设 $X_n, n \geqslant 1$ 是独立随机变量序列, X_n 的分布律为

$$P\{X_n = x\} = \begin{cases} \dfrac{1}{2}, & x = -n^\alpha \text{ 或 } n^\alpha \\ 0, & \text{其他} \end{cases}$$

其中 $\alpha < \dfrac{1}{2}$. 试证 $X_n, n \geqslant 1$ 服从大数定律.

10.16 将 n 个带有号码 1 至 n 的球投入 n 个编号为 $1, 2, \cdots, n$ 的匣子中, 并限定每一个匣子只能进一个球. 用 ξ_n 表示球与匣子的号码一致的个数, 试证 $\dfrac{\xi_n - E\xi_n}{n} \xrightarrow{P} 0$.

10.17 试证 $X_n, n \geqslant 1$ 服从大数定理的必要充分条件是

$$\lim_{n \to \infty} E \dfrac{\left[\sum\limits_{k=1}^{n} (X_k - EX_k) \right]^2}{n^2 + \left[\sum\limits_{k=1}^{n} (X_k - EX_k) \right]^2} = 0$$

并由此推出马尔可夫大数定理.

10.18 设 $X_n, n \geqslant 1$ 是相互独立的随机变量序列, 具有有限方差. 试证: 如果 Kolmogorov 条件 (10.2.19) 成立, 那么马尔可夫条件 (10.2.7) 必成立.

10.19 设 $X_n, n \geqslant 1$ 是相互独立的随机变量序列, $DX_n = \dfrac{n+1}{\ln(n+1)}$. 试证马尔可夫条件成立, 但 Kolmogorov 条件不满足.

10.20 假设 $X_n, n \geqslant 1$ 是独立随机变量序列, $DX_n(n \geqslant 1)$ 存在, 并且对充分大的 $n, DX_n \leqslant \dfrac{cn}{(\ln n)^2}$. 那么 $X_n, n \geqslant 1$ 服从强大数定理.

10.21   设 $X_n, n \geqslant 1$ 是独立同分布的随机变量序列, 并且 $E|X_n|^k$ 存在 (k 为正整数). 试证:

$$P\left\{\lim_{n \to \infty} \frac{1}{n} \sum_{i=1}^{n} X_i^k = EX_1^k\right\} = 1$$

10.22   设 $X_n, n \geqslant 1$ 是独立随机变量序列, 满足条件

i) 当 $n \to \infty$ 时 $EX_n \to 0$;

ii) $\sum_{n=1}^{\infty} \frac{1}{n^2} EX_n^2 < \infty$.

试证

$$P\left\{\lim_{n \to \infty} \frac{1}{n} \sum_{k=1}^{n} X_k = 0\right\} = 1$$

10.23   把一颗骰子独立地投掷可列次 (参看第 5.15 题), 用 X_n 表示前 n 次掷出的点数之和.

i) 试证 $n \to \infty$ 时 $\dfrac{6X_n - 21n}{\sqrt{105n}}$ 的极限分布是标准正态分布;

ii) 试问 n 多大时才能使 $P\left\{\left|\dfrac{x_n}{n} - 3.5 < 0.1\right|\right\} \geqslant 0.90$.

10.24   在第 5.15 题的概率空间 $(\Omega^\infty, \mathscr{F}^\infty, P^\infty)$ 中, 用 $X_{ni}(i = 1, 2, \cdots, r)$ 表示前 n 次实施实验 $\mathcal{E}$ 时事件 S_i 出现的次数, 令

$$Y_n = a_1 X_{n1} + \cdots + a_r X_{nr},$$

其中 $a_1, a_2, \cdots, a_r$ 是不全为零的实数. 试求 $n \to \infty$ 时 $\dfrac{Y_n - EY_n}{\sqrt{DY_n}}$ 的极限分布.

10.25   假设 χ_n^2 服从 χ^2-分布, 自由度为 n. 试证 $n \to \infty$ 时 $\dfrac{\chi_n^2 - n}{\sqrt{2n}}$ 的极限分布是标准正态分布.

10.26   假设 t_n 服从 t-分布, 自由度为 n. 试证 $n \to \infty$ 时 t_n 的极限分布是标准正态分布.

10.27   把一枚对称的硬币独立地重复掷 $n = 12000$ 次. 用 μ_n 表示正面出现的次数.

i) 求 $P\{5800 \leqslant \mu_n \leqslant 6200\}$;

ii) 求满足 $P\left\{\left|\dfrac{\mu_n}{n} - \dfrac{1}{2}\right| < \Delta\right\} \geqslant 0.99$ 的最小 Δ;

iii) 为使 $P\left\{\left|\dfrac{\mu_n}{n} - \dfrac{1}{2}\right| < 0.005\right\} \geqslant 0.99$, 需要掷多少次?

10.28   试证: 下列各独立随机变量序列 $X_n, n \geqslant 1$ 满足林德伯格条件: X_n 的分布律为

i)

$$P\{X_n = x\} = \begin{cases} \dfrac{1}{2}, & x = \pm n^\lambda \\ 0, & \text{其他} \end{cases} \quad (\lambda > 0)$$

ii)

$$P\{X_n = x\} = \begin{cases} 1 - \dfrac{1}{\sqrt{n}}, & x = 0 \\ \dfrac{1}{2\sqrt{n}}, & x = \pm n \\ 0, & \text{其他} \end{cases}$$

10.29 对下列各独立随机变量序列 $X_n, n \geqslant 1$, 试证李亚普诺夫中心极限定理成立 (即满足条件 (10.3.55)):

i)

$$P\{X_n = x\} = \begin{cases} \dfrac{1}{2}, & x = \pm n^{\lambda} \\ 0, & \text{其他} \end{cases} \qquad \left(\lambda > -\dfrac{1}{3}\right)$$

ii)

$$P\{X_n = x\} = \begin{cases} 1 - n^{-\lambda}, & x = 0 \\ \dfrac{1}{2n^{\lambda}}, & x = \pm n^{\lambda} \quad (0 < \lambda < 1) \\ 0, & \text{其他} \end{cases}$$

参 考 文 献

[1] 王梓坤. 概率论基础及其应用. 北京：科学出版社, 1976

[2] 熊大国. 概率论自然公理系统 —— 随机世界的数学模型. 北京：清华大学出版社, 2000 (Xiong D G. The Natural Axiom System of Probability Theory——Mathematical Model of the Random Universe. Translated From Chinese by WU Jian . Singapore: World Scientific Publishing Co., 2003)

[3] 周概容. 概率论与数理统计. 北京：高等教育出版社, 1984

[4] 龚光鲁. 概率论与数理统计. 北京：清华大学出版社, 2006

[5] 钱敏平, 叶俊. 随机数学. 2 版. 北京：高等教育出版社, 2004

[6] 严士健, 王隽骧, 刘秀芳. 概率论基础. 2 版. 北京：科学出版社, 2009

[7] 复旦大学编. 概率论 (第一册, 概率论基础). 北京：人民教育出版社, 1979

[8] 中山大学数学力学系编. 概率论及数理统计 (上册). 北京：人民教育出版社, 1980

[9] 浙江大学数学系高等数学教研组编. 概率论与数理统计. 北京：人民教育出版社, 1979

[10] 柯尔莫哥洛夫 A H. 概率论基本概念. 丁寿田, 译. 上海：商务印书馆, 1952

[11] 格涅坚科 B B. 概率论教程. 丁寿田, 译. 北京：人民教育出版社, 1956

[12] 施利亚耶夫 A H. 概率 (第一卷). 3 版. 周概容, 译. 北京：高等教育出版社, 2007

[13] 施利亚耶夫 A H. 概率 (第二卷). 3 版. 周概容, 译. 北京：高等教育出版社, 2008

[14] 费勒 W. 概率论及其应用 (卷 1). 3 版. 胡迪鹤, 译. 北京：人民邮电出版社, 2014

[15] Ross S M. 概率论基础教程. 9 版. 童行伟, 梁宝生, 译. 北京：机械工业出版社, 2014

[16] DeGroot M H, Schervish M J. 概率统计. 3 版. 叶中行, 等, 译. 北京：人民邮电出版社, 2007

[17] 帕普里斯 A, 佩莱 S U. 概率、随机变量与随机过程. 4 版. 保铮, 等, 译. 西安：西安交通大学出版社, 2012

[18] Halmos P R. 测度论. 王建华, 译. 北京：科学出版社, 1965

[19] 王梓坤. 随机过程论. 北京：科学出版社, 1965

[20] 熊大国. 随机过程理论与应用. 北京：国防工业出版社, 1991

[21] 熊大国. 积分变换. 北京：北京理工大学出版社, 1990

附　　表

附表 1　标准正态分布函数值表

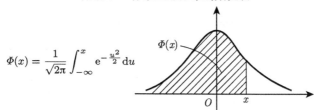

$$\Phi(x) = \frac{1}{\sqrt{2\pi}} \int_{-\infty}^{x} e^{-\frac{u^2}{2}} du$$

x	00	0.01	0.02	0.03	0.04	0.05	0.06	0.07	0.08	0.09
0.0	0.5000	0.5040	0.5080	0.5120	0.5160	0.5199	5239	0.5279	0.5319	0.5359
1	0.5398	0.5438	0.5478	0.5517	0.5557	0.5596	0.5636	0.5675	0.5714	0.5753
2	0.5793	0.5832	0.5871	0.5910	0.5948	0.5987	0.6026	0.6064	0.6103	0.6141
3	0.6179	0.6217	0.6255	0.6293	0.6631	0.6368	0.6406	0.6443	0.6480	0.6517
4	0.6554	0.6591	0.6628	0.6664	0.6700	0.6736	0.6772	0.6808	0.6844	0.6879
0.5	0.6915	0.6950	0.6985	0.7019	0.7054	0.7088	0.7123	0.7157	0.7190	0.7224
6	0.7257	0.7291	0.7324	0.7357	0.7389	0.7422	0.7454	0.7485	0.7517	0.7549
7	0.7580	0.7611	0.7642	0.7673	0.7704	0.7734	0.7765	0.7794	0.7823	0.7852
8	0.7881	0.7910	0.7939	0.7967	0.7995	0.8023	0.8051	0.8078	0.8106	0.8133
9	0.8159	0.8186	0.8212	0.8238	0.8264	0.8289	0.8315	0.8340	0.8365	0.8389
1.0	0.8413	0.8438	0.8461	0.8485	0.8508	0.8531	0.8554	0.8577	0.8599	0.8621
1	0.8643	0.8665	0.8686	0.8708	0.8729	0.8749	0.8770	0.8790	0.8810	0.8830
2	0.8849	0.8869	0.8888	0.8907	0.8925	0.8944	0.8962	0.8980	0.8997	0.9015
3	0.9032	0.9049	0.9066	0.9085	0.9099	0.9115	0.9131	0.9147	0.9162	0.9177
4	0.9192	0.9207	0.9222	0.9236	0.9215	0.9265	0.9278	0.9292	0.9306	0.9319
1.5	0.9332	0.9345	0.9357	0.9370	0.9382	0.9394	0.9406	0.9418	0.9430	0.9441
6	0.9452	0.9453	0.9474	0.9484	0.9495	0.9505	0.9515	0.9525	0.9535	0.9545
7	0.9554	0.9564	0.9573	0.9582	0.9591	0.9599	0.9608	0.9616	0.9625	0.6633
8	0.9651	0.9659	0.9656	0.9664	0.9671	0.9678	0.9686	0.9683	0.9700	0.9706
9	0.9713	0.9719	0.9726	0.9732	0.9738	0.9744	0.9750	0.9756	0.9762	0.9767
2.0	0.9772	0.9778	0.9783	0.9788	0.9793	0.9798	0.9803	0.9808	0.9812	0.9817
1	0.9821	0.9826	0.9831	0.9834	0.9838	0.9842	0.9846	0.9850	0.9854	0.9857
2	0.9861	0.9864	0.9868	0.9871	0.9875	0.9878	0.9881	0.9884	0.9887	0.9890
3	0.9893	0.9896	0.9898	0.9901	0.9904	0.9906	0.9909	0.9911	0.9913	0.9916
4	0.9918	0.9920	0.9922	0.9925	0.9927	0.9929	0.9931	0.9932	0.9934	0.9936
20.5	0.9938	0.9940	0.9941	0.9943	0.9945	0.9946	0.9948	0.9949	0.9951	0.9952
6	0.9953	0.9955	0.9956	0.9957	0.9959	0.9960	0.9961	0.9962	0.9963	0.9964
7	0.9965	0.9966	0.9967	0.9968	0.9969	0.9970	0.9971	0.9972	0.9973	0.9974
8	0.9974	0.9975	0.9976	0.9977	0.9977	0.9978	0.9979	0.9979	0.9980	0.9981
9	0.9981	0.9982	0.9982	0.9983	0.9984	0.9984	0.9985	0.9985	0.9986	0.9986
3.0	0.9987	0.9987	0.9987	0.9988	0.9988	0.9989	0.9989	0.9989	0.9990	0.9990
2	0.9993	0.9993	0.9994	0.9994	0.9994	0.9994	0.9994	0.9995	0.9995	0.9995
4	0.9997	0.9997	0.9997	0.9997	0.9997	0.9997	0.9997	0.9997	0.9997	0.9998
6	0.9998	0.9998	0.9999	0.9999	0.9999	0.9999	0.9999	0.9999	0.9999	0.9999
8	0.9999	0.9999	0.9999	0.9999	0.9999	0.9999	0.9999	0.9999	0.9999	0.9999

$$\Phi(4.0) = 0.999968329 \qquad \Phi(5.0) = 0.9999997133 \qquad \Phi(6.0) = 0.9999999990$$

附表 2   泊松分布概率值表

$$\lambda^m e^{-\lambda}/m!$$

m \ λ	0.1	0.2	0.3	0.4	0.5	0.6	0.7	0.8	0.9
0	0.90484	0.81873	0.74082	0.67032	0.60653	0.54881	0.49659	0.44933	0.40657
1	0.09048	0.16375	0.22225	0.26813	0.30327	0.32929	0.34761	0.35946	0.36591
2	0.00452	0.01638	0.03334	0.05363	0.07582	0.09879	0.12166	0.14379	0.16466
3	0.00015	0.00109	0.00333	0.00715	0.01264	0.01976	0.02839	0.03834	0.04940
4		0.00006	0.00025	0.00072	0.00158	0.00296	0.00497	0.00767	0.01112
5			0.00002	0.00006	0.00016	0.00036	0.00070	0.00123	0.00200
6				0.00001	0.00004	0.00008	0.00016	0.00030
7						0.00001	0.00002	0.00004

m \ λ	1	2	3	4	5	6	7	8	9
0	0.36788	0.13534	0.04979	0.01832	0.00674	0.00248	0.00091	0.00034	0.00012
1	0.36788	0.27067	0.14936	0.07326	0.03369	0.01487	0.00638	0.00268	0.00111
2	0.18394	0.27067	0.22404	0.14653	0.08422	0.04462	0.02234	0.01074	0.00500
3	0.06131	0.18045	0.22404	0.19537	0.14037	0.08924	0.05213	0.02863	0.01499
4	0.01533	0.09022	0.16803	0.19537	0.17547	0.13385	0.09123	0.05725	0.03374
5	0.00307	0.03609	0.10082	0.15629	0.17547	0.16062	0.12772	0.09160	0.06073
6	0.00051	0.01203	0.05041	0.10420	0.14622	0.16062	0.14900	0.12214	0.09109
7	0.00007	0.00344	0.02160	0.05954	0.10445	0.13768	0.14900	0.13959	0.11712
8	0.00001	0.00086	0.00810	0.02977	0.06528	0.10326	0.13038	0.13959	0.13176
9		0.00019	0.00270	0.01323	0.03627	0.06884	0.10141	0.12408	0.13176
10		0.00004	0.00081	0.00529	0.01814	0.04130	0.07098	0.09926	0.11858
11		0.00001	0.00022	0.00193	0.00824	0.02253	0.04517	0.07219	0.09702
12			0.00006	0.00064	0.00343	0.01126	0.02635	0.04813	0.07277
13			0.00001	0.00020	0.00132	0.00520	0.01419	0.02962	0.05038
14				0.00006	0.00047	0.00223	0.00709	0.01692	0.03238
15				0.00002	0.00016	0.00089	0.00331	0.00903	0.01943
16					0.00005	0.00033	0.00145	0.00451	0.01093
17					0.0001	0.00012	0.00060	0.00212	0.00579
18						0.00004	0.00023	0.00094	0.00289
19						0.00001	0.00009	0.00040	0.00137
20							0.00003	0.00016	0.00062
21							0.00001	0.00006	0.00026
22								0.00002	0.00010
23								0.00001	0.00004
24									0.00002
25									0.00001

名 词 索 引

[①]7.3.0 表示 7.3 节的开篇语, 或者 7.3 节中没有小节.